뇌 가소성 비밀

– 통증 · 치유 메커니즘 –

건강한 노화와 웰에이징

노병석 · 남상엽 · 권오영 공저

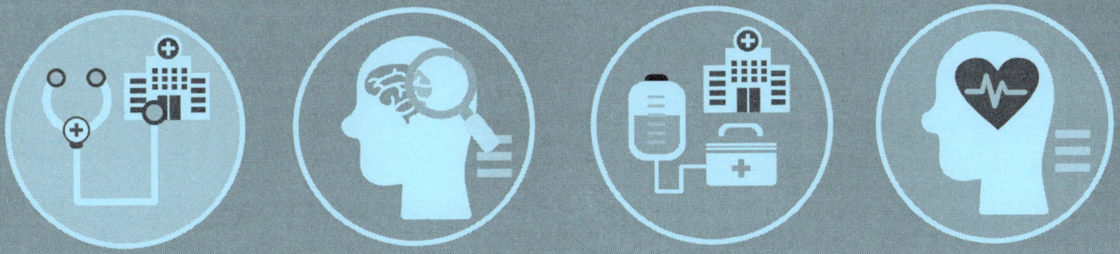

누구나

만성통증과 퇴행성 신경질환 등을

일상에서 스스로 **예방하고 치유할 수 있는**

임상연구로 입증되고 밝혀진 **'놀라운 치유의 메커니즘',**

이 순간에도 변화하고 있는 진행형 뇌 가소성의 비밀

도서출판 상학당

欲爲大者 當爲人役

크고자 하거든 남을 섬기라

머리말(프롤로그)

“행복한 가정은 모두 비슷하게 닮아있지만, 불행한 가정은 저마다의 이유로 불행하다.”는 안나 카레니나 법칙은 다른 한편으로 우리에게 “건강하지 못한 사람은 저마다의 이유로 건강하지 못하다.”고 경종을 울리고 있다. 매우 도발적이고 뼈아픈 지적일 수 있다. 만약 건강하지 못한 독자라면 그 이유를 스스로에게 비판적으로 묻고 또 물어야만 한다. 왜냐하면 경험하는 통증(각종 질환과 장애 포함)은 주관적인 경험으로 ‘다스림(통증 관리 및 치유)’의 주체는 당사자이기 때문이다.

최근까지도 통증을 단순히 신체적 손상의 반응으로만 여기는 경향이 있다. 그래서 몸이 아프면 병원으로 향한다. “약물이나 수술로 치료받으면 낫는다.”는 생각이 지배적이다. 하지만 만성통증 환자들은 원인도 모른 채 통증의 속박에서 고통을 받고 있다. 그 이유는 무엇인가? 통증은 단순한 신체적인 손상만을 의미하는 것이 아니라, 조직 손상 외에 심리적 · 정서적인 요인 등의 복합적인 상호작용한 결과로서 뇌에서 조절되고 생성된다는 진실을 간과하고 있기 때문이다.

건강은 뇌 기능과 직접적이고 밀접한 관련이 있으며, 뇌가 변화한다는 ‘가소성’의 개념은 ‘웰에이징’을 누리기 위한 ‘트리거이자 결정적인 열쇠’이다. 뇌 가소성의 아버지 마이클 머제니치에 의하면, 수천 명을 대상으로 한 임상시험 결과 “30세를 정점으로 인지능력이 10년에 1/3씩 떨어진다.”고 한다. 만약 70대에 이른다면, 20대의 인지능력은 약 30% 수준으로 떨어진다는 산술적인 결론에 이른다. 그래서 퇴행성 뇌 신경질환의 주된 요인이 ‘노화’이다.

사람은 25세를 기점으로 노화가 시작되고, 주된 증상은 ‘인지적 기능’과 ‘운동기능’의 퇴화이며, 심한 경우 60대에 정상적인 활동을 박탈당하게 된다. 예컨대 노화가 주된 원인인 퇴행성 신경질환(알츠하이머병, 파킨슨병, 치매)은 고령화 시대의 치명적인 질환으로 현재까지 치료제가 없다. 일반적으로 30대 전후에 서서히 진행되어 60대에 이르러 발병하지만, 노화의 진행과정에서 통증으로 나타나지 않기 때문에 예방이 가능함에도 방치되는 경우가 대부분이다. 그래서 뇌 세포의 퇴화와 사멸로 인지적 장애와 운동기능 장애가 발생하는 퇴행성 신경질환은 더욱 치명적이다.

그렇다면 노화이니 어쩔 수 없이 받아들여야만 하는 것인가? 결론은 아니다. 뇌 가소성 이론에 의하면 노화에 저항하고 도전하면 예방하고 늦출 수 있다는 것이다. 누구라도 피할 수 없는 노화의 끝은 가용자산의 고갈을 의미한다. 그 자산은 인지적 · 신체적 능력으로서 탕진을 방치하는 것은 퇴행성 신경질환과 같은 고통을 앞당기는 자해행위이다. 가용자산을 보충하지 않고 내어 쓰기만 한다면, 노화의 진행과 함께 급속하게 바닥을 드러낼 것이기 때문이다. 노화를 막고 이길 수는 없다. 하지만 가용자산의 고갈을 늦출 수는 있다. 그것은 정신적 경험으로 인지적 비축(인지능력 향상)과 유산소 운동으로 신체적 비축(근육량 유지, 혈관 건강관리, 심폐기능 강화 등)을 통해 소진되는 가용자산을 보충하는 것이다. 즉 비약리적인 요법으로서 뇌 가소적 변화를 유도하면 인지적 · 신체적 비축이 되고, 이는 각종 질환의 예방과 치유의 메커니즘으로 작동되는 것을 의미한다.

이와 같은 사실은 마이클 머제니치, 에릭 켄델, 마이클 모스코비치, 노먼 도이지, 에드워드 터브 등 많은 연구자가 동물실험과 임상시험을 통해 입증하였고 현대 통증의학의 주류적 관점으로 적용되고 있다. 따라서 독자분들이 웰에이징을 하고자 한다면, 노화와 함께 진행 중인 대뇌피질의 퇴화를 예방하고 방지하는 뇌 가소적 개입으로써 일상에서 행하고 있는 실체적 활동에 대해 답을 할 수 있어야 한다.

누구나 건강과 웰에이징을 바란다. 이를 위해서는 **그 바람을 이뤄낼 수 있는 실체적 그 무엇과 그 실행이 뒷받침되고 있는가**?라는 물음에 답할 수 있어야 한다. 만약 답을 할 수 없다면, 60대 이후 퇴행성 질환자가 되는 저마다의 이유가 아닐까 한다. 파킨슨병, 알츠하이머병, 치매 등으로 요양원에서 여생을 마감하는 결과를 자초하지 않으려면 지금이라도 스스로에게 비판적으로 물어야만 한다. 그 물음은 통증 메커니즘을 이해하고, 치유 메커니즘을 알아야만 가능하며, 물음에 대한 실체적 무엇을 찾아 실행에 옮길 수 있다.

이 책은 독자분들이 웰에이징의 바람을 담보하기 위한 비판적 물음에 답을 찾는 데 도움을 주고자 한다. 이를 위해 뇌가 요람에서 무덤까지 가소적이라는 본질적 속성을 밝히고, 신체적 · 정신적 자극으로 뇌를 변화시킨다면 각종 장애와 질환으로부터 치유될 수 있음을 공유하고자 한다. 뇌의 긍정적인 가소적 개입은 치료나 회복이 불가능하다고 믿었던 '불치의 영역'을 '치유의 영역'으로 바꾸는 놀라운 힘을 보여준다. 이 힘은 가소성 이론을 근거로 한 '통증 메커니즘'을 이해하고, 비약리적인 요법으로서 '치유 메커니즘'을 일상에서 실행하는 것을 전제로 한다. 그래서 도서명이 《뇌 가소성 비밀》이고 부제가 '건강한 노화와 웰에이징'이다.

우리가 살아가면서 보고, 듣고, 생각하고, 먹고, 움직이는 모든 행위는 물리적 · 정신적 자극(정보신호)으로 뇌에 전달되고 뇌 세포를 자극(흥분, 억제)한다. 이러한 자극 여하에 따라 뇌는 평생에 걸쳐 긍정적으로 아니면 부정적으로 변할 수 있다. 그 자극의 결과가 지금의 기억이자 사고(思考)이며, 신체적인 자신의 모습이다. 지금 보고 듣는 것은 눈으로 보고 귀로 듣는 것이 아니라, 뇌로 듣고 뇌로 보는 것이다. 따라서 **뇌가 변하면 내가 달라지고, 삶이 새로워지며, 세상이 변한다**. 이는 단순한 웰에이징에 국한된 문제라기 보다는 각자의 자유로운 삶을 만들어가는 본질이라는 '**깨달음**'으로 이어져야 한다.

신체적이나 인지적으로 '기능저하'나 '장애'(증상, 질환)를 겪고 있다면, 그것은 그 기능을 담당하는 대뇌피질(대뇌의 표면에 위치하는 신경세포들의 집합)이 손상되었거나, 기능이 비정상적으로 오작동하고 있음을 의미한다. 이는 부정적인 뇌 가소적 변화가 자리를 잡은 채 뇌가 계속 부정적인 신호(통증, 장애, 나쁜 습관)를 보내는 것이다. 예컨대 피부가 좋지 않다면, 흡연을 지속하고 있다면, 신체적으로 불편함(거동 불편, 비만, 이명, 근골격계 통증, 균형감각 저하, 뇌졸중 장애 등)을 느끼고 있다면, 기억력이 저하되었다면, 뇌 신경회로가 부정적으로 자리를 잡았거나, 대뇌피질이 손상 또는 퇴화되어 비정상적으로 작동하고 있음을 의미한다.

그럼에도 불구하고 뇌가 변하지 않는다면, 경험하고 있는 질환이나 장애는 죽을 때까지 감내해야만 하는 고통으로 자리할 것이다. 그러나 참으로 놀랍고 감사한 일이다. 2000년대에 들어서면서 뇌가 변할 수 있다는 '뇌 가소성 이론'이 입증되고 정립된 것이다. 이는 '부정적으로 변형된 뇌'일지라도 '가소성'이라는 본질적 속성에 따라 '긍정적 뇌'로 변화(대뇌피질의 재편성)를 유도하여 치유에 이를 수 있음을 의미한다.

최근까지도 인간의 뇌는 우리가 넘보지 못했던, 그저 감내하고 받아들여야만 하는 섭리의 영역으로 관리의 대상이 아니었다. 그래서 뇌의 놀라운 능력을 알려고 하지도 않았고, 알지도 못했다. 그러나 20세기 후반부터 동물실험과 임상시험을 통해 뇌가 변화한다는 뇌 가소성 이론이 객관화되기 시작하면서, 현대 통증의학의 주류적 관점으로 자리매김한 것이다.

최근 100년간 뇌 과학의 가장 대표적인 연구성과 중 하나가 '**뇌 신경 가소성**'을 밝혀낸 일이다. 1960년대 중반부터 쥐와 새 그리고 영장류 뇌에서 줄기세포(아기세포)가 발견되면서 '뇌 가소성 연구'는 전환점을 맞이하였다. 대표적으로 기억 조절기능을 담당하는 **'해마'가 뇌 신경 가소성에 의해 증식하는 것을 입증한 연구**이다. 그 연구는 동물실험으로부터 시작하여 사람을 대상으로 한 임상시험으로 이어졌다.

뇌가 변한다는 '뇌 신경 가소성'의 개념을 정립한 이는 2000년 노벨 생리·의학상 수상자 **에릭 캔델**이다(Kandel, et al., 2000). 그는 해양 달팽이 뉴런에 인위적으로 전기자극을 가하면 시냅스 연결의 강도가 변화되고 그에 따른 학습이나 기억의 행위에 변화가 생기는 것을 발견한 것이다. 이는 알파고의 딥러닝 원리와 유사하다. 신경망 회로의 노드(뉴런)라 불리는 것들 사이의 결합 강도를 변화시키는 것이 학습의 과정이며, 이 결합 강도가 시냅스인 셈이다. 즉 "인간의 뇌는 학습(정신적인 활동)하면 변화한다."는 것이다. 이 명제는 놀라움과 함께 경이로움이 공존한다. 그것은 "뇌 세포는 한번 가지고 태어나면 그 수가 증가하지 않고 영구적으로 손상되거나 소멸한다."는 기존의 견고한 가설을 뒤엎는 '충격'이었다.

뇌 가소성 이론 이전에는 인간은 약 1천억 개의 뇌 세포를 가지고 태어나서 죽는 순간까지 끊임없이 소멸한다고 여겼다. 뇌 세포는 새롭게 생성되지 않으며, 변하지 않는다는 것이었다. 이러한 고정관념을 깨고 에릭 켄델은 '정신적인 활동'이 뇌의 해부학적 형태를 변화시킨다는 것을 밝혀낸 것이다. 이와 같은 뇌 가소적 변화는, 뇌를 스켄(fMRI, PET)으로 실시간(實時間, real time) 들여다 볼 수 있게 되면서 객관적인 검증이 가능한 과학의 영역으로 자리잡았다. 그리고 현대 통증의학에서 불치의 영역이라 여겼던 만성통증, 퇴행성 뇌 신경질환, 뇌졸중 장애, 인지적 · 신체적 장애들을 '치유의 영역'으로 탈바꿈시킨 놀라운 성과를 만들어내고 있다. 이제 뇌 가소적 개입은 경이로운 치유의 메커니즘이자. **예방을 위한 최고의 처방**으로 표준적인 지위를 누리고 있다. 그것도 **비 침습적이고 비약리적인 요법**으로 말이다.

이 책은 급성통증이나 세균 또는 바이러스에 의한 질병, 염증성 질환 등과 외과적 수술이나 약리적 처방 등은 논의의 대상이 아님을 분명히 밝혀둔다. 긍정적인 뇌 가소적 변화를 유도함으로써 기대되는 각종 뇌 신경과학적 시스템의 정상적 가동(면역력 증진 및 항상성 유지), 부정적 가소적 변화로 나타나는 만성통증, 퇴행성 신경질환(알츠하이머병, 치매, 파킨슨병 등), 사고나 기타 요인에 의한 외상성 뇌 손상 및 장애, 노화로 인한 인지적 감퇴와 운동기능 저하, 일상에서 쉽게 경험하는 근골격계 통증(목, 어깨, 무릎, 허리 등) 등을 치유하고 예방하는 비약리적 요법이다. 그래서 의료인도 아닌 필자도 이 주제에 접근할 수 있었다.

이 주제의 집필 동기는 2007년 갑상선암 수술 후부터 원인을 알 수 없는 만성통증에 시달리는 아내를 보면서이다. 어떻게든 해결책을 찾아 도움을 주고자 했던 나의 노력은 《통증의 비밀》, 《치유하는 뇌》, 《기적을 부르는 뇌》, 《Neuroplasticity 신경가소성》, 《두뇌 실험실》 등 '뇌 가소성' 관련 책들, 그리고 〈통증 메커니즘 : 새로운 이론(1965)〉, 〈대뇌 피질 재구성의 기능적 중요성과 CI 치료의 병행 개발(2014)〉 등 500여 편이 넘는 연구 논문과 연결되면서, 경이로운 뇌 가소성의 영역으로 빠져들었다. 이 책을 마무리하면서 갖는 소회는 뇌 가소성에 대한 접근이야말로 나의 삶에서 "최고의 선택이자 지혜로서, 매우 흥미롭고 즐거운 작업이었다."는 표현으로 갈음하고자 한다. 앞으로도 당분간은 뇌 가소성이라는 흥미로움의 연못에서 유영(遊泳)해 볼 것이다.

이 책의 중심 개념은 '뇌 신경 가소성'이다. 필자의 바람은 뇌 가소적 변화를 바탕으로 한 현대 통증의학의 '통증 및 치유 메커니즘'을 독자분들이 이해하고 적용할 수 있도록 공유하는 것이다. 만약 충분한 소통이 전제된다면, 과거의 독자에서 성찰을 통한 새로운 독자의 모습(삶)으로 거듭나는 전환점이 되리라 확신한다. 그 산물의 출발은 신체적 활동과 정신적 경험에 의한 자극으로 설계된 비약리적인 요법으로서 맞춤형 '생활루틴'이 될 것이며, 지속적인 피드백을 통한 실행의 결과는 취약한 영역의 뇌 가소적 변화(대뇌피질의 재편성)를 유도하여 일상에서 '건강한 노화'를 만들고 '웰에이징'을 누리는 자유로운 삶으로 이어질 것이다. 필자도 '루틴화된 뇌 가소적 개입' 활동(경쟁적 가소성에 의한 일일 심상화, 의식적 걷기, 눈알 및 혀 굴리기 등)으로 기억력 및 집중 등 인지능력의 향상, 이석증 치유, 손 떨림과 머리 흔듦 방지, 무릎관절 통증제거, 황반변성 현상유지, 위염 및 역류성 식도염 치유 등을 체험했음을 밝혀둔다.

이 책의 구성은 3부 10장으로 구성되었다. 제1부(제1장~제3장)는 통증의 본질적 특성(통증의 불가피성과 주관성)과 통증을 알아야 하는 이유, 통증의 의미와 역할 등 통증이란 무엇인가?라는 일반론과 그 통증을 어떻게 마주할 것인가?라는 '다스림'의 방법론을 언급한다. 제2부(제4장, 제5장)는 '통증 경로 이론'과 '뇌 신경 가소성' 이론으로서 통증에 대한 오해와 진실을 밝히고, 뇌 가소적 변화로서 '통증 메커니즘과 치유 메커니즘'을 공유한다. 제3부(제6장~제10장)는 몸과 마음이라는 통로를 이용한 뇌 가소적 개입을 통해 치유에 이르는 사례를 제시한다. 이와 관련하여 뇌 심리적 요인인 '기대와 희망'이 도파민 시스탬을 촉진하는 플라시보 효과를 살펴보고, 만성통증, 퇴행성 신경질환, 뇌졸중 등에 적용된 치유 메커니즘으로서 뇌 가소적 개입을 실증한다. 마지막으로 치유 메커니즘을 일상에서 적용하기 위한 방법론으로서 '생활루틴'의 설계 및 적용에 대한 내용을 공유한다. 각 1~10장에는 주제와 관련된 전문적인 내용을 부록으로 첨부하였다. 예컨대 뇌가 인식하는 통증과 고통의 의미, 뇌는 미래 예측 기관, 팬필드의 뇌지도와 호문쿨루스, 전정기관 회복사례, 뇌 가소성을 자극하는 탁월한 감각기관 혀, '의식적 걷기'로 제어되는 파킨슨병 장애, CI 요법과 강박장애 치료 등으로 독자의 수준에 따라 참고할 수 있도록 하기 위함이다.

어떻게 읽을 것인가?라는 선택은 독자분들 몫이다. 하지만 필자로서 조언을 드리고 싶다. '**건강한 분**'들이라면, 순서대로 읽되, 주어지는 내용을 어떻게 적용하고 실천할 것인가에 유의하면서 반복하여 읽어보시길 권유드린다. '**만성통증을 경험하는 분**'들이라면, 제2장(알아야 하는 통증, 치유될 수 있는 통증), 제5장(뇌 신경 가소성 이론), 제7장(만성통증을 치유한 뇌 가소적 개입), 제10장(실행을 담보하는 생활 루틴, 누리는 웰에이징)을 중심으로 읽되,

반드시 **경쟁적 가소성의 개념을 적용한 심상화**를 실행해 보시길 바란다. **'퇴행성 질환을 예방** 및 **극복하고자 하는 분'**들이라면, 제5장, 제8장(퇴행성 뇌 신경질환과 뇌 가소적 개입), 제10장을 중심으로 '**의식적 유산소 운동**'에 대한 과학적 근거를 이해하고 맞춤형 생활루틴을 만들어 실행하시길 권유드린다. '**뇌졸중을 치료하고 있는 분**'들이라면 제5장, 제9장(뇌졸중 장애를 극복하는 뇌 가소적 개입)에 중점을 두되, 운동기능 장애를 극복할 수 있는 **CI요법의 원리를 이해하**고 일상에 만연되어 있는 '**학습된 비사용**'을 **극복**(무력화)**할 수 있도록 활용하시길 바란다**.

부족한 점이 많은 졸작일 수도 있지만, 웰에이징을 누리고자 하는 독자분들의 건강한 노화와 웰에이징을 누리는 삶에 도움이 되길 바라면서 다음의 맺음말로 프롤로그를 가름하고자 한다.

만성통증으로 시달리는 집사람에게 도움을 주고자 시작한 뇌 가소성 연구의 끝은 누구보다도 나 자신을 향한 실천지(實踐知)였다. 처음 경험하는 뇌 가소성의 이론은 새로운 학습이라는 정신적 경험이자, 나의 일상에서 적용하는 신체적 활동으로서, 자극을 받은 뇌는 건강한 대뇌피질의 재편성으로 이어지면서 이전보다 맑은 정신과 강한 몸으로 건강한 노화를 만들어 주고 있기 때문이다. 이 작업의 과정에서 뇌 가소성 이론은 통증 및 치유 메커니즘에 무지했던 나를 일깨우고, 이전의 방식과는 다른 새로운 방식의 루틴을 만들어내는 성찰의 과정이었다. 그 산물은 경쟁적 가소성에 의한 '일일 심상화 운동', 퇴행성 질환을 예방하고 치유하는 '인지적 유산소 운동', CI 요법 프로토콜을 적용한 '생활 루틴' 등이다. 이들은 단순한 웰에이징을 위한 바람을 뛰어넘어 부족함을 느끼고 그 부족함을 채우는 실체적 일상이 되었다. 물론 현재의 루틴은 종결된 것이 아니다.

향후에도 추가적인 연구와 나의 신체적 정신적 변화에 맞춰 새로운 루틴으로 거듭날 것이다. 이러한 활동은 앞으로도 노년의 삶을 가꾸어 가는 통찰이자, 나를 지켜주는 수호신이 될 것이라 믿는다.

저 자 씀

차 례

제1부 통증이란 무엇인가? 어떻게 통증을 마주할 것인가?

제2부 통증 메커니즘 그리고 치유 메커니즘

제3부 몸 · 마음에 의한 가소적 개입과 치유

제1부

통증이란 무엇인가?
어떻게 통증을 마주할 것인가?

"고통은 창조의 어머니이다"

- 프리드리히 니체(Friedrich Nietzsche) -

"고통은 인생의 가장 큰 교사이다"

- 조지 버나드 쇼(George Bernard Shaw) -

"고통은 창조의 불꽃이다"

- 헨리 밀러(Henry Miller) -

제1장

피할 수 없는 통증, 나눌 수 없는 고통

이 장은 통증의 본질적인 특징으로서 **'보편성'과 '주관성'**에 대한 이해를 넓히고, 통증을 경험하는 당사자가 **'통증관리'**의 **주체**라는 **당위성을 밝히고자 한다**. 통증은 모두가 피할 수 없는 '불가피한 영역'이자, 누구와도 나눌 수 없는 개인적인 감각으로서 '주관적인 경험'이다. 따라서 통증의 다스림은 **'관조'**가 아닌 **'실행'**의 대상으로, 의료인에게 의존하는 '수동적 자세'에서 벗어나 당사자가 주체가 되는 **'능동적 태도'**가 요구된다.

'통증의 본질적 특성'은 **'역사적 통증관'**을 통해 접근해 본다. 인류 역사의 흐름에서 보여준 통증은 누구나 삶의 과정에서 피할 수 없는 실체이자, 삶을 지배하는 강렬한 고통이었기에, **인간의 저항이자 도전의 대상**이었음을 확인할 것이다. 그래서 인간은 그 통증을 끌어안고 끊임없는 **'자기성찰'**과 불리함을 생존에 유리함으로 전환하려는 의식적 활동에 의한 **'창조적 본능'을 발휘하여 놀라운 의학적 발전**(인류의 역사는 통증의 역사)을 이어왔음을 되돌아볼 것이다.

또한 통증연구 및 뇌 과학을 근거로 통증은 경험하는 사람이 통증이라고 말하는 것이며, 그렇게 말할 때마다 존재하는 주관적 경험임을 입증하고, 그 통증은 현재도 앞으로도 우리 곁에서 함께하는 실체임을 확인할 것이다. 그래서 통증의 '다스림'의 주체는 당사자일 수밖에 없는 당위성을 객관화할 것이다. 이를 위해 다음의 4개 분야로 살펴볼 것이다.

Key Word

웰에이징(Well-Aging), 통증의 보편성과 주관성, 은유로서 통증관, 생물학적 통증관, 뇌와 정신의 복합적 산물로서 통증관, 마취법, 창조적 본능

삶이란? 태어나서 살아가는 동안 **젊어서는 쓰이고, 나이 들면서 서서히 사라져 가는 여정**이 아닐까 한다. 그 유한한 삶의 여정에는 거부할 수 없는 '노화'와 '통증'이 자리하고 있다. 노화는 자연스러운 신체적 변화이지만 불행하게도 노화가 진행될수록 통증이 동반되며, 노년의 삶이 고통으로 강요당하기도 한다. 그래서 고령화 시대의 화두는 **'장수(長壽)'**라기보다는 **'웰에이징(Well-Aging)'**이다. 이는 '나이 듦'의 과정에서 노화를 늦추면서 자유로운 노년의 일상(日常)을 누리고자 하는 자연스러운 욕구이자 권리이다. 이를 이루고자 한다면, 반드시 다스려야 할 대상이 바로 **'통증'**이다.

이러한 바람과 욕구가 반영된 것처럼, 최근 거리를 걷다 보면 **'통증의학과'** 혹은 **'통증클리닉'**이라는 간판이 낯설지 않다. 마취학의 세부 분야 중 하나로 통증을 연구하고, 통증으로부터 시달리는 환자들의 고통을 줄이는 데 초점을 맞춘 병원이다. 새로운 **'통증의학'의 등장**은 고령화 사회에서 나타날 수밖에 없는 **통증에 대한 높은 관심**이기도 하다. 하지만, 무엇보다도 다스림의 대상으로서 통증에 대한 인식이 변화가 크게 반영된 것이라 할 수 있다. 과거에는 통증을 호소하면 예민하다거나, 참을성이 부족하다고 인식되어 통증을 참거나 방치하는 경우가 많았다. 하지만 현대인들은 **통증이 주는 불편함에서 벗어나려는 욕구를 우선시**하는 **변화된 삶 방식이다.**

참고적으로 심리적 고통으로 '아프다고 말하는 것'은 육체적 고통과는 다른 의미를 갖는다. 즉 사람들이 마음이 아프거나 힘든 상황에서 '아프다'라고 표현하는 것은 실제로 몸이 아픈 것과는 다르다는 것이다. 하지만, 심리적 고통은 '불유쾌한 감정'이기에 뇌는 '통증'으로 인식한다. 따라서 필자는 통증과 고통을 동일한 개념으로 사용하고자 한다. 이에 관한 내용은 〈부록 1. 뇌가 인식하는 통증과 고통의 의미〉를 보라.

1-1 통증은 왜 우리에게 이슈가 되는가?

통증이 우리에게 이슈가 되는 이유는 **통증의 본질적인 특성**에 있다. 하나는 **통증은** 누구나 삶의 과정에서 피할 수 없는 '보편성'이며, 다른 하나는 **'주관적인 경험'**이라는 점이다. 인간이라면 누구나 통증을 겪는다. 누구나 경험할 수밖에 없기에 통증은 보편적이다. 인류 역사 속에서도 '통증' 이야기는 동서고금을 막론하고 등장한다. 그래서 **'인류의 역사는 통증의 역사다'**라고도 한다. 한편으로 통증은 당사자만이 느끼는 **'주관적인 경험'**이다. 같은 증상임에도 누군가는 **'통증 역치'**(어떤 자극이 통증으로 느끼기 시작하는 '최소 자극 강도')

가 낮고 누군가는 높다. 같은 상황에도 통증을 더 크게 느끼는 이들이 있고, 그 반대인 경우도 있다. 더 아프거나 덜 아플 수도 있지만, 통증이 진행 중일 때에는 모든 감각이 통증에 집중된다. 누구의 말도, 누구의 위로도 소용이 없다. 경험해 본 이들은 안다. **인간의 고통은 늘 주관적이고 자신의 통증은 늘 100점 만점에 100점이다**. '통증 역치'에 관해서는 〈부록 2. 통증 역치의 개념〉을 보라.

이러한 통증의 '보편성'과 '주관성'을 이해하는 것은 매우 중요하다. 그것은 통증을 이해하기 위한 총론으로서, 통증의 '다스림'을 위한 마음 다짐(통증을 바라보는 프레임)이기 때문이다. 1620년 프랜시스 베이컨은 그의 저서 《신기관(The New Instrument)》을 통해 **'아는 것이 힘'**이라고 했다. '아는 것(지식, 知識)'이 '힘(力, Power)'이 된다는 것은 지식이 자신의 삶을 이롭게 하고 유용하게 만들었을 때이다. 따라서 진정한 **지식은 '실천'**을 의미한다.

경험하는 통증은 그 순간마다 견디기 힘든 고통으로, 삶의 과정에서 누구나 피해 갈 수 없는 신체적 정신적 영역의 부분이다. 통증을 '**인내하는 것**'은 고통 자체에 끌려다니는 것(무릎을 꿇는 비겁함의 自處)이므로 통증은 참아내는 것이 아니라 그 자체에 저항해야 한다. '**저항하는 것**'은 통증을 줄이거나 치유를 향해 가는 '**다스림**'이다. 다스림은 통증을 알고 그 앎을 실행에 옮기는 것이다. 다스림의 '**실행**'은 통증의 굴레에서 벗어나 더 나은 나의 삶, 나의 행복을 찾아가는 출발이다.

실행의 관점에서 **통증은** 주관적인 경험이기에 다스림의 과정은 결코 의사만의 영역이 아니라 **당사자의 영역**이라는 것을 요구하고 명확히 하고 있다. 우리가 경험하고 경험할 수밖에 없는 통증은 '**관조**'(觀照, 바라봄)의 대상이 아니라 웰에이징을 위해 관리하고 극복해야 할 '**실천의 대상**'이다. 그 실행을 위해서는 반드시 통증을 이해해야만 가능하다. 통증을 이해한다는 것은 효과적으로 통증을 관리하고 치유하는 방법을 찾아내고 선택할 수 있다는 것을 의미한다. 이 글을 읽는 독자가 통증의 본질적인 특성을 이해하는 이 시간과 노력 역시, 피할 수 없는 **통증을 치유하고 예방하기 위한 단초이자 실행의 과정**이다.

1-2 통증은 삶의 본질적인 특징 - 피할 수 없는 통증[1)]

역사적으로 중요한 사건을 시간순으로 적은 기록을 '**연대기**(年代記)'라 할 때, 인간의 가장 원초적인 감각 중 하나인 통증에 관한 《통증 연대기》가 있다. 저자는 뉴욕타임스 칼럼니스트이자 소설가인 멜러니 선스트럼(Melanie Thernstrom)이다. **만성통증의 경험자로서** 고대부터 현대에 이르기까지 통증과 관련한 인류의 문화와 역사가 담긴 연대기를 서술하고 있다. 저자 선스트럼은 심각한 류머티즘 질환으로 오랫동안 고통을 받고 이겨낸 통증 전문가다. 그녀는 각종 **진통제로 고통을 다스리지 않고**, 맹렬하게 **통증 일기를 쓰고**, 통증에 대한 **여러 학문의 조언을 받으며**, 스스로 **고통을 받아들이면서 통증을 극복**해냈다. 저자는 이 경험의 과정에서 터득한 '통증이 주는 메시지-통증 바로 보기'를 통증으로부터 고통을 받는 이들과 공유하고자 했다.

인류의 역사는 통증의 역사이기도 하다. 인류의 역사가 시작된 이후 인간은 시시각각으로 찾아오는 통증과 끊임없이 싸워야 했다. 그것은 시련이기도 했고, 신의 저주라고 생각했다. 아마 사람들은 하늘에 대고 외쳤을 것이다. "왜 제게 이런 고통을 주십니까?"라고 하늘에 질문을 던지던 인간은 통증에 저항하면서 도전했고, 잠재된 창조적 본증을 일깨웠다. 그리고 과학의 발달이 그것을 부추겼으며, 지금도 인간은 통증과 싸우고 있다.

선스트럼은 "인간은 오랫동안 통증을 '은유(metaphor)'라고 생각해 왔다."라고 언급한다. **통증을 그 자체로 보는 것이 아니라 통증 이면에 '무언가 깊은 뜻'이 담겨 있는 메시지**로 보았다는 뜻이다.

예를 들어 고대 메소포타미아에서는 날개를 활짝 펼친 '마신(魔神)이 통증을 일으킨다'고 여겼고, 바빌로니아인들은 치통이 찾아오면 '귀신이 영혼을 갉아먹고 있다'고 생각했다. 이러한 신화나 종교적인 해석에서 통증은 인간의 죄악이나 하느님의 징벌로서, 인류가 에덴동산에서 추방된 후에 시작된 것으로 믿기도 했다. 과거 인류는 통증을 선과 악의 투쟁, 자신이 믿는 신과 악마의 투쟁으로 생각한 것이다. 그래서 19세기 중반에 마취약이 처음 도입될 때, 일부 사람들은 통증을 방해하는 것은 하나님의 뜻을 거스르는 사탄의 활동으로 간주하였다. 이 때문에 통증에 대해 과학이 아닌 철학적이고 종교적인 문제로 바라보는 시각이 강했다.

이러한 '은유로서 통증관'이 무너진 계기는 **'마취법'이 발견**되면서다. 17세기까지만 해도

---

1) 「매일경제」, "인류의 역사는 통증과의 투쟁이었다." 2011.11.21; 「한겨레」, "귀 기울이라, 모든 고통은 위대할지니", 2013.03.15.

외과수술은 '**끔찍함**' 그 자체였다. 1820년 애든버러 의과대학을 다니던 찰스 다윈은 외과수술을 참관하다 견디지 못하고 뛰쳐나온다. 이 사건은 그에게 의사가 아닌 생물학자가 되게 한 중요한 계기가 됐다. 하지만 마취법이 개발되면서 사람들은 통증을 정면으로 바라보기 시작했다. 이에 대해, 선스트럼은 "과학이 성자와 죄인의 고통을 두루 몰아내자, 통증은 고대의 의미를 잃었다. 신의 손을 떠난 통증은 고난도 시험도 아닌, 인간이 통제할 수 있는 생물학적 현상으로 전락했다."고 말했다.

과거에는 통증을 신의 의지나 고난의 표현으로 여기는 '은유로서 통증관'이 지배적이었지만, 마취법이 발견되어 마취로 통증을 제거할 수 있게 되자, 사람들은 통증을 더 이상 신의 뜻이나 고난의 상징으로 보지 않게 되었다. 통증을 생물학적 현상으로 인간이 통제할 수 있는 대상으로 바라보게 된 것이다.

과거에는 마취제가 없으므로 마취를 하지 않고 수술을 하였고 대부분 사지 절단술과 같은 간단한 수술이 주를 이루었다. 하지만 마취제나 진통제가 없어 극심한 고통이 동반할 수밖에 없었다. 이러한 상황에서 마취법이 어느 날 갑자기 나타난 것은 아니었다. 처음 마취에 대한 아이디어를 생각한 사람들이 시도한 방법은 의식을 잃게 만드는 '**진탕 마취**'였다. 환자 턱을 가격해서 기절시키거나, 머리에 가죽 모자를 씌우고 나무망치로 때리는 것이었다. 효과는 없었다. 환자를 기절시킬 수는 있었지만 오히려 더 큰 상처를 입거나, 영영 못 깨어나거나, 심한 후유증을 겪어야 했다. 마취법의 혁명은 19세기 중반에 '아산화질소'(Nitrous Oxide, 웃음 가스)*, '에테르'(Ether)** 등이 발견되고 이를 '**기체마취제**'로 사용하면서 시작되었다.

* 1844년 미국 코네티컷주에서 열린 파티 '웃음 가스 쇼'에 방문한 치과의사 호레이스 웰스(Horace wells)는 웃음 가스를 마신 사람이 다리를 다쳐 피를 흘리는데도 통증을 느끼지 못하는 모습을 목격하게 된다. 그는 다음 날 웃음 가스를 들이마시고, 자신의 사랑니를 뽑았는데 통증을 전혀 느껴지지 않는다는 사실을 발견했다. 이후 1870년 미국 치과협회로부터 최초의 마취제로 인정받았다.

** 웰스 제자인 윌리엄 모턴(William Morton)은 아산화질소 대신 에테르를 마취제로 이용하는 연구를 진행했다. 1846년 매사추세츠 병원에서 세계 최초로 솜에 묻힌 에테르를 흡입시켜 의식을 잃게 한 뒤 목의 종양을 제거하는 수술에 성공했다. 이후 에테르는 우수한 마취제로 널리 이용되기 시작했다. 19세기 후반에는 더 안전하고 강력한 '클로로포름'(Chloroform)'을 이용한 무통 분만법이 개발되어 사용되었다. 20세기 초에는 코카인 등 '국소마취제'가 개발되어 '부분마취'가 가능해졌고 현재는 '전신마취'도 일반화되었다. 마취법의 개발은 의학의 중요한 분야로서 현대 통증의학의 발전으로 이어졌다(《역사로 알아보는 약 이야기, 마취제》, 2022.05.16.).

이처럼 경험하는 통증은 인간에게 생존을 위한 엄청난 고통이었기에 인류에게 저항할 수밖에 없는 **도전의 대상**이었다. 끊임없는 인류의 도전은 경이적인 의학 발전으로 이어졌다. 그래서 통증 예방법이 연구되고, 통증을 줄여주는 마취제와 치료 의약품이 혁신적으로 개발되었다. 현대 통증의학은 **"통증은 뇌 자체에서 감지되는 것이 아니라 뇌가 통증을 생성한다는 것"**을 입증하는 비약적인 발전과 성과를 이루어냈다. 최근에는 뇌를 들여다보면서 자극(신체적·정신적 자극)에 의한 뇌의 생화학적 변화(신경회로의 재구성 및 재편성, 대뇌피질의 재조직 등)를 촉진하는 치료법 등이 개발되면서 치유의 영역을 확장해 가고 있다. 또한 **'기대와 희망'**이라는 심리적 요인이 뇌를 깨워 통증을 치유하는 **'플라시보 효과'**의 존재도 밝혀냈다. 결과적으로 인류는 통증을 끌어안고 역사를 이어온 셈이다. 하지만 앞으로도 통증은 우리 곁을 떠나지 않을 것이다.

선스트럼은 통증이 인간 존재의 본질이라 한다. 통증은 단순한 신체적 고통을 넘어서, 우리의 존재와 삶의 의미에 대한 깊은 성찰을 주기 때문이다. 그 성찰은 통증을 통해 우리의 존재를 상기시키고, 우리가 느끼는 고통은 삶의 불가피한 부분으로서 우리 삶의 소중함을 자각하게 한다는 것이다.

통증은 인간이 갖는 육체적인 한계와 더불어 우리가 살아가는 동안 일상적으로 마주할 수밖에 없는 존재이다. 그러하기에 일부 사람들은 태어나서부터 마지막 순간까지 계속해서 **통증과 싸울 수밖에 없다는 것**이다. 통증은 경험하는 당사자에게 고통받는 삶과 죽음의 두려움을 강요하지만, 상대적으로 삶의 불안정성을 상기시킴으로써 직면한 '통증과 두려움'을 떨쳐내기 위한 도전을 불러일으킨다. 그래서 **통증은** 자신의 건강과 안전을 보호하려는 **'생존 메커니즘'**으로, 우리에게 **어떤 위협으로부터 벗어나 더 건강한 삶을 유지하도록 도와주는 역할**을 한다. 통증은 단순히 해로운 자극에 반응하는 반사적인 현상이라기 보기보다는 **'몸의 총체적인 상태에 대한 파수꾼'**으로 이해되어야 한다는 것이다.

통증을 파수꾼으로 이해한다면, 얻을 수 있는 유용한 것들은 다양하다. 통증은 심리적·정서적 요인 등 당사자의 내면세계와 연결되어 있기에 자신의 삶을 되돌아볼 기회를 준다. 삶의 되새김은 유한한 삶과 그 삶의 소중함을 상기시키고, 고통 속에서도 의미를 찾으며, 스스로 통증 관리의 주체로서 해결책을 찾고 실천하면서, 통증의 속박으로부터 좀 더 자유로운 삶을 누릴 수 있게 된다.

1-3 통증은 나눌 수 없는 고통 - 주관적인 경험

육체적 고통은 때때로 존재 자체를 흔들어 버릴 만큼 강력하다. 하지만 고통의 양상과 강도를 말로 표현하기란 쉽지 않다. 《고통받는 몸》의 저자인 하버드대학교 교수 일레인 스캐리(Elaine Scarry)는 "**육체적 고통에는 목소리가 없다**"고 말한다. 그래서 **타인의 고통**은 **'나'에게 비현실적**이다. 이 세상에서 날마다 누군가 고통받는다고 해도, 심지어 그 고통이 불과 몇 센티미터 떨어진 바로 옆 사람에게 발생할 때조차도 우리는 그것을 감각으로 확인할 수 없기에 막연하고도 대수롭지 않게 여긴다. 이처럼 고통은 사람과 사람 사이에 단절을 일으킨다.

인간의 감정, 신체 상태는 자신 이외의 어떤 공유할 수 있는 대상을 향해 나아간다. 미움, 두려움, 사랑 등은 누구 또는 무엇이라는 대상이 있다. 그냥 사랑하는 것이 아니라 누군가를 사랑하는 것이다. 하지만 고통은 무언가에 대한 것이거나 무언가를 향한 것이 아니다. '말할 수 없음'이 고통의 본성이다. 그래서 고통(통증)을 나눌 수 없다.2)

무언가를 나누기 위해서는 선행되어야 할 것이 있다. 그것은 **'말하기'**다. 고통을 나누기 위해서는 말을 해야 한다. 그러나 《고통을 나눌 수 있는가》의 저자 엄기호는 **"고통은 말할 수 없다"**고 한다. 왜 고통은 말할 수 없을까? 말을 하려면 언어가 필요하다. 인간은 언어를 사용함으로써 의미를 전달한다. 그리고 전달된 의미는 나와 타인이 공유함으로써 하나의 공통된 세계(시간과 공간)를 구축한다. 이 세계를 통해 소통하면서 실존의 문제를 해결하고 극복해 낼 수 있다.

그러나 고통은 세계를 구축하는 것이 불가능하다. 고통을 말할 수 있는 언어가 없기 때문이다. 고통에 빠진 사람들은 자신의 상태를 전달하기 위해 언어를 찾는다. 그들은 고통스러울 때 다른 말을 찾지 못한 채 '악!' 같은 외마디 '소리(비명)'을 내지른다. 애환(고통)을 담아 울부짖는 것이다. 그러나 소리는 언어가 아니다. 소리에는 의미가 없기 때문이다. 모두가 알아듣고 공감할 수 있는 고통의 언어는 존재하지 않는다. 고통이 몸과 마음을 모두 장악하면 눈앞에 다른 타자들은 보이지 않는다. 오직 고통만이 타자로서 존재할 뿐이다.3)

통증은 객관적으로 측정될 수 없고, 당사자의 말과 행동에 의존할 수밖에 없는 '주관적이고 개인적인 경험'이다. 이는 통증이 매우 까탈스럽고 변덕이 심하다는 것이다. 같은 통증

---

2) 「경향신문」, "'표현될 수 없음'이라는 고통의 본성에 저항하라", 2018.10.05.
3) 「brunchstory」, "[서평] 고통은 나눌 수 있는가-고통과 함께함에 대한 성찰", 2020.11.16.

이라도 당사자의 상태에 따라 어떤 경우에는 견딜만하고 어떤 경우에는 참기 힘들 때가 있다. 또한 같은 정도의 통증에 대해 어떤 사람은 크게 불편하게 느끼지 않지만, 어떤 사람은 그 통증으로 정상적인 생활이 어려울 정도로 심하게 느끼는 사람이 있다. 동일한 상황(정도)의 통증임에도 불구하고 사람마다 느끼는 '통증의 정도'가 다른 매우 **'주관적인 경험'**이다. 이러한 관점에 의학계는 대체로 동의하고 있다. 예컨대 간호 통증 관리의 선구자였던 맥카프리(McCaffery, 1979)는 그의 저서 《통증환자 간호관리》를 통해 "**통증은 경험하는 사람이 통증이라고 말하는 것이고 그렇게 말할 때마다 존재하는 것이다.**" "통증을 느끼는 환자의 믿음을 존중해 주어야 한다."라며, 환자의 통증을 경청하고 존중해 주어야 한다고 강조하고 있다.[4] 미국의 밀러(A. C. Miller, 1984) 교수는 통증의 생물심리학적 측면과 간호사의 역할에 관한 논문에서 통증에 대해 "당사자가 가지고 있는 통증에 대한 내성과 과거 경험, 문화적 배경, 심리상태 등에 따라 통증인지와 표현이 달라질 수 있다."고 밝히고 있다.[5]

뇌 과학 관점에서도 '통증이 왜 주관적인지?' 쉽게 이해가 된다. 서울대병원 마취통증의학과 이상철 교수에 의하면 미국의 한 학술지에서 사람에게 통증을 유발할 수 있는 자극을 준 다음 뇌의 MRI를 촬영해 사람마다 어떤 차이가 유도되는가를 조사한 연구가 이루어졌다. 연구결과는 "**동일한 자극에 대해 통증을 감지하는 대뇌 영역의 활성화 정도가 차이가 있다.**"는 것이 관찰되었다. 통증이 예민한 사람은 통증 감지 영역이 활성화되었고 둔감한 사람은 예민한 사람보다 상대적으로 약한 활성을 보였다. 이 실험 결과는 통증을 유발하는 상황이 동일해도 개개인이 느끼는 통증 강도는 차이가 있음을 과학적으로 입증하고 있다. 통증에 대한 과거 경험이나, 환자의 심리적 정신적 상태, 기분 등도 통증 강도 차이를 느끼는 원인이 될 수 있음을 의미한다.[6]

《뇌 속에 또 다른 뇌가 있다》 저자인 한양대학교 교수인 장동선 박사에 따르면, "**우리는 같은 것을 보고도 왜 다른 세상을 경험하는가?**"라는 질문에 "우리는 '**지각**'[7]과 '**인지**'[8] 과정을 거쳐야 세상을 경험할 수 있으며, 똑같은 것을 보더라도 '지각과 인지 과정'이 서로

---

4) 최의순 · 김상돌, "통증 개념 분석", 「여성건강간호학회지」, Vol.7(3). pp.284-292. 2001.

5) Miller, A. C., "The biopsychological aspects of pain and the role of the nurse", Nursing Clinics of North America Vol.19(2), pp.289-302, 1984.

6) 「SNUH 서울대학교병원-건강 TV」, "통증, 참는 것만이 미덕인가?", http://www.snuh.org/ health/ tv/ view.do?seq_no=38

7) 지각은 감각기관을 통해 외부 세계의 정보를 받아들이고 해석하는 감각 자극에 대한 초기 처리과정이며, 감각 정보의 획득과 해석에 초점을 맞춘다. 이는 시간적으로 빠르게 일어나는 과정이며 의식적으로 일어난다.

8) 인지는 정보를 받아들이고 이해하며, 문제를 해결하고 의사결정을 내리는 정신적 과정이다. 지각을 포함하여 기억, 학습, 언어, 추론, 문제해결 등 광범위하게 지각된 정보를 처리하고 이해하는 정신 과정이다. 따라서 지각에 비해 상대적으로 느리게 진행되며, 의식적 무의식적 과정을 포함한다.

다를 수 있기 때문"이라고 말한다.

예컨대 피실험 기계(AI)와 피실험자 100명을 대상으로 '같은 색'을 보여주는 경우 어떤 결과가 나올 것인가? 같은 알고리즘의 기계인 인공지능은 동일한 답이 도출될 것이다. 반면 피실험자는 각기 다른 답변이 도출된다는 것이다. 예를 들면 피실험자에게 '빨강 색'을 보여주는 경우 인간의 뇌는 빨강 색이지만 사람마다 미세한 차이가 있다. 같은 빨강 색이지만 '각기 다른 인지'를 보인다. 즉 뇌는 경험(인지)에 따라 보이는 것이 달라진다.[9]

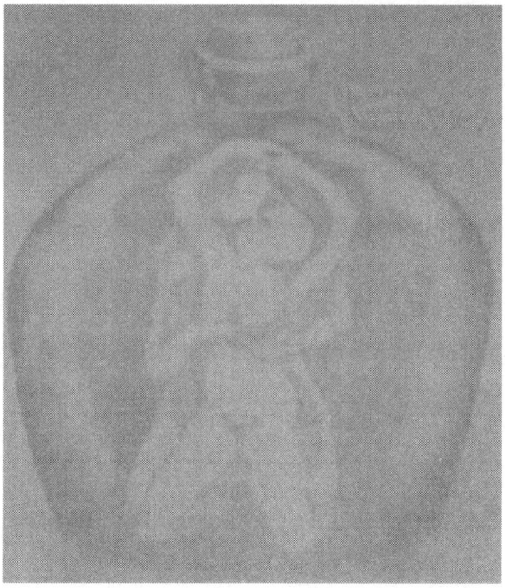

출처 : https://www.thereport.co.kr/news/articleView.html?idxno=5537

위 그림을 보자. 일반적으로 성인들은 **'남녀의 포옹'**으로 연상하게 된다. 그렇다면 초등학생들에게 위의 그림을 보여준다면 무엇이라고 답을 할까? 아이들은 '남녀의 포옹'이 보이지 않는다. 애들아! 뭐가 보이니? 라고 물으면 "**돌고래 9마리요**!(돌고래 페밀리)"라고 답한다.

그런데 어른들은 돌고래가 잘 보이지 않는다. 그것은 '돌고래'보다는 '남녀 간의 애정' 또는 '사랑'이 주된 관심사이기 때문이다.

9) "경험에 따라 그림이 다르게 보인다고요?", https://www.youtube.com/watch?v=SL1Xe3Asrv8

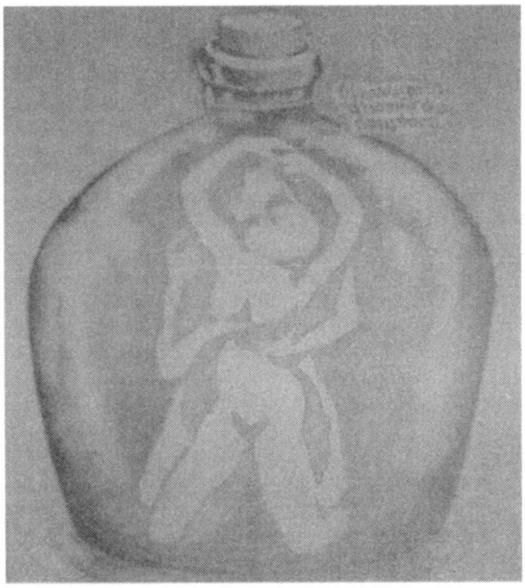

어른과 아이들의 차이가 발생한 이유는 무엇일까? 외부 세계로부터 수많은 정보를 인지할 때 **경험한 것들에 의해 세상을 보기 때문이다**. 이러한 학습으로 뇌의 패턴이 만들어지게 되면 어떠한 일이 벌어지는가? **"뇌가 예측(유추)한 대로 보게 된다."**는 것이다.

우리 뇌는 습득한 사전 지식을 이용해 유의미하다고 추정되는 신호를 선별하고 해석한다. 가령 시각장애인이 별안간 볼 수 있게 된다고 가정한다면 우리가 보는 것과 같은 것을 볼까? 아니다. 우리와 전혀 다른 것을 보게 된다. 그의 뇌에 입력된 시각정보가 없기 때문이다. 우리와 같은 것을 보려면 그는 신생아와 같은 단계에서 맨 처음부터 다시 시작해야 한다. 경험이 쌓이고 세상에 섞인 다채로운 정보가 쌓이면 비로소 세상을 바라보는 감각이 생겨나고 뇌 속에 해당 신경섬유가 새롭게 형성되어야 한다. 경험이 감각과 보는 것에 영향을 미친다는 결론이다.

뇌 과학 관점에서 **"뇌는 습득한 정보를 토대로 인지하고 지각한다."**는 의미를 '통증'과 연계시켜 생각해 보자! 떡볶이를 좋아하는 사람은 이미 뇌가 그 맛을 인지하고 있기에 떡볶이를 보면 침이 고이듯 반응을 하게 된다. 통증은 뇌가 생성하는 것으로 뇌가 인지(경험)했다면 유사한 상황이 발생하게 될 경우 뇌는 즉각적으로 통증을 생성하게 된다.

그런데 뇌가 학습한 통증은 인지된 사람마다 천차만별로 다양하다. 그러므로 통증을 경험한 사람은 경험하지 않은 사람에 비해 같은 통증이라도 민감하게 반응하게 되며, 견디기 힘들 만큼 심한 통증을 경험한 사람은 그 반응 정도가 더욱 민감하게 된다. 즉 **한 번 학습된**

인지가 계속적인 통증을 만들어 낼 수 있다(신경지문)**는 것**이다. 따라서 통증을 완화하고 치료한다는 것은 뇌에 인지된 정보를 바꾸거나 통증 인지를 줄이거나 비울 때 가능한 일임을 의미한다.

부산광역시 동구 소재「힘내라 병원」황진호 원장에 의하면, 왼쪽 다리가 저려서 왔다는 30대 여성 환자를 진료했다. MRI 촬영 결과 4-5번 디스크가 터져 있었다. 그래서 "3개월이면 완치되니 너무 걱정하지 마세요"라며 '신경형성술'(척추신경 주위에 있는 불필요한 조직을 기계적, 화학적인 방법으로 제거하는 치료법)을 하였다. 그런데 3개월이 지난 뒤에도 환자는 계속 통증을 호소하였다. 그래서 MRI를 재촬영을 해보니 터진 디스크가 말끔하게 흡수되어 완치된 것으로 나왔다. 환자에게 MRI를 보여주면서 "이상이 없음을 설명하고 왜 통증이 있다는 것인지 이해하기 어렵다."라고 설명을 하였다. 집으로 돌아간 환자는 일주일 뒤에 내원하여 "더이상 아프지 않다."고 했다.

어떻게 이러한 결과가 나왔을까? 일주일 전의 환자의 뇌는 "디스크가 터져 있다"고 인지하고 있어서 계속 통증을 느꼈었다. 그러나 수술결과 확인된 MRI로 '디스크가 없어진 것'을 인지한 뇌는 기존의 인지된 정보를 삭제하였기에 통증이 사라진 것이다.

1-4 통증의 본질적 특징이 주는 '생각거리'

통증의 본질적 특성으로부터 우리는 어떤 '생각거리'를 찾아내야만 한다. 그 생각거리를 얻어야 하는 이유는 무엇인가? 그것은 '삶의 본질이자, 주관적인 경험'으로 객관화된 '**통증**'은 결코 바라만 보는 '**관조**(觀照)**의 대상**'**이 아니라** '**실천**(實踐)**의 대상**'**이며,** '**인내의 대상**'이 아니라 '**극복해야 할 대상**'이기 때문이다. 이러한 인식과 태도는 "퇴화한 집오리의 한유(閑遊, 한가히 노니는 것) 보다는 무익조(無翼鳥, 날개 없는 새)의 비상하려는 몸부림"과 같은 창조적 본능으로 통증을 이겨내는 삶의 지혜라 할 것이다.

통증의 보편성과 주관성이 우리에게 주는 생각거리는 크게 두 가지 정도이다. 하나는 통증이 누구나 피할 수 없는 삶의 본질적인 특징(통증의 보편성)이기에 일상에서 실천으로 관리해야 할 대상이라는 사실에 대해 공감과 이해가 필요하다는 점이다. 다른 하나는 통증이 개인이 직접 경험하는 감각이라는 점에서 동일한 상황에서도 개인차가 존재할 수밖에 없는 주관성은 중시되어야 하며, 이를 잘 알고 느끼는 당사자가 통증 관리의 주체라는 능동적 자세를 견지해야 한다는 점이다.

통증은 누구나 피할 수 없는 고통이지만 한편으로 우리에게 유한한 삶의 소중함을 상기시킨다. 그 한정된 삶의 소중함은 통증에 구속된 삶보다 더 자유롭고 더 나은 삶을 추구하게 한다. 통증은 단순한 신체적 조직 손상만을 의미하는 것이 아니라, 심리적 · 정서적 · 사회적 요인에 영향을 받는 '주관적인 경험'으로서 자신의 내면세계와 연결되어 있다. 그래서 통증은 자아와 인생에 대한 성찰의 계기를 마련해 준다. 통증은 단순한 부정적인 경험이 아니다. 통증은 자신의 보호하기 위한 생존 메커니즘으로서의 반응이다. 그 통증을 경험하는 당사자는 통증 관리의 주체로서, 치료 및 관리 방법을 실행하고 예방 조치로 웰에이징을 추구하게 하는 긍정적인 경험이다.

통증의 본질적 특성을 이해하는 것은 나의 삶을 이롭고 유익하게 만드는 실천적인 참된 지식이라 할 것이다. **통증을 의사의 전유물로 여기고 고통을 바라다보면 '두려운 것'**이지만, 통증을 **스스로 치유의 대상으로 맞이한다면** 두려운 것이 아니라, 이전보다 나은 **새로운 삶의 기쁨을 안겨주는 '창조적 본능'**으로 이어질 것이다.

부록 1 뇌가 인식하는 통증과 고통의 의미

통증의 정의는 "단순한 유해 자극에 대한 통각으로서의 의미가 아니라 **통각과 감정이 복합적으로 작용한 증후(증상, 기미)**"[10]라 한다. 이는 세계통증연구학회(IASP)에서 공식화한 '통증'의 정의와 그 맥락을 같이하고 있다.

통증(Pain)과 고통(Suffering)은 밀접하게 연관된 개념이지만 구분되는 특징이 있다. 통증은 신체적 자극으로 발생하는 불유쾌한 감각적 경험이며, 이는 신체 손상이나 질병으로 인해 야기되는 생리적 반응이다. 반면 고통은 통증을 포함하는 보다 광범위한 개념이다. 고통은 신체적 통증뿐만 아니라 정신적, 심리적 고통까지 포함한다. 이는 개인의 주관적 경험이며 삶의 의미 상실, 우울, 불안 등의 감정적 반응을 포함하고 있음을 의미한다. 즉 통증은 신체적 자극에 의한 감각적 경험인 반면 고통은 통증에 수반되는 정신적, 심리적 경험까지 포괄하는 개념이다. 이처럼 통증과 고통은 상호 연관되어 있다. 따라서 통증 관리는 신체적 통증뿐만 아니라 정신적 고통까지 고려해야 한다.

이와 관련된 대표적인 연구로는 로널드 멜잭(Ronald Melzack)과 패트릭 월(Patrick Wall)의 '관문 통제 이론', 에릭 카셀(Eric Cassell)의 '고통의 본질', 어빈 얄롬(Irvin Yalom)의 '실존적 고통' 등이 있다.

멜잭과 월은 1965년 발표한 '게이트 이론'에서 **"통증이 단순한 감각적 경험이 아니라 복합적인 신경생리학적 과정"**이라고 주장했다. 통증은 단순히 말초 수용기에서 발생한 통각 그 자체가 아니라 중추신경계에 의해 상 · 하행성 통증 경로에서 조절(심리적 정서적인 요인)된 통각이라는 것이다. 이에 관한 세부 내용은 제4장 '통증 경로 이론'을 참고하기 바란다.

카젤은 1982년 발표한 《고통의 본질》이라는 저서에서 "고통을 신체적 통증뿐만 아니라 정신적, 사회적, 영적 고통까지 포괄하는 개념으로 정의"하면서 **"고통이 개인의 주관적 경험이며, 삶의 의미와 밀접하게 연관된다"**고 주장했다.

얄롬은 1980년대부터 실존주의 심리학 관점에서 고통을 다루었다. 그는 《실존적 정신요법, 1980》, 《집단 정신요법, 2005》, 《삶의 의미를 찾아서, 2008》의 저서를 통해 **'실존적 고통'**을 주장했다. **고통은 단순한 신체적 통증을 넘어서는 보다 근원적인 인간의 고통이라는 것**이다. 인간이 직면하는 실존적 문제들, 즉 죽음, 자유, 고립, 무의미 등에 대한 불안과 공포가 실존적 고통의

10) 이양균, "통증의 정의와 분류", 「CLINCAL PAIN」, Vol.1, No.1, p.1, 2002.

근원이라고 보았다. 예를 들어 말기 환자가 겪는 신체적 통증은 단순히 생리적인 문제만이 아니라, 죽음에 대한 공포와 불안, 삶의 의미 상실 등 실존적 차원의 고통이 복합적으로 작용하게 된다. 그래서 통증 관리에 있어서 단순히 생리적 증상 완화에 그치는 것이 아니라, 개인의 실존적 고민과 갈등에 대한 이해와 접근이 필요하다고 주장했다.

왕따(사회적 배제)를 당하는 **'사회적 고통의 뇌 기반'**과 **'신체적 고통의 뇌 기반'**이 유사하다는 걸 증명한 임상시험 결과가 있다. 2003년 미국 캘리포니아대 심리학과 나오미 아이젠버거(Naomi Eisenberger) 교수팀은 '사이버볼'(세 사람이 서로 축구공을 주고받는 놀이)이라는 컴퓨터 게임을 통해 따돌림을 당하는 상황을 만든 뒤 뇌의 활동을 fMRI로 촬영하여 분석하였다.[11] 사이버볼 게임은 공을 주고받는 파트너가 다른 방에서 참여하고 있는 피험자라고 알려줬지만, 사실은 실제 사람이 아니라 컴퓨터 프로그램에 설정된 가상 인물들이다. 왕따를 당하는 조건은 피험자가 처음 몇 차례 패스를 받은 뒤부터는 공을 받지 못하고 게임에서 소외당하는 프로그램이다.

이 연구에 따르면 왕따를 당한 사람의 **'전대상피질'이 활성화**되었다. 이 부위는 '신체적인 자극(통증)'이 주어지면 활성화되는 통증을 담당하는 영역이다. 이러한 결과는 경험하는 '신체적 통증'과 왕따와 같은 '심리적(정신적) 고통'이 다르지만, 뇌는 정신적인 고통도 통증으로 인식한다고 볼 수 있다. 심리적 고통으로 아프다고 말하는 건 육체적 고통의 관점에서는 '은유'라는 뜻이지만, 심리적 고통은 불유쾌한 감정이기에 뇌는 '통증'으로 인식하는 것이다.

이처럼 통증과 고통의 개념은 다양한 학자들에 의해 연구되었으며, 이를 통해 통증 관리에 신체적인 통각에 추가하여 정신적 · 심리적으로 느끼는 고통까지도 포함하는 폭넓은 접근이 필요하다는 것을 강조하고 있다. 따라서 이 책에서는 **통증과 고통을 동일한 용어로 사용**하고자 한다.

11) NI Eisenberger, et al., "Does Rejection Hurt? An fMRI Study of Social Exclusion", Science Vol 302(5643), pp.290-292, 2003.; 「브레인미디어」, "왕따 당하면 실제로 아프다고?", 2013.01.13. : 「동아사이언스」, "뇌는 정말 신체적 고통과 정신적 고통을 구별하지 못할까?", 2014.12.01.

부록 2 '통증 역치'의 개념

'통증'을 이해하기 위한 중요한 개념이 바로 '역치(閾値, Threshold Value)'다. 이는 주어진 조건에서 간신히 고통스러운 감각을 유발하는 자극의 양으로 정의된다.12) 즉 생물이 자극(외부 환경의 변화)에 대해 어떤 **반응(흥분)을 일으키는 데 필요한 최소 자극의 세기를 말하며** '문턱값'이라고도 한다.13) 통증 역치는 "어떤 자극이 고통스러운 것(통증)으로 느끼는 **자극의 최소 강도**"로 정의된다.

개인이 느끼는 통증을 감지하기 시작하는 최소한의 자극 수준(정도)을 의미한다. 만약 약한 자극에도 통증을 느끼면 '통증 역치가 낮은 것'이며, 강한 자극일 때 통증을 느낀다면 '통증 역치가 높은 것'이다. 그러므로 '**통증 역치가 높다는 것**'은 신체적 정신적으로 매우 '**긍정적인 상태**'이며, '**통증 역치가 낮다는 것**'은 그 만큼 통증으로부터 고통을 많이 받는 '**부정적인 상태**'라고 할 수 있다.

통증 역치는 유해 자극, 정서적 · 심리적 요인과 과거의 통증 경험 등 많은 요인이 복합적으로 작용하여 나타나는 것이다. 다만, 그 정도는 개인에 따라 다르다. 따라서, 모든 사람에게 일률적으로 적용하여 평가 및 해석하는 것은 매우 어려운 문제다. 통증 역치가 개인마다 다르게 나타나는 이유는 '신경 민감도', '심리적 요인', '경험과 학습', '유전적 요인' 등을 들 수 있다.

예컨대 신경이 더 민감한 일부 사람들은 작은 자극에도 강한 통증을 느낄 수 있으며, 스트레스 · 불안 · 우울 등 부정적 심리 상태에서는 통증 역치가 낮아져 작은 자극에도 통증을 느낄 수 있다. 또한 과거에 심각한 통증을 경험한 사람은 유사한 자극에도 더 민감하게 반응할 수 있다. 유전적인 요인도 빼놓을 수 없다. 일부 연구에 따르면, 특정 유전자 변이가 있는 사람들은 통증에 더 민감할 수 있다는 것이다.

통증은 **개인이 경험하는 주관적인 '감각'**이기 때문에 통증을 경험하고 있는 본인 외에는 그 누구도 그 정도나 양상을 **공유할 수 없는 주관적인 경험**이다. 하지만, 통증의 기준이나 척도는 주관적인 통증을 객관적으로 **'평가 및 소통'**하고, 효과적인 '**치료**(치유) **계획을 수립**'하며, '**통증**

---

12) JD Hardy, et al., "The pain threshold in man", American Journal of Psychiatry Vol.99(5), 1943, https://doi.org/10.1176/ajp.99.5.744

13) 역치의 개념은 오징어를 통한 실험에서 발견되었다. 영국의 호지킨(Alan Lloyd Hodgkin)과 헉슬리(Sir Andrew Huxley)라는 두 학자도 바로 그 오징어를 대상으로 역치라고 하는 자극 반응법칙을 발견했다. 오징어의 신경에 전류로 자극을 주는 실험을 해보면 9.9까지는 꿈쩍도 안 하다가 10이 되는 그 순간에 바로 꿈틀거리기 시작한다. 자극에 대한 반응이 시작되는 바로 그 지점을 역치라고 한다. https://www.dongascience.com/news.php?idx=-5609551(검색일, 2023.02.21.)

연구와 정책 수립' 등을 위해 필요하다. 이를 위해 통증을 객관적으로 공유하고 정도를 판단할 수 있도록 '통증이 없는 상태를 0, 가능한 최악의 통증 정도를 10'으로 계량화한 도구가 바로 아래 그림과 같은 '**통증 평가 척도**'이다.[14]

[통증 평가 척도(Pain Measurement Scale)]

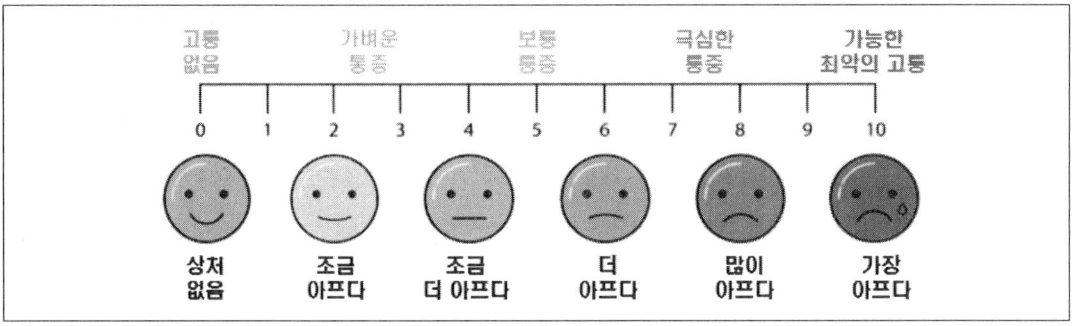

그림 출처 : Shutterstock, 그림 자료를 저자가 수정 및 보완하였음

일반적으로 의료진은 1~4점 정도는 경증, 5~6점 정도는 중증도, 7~10점 정도는 중증인 것으로 판단한다. 통증 역치가 높은 사람은 같은 정도의 통증이라도 덜 고통스럽다. 따라서 만성통증 환자들뿐만 아니라 누구에게나 통증 역치를 높이도록 하는 다양한 방법을 강구하는 것이 웰에이징을 위한 중요한 수단이자 활동이 될 것이다.

통증 역치를 높이는 방법은 '약물 요법'(의사들의 전문 영역)과 '비약물 요법'이 있다. 일상에서 권장되는 보다 유효한 수단은 비약물 요법이며, 여기에는 **인지행동치료, 유산소 운동, 바이오피드백**,[15] **이완훈련**[16](불안, 스트레스 및 통증 등을 완화시키는 훈련), **명상 요법** 등이 제시되고 있다.[17]

---

14) 「간호사의 일급비밀」, "NRS 통증척도 이론적 근거", 2021.08.22.

15) 바이오피드백 요법이란 자율신경계와 관련된 근육 긴장도, 뇌파, 심박수, 피부 저항도, 체온, 호흡 횟수 등의 각종 생리현상을 컴퓨터를 통하여 직접 보고 듣고 느끼면서 스스로 훈련을 통해 이를 조절할 수 있도록 도와주는 치료 방법이다. 따라서 약물에 의지하지 않고 환자 자신의 능동적인 참여로 질병의 치료가 가능하게 해준다. 대개 이완 요법만 단독으로 하는 것보다는 바이오피드백 요법을 병용할 때 더욱 효과적으로 자율신경계의 기능을 조절할 수 있다. 「대한수면의학회」, https://www. sleep.or.kr/html/?pmode=Biofeedback

16) 손정락, "행동이완훈련과 평가", 한국심리학회지, Vol.30, No.4, p.973, 2011.

17) 「medifomews」, "섬유근통 증후군", 2005.02.21.

제2장

알아야 하는 통증 - 치유될 수 있는 통증

이 장은 우리가 **"경험하는 통증을 어떻게 마주할 것인가"**라는 물음의 실마리를 찾기 위해 **'통증을 알아야 하는 이유'**를 정리해 보고, 그 실례로서 **'만성통증'**이 부정적 뇌 가소적 변화로 인한 **'변형된 신경회로의 오작동'**임을 밝히고, **긍정적 뇌 가소적 변화를 유도하여 치유될 수 있음을 입증할 것이다.**

통증은 단순한 신체적인 고통(첫번째 화살)만이 아니라, 불안, 우울, 공포 등 불쾌한 감정(두번째 화살)과 매개될(끌어들일) 경우 통증을 증폭시키는 복잡하고 까다로운 존재이다. 통증을 마주하기 위해서는 선행조건으로 "통증을 이해하고, 알아야만 한다"는 것이다. 이를 위해 그 '조작적 정의'를 제시하고 통증을 알아야 하는 필요성을 밝힐 것이다. 또한 통증이 신체적 정신적으로 미치는 악영향의 위험성을 공유한다.

좋은 통증과 나쁜 통증의 개념적 정리를 통해 통증 메커니즘을 이해하고, 나쁜 통증인 만성통증의 실체가 부정적 뇌 가소적 변화로 자리잡은 '신경회로의 변형'이라는 것을 입증할 것이다. 하지만 난치성 만성통증도 '뇌 신경 가소성' 원리에 따라 신체적 활동과 정신적 경험을 매개로 중추화된 뇌의 각인(중추감각, 신경지문)을 변화시킴으로써 치유가 가능하다는 것을 밝힐 것이다. 이와 관련 내용은 다음과 같은 6개 분야로 전개된다.

Key Word

통증의 정의, 급성통증(좋은 통증), 만성통증(나쁜 통증), 잠재적 조직 손상, 불유쾌한 감정, 두번째 화살(잡아함경), 생의학 관점(전통적인 관점), 다자적인 접근(현대통증의학 관점), 신경회로 변형, 만성통증 메커니즘

제1장에서는 통증의 본질적인 특성과 그에 따른 관리와 예방의 주체는 당사자라는 당위성에 초점을 맞췄다. '**통증은 피할 수 없는 삶의 본질**'로서 강렬한 고통이었기에, **인간의 저항과 도전의 대상**이었다. 그래서 인간은 그 통증을 끌어안고 '창조적 본능'으로 놀라운 의학적 발전을 일궈냈음을 확인했다. 또한 통증 연구 및 뇌 과학을 근거로 '통증의 주관성'을 이해하면서, 앞으로도 우리 곁에 함께 할 통증의 '**다스림'의 주체는 당사자**임을 확인했다.

제2장은 인간이 누려야 할 권리가 '웰에이징'이라 한다면, 피할 수 없는 '**통증을 어떻게 마주**(관리, 예방)**할 것인가**'라는 문제 제기에서 출발하여, '**왜 통증을 알아야 하는지**'와 그 결과로서 '**치유될 수 있는 통증**'을 밝히고자 한다. 이를 위해 인간의 삶의 질을 현저하게 떨어뜨리는 '만성통증'을 예로 제시한다. 전개 과정에서 다소 생소한 용어나 광의의 개념들로 인해 이해가 제한될 수 있지만, 뒤에서 반복적으로 제시되는 내용이므로 개의할 필요는 없다.

2-1 통증을 어떻게 마주할 것인가?

대한신경과의사회는 통증을 "**신체조직의 손상으로 유발된 감각과 감정의 불쾌한 경험**"으로 정의하면서, "전체 인구의 30% 정도가 만성통증*으로 고통을 받고 있으며, 이로 인해 삶의 질이 떨어지고 신체적인 능력뿐만 아니라 정서적 측면이나 사회적 활동에도 부정적인 영향을 준다"고 보고하고 있다. 통증은 단순히 '신체 건강'과 '감정적 안녕'뿐만 아니라, 총체적인 '삶의 질'에도 깊은 영향을 미친다. 특히 통증이 신체적 제약 외에 '감정적 고통'이나 '사회적 고립' 등과 결부될 경우에는 환자에게 심각한 영향을 미칠 수 있다. 이런 상황은 '악순환의 도미노'로 이어져 환자의 모든 삶을 무너뜨릴 수 있음을 의미한다. 이와 관련한 세부내용은 〈부록 1. 통증의 신체적 · 정신적으로 미치는 영향〉을 보라.

* 만성통증은 일반적으로 3개월 이상 지속하는 통증을 의미한다. 이는 신체의 손상이나 질병으로 인해 발생할 수 있으며, 원인이 명확하지 않거나 치료에도 불구하고 통증이 지속될 수 있다. 만성통증은 신체적 고통뿐만 아니라 정서적, 심리적, 사회적 문제를 동반(피로, 수면 문제, 우울증, 불안감 또는 사회적 활동 중단 등)할 수 있어 환자의 삶의 질에 큰 영향을 미칠 수 있다.(MSD 매뉴얼 일반인용, 만성통증)

이렇게 복잡하고 까다로운 존재인 통증을 '**마주한다는 것**'은 "**통증을 어떻게 바라보고 다스릴 것인가?**"라는 본질적인 물음을 의미한다. 이에 관해 '만성통증의 치료 목표'를 중심으로 살펴보자.

대한통증학회가 제시하고 있는 '**만성통증의 치료 목표**'는 "**통증 자체를 감소***시키면서, **통증에 의한 다른 증상을 감소**시키는 것"**이라며, 궁극적으로 '**삶의 질 향상**'***에 두고 있다.1)

---

* 통증 자체를 감소시키는 것은 조직 손상 등으로 인해 나타나는 피할 수 없는 신체적인 통증을 줄이는 것이다.

** 통증은 다양한 심리적, 정서적, 사회적 증상도 동반할 수 있다. 지속하는 만성통증은 부가적으로 우울증, 불안, 수면장애, 피로감 등 다른 증상을 유발할 수 있으며, 이런 증상들은 통증 자체와 함께 환자의 삶의 질을 떨어뜨릴 가능성이 높다.

*** 만성통증 질환은 발병 이전의 상태로 완전한 치유가 어려우므로, 통증을 감소시키고 다른 부가적인 증상을 차단하여 삶의 질을 높이는 것이다. 예컨대 "만성통증 질환은 원인 병변(병터가 있는 부위)이 남아 있다고 해도 통증만 적절히 조절할 수 있다면 그 환자는 이미 다 나은 것으로 생각해도 좋다."는 의미는 만성통증의 난치성을 인정한 것이다.

궁극적으로 '**삶의 질을 높이는 데 두어야 한다**'는 치료 목표는 대다수의 '**전문 의료인의 주장**'*과 일치한다.

---

* 박중철 · 최윤선 · 김정현 등 가정의학과 전문의는 "통증의 완전한 제거보다는 통증으로 초래된 사회적, 직업적, 정신적, 육체적 및 대인 관계적 장애를 개선시켜 삶의 질을 높이는 데 있다"고 한다.2)
* 강윤규 재활의학과 전문의는 "증상에 맞추어 통증을 감소시키고 통증 행동을 개선하여 기능적으로 향상될 수 있도록 하여 환자의 인간으로서 삶의 질을 향상시키는 데 있다"고 한다.3)
* 남언정 경북대학교 의학전문대학원 교수는 "오피오이드(아편 유사제)를 사용하는 경우, 단기적 목표를 '통증 완화'로 두고 장기적으로는 '기능회복과 가능하면 직장 복귀'까지 고려해서 투여하는 것이 바람직하다."(2007. 남언정, p.801)

전문 의료인들은 다른 한편으로, 만성통증의 조절을 위해서는 '**약물치료의 한계**'*를 인정하면서, '**비약물적 치료**'를 적극적으로 **병행해야 한다**는 점을 강조하고 있다.

---

* 만성통증에 대해 약물치료의 한계를 인정하는 이유는 '약물효과의 한계'(경험하는 통증의 양과 발생빈도를 완화할 수 있지만, 모든 통증을 제거할 수는 없으며, 완전한 기능회복은 어렵다), '약물의 부작용'(약물에는 잠재적인 부작용, 약물 상호 작용, 중독 또는 간 손상을 포함하는 위험성이 존재한다), '통증의 주관성(천차만별로 표준화가 어렵다)' 등을 제시하고 있다.4)

---

1) 「대한통증학회」, "어디가 아프십니까? - 통증도 병이다", https://www.painfree.or.kr/gen/
2) 박중철 · 최윤선 · 김정현, "만성통증의 최신 약물치료", 대한의사협회지, 53(9): p.817, 2010.
3) 강윤규, "근골격계 만성통증의 평가와 치료", 가정의학회지, 23(2): p.109, 2003.

왜 만성통증 치료의 목표를 완치에 두지 않고 '환자의 삶의 질 향상'에 두고 있는 것일까? 통증은 조직 손상 외에도 신체적, 심리적, 환경적 등 다양한 요인으로 발생하며, 3개월 이상 지속되면 중추신경계가 변형된 오작동으로, 시도 때도 없이 경보음을 발령한다. 이는 통증이 매우 복잡하고 까다로운 존재이므로, 발병 이전의 상태로 완치는 어려울 수밖에 없다는 것을 의미한다.

이러한 난치성에도 불구하고 '약리적 처방의 한계'는 '비약리적 요법'(운동요법, 물리 치료, 심리상담, 요가 및 명상, 식이요법, 플라시보 치료, 뇌 가소적 요법으로서 심상화 등)이 병행되어야 함을 인정하는 것이다. 따라서 치료 목표를 신체적인 장애나 정신적인 불유쾌함을 줄임으로써, 삶의 질을 향상하는 데 두고 있다.

문제는 까다롭고 복잡한 '**통증을 어떻게 마주할 것인가?**'이다. 이에 대해 서울아산병원 김지훈 교수는 다음과 같이 통증과 마주하라고 권한다.[5] "**통증을 있는 그대로 관찰하자**"는 것이다. '통증'은 신체에 실질적 혹은 잠재적 위해(危害)를 가하는 자극에 대한 유쾌하지 못한 경험이며, '고통'은 통증으로 인해 수반되는 정서적인 반응이다. 그런데, 통증은 그 자체로 하나의 느낌(조직 손상에 의한 불가피한 통증)이지만, 이 통증이 다양한 '불유쾌한 감정'(불안, 공포, 두려움 등 정서적 반응)과 연결되어 통증 자체를 증폭시키기 때문이다.

엄습하는 통증은 밀어내려 발버둥 쳐보지만 뜻대로 잘 안된다. 오히려 통증은 더 크게 불이 붙는다. 왜 하필이면 나에게 이런 일이 있냐며 분노하기도 하고, 심리적인 두려움과 불확실성이 연결되면 여지없이 통증은 감당하기 어려울 만큼 증폭된다. 만약, 과거에 경험한 심각한 통증이 기억으로 각인되어 있다면 통증의 강도와 빈도는 인내의 한계를 뛰어넘는다. 그래서 보통은 '실제 통증으로 지각하는 객관적인 느낌'보다 '훨씬 더 큰 고통을 겪게 되는 것'이다.

수많은 신경생물학 연구는 '감각적 통증' 차원과 '정서적 통증' 차원을 구별하고, 감각적인 통각이 감정과 연결되면서 만성통증의 주된 원인인 통증 감작을 생성하는 것으로 분석하고 있다. 즉 통증이 클수록 정서적 스트레스와 제한된 감정 인식, 표현 및 처리와 관련이 있다는 것이다.[6] 이를 불쾌한 감정과 미래의 영향과 관련된 감정으로서 '2차 정서'라고 하는데, 이는 걱정과 두려움을 부추기며 **통증을 더욱 악화시키는 악순환**을 초래한다.[7]

---

4) 「WeCar」, "약리학적 통증 관리", https://ko.wecaremedical.us/pharmacologic-pain-management/
5) 「불교신문」, "통증과 마주하기", 2023.04.05.
6) FJ Keefe, et al., "Pain and emotion : a biopsychosocial review of recent research", Journal of Clinical Psychology Vol.67(9), pp.942-968, 2011.
7) DD Price, "Psychological and neural mechanisms of the affective dimension of pain", Science Vol.288, pp.1769-1772, 2000. DOI : 10.1126/science.288.5472.176

그래서 통증을 있는 그대로 마주한다는 것은 '**정서적 고통을 차단하는 것**'을 의미한다. 이를 위해 "통증을 있는 그대로 관찰하는 연습을 해보자는 것"이다. 즉 '통증이 느껴지면 그 통증을 한 발짝 떨어져 지켜보는 것'이다. 예를 들어 통증의 위치와 강도를 느끼면서 그 느낌에 집중하는 것이다. 처음에 잘 안 되겠지만 콕콕 쑤시는지, 바늘로 찌르는 것 같은지 등등 그 느낌에만 집중하고, 이 집중을 밀어내고 끼어드는 **이차적인 상념**("아, 이렇게 아픈데 어떡하지?", "이 통증을 꼭 없애야 해!" 등의 걱정이나 불안한 마음)을 흘려보내어 보자. 그렇게 함으로써 통증 자체보다 두려움이나 괴로움으로 더 커지는 고통을 막을 수 있다.

이러한 원리는 모스코비츠가 주장하는 '**경쟁적 가소성**'의 원리와도 유사한 개념이다. 통증이 발화되면, 이를 처리하는 뇌 부위가 경쟁적 가소성으로 점차 감정을 처리하는 부위까지 점령(징발)하여 통증이 증폭된다는 것이다. 따라서 통증에서 벗어나려면, 마음이라는 통로(심상화 또는 시각화)를 활용하여 통증을 처리하는 영역을 축소 또는 제거해야 한다는 것이다. 경쟁적 가소성의 개념은 〈제7장 스스로 만성통증을 치유한 뇌 가소적 개입〉에서 상세하게 제시된다.

통증과 마주한다는 것은 '잡아함경'[8]이 말하는 **두번째 화살을 맞지 않는 것**이다. '**유해자극**(조직 손상 등)**으로 생성된 피할 수 없는 통증**'이 '**첫번째 화살**'이라면, 이로 인해 연결되고 파생되는 '**각종 정서적인 괴로움이나 걱정, 불안, 공포**' 등이 '**두번째 화살**'이다. 우리가 경험하는 통증은 대체로 첫 번째 화살인 실제 통증 자체에 더해, 그 통증에 의해 생겨나는 부정적인 감정과 생각들이 두 번째 화살이 되는 것이며, 이 두 번째 화살로 인해 더욱 고통받게 된다. 마음은 시시각각 변하여 각종 상념을 만들어내는데, 그것을 내려놓는 연습을 하자는 것이다. 그렇게 함으로써 일차적인 통증 자체는 줄일 수 없지만, 이차적인 괴로움은 피할 수 있게 된다.

이상의 논의는 통증이 일차적 조직 손상 외에 이차적인 정서적 요인(불유쾌한 감정)에 의해 그 강도가 달라진다는 일종의 신경생리학적인 '통증 메커니즘'이다. 피할 수 없는 통증을 마주하는 매우 유용한 방법론으로서, 왜 통증 메카니즘을 이해해야만 하는가에 대한 중요성을 암시하고 있다.

---

8) 잡아함경(雜阿含經)은 초기 불교의 대표적인 경전 중 하나이다. 이는 부처님의 가르침을 모아놓은 경전으로 대승불교의 경전인 대승경전과는 구분된다. 초기 불교의 핵심 가르침들이 잘 정리되어 있는 경전이다.

2-2 알지 못했고 알려고도 하지 않았던 통증

나의 경험이다. 나는 대대로 한의사 집안에서 태어난 큰 손주로, 어릴 적부터 할아버지의 지시에 따라 '약재함'을 관리하고 진맥과 침술을 지켜보며 첩약을 보조했다. 계피, 감초, 인삼 등의 약재를 먹으면서 자랐던 터라 나름 의학적 상식이 있다고 생각했다. 그러나 그것은 무지한 자만이었고 오판이었다.

2021년에 몬티 라이먼 박사가 쓴 《고통의 비밀》은 표현 그대로 내가 알지 못했던 통증에 대한 비밀이자 충격 그 자체였다. '뇌 신경 가소성' 이론을 토대로 한 '현대통증의학'이 지향하는 '**통증 메커니즘**'과 '**치유 메커니즘**'은 기존의 통증에 대한 인식을 버리고 새로운 시각으로 채울 것을 요구했다. 통증과 관련된 **뇌 가소적 변화의 증거자료들은 오해와 거짓으로 채워진 나의 부족하고 잘못된 상식을 압도**했다. 이제까지 알고 있던, 한편으로 알려고도 하지 않았던 통증에 대한 상식은 무지를 넘어 '선무당이 사람 잡는다'는 수준이었다.

통증이 무엇을 의미하는지조차 알지 못했다. 그러면서도 "통증은 우리 몸의 특정한 부위의 조직 손상이므로, 의사에게 진단을 받고, 처방 약을 먹거나 외과적 수술 또는 침술 등으로 치료를 받으면 낫게 될 것"이라는 매우 무지한 수준이었다. 한번쯤 깊게 생각해 보았더라면 통증에 대한 인식이 잘못된 것임을 바로 알 수 있었음에도 말이다. 그동안 흘려들었던 '**화병**', '**마음의 병**', '**자식이 죽으면 가슴에 묻는다**'는 말들이 새로운 의미로 느껴지기 시작했다. 통증은 그저 단순한 조직 손상을 의미하는 것이 아니었기 때문이다.

아내는 2006년부터 통증에 시달려 왔다. CT나 MRI에서 통증 부위에 대한 조직 손상이나 이상이 발견되지 않았다. 하지만, 통증은 계속되었고, 약물치료 효과는 없었다. 2021년 초 새로운 경험으로 '**통증경로이론**'을 읽게 되면서, 아내에게 고통을 준 만성통증에 대한 의문이 풀리기 시작했다. 한마디로 "통증은 조직 손상이 얼마나 심한지를 알려주는 척도가 아니다.", "통증을 느끼는 정도와 조직 손상의 정도는 비례하지 않는다." 그리고 "통증은 조직 손상만을 의미하는 것이 아니라 **정서적 심리적 불유쾌한 감각을 포함**한다."는 진실을 알게 된 것이다.[9)]

아내는 2006년 말 갑상선 암 판정 후 모두를 들어내는 수술을 받았다. 수술은 성공적이었다. 항암치료도 잘 마무리되었다. 칡을 캐서 달이고, 장어를 끓여 몸을 보호해 주면서 조만간 회복되리라 낙관했다. 그런데 2007년 하반기부터 급격하게 돌변하는 아내의 언행을 경험하기

9) 몬티 라이먼, 「고통의 비밀」, p.23.

시작했다. 사소한 일에 예민해지고, 화를 자주 내며 감정을 조절하지 못하는 아내와 다툼이 일상화되었다. 그런 아내의 변화에 나는 이해하기 어려웠고, 갈등은 점점 커져만 갔다. 암 수술로 발생한 후유증이라는 생각은 추호도 하지 못했다. 까다롭고 복잡한 존재로서 통증을 이해한 지금 생각해보면, 아내는 '**암 수술**'이라는 **첫 번째 화살을 맞은 후** 이어진 두려움의 공포와 심리적 충격에 의한 '**우울증**'이라는 **두 번째 화살을 맞은 것**이었다. 하지만 그때는 알지 못했다.

그러던 차에 모임에서 나의 사정을 들은 친구로부터 우울증이라는 사실을 알게 되었다. 친구의 아내도 같은 암 수술을 받은 후 '**우울증**'[10]으로 치료를 받았다고 알려주었다. 그래서 2000년부터 해오던 골프를 완전히 끊고 우울증 치유에 집중하기로 했다. 2008년 초부터 2010년 중순까지 매주 토요일과 일요일에는 집사람과 함께 했다. 한강 둘레길 구석구석을 자전거 라이딩을 하며 땀을 흘리고, 한강의 아름다움을 느끼면서 부부가 함께하는 즐거움 누리는 새로운 삶의 경험을 했다. 우울증은 확연하게 줄어들었다. 암의 공포와 두려움을 떨쳐낸 것이다.

하지만 2015년 말엔 건강 검진에서 '**뇌종양' 판정**을 받았다(매년 MRI로 촬영한 결과 뇌수막염으로 밝혀짐). 그 후 아내는 매일 저녁 '**전신을 돌아다니는 통증**'과 '**불면증**'에 빠져들었다. 서울의 유명한 종합병원과 집 근처 병원을 찾아다니면서 약물치료, 물리치료, 한방치료 등을 계속했지만 통증은 완화되지 않았고, 처방해준 '**소염진통제**'와 '**수면제**'는 효과가 없었다. 백약이 무효였다. 2021년 8월에는 거동이 어려워 외출도 힘든 상태로 빠져들었다. 내가 할 수 있는 것은 오직 통증이 있는 어깨, 엉덩이, 종아리를 지압하고 주무르는 것뿐이었다. 당시 코로나로 인해 온라인 강의를 하던 시기라, 수시로 하루 평균 3시간 정도 지압을 했다. 그러면서 원인이 불분명하고 진통제마저도 듣지 않는 통증에 대해 알아보고자 했다.

그 출발이 몬티 라이먼 박사가 쓴 《고통의 비밀》이었다. 통증에 대한 비밀이 열리면서 흥미로운 경험을 하게 되었고, 7번을 완독하게 되었다. 아내가 원인이 불분명한 심한 통증에 시달리는지에 대한 명확한 답을 알게 되었다. 소위 **만성화된 '섬유근육통**'[11]이었다. 집사람의 통증은 조직 손상이 아닌 감상선 암에 이어 뇌종양 판정으로 극도의 불안과 두려움 그리고

---

10) 모든 암 환자를 통틀어서 4명 중 한 명은 치료가 꼭 필요한 수준의 우울증이 동반된다. 암 환자는 암이 없는 사람들과 비교했을 때 약 4배에서 많게는 10배까지도 우울증이 생기기 쉽다. 그 증상은 우울하고 침체된 기분을 느끼는 사람들도 있지만, 많은 경우에서 '예민해졌다', '화를 잘 낸다', '감정 조절을 못한다'라는 식으로 우울증이 드러난다(서울아산병원-뉴스룸, 2022.04.15).

11) 섬유근육통은 특별한 원인 없이 신체 여러 부위의 통증, 피로, 수면장애 및 인지장애 등이 3개월 이상 만성적으로 계속되는 질환을 의미한다. 섬유근육통은 모든 연령대에서 발생하며, 여성의 발생 비율이 남성보다 9배 정도 높다. 후천적 요인에는 외상, 바이러스 감염, 갑상선기능저하증과 같은 호르몬 이상, 정신적 스트레스 등이 있다. 「서울아산병원-질환백과」, "섬유근육통", https:// www.amc.seoul.kr/asan

일상의 스트레스가 누적되어 뇌가 만들어낸 통증이었다. 그러니 약리적 처방으로 해결될 수 없는 것은 당연했다.

아는 만큼 해결책이 보이기 시작했다. 하지만 이 또한 새로운 난관의 시작이었다. 그 난관은 아내를 이해시키는 것이었다. '약리적 처방'과 병행하여 '비약리적 요법'으로서 '**운동과 심리적 안정을 취하는 것**'이 최선의 치료법임을 **설득시키고자** 했다. 아내의 반응은 "나를 정신병자 취급하나요?", "나는 온몸에 통증이 있고, 잠 못 이루는 고통이 나를 억누르고 있는데 어떡하란 말인가요?"라는 분노 그 자체였다. 식사 중에 살며시 '**뇌 가소성**'에 의한 치유의 사례를 언급하기도 하고, 작성한 '**통증의 경로**'나 '**플라시보 효과**' 등에 관한 내용을 출력하여 읽어 보기를 권했다. 처음에는 거들떠보지도 않더니 2023년 하반기부터 달라지기 시작했다.

아직도 치유의 과정은 쉽지 않은 작업이자 진행형이다. 하지만 많은 치유를 이뤄낸 출발점은 **통증 메커니즘을 이해**한 것이다. 즉 "통증은 반드시 신체적 손상을 의미하는 것이 아니다. 신체적 · 정서적 · 심리적 요인 등이 복합적으로 작용한 결과로서 몸을 보호하기 위한 반응이다."라는 것들을 알고 수용한 것이다. 또 다른 하나는 통증 메커니즘의 이해를 토대로 '치유 메커니즘'을 일상화한 것이다. 유산소 운동(걷기, 산책, 등산 등), 요가, 심상화, 플라시보 효과(기대와 희망), 두뇌 훈련(통증 관련 책 읽기, 스토크, 알아차림) 등을 루틴으로 만들고 실행에 옮긴 것이다.

지금은 통증도 많이 줄어들었고 불면증도 많이 사라졌다. 그리고 필자와 함께 매일 만 보 이상 산책하는 정도로 호전되어 정상적인 삶으로 복귀했다. 유산소 운동 등 비약리적 요법의 일상화는 부정적 뇌 가소적 변화로 미쳐 날뛰던 '**섬유근육통**'이 차지했던 **뇌 회로의 부위를 조금씩 줄여나간** 결과이다. 돌이켜보면 쉽지 않은 과정이었지만, '**통증을 알아야만 치유할 수 있다**'는 **값진 경험**이었고 그 경험에 감사한다.

2-3 통증을 알아야 하는 이유

통증의 굴레에서 **벗어나고자 한다면, '통증을 이해하고 알아야만 한다'**는 것은 진실이며, 인류 역사에서 축적되어온 **경험적 통찰**이다.

'**고통에서는 고통이 주체다**'(《고통은 나눌 수 있는가》, 나무연필, 2018)라는 엄기호 작가의 말은 "고통은 인간의 삶을 무기력하게 만들 만큼 강력하다."는 의미이다. 기쁨은 기뻐하는 사람이 주인이고, 행복은 행복해하는 사람 것이다. 그러나 고통은 다르다. 고통은 스스로를 확대 재생산하기 때문에, 고통을 겪는 당사자를 압도하고 지배하는 강력한 힘을 가지고 있다. 고통은 당사자의 의지와 상관없이 그 사람을 지배하며, 당사자의 삶을 재구성하고 변화시킨다. 고통에 휩싸인 사람은 그 고통에 맞춰 삶의 방식을 바꾸게 된다.

고통은 당사자를 수동적인 객체로 만들어 버린다. 그래서 "고통에 휩싸인 사람은 자신의 주체성을 상실하게 된다." 이를 이해하고 인정한다면 '당사자가 고통을 주체적으로 관리하고 극복해야 한다. 고통을 객관적으로 관찰하고 분석하여 고통에 대한 자신의 반응과 대처방식을 점검 및 조절하고, 고통을 견뎌내는 자신만의 방법을 개발해야 한다. 그래야만 **당사자는 고통을 이겨내는 주체로서, 고통에 압도당하지 않고 자신의 삶을 주도할 수 있다.** 이를 위해 우리는 어떻게 해야 하는가?

살아가면서 '건강하세요', '아프지 마세요' 등의 인사말을 일상적으로 주고받는다. 이 말은 '**장수**'라기 보다는 '**통증**'으로부터 벗어나, 죽는 날까지 고통 없는 삶으로서 '**웰에이징' 하고자 하는 바람**'을 표현한 것이다. 이를 위해 '통증을 알아야 한다'는 것쯤은 모두가 다 알고 있다. 하지만, 대다수는 여기서 멈춘다. 이것이 바로 '**통증의 굴레**'에서 **벗어나지 못하는 중요한 이유**이다.

웰에이징을 위해서 과연 나는 '**무엇을 어떻게 했는지**' 비판적으로 생각해 봐야 한다. 만약, 통증과 관련된 단 한 권의 책이라도 읽지 않았다면 그것은 '건강하게 살아야지'라는 여덟 자구(字句)에 멈춰선 채, 더 이상 한 발자국도 나아가지 못하고 공허한 생각과 말만을 반복하고 있는 것이다. 만성통증이나 퇴행성 신경질환으로 고통을 받는 이들을 보면서도 '**반면교사(反面教師)쯤으로 치부해버린 격**'이다. '난 저러지 말아야지'라는 생각으로만 그칠 것이 아니라, 최소한 "다른 이의 작은 행동이나 결과라도 나에게 도움이 되는 방향으로 적용한다."는 실행을 담은 '**타산지석(他山之石) 수준**'이어야 한다.

통증을 이해하려는 활동을 하지 않는 것은 '**통증을 경시하는 행위**'로서 더 큰 통증을 자초할 가능성이 높다. 웰에이징의 바람을 이루고자 한다면 '통증을 이해하는 것'은 당연한 이치이고, 통증을 다스리기 위한 선결 요건에 해당하는 것이다.

2021년 4월까지 방영되었던 월화드라마 '**나빌레라**'가 지금의 **나에겐 새로운 기억으로 되살아나고 있다**. 퇴행성 질환 알츠하이머병을 앓고 있는 주인공 박인환(가명, 심덕출, 70세)은 죽은 친구의 장례식장에 참석한 후, 자신이 옛날부터 하고 싶었던 발레를 배우겠다고 결심한다.

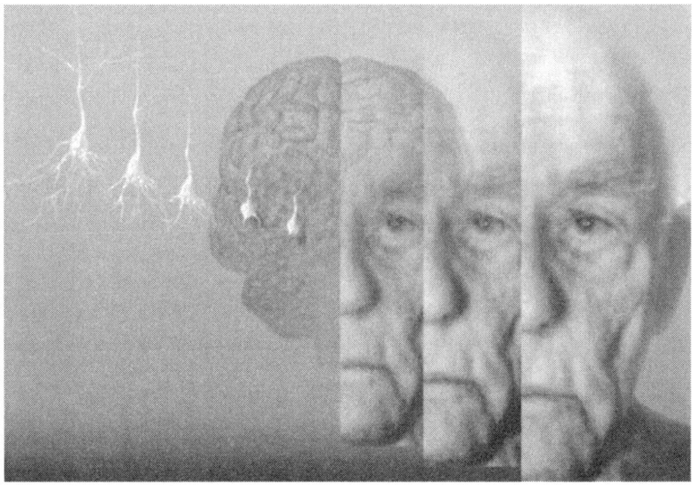

출처 : http://www.bosa.co.kr/news/articleView.html?idxno=2149379

그는 주변의 시선과 가족들의 반대를 이겨내고, 발레 단장을 설득하여 23세의 선생과 발레를 시작한다. 알츠하이머병과 싸우던 심덕출은 발레를 하기 위해 안간힘을 쓰며, 마침내 선생 채록과 함께 공연장 앞에서 날아오른다.

8년 뒤 덕출은 78세의 은퇴한 발레리나로서 알츠하이머병* 문제로 기억이 조금씩 되돌아왔다 말았다 한다. 어떨 때는 갑자기 가족들과 채록을 종종 하루 정도 알아보기도 한다. 그런 덕출이 좀 그리울 때면 채록은 덕출을 돌보기 위해 놀러가기도 하는 장면으로 이야기는 막을 내린다.

* 알츠하이머병은 이상 단백질(아밀로이드 베타 단백질, 타우 단백질)이 뇌 속에 쌓이면서 뇌 신경세포(기억 중추인 해마)가 서서히 죽어가는 퇴행성 신경질환이다. 여기서 퇴행성이란 정상적인 사람이 나이가 들면서 세포가 손상되어 점차 증세가 나타나는 것을 말한다. 주요 장애는 기억 장애, 언어 장애(실어증), 시공간 능력 장애(방향감각 상실), 실행증(일상생활 동작 장애) 등이다. 알츠하이머병은 치매를 유발하는 가장 흔한 원인이다. 전체 치매 환자의 50~60% 정도가 알츠하이머병에 의한 치매 증상을 보이는 것으로 알려져 있다(서울아산병원, 질환백과). 알츠하이머병 원인과 예방법에 대해서는 부록 2를 보라.

이 드라마를 접한 나는 70세의 노인네가 왜 하필이면 발레를 하는 가에 대한 의문으로 '**생뚱맞은 심덕출**'로 기억된다. 하지만, 뇌 가소성을 이해한 지금의 나는 '**발레를 통해** 퇴행성 신경질환으로 나타나는 장애를 **이겨낸 현명하고 용기 있는 심덕출**'로 이해된다. 알츠하이머병 진단을 받은 심덕출이 선택한 '발레'는 신체적 · 정신적 자극을 통해 도파민 시스템을 활성화하여 인지능력의 감퇴를 줄일 수 있는 탁월한 비약리적 치료요법이기 때문이다. 노화와 함께 누구에게나 예고 없이 문을 두드리는 퇴행성 신경질환, 그 자체를 어쩔 수 없는 일로 바라만 보지 않고, 스스로 '**발레**'를 통해 집중적인 **물리적 · 인지적 자극으로 장애를 지연시키고 늦추면서 자신의 삶을 지켜낸 심덕출은 매우 현명한** 사람이었다.

우리는 심덕출처럼 통증을 잘 안다고 생각하지만, 대체로 통증을 잘 알지 못한다. '알고 있다고 생각하는 것'들마저도 오해와 거짓으로 인해 통증의 진실은 가려져 있다고 보는 것이 타당할 것이다.

예를 들어 "통증은 상처나 조직 손상의 결과로서 원인을 제거하면 통증은 완쾌될 수 있다"는 믿음이 있다. 이 잘못된 믿음은 "통증은 '통각'(피부의 자극이나 신체 내부의 자극으로 느끼는 감각)[12]과 자신의 '감정 · 정서' 등이 상호작용되어 나타난 불유쾌한 느낌으로, 뇌에서 생성되고 조절된 것"이라는 진실을 가리고 있다.

만성통증은 3개월 이상 지속된 '**학습된 통증**'으로, 그 원인은 '**뇌 신경회로**'의 변형으로 인한 '**오작동**'이다. 이것은 '부정적인 뇌 가소적 변화'로 결과된 '미쳐 날뛰는 통증'이라는 것을 모른다. 한편, 가소적 개입을 통해 변형된 뇌 신경회로의 변화(재구성 및 재배선)를 유도하면 치유될 수 있다는 놀라운 사실을 상상조차 하지 못한다. 이러하니, '기대와 희망'이라는 심리적 요인이 '뇌 가소성'을 활성화(발화)하여 '통증 회로를 변화시키고, 기능을 촉진'함으로써, 치유에 이르게 하는 '플라시보 효과'를 이해할 수 없는 것은 당연한 결과이다.

통증에 대해 모르면 모를수록, 아프면 의사가 해결해 줄 것이라는 믿음은 상대적으로 강해진다. 그래서 아프면 무조건 병원을 찾는다(병원을 가지 말라는 뜻이 아님). 통증의 원인을 알려고도 하지 않는다. 그 원인을 깊게 생각하지도 않은 채, 의사의 처방과 치료로 모든 통증에서 벗어날 수 있다고 믿는다. 이 믿음이 진실이라면 통증의 원인은 드러나야 하고, 그 원인이 제거된다면 통증은 해소되어야 한다. 그리고 **모든 이들이 통증에서 벗어나 자유로운 삶을 살아갈 수 있어야 한다**.

하지만 수많은 사람이 통증의 원인도 모른 채 심각한 통증의 고통을 경험하고 있다. 세계 인구의 5분의 1의 사람들이 만성통증의 굴레에서 고통을 받고 있으며, 심지어는 삶을 포기하는 극단적 선택을 강요당하기도 한다. 이러한 현실은 통증의 원인이 단순히 조직 손상만이 아니며, 생의학적인 개입만으로 치료될 수 없는 매우 까다롭고 복잡한 존재라는 것이다. 이는 '**통증은 알아야만 관리되고 치유될 수 있다는 것**'을 방증하는 객관적인 사실이다.

---

12) https://wordrow.kr/; https://ko.wikipedia.org/wiki/

'통증을 이해하고, 안다는 것'의 **의미는 무엇인가?**

마이클 머제니치(Michale Merzenich)는 '뇌 가소성' 연구의 세계 최고의 권위자이다. 그가 2017년 강연했던 "뇌 가소성 활용해 치매 예방"13)이라는 내용을 토대로 **'통증을 이해하고 안다는 것'**에 대해 생각해 보자. 강연은 대중을 상대로 하는 것인 만큼 그 이해의 정도는 통증을 바라보는 각자의 수준을 판단해 보는 기준이 될 수 있기 때문이다.

그는 강연에서 '수명이 한 달 정도 남은 늙은 쥐'와 '과거 상처받은 젊은 쥐'를 대상으로 1개월 정도 뇌 가소성을 기반으로 한 두뇌 훈련한 결과, 대조군인 '왕성한 젊은 쥐' 수준 이상으로 향상된 뇌 가소적 변화를 도출했다고 밝혔다. **"뇌는 평생에 걸쳐 변화할 수 있다"**는 뇌 가소성의 원리에 따른 뇌의 무한한 능력을 강조한 것이다. 두뇌 훈련 후 fMRI로 스캔해 보니, 쥐의 뇌에서 뉴런 간의 시냅스 연결*이 활성화되고, 뇌로 가는 모세혈관벽인 '혈뇌장벽'**이 회복되고 강화된 것을 확인하였다. 특히 늙은 쥐의 수명이 40% 이상 연장되는 현상을 보였다고 주장했다. 다만, "뇌 가소성은 양날의 칼처럼 뇌를 긍정적으로 변화시킬 수 있고 부정적으로 변화시킬 수도 있다. 그 변화의 스위치는 각자의 선택에 달려 있다"라며, "이를(뇌 가소성) 활용하지 않는 것은 정말 어리석은 짓"이라고 강조했다.

* 뉴런 간 시냅스 연결의 활성화는 신경 집합(회로의 연결망)을 의미한다. 이는 특정한 자극에 반응하거나 특정한 작업을 수행할 때 활성화되는 뉴런들의 그룹이다. 예를 들어 특정한 운동을 수행할 때 활성화되는 뉴런 집합이 있을 수 있으며, 이는 해당 운동에 필요한 정보처리를 담당한다.14) 뇌 가소성 이론에 따르면, 뇌는 자극(신체적 활동이나 정신적 경험)이 주어질 때마다 그 자극과 관련된 새로운 신경 집합을 형성한다. 이러한 과정은 학습과 기억의 기초가 되며, 반복적인 경험을 통해 신경 연결이 강화되거나 약화되는 방식으로 이루어진다. 이로 인해 뇌는 환경에 적응하고 새로운 정보를 효과적으로 처리할 수 있는 능력을 갖추게 된다.

** 혈뇌장벽(Blood-Brain Barrier)은 뇌와 혈액 사이의 보호 장벽으로, 음식이나 환경을 통해 외부에서 들어올 수도 있는 신경독성 물질(유해 물질)로부터 중추신경계를 보호하며, 일부 신경독성 물질을 뇌 밖으로 배출시키는 역할을 한다.15) 노화로 인해 혈관에서 피나 그 속에 포함된 '알루미늄 같은 성분'이 뇌로 유입되면, 뇌의 처리 과정에 '노이즈(잡음)'를 만들어 정보처리속도를 떨어뜨리고 치석처럼 '알츠하이머병의 원인 물질'을 만드는데 이를 배출시키는 역할을 한다.

수천 명을 대상으로 뇌 훈련한 임상시험 결과도 제시했다. **30세를 정점으로 두뇌처리속도, 지각속도, 청취 이해력, 시력, 소리 분석 등이 10년에 1/3씩 떨어진다**. 하지만 20세든

13) 「FAST FORWORD」, "[칼럼] 뇌 가소성의 아버지 마이클 머제니치 박사 강연", https://fast forword.co.kr/28/?bmode=view&idx=8539957:「체인지 TV」, "뇌 가소성 활용해 치매 예방", https://www.changetv.kr/EbroadCast/ContentView.aspx?ContIdx= 8832&ProgramIdx=19

14) G Buzsáki, "Large-scale recording of neuronal ensembles", Nature Neuroscience Vol.7, pp.446-451, 2004.

15) N. Joan Abbott, et al., "Structure and function of the blood-brain barrier", Neurobiology of Disease Vol.37, pp.13-25, 2010.

90세 든 나이와 상관없이 똑같이 뇌 훈련했을 때 같은 폭으로 개선된다. 뇌 훈련을 한 70세는 훈련받지 않은 20세와 비슷한 수준으로 향상되었다. 이들은 2년 후 그리고 10년이 지난 후(85세) 시점에도 두뇌 훈련 후 직전보다는 감소했지만, 운전시 안전도, 반응속도, 문제해결 능력, 두뇌 처리속도 등이 두뇌 훈련을 받기 전보다는 훨씬 높은(좋은) 수준을 유지했다고 밝히고 있다.

머제니치는 이러한 연구결과가 뇌의 노화를 되돌릴 수 있음을 입증하는 것이며, 두뇌 훈련과 같은 뇌 가소적 개입 방식은 단지 치매를 예방하거나 지연시킬 뿐 아니라 궁극적으로 더 나은 삶을 살기 위해 두뇌 건강에 매우 유용하고 중요하다는 것을 강조했다.

머제니치 강연내용은 일견(一見), '**두뇌 훈련**'이나 '**인지능력 향상**' 등의 지엽적인 관점으로 이해될 수 있다. 그러나 이 내용이 뇌 가소적 변화로 야기되는 만성통증, 퇴행성 신경질환 등을 포괄하는 '통증 메커니즘'이자 '치유 메커니즘'으로 이해되지 않는다면, 이는 '통증'에 대한 보다 깊은 접근과 이해가 필요하다는 것을 의미한다.

머제니치는 '감각과 운동'의 자극을 처리하는 뇌(대뇌피질)의 특정 영역을 도식화한 '**뇌 지도**'를 작성하였으며, 이 뇌 지도가 특정한 조건에서 신체적 활동과 정신적 경험으로 변화한다는 사실을 밝혀낸 '뇌 가소성 연구'의 세계적인 권위자이다.[16] 그의 연구는 그동안 '불치의 영역'으로 인식되었던 뇌의 노화와 장애, 질환을 '치유의 영역'으로 전환하는 데 중심적인 역할을 했다. "뇌 가소성을 활용해 치매 예방"이라는 강연 역시 '뇌 가소성'의 놀라운 치유의 능력을 강조하고 있다. 이러한 맥락에서 부정적인 뇌 가소적 변화로 인해 발생한 난치성 만성통증이나 퇴행성 뇌 신경질환도 치유의 영역임을 시사하고 있기 때문이다. 이러한 머제니치의 의도를 정확하게 수용하려면, 제5장에서 제시되는 '뇌 신경 가소성 이론'을 이해할 필요가 있다.

머제니치는 '**뇌의 신경회로 손상이나 노화**'를 수많은 '**뇌 질환의 주요 원인**'으로 지목한다. 원인과 관련한 뇌의 특정 영역에 대해 뇌 가소성 원리를 적용한다면, '뇌 신경회로를 재구성'하여 '인지능력'을 개선하고, '뇌의 집행 기능'(계획, 조직, 문제해결, 의사결정, 주의집중, 행동조절 등)을 향상하여 치유할 수 있다는 것이다. 이제까지 불치의 영역으로 치부되었던 뇌 신경회로의 노화나 변형으로 나타나는 각종 퇴행성 신경질환과 장애도 예방과 치유가

16) William M. Jenkins, Michael M. Merzenich, "Chapter 21 Reorganization of neocortical representations after brain injury : a neurophysiological model of the bases of recovery from stroke", Progress in Brain Research Vol.71, pp.249-266, 1987. : Dean V. Buonomano, aMichael M. Merzenich, "CORTICAL PLASTICITY : From Synapses to Maps", Annual Review of Neuroscience Vol.21, pp.149-186, 1998.

가능한 영역임을 의미한다.

만약, 우리가 '뇌 가소성'에 대한 이해나 상식이 없다면, 뇌 가소적 변화에 의한 "각종 뇌 질환이나 장애를 극복할 수 있다"는 놀라운 머제니치의 통찰(과학적 사실)을 보지 못할 것이다. 또한 피할 수 없는 퇴행성 신경질환에 대해 '심덕출이 보여준 능동적인 대응'이 실행되기는 어려울 것이다.

이쯤에서 '**통증을 이해하고, 안다는 것**'의 의미를 정리해 보자. 통증을 마주하려면 **알아야 할 최소한의 무엇을 설정할 필요가 있기 때문이다.** 이에 관해 표준적인 기준은 없다. 하지만 실행력을 높이기 위해 다음과 같이 **조작적 정의**를 하고자 한다.

통증을 이해하는 것은 '무엇이 문제인지를 식별하기 위한 것'이고, 통증을 안다는 것은 '실천을 위한 것'이다. 통증을 이해하는 것은 우리가 인지하고 있는 통증에 대한 잘못된 상식을 바로잡고, 나의 문제를 식별할 수 있는 근거이다. 통증을 안다는 것은 통증을 관리하고 예방하는 동력이다. 즉 "'**통증 메커니즘**'*을 이해하고, '**치유 메커니즘**'**을 습득하는 것"이다.

* '통증 메커니즘'은 통증의 본질, 통증의 의미와 역할, 몸의 방어 메커니즘, 만성통증의 원리, 통증의 경로 등을 의미한다.

** '치유 메커니즘'은 신체적인 활동과 정신적인 경험으로 치유에 이를 수 있는 '뇌 가소성', 심리적 요인이 실제 약 또는 실제 수술 효과를 나타내는 '플라시보 효과', 이들의 원리를 활용한 '비약리적 요법'(만성통증을 치유하는 심상화, 퇴행성 신경질환의 장애를 극복하는 유산소 운동, 강제 구속유도 운동요법, 알아차림 등)을 의미한다.

통증 및 치유 메커니즘의 이해와 습득은 우리에게 노화나 통증에 대응하여 웰에이징을 위한 '자구책'(비약리적 치료 요법)을 선택하고 실행(예방 및 관리)하도록 한다. 습득된 통증 메커니즘을 토대로 최적의 치유 메커니즘을 선택하여 자신의 주관적인 상황과 여건에 맞는 '**신체적 활동**'과 '**정신적 경험**'을 **선택**하고 **실행**하는 것이다. 이러한 활동은 뇌 가소성에 내재된 치유의 잠재력을 깨우고, 부정적으로 형성된 뇌 신경회로를 재구성하고 재배선하여 늘 새로운 나를 입증해(만들어) 가는 '**실천지**'(實踐知, 행위로 옮겨질 수 있는 지식)[17]에 다름없다.

의료인이 아닌 일반인이 '**통증을 이해하고 안다는 것**'은 매우 지난(至難, 어려운) 한 과정(일, 작업)일 수 있다. 하지만 통증의 불가피성과 주관성을 전제로 할 때 통증을 이해하고 알아야 하는 것은 너무도 당연한 일이다. 이 과정은 통증에 대한 예방과 치유(치료 포함)에

17) 실천지란, 소크라테스가 말하는 참다운 지식은 완전히 체득된 지식이며 따라서 그대로 행위로 옮겨질 수 있는 지식을 의미한다.

대한 희망과 확신을 신념화하는 **조건화의 과정**이다.

통증의 본질과 역할을 이해하지 못한다면?

경험하는 통증을 그 자체로 바라보지 못하고, 참아내고 회피하고자 '몸부림'을 칠 것이다. 감내해야 하는 일차적인 통증(첫 번째 화살)은 '불유쾌한 감정'인 이차적인 고통(두 번째 화살)을 불러들여 통증을 증폭시킨다. '불난 집에 기름을 붓는 격'으로 스스로 2차 가해자가 되는 것이다.

또한 통증의 주관성을 이해하지 못한다면, 전문 의료인에 의존성을 키우게 된다. 이는 스스로 통증을 줄이고 회복력을 키울 수 있는 '능동적 통증 관리'(운동, 산책, 요가, 명상 등 비약리적 요법)를 소홀히 하여, 더 깊은 통증의 굴레로 빠져들게 될 가능성을 높이게 된다.

통증의 메커니즘과 통증의 경로를 모른다면?

'통증은 몸을 보호하기 위한 반응(경고)'을 간과하거나 방치함으로써 만성화된 질환을 자초하게 될 개연성이 높다. '통증은 뇌에서 생성되고 조절된 것'임에도 신체적 손상에 집착하면서 '심리적 정서적인 고통'을 경시하여 통증의 악순환에 빠질 가능성이 높다.

예를 들어 '스트레스가 유발하는 다양한 증상'에는 편두통, 복통, 불면증 등이 있다. 이러한 증상은 약리적 처방으로 통증의 근원적인 원인이 제거될 수 없다. '스트레스 원인'이 제거되지 않고 시간이 경과된다면, 스트레스 호르몬인 '코르티솔'[18] 수치가 만성적으로 증가하게 되고, 이는 '면역체계의 손상'(면역기능 저하, 우울증 등)으로 이어져 만성질환이 된다.

통증을 치유하는 '뇌 가소성'(뇌는 변화한다)**을 모른다면?**

통증을 생성하는 기존의 습관이나 행동을 반복함으로써, 오히려 통증을 증폭시키거나 질환을 악화시킬 개연성이 높다. 뇌는 신체적 · 정신적 활동에 반응하여 평생에 걸쳐 변화하는 '뇌 가소성'을 본질적 속성으로 하고 있다. 그럼에도 뇌 가소성의 메커니즘을 이해하지 못한다면, 통증이나 노화의 굴레에서 벗어날 기회를 상실해 버리는 것이다. 뇌 신경

---

18) 대표적인 스트레스 호르몬인 코르티솔은 부신에서 분비되며, 생명에 직결되는 매우 중요한 호르몬이다. 코르티솔이 분비되지 않으면 혈압이 떨어지고 의식이 없어지면서 죽게 된다. 코르티솔은 혈압을 유지하고, 전해질의 균형을 도우며, 에너지의 저장을 촉진시키면서 또 저장된 에너지를 사용하게 한다. 뿐만 아니라 면역기능을 유지하면서 염증과 알레르기 반응을 조절하고 정신적인 안정을 유지하는 등 그 기능이 매우 다양하면서도 중요하다. 남주영, "코르티솔의 두 얼굴", 問安, Vol.16, 가을호, 2019, https://www.nhimc.or.kr/

가소성은 제5장에서 상세하게 언급될 것이다.

'플라시보 효과'의 실체를 알지 못한다면?

'마음'이라는 통로를 통해 '무의식적 뇌를 자극'하여 통증을 관리하고 치유되는 기회를 놓치게 된다. 기대와 희망을 통한 '자기암시', '조건화', '외적 단서'는 '뇌 회로와 기능'을 변화시켜 통증을 치유하는 과학적 진실이다. 플라시보 효과에 대해서는 제6장에서 구체적으로 논의될 것이다.

'사용자 의존적 가소성'에 의한 비약리적 요법을 모른다면?

상상요법에 의한 마음(심상화)의 통로를 이용 경쟁적 가소성으로 만성통증을 치유하고, '의식적 걷기'와 같은 맞춤형 유산소 운동으로 퇴행성 뇌 신경질환의 장애를 극복하며, 강제 구속 운동 요법으로 뇌졸중으로 손상을 받은 운동 기능 장애를 회복하는 '비약리적 요법'의 놀라운 기회를 놓치게 된다. 이에 대해서는 제7장~제9장에서 구체적으로 제시될 것이다.

지금까지 치유의 전제 조건으로 '통증을 이해하고 알아야 한다'는 이유에 대해 논의했다. 하지만 이것이 단편적일 수 있기에 실제 난치성 질환을 통해 입체적으로 접근해 볼 필요가 있다. 이를 위해 수많은 이들에게 고통을 강요하는 만성통증의 메커니즘과 치료 가능성에 대한 접근을 통해 '알아야 하는 통증과 치유될 수 있는 통증'을 구체적으로 확인해 보자.

2-4 좋은 통증과 나쁜 통증 그리고 만성통증

통증은 본질적으로 **모두 나쁜 것인가?**

바꾸어 말하면 **"아이가 열이 난다면 무조건 해열제를 먹여서 열을 낮추어야 하는가?"**라는 **물음이다.** 물론 고열(38℃ 이상)일 경우, 아이가 불쾌하거나 힘들어하는 경우, 기저 질환 등 추가 증상이 있는 경우에는 의사와 상담하여 해열제 사용 여부를 결정해야 한다. 그러나 아이가 열이 난다고 해서 무조건 해열제를 먹여야 하는 것은 아니다.

열(熱)은 감염에 대항하기 위한 '면역체계의 반응'으로 발생한다. 바이러스나 박테리아와 같은 병원체의 성장과 번식을 억제하고 면역 세포들의 활동을 증가시켜 체내에서 감염을 통제하는 데 도움을 준다. 열의 발생으로 느끼는 통증은 '몸의 면역 시스템'이 정상적으로 가동되어 몸을 보호하고 있다는 증거이다. 그럼에도 무조건 해열제를 투여하는 것은 강제적으로 열을 낮추는 행위로서 정상적인 면역 시스템의 작동을 방해하여 부작용을 초래할 수 있다. 통증이라고 해서 무조건 나쁜 것이 아니라는 것이다.

'통증'은 "우리 몸에 이상이 생긴 것을 알려주는 **일종의 경고**로서 **생명을 유지하고 관리하기 위해 꼭 필요한 증상"**이다. 통증이 있기에 적절한 대응으로 **더 큰 위험을 미연에 방지**할 수 있고, **원인을 찾아 치료**할 수 있다.[19]

통증은 일반적으로 시간적 개념을 기준으로 '급성통증'과 '만성통증'으로 분류한다.[20] **'급성통증'**은 유해 자극이나 조직 손상으로 유발되는 통증으로 원인이 제거되거나 치유되면 사라지는 통증이다. "피부조직이 손상을 입거나 골절을 당했거나 염증반응 등으로 느끼는 통증"을 말한다. 피부 · 근육 · 인대 · 뼈 · 관절 · 장기 · 혈관 등에는 자극을 받아들이는 '통각 수용체'가 분포되어 있다. 여기에 자극이 가해지면 '통각 신호'가 생성되고, 신경섬유를 통해 '대뇌피질'로 전달된다. 대뇌피질이 이 자극을 인지하는 순간 우리는 '아프다'라고 느낀다. 그래서 피부가 긁히고, 뼈가 부러지고, 맹장에 염증이 생겼을 때 통증을 느낀다.[21] 이런 급성통증은 '좋은 통증'이다. 우리 몸을 보호하고 관리하기 위한 반응으로서 도움이 되고 위험한 상황이 되는 것을 방지할 수 있기 때문이다.

예를 들어 '급성 충수염'(맹장염)은 방치하는 경우, 충수가 터져서 '복막염' 등의 합병증 발생으로 위험한 상황이 될 수도 있다. 그러나 심한 통증(복통)이 발생하고 충수염으로 진단되면 맹장을 제거하는 수술을 하는 게 원칙이다. 그래서 통증의 원인인 충수를 잘라내어 원인을 제거하면 복통이 사라지고, 복막염이나 합병증을 예방할 수 있다.

통증은 **"신체에 실질적 혹은 잠재적 위해를 가하는 자극에 의한 유쾌하지 않은 경험"**이다. 뜨거운 것에 닿으면 타는 듯한 아픔을 느끼며 그 물체에서 즉각 떨어지려 하듯이 그 자극에 대해 적극적인 대응 및 조치를 해야 한다. 이를 방치하는 경우에는 그 자극에 의한 조직 손상이나 불유쾌한 감정이 더욱 악화하기 때문이다. 예컨대 당뇨병을 방치하면 합병증으로 '말초신경병증'(신경이 손상되어 발이 저린 증상, 감각 이상, 무감각, 심한 통증 등을 일으키는 질환)이 발생하고, 심해지면 '통각을 감지하는 기능이 마비'되고 발에 손상이 축적

---

19) 「아주대학교병원」, "건강정보-원인과 증상을 알아야 적절한 치료가 가능해", http://hosp.ajoumc.or.kr/HealthInfo/DiseaseView.aspx?ai=1199&cp=1&sid=(검색일, 2023.03.12.)
20) 이양균, "통증의 정의와 분류", 「CLINCAL PAIN」, Vol.1, No.1, p.2.의 내용과 「아주대학교병원」의 "원인과 증상을 알아야 적절한 치료가 가능해" 자료를 종합 정리하였음. 2002.
21) 「헬스조선」, "통증, 말초신경이 보내는 상해 · 질병 신호", 2015.07.08.

되어 '당뇨병성 족부병변'(심한 경우 피부가 썩는다)[22]이 발생하여 생명이 위험해진다. 그러므로 **인간의 생존과 건강한 삶을 위해 반드시 필요한 것이 급성통증**이다.

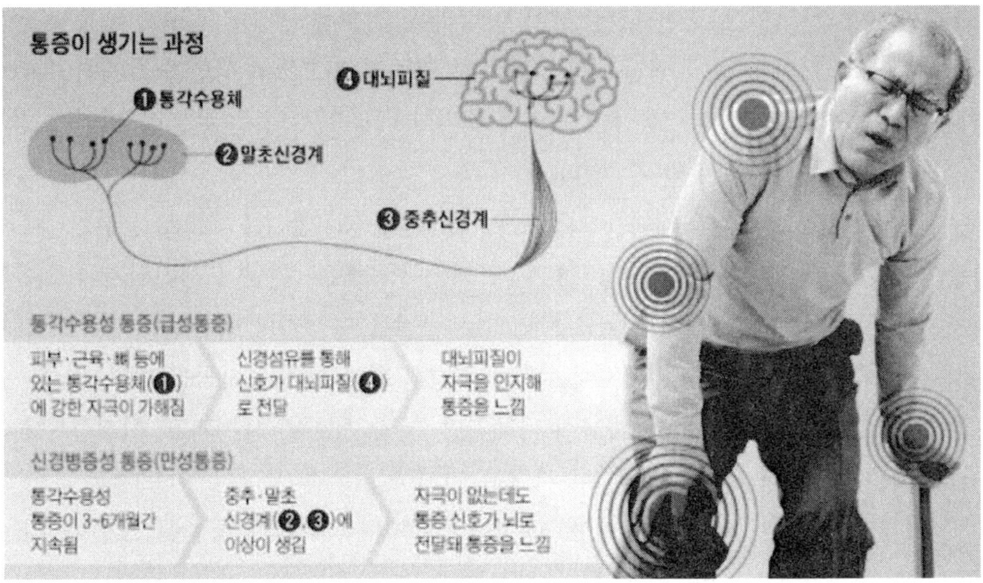

출처 : https://m.health.chosun.com/

'만성통증'은 통증의 원인이 사라진 후에도 지속되는 통증이다. 통증 자체는 '질병'이 아닌 '증상'이지만 해결해야 할 원인을 알 수 없는 만성통증은 '질병'으로 간주된다. 2018년 세계보건기구는 만성통증을 질병(질환)으로 분류했다. 그 이유는 많은 사람에게 영향을 미치는 심각한 건강 문제이며 당사자의 삶의 질에 심대한 영향을 미친다는 점이다. 또한 만성통증은 긴장, 우울, 불안과 같은 심리적인 요소와 관련성이 깊어 종합적인 치료적 접근이 필요하다는 것이다. 2003년 연구에 따르면 만성통증을 앓고 있는 환자는 불안장애 기준을 충족하는 비율이 정상인과 비교해 거의 두 배(35% 대 18%)에 달하며, 지속적인 통증을 겪는 환자의 거의 3분의 2는 평생 주요 우울증을 앓아온 병력을 가지고 있는 것으로 나타났다.[23]

만성통증은 **현대인의 삶의 질을 저해하는 대표적인 증상이자 질병**이다. 만성통증의 경우 혈액검사나 CT, MRI에서도 명확한 원인을 찾지 못하는 경우가 많다.[24] 만성통증은 **중추·**

22) 당뇨병성 족부 질환은 당뇨병을 앓는 환자의 발에 생기는 신경병, 구조적 변형, 피부 못, 피부와 조갑의 변화, 발의 궤양, 감염, 혈관 질환 등의 통칭이다. 당뇨병성 족부 질환이 진행되면 작은 상처도 낫지 않고 궤양이 되며, 심한 경우 혈액순환이 되지 않아 까맣게 썩는다. 「서울아산병원」, https://www.amc.seoul.kr/asan/

23) McWilliams LA, Cox BJ, Enns MW, "Mood and anxiety associated with chronic pain : an examination in a nationally representative sample", Pain Vol.106, pp.127-133, 2003.

말초신경계의 고장이 주된 원인이다. 급성통증을 제때 치료하지 않거나 3개월 이상 지속되면 신경계에 변형이 생긴다. 실제로는 있지도 않은 통각 신호가 계속 뇌로 전달되어 통증을 느낀다. 통증을 유발했던 원인이 사라지거나 상처가 아물었지만 통증이 지속되며, 정신적 고통이 수반되어 직장 및 사회생활까지도 힘들게 하는 '**나쁜 통증**'이다.

'만성통증'은 "일반적으로 무릎, 허리, 어깨 등의 통증이 3개월 이상 지속되는 것"을 말한다.[25] 질병관리본부는 '국내 장노년층 만성통증의 현황과 과제'라는 보고서[26]를 통해 "60세 이상 여성의 87.7%가 만성통증에 시달리고 있다"고 밝히고 있다. 부위는 무릎, 허리, 손목 또는 발목, 어깨 등 주로 근골격계(뼈, 관절, 근육)이다.[27]

대한통증학회는 2021년 전국 20개 대학병원에서 치료 중인 만성통증 환자를 대상(833명)으로 한 설문 조사 결과를 공개했다. 이 보고서에 따르면 만성통증 환자의 42%가 극심한 통증으로 인한 '자살 충동'을 느꼈으며, 이중 10% 정도가 실제 '극단적 선택'을 시도한 것으로 나타났다. 특히 50대가 조사대상자 중에서 가장 위험한 것으로 확인되었다. 만성통증으로 인해 겪는 고통은 짜증/분노 등의 '성격 변화'가 가장 크다고 응답했고, 이어 우울감, 수면장애, 불안감, 죽고 싶다는 생각, 집중력과 기억력감소, 경제활동 제한, 자신이 경험하는 통증에 대한 가족 및 친구의 이해 부족, 경제적 어려움, 극단적 시도, 실직, 가정불화, 이혼 순으로 나타났다.[28]

만성통증을 일으키는 주된 요인은 대부분은 '만성질환' 또는 '만성질환 외의 요인'으로 나뉜다(주간조선, 박휴정, 2022.03.23.). 완치가 어려운 만성질환이 지속되면, 그 통증과 관련된 신경회로가 감당하지 못하고 변형이 되어 오작동이 발생하게 된다. 그래서 통증의 원인이 해결되고 자극이 없어도 통증이 과도하게 느껴지는 상태가 된다. 대상포진 후 3개월이 지나면 '대상포진 후 신경병성통증', 항암치료 후의 통증이면 '항암치료유발성 만성신경병성통증', 척추 손상이 원인이면 '척수신경손상후 만성신경병성통증' 등으로 불린다. '신경병증성 통증'의 경우도 신경, 척수 또는 뇌의 손상이나 문제로 지속적이면서 과도한 고통을 느끼게 되며, '우울증과 대인기피증' 등으로 이어져 통증의 악순환에 빠지게 된다.[29]

---

24) 「서울대학병원」, https://www.snuh.org/m/reservation/meddept/MC039/clinicIntro.do

25) 「MEDICAL Observer」, "참으면 '병' 된다 … 만성통증의 진단과 예방 TIP"(2023.02.22.) '일반적으로 3개월에서 6개월 이상 지속되는 통증을 만성통증이라고 정의한다. 하지만 그 기간보다는 환자에게 불안과 우울, 불면 등을 야기하는 병적인 상태를 만성통증이라 하는 것이 더욱 적절하다. (http://www.monews.co.kr. 검색일 2013.02.22.)

26) 정최경희 · 박주영 · 김남순 · 박헌영, "국내 장노년층 만성통증의 현황과 과제", 「주간 건강과 질병」 제8권 제31호. 2015.08.11.

27) 「연합뉴스」, "60세 이상 여성 87.7%, 만성통증 시달린다." 2015.08.03.

28) 「MedicalTimes」, "만성통증환자 10% 자살 시도…세심한 관리 감독 필요", 2021.11.19.

만성질환 외의 요인은 원인 질환이 없는 상태에서 신경의 변화로 인해 발생한다. 예를 들어 A베타 신경섬유(촉각 신경)는 촉각에만 관여하지만, 신경에 변형이 생기면 '통각 신경' 쪽으로 자라 들어가면서 '촉각 자극'을 통증으로 느끼게 된다. 이런 상태가 되면 "바람만 불어도 아프다, 양치질해도 아프다, 누가 만져도 아프다고 호소한다." 이 밖에도 '퇴행성 질환'(류머티즘성 관절염, 알츠하이머병, 파킨슨병 등)[30] 같이 뚜렷한 원인 없이 통증이 지속되는 경우도 있다.

2-5 만성통증의 메커니즘

만성통증은 원인이 불분명하지만 주된 요인이 **신경 전달체계의 변형**으로 지목된다. 완치 자체가 쉽지 않기에 당사자의 통증 관리 의지와 적극적인 활동이 매우 중요하다. 이와 관련 서울성모병원 박휴정 교수의 설명은 매우 명쾌하다. 통증은 아픈 감각뿐만 아니라 대뇌에서 인지하는 감각적 · 정서적 경험으로 생활습관, 태도, 가치관과도 연결되어 있어서 주관적이다. MRI 상태로 보면 심한 통증이지만 '별로 아프지 않다'고 하는 사람이 있다. 하지만 어떤 사람은 MRI상으로는 디스크 초기지만 '설거지도 못 한다'며 심각한 통증을 호소한다. 만성통증은 개인 편차가 심하다. 이는 통증의 문제를 의사에게 전적으로 의존하는 수동적 태도 보다는 의사의 조언에 따라 스스로 통증 관리 주체로서 능동적 자세를 가져야 한다는 것을 의미한다.

우리 몸의 신경계는 크게 **'중추신경계'**와 **'말초신경계'**로 나뉜다. 중추신경계는 뇌와 척수로 구성되어 있으며, 생각, 기억, 학습, 의사결정 등의 복잡한 정보처리와 명령을 내리는 역할을 한다. 반면에 말초신경계는 중추신경계와 몸의 다른 부분들을 연결하는 역할을 하며, 감각 정보를 중추신경계로 전달하고, 중추신경계의 명령을 몸의 다른 부분에 전달하는 역할을 한다. 몸이 찔리거나 부딪히면 '통각 수용체'가 이를 '감지'하고 그 통각 신호는 말초신경계를 통해 '중추신경계로 전달'된다. 이후 중추신경계는 이 정보를 분석하고 적절한 반응을 결정한다.

---

29) 「eMD, Medical News」, "만성통증 치료 해법 찾았다!!", 2017.10.11.

30) '퇴행성'이란 단어에는 해당 질병의 근본적인 원인을 아직 모르고, 확실한 원인을 모르니 근본적인 치료법이 없으며, 증상이 서서히 진행된다는 뜻을 포함하고 있다. 류머티즘성 관절염이 퇴행성 질병에 속한다. 사람 뇌에 발생하는 퇴행성 질병 중 대표적인 것이 알츠하이머 치매, 파킨슨병, 루게릭병(운동신경원 질환) 등이다. 「서울신문」, "[생명의 窓] 퇴행성이라는 질환/이광수 가톨릭의대 신경과 교수", 2011.10.22.

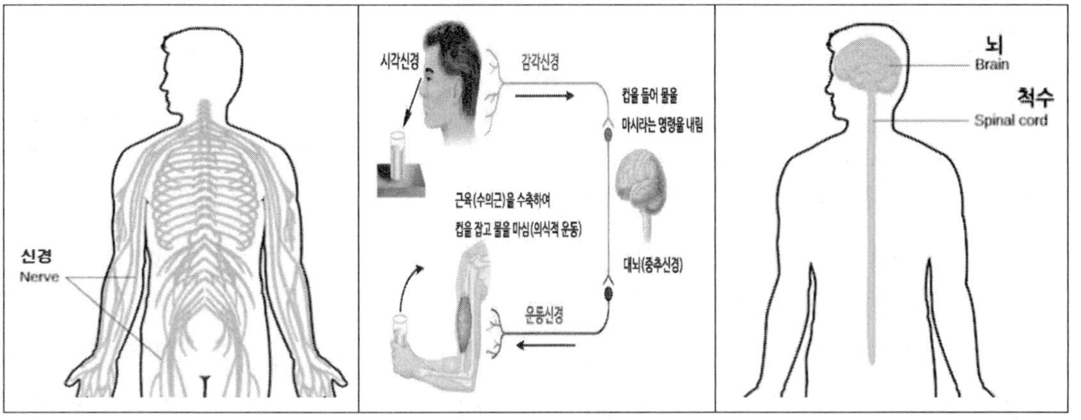

말초신경계(PNS) 물을 마실 때 예시 중추신경계(CNS)

그림 출처 : https://m.blog.naver.com

뇌가 통각 신호를 인지하면 '통증'이 발생하며, 이에 대한 반응으로 '몸은 통증을 억제하려는 행동'을 취하게 된다. 이 과정에서 '통증을 유발하는 물질'과 '통증을 억제하는 물질'이 생성되어 '**통증 발생 메커니즘**'과 '**통증 억제 메커니즘**'이 동시에 **작동**하게 된다.

조직이 손상되면 그 조직의 세포들은 '통증을 유발하는 물질'(칼륨 이온, 수소 이온 등)을 방출하여 '통각'을 일으키고, 이에 반응하여 뇌는 '통증을 억제하는 물질'(세로토닌, 노르아드레날린 등)을 직접 또는 척수를 통해 방출하여 '통증을 억제'한다. 이러한 과정은 '유해자극'(통각 신호)에 대응하여 '**몸을 보호하기 위한 정상적인 방어 메커니즘**'이다.

통증이 발생하였음에도 그 원인을 제거하지 못하거나, 시간이 과도하게 지체되는 경우 뇌는 반복적으로 통증을 경험하게 된다. 이때 방어 메커니즘은 비정상적으로 작동하게 된다. 반복적인 통증에 노출된 뇌는 '통증 유발 물질'과 '통증 억제 물질'의 전달(분비)시스템에 균형이 깨지면서 방어시스템을 작동하는 신경회로의 이상(異狀)이 발생하게 된다.

이런 상황이 3개월 이상 계속되는 경우, 뇌의 신경회로가 변형되어 통증의 원인이 제거되어도 통증을 지속적으로 느끼게 되는 이른바 만성통증이 발생할 수 있다. 통증이 계속해서 반복되면 뇌에 '각인'이 되어 통증 유발 원인이 제거된 후에도 뇌가 그 통증을 기억하여 계속 오작동하는 '**통증의 중추화**' 혹은 '**중추 감작**' 상태가 된다. 이 상태에서는 통증의 원인이 제거되어도 뇌에 각인된 부분이 없어지거나 대체(신경회로의 재구성 또는 기능 변경)되지 않는 한 통증을 계속 느끼게 된다. 문제는 중추화된 각인을 제거하려면 많은 노력과 오랜 시간이 소요된다는 점이다.[31)]

2-6 만성통증은 치료될 수 없는 것인가?

원인을 알 수 없는 **만성통증**의 주된 원인은 '**뇌의 신경전달체계의 변형**' 또는 '**뇌 구조의 신경학적 변화**'로 지목되고 있다. 그래서 '난치성 질환'이라고 한다. 만약, '뇌가 변하지 않는다'고 한다면, 만성통증은 '불치의 영역'으로 그저 감내해야만 하는 질환이라 할 것이다.

그러나 2000년대부터 뇌는 신체적 · 정신적 자극으로 평생에 걸쳐 변화하는 '뇌 가소성' 이론이 입증되면서 상황이 달라졌다. 의료 현장에서는 '뇌는 변하지 않는다'는 관점에서 벗어나 '뇌 가소성 개념을 수용'하기 시작했다. '가소적인 뇌'는 질환을 발생하기도 하지만, 치유도 할 수도 있는 양면성을 가지고 있다. 뇌 신경회로가 통증에 노출되면서 변형된(비정상적) 상태, 즉 학습된 통증이 만성통증이므로 이를 가소성을 활용하여 정상적으로 변화시킨다면 치유될 수 있음을 인정한 것이다.

뇌 가소성 이론에 의하면, 통증을 증폭시키는 '변형된 신경회로'를 정상화(재구성 또는 재배선)한다면 만성통증도 치유가 가능하다. 지금까지 밝혀진 많은 뇌 과학적 근거와 연구결과는 '만성통증'이 '치유의 영역'임을 입증하고 있다. 대표적으로 '**뇌 신경 가소성에 관한 연구**', '**신경조절 치료법에 관한 연구**', '**뇌에서 통증을 관리하는 방법에 관한 연구**' 등을 들 수 있다.

첫 번째, **뇌 신경 가소성에 관한 연구이다**.

뇌 신경 가소성이란 중추신경계의 손상 후 뇌가 재구성(신경회로의 변경) 또는 재배치(기능의 변화)되는 능력을 말한다. 신체적 자극과 정신적 경험은 신경세포와 신경세포를 연결하는 시냅스의 활성화(시냅스 가소성)가 발생하고, 이는 대뇌피질(뇌 신경회로)의 형태와 기능의 변화로 이어지는 일종의 '뇌의 적응 과정'을 의미한다. 이로 인해 뇌 신경회로(네트워크)가 새롭게 구성되고 대뇌피질도 재조직된다.

중요한 것은 이러한 가소성이 평생에 걸쳐 이루어진다는 사실이다. 만약 인간이 어떠한 의지와 노력으로도 뇌를 바꿀 수 없다면, 유전적으로 물려받거나 환경적인 자극으로 고정된 습관이나 심리적인 고벽 등은 변경될 수 없다는 '불치'의 의미가 된다. 하지만, '**몸**'(신체적 활동)과 '**마음**'(정신적 경험)**을 변화시키면 뇌의 신경회로를 변화시킬 수 있다**는 '**뇌 가소성**'은 이전의 '불치의 영역'을 '치유의 영역'으로 현실화시키는 혁명적인 **희망의 메시지**다.

---

31) 「YTN 사이언스」, "통증을 만드는 뇌", https://www.youtube.com/watch?v=rawIITGyfUk

새로운 환경적 자극을 활용하면 뇌 신경회로가 바뀌게 되고, 그 활동에 대한 피드백을 통해 더 나은 방향으로 지속한다면, 특정 영역의 신경회로는 구조적으로 밀도가 높아지고(신경회로의 재구성), 기능적으로 연결이 강화(기능 활성화)된다.

'뇌 신경 가소성'의 개념을 정립한 에릭 캔델(Eric Kandel)은 신체적 활동이나 정신적 학습 경험 등이 '시냅스의 수나 연결 강도'를 변화시켜 '신경회로의 구조적 변화'를 유도한다는 것을 입증했다. 또한 "유전자 구조를 바꾸지 않고도 유전자의 역할을 바꿀 수 있다"라면서 "인위적으로 유전자 구조를 변경하지 않더라도, **뇌의 가소적 변화**가 **'유전자 발현'**에 영향을 미쳐 '**유전자의 기능과 역할**'을 **변화**시킬 수 있다"는 사실을 밝혀냈다.32)

뇌 가소성의 아버지라 불리는 마이클 머제니치(Michale Merzenich)는 "정신 분열증과 같이 심한 질병을 치료하는 데도 뇌 가소성 기반의 뇌 훈련이 약물만큼 유용할 수 있고, 노인들조차도 인지기능을 급격하게 향상할 수 있다"고 강조한다. 그는 뇌 안의 특정 영역을 훈련하여 뇌 신경과 연관된 신체적 · 심리적 질환 및 질병 등을 치유하는 방법을 개발하고 있고 놀라운 성과를 보여주고 있다. 대표적으로 학습장애가 있는 학생들의 '인지'와 '지각' 발달을 위해 가소성 기반 컴퓨터 프로그램인 '패스트 포워드(Fast ForWord)' 시리즈이다.33)

만성통증에 시달리던 통증 전문의이자 신경 가소성론자인 마이클 모스코비츠(Michael Moskowitz)에 의하면 "**만성통증은 기소성이 미쳐 날뛰는 것**"이며, "통증 지도의 신경세포가 망가지면 계속해서 잘못된 경보를 울리는 뇌의 오작동임에도 신체의 문제로 믿게 만든다. 그래서 몸이 치료되고 난 이후에도 통증 체계는 뇌에 남아서 여전히 발화하여 통증을 느끼게 된다." 따라서 "통증은 끔찍한 기억이 통증 회로를 장악하고 확장하면서 더 큰 통증을 생성"하므로, "**경쟁적 가소성**의 개념을 활용하여 통증을 처리하는 뇌의 신경회로를 약화시키는 방식으로 통증을 제거할 수 있다"고 강조했다. 특히 그는 스스로 '마음-몸'이라는 통로를 매개로 뇌 가소적 변화를 유도하여 13년을 괴롭혔던 만성통증을 극복해냈을 뿐만 아니라, 자신을 치유한 경험을 토대로 수많은 만성통증 환자*들에게 치유라는 놀라운 진전을 경험시키고 있다.34)

---

32) ER Kandel, JH Schwartz, et al., 「Principles of neural science」, T Journal of Neuroscience, (2000), http://www.bmecenatral.com/publications
33) https://www.scilearn.com/company-history/
34) 노먼 도이지, 「스스로 치유하는 뇌」, pp.15-16.

* 모스코비츠는 "나는 통증 관리를 더 이상 믿지 않습니다. 끈질기게 지속되는 통증을 치료하려는 노력만을 믿습니다."라며 자신이 도움을 주었던 만성통증 환자의 유형을 다음과 같이 언급했다. "신경 손상과 염증성 손상으로 인한 요통, 당뇨병성 신경질환, 일부 암 통증, 복통, 목 퇴화 통증, 절단 수술, 뇌와 척수 외상, 골반저 통증, , 염증성 장 질환, 과민성 대장, 방광통, 관절염, 낭창, 삼차신경통, 다발성 경화증 통증, 감염후 통증, 신경 손상, 신경질환 통증, 일부 중추성 통증, 환상사지 통증, 척수 퇴행성 디스크, 척수 수술 실패로 인한 통증, 신경 뿌리 손상으로 인한 통증" 환자 등이다. 그는 "나에게 치료받은 환자들은 통증으로부터 해방에 성공했는데, 필요한 정신적 훈련을 줄기차게 행할 수 있을 때만 그랬다"라며 당사자의 대단한 노력을 강조했다.

두 번째, **신경조절 치료법에 관한 연구이다**.

이 연구는 「존스 홉킨스 대학교」, 「하버드 대학교」, 「메이요 클리닉」,「연세대학교」,「한국과학기술연구원」 등 여러 기관에서 활발하게 진행되고 있다. 이들 연구는 기본적으로 '전문적 외과적 개입'(전기 자극, 약물치료, 심리치료 등)으로 '뇌 가소성을 촉진하여 치료하는 방법'이다. 뇌 스캔을 통해 신경회로를 분석하고, 전기 자극과 같은 '외부자극'을 사용하여 '**통증을 유발하고 있는 변형된 통증 회로**(변형된 신경회로)'**를 재구성하는 접근법**이다. 즉 '척수 손상'이나 통증의 강도를 증폭시키는 '우울증', '강박증' 등에 시달리는 '만성통증' 환자를 대상으로 '컴퓨터 기술을 이용한 전기 자극'으로 뇌에 기억된 만성통증 신경회로를 지우거나, 재구성 또는 재조직하도록 하여 치료하는 것이다.

대표적으로 미국 '**메이요 클리닉**'(Mayo Clinic, 이사벨 A. 스카리 스프릭 박사)의 주된 연구는 **손상되고 병든 중추신경계의 가소성을 촉진하는 새로운 치료 개입**이다. 그 방법은 다양한 외과적 개입을 통해 신경세포의 분화로 변형된 중추신경계의 신경회로를 재구성하도록 촉진하는 것이다.[35]

2020년 신경조절 치료법 사이언스 트랜스레이션 메디슨 저널에 게재된 **연세대학교 이배환·차명훈 교수의 연구결과**도 빼놓을 수 없다. 이들은 **전기적**으로 **통증 신호를 차단하여, 만성통증을 완화할 수 있음을 보여주고 있다.**[36] 이 연구는 만성통증 환자의 뇌를 스캔해 보면 "불확정영역(머릿속 대뇌에 역할이 명확하게 밝혀지지 않은 부위)의 신경세포 활성도가 많이 낮아져 통증이 증가한다"는 선행연구 내용을 착안하였다. 그래서 "전기 자극으로 불확정영역 신경세포의 활성도를 높이면 통증이 감소할 것"이라는 가정을 전제로 실험을 했다. 쥐를 대상으로 '신경 손상이 있는 실험군'과 '신경 손상이 없는 대조군'으로 하여 진행되었다.

---

35) https://www.mayoclinic.org/search/search-results?q=electrical%20stimulation%20therapy
36) Myeounghoon Cha, Kyung Hee Lee & Bae Hwan Lee, "Astroglial changes in the zona incerta in response to motor cortex stimulation in a rat model of chronic neuropathy", Scientific Reports Vol.10, 2020, https://www.nature.com/articles

먼저, 일반 물리적 자극에 반응하는 '불확정영역의 활성도를 측정'했다. 그 결과 신경 손상이 있는 실험군은 '자극에 대한 활성도가 점차 낮아졌다(통증 증가). 반면 신경 손상이 없는 대조군은 큰 변화가 없었다. 이어 신경조절 치료법인 '운동 피질 자극술'을 10일간 반복하면서 불확정영역의 활성도 변화를 측정했다. 신경 손상 실험군은 시간이 지남에 따라 신경 손상이 없는 대조군과 똑같은 수준까지 활성도가 높아졌다(통증이 사라짐). 반면에 신경 손상 이후 아무런 치료 자극을 주지 않은 실험군에서는 불확정영역의 활성도 변화가 관찰되지 않았다.

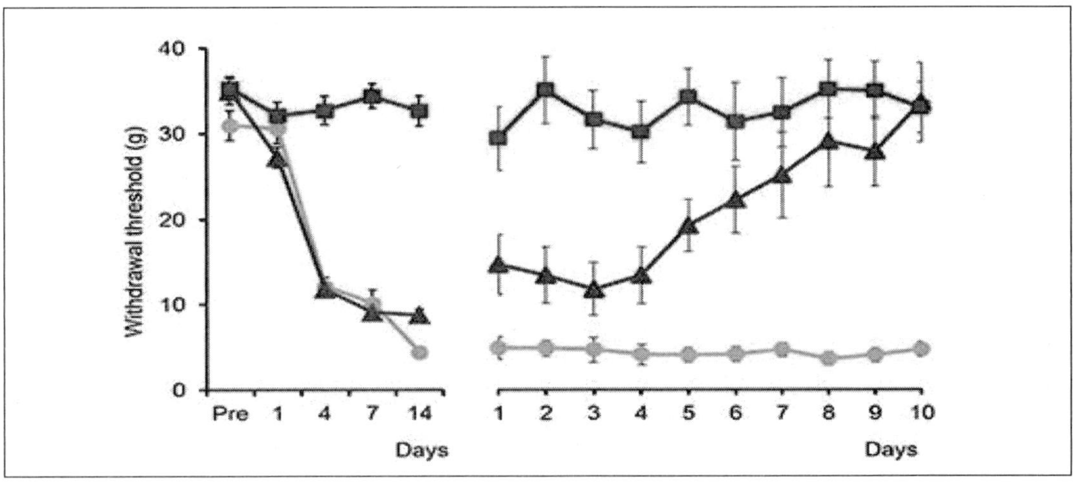

출처 : https://bktimes.net/detail.php?number=75507&thread=06r01

이배환 교수는 "뇌의 신경 가소성 변화가 전기적 자극과 같은 인위적 자극으로 가능하며 이를 응용하면 치료가 어려운 만성통증 환자의 통증 조절에 도움을 줄 수 있을 것"이라고 평가했다. 차명훈 교수는 "이 연구를 기반으로 뇌 신경세포 시냅스의 연결조절을 통해 만성통증을 조절할 가능성을 제시했다"고 밝혔다.[37] 이 연구는 '운동 피질 자극술' 같은 인위적 전기 자극으로 시냅스의 변화를 유도하여 만성통증의 치료 가능성을 제시한 것이다.

세 번째, **뇌에서 통증을 관리하는 방법에 관한 연구이다**.

2018년 뉴 잉글랜드 저널 오브 메디슨에 발표된 연구는 '뇌에서 통증을 관리하는 방법'에 대해 조사하였다. 이 연구는 '통증에 대한 뇌의 반응을 조절하는 것'이 '만성통증의 치료'에 도움이 될 수 있음을 확인하였다. 이들 연구는 뇌의 신경회로가 통증 인식과 처리에 어떻게

37) 「보건 타임즈」,"뇌 전기 자극으로 '만성통증' 조절되는 원리 규명", 2020.01.28.

영향을 미치는지를 탐구하고, 통증이 단순히 신체적 손상에 의한 것이 아니라, 뇌의 해석과 반응으로 조절된다는 점을 강조하였다.

대표적으로 '**인지행동치료**'(CBT)가 있다. 이 치료법은 환자가 **통증에 대한 인식을 변화시키고, 부정적인 생각 패턴을 긍정적으로 전환함으로써 통증을 관리**하는 데 도움을 준다. 연구결과에 따르면 CBT는 만성통증 환자에게서 통증 강도를 감소시키고 삶의 질을 향상시키는 데 효과적이라는 것이 입증되고 있다.[38] 예컨대 '만성요통(만성 근골격계) 환자'[39], 섬유근통 증후군 환자[40], 두통을 제외한 성인의 만성통증 환자(원격 심리 치료)[41] 등을 대상으로 한 인지행동 치료는 통증을 감소시킨 것으로 나타났다.

또한 우울증과 불안 장애도 인지행동치료 시 약물치료와 비슷한 효과를 나타내고 있으며, 외상 후 스트레스 장애(PTSD) 환자에게도 매우 효과적인 것으로 입증되고 있다. 이러한 연구들은 개인의 인지적 왜곡을 수정하여 긍정적인 행동 변화를 유도하는 '인지행동치료'가 만성통증 관리뿐만 아니라 다양한 정신건강 문제에 대해 효과적인 치료법임을 입증하고 있다.

연구 사례는 2017년 한중 연구팀이 밝혀낸 '뇌가 만성통증을 조절하는 원리'이다.[42] 연구자들은 뇌의 '**보상 회로 시스템(중변연계)**'이 '**통증 감각을 조절하는 원리**'를 **규명**한 것이다. 신경성 만성통증을 갖고 있는 실험동물을 대상으로 연구한 결과, 뇌의 보상 회로(중변연계 시스템)에 있는 '도파민과 성영양인자(BDNF)'가 통각 조절에 핵심 역할을 한다는 것을 밝혀낸 것이다. 이들은 실험동물에서 신경성 통증이 발생할 때 도파민 신경세포가 활성화되는 것을 확인하고, 도파민 신경세포를 광유전학(빛) 또는 약물로 억제하자 통각과민증이 줄어들었다.

또한 BDNF 생성이 증가하면서 통증과 관련된 도파민 신경세포가 활성화되지만, BDNF 줄이면 도파민 생성이 감소하여 통증이 완화되는 것을 확인했다. 이는 도파민 시스템이

---

38) Stefan G. Hofmann, Anu Asnaani, Imke J. J. Vonk, Alice T. Sawyer & Angela Fang, "The Efficacy of Cognitive Behavioral Therapy : A Review of Meta-analyses", Cognitive Therapy and Research Vol.36, pp.427-440, 2012.

39) 강성우 · 나영무 · 박미경 · 문재호 · 서혜정, "만성요통 환자의 인지-행동치료", 대한재활의학회지 : Vol.20(4), pp.1023-1027; 1996. 임길병 · 김지영 · 이홍재 · 김덕영 · 김정민, "만성 근골격계 통증 환자에서 통증과 정서 및 인지행동 요인과의 관계", 대한재활의학회지 : Vol.32(4), pp.424-429, 2008.

40) 공경란 · 이은남, "섬유근통 증후군 환자를 위한 인지행동 프로그램의 효과 : 무작위 대조군 전후실험설계", J Korean Acad Nurs Vol.51(3), pp.347-362, 2021.

41) BA Rosser, E Fisher, et al., "Psychological therapies delivered remotely for the management of chronic pain (excluding headache) in adults", Cochrane Database of Systematic Reviews, 2023, https://doi.org/10.1002/14651858.CD013863.pub2.

42) 「한국뇌연구원」, "만성통증 조절 원리, 뇌에서 찾았다.", 2017.10.17.

만성통증에 중요한 영향을 준다는 것을 시사하고 있다.

이들 연구는 뇌 신경전달체계의 변형으로 만성화된 통증이라 하더라도 비약리적 요법(**뇌 가소적 개입)**으로 '**만성통증 관리 및 치유**'가 **가능**함을 입증하고 있다.

또한 전문적인 외과적 개입으로서 '**외부적 자극**'(전기 자극, 빛, 약물 등)을 **활용**하여 통증을 차단하거나 뇌의 특정 영역에 대한 제어를 통해 만성통증이 '**치유영역**'임을 보여주고 있다. **신경병증성과 같은 만성통증도 의학적 전문치료 내지는 당사자의 노력으로 치료의 가능성을 높일 수 있음을 의미한다.** 따라서 모스코비츠가 도움을 주었던 환자 유형을 참고하여 뇌 가소적 개입으로서 '**비약리적 요법**'을 **적용하고 일상화하는 활동**이 무엇보다 중요해 보인다. 비약리적 가소적 개입 방법에 대서는 제6장~제9장에서 상세하게 제시될 것이다.

부록 1 통증이 신체적 · 정신적으로 미치는 영향

통증 전문가들은 "통증은 '신체 건강', '뇌 구조와 기능', '감정적 웰빙' 등 신체적 · 정서적으로 부정적 영향을 미친다."고 밝히고 있다. 특히 만성통증의 위험성에 대한 경고는 국내외 유수의 학회, 대학병원, 학자들의 연구결과에서 공통적으로 반복되고 있다. 증상을 넘어 질병이 된 만성통증은 집중력 감퇴, 기억력 감소, 수면 장애, 활동 범위의 축소, 외부활동 및 거동의 불편 등의 악순환으로 이어져 삶을 피폐하게 만들 수 있다는 것이다.

서울대학교 의과대학의 국민건강지식센터의 연구에 의하면,[43] 만성적인 통증은 그 자체로는 생명을 위협할 만한 질환이 아니지만, 지속적인 통증으로 인해 보행과 같은 신체적인 불편함을 경험하게 하고 삶의 질을 떨어뜨린다. 또한 극심한 통증으로 인해 우울증이나 불안증과 같은 정신적 질환을 동반하는 경우가 흔하며, 통증을 견디기 힘들어 자살을 강요당하는 경우도 확인되고 있다. 더욱 충격적인 것은 지속적인 통증은 뇌의 형태학적(구조와 기능) 변화에도 영향을 준다는 것이다. 11년간의 추적관찰을 통해 요통을 호소한 환자는 정상인과 비교할 때 '대뇌피질'이 더 많이 축소되는 양상을 보인다는 것이다. 섬유근육통을 비롯한 많은 만성통증 환자들의 뇌 스캔 결과, 정상인에 비해 유의미한 차이가 있다는 연구결과도 있다. 이는 통증의 지속기간이나 강도 등이 뇌의 구조와 기능의 변형과 관련되어 있음을 시사하고 있다.

이러한 신체적 · 정신적 변화와 더불어 만성통증은 실직, 가정불화, 인간관계의 단절 등 사회적 관계의 심각한 훼손, 공공 의료비용의 증가, 장애로 인한 사회적 비용의 증가, 노동력 상실로 인한 개인 및 사회적 손실 등 실로 많은 사회 · 경제적 비용을 초래하고 있다. 따라서 통증을 조기에 차단하여 '**만성화**(병의 증세가 심하지 않으면서 천천히 진행되고 잘 낫지 않는 상태가 됨)', '**중추화**(통증 부위의 신경은 더욱 예민해지고 작은 자극에도 과민하게 반응하는 것)'되는 것을 막는 것이 중요하다.

만성통증의 가장 즉각적이고 뚜렷한 영향 중 하나는 신체 건강을 저하시킨다. 만성통증이 지속되면 '스트레스 반응 시스템'을 활성화(과부화)시켜 코르티솔 및 아드레날린 등의 호르몬 분비가 증가한다. 이로 인해 면역기능 저하, 심혈관 질환(고혈압, 당뇨병) 위험 증가, 기능성 위장장애, 과민성대장증후군, 긴장성 두통, 만성 요통, 신체적 외부활동 및 대인관계 위축 등의 부정적 영향이 나타날 수 있다.[44]

---

43) 「서울대학교 의과대학 국민건강지식센터」, "만성통증관리의 원칙과 방법", 2015.12.09.

44) 「대한스트레스학회」, "스트레스 관련 건강정보", 2017.02(건강 in 매거진 2월호), https://www.nhis.or.kr/; 「차병원」, "스트레스와 신체 반응", 2016.08, http://chamc.co.kr/media/ magazineOld_ detail.cha?num=236&page=6620;「ALL of PAIN」, "만성통증과 그가 어떤 영향을 미치는지", https://www.allofpain.

만성통증은 단순히 신체적인 악영향뿐만 아니라 **감정적 영역에도 부정적 영향**을 미친다. 만성통증은 수면 패턴(잠들기, 깊은 숙면 등)을 방해하고, 통증의 악화나 추가 손상에 대한 '두려움'으로 '불안감', '우울감 · 무력감'과 '사회적 고립'을 포함한 불유쾌한 감정을 불러일으키고 증가시킨다.

'불안'은 종종 통증이 언제 공격할지 또는 얼마나 심각할지에 대한 불확실성에서 비롯된다. 일상 활동을 어떻게 관리할지에 대한 지속적인 걱정은 정신적으로 고강도의 불안 수준을 유발한다.

'우울감'은 만성통증의 또 다른 공통 동반증상이다. 지속적인 불편함은 즐거움과 목적감을 흔들어놓을 수 있어 개인을 무력하고 절망적으로 만들 수 있다. 통증의 감정적 영향은 압도적이며, 슬픔, 절망, 그리고 삶의 질의 감소와 관련된 감정을 유발할 수 있다.

'사회적 고립'은 만성통증의 자연스러운 결과이다. 지속적인 통증은 당사자의 사회적 활동을 위축시키고, 사회적 활동에 대한 단절이나 타인이 이해하지 못하는 자신의 모습에 대한 두려움을 증가시킨다.

이러한 불안, 우울감, 사회적 고립은 불유쾌한 감정을 더욱 악화시키고 통증을 증폭시키는 요인이 된다. 미국의 소비자 건강기업인 헤일리온(Haleon)은 2023년 전 세계 18개국 18,097명을 대상으로 한 설문 조사(서베이) 결과(통증 지수)를 발표했다.[45] 글로벌 차원에서 진행되는 이 지수는 통증이 사람들의 삶에 미치는 실제 영향을 거의 10년 동안 조사해 왔다. 연구결과에 따르면 2014년 제1차 서베이가 발표된 이후 **통증의 사회적, 정서적 영향이 25% 가까이 증가했으며,** 특히 코로나로 인한 낙인 및 사회적 고립이 증가한 것으로 나타났다.

이 보고서의 저자인 린다 파파도플로스(Linda Papadopoulos) 박사는 "일상적인 통증은 쉽게 무시하거나 사소하게 여길 수 있는 건강 문제에 해당한다. 그런데 많은 사람이 증상 자체보다는 그것이 미치는 영향이 훨씬 더 심각할 수 있음을 깨닫지 못하고 있다. 공감 부족과 차별 대우로 인한 외로움과 정신건강에 미치는 영향은 더욱 악화될 뿐이다. 이 같은 문제에 대해 세상이 점점 냉담해지고 있지만 사회적 차원에서 공감과 이해하는 능력을 더욱 개선시켜야 한다"고 강조했다.

정리해 보면, 통증은 당사자의 신체적 · 정신적으로 부정적 영향을 줄 뿐만 아니라 지속되는 통증은 뇌의 구조와 기능의 변형을 초래하는 위험성을 가지고 있다. 통증으로 야기되는 부정적 영향은 다양한 요소에 의한 악순환의 결과이므로, 통증은 '회피의 대상'이 아니라 '관리의 대상'이어야 한다. 통증이 방치된다면 '이차적인 정서적 괴로움'과 결부되어 개인의 삶을 극단적인 상황으로까지 몰고갈 가능성이 있기 때문이다. 따라서, 통증은 단순한 생리학적인 증상보다는 통증에 포함된 사회적, 정서적 영향에 중점을 두고 관리되어야 하며, 이를 줄이는 방향으로 통증 관리가 되어야 한다. 또한 통증을 조기에 차단하는 것이 만성화의 위험성을 줄이고, 불유쾌한 감정으로 증폭되는 통증의 악순환을 차단할 수 있다.

---

com/ko/post/

45) 「전북투데이」, "통증 환자들, 그 어느 때보다 사회적 소외감 느껴", 2023.01.02.

부록 2 알츠하이머병의 원인과 예방

알츠하이머병(AD)은 개인, 가족, 사회 및 의료 경제에 미치는 영향으로 인해 현 세대의 가장 파괴적인 질환일 수 있다. 알츠하이머병을 앓고 있는 사람은 2018년 기준 미국에 570만 명, 전 세계적으로는 약 4,600만 명으로 추산되며, 2030년까지 3배로 증가할 것으로 예상된다. 특히 알츠하이머병/치매는 암과 심혈관 질환을 제치고 미국에서 가장 비용이 많이 드는 질환이 되었다고 보고하고 있다.[46] 한국의 건강보험심사평가원의 통계에 의하면 최근 5년간 치매 환자가 2015년 386,607명에서 2019년 551,845명으로 매년 11% 수준으로 증가했다.[47]

치매의 대표적인 원인 질환으로 알려진 **알츠하이머병은 가장 흔한 퇴행성 뇌질환**으로 전체 치매의 절반 이상을 차지한다. 알츠하이머병의 정확한 발병 메커니즘과 정확한 원인은 밝혀진 건 없지만, 주된 원인은 기억 중추인 **'해마의 뇌 세포가 손상'**되어 기억과 학습을 담당하는 신경전달물질인 '아세틸콜린'이 크게 감소하면서 증상이 나타나게 된다. 뇌 세포 손상은 나이가 들면서 '베타아밀로이드'라는 유해 단백질의 배출이 저하되면서 '뇌에 침착'하고 '뇌 신경세포를 파괴'해 뇌 기능을 떨어뜨리는 것으로 알려져 있다.[48]

그 증상은 서서히 진행되어 점차 기억력을 잃고 인지능력이 손상되며 일상생활에 장애를 겪게 되는 질환이다. 초기에는 주로 최근의 일을 잘 기억하지 못하는 **'건망증'**과 같은 증상을 보이다가 **'언어기능'**이나 **'지남력'**(시간, 공간 및 인간에 대한 인지력) 등의 **인지기능에 이상**이 나타난다. 또한 망상, 환각과 같은 심리증상과 공격성, 배회, 수면 장애 등의 행동 증상이 동반될 수 있으며 병이 상당히 진행되면 결국은 환자가 스스로 자신을 돌보는 능력이 상실되어 아주 기본적인 것도 다른 사람의 도움을 받아야만 하는 상태에 이르게 된다.[49] 퇴행성 신경질환의 공통적인 사항이지만, 알츠하이머병이 위험한 것은 임상적 증상이 나타날 때쯤이면 중추신경계에 충분한 손상이 발생하여 많은 증상이 회복되지 않을 수 있음을 시사하고 있다는 점이다.[50]

---

46) Hurd MD, Martorell P, Delavande A, Mullen KJ, Langa KM. "Monetary costs of dementia in the United States", N Engl J Med Vol.368, pp.1326-1334, 2013.
47) 「의학신문」, "치매의 70% 이상은 알츠하이머가 원인, 치료 · 예방법은?", 2021.04.27.
48) DS Knopman, H Amieva, et al., "Alzheimer disease",Nature Reviews Disease Primers Vol.7(33), 2021, https://doi.org/10.1038/s41572-021-00269-y.
49) 「대한치매학회」, "99가지 치매이야기", 2021.03.18. 「서울삼성병원-삼성당뇨소식지」, "알츠하이머에 대한이해", Vol.260.
50) Sperling RA, Jack CR Jr, Aisen PS. "Testing the right target and right drug at the right stage", Science Translational Medicine Vol.3(111), p.111cm33, 2011, DOI:10.1126/scitranslmed.3002609.

많은 연구는 알츠하이머병 예방을 위해 '**규칙적인 운동**'을 권고하고 있다.[51] 그 이유는 비약리적 요법으로서 "심혈관 위험 요인을 낮추고, 신경 발생을 촉진하며, 신경 영양 인자(BDNF, GDNF 등) 생성과 항염증 효과를 증진"하여 알츠하이머병의 예방과 치료에 긍정적인 영향을 준다는 것이다.[52] 특히 운동은 아세틸콜린의 생성 및 분비를 촉진하고 '주의집중'을 하도록 하여 인지능력을 개선하기 때문이다. '아세틸콜린'은 기억 형성과 학습 과정에 중요한 역할을 하며, '해마'와 관련된 기능을 지원한다.

또한 신경세포의 생존을 촉진하고, 신경세포의 연결을 강화하여 신경망의 효율성을 높이고 인지기능을 향상하는 역할을 한다. 알츠하이머병 예방 관련 내용은 제8장 '퇴행성 신경질환과 뇌 가소적 개입'을 보라.

51) 「건강 iN」, "치매를 일으키는 알츠하이머병", 2019.09., https://www.nhis.or.kr/magazin/149/html/sub3.html, 「질병관리청 국가건강정보포털」.

52) PL Valenzuela, A Castillo-García, et al., "Exercise benefits on Alzheimer's disease : State-of-the-science", Ageing Research Reviews Vol.62, 2020, https://doi.org/10.1016/j.arr.2020.101108

제3장

통증의 의미와 역할

이 장은 **'뇌는 왜 통증을 조절하고 생성하는가?'라는 물음으로, 본능적이고 무의식적으로 작동되는 뇌가 생성하는 '통증의 의미와 역할'을 밝히고자 한다. "경험하는 통증은 몸을 보호하기 위해 뇌가 판단(해석)하고 예측한 '반응'**이다."라는 명제를 확인하고 입증하기 위해 다음의 4가지 관점에서 살펴볼 것이다.

첫째, 현대 통증의학이 정의하는 통증에 대해 신체적, 심리적, 사회적, 정신적 측면으로 세분하여 통증의 **본질적인 의미를 분석**한다. 둘째, 통증은 감각 정보 외에 감정을 포함하고 있고, **감정 처리 과정을 거쳐 생리적인 변화가 발생하며,** '불안, 두려움, 슬픔, 불확실성'과 같은 부정적인 감정과 연결되면서 통증의 강도를 악화시킨다. 이를 통해 뇌가 생성하는 통증은 감정과 불가피한 상호작용의 결과임을 입증한다. 셋째, 인간의 본능적인 무의식으로 작동되는 **'쾌락 전환 가설'**을 근거로 '통증도 덜 고통스럽게 느껴지는 경험'으로 인식되는 '통증 수용'의 의미를 짚어 본다. 넷째, 상 · 하행성 통증 경로에서 보상회로(도파민 시스템)에 의한 신경전달 및 조절물질이 분비되어 통증을 조절하는 **신경과학적 관점에서 통증의 의미**를 정리한다.

이러한 통증의 의미를 종합하여 **통증의 본질적 역할**이 무엇인지를 제시할 것이다. 이와 관련된 내용은 다음의 5가지 분야로 전개한다.

Key Word

통증의 의미, 신체적인 통증, 심리적인 통증, 정서적인 통증, 사회적인 통증, 스트레스, 두려움(공포), 분노, 외로움, 감각적인 통증 처리, 정서적인 감정 처리, 쾌락 전환 가설, 주관적 효용, 동기 결정 모델, 통증의 역할이 장에서는 "통증은 통각 신호를 인지한 뇌에서 생성되고 조절된 반응이다."(제4장 통증 경로 이론에서 설명되고 입증할 것임)라는 현대 통증의학의 관점을 토대로 **"뇌는 왜 통증을 조절하고 생성하는가?"**라는 **통증의 의미와 역할에 초점을 둘 것**이다.

의료 전문가, 학자, 연구기관별로 다소 표현의 차이가 있지**만 "통증은 몸과 마음을 보호하기 위한 경고(반응)"라는 데에는 이**견이 없다. 그 경고는 '조심하거나 삼가도록 미리 주의를 주는 것'으로 **뇌가 해석하고 예측한 반응**이다.

통증은 반드시 조직 손상에 대한 정확한 정보를 제공하는 것만은 아니다. 경험하고 기억된 정보를 기초로 특정한 상황에서 가해진 '외부위협'에 대해 뇌가 평가하고 판단하여 예측한 결과가 통증이다. 따라서 통증은 유해 자극으로부터 몸을 보호하라고 촉구하는 뇌가 내리는 명령이다. 그렇다면 뇌가 발령하는 명령(경고)으로서 '통증의 의미는 무엇인지' 그리고 '통증의 역할은 무엇인지'에 대해 확인할 필요가 있다.

3-1 현대 통증의학이 정의하는 통증의 의미

통증은 불유쾌하고 싫은 일이다. 그럼에도 우리 몸은 왜 통증을 느끼게 되어있을까? 이 질문은 달리 표현하면 **"무의식적으로 작동하는 뇌는 왜 통증을 조절하고 생성하는가?"**라는 본질적인 물음이다. 결론부터 말하자면, 몸과 마음을 보호하기 위해 뇌가 받아들이는 '**통증의 의미**'에 따라 통증을 생성하고 그 정도가 달라진다. 그래서 통증은 단순한 신체적 반응이 아니라, 생물학적 · 심리학적 요인들이 결합된 복합적인 경험이라 한다. 통증의 의미가 조직 손상에 의한 반응일 수도 있고, 정신적 고통일 수도 있다는 것이다. 이는 의료계에서 제시하고 있는 '**통증의 정의**'*에서 명확하게 드러난다.

* 'MSD 매뉴얼'에서는 "통증은 실제 발생한 손상 또는 발생 가능한 손상을 나타내는 **불쾌한 감각**"으로 정의한다. '국제 통증 연구협의회'(IASP)는 "통증은 실제적인 혹은 잠재적인 조직 손상 혹은 그에 준하는 손상과 관련된 **불쾌한 감각이나 정서적 경험**"으로 정의하고 있다.
* 일부 전문가와 학자는 **"통증은 몸과 마음을 보호하기 위한 경고(반응)"**라고 표현하기도 한다. 이는 통증은 기본적으로 '**감각**'(신체에서 느껴지는 감각적인 경험)이기는 하지만 '**인지적인 면**'(통증에 대한 개인의 지각, 해석, 판단 등)과 '**감정적인 면**'(불쾌감, 두려움, 불안)이 관련이 있음을 의미한다.[1]

1) 남언정, "만성통증을 호소하는 환자의 치료와 접근방법", 대한내과학회지 제73권 부록 2호 p.974, 2007.

통증의 정의에 언급된 '**불쾌한 감각 및 정서적 경험**'은 생리적 요인뿐만 아니라 심리적 요인이 통증 경험에 영향을 미친다는 것을 의미하며, 이는 '몸'뿐만 아니라 '마음'을 보호하기 위한 경고(반응)로 해석될 수 있다.

1987년 연구는 통증을 암과 직접 연관시킨 환자들이 통증을 암과 연관시키지 않은 환자들보다 더 많은 통증을 느낀다고 보고하고 있다.[2] 이는 통증의 의미가 생명을 위협하는 상황으로 인식할 때, 더 심하게 통증을 느낀다는 것을 의미한다. 이러한 결과는 2003년 임상시험(31명)에서도 확인되었다. 이 연구는 '조직을 손상하는 의미'는 통증 강도에 영향을 미친다는 것이 입증되었으며, 주어지는 자극을 뜨겁다고 암시하면 실제보다 더 뜨겁게 평가한다는 것이다.[3]

2013년 연구결과도 같은 맥락이다. "통증은 다양한 억제 체계(내인성 오피오이드와 카나비노이드)를 통해 다양한 심리적 요인에 의해 조절되는 부정적인 감정 경험"으로 밝히고 있다. 통증의 의미로서 심리적 요인이 하행성 통증 경로에서 내인성 오피오이드(엔도르핀, 다이노르핀 등)을 생성시켜 통증에 영향을 미친다는 것이다.[4] 예컨대 '꼬집음'과 '비틀기'는 악의적인 다른 사람에 의해 발생할 때 고통스럽고, 안마사 또는 연인에 의해 발생할 때 즐거운 것으로 경험될 수 있음을 시사하고 있다.

심리학에서 고통은 '심리적 고통', '정신적 고통' 또는 '정서적 고통'을 의미하며, 이는 '심리적 또는 비물리적 원인에 의한 불쾌한 느낌'을 가리킨다(위키백과). 기술적인 용어로는 '심리 통증'과 '정신성 통증'을 포함된다. 이러한 이론과 모델들을 종합해 보면 '불쾌한 감정'으로 표현될 수 있다.[5] 이는 고통의 개념이 생리학적인 통증의 개념을 넘어 정서적인 감정의 범위를 포함하고 있음을 의미한다.

이러한 관점은 의학계에서 '고통의 본질'에 대한 표준적인 견해로 인정받는 에릭 카셀(Eric Cassell)의 연구결과에서도 명확하게 드러난다. 그는 "고통은 개인의 온전함을 위협하는 사건들로 괴로움을 경험하는 상태"로 정의하면서, 고통은 신체적 통증뿐 아니라 심리적 괴로움까지 망라하여 설명한다. 통증은 신체적 증상으로 원인을 알고 이를 통제할 수 있으며,

---

2) DD Price, et al., "Sensory-affective relationships among different types of clinical and experimental pain", Pain Vol.28, pp.297-307, 1987.
3) A Arntz, et al., "The meaning of pain influences its experienced intensity", Pain Vol.109, pp.20-25, 2004.
4) F Benedetti, et al., "Pain as a reward : Changing the meaning of pain from negative to positive co-activates opioid and cannabinoid systems", Pain 154(3), pp.361-367, 2013.
5) Meerwijk EL, Weiss SJ. "Toward a unifying definition of psychological pain", Journal of Loss & Trauma Vol.16(5), pp.402-412, 2011.

통증이 언젠가는 끝날 것이라는 확신이 있다면, 심한 통증도 견딜 수 있다.[6] 하지만 고통은 단순한 신체적 통증을 넘어서는 개념으로, 부정적인 감정(불안, 우울, 두려움 등)과 연결되어 있으며, 이러한 감정은 환자의 정체성에 영향을 미쳐 자아 감각을 상실하게 만들 수 있다.[7]" 는 것이다.

2009년 캘리포니아대학교 매튜 D. 리버먼(MD Lieberman) 교수가 "고통과 쾌락"이라는 논문에서 밝힌 통증의 의미는 매우 명쾌하다.[8] 뇌 과학 관점에서 '신체적 손상에 의한 통증'과 동등한 대우를 받지 못하는 '사회적 상처로 느끼는 고통'은 같은 방식이다. 그래서 15개 언어로 된 '사회적 고통'에 대한 단어조차도 거의 전적으로 '신체적 통증'에서 차용되었다고 분석했다. 즉 발목이 부러진 신체적 사건으로 느끼는 통증과 거부나 부당한 대우를 받은 사회적(심리적) 사건으로 느끼는 고통은 크게 다르지 않다고 본다. 그 이유는 신체적 통증과 심리적 고통에서 나타나는 감정적 반응은 주로 동일한 신경회로(전측대상피질)에 의해 처리되기 때문에, 두 가지 경험은 본질적으로 유사하다는 것이다.

통증은 신경생리학적 관점의 신체적 손상을 넘어, 스트레스를 받을 때 느끼는 불쾌감과 같은 심리적 불편함을 전달하는 뇌의 반응이다. 경험하는 통증은 뇌의 통증 처리 과정에서 작동되는 부위(시상, 전두엽, 변연계 등)의 상호작용으로 처리된다. 이때 뇌에서 생성되는 통증의 의미는 단순한 생리학적 반응을 넘어, 개인의 과거 경험과 학습으로 형성된 정서적 상태를 포함한다. 따라서 개인이 경험하는 통증은 신체적, 심리적, 사회적, 정신적 요인 등을 바탕으로 뇌가 해석하고 예측한 종합적인 결과이다.

현대 통증의학에서 공식화한 '통증'은 심리학적인 관점에서의 '고통'의 의미를 포함하고 있다. 이는 최근 기초과학연구원(IBS) '뇌과학 이미징 연구단'이 뇌 스캔을 통해 밝혀냈다. 통증의 강도는 외부에서 주어지는 자극의 세기뿐만 아니라 자극이 얼마나 아플 것인가에 대한 기대치(통증의 의미)에도 영향을 받는다는 것이다. 이 연구는 뇌가 실제 조직 손상에 의한 자극과 예측된 고통의 정도가 통합하여 경험하는 통증으로 나타남을 입증했다. 임상시험은 피험자들에게 앞으로 주어질 열 자극(통증 자극)이 얼마나 아플지 예측하게 했다. 이후 팔뚝에 열 자극 기기를 부착해 다른 강도의 자극을 전달하며 fMRI로 뇌 신호를 측정했다. 그 결과, 같은 자극의 세기에도 '통증이 클 것'이라고 예상한 피험자가 그렇지 않은 피험자보다

---

6) EJ Cassell, "The relief of suffering", Archives of Internal Medicine Vol.143(3), pp.522-523, 1983.
7) T Tate, et al., "What we mean when we talk about suffering—and why Eric Cassell should not have the last word", Perspectives in Biology and Medicine Vol.62(1), pp.95-110, 2019
8) MD Lieberman, et al., "Pains and Pleasures of Social Life", Science Vol 323, pp.890-891, 2009, "Why it hurts to be left out : The neurocognitive overlap between physical and social pain", 2005, https://psycnet.apa.org/record/2005-13813-007.

더 아프다고 보고했고, 통증에 대한 기대치와 자극의 세기가 통합돼 통증을 느낀다는 것을 확인하였다. 이는 '통증 예측'(심리적인 고통)과 '외부 자극'(신체적인 통증)이 통합되어 통증 경험으로 나타난다는 것을 의미한다.[9)]

현대 통증의학에서 언급하는 통증의 의미는 단순히 생리학적 반응에 그치지 않고, 개개인의 과거 경험과 학습으로 형성된 요인의 상호작용을 포함한다. 즉 당사자가 경험하는 통증은 신체적, 심리적, 사회적 및 정신적 요인을 토대로 뇌가 해석하고 예측한 당시의 종합적인 결과라는 것이다. 뇌가 정보 해석 기관을 넘어 '미래 예측 기관'임을 입증하는 연구결과는 대표적으로 **'투쟁-도피 반응'**, **'시각과 뇌의 예측 능력'**, **'대처 착시'**, **테드 캡척 박사의 '예측처리모델'** 등이 있다. 이에 관한 세부 내용은 <부록 1. 뇌는 미래 예측 기관>을 보라.

현대 통증의학에서 공식화된 통증은 신체적 · 심리적 · 사회적 · 정신적인 관점에서 의미를 가진다. '신체적 의미'는 조직 손상이 있다면 그 원인을 제거하고 더 이상 악화하지 않도록 관리하라는 것이다. '심리적 의미'는 분노, 불안, 두려움, 외로움, 불확실성 등을 줄이고 관리를 요구하는 것이다(㉠ 외상성 스트레스 증후군, 울화통, 화병 등). '사회적 의미'는 가족관계, 직장에서 업무 또는 관계, 친구 관계 등에서 나타나는 소외(㉠ 사회적 약자), 불화, 갈등 등의 스트레스를 관리하고 벗어나라는 것이다. 마지막으로 '정신적 의미'는 과거의 아픈 상처나 경험(㉠ 트라우마, 우울증, 심인성 장애[10)])으로부터 벗어나 자아를 찾고 자존감을 회복하면서 삶에 대한 기대와 희망을 가지라는 것이다.

3-2 감정(정서적인 요인)과 통증과의 관계

통증은 단순한 신체적 증상을 넘어 개인의 감정과 심리적 상태에 큰 영향을 미친다고 알려져 있다. 이러한 심리적 부분이 통증에 미치는 영향은 상당히 크며, 만성통증을 경험하는 많은 사람들은 통증으로 인해 우울증, 불안, 스트레스와 같은 심리적 문제를 동반하기도 한다.[11)] 이는 통증을 관리하고 치료할 때 **감정을 잘 이해하고 다루는 것이 중요**하다는 것을 의미한다.

---

9) 「nate 뉴스」, "우리 몸이 느끼는 '통증의 비밀' 밝혀졌다", 2024.09.23.
10) 「서울 아산병원」, "심인성 장애란 감정적 또는 정신적 스트레스로 인해 신체적 질병이 나타난 것을 말한다", https://www.google.co.kr/
11) 「HiDoc 뉴스」, "만성통증 환자, 통증과 마주하는 순간 마음의 건강을 되짚어 봐야", 2024.04.14.

수많은 연구는 "심리적 과정이 통증 경험과 치료 결과 모두에 영향을 미친다"는 것을 지지하고 있다.12) 일반적으로 감각적(물리적) 통증과 정서적(감정) 통증으로 구별되지만, 경험하는 통증은 신경생리학적으로 중추신경계의 통증 처리 과정에서 신체적 통증과 정서적 감정의 상호작용으로 나타난다. 부정적인 감정을 느끼면 통증이 더 심하게 느껴질 수 있고, 반대로 긍정적인 감정을 느끼면 통증이 덜 느껴질 수 있다. 즉 통증을 느끼는 사람의 감정 상태가 그 통증을 어떻게 느끼고, 평가하며, 치료하는 데에 크게 영향을 미친다는 것이다.13)

'**감정**'의 정의에 대한 과학적 합의는 없지만, "신경생리학적 변화로 유발되는 신체적 · 정신적 상태"로 정의되며, '**즐거움**' 또는 '**불쾌감**'의 정도와 관련이 있다.14) 일반적으로 개인의 심리적 상태를 나타내는 복잡한 '**느낌**'으로 주관적인 경험, 생리적 반응, 행동적 표현 등이 통합되어 나타나는 '**기분 상태**'를 의미한다. 이러한 느낌으로서 감정적 의식은 뇌의 본질적인 기능이며, 이로 인해 표출되는 핵심 감정은 추구(무언가를 얻고자 하는 욕구), 두려움, 분노, 욕망, 보살핌, 공황, 놀이와 같은 느낌을 포함한다. 그리고 이들 감정의 표출은 뇌의 '변연계 감정 행동 시스템'에 의해 유도된다.15)

예컨대 **감정은 뇌의 감정 처리 과정**을 거쳐 '**생리적 변화**'가 발생한다. 두려움을 느낄 때 심장 박동이 빨라지고, 화가 났을 때 혈압이 상승한다. 이러한 변화는 '생존과 적응'에 중요한 역할을 하며, 당시의 물리적 감각, 환경적 상황, 인지 과정에 따라 다르게 나타난다.16)

통증과 함께 수반되는 '정서적 감정처리'는 감정의 관문인 '**신경 활동**'*(대뇌변연계의 편도체)에서 슬픔과 분노와 같은 자극을 인지하고 감정의 마지막 단계인 '**호르몬 반응**'**으로 도파민, 세로토닌 등이 분비되면서 웃거나 찌푸리는 등의 '신체적 변화'를 발생시킨다. 이러한 변화에는 사랑, 기쁨과 같은 '**긍정적 느낌**'과 두려움, 분노, 혐오감, 소외감 등 '**부정적 느낌**'이 포함된다.17)

---

12) SJ Linton, WS Shaw, "Impact of psychological factors in the experience of pain", Physical therapy Vol.91(5), pp.700-711, 2011.
13) MA Lumley, JL Cohen, et al., "Pain and emotion : a biopsychosocial review of recent research", Journal of clinical Phychology Vol.67(9), pp.942-968, 2011.
14) J Panksepp, 「Affective neuroscience : the foundations of human and animal emotions」, (2005), Oxford [u.a.] : Oxford Univ. Press.
15) J Panksepp, "Affective consciousness : Core emotional feelings in animals and humans", Consciousness and Cognition Vol.14(1), pp.30-80, 2005.
16) Joan I. Rosenberg 지음. 박선령 옮김. 「90 SECONDS TO A LIFE YOU LOVE」, 제3장 참조.
17) 「IBS 기초과학연구원」, "감정을 인지하는 나침반", https://www.ibs.re.kr/

* '**신경 활동**'은 감정의 정도에 따라 이를 처리하는 뇌(변연계 : 전측대상피질, 뇌섬엽, 편도체, 전두엽, 시상하부, 복측피개영역, 해마)에서 신경전달 및 조절물질(엔돌핀, 도파민, 세로토닌, 노르에피네프린 등)을 생성 및 분비하여 '통증의 강도'에 영향을 미친다.

** '호르몬 반응'은 스트레스 상황에서 관련 호르몬(코르티솔[18], 아드레날린[19] 등)이 분비되어 신체의 '투쟁 또는 도피' 반응을 촉진한다. 이는 두려움이나 분노와 같은 감정과 관련이 있다. 반면 '옥시토신' 같은 호르몬은 사회적 유대와 관련된 감정을 활성화하여 심박수와 혈압, 호흡, 근육의 긴장 등을 완화한다.

통증은 단순한 감각 정보뿐만 아니라 감정 상태를 포함한다.

통증은 단순한 '유해 자극에 대한 통각'으로서의 의미가 아니라 "통각과 감정이 복합적으로 작용한 증후"로 정의한다. 이 같은 관점은 세계 통증 연구 학회가 "통증은 불쾌한 감각적, 정서적 경험"이라며 공식적으로 뒷받침하고 있다. 이는 통증이 '조직 손상이라는 통각'과 '정서적 반응'의 상호작용의 결과로서, 그 반응에는 불안감, 두려움, 걱정, 혐오감, 스트레스 등의 '**정서적 불쾌감**'**이 포함된 것**이다.[20] '불안'은 내적이며 모호하고 알지 못하는 위협에 대한 반응이고, '두려움'은 외적이며 분명하고 알 수 있는 위협에 대한 반응이며, '걱정'은 예상되는 잠재적인 위협에 대한 부정적인 생각, 이미지, 감정 등을 말한다.[21] 이러한 '부정적 감정 요인'은 '상행성 통증 경로'에서 전달되는 '통각 신호'를 흥분시킴으로써 통증을 증폭시키는 요인이 된다.

우리가 **경험하는 모든 통증은** 그 정도와 무관하게 **개인의 기분과 감정에 영향을 받는다**. 특히 만성적인 성격의 경우에는 더욱 그러하며, 부정적인 기분과 감정이 통증을 유발하거나 악화시키는 증거는 명백하다.[22] 잘 알려진 예로서 오래 기다리던 손님이 초인종을 누르는 순간 두통이 멈추는 것과 동료와 말다툼을 한 후 참을 수 없게 되는 치통 등에서 쉽게 입증이 된다.

미국의 공공 보건 및 역학 연구에 있어 저명한 기관인 메릴랜드 대학교와 존스 홉킨스

18) 코르티솔(cortisol)이란 콩팥의 부신피질에서 분비되는 호르몬을 말한다. 주로 외부의 스트레스와 같은 자극에 맞서 몸이 최대의 에너지를 만들어 낼 수 있도록 하는 과정에서 분비되어 혈압과 포도당 수치를 높이는 것과 같은 역할을 한다.「정책브리핑」, "노화 부르는 스트레스 호르몬 '코르티솔'", 2015.09.17.

19) 아드레날린은 부신수질에서 분비되는 호르몬으로 스트레스받을 때나 위급상황에서 대처할 수 있도록 중요한 역할(심장, 근육, 동공, 땀 등)을 한다. 「광양 사랑병원」, "긴장되는 순간, 아드레날린이 당신을 살린다!", http://www.gysarang.com/

20) 이양균, "통증의 정의와 분류", 「대한임상통증학회지」, Vol.1(1), pp.1-2, 2002.

21) 김경민 · 김민경 · 이상혁, "불안 관련 장애의 신경생물학적 이해", 「REVIEW ARTICLE」, Korean J Biol Psychiatry, p.128, 2014.

22) Katja Wiech, Irene Tracey, "The influence of negative emotions on pain : Behavioral effects and neural mechanisms", NeuroImage Vol.47, pp.987-994, 2009.

대학교 소속의 윌리엄 이튼(William Eaton) 등 연구팀은 정서 장애와 장기적인 건강과의 상관관계를 연구하였다. 미국 볼티모어 지역 연구로서 우울증 장애(1,703명)가 뇌졸중 위험에 미치는 영향에 대해 13년 추적 조사한 결과이다. 연구에 따르면 우울증이 있고 통증이 없는 사람은 우울증이 없고 통증이 없는 사람보다 만성 근골격계 통증이 발생할 가능성이 평균 2배 더 높다.[23] 또한 뇌졸중은 2.6배, 심근경색은 4배 이상 높은 것으로 밝혀냈다.[24] 이 연구는 통증은 경험하는 감정에 따라 통증의 강도가 조절될 수 있다는 것을 시사하고 있다.

'불안 정도'도 **통증 강도에 영향을 미친다.**

성균관대 김민우 교수 연구팀은 '불안'과 '뇌의 신경회로' 간의 관계를 밝히는 연구결과를 발표했다.[25] 이 연구는 톨스토이의 소설 《안나 카레니나》의 첫 문장인 "행복한 가정은 모두 비슷하지만, 불행한 가정은 서로 제각각의 이유로 불행하다"는 영감을 바탕으로 '신경회로와 불안의 관계'를 분석했다. '불안 수준이 낮은 사람들의 신경회로'는 모두 비슷한 형태(구조)이지만, '불안 수준이 높은 사람들의 신경회로'는 서로 제각각 다른 형태를 지닐 것이라는 가설을 세우고 이를 검증했다.[26]

연구결과에 따르면 '불안'이 '감정의 의미'를 파악하는 부위(편도체)와 '감정을 조절'하는 부위(전전두피질)에 영향을 미치는 것을 확인하였다. 또한 불안 수준이 낮은 사람들일수록 '신경회로 형태가 서로 비슷'하지만, 반대로 **불안 수준이 높은 사람들일수록 '신경회로 형태가 서로 다르다'**는 것이다. 이런 '불안한 뇌의 특성'은 20~35세 청년들과 60~75세 노인들의 뇌에서 동일하게 관찰되었으며, 연령 또는 노화와는 무관하다는 결론을 도출했다. 이는 불안이 통증 경험에 큰 영향을 미치며, 불안 수준이 높다는 것은 통증에 대한 민감도를 증가시킬 수 있다는 것이다. 불안 수준이 높은 사람들의 신경회로가 다르다는 것은 통증 경험이 다양하게 나타나므로 개별적인 평가와 맞춤형 치료가 필요하다는 것을 시사하고 있다.

---

23) SL Larson, MR Clark, WW Eaton , "Depressive disorder as a long-term antecedent risk factor for incident back pain : a 13-year follow-up study from the Baltimore Epidemiological Catchment Area sample", Psychological Medicine Vol.34, pp.211-219, 2004.

24) SL Larson, MR Clark, WW Eaton, "Depressive Disorder, Dysthymia, and Risk of Stroke : Thirteen-Year Follow-Up From the Baltimore Epidemiologic Catchment Area Study", Stroke Vol.32(9), 2001., https://doi.org/10.1161/hs0901.094623

25) 「UNN」, "성균관대 김민우 교수 연구팀, 불안한 뇌의 신경회로 특성 규명", 2022.10.11., http://news.unn.net/(검색일, 2023.02.27.)

26) 「에너지경제신문」, "성균관대 김민우 교수 연구팀, 불안한 뇌의 신경회로 특성 규명", 2022.10.12.

2001년 영국의 런던대학교 소속 연구팀은 **'불안에 의한 통증 악화'**에 대한 임상 경험 연구를 하였다.[27] 통증과 관련된 삼각형 모양과 사각형 모양의 '시각적 단서'를 제시한 가운데 '외부자극'이 통증에 어떠한 영향을 미치는가를 실험했다. 실험 대상자들에게 '삼각형 모양'을 제시한 뒤 따뜻한 열 자극을 가했다. 이어 '사각형 모양'을 제시한 뒤 따뜻한 온도로 시작해서 중간에 뜨거운 열 자극을 가했다. 실험이 반복될수록 실험 대상자들은 '사각형 모양'을 뜨거운 자극을 일으키는 '무서운 단서'로 인식하기 시작했다. 나중에는 사각형 모양을 제시하고 따뜻한 자극만 가해도 훨씬 뜨거운 열 자극으로 인식했다. 즉 시각적 단서 자체가 감정은 아니지만, 갑자기 주어지는 '뜨거운 열 자극'이라는 '불안'으로 인식한 것이다.

뇌 스캔(fMRI) 결과도 '통증 경험'과 관련된 기억 형성을 담당하는 영역(해마와 밀접하게 연결된 내후각피질),[28] '감정처리 영역'(전측대상피질[29]), '통각 신호를 인식하고 처리하는 영역'(뇌섬엽)의 활성화가 증가했다. 이 실험의 결과는 "뜨거운 열 자극을 '무서운 단서'로 인식된 '불안감'이 통증(따뜻한 열 자극)을 악화(훨씬 뜨거운 열 자극)시키고, '불안과 통증의 관계'가 **'자기충족적 예언 효과'**[30](사각형 모양이니 뜨거운 열 자극이다)로 이어질 수 있다"는 것을 입증하고 있다. 이 연구는 통증 관련 불안이 인지된 통증 강도를 증가시킬 수 있음을 보여준다.

'두려움'도 통증을 가중시킨다.

2013년 일리노이주 노스웨스턴대학교 연구진은 단기 요통 환자들을 1년간 경과를 추적한 후, 요통이 사라진 환자와 만성통증이 된 환자의 뇌를 비교하였다.[31] 만성통증으로 발전한 환자는 처음 통증을 일으킨 원인이 사라져도 뇌 활동의 '신경 지문'[32]이 '감정 관련 회로'로

---

27) A Ploghaus, C Narain, CF Beckmann, et al., "Exacerbation of pain by anxiety is associated with activity in a hippocampal network", Journal of Neuroscience Vol.21(24), pp.9896-9903, 2001.

28) Edvard Moser와 공동연구원들은 다양한 시간 길이에 대한 반응이 해마가 아닌 내후각피질(entorhinal cortex)에서 일어난다는 사실을 확인하였다. https://www.natureasia.com/ko-kr/nature/ highlights /93994 (검색일, 2023.02.24.)

29) 전측대상피질이라는 영역은 사실상 여러 개의 특수한 영역들로 이루어진다. 이 영역들은 주의통제나 감정조절, 운동통제에 관여하는 것으로 추정되고 있다. 전측대상피질은 스트레스와도 관련된다. 강박 장애 환자들이나 주변을 많이 의식하는 사람들이 과제를 수행할 때 뇌의 반응을 살펴보면 전측대상피질이 일반적인 경우보다 더 활성화된 것을 볼 수 있다. 전측 대상피질이 손상되면 무감동, 부주의, 정서 불안, 성격 변화 같은 다양한 정서적 후유증이 발생한다. 실제로 치료되지 않는 통증을 감소시키기 위해 전측대상피질을 수술로 제거하는 경우가 있다. 이렇게 하면 환자들은 통증을 경험하면서도 예전만큼 괴롭지는 않다고 한다. http://brain.brainworld.com/front/page/Brain Keek/CingulateCortex.aspx?menu=3&category=Keek (검색일. 2023.02.23.)

30) 자기충족적 예언(self-fulfilling prophecy) 자성 예언이라고도 한다. 피그말리온 효과, 플라시보 효과와 비슷하다. '상황에 대해 잘못된 판단이나 정의를 내려 다음 행동들이 처음의 잘못된 생각을 현실화하는 현상'으로 정의되며, 그 역도 성립한다. https://namu.wiki/w/ (검색일, 2023.02.23.)

31) Monty Lyman 저, 「고통의 비밀」, pp.135-136.

편도체	전전두엽 피질	기저핵
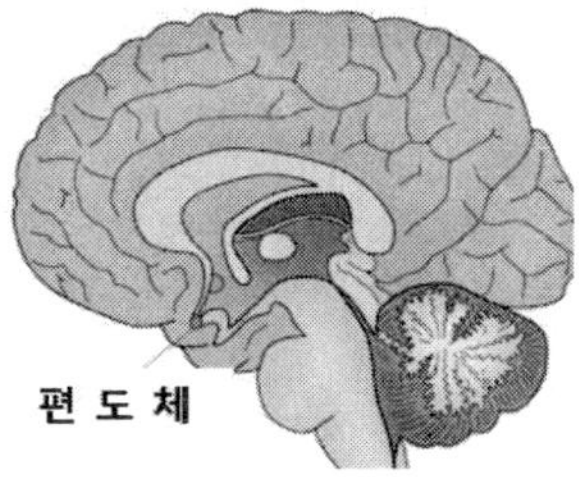	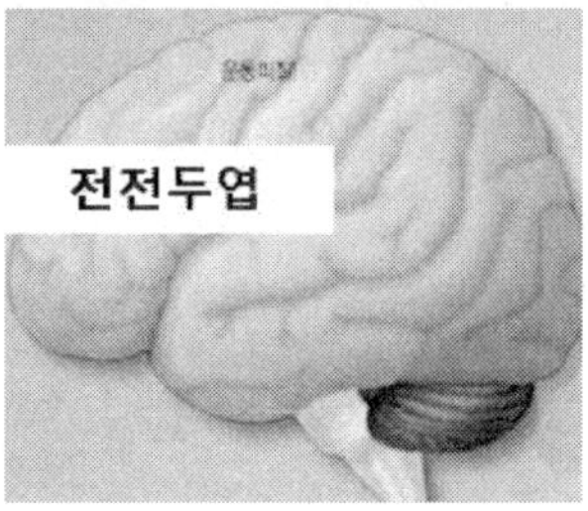	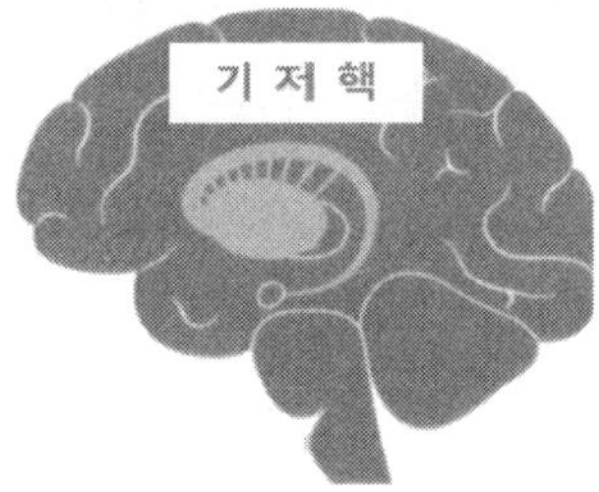
기억에 정서라는 감정을 입히는 역할	감정을 관장하는 보상시스템과 직결된 영역	긴장감과 불안감 유지, 동기와 쾌감을 조절

출처 : 「연합뉴스」, "자폐아, 생후 6개월부터 뇌 편도체 커진다", https:// www.yna.co.kr/;https://www.brainmedia.co.kr/;https://kr.freepik.com/

이동했다. 또한 통증이 만성화될수록 '신경 지문'은 통증 처리 영역(체성감각피질)에서 '감정이나 두려움과 관련된 뇌 영역'(편도체, 전전두엽 피질, 기저핵)으로 확장되었다.

요통이 지속되면서 발생한 '불안감과 두려움'은 과잉 경계심을 낳는다. 그 '경계심'은 더 큰 통증으로 이어지는 '악순환'이 되풀이된다. 만성 요통으로 자리잡게 되면서, 일상생활에 부정적 영향을 미친다. 건강한 삶의 천연진통제 역할을 하는 '숙면, 운동, 사회활동, 건강한 식습관' 등을 제한하고 위축시킨다. 게다가 통증은 정신적 심리적으로 부정적 정서를 키우고, 호르몬과 면역계가 교란되면서 만성 스트레스를 유발하여 통증이 더욱 심해진다. 외부활동이 위축되고, 회피하게 되어 삶이 피폐해지는 결과를 초래하게 된다.

부정적인 감정(슬픔 · 분노 · 괴로움 · 우울 등)**도 불안감을 고조시켜 통증을 악화시키는 것으로 확인**되었다.

영국 옥스퍼드 대학교 아이린 트레이시(Irene Tracey) 연구팀은 피실험자인 학생들에게 '몽골 치하의 러시아'*를 들려주고 "내 인생은 실패작이다", "나는 친구가 없다"와 같은 부정적인 문장을 읽게 한 뒤, 팔에 열 자극을 가했다. 얼마 후 '신세계 교향곡 중 라르고'*를 들려주고 중립적인 의미가 담긴 문장을 읽게 한 후, 이전과 동일한 강도의 열 자극을 가했다. 그 결과 피실험자들은 '슬픈 감정'일 때 받은 열 자극을 더 불쾌하게 평가했다. 뇌 스캔(fMRI)에

32) 사람의 뇌가 마치 지문처럼 저마다의 다른 모양을 하고 있다. 뇌 구조가 다른 것은 유전적 요인, 개인적 경험 등에 기인한 것이다. 예컨대 15일 정도 오른팔을 사용하지 않으면, 그 팔의 움직임을 제어하는 부위의 대뇌피질이 얇아진다. 「코메디닷컴」, "뇌도 지문처럼 개인마다 다르다(연구)", 2018.07.11., https://kormedi.com (검색일, 2023.02.27.)

의한 이미지는 '슬픔에 의한 부정적 정서'가 유발되었을 때 '통증의 감각 · 정서적 기능을 담당하는 뇌 영역'(편도체, 뇌섬엽, 하전두회, 전측대상피질 등)의 활성화가 증가한 것으로 나타났다.

* 세르게이 프로코피예프[33]의 '몽골 치하의 러시아'라는 곡은 슬픈 기분을 유도하여 일시적인 불쾌감을 유발하는 곡이다. 반면 안토닌 드로르자크의 '신세계 교향곡 제2악장 라르고'는 그 주제 선율이 '꿈속의 고향(흑인과 인디언에 대하여 깊은 동정과 공감)'으로 불렸던 경쾌하고 긍정적 정서를 유발하는 곡이다.[34]

감정의 상태가 **부정적 정서로 변화**된다면 불안감과 두려움은 높아지고, 몸을 보호하는 반응인 경보음은 더 크게 울리게 된다. **통증**을 '**불**'이라 한다면 **부정적인 감정들은 '기름**'이라 할 수 있다. 부정적인 정서는 단기 통증을 악화시키고, 나아가 증폭된 통증을 예측하도록 뇌 회로를 재구성하여 만성통증을 촉진한다.[35]

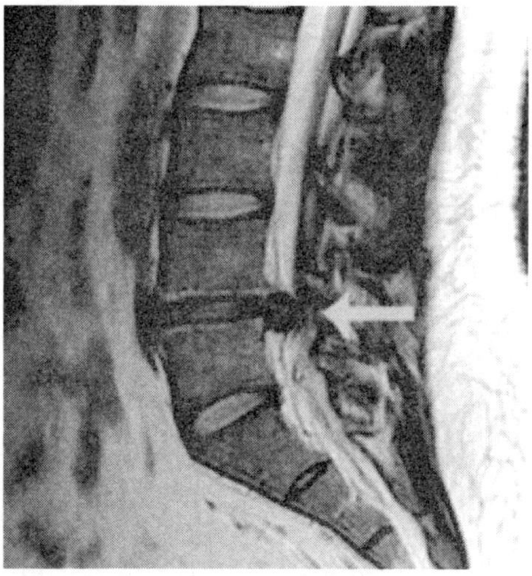

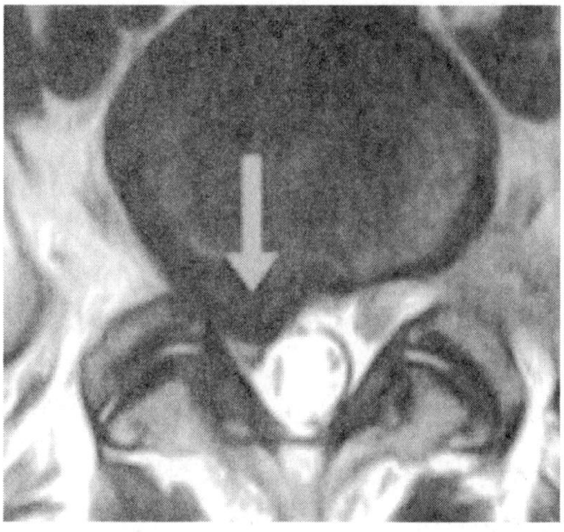

그림 출처 : https://www.koa.or.kr/info/index_4_2.php

33) 세르게이 세르게예비치 프로코피예프(1891년 4월 23일~1953년 3월 5일). 러시아 제국/소련의 작곡가 겸 피아니스트. 쇼스타코비치와 더불어 소련 시기 러시아를 대표하는 작곡가이다. https://namu. wiki/w/(검색일, 2013.02.26.); Zindel V. Segal, et al., "Cognitive Reactivity to Sad Mood Provocation and the Prediction of Depressive Relapse", Arch Gen Psychiatry Vol.63(7), pp.749-755, 2006.

34) 「컬처램프」, "[유재후의 재미있는 클래식] 드보르자크, 교향곡 9번 '신세계로부터'", 2024.05.13.

35) MA Lumley, JL Cohen, GS Borszcz, et al., "Pain and emotion : a biopsychosocial review of recent research", Journal of Clinical Psychology Vol.67, pp.942-968, 2011.

'만성 요통'을 예로 살펴보자. 허리가 아프면 대단히 고통스럽고 불편하여 척추에 큰 문제가 생겼다고 생각하기 쉽다. 그러나 만성 요통은 여러 가지 원인으로 발생하며 척추의 구조적 이상과는 관련성이 매우 적다.[36] 요통은 척추의 추간판, 후관절, 근육, 인대 등의 이상이나 염증으로 발생하지만, 80~90%의 환자는 검사상에서 통증을 일으키는 정확한 이상 소견이 발견되지 않는다.[37] 추간판 탈출증 같은 경우도 요통 환자의 극히 일부에서만 존재한다.

요통이 척추 조직 손상과 관련이 적으면서, 만성 요통으로 이행되는 것은 부정적 정서와 관련이 있다. 어느 날 요통이 발생하게 되면 우선 걱정이 많아진다. 척추에 이상이 생긴 것일까?, 혹시 디스크가 아닌가? 등의 걱정으로 뇌의 전두엽 피질이 활성화된다. 상상 속의 걱정이 개인적인 과거 병력 상의 취약점 또는 특이사항과 연계되면서 수술해야 하는지? 등 통증에 대한 예측은 불안감 또는 두려움을 고조시키면서, 통증 자체가 우리 몸을 보호하기 위한 반응이므로 미세한 통증은 더욱 증폭된다. 허리에 발생한 **경미한 통증**도 허리를 보호하는 정도의 의미가 아니라 **과도하게 척추 손상에 대한 확신으로 해석**될 수 있다는 것이다.

'외부적 위협'에 대한 **'통제 가능 유무'**는 **통증 강도에 영향을 미친다**.

부정적 감정(불안, 공포, 두려움, 우울, 기타 기분장애 등)의 중심에는 '불확실성'이 자리하고 있다. 이는 긴장감과 경계심을 고조시키고 뇌는 더더욱 몸을 보호하려고 한다. 불확실성에 근거한 뇌의 판단과 예측은 '뇌의 감정처리 담당 부위'(전측 대상 피질, 뇌섬엽, 편도체 등)를 활성화하고, 통각 신호에 대한 흥분을 강화하여 통증을 악화시킨다. 그래서 정신병리(비정상적인 행동, 사고, 의식 등으로 나타나는 증상)를 가진 사람은 실제보다 높은 강도의 통증을 느낀다.

1948년 마우러(Mower, O. H.)와 비에크(Vike, P.)는 '통제 가능한 외부위협'과 '통제 불가능한 외부위협'이 통증의 정도에 미치는 영향을 분석했다.[38] 쥐를 대상으로 실험한 결과에 따르면, 스스로 통제할 수 없는 외부위협이 통증의 정도를 가중시키는 것으로 나타났다. 쥐들이 먹이를 먹을 때마다 전기충격을 가하는 실험이었다. 'A그룹 쥐'들에게는 먹이를 먹을 때 전기충격을 가하되 쥐들이 일어서는 동작(자기 통제력 부여)을 할 때마다 전기충격을 멈추었다. 'B그룹 쥐'들에게는 어떤 동작을 해도 전기충격을 멈추지 않았다(자기 통제력

36) 탈출된 디스크는 요통을 유발하기도 한다. 그러나 요통의 원인은 추간판 탈출증 외에도 매우 다양한 것들이 있으며, 실제로 추간판 탈출증은 요통 환자의 극히 일부에서만 발견된다. 「대한정형외과학회」, "요추 추간판탈출증", https://www.koa.or.kr/info/index_4_2.php(검색일, 2023.02.26.)

37) 「서울바른세상병원」, "만성요통", http://seoul.barunsesang.co.kr/(검색일, 2023.02.26.)

38) Mowrer, O. H., & Viek, p. An experimental analogue of fear from a sense of helplessness. The Journal of Abnormal and Social Psychology, 43(2), pp.193-200, 1948.

상실). 그 결과 외부위협에 대해 통제력이 없는 'B그룹 쥐'들이 시간이 경과 할수록 더 불안해하고 음식도 잘 먹지 않았다. 먹는 것을 억제하는 충격을 '통제할 수 없는 두려움'으로 인식했다. 두려움의 정도는 점프(일어서는 동작)로 충격을 없애는 법을 배운 쥐보다 충격을 통제할 수 없는 쥐가 훨씬 컸다.

1968년 미국의 심리학자 바우어스(Bowers, K. S.)는 사람을 대상으로 "통증, 불안 및 지각된 통제"라는 연구를 진행했다. 동일한 수준의 충격이 발생할 때, 그 자극에 대한 통제력이 없는 상황이 상대적으로 충격의 강도를 훨씬 증가시킨다는 것을 밝혀냈다. 이 연구는 사람을 대상(32명)으로 2개 그룹으로 나누어 실험했다. A그룹 피실험자들에게는 '충격을 피할 방법(통제력 부여)'을 알려주고 전기충격을 가했으며, B그룹 피 실험자들에게는 '충격을 피할 방법이 없음(통제력 상실)'을 알려주고 전기충격을 가했다. 그 결과 통제력이 없는 B그룹이 전기충격의 강도를 훨씬 세게 평가했다.[39]

불안과 두려움이 '**외부적 위협**'으로서 '**통제할 수 없는 상황**'과 **연결이 된다면 통증의 정도를 강화한다**.

이와 관련하여 왕 얀(Y. Wang)과 왕 진얀(Jin-Yan. Wang)이 참여한 베이징 연구팀은 '그립 강화 고리'[40]를 활용하여 "스스로 유발 통증이 외부에서 생성된 통증보다 덜 고통스럽게 느끼지는 이유"를 실험했다.[41]

이 실험은 피실험자의 왼손에 끼우고 피실험자의 오른손으로 고무링을 누르는 것과 다른 사람이 눌렀을 때 통증을 느끼는 정도를 분석했다. 결과는 동일한 압력에도 불구하고 다른 사람(외부위협)이 고무링을 눌렀을 때 통증을 훨씬 더 불쾌하게 느꼈으며, fMRI에서도 뇌가 더 활성화되었다. 외부적 위협에 추가하여 그 위협과 위험에 대한 통제력 유무도 통증의 정도에 영향을 미치는 것으로 확인되었다. 연구팀은 쥐와 사람을 대상으로 통제가 가능한 외부위협과 통제가 불가능한 외부위협이 통증의 정도에 미치는 영향에 대해 실험했다. 그 결과 **통제력이 상실된 외부위협이 통증의 정도를 악화시키는 것**으로 확인되었다.

우리가 경험하는 **모든 통증**은 강도가 강하든 약하든, 급성통증이든지 만성통증이든지

---

39) Bowers, K. S. Pain, anxiety, and perceived control. Journal of Consulting and Clinical Psychology, 32(5, Pt.1), 596-602, 1968.

40) 통증을 유발하기 위해 다면체 구슬 또는 구형 구슬로 얽힌 그립 강화 고리(고무링의 안쪽에 뾰쪽한 구슬을 부착해서 손으로 누르면 통증을 느껴지도록 만든 기구)를 사용하였다. 즉 피험자는 왼손에 그립을 끼고 오른손으로 왼손을 쥐어짜거나(즉 활동성 통증 또는 압박) 실험자가 왼손을 쥐어짜도록 하였다.

41) Yan Wang, Jin-Yan Wang, "Why Self-Induced Pain Feels Less Painful than Externally Generated Pain : Distinct Brain Activation Patterns in Self- and Externally Generated Pain", PLOS ONE Vol.6(8), p.e23536, 2011, https://doi.org/10.1371/journal.pone.0023536

외부 자극이 물리적이든지 정서적이든지 관계없이 **감정**(기분 상태, 정서적 요인)**에 따라 영향을 받을 수밖에 없다**.

'물리적인 통증'이 '정서적인 감정'과 상호작용하면서 뇌는 '통증의 의미'를 갖게 된다. 그 의미는 통증 강도를 좌우한다. 만약 '주어지는 통증'이 자신의 질병을 악화시키는 증후(종합적인 증상)로 판단한다면 부정적 감정을 악화시키고, 뇌의 감정 처리 영역은 더욱 활성화되어 통증을 악화시키게 된다. 예컨대 '전쟁터의 부상병'과 '종합병원에서 수술환자'의 진통제 사용량에 관한 비교 연구결과를 보면 명확해진다. 이 연구에 따르면, 비슷한 정도의 손상일 경우, 군인이 느끼는 통증은 '살아서 전쟁터를 벗어날 수 있다는 의미'로 인식하기 때문에, 민간 환자보다도 소량의 진통제로 통증 조절이 가능했다.[42]

미국의 컬럼비아 대학교의 폴 쉴더(Paul Schilder)와 에르빈 슈텡겔((Erwin Stengel) 박사가 연구한 1940년대 '안나'라는 환자의 '통각 마비' 사례를 보면 '통증에 내재 된 감정의 중요성'을 쉽게 이해할 수 있다.[43] 통각 마비 환자인 안나는 감각 식별 경로는 정상적으로 존재하여 통증을 느끼지만, 통증이 고통스럽거나 불쾌하지 않았다. 통증의 세기와 특징은 식별할 수 있었지만 통증이 와도 아무런 감정적 반응이 없었다. 즉 꼬집는 느낌과 전기충격의 느낌이 무엇이 다른지에 대해 설명할 수 있었지만, 통증에 대한 감정적 반응(두려움, 불안, 혐오감 등)은 전혀 없었다. 통증에 대한 감정 반응이 없으므로 위험한 자극을 적극적으로 피하거나 회피하지 않았다. 이러한 환자의 사례를 추적한 미국 하버드대학교 신경학자 마르셀로 베르시에(Marcelo Bershadsky) 박사는 그들의 뇌 스캔 및 조직 검사를 한 결과, 그들은 대부분 '정서적인 뇌 영역('편도체, 뇌섬엽, 전측대상피질)'에 손상이 있는 것으로 확인되었다.

2017년 오하이오주 클리블랜드 클리닉의 신경외과 의사인 안드레 마카도(Andre Machado) 박사의 연구팀은 흥미로운 연구결과를 발표했다.[44] 뇌졸중 후유증으로 만성통증을 앓는 환자들에게 '통증 감각 경로'가 아닌 '감정 처리 경로인 감정 영역(복부 선조영역, 속섬유막 앞다리)*'에 전극을 이식하여 '뇌심부 자극술[45]'을 시행했다.

---

42) 이형영, "통증의 정신의학적 관점", 대한통증학회지, 제6권 제1호, p.24.

43) 몬티 라이먼, 「고통의 비밀」, "통증에 무관심한 사람들", pp.67-70.

44) Scott F. Lempka PhD, Donald A. Malone Jr MD, Bo Hu PhD, Kenneth B. Baker PhD,, "Randomized clinical trial of deep brain stimulation for poststroke pain", Annals of Neurology, Vol.81(5), pp.653-663, 2017.

45) 뇌심부자극술(Deep Brain Stimulation, DBS)은 미세한 전극을 뇌의 깊은 핵 부위에 위치시켜 신경세포들의 활성을 자극하는 수술 방법을 말한다. 「서울대학교병원」, "파킨슨병 뇌심부자극술, 장기적으로 안전하고 효과 높아", 2022.10.07.

* 감정처리 영역은 '복측피개영역'에서 생성된 '도파민'이 '측좌핵'(복부 선조영역 포함)과 '전전두피질'로 분비시켜 '도파민 회로'를 활성화한다. 또한 '속섬유막 앞다리'는 전전두엽과 시상 사이의 보상 관련 신호를 전달하는 연결 부위로서 '보상 및 동기를 촉진'하는 역할을 한다.

실험결과, 환자들이 느끼는 '통증의 물리적 강도' 자체는 크게 변화하지 않았다. 그러나 그 '통증이 주는 불쾌하고 고통스러운 감정적 느낌이 감소'했다. 뇌의 감정 처리 영역에 전극을 이식하여 전기 자극을 주면, 통증 자체는 그대로 느껴지더라도 그 통증이 주는 심리적 괴로움이나 스트레스가 줄어든 것이다. 이는 통증의 의미가 변화한 것이다.

통증은 뇌가 몸을 보호하기 위해 판단 및 예측의 결과로써 발령하는 경보이다. 경고로서 역할을 하려면 통증은 통각 외에 **정서적인 감정이 포함되어야 한다**. 즉 '통증을 인식한다는 것'은 '단순히 통각을 식별하는 것'이 아니라, 그 '통각'에 더하여 "정서적인 뇌에 의해 불안, 두려움, 혐오 등 고통(부정적인 감정)을 느끼는 것"이다. 그래야 뇌가 인식한 위협과 위험에 대한 반응으로서 적절한 대응이 가능하기 때문이다.

통증은 단순히 신체적 자극에 대한 반응이 아니라 정서적인 요인(감정, 인지, 사회적 요인 등)이 복합적으로 작동되어 나타나는 반응이다. 이는 '통증 관리'에는 약물치료뿐만 아니라 심리 치료, 스트레스 관리, 사회적 지원 등의 '다각적인 접근'이 필요함을 시사하고 있다.

문제가 되는 것은 두려움(불안), 공포, 혐오, 소외, 분노 등 '부정적 감정'이다. 만약 '부정적인 감정 요인'을 축소하고 제어할 수 있다면, '불확실성'이 줄어들면서 그 통증에 대한 "통제력과 대응력'을 갖게 된다"고 할 수 있다. 이를 위한 출발점은 '통증의 의미를 이해하는 것'이며, '물리적 통증(첫 번째 화살)'과 '정서적인 통증(두 번째 화살)'을 식별할 수 있어야 한다. 또한 통증을 관리하고 제어할 수 있는 다양한 맞춤형 기제(예를 들면 경쟁적 가소성을 활용한 '심상화', 뇌 가소성을 촉진하는 '운동, 명상, 뇌 훈련' 등)를 만들고 일상에서 적용할 수 있어야 한다.

3-3 쾌락 전환 가설로 본 통증의 의미

영화 '기생충'에서 송강호의 명대사를 생각해 보자. "난 그냥 여기가 편해. 아예 여기서 태어난 것 같기도 하고… 결혼식도 여기서 한 것 같고… 국민연금이야 뭐… 나는 해당 없고… 그래서 말인데 나 여기 계속 좀 살게 해주쇼."

'대만 카스텔라' 사업이 망하고 빚에 쪼들리자, 이 집에 숨어든 오근세는 부잣집 저택의 가정부로 일하는 아내 덕분에 그 집 지하 벙커에서 4년 3개월 17일을 숨어 살면서 먹고 자던 남자였다.

그는 아내의 자리를 꿰차고 들어온 새로운 가정부 가족에게 들키자 이렇게 말했다. "창문도 없고 퀴퀴한 냄새가 나는 이 지하 벙커에 사는 신세가 처음에는 얼마나 처량하고 불행했을지…." 그러나 가정부 아내가 때맞춰 가져다주는 밥을 먹고 그 안에서 나름대로 자신의 즐거운 왕국을 만들어나갔다.

지하 벙커는 그의 안식처였다. 영화 기생충은 **'쾌락 전환 가설'을 잘 설명하는 사례**이다. **'채권자들을 피해 지하 벙커'**에 숨어 사는 오근세(박명훈)는 처음에는 이곳에서 생활이 매우 비참하고 고통스러웠을 것이다. 그러나 점차 시간이 지나면서 **이곳에 적응하고**, 심지어 **편안함을 느끼게 되어** 자신의 **'스위트홈'으로 인식**하게 된다. 이는 쾌락 전환 가설에 따라 시간이 지나면서 '**고통스러운 경험**'이 '**즐거운 경험**'으로 전환된 것이다.

'쾌락 전환 가설(hedonic reversal hypothesis)**'은 "동일한 자극이** 상황, 맥락, 개인의 기대나 경험에 따라 **고통스럽게도, 즐겁게도 인식될 수 있다"**는 이론이다. 이 가설은 '**감각적 경험**'이 단순히 **'자극 자체에 의해 결정되는 것'**이 아니라, 자극을 받아들이는 **'개인의 심리적, 환경적 요인'**에 의해 **크게 영향을 받는다는 점**이다. 예를 들어 매운 음식을 먹는 경험은 어떤 사람에게는 고통스럽게 느껴질 수 있지만, 다른 사람에게는 즐거운 자극으로 인식될 수 있다. 이러한 차이는 개인의 기호, 이전 경험, 현재의 심리적 상태 등에 의해 결정된다.46)

고통스러운 상황을 좋아하는 사람은 없다. 길을 걷다가 벽에 부딪혀 팔이 부러지거나 청소하다가 모서리에 새끼발가락을 찧는 등 **고통은 불쾌함을 일으킨다**. 그러나 때로는 고통도 즐거울 수 있다. 고통은 쾌락의 반대말이 아니다. 2017년 옥스퍼드 대학교의 링컨 M

46) Tracy, J. L., & Matsumoto, D., "The spontaneous expression of pride and shame : Evidence for biologically innate nonverbal displays", Proceedings of the National Academy of Sciences Vol.105(33), pp.11655-11660, 2012.

트레이스(Lincoln M. Tracy) 연구팀에 따르면, **같은 자극도 상황에 따라 고통스럽게도 인식되고 즐겁게도 인식된다**는 '**쾌락 전환 가설**'을 확인했다.47)

이 연구는 많은 요인이 우리가 고통스러운 사건과 해로운 자극을 인식하는 방식에 영향을 미칠 수 있지만, **사전 명시적 단서에 의해 통증 인식이 변경될 수 있음**을 밝혀낸 연구이다. 연구결과, 고통스러운 열 자극을 반복적으로 경험하기 전에 **예상되는 불안에 대한 명시적 단서는 기대 불안을 높인다**는 것이다. 즉 환자에게 잠재적으로 고통스러울 수 있는 사건이 발생하기 전에 **통증에 대한 기대(불안)를 심어주면 스스로 인지하는 불안 수준이 높아진다**는 것이다. 고통을 느끼는 상황에서 사전 긍정적인 감정이나 경험을 통해 고통의 주관적인 강도를 줄이거나, 긍정적인 경험으로 전환할 수 있다는 가능성을 제시하고 있다.

우리는 일반적으로 "**통증이란 보통 아프고 피하고 싶은 경험**"으로 인지하고 있다. 그래서 통증이 생기면 우리는 **그 원인을 피하려고 행동을 바꾸게 된다**. 하지만 트레이시의 임상시험에 따르면, **통증이 발생하는 상황에 따라, 같은 통증이라도 다르게 느껴질 수 있음을 확인**했다. 이는 뇌는 특정 상황에서 '**덜 고통스럽게 느껴지는 통증**'을 기분 좋게 인식할 수 있으며, 심지어 **이런 통증을 더 '추구'하도록 만들기도 한다는 '쾌락 전환 가설'**에 따른 것이다.

예컨대 **마라톤은** 일반적으로 **매우 힘들고 고통스러운 운동**으로 알려져 있다. 참가자들은 장시간 동안 달리면서 극심한 피로와 근육 통증을 경험하게 된다. 그러나 **많은 마라토너는 이러한 통증을 피하지 않고 오히려 즐기는 것이다**. 쾌락 전환 가설에 의하면, **마라톤을 달리는 동안 경험하는 통증은** 단순히 고통스러운 것이 아니라, **목표를 달성하는 과정에서의 도전과 성취감을 동반하기 때문에 긍정적으로 전환될 수 있다**. 뇌는 이러한 통증을 목표 달성을 위한 필수적인 과정으로 인식하고, **통증을 '기분 좋은 경험'으로 받아들일 수 있다**. 그래서 마라토너들은 **반복적으로 마라톤에 참여하여 고통을 극복함으로써 성취감과 자부심의 즐거움을 경험하며 즐기는 것**이다.

쾌락 전환 가설이 주는 '통증의 의미'는 매우 유익하다.

통증은 자신의 몸을 보호하기 위한 반응으로서 뇌가 발령하는 경보이다. 그 경보를 무시하거나 방치할 경우 생존 자체가 위험해질 가능성이 있다. 그 위험을 사전에 방지하기 위해서 통증은 적대하거나 회피해야 할 대상이 아니다. **통증은 그 원인으로서 위험과 위협 요인을**

47) Lincoln M. Tracy ,Stephen J. Gibson, et al., "Effects of explicit cueing and ambiguity on the anticipation and experience of a painful thermal stimulus", PLoS ONE Vol.12(8), p.e0183650, 2017, https://doi.org/10.1371/journal.pone.0183650

축소하거나 제거하여 정상적인 상태로 원상회복을 시켜야 하는 관리의 대상이다. 따라서 **경험하는 통증**은 몸을 보호하기 위한 '**정상적인 현상**'이며, 관리가 된다면 그 통증을 경감시키고 치유될 수 있다는 '**긍정적 의미**'로 인식되어야 한다.

통증의 의미는 단순한 고통으로 인식할 것이 아니라, 치료적 접근을 통해 관리된다면 반드시 현재보다 '**좋아질 것**'이라는 '**기대와 믿음**'으로 보상받을 수 있는 '**희망의 의미**'로 전환하는 것이 필요하다.

마라토너들이 고통스러운 마라톤을 즐기게 되는 요인은 무엇일까?

한마디로 '**보상 동기**'이다. 그것은 구체적으로 **성취감과 자기효능감**, **신체적 보상**, **사회적 안정과 칭찬**, **도전과 모험**, **심리적 혜택** 등을 들 수 있다. 먼저, '**성취감과 자기효능감**'이다. 42.195km를 완주했을 때 얻는 성취감은 매우 크다, 이는 자신이 설정한 목표를 달성했다는 만족감과 자신감으로 이어진다. 자신이 특정 과제를 성공적으로 수행할 수 있다는 믿음으로 마라톤을 완주하면서 자기효능감이 강화된다. '**신체적 보상**'은 마라톤 중에 엔돌핀이 분비되어 일명 '러너스 하이(Runner's High)'를 경험하게 된다. 이는 고통을 줄이고 즐거움을 느끼게 해준다. 한편으로 규칙적인 운동으로 인한 건강상의 혜택, 체력 향상, 체중 관리 등도 중요한 보상 요인이다.

'**사회적 인정과 칭찬**'은 마라톤 완주 후 가족, 친구, 동료들로부터 주어지는 것으로 큰 동기부여가 된다. 사회적 지지와 응원은 지속적으로 달리기를 유지하는 데 중요한 역할을 한다. '**도전과 모험**'은 마라톤을 통한 신체적, 정신적 한계를 시험하는 도전이다. 이러한 도전을 극복하면서 얻는 만족감과 모험심은 큰 보상이 된다. 새로운 목표를 설정하고 이를 달성함으로써 자신의 한계를 확장하는 경험은 큰 동기부여가 된다. 마지막으로 '**심리적 혜택**'이다. 마라톤은 스트레스 해소와 정신적 안정감을 제공하여 심리적으로 긍정적인 영향을 미친다. 규칙적인 운동은 우울증과 불안감을 감소시키는 데도 도움이 된다.

이처럼 다양한 보상이 마라토너들에게 고통을 감내하고도 달리기를 즐기면서 지속할 수 있게 한다. 마라톤을 지속한다는 것은, '**보상 동기**'가 '**신체적인 고통**'보다 **더 큰 이익을 가져다준다고 뇌가 인식한 결과**이다. 뇌는 보상 동기를 추구하는 것이 생존에 유리하다고 판단한 것이다.

이러한 쾌락 전환 가설을 뒷받침하는 이론이 바로 미국의 심리학자 버러스 프레더릭 스키너(Burrhus Frederic Skinner)의 '**조작적 조건화**(작동 조건화)'[48] 이론이다. 사람들은 '보상'을 얻고 '벌'을 피하려고 행동하며, 몸은 생리학적으로 '**동적 평형 상태**'를 유지하면서 항상 건강을 유지하려고 한다. '**동적 평형 상태**'는 물리적, 화학적 조건을 일정하게 유지하는 '**항상성**'을 의미하며, 이는 '**신체의 자동 조절 메커니즘**'을 통해 이루어진다. 우리가 경험하는 통증이 고통스럽더라도, 감내할 경우 더 **큰 보상이 주어지거나 항상성에 부합하는 경우 긍정적으로 인식**될 수 있다. 예를 들어 마라톤에서 경험하는 통증은 몸이 건강해지고 있다는 신호로 받아들여질 수 있다. 이는 뇌가 몸의 동적 평형 상태를 유지하는 데 유리하다고 판단하고 예측했기 때문이다.

통증이란 아픈 것이고, 통증을 유발하는 원인이 무엇이든 우리가 그 **원인을 피하도록 행동을 바꾸는 경험이라고 인식**한다. 하지만 트레이시의 임상시험과 같이 **쾌락 전환 가설에 의한 통증의 의미**는 시사하는 바가 매우 크다. **통증을 경험하는 상황이 달라지면** 동일한 통증이라도 상황에 따라 **고통스럽게 느낄 수도 있고, 긍정적인 의미로 전환될 수 있다**는 것이다. 즉 뇌는 신기하게도 우리가 경험하는 통증이 특정 상황에서 덜 고통스러운 선택이면 그 통증을 기분 좋게 인식하고 심지어 더 추구하도록 유도한다. 마라토너들은 보상 동기와 항상성 유지(몸의 균형 유지)가 결합되어 달리는 과정에서 느끼는 고통을 쾌락(긍정적)으로 전환하여 인식한 것이다.

마찬가지로 만성통증은 나의 몸을 보호하기 위해 뇌가 판단하고 예측한 경보음이다. 그 메커니즘을 이해하고 **뇌의 오작동을 줄일 수 있는 통증 관리**를 통해 **신체적 보상 및 자기효능감을 증명해 가는 과정**으로 현재의 통증을 수용할 필요가 있다. 쾌락 전환 가설을 잘 적용한다면, 견디기 어려운 고통마저도 **치유해 가는 즐거운 경험으로 전환할 수 있다**.

3-4 동기와 보상 관점의 통증의 의미

뇌가 호르몬을 통해 행복감을 주는 이유는 **행복한 개체가 생존에 유리**하기 때문이다. 유전자는 자신의 목적을 달성하기 위해 우리 뇌에 '**보상시스템**'을 심어놓았다. 이 시스템으로 인해 끊임없이 더 나은 것을 원하는 욕망은 그 끝이 없었다. 만약, 이 시스템이 독립적으로 작동되었다면 지속적인 **욕망의 탐닉으로 탈진하여 생존이 어려웠을 것***이다.

---

48) 조작적 조건화(操作的條件化, Operant Conditioning)는 행동주의 심리학의 이론으로, 어떤 반응에 대해 선택적으로 보상함으로써 그 반응이 일어날 확률을 증가시키거나 감소시키는 방법을 말한다. 여기서 선택적 보상이란 '강화와 벌'을 의미한다. 「위키백과」, "조작적 조건화", https://ko.wikipedia.org/wiki/

* 1954년 심리학자 제임스 올즈(James Olds)와 피터 밀너(Peter Milner)는 '쾌락 중추'를 발견한 실험을 했다.49) 그들은 쥐의 간뇌에 있는 특정 부위에 전기 자극기를 이식한 후, 레버를 눌러 스스로를 자극할 수 있도록 배열된 스키너 상자(동물 행동 연구에 사용되는 실험 기구)에 넣었다. 얼마 후 쥐들은 먹고 마시는 것, 심지어 교미조차도 잊은 채 미친 듯이 스위치를 눌러대기 시작했다. 쾌락을 얻기 위해 죽음까지 불사한 것이다.

다행스럽게도 뇌는 욕망을 멈추게 하는 시스템도 함께 갖추고 있다. 뇌에는 '욕망시스템'과 '만족시스템'이 공존한다. 욕망시스템은 **도파민이 작용하는 신경회로**이고, 만족시스템은 모르핀 같은 **천연 오피오이드가 작용하는 신경회로**이다. 이는 이 두 시스템은 상호작용을 통해 인간의 행동을 조절하고, 보상을 얻기 위한 **동기부여**와 그 보상을 통해 얻는 **만족감**을 조절하는 '보상시스템'을 의미한다. 즉 욕망시스템은 원하는 것을 추구하도록 우리를 부추기지만, 이를 제어하는 만족시스템은 성취를 위한 힘든 노력이 즉각적인 쾌감을 가져다주지 않더라도 장기적인 만족감과 안정성을 제공하여 욕망을 조절하는 역할을 한다. **욕망시스템**이 '**기대하는 것**'에 대한 **행복감**을 준다면, **만족시스템**은 '**경험한 것**'에 대한 **행복감**을 준다. 두 시스템은 **서로 연계된 보상시스템**이다. 그래서 **우리가 원하는 것은 대개 좋아하는 것**이다.50)

샌프란시스코 대학의 필즈 교수는 '통증 조절 메커니즘'과 '동기, 보상'의 관계를 연구했다.51) 그의 연구는 **통증이** 단순한 감각 경험이 아니라 '**동기와 목표에 따라 조절될 수 있다는 것**'을 보여주고 있다. 그는 통증이 단순히 신체적 자극으로 결정되는 것이 아니라, 개인의 심리적 상태와 동기에 따라 크게 달라질 수 있음을 강조하고 있다. **통증의 주관적 경험**은 동기와 뇌의 보상시스템과 밀접하게 연관되어 있으며, 이는 통증의 강도와 지속시간에 영향을 미칠 수 있다. **그 역할**은 개인이 특정 목표를 이루기 위해 **강한 동기를 가질 때, 뇌는 통증 신호를 억제하는 메커니즘을 활성화**한다는 것이다.

예를 들어 중요한 목표를 달성하기 위해 통증을 무시하거나 덜 느끼게 하는 것이 가능해진다. 이는 **뇌의 내인성 진통 시스템**(엔돌핀 등 천연 오피오이드 분비)**이 활성화**되기 때문이다. **보상 역시** 통증 조절에 중요한 역할을 한다. 긍정적인 보상이 예상될 때, 통증은 덜

49) J Olds, P Milner, "Positive reinforcement produced by electrical stimulation of septal area and other regions of rat brain", Journal of comparative and physiological psychology Vol.47(6), pp.419-427, 1954.

50) 「아시아경제」,"고통이 없으면 행복도 없다, 동전의 양면처럼…", 2022.03.24.

51) Fields, H. L., State-dependent opioid control of pain. Nature Reviews Neuroscience, 5(7), pp. 565-575, 2004. Fields, H. L., & Margolis, E. B. (2015). Understanding opioid reward. Trends in Neurosciences, 38(4), 217-225.

심각하게 느껴질 수 있다. 보상이 통증을 억제하는 신경 메커니즘을 강화하기 때문이다. 이는 '도파민'과 같은 신경전달물질이 관여하는 보상시스템이 통증 조절에 영향을 미친다는 것을 의미한다.

동기와 예측되는 보상(보상시스템*)**으로 작동**되는 '**통증 조절 메커니즘**'은 뇌의 여러 부위가 통증 조절에 관여한 결과이다. 통각 신호가 생성되면 '**하행성 통증 경로**'에서 **내인성 오피오이드를 분비**하여 '**상행성 통증 경로**(척수-뇌)'에서 척수와 뇌로 전달되는 **통각 신호를 차단하여 통증을 억제**한다.

* 보상시스템은 '복측피개영역(VTA)'에서 생성된 도파민이 '측좌핵'과 '전두엽피질'로 전달되면서 하행성 통증 경로에서 내인성 오피오이드가 분비하게 하고, 이 오피오이드는 통각 신호를 조절하는 '관문(복내측 수질과 척수 후각)'으로 전달되어, 상행성 통증 경로인 이 관문에서 통각 신호가 척수에서 위로 전달되는 것을 차단하여 통증이 감소한다.

이와 관련된 연구는 매우 광범위하다. **감정은 느끼는 뇌(변연계)의 여러 영역이 상호작용을 하면서 만들어낸다. 감각 정보들은** 뇌에서 **두려움, 즐거움, 분노 같은 감정들로 모습을 드러낸다**. 이러한 감정을 조절하는 대표적인 신경전달 및 조절물질은 **엔돌핀**, **옥시토신**, **세로토닌**, **도파민** 등을 들 수 있다. 이들은 **뇌 속에 저장되고 분비되는 천연진통제**이다.

뇌는 우리 몸이 위기에 직면하거나 체력이 고갈되면 '**엔돌핀**'을 분비한다. 이것이 마라토너가 고통의 막바지에 황홀경을 느끼는 이유이다. '**옥시토신**'은 '사랑의 호르몬' 또는 '신뢰 호르몬'이라 불린다. 사랑하는 사람 사이의 친밀감이나 유대감은 이 호르몬이 만들어낸다. 또 '**세로토닌**'은 우리의 기분, 음식, 수면, 통증 등 여러 요소와 밀접하게 연관되어 있다. 일상적인 행복을 느끼게 해주는 뇌의 핵심적인 기능들을 조절하고 균형을 맞춘다.

주목해야 할 것은 '**도파민**'이다. 뇌에서 도파민이 작용하는 경로를 '**보상체계**'라 부른다. **도파민을 생성하는 것은** 보상 자체가 아니라 **보상에 대한 기대**다. 그래서 여행 계획을 세울 때는 설렘과 흥분으로 가득 채워진다. 하지만 막상 여행을 해보면 별로인 경우가 많다. **뇌의 보상체계는 기대를 먹고 자란다**. 통증이나 쾌감을 느끼는 것은 뇌다. 뇌는 위기에 처했을 때 **내인성 오피오이드로 통각을 마취**시킨다. 그래서 적과 교전 중인 병사는 다리가 부러진 줄도 모른 채 정신나간 사람처럼 방아쇠를 당긴다.

유전자는 새로운 모험을 할 때 뇌를 흥분시키는 방식으로 우리가 위험을 감수하도록 만들었다. **모험은 보상체계를 작동시켜 도파민을 생성**하고, **도파민은 우리를 기분 좋게 만든다.**

예컨대 뇌의 보상체계는 큰돈을 잃을 수 있는 상황에서 돈을 따거나 손실을 조금만 볼 때처럼 주어진 상황에서 더 나은 결과를 얻는 경우 활성화된다.[52] **보상 회로의 중심**역할은 '**복측피개영역**(VTA)'*이다.

* VTA는 보상 자극을 감지하고 그 반응에 관여한다. VTA는 뇌 중앙에 위치하며 보상의 경험에 중요한 '**도파민**'을 만드는 뉴런을 갖고 있다. **생성된 도파민**은 보상 회로의 핵심 영역인 '**전전두엽 피질**'의 일부와 '**측좌핵**'으로 분비하여 상행성 통증 경로에서 통각 신호를 차단하여 **통증을 감소**시킨다.

행복 심리학에 따르면 "**고통이 없으면 행복도 없다**"고 한다[53]. 이 말은 인간의 뇌가 생존에 위협이 없다는 전제하에서 **고통을 감내하는 것보다 더 큰 보상이 주어진다면 기꺼이 그 고통을 긍정적으로 받아들인다는 은유적 표현**이다. 그 보상은 뇌에 저장된 천연 오피오이드 분비를 활성화하여 **몸의 평형 상태를 증진**하고, 보상으로 주어지는 긍정적 피드백, 자존감 증진, 유대감 형성, 사회적 지위 상승 등은 '**사회적 수용**(타인에게 받아들여지고 인정받는 것)'**을 강화한다**.

이러한 **몸의 평형 상태와 사회적 수용의 강화**는 **이전보다 생존에 유리한 조건을 형성**해 준다. 이를 뒷받침해 주는 이론이 바로 기대 효용 이론에 근거하여 다니엘 카너먼(Kahneman, D.)과 아모스 트버스키(Tversky, A.)가 주장한 '**주관적 효용의 관점**'과 하워드 필즈(Howard Fields) 신경학 교수의 '**동기 결정 모델**'이다.[54]

'**주관적 효용**'은 사람들이 위험과 불확실성을 어떻게 평가하는지를 설명해 주는 '**기대 효용 이론**'을 기반으로 하여, **개인이 경험하는 감정이나 만족감을 측정하는 개념**이다. 이는 같은 자극이나 상황에 대해 사람마다 다르게 느끼고 평가될 수 있다는 것을 의미한다. 예를 들어 동일한 통증 자극에 대해 어떤 사람은 매우 강한 통증을 느끼는 반면 다른 사람은 상대적으로 덜 느낄 수 있다.

이는 각 개인의 심리적 상태, 기대, 경험, 감정 등이 통증의 강도를 다르게 경험하게 하기 때문이다. 즉 우리가 느끼는 통증의 가변성은 긍정적 또는 부정적으로 느끼는 차이만큼 발생한다. 뇌는 주어진 '신체적 손상', '심리적 · 정신적 · 정서적 고통(불유쾌한 감정)', '몸의 평형

52) Schultz, W. (1998). Predictive reward signal of dopamine neurons. Journal of Neurophysiology, 80(1), 1-27; Wise, R. A. 2002. Brain reward circuitry : insights from unsensed incentives. Neuron, 36(2), 229-240,

53) 「아시아경제」, "고통이 없으면 행복도 없다, 동전의 양면처럼…", 2022.03.24.

54) Kahneman, D., & Tversky, A. 1979. Prospect theory : An analysis of decision under risk. Econometrica, 47(2), 263-291.

상태', '통증을 감내했을 때 기대되는 보상' 등을 무의식적이고 종합적으로 아주 빠르게 판단하는데, 이러한 '**주관적 효용**'**에 따라 느끼는 통증의 강도가 달라진다**.

'**동기 결정 모델**'은 통증과 같은 감각 경험의 강도가 개인의 동기와 목표에 따라 어떻게 변할 수 있는지를 설명한다. 예를 들어 생존을 위한 강한 동기가 있을 때, 통증은 덜 중요하게 느껴질 수 있다. 이는 뇌가 동기와 목표에 따라 통각 신호를 조절하기 때문이다.

이 두 개념은 통증과 **같은 감각 경험이 단순히 물리적 자극에 의해서만 결정되는 것이 아니라, 심리적, 신경학적, 동기적 요인들이 복합적으로 작용한다는 것을 보여준다**. 그 대표적인 예가 산모가 출산 시 견디어 내는 분만통이다. 즉 심리적 준비와 긍정적 감정은 통증을 덜 두렵게 만들고, 실제 통증을 경감시킨다.

또한 새로운 생명이 태어난다는 강한 동기와 큰 보상은 통증을 덜 중요하게 만들며, 이러한 동기 및 목표는 뇌의 보상 회로를 작동시켜 통각 신호를 차단하여 통증을 감소시키거나 무시할 수 있도록 도와주어 산모가 출산 시 통증을 견딜 수 있게 만드는 것이다.

3-5 통증의 역할

통증의 정의에 '**잠재적인 조직 손상**'이라고 명시되어 있다. 이는 현재 손상이 발생하지 않았더라도, 앞으로 **손상이 발생할 가능성이 있는 상황**을 의미한다. **통증은 예상되는 위험을 예방하기 위해 보내는 경고**(몸을 보호하기 위한 반응)를 포함한다. 추가하여 "**불유쾌한 심리적·정서적인 경험**"으로 정의되고 있음을 주목할 필요가 있다. **통증은 눈에 보이는 것과 보이지 않는 것을 살펴서 '몸을 보호하라는 것**'이다.

우리는 상처를 입거나 충격을 받으면 통증을 느끼게 되는데, 그 통증은 우리에게 원인을 찾아서 대응조치를 하라는 경고이며, 방치 시 악화될 수 있는 상황을 예방하라는 메시지이다. 따라서 **통증은 보호조치나 관리가 필요한 신체 부위** 또는 **심리적·정서적 상태에 주목하도록 하는 강력한 생리적 반응**이라고 인식할 필요가 있다.

길을 가다가 넘어져 다리가 부러졌다고 가정해 보자. 넘어진 즉시 부러진 부위에서 통증을 느낀다. 얼마나 다쳤는지 확인하고자 일어서려는 순간, 부러진 부위에서 심한 통증으로 주저앉는다. 다친 부위의 움직임을 멈추자 이내 통증이 사라진다. 부목으로 고정하는 과정과 들것에 실리면서 움직일 때마다 통증이 느껴진다. 병원으로 이송된 후 마취를 통해 통증

없이 수술을 마친다. 마취가 풀리자 다시 통증이 몰려오기 시작한다. 다리가 부러지자마자 발생한 '통증'은 부러진 곳을 보호하라는 '경고'였다. 일어서려 하자 다친 부위를 더 위험에 빠뜨릴 수 있다며 더 큰 통증으로 '처벌'했다. 주저앉아 멈추니 통증이 사라지는 '보상'이 주어졌다.

통증은 고통을 안겨주려는 것이 아니라 다친 몸을 보호하라고 위험을 알리는 일종의 '경보'인 셈이다. 예컨대 바늘에 찔리거나 뜨거운 불에 데는(데다) 순간 재빠른 '회피반사'를 일으켜 더 큰 조직 손상을 방지하는 조기경보 시스템 역할을 한다. 또한 어쩔 수 없이 신체 손상을 입게 되면 통증은 반사적으로 근육 수축을 일으켜 신체를 움직이지 못하도록 한다. 골절상을 입었을 때 움직이면 통증이 더 심해지는 것도, 부러진 부위가 악화되는 것을 예방하려는 것이다. 이는 통증이 신체의 이상을 신속히 경고하고 악화되는 것을 방지하기 위한 매우 중요한 방어 메커니즘(기전)임을 의미한다.

통증을 느끼지 못하는 '**선천성 무통무한증**'(유전성 감각 및 자율신경병증, 희귀병)이라는 질병이 있다. 국가관리대상 희귀질환이다. 이 병을 가진 환자는 감각 뉴런이 발달하지 못해 통각 신호가 뇌에 전달되지 못한다. 이에 따라, 일반적으로 통증을 유발하는 본인 몸에 상해를 가하여도 통증을 느끼지 못하므로 이를 지속하게 되고 점진적인 신체 손상이 일어난다.

무한증 환자의 경우 출생 초기부터 더운 날씨에 땀을 흘려서 체온 조절을 할 수 없으므로 발열이 흔하게 나타나며, 열사병 등의 질환에 취약해지게 된다. 뜨거운 온각과 차가운 냉각도 느끼지 못하고 다만 압력에 대한 감각인 압각만 유지되는 것이 특징이다. 이들 환자는 일반적으로 발달지연 및 정신지체의 증상이 동반된다.[55] 이처럼 경고 신호를 받지 못하는 환자들은 위험한 상황에서도 이를 느끼지 못하기에 일상생활을 유지하기가 어렵다. 그래서 중증인 선천성 무통무한증 환자는 **생후 1년 이내에 사망할 가능성이 높다.** 많은 경우 25세 미만의 수명을 가지는 것으로 알려져 있다.[56]

대사증후군*도 임상적으로 진단을 받기 전까지는 불편함이나 통증을 느끼지 못하는 것이 일반적이다. 그래서 무시하거나 무대응으로 간과하는 경우가 대부분이다. 사소한 징후를 무시한 **대사증후군의 결과는 매우 치명적**이다.

---

55) 「Helpline」, "희귀질환정보", 2024.08.28. https://helpline.kdca.go.kr/

56) FB Axelrod, G Gold-von Simson, "Hereditary sensory and autonomic neuropathies : types II, III, and IV", Orphanet Journal of Rare Diseases Vol.2(39), 2007, https://doi.org/10.1186/1750-1172-2-39

* 대사증후군이란 한 사람에게 혈압상승(고혈압), 고혈당(당뇨), 혈중지질이상(고지혈증), 비만(특히 복부비만) 등 심뇌혈관질환 및 당뇨병의 위험을 높이는 위험인자가 겹쳐 있는 상태를 가리킨다. 대사증후군은 단일한 질병이 아니며, 유전적 소인과 환경적 인자가 더해져 발생하는 포괄적 질병이다. 이는 당뇨병, 고혈압, 만성콩팥병, 심뇌혈관질환 발생 위험도를 높이며, 유방암, 직장암 등 각종 암 발생 및 사망률과도 관계가 있다. 따라서 대사증후군이 있는 환자들을 조기에 발견하여 생활습관관리 등을 통해 이러한 질병의 위험도를 감소시키는 것이 중요하다. (질병관리청 국가건강정보포털)

대사증후군에 해당하는 당뇨병, 고협압, 심혈관 질환 등을 '**침묵의 살인자**'라 부르는 이유는 **진행 과정에서 통증을 거의 느끼지 못하기 때문**이다.

당뇨병은 췌장에서 분비되는 인슐린이 부족해 혈당을 조절하지 못하는 상태를 말하며, 증상이 불분명해 발견하기 어려울뿐더러 오랜 기간 증상을 느끼지 못한 채 꾸준히 진행되는 경우가 많다. 적절한 시기에 치료가 이뤄지지 않는다면 뇌혈관과 심혈관 질환, 시력 상실, 신부전, 당뇨성 족부병 등 다양한 합병증이 생기게 되며, 심한 경우 사망에 이르게 된다.

고혈압은 혈압이 지속적으로 높은 상태를 말하며, 대부분의 경우 아무런 증상이 나타나지 않는다. 고혈압은 관리가 되지 않을 경우 협심증이나 심근경색의 약 60%, 뇌졸중의 약 90%를 유발하는 원인이 된다.

심혈관질환은 심장과 주요 동맥에서 발생하는 병으로, 전 세계 사망원인의 29%를 차지할 정도로 심각한 질병이다. 전조 없이 갑자기 찾아오는 것이 특징이다.

대사증후군과 같이 통증을 거의 느끼지 않는 가운데 삶의 질을 치명적으로 위협하는 질환들이 많다. 예를 들면 시력이 떨어지는 것, 활동성이 떨어지는 것, 인지력이 감퇴하는 것, 퇴행성(알츠하이머, 치매, 파킨슨 등) 징후가 서서히 진행되는 것 등이다. 하지만 세심하게 몸이 말하는 것을 살펴보면 알 수 있는 것들이다. 그럼에도 크게 불편함을 주지 않으면서 서서히 진행되고, 나이 듦으로 인한 당연한 것으로 받아들이는 수동적인 삶의 태도로 인해 병을 키우는 방관자 또는 동조자가 되는 것이다. 웰에이징을 바라는 자신의 삶인데도 말이다.

통증의 역할은 발생 또는 예측되는 조직 손상으로부터 **몸을 보호하라는** 일종의 **경고**인 셈이다. 바늘에 **찔리거나** 불에 **데었을 때** 느끼는 **통증은 재빠른 반사**(굴곡 반사)를 일으켜 **더 큰 조직 손상을 방지하도록 한다. 골절상 환자가 움직일 때 느끼는 통증**은 움직이지 않도록 하여 **뼈를 아물게 한다.**[57] 하지만, 불편한 조직손상이나 감정으로 이어지지 않는 몸의 징후는 대사증후군이나 퇴행성 질환으로 이어지는 치명적 결과를 야기한다. 이는 몸을 보호하기 위한 통증의 범위에 일상에서 확인 가능한 사소한 몸의 징후까지도 포함하여야

57) 「medifonews」, "통증의 기전 · 병태 · 치료의 최신지견-한경림", 2004.11.25.

함을 강력하게 시사하고 있다.

통증 메커니즘을 연구하고 있는 일본 시가 의과대학의 고야마 나쓰 부교수는 기간문화신문사와 인터뷰(2019.7.11.)에서 "**통증은 신체를 지키기 위한 경고 신호**로 매우 중요한 역할을 한다. 사람은 어릴 때부터 넘어지거나 남과 싸움을 하면서 느끼는 고통을 통해 어떠한 행동이 위험한지를 자연적으로 배우게 된다. 하지만 선천성 무통무한증 환자는 통증을 느낄 수 없으므로 **위험을 피한다는 상황을 배울 수 없다**."라며 통증의 역할을 함축적으로 언급하고 있다. **통증은 우리 몸을 지키기 위한 굉장히 중요한 경고 신호**라는 것을 인식하고, 이를 통해 **안전한 행동 방식을 습득할 것을 요구**하고 있다.

부록 1 뇌는 미래 예측 기관

뇌는 몸무게 중 1.4~1.6㎏ 정도를 차지하는 작은 회백질 덩어리다. 인류는 수많은 기간 동안 이 작은 기관을 이해하려는 노력을 끊임없이 해왔다. 그 결과 현대 사람들은 '뇌'가 생각을 만들어 내는 기관이고 사고의 중심에 있음을 전혀 의심하지 않는다. 아주 간단한 움직임부터, 감정, 기억, 심지어 통증까지 신경계가 조절하는 것이다. 그렇다면 뇌는 어떻게 정보를 처리하여 우리의 행동을 조절하는지에 대해 확인해 보자

뇌는 정보 해석 기관 vs 미래 예측 기관

기존 생의학 이론에 따르면, 뇌는 정보를 받아들이고 처리하는 기관으로 간주 된다. 뇌는 입력된 정보(경험 학습 등)에 의해 신경세포를 활성화하고 이를 토대로, 수동적으로 반응하는 **'정보 해석 기관'**이라는 관점이다. 뇌는 외부에서 내부(Out-inside)로 정보를 처리하고, 그 결과로 행동이 생성된다고 본다. 이러한 관점은 존 로크(John Locke)에 의해 발전된 소위 '빈 서판(Tabula Rasa) 이론'에 근거하고 있다.[58] 인간의 마음이 태어날 때 아무런 지식이나 사전 개념이 없는 백지상태라는 것이다. 모든 인간은 태어날 때 동일한 상태로 시작하여 이후의 경험과 학습을 통해 각기 다른 지식과 능력을 갖추게 된다고 보았다. 하지만 최근의 **'예측 처리 모델'**[59]에 의하면 뇌는 입력된 정보만으로 작업을 수행하는 것이 아니라, 뇌가 이미 식별한 **'과거의 패턴'**과 **'현재의 입력 정보'**를 결합하여 **'미래를 예측한다는 것'**이다.

이와 관련하여 인지 신경과학 분야의 세계적인 대가인 미국 뉴욕의대 부자키(Buzsaki) 교수는 그의 저서 《**안에서 밖을 보는 뇌**(The Brain from Inside Out)》에서 "뇌는 정보를 처리(해석)하는 게 아니라 **'창조'하는 역동적인 미래예측 기계"**라는 **'안에서 밖으로**(Inside Out) **모델'**을 주장했다.[60]

이것은 지난 수백 년간 내려온 '빈 서판 이론'을 180도 뒤집는 것이다. 기존의 **'밖에서 안으로**(Outside In) **모델'**은 뇌가 환경의 자극에 직접적으로 영향을 받는다고 가정한다. 즉 외부의

---

58) Stanford Encyclopedia of Philosophy, Entry on John Locke, First published Sun Sep 2, 2001; substantive revision Thu Jul 7, 2022. https://plato.stanford.edu/entries/locke/

59) '미래 예측 모델'은 인공지능 및 뇌 과학 관련 연구에서 제시된 개념으로서, 뇌 과학 분야의 예측 처리 모델은 일반적인 뉴런 네트워크 모델에서 시작되었으며, 대표적인 연구로는 Jeff Hawkins의 'On Intelligence'와 David Marr의 'Vision'을 들 수 있다.

60) 「문화일보」, "뇌는 정보 해석 넘어 창조하는 역동적 미래 예측기계", 2021.02.03.; G Buzsaki, 「The brain from inside out」, 2019. (OXFORD UNIVERSITY PRESS)

자극으로 주어지는 정보를 단순히 수집하고 반응하는 방식이다. 반면 부자키 교수가 주장하는 **'안에서 밖으로 모델'**은 뇌는 외부자극에 단순히 반응하는 것이 아니라, 내부적으로 창조적이고 복합적인 과정을 통해 새로운 의미와 행동을 만들어내는 역할을 한다는 것이다. 이는 뇌가 과거의 경험과 내부의 지식을 바탕으로 미래를 예측하고, 이를 통해 새로운 상황에 능동적으로 대응하는 능력을 갖고 있음을 의미한다. **뇌는 가만히 앉아 단순히 외부 정보를 처리하는 수동적 해석기가 아니다.** 뇌는 외부 세계를 이해하고 새로운 경험을 통해 배우려는 능동적이고 창의적인 존재로서 **과거 경험을 바탕으로 행동의 결과를 예측하고 조정한다**는 것이다. 뇌가 예측기관임을 입증하는 연구결과는 대표적으로 **'투쟁-도피 반응'**, **'시각과 뇌의 예측 능력'**, **'대처 착시'**, 캡척 박사의 **'예측 처리 모델'** 등이 있다.

'투쟁-도피 반응'(fight-or-flight response)

뇌는 과거의 경험과 현재의 정보를 기반으로 미래의 위험을 예측한다. '투쟁-도피 반응'은 **뇌가 잠재적인 위험을 예측하고 이에 대한 빠른 대응을 준비하는 과정**이다. 이러한 예측의 결과로 투쟁 및 도피 반응이 발생한다. 이 반응은 뇌가 어떻게 외부자극에 대해 즉각적이고 적응적인 반응을 준비하는지를 보여주는 중요한 메커니즘이다.

'투쟁-도피 반응'은 위험한 상황에 직면했을 때 **자동으로 나타나는 생리적 반응**이다. 원시인이 사냥을 나갔다가 야생동물을 만났다고 가정할 때, 혈압이 올라가고 맥박과 호흡이 빨라지며 근육으로 공급되는 혈액의 양이 증가되어 **순간적으로 강한 힘의 발휘가 가능한 상태**를 말한다. 이 반응이 작동되면 뇌는 미래의 위험을 신속하게 예측하고 적절한 행동(투쟁 or 도피)을 선택할 수 있도록 한다. 야생에서 포식자를 발견했을 때 뇌는 과거의 경험을 바탕으로 빠르게 위험을 인지하고 도망갈 방향을 결정한다. 이러한 미래 예측 능력은 생존에 매우 중요하다. 이는 실제 위험이 닥치기 전에 적절한 대응을 할 수 있기 때문이다.61)

과거에 위험한 상황을 경험한 경우, 뇌는 유사한 상황에서 신속하게 반응할 준비를 한다. 그러니까 스트레스 환경에 노출되거나 공격 또는 생존 위협에 대한 반응으로 스트레스 또는 위협을 주는 대상 또는 환경의 존재로 인한 **'투쟁 반응'**과 **'도피 반응'**을 할 준비를 한다.62)

'투쟁 반응'은 **뇌가 위협을 감지하고 이를 극복할 수 있다고 판단할 때 발생**한다. 이는 상대방과의 대결에서 승리할 가능성을 고려한 것으로, 몸은 에너지를 집중하고 싸울 준비를 하게 된다. 뇌의 전두엽과 편도체가 주로 활성화되어 상황을 분석하고 대응 전략을 세운다.

---

61) 「서울삼성병원」, "투쟁 혹은 도피 반응", http://www.samsunghospital.com/;「Wikipidia」, https://ko.wikipedia.org/wiki/

62) 「위키백과」, "투쟁-도피 반응", https://ko.wikipedia.org/wiki/

'도피 반응'은 반대로, 뇌가 상황을 분석한 결과 **위험이 너무 크거나 자신이 이길 가능성이 없다고 판단할 때 나타난다**. 이때 몸은 빠르게 움직일 수 있도록 준비하며, 생존 확률을 높이기 위해 안전한 장소로 피신하려고 한다.

예를 들어 갑작스러운 큰 소리나 위협적인 상황이 발생하면, 뇌는 이를 위협으로 인식하고 즉각적으로 반응할 신체를 준비시킨다. **위협을 감지하면** 뇌의 **'시상하부'**(스트레스 인지, 호르몬 분비, 신체의 항상성 유지 등)는 **'부신'**(스트레스 반응 조절)에 신호를 보내 **'아드레날린'**(긴급 상황에 신속하고 효과적으로 대응하도록 하는 호르몬이자 신경전달물질[63])을 분비하도록 한다. **심박 수를 증가**시키고, **근육에 더 많은 혈액을 공급**하며, **비상 상황에 대비**한 **신체의 여러 기능을 활성화**한다.

뇌는 이전에 경험한 위협 상황을 기억하여 유사한 상황이 발생할 때 더욱 빠르게 반응할 수 있도록 준비한다. 이처럼 투쟁-도피 반응은 뇌가 외부자극을 인지하고 이에 즉각적으로 반응하는 과정을 통해, **뇌가 예측기관임을 명확히 보여준다**. 이는 뇌가 단순히 현재의 자극에 반응하는 것을 넘어, **미래의 상황을 예측하고 이에 대비하는 중요한 기능을 수행**하는 기관임을 입증하고 있다. 또한 뇌의 미래예측 능력은 인간의 사회적 행동과도 관련이 깊다. 다른 사람의 의도와 행동을 예측할 수 있는 능력은 효과적인 의사소통과 협력을 가능하게 한다.

눈은 과거를 보고, 뇌는 현재를 예측한다.(Hinze Hogendoorn)[64]

지금 내가 보고 있는 것은 현재인가 과거인가? 정답은 눈은 과거를 본다는 것이다. 눈에 들어오는 정보가 뇌에 도달하는 데는 시간이 걸리기 때문이다. 하지만 아무도 이를 인식하거나 자각하면서 살아가지는 않는다. 시각 시스템을 통한 감각 정보전달에는 시간이 걸린다. 이러한 지연의 결과로 뇌가 이용할 수 있는 시각정보는 항상 현재 발생한 사건 시간에 비해 뒤처진다. 그래서 **움직이는 물체와 상호작용**(㉒ 공을 잡는 것)**하려면** 물체의 실시간 위치 파악이 필요하다. 뇌가 이를 달성할 수 있는 한 가지 방법은 **예상되는 사건을 예측하는 것**이다.[65]

---

63) 아드레날린의 기능은 (응급 반응) 위험을 감지하거나 긴장 상황에서 신속하게 분비되어, 신체를 빠르게 대응 상태(심장 박동 가속화, 근육에 산소 혈당을 공급)로 만들어 신체가 빠르게 반응할 수 있게 한다. (에너지 대사 증가) 혈당 수치를 높여 에너지 생산을 증가시켜, 신속한 행동을 위한 에너지를 제공한다. (혈압 상승) 혈관을 수축시켜 혈압을 상승시키며, 중요한 기관으로의 혈류를 증가시켜 급박한 상황에서 생존 가능성을 높인다. (호흡 증가) 더 많은 산소를 흡입하게 하여 신체의 긴급 상황 대응 능력을 향상시킨다. (감각 집중) 감각을 더욱 예민하게 만들어 주변 환경을 더 잘 인식하고 위험을 피할 수 있게 한다. 「정신의학신문」, "스트레스 반응 제대로 알기", 2018.11.28.

64) 「한겨레」, "눈은 과거를 보고, 뇌는 현재를 예측한다", 2020.04.22.

65) Tessel Blom, Daniel Feuerriegel, Philippa Johnson, Hinze Hogendoorn, "Predictions drive neural representations of visual events ahead of incoming sensory information", Biological Sciences, Vol.117(13), pp.7510-7515, 2020

과학자들의 연구결과에 따르면, 눈에 들어온 정보가 뇌에 도달하는 데 걸리는 시간은 0.03초, 이를 기반으로 어떤 조치하는 데 약 0.12초가 걸린다. 합치면 대략 0.15초 안팎이다. 공의 속도가 시속 100km가 넘는 테니스나 야구 경기에서 0.15초면 공이 3m 이상 날아간다. 따라서 눈에 의존한다면 움직이는 공을 잡거나 칠 수 없다.

그럼에도 우리는 어떻게 이 빠른 공을 정확하게 잡거나 칠 수 있을까? 이러한 의문을 풀기 위해 호주 멜버른대를 주축으로 한 국제연구진은 실험 참가자들에게 움직이는 물체를 보여주고 이들의 두뇌활동을 기록 및 분석한 결과를 〈국립과학원회보〉에 발표하였다.

이 실험결과에 의하면, "시각정보가 뇌에 전달될 때, **뇌는 예측을 통해 물체의 궤적을 추적하기 때문에 빠르게 움직이는 공을 잡거나 칠 수 있다**"는 것이다. 논문의 공동저자인 힌지 호겐둔(Hinze Hogendoorn)은 "이는 눈에서 본 실제 정보가 아닌, **물체가 어디에 있을 것이라는 예상에 근거해 물체를 보는 것**"이라고 설명했다.[66] 또한 연구진은 "**예측은 오래전부터 뇌 신경과학의 기본 작동 원리**로 간주되어 왔다"며 "이번 연구는 신경 시스템의 물리적 제약에도 불구하고 **뇌의 예측 메커니즘이 어떻게 실제 시간에 근접하게 기능할 수 있는지를 보여준다**"고 밝혔다.

대처 착시

뇌가 미래예측 기관임을 입증하는 또 하나의 증거는 **'대처 착시'**이다.[67] 1980년 영국 요크대학의 심리학 교수 피터 톰슨이 이 착시를 처음 고안하면서 당시의 영국 총리인 마거릿 대처의 사진을 사용해서 붙은 이름이다.

우리의 눈은 끝없이 무언가를 보고, 뇌는 이 정보를 부지런히 처리한다. '착시'란 어떤 물체를 실제와 다르게 보는 현상을 말한다. 이는 뇌의 능력이 부족하기 때문이 아니라, 효율성을 높이기 위해서 일어난다. 눈이 받아들인 수많은 정보를 빠르게 처리하는 과정에서 벌어지는 것이다.[68]

그는 "마거릿 대처 : 새로운 환상"이라는 논문에서 **'뇌는 예측한 대로 사물을 지각한다'**고 밝혔다. 인간은 사람의 얼굴을 식별해 내는 시각과 지각 모듈이 발전해 있다. 하지만, 이 모듈에서는 얼굴을 구성하는 이목구비와 같은 요소들이 먼저 하나씩 지각된 다음에 얼굴 전체가 합쳐져 인지되기보다는 아예 **처음부터 얼굴이 전체로 인지되기 때문에 벌어지는 일**이라고 한다. 얼굴의 위아래가 거꾸로 되어 있는 경우, 바로 되어 있는 경우보다 얼굴의 구성 요소들을 하나씩 인지하기가 더

---

66) Tessel Blom, Daniel Feuerriegel, Philippa Johnson, Hinze Hogendoorn, "Predictions drive neural representations of visual events ahead of incoming sensory information", Biological Sciences Vol.117(13), pp.7510-7515, 2020.

67) Plous, M., & Arieans, E. J., "The perceptual illusion of attitude change", Journal of Experimental Social Psychology Vol.32(4), pp.285-304, 1996.

68) 「경향신문」, "눈이 뱅뱅 뇌가 빙빙", 2015.06.12.

어렵기 때문이라는 것이다.

이것은 **뇌는** 눈에 보이는 대로 지각하는 것이 아니라 **"뇌가 지각한 대상을 예측하고, 예측한 대로 사물을 보게 된다"**는 개념이다. 아래와 같이 뒤집힌 얼굴은 비교적 정상으로 보이며, **두 사진 사이에는 별다른 차이가 느껴지지 않는다**.

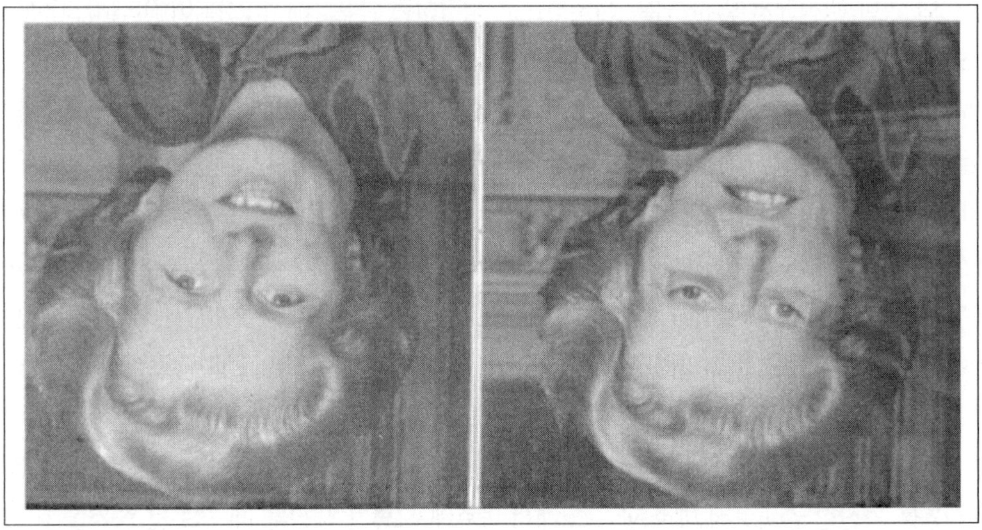

위의 왼쪽 사진은 정상적인 사진이다. 하지만 오른쪽 사진은 왼쪽 사진의 눈과 입을 뒤집어 놓은 것이다. 따라서 이를 180도 뒤집어 보면 아래의 사진처럼 괴기스러운 노파로 보일 것이다.

왜 우리는 맨 처음의 뒤집힌 사진에서 괴기한 대처의 모습을 보지 못하는 것일까? 뇌는 거꾸로

된 사진에 대해 눈과 입을 따로 처리하지 않고 대처라는 얼굴 전체로 처리하기 때문이다. 하지만 똑바로 선 사진에서는 눈과 입을 따라 통합하여 처리하지 않고 따로따로 처리하기 때문에 눈과 입이 뒤집힌 것을 지각하게 된다. 그것은 뇌가 대처 총리라고 예측한 것을 방해하는 감각 정보가 발생하면(예측 오류) 예측된 지각을 수정하게 된다.

이는 뇌 과학 관점에서 인간 뇌는 전통적으로 생각하던 '정보 해석 기관'이 아니라 '미래 예측 기관'임을 의미한다. 뇌는 외부자극 정보를 받아들이면 이를 처리하는 반면 내부 핵심 모델(system of core knowledge)을 이용하여 예측하는데 이러한 기능은 **인간이 효율적으로 외부 환경을 예측하고 대처를 가능하게 하는 문제해결의 역할**을 하게 한다.

미국 글래스고 대학의 라스 머클리(Lars Muckli) 교수(인간 두뇌 프로젝트 중 하나로 최신 신경 영상기술을 이용해 예측 처리모델을 시험하는 시각 및 인지 신경과학자)는 인간의 시각에 대해 "**시각은 곧 보게 될 것에 대한 예측으로 시작된다.**"라고 말했다.[69] 인간의 뇌는 살아가는 동안 수많은 통계자료를 수집하며 **우리 몸과 외부 세계에 대한 내부 모델을 조정하고 다듬는다**. 예측 통계 이론에 따르면 그 통계자료들은 '**베이즈 정리**'(사전 확률과 사후 확률 사이인 두 확률 변수 관계를 나타내는 정리, 위키백과)**의 지배를 받는 것**으로 새로운 증거에 기초해 **기존 정보가 참일 확률을 계산한 결과로써 예측한다**. 그래서 **예측에 오류가 생겼을 때 새로운 증거를 참고**하여 **자신의 믿음을 업데이트**한다.

테드 켑척 박사의 '예측 처리모델'

하버드 대학교 의과대학 교수인 테드 캡척(TJ. Kaptchuk) 박사도 '**예측 처리모델**'을 통해 뇌는 '**미래 예측기관**'이라는 점을 밝히고 있다. 그의 신경과학에 관한 이론적 결론은 "**우리는 미래를 예측할 수 있고, 실제로 늘 그렇게 하고 있다.**"는 것이다. 기존의 생의학 이론에 의하면 뇌는 신체 안팎에서 주어지는 감각 입력(시각, 청각, 위험 신호 등)을 수동적으로 받아들이는 기관이며, 뇌로 입력된 감각을 토대로 세상 또는 현상에 대한 지각이나 모델을 만든다. 한편 '**예측 처리모델**'에 따르면 외부 세계에 대한 이해를 정리하고 다듬는 기관이다. 따라서 **뇌는 외부 세계에서 일어나는 일을 최대한 정확히 예측하기 위해** 뇌가 가진 세상에 대한 '**기대, 생각, 믿음**(즉 기존 정보들)'을 토대로 '**새로 들어오는 감각**'들과 **균형을 이루려 하는 '미래 예측기관**'이라는 것이다.

이러한 관점은 테드 캡척 박사가 발표한 논문(2018, 2019)에서 드러난다. 환자의 통증이 줄어드는 것은, 몸이 치유된 직접적 결과가 아니라 몸이 치유되고 있거나 통증을 일으키는 자극이 제거되었다고 뇌가 예측(인식)하는 과정이라는 것이다.

---

69) https://www.humanbrainproject.eu/en/collaborate-hbp/partnering-projects/mac-brain/

2018년 연구는 신경 처리모델로서 '예측 및 오류 처리(PEP)'는 감각 예측이 지각에 포함되어 있으며 지각과 분리 할 수 없다는 것이다. 즉 플라시보 효과는 신경학적으로 암호화된 예측으로, 환자가 생각하는 것보다는 환자가 행동하고 수행하는 것에 더 가깝다고 주장한다.70)

2019년 연구는 증상 인식이나 플라시보 효과가 '예측 처리(베이지안 모델)'에 의한 결과라는 것이다.71) 즉 신경계의 인식(지각)에 대해 이전의 '생물 의학 모델'은 지각을 주로 감각 신호의 상향식 판독으로 보았지만, '베이지안 접근 방식(예측 처리)'은 지각이 대부분 무의식적으로 조절되며 감각 입력, 이전 경험 및 상황 단서의 통합을 기반으로 한 '예측 과정'이라는 것이다.72)

캡척(Kaptchuk) 박사는 "만성 요통에 대한 공개 라벨 위약 : 무작위 대조 시험"이라는 논문을 통해 **공개 라벨 위약의 효과를 연구**하였다. 이 연구는 진짜 약물을 복용하는 것과 같은 방식으로 플라시보를 투여하고, 이를 치료받는 환자들에게 명시적으로 공개하여 치료의 효과를 조사했다. 그 결과 **가짜라고 밝힌 플라시보**도 그 효과가 **실제 치료와 비슷한 수준**이라고 밝혔다.73) 이러한 플라시보의 작용 메커니즘은 **'무의식적 학습'**과 **'사전 조건화'**에 의한 것이라고 보았다.74) 무의식적 학습은 말 그대로 의도하지 않은 상황에서 새로운 정보와 자극에 대한 학습이 이루어지는 것으로 제삼자에 의한 반복적인 언어적 암시는 기대감이나 믿음을 강화하게 된다. 사전 조건화는 주어진 자극이나 환경에 대한 무의식적 반응으로서, 위약을 먹고 그 통증의 결과가 완화되는 것을 반복해서 경험하게 된다면 **'파블로프의 개'**처럼 플라시보에 대한 조건화가 형성된다는 것이다. 이는 **뇌가 외부 환경에서 일어나는 일을 정확하게 예측하기 위해** 뇌가 가진 기대, 생각, 믿음에 의한 **정보처리기관으로서 역할에 더하여** 새로이 입력된 감각(정보)을 통해 **앞으로 일어날 상황을 예상한 결과**라는 것이다.

어떤 대상을 뇌가 인식할 때, **뇌는 이전에 쌓아둔 데이터를 기반으로 예측한다**. 그 다음, 뇌는 실제 이미지와 비교하여 예측한 대로 적절하게 일치하면 관심을 두지 않는다. 그러나 **이전 정보와 현재 신호가 다르면, 뇌는 기존의 데이터베이스와 일치하지 않는 부분을 조정**함으로써 **새로운 정보를 적극적으로 수용하려고 노력**한다.

---

70) Ted J. Kaptchuk, "Open-Label PlaceboReflections on a Research Agenda", Perspectives in Biology and Medicine Vol.61(3), pp.311-334, 2018.

71) Ongaro, Giulioa, Kaptchuk, Ted J., "Symptom perception, placebo effects, and the Bayesian brain", PAIN Vol.160(1), pp.1-4, 2019.

72) Clark A., "Whatever next? Predictive brains, situated agents, and the future of cognitive science", Behav Brain Sci Vol.36, pp.181-204, 2013.

73) Kaptchuk, T. J., Friedlander, E., Kelley, J. M., Sanchez, M. N., Kokkotou, E., Singer, J. P., ... & Lembo, A. J. (2010). Placebos without deception : a randomized controlled trial in irritable bowel syndrome. PLoS one, 5(12), e15591.

74) Kaptchuk, T. J., Kelley, J. M., et al., "Components of placebo effect : randomized controlled trial in patients with irritable bowel syndrome", Bmj Vol.336(7651), pp.999-1003, 2008.

제2부

통증 메커니즘 그리고 치유 메커니즘

"통즉불통 불통즉통(通卽不痛, 不通卽痛)"
통하면 통증이 없고, 통하지 않으면 통증이 생긴다

\- 황제내경(黃帝內经) -

"당신의 뇌는 당신의 생각을 반영합니다. 긍정적인 생각은 긍정적인 변화를 가져옵니다."

\- 조 디스펜자(Joe Dispenz) -

"가장 중요한 교훈은 뇌 가소성에 관한 것입니다. 자신에게 도전하고, 새로운 과제와 도전에 끊임없이 직면한다면, 뇌는 변화할 것입니다."

\- 데이비드 도이드(David Doidge) -

제4장

통증 경로 이론

이 장은 '통증이 뇌에서 생성되고 조절된다.'는 사실을 입증하고, 우리가 알고 있었던 통증 메커니즘에 대한 오해와 진실을 다루고자 한다. '통증 경로 이론'은 의학의 발전과정에서 중심적 이슈였다. 이는 **'조직 손상'**과 **'불유쾌한 심리적 정서적 감정'**이 통증 경로에서 상호작용하여 '뇌가 통증을 조절하고 생성한다'는 진실을 밝혀주는 근거이기 때문이다.

먼저, 통증의 진실을 가린 **'데카르트의 통증 경로 이론'**에 대한 접근으로, 신경계의 개념이 없었던 기계론적 이론의 오류를 분석한다. 이러한 오류를 지적하고 통증이 신경계에 의한 것임을 밝혀낸 셰링턴의 **'신경계의 통합**(통각 수용체, 시냅스, 신경전달물질 등)**적 작용이론'**을 살펴본다. 이어 로널드 멜잭과 패트릭 월은 통증이 신체적 감각 외에 심리적인 요인이 통합적으로 신경 네트워크를 통해 "뇌가 통증을 조절하고 생성한다"고 밝힌 **'통증 관문 통제 이론'**에 대해 논의한다. 즉 **"통증은 뇌가 '상행성 통증 경로'**와 **'하행성 통증 경로'**에서 **조절하고 생성한 것"**이라는 진실을 밝힌다. 또한 최근 대표적인 '현대 통증의학 이론'도 소개할 것이다. 이 장의 내용은 다음의 4개 분야로 전개된다.

이 장은 이 책의 핵심 내용이다. 다소 어려울 수 있지만, 통증 메커니즘의 이해하고, 치유 메커니즘에 대한 접근을 위한 기반을 제공할 것이다.

Key Word

데카르트 특이성 이론, 심신이원론, 상호작용론, 찰스 스콧 셰링턴 통증 경로 이론, 통각 수용기, 시냅스, 신경전달물질, 신경세포의 신호전달 방법, 항상성, 통증 관문 통제 이론, 신경 메트릭스 이론, 현대 통증의학 이론(생체 통증 이론, 뇌 가소성 이론, 통증 게이트 이론), 헤비안 이론

제3장에서는 '**통증의 의미와 그 역할**'에 대해 살펴보았다. 뇌가 인식하는 '**통증의 의미**'가 무엇인가에 따라 '**통증 역치**'는 달라질 수 있음을 확인했으며, '**통증의 역할**'은 몸을 보호하기 위한 '**방어 메커니즘**'이었다.

제4장에서는 통증이 어디서 어떻게 작동되어 방어 메커니즘으로서 통증이 생성되는 것인가에 초점을 두고자 한다. 즉, '뇌가 통증을 조절하고 생성한다'는 진실을 '통증 경로 이론'의 변화과정을 통해 입증해 볼 것이다.

'통증'이라는 경보는 어디에서 어떻게 발령되는 것일까? 통증이 손상된 부위에서 발생한다면 피부조직에서 판단 및 예측이 가능한 것일까? 그런데 마취(척수, 뇌)를 하면 통증을 느끼지 못하는 이유는 무엇일까? 이러한 의문을 풀기 위한 단서가 '통증 경로 이론'이며, 이를 확인하는 것은 까다로운 통증을 이해하는 과정이자 '통증에 대한 오해와 진실을 밝히는 단초가 되기 때문이다.

통증 경로 이론은 의학의 발전과정에서 중심적 이슈였다. 이를 규명하고자 한 데카르트, 셰링턴, 멜잭과 월 등의 연구는 현대 통증의학으로 연결되면서 통증을 과학의 영역으로 진입시켰다. 이들 이론은 통증의 발생과 전달과정을 해부학적 · 생리학적 관점에서 시작하여 신경학적 · 심리학적 관점 등을 망라하는 영역으로 확장하였다. 이러한 과정은 진행형이지만 통증의 진실에 대한 이해의 폭과 깊이를 더욱 객관화하고 있다.

통증 경로 이론의 변화과정을 개관해보면, 1664년 데카르트는 감각 수용기에서 시작된 통증이 **기계적인 한 방향으로 섬유(신경)를 타고 뇌로 전달**되어 뇌가 통증을 인지하는 것으로 주장했다.

이후 20세기 초 셰링턴은 '통각 수용체'와 '시냅스', '신경전달물질' 등 신경계가 통합적으로 통각 신호전달에 관여하고 있음을 발견하고, 데카르트와 달리 새로운 통증 경로의 존재(**신경계의 통합적 작용 이론**)를 밝혀냈다.

1960년대에 들어서면서, 멜잭과 월은 '통증 관문 통제 이론'과 '신경 매트릭스 이론'을 통해 통증이 단순히 감각 정보의 전달이 아닌, 복잡한 신경 네트워크를 통해 뇌가 통증을 조절하고 생성한다는 통증 경로를 제시하여 현대 통증의학의 바탕이 되었다. 이 이론의 바통을 이어받은 '현대 통증의학 이론'은 뇌 스캔을 통해 **통증을 과학의 영역으로 진입시켰다**.

통증 경로 이론은 **까다롭고 복잡한 통증을 이해하는 데 중요한 기반을 제공**했다. 통증이 단순히 손상된 부위에서 시작되는 것이 아니라, 중추신경계와의 복잡한 상호작용을 통해 발생하는 것을 입증했다. 이를 통해 통증에 대한 진실이 밝혀지면서 통증 관리 및 치료에 대한 새로운 접근법을 모색할 수 있게 되었다. 이와 관련하여 좀 더 구체적인 내용을 확인할 필요가 있다. 데카르트, 쉐링턴, 멜잭과 월 등 통증 경로 이론이 어떻게 변화되었는지, 그들이 주장했던 통증에 대한 거짓과 진실은 무엇인지, 그리고 이들의 이론을 이어받아 발전을 거듭하고 있는 현대 통증의학의 중심 내용은 무엇인지를 확인해 보자.

4-1 데카르트(프랑스 철학자)의 '통증 경로 이론'[1]

고대 사람들은 "통증은 악령(evil spirit)이 우리 몸에 들어와서 오는 것"이라 믿었다. 그래서 치료는 기도나 믿음의 결과로 보았다. 예를 들어 바빌로니아인들은 치통이 발생하면 귀신이 영혼을 갉아먹고 있다고 인식했다.

고대 인도인들도 '사로잡는 자'를 의미하는 귀신 '그라히'가 자신을 찾아온 것이라고 믿었다. 다른 대륙 사람들도 마찬가지였다. 과거 인류는 통증을 선과 악의 투쟁, 자신이 믿는 신과 악마의 투쟁으로 보는 시각이 강했다.[2] 고대 아리스토텔레스 시대까지만 해도 '**중추신경계**'(뇌와 척수로 들어오는 정보를 통합 및 분석 후 명령을 내리는 신경계)와 '**말초신경계**'(중추신경계를 제외한 신경계로서 감각기를 통해 들어온 정보를 중추에 전달하는 신경계)의 개념이 없었다. 그래서 심장이 통증을 일으킨다고 생각했다. 그 이유는 감정의 변화를 겪게 되면 가장 먼저 심장 박동이 반응한다는 것이었다(한경림, 2004).

그 후 약 300여 년 전(17C)에 데카르트(Descartes, 1596~1650)는 "**손을 망치로 때리면**(자극) 손을 때린 **망치의 고통이 줄**(신경)**을 당겨 뇌에 있는 종을 울리게 해서 통증을 수신**한다."는 '통증 경로 개념'을 제시했다(한국일보, 2020). 이 이론은 외부 자극으로 상처가 생기면 그 자극이 한 방향으로 피부 섬유를 잡아당기고 그 통증을 뇌가 느낀다는 것이다. 따라서 통증의 정도는 상처의 정도에 비례한다고 보았다. 이러한 주장은 '**왼발을 불 가까이 대고 있는 소년 그림**'을 보면 이해가 쉽다.

불(A : 유해 자극)에 발(B : 피부조직)을 가까이 대면 열에 의해 '**조직 손상**'(화상)과 '**통증**'이 발생하고, 그 통증이 섬세한 섬유(신경)를 타고 **뇌에 딩동 딩동하고 전달**되어 '통증'을 느끼게 된다는 개념이다. 데카르트는 육체가 기계처럼 작동하며, 통증 또한 **일종의 기계적인**

---

1) 「medifonews」"통증의 기전 · 병태 · 치료의 최신지견" pp.2-3, 「고통의 비밀」 pp.26-33, 「뉴스토마토」 "통증은 왜 생길까? - 통증이론의 발전(최석민 척추 센터장)" 2015.12.01. 「한국일보 오피니언」 "[가만한 당신] 로널드 멜잭" 2020.02.24., 이상건 "17세기, 인간의 정신과 영혼은 어디에" 「Epilia」 p.3, 2021.02.02.

2) 「매일경제」 "인류 역사는 통증과의 투쟁이었다" 2011.11.18.

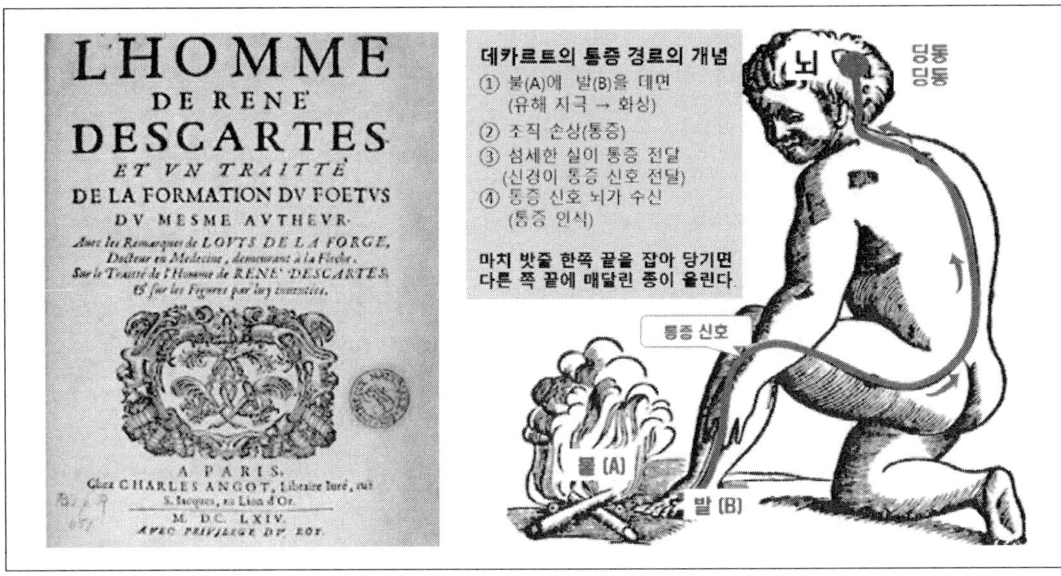

출처 : https://brunch.co.kr/@nothing8/132, 저자가 일부 수정 보완하였음.

반응이므로 **인간의 의지와는 아무런 상관이 없다**고 보았다. 이러한 이유로 조직 손상이 발견되지 않는 환자가 심한 통증을 호소할 경우 대부분 정신병자로 취급되곤 했다. 그러므로 당시에는 스트레스, 우울증, 신경과민 등의 **심리적인 요인이 통증에 영향을 미칠 수 있다는 개념은 개입될 여지가 전혀 없었다**.[3)]

데카르트의 통증 이론은 몸(물질적 실체)과 마음(비물질적 실체)이 서로 독립된 실체라고 규정한 '**심신이원론(心身二元論)'에 근거**한다. 그러나 심신일원론을 기반으로 한 **현대 통증의학과 정면으로 배치되는 오류를 범하고 있다**. 예를 들어 우리가 스트레스를 받으면 속이 더부룩하고 소화가 잘되지 않으며 가슴이 답답함을 느낀다. 그 정도가 심해지면 속이 쓰리고 위통을 느낄 수 있으며, 이 상태가 지속되면 위궤양까지 발생할 수 있다. 이는 심신일원론에 따라 **정신적 상태**가 **신체적 통증**으로 **나타난 것**이다.

'피부조직이 손상되면 통증이 줄을 당겨서 종을 울리듯, 뇌가 기계적으로 반응하여 통증을 느낀다'는 주장은 **반드시 조직 손상이 있어야만 통증이 발생한다는 것**이다. 그러나 이는 **명백한 거짓**이다. 우리가 통증을 느끼기 위해 반드시 신체의 상처나 조직 손상이 있어야만 하는가? 만약 이 주장이 타당하다면 조직 손상이 발생하면 반드시 통증을 느껴야 하고, 통증이 발생하면 원인으로서 조직 손상이 있어야 한다. 하지만 **현대 통증의학은 통증이 "조직 손상만을 나타내는 척도"**가 **아님을 명확히 하고 있다**.

---

3) 「뉴스토마토」, "통증은 왜 생길까? - 통증이론의 발전(최석민 척추 센터장)", 2015.12.01.

심리학자인 로널드 멜잭(R. Melzack)과 미시간 대학교 신경과 교수인 제네스 케이시(KL. Casey)는 「통증의 감각, 동기 및 중추 제어 결정 요인」이라는 논문에서 "**통증은** 어떤 자극에 대한 생리학적 반응과 신체적 변화를 수반하는 '**물리적 측면**'과 동시에 불쾌한 느낌이라는 '**정신적이고 정서적인 측면**' 모두를 **포함**한다"[4]고 밝혔다. 또한 2020년 국제통증연구협회는 "통증이란 실제적 또는 잠재적인 조직의 손상에 관련하여 표현되는 **감각적이고 정서적인 불유쾌한 경험**"으로 정의하고 있다. 이것은 통증이 '**조직 손상**' 외에 **심리적 · 정서적 요인을 포함하고 있음을 공식화한 것**이다.

실례로 우리가 일상에서 "울화통(鬱火痛)이 터진다.", "화병(火病)이 났다."는 표현을 자주 사용한다. 이 용어들은 분명히 신체적 상처 또는 조직 손상과는 관련이 없음에도 불구하고 **정신적 요인이 신체적 통증으로 나타난 것을 의미한다.**

데카르트의 기계론적 통증 이론에 의하면 '**상처 또는 조직 손상의 정도와 통증의 정도는 비례한다'는 규칙성을 견지한다.** 하지만 **상처와 통증 정도**를 **일반화한 주장 역시 틀린 것이다.** 왜냐하면 사람은 기분이 좋을 때와 나쁠 때 느끼는 통증의 정도는 다르기 때문이다. 정서적 · 심리적인 상태에 따라 생성되는 통증의 정도는 다르다.

미국의 헨리 비처(Henry K. Beecher)의 연구는 "**전쟁 중 부상한 병사들이 느끼는 통증의 정도는 통증을 느끼지 못하거나, 느끼는 통증의 정도가 각기 다르다.**"는 것을 입증하였다. 세계 2차대전 당시 지중해 전투에서 심각한 부상 군인 215명을 대상으로 통증의 정도를 조사했다. 그 결과, 215명 중 124명(57.7%)이 통증을 느끼지 못하거나 경미한 통증을 느낀 것으로 보고되었다.[5]

계	무 통증	경미한 통증	중등도 통증	심한 통증
251명	69명(32.1%)	55명(25.6%)	40명(18.6%)	51명(23.7%)

통증을 느끼지 못하거나 경미한 통증을 느낀 병사들은 '전투로 인한 생사의 위험'보다는 '**부상으로 병원 입원**'이 **상대적으로 안전하다는 심리적 안정감이 크게 작용**했기 때문이었다. 즉 **통증을 느끼는 것은 매우 주관적이며, 상황과 맥락에 따라 통증의 정도가 달라질 수 있다**는 것이다. 이러한 결과는 "상처 또는 조직 손상의 정도와 통증의 정도는 비례한다."는

---

4) Melzack, R. and K. L. Casey, "Sensory, motivational, and central control determinants of pain : a new conceptual model." The Skin Senses, D.Kenshalo, Ed. Springfiled : C. C. Thomas, Vol.20. pp.423-439, 1968.

5) Beecher, H. K, "Relationship of significance of wound to pain experienced", Journal of the American Medical Association Vo.161(17), pp.1609-1613, 1956.

데카르트의 **주장이 사실이 아님**을 입증하고 있다.

그럼에도 **데카르트 주장이 모두 틀린 것은 아니다**. 대부분의 **'급성통증'은 피부조직의 손상 정도를 나타낸다. 급성통증은 유해 자극이나 조직 손상으로 유발되는 생리학적인 통증**(침해성 통증)으로 **원인이 제거되거나 치유되면 사라지는 통증이기 때문이다.**[6] 그러나 만성통증의 경우는 데카르트의 기계적인(종이 울리는) 통증 경로가 아닌, 자극을 **통해 통증을 느끼게 하는 구체적인 경로가 존재한다는 것**을 의미한다. 세부 내용은 〈부록 1. 데카르트 통증 경로 이론의 철학적 오류〉를 보라.

4-2 셰링턴의 '신경계의 통합적 작용 이론'

영국의 신경생리학자 **찰스 스콧 셰링턴**(Charles Scott Sherrington, 1857~1952)은 **통각 신호 정보 및 처리**와 관련된 **'통각 수용기'***, **'시냅스'**** 등 중요한 **발견**을 해냈다.

* 통각 수용기 : 셰링턴은 피부와 맞닿아 있는 말초신경에 외부의 감각(촉각, 압각, 진동 감각, 통각, 온도 감각)을 감지하는 수용기가 존재한다는 것을 발견했다.[7] 이 수용기를 유해 자극에 반응(활성화)하는 '통각 수용기'라 명명했다.

** 시냅스 : 셰링턴은 통각 수용기 발견 외에 혁명적인 업적은 **'시냅스'**라는 용어를 최초로 사용하고, **'신경세포 간의 신호 전달방식에 대한 메커니즘'**을 **발견**한 것이다. 말초신경을 따라 이동한 **'통각 신호'**가 척수에 있는 신경세포와 직접 연결되는 것이 아니라 **'시냅스'**에 의해 연결된다는 것이다. 시냅스는 **신경세포와 신경세포를 연결하여 주는 접합부**(작은 틈, 연접)로서, 각종 신호 정보를 전달하는 데 반드시 존재해야만 한다. 뇌에는 약 1,000억 개의 뇌 세포가 활동하고, 이들을 연결(소통)하여 주는 시냅스(약 100조 개)가 존재한다.

이러한 발견을 기초로 데카르트의 통증 경로 이론과는 달리 **'신경계의 통합작용'**이라는 **새로운 통증 경로를 제시**했다.[8] 데카르트는 **유해 자극이 발생하면 기계적으로 뇌가 반응한다는 것**이다. 이에 반해 **셰링턴은 통증이 복잡한 신경계**(통각 수용기-신경 · 시냅스 · 신경-척수-신경 · 시냅스 · 신경-뇌)**를 거치는 경로를 따른다고 주장**했다.

6) 「AJOU STORY」, https://www.ajoumc.or.kr/story/board/articleView010003001.do?no=5213.
7) 「후생신보」, "이성진 교수의 눈 이야기-4", 2011.10.05.
8) 셰링턴, 찰스 스콧(1906). 「신경계의 통합작용」 1판. 옥스포드 대학 출판부 : H. Milford. xvi, 411 p., [19] 판쪽; JMS Pearce, "Sir Charles Scott Sherrington (1857-1952) and the synapse", Journal of Neurology, Neurosurgery & Psychiatry Vol.75, (2003), https://doi.org/10.1136/ jnnp.2003.017921

[데카르트의 통증 경로 vs 셰링턴의 통증 경로]

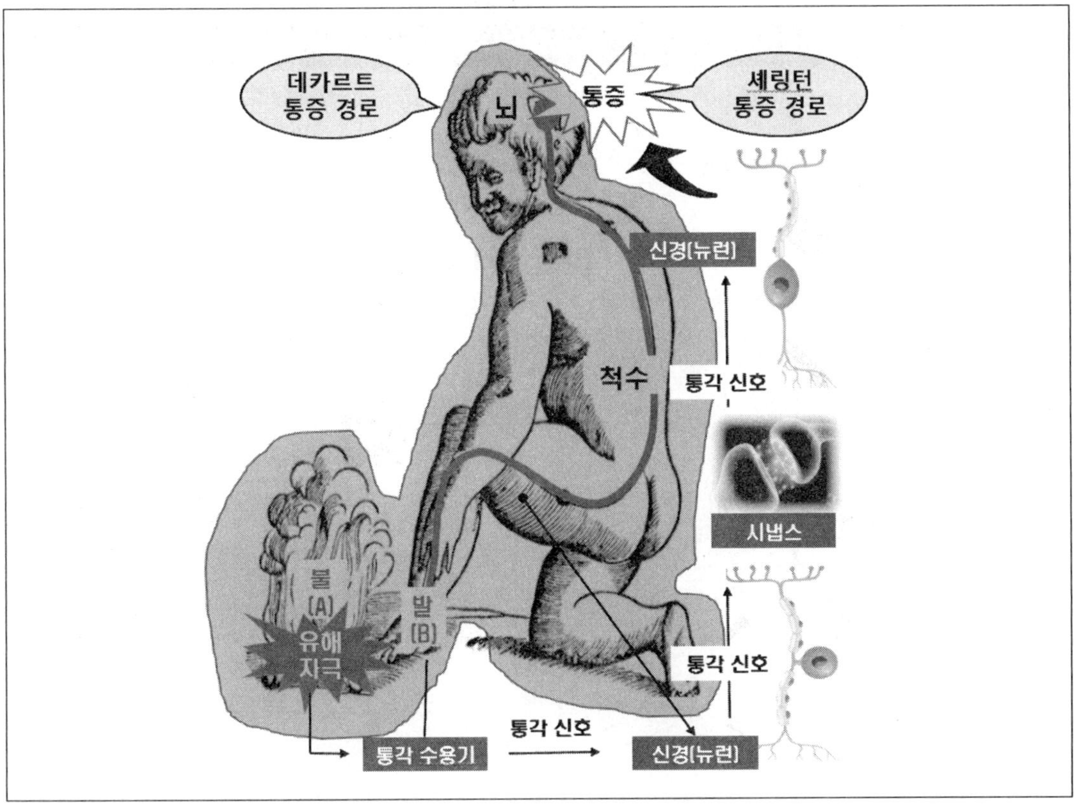

출처 : https://brunch.co.kr/@nothing8/132, 저자가 수정 보완하였음.

셰링턴의 '**신경계의 통합적 작용 통증 경로**'에 따르면 '**유해 자극**'(조직 손상)이 주어지면 '**통각 수용기**'에서 '**통각 신호**'가 발생되고, 이 신호가 **신경세포**(신경세포의 구조*)에 전달되면 '**시냅스**'와 '**신경전달물질**'의 도움을 받아 '**인접하는 신경세포**'를 거쳐 '**척수**와 **뇌**'로 **전달**(통증 인식 과정**)**되어 통증을 인지**하게 된다는 것이다.

* 신경세포의 구조는 '**가지돌기**'(신호 정보를 수신), '**신경세포체**'(신경의 생명 유지 기능), '**축삭돌기**'(수신된 신호 정보를 전달)로 **구성**된다. 뉴런이 하는 일은 정보 신호를 주고받는 것(흥분시키는 것, 연결하는 것)이며, 이를 위해 외부 자극은 '가지돌기-신경세포체-축삭돌기-축삭돌기 말단' 순서로 전달된다. 이와 관련 내용은 〈부록 2. 신경세포의 구조와 종류〉를 보라.

** **통증 인식 과정은** 피부조직이 유해 자극('**열 자극**(①), **물리적 자극**(②), **화학 자극**(③)')을 받으면 피부조직에 있는 '**통각 수용기**'(④)가 활성화되면서 '**통각 신호**'를 발생한다. 이 통각 신호는 **전기 · 화학적 신호로 변환**되어 여러 개의 신경을 거쳐 **척수와 뇌**(중추 신경 ⑤)로 **전달**된다. 그리고 뇌(통증 중추)는 통각 신호를 **통증으로 인식하게 된다는 것**이다.

[통각의 종류[9]]

열 자극(①)	물리적 자극(②)	화학 자극(③)
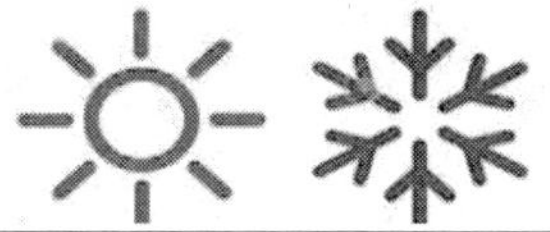		

[통증 인식 과정]

유해 자극(①, ②, ③)이 가해지면 말초신경에 있는 통각 수용기(④)가 반응하면서 통각 신호를 발생하여 척수로 전송한다.

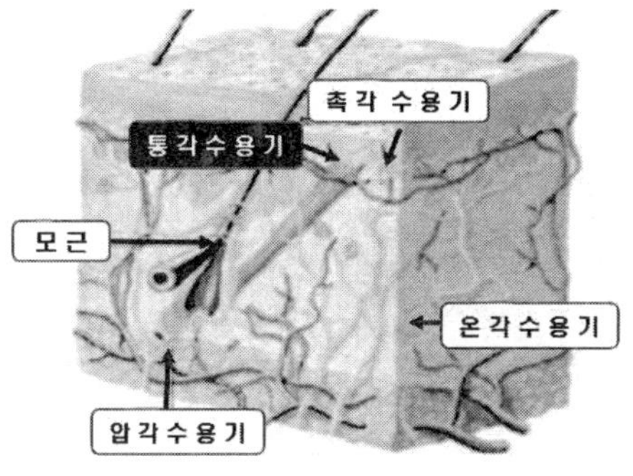

출처 : https://dl.dongascience.com/

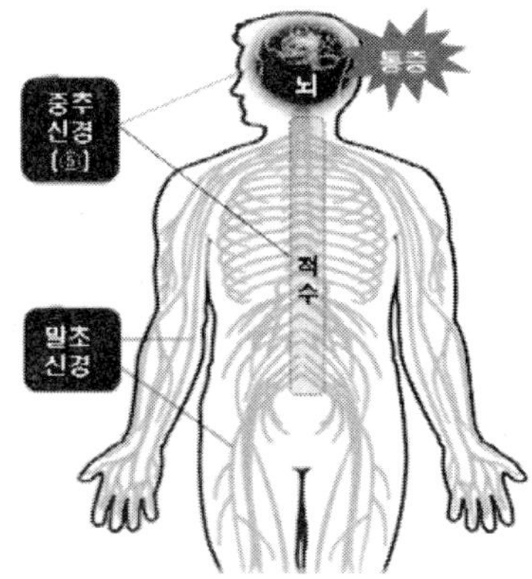

출처 : https://blog.naver.com/spm0808/

말초신경에서 발생한 통각 신호(외부 자극)가 신경의 **가지돌기에 도달하면 '전기적 신호'**로 **변환**되고, 축삭을 따라 이동하여 **'축삭 말단'**에 도달한다. 인접한 신경세포와 연결은 '시냅스(작은 틈)'의 구조 안에서 이루어진다. 이때 **'통각 신호를 전달하고자 하는 신경세포'**의 축삭 말단에서 **'신경전달물질'*(**일명, **'화학적 배달원'**이라고도 한다.)**'을 분비**한다. 이 화학물질 도움으로 **'전기적 신호형태인 통각 신호'**가 **'화학적 신호형태'**로 **변환**된다. 이 신호는 **'전달받고자 하는 신경세포'**의 **'수용체와 결합'**하면서 신호의 전달이 완료된다. 이렇게 전달된 통각 신호는 척수를 거쳐 뇌로 전달되고 뇌는 통증을 인식하게 된다.[10] 시냅스 관련 세부내용은 〈부록 3. 시냅스의 역할과 기능(신경세포의 신호전달 방법)〉을 보라.

---

9) 통각(痛覺, nociception)은 유해자극에 대한 신체의 처리 과정이다. 통증의 감각적 원인으로서 화학적 자극(캡사이신 등), 물리적 자극(타박상 등), 열 자극이 있다. https://ko.wikipedia.org/wiki/

10) 「서울아산병원」, "인체정보", https://www.amc.seoul.kr/asan/healthinfo/body/; 「나무위키」, "신경전달물질", https://namu.wiki/w/신경전달물질; 노먼 도이지, 「스스로 치유하는 뇌」, p.33.

[신경세포와 시냅스]

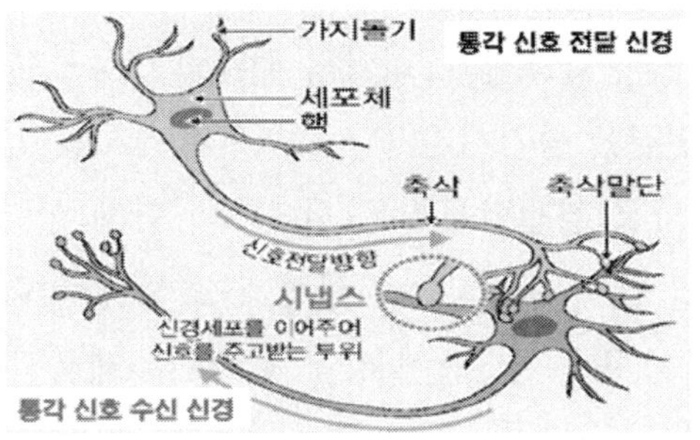

출처 : https://www.hani.co.kr/

[신경전달물질이 분비되는 시냅스]

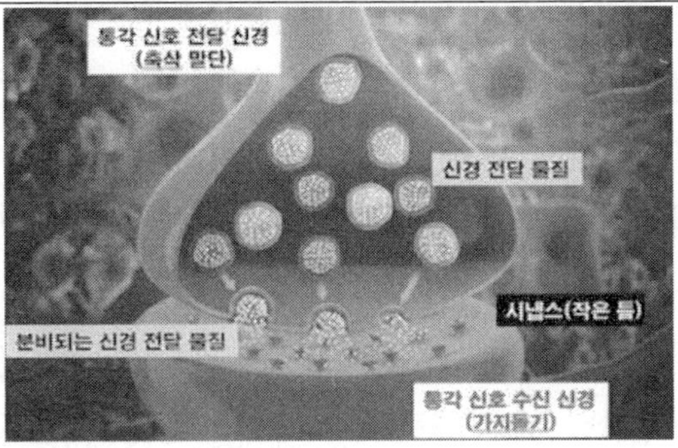

출처 : https://ko.wikipedia.org/wiki/

* **신경전달물질**은 신경세포 간 **정보전달을 담당하는 핵심적인 역할**을 수행한다. 신경계가 다양한 정보를 정확하고 신속하게 처리하고 전달할 수 있다면, 이는 **인체의 항상성이 유지되는 최상의 신체적 정신적 상태**를 의미한다. 세부 내용은 〈부록 4. 신경전달물질과 항상성〉을 보라.

셰링턴이 제안한 새로운 통증 경로를 정리해 보면, 말초신경에서 척추까지 이동한 '통각 신호'(전기신호)가 '시냅스 및 신경전달물질'를 통해 '화학적 신호'로 변환되어 다음 신경으로 전달되고, 이 과정을 거쳐 마침내 뇌까지 전달된다는 것이다.[11] 이는 통증이 단순히 기계적으로 신체의 한 부위에서 뇌로 직접 전달되는 것이 아니라 신경계 내에서 여러 단계를 거치며 처리되고 전달된다는 주장이다. 즉 통증 경로는 말초신경(통각 수용기), 신경세포, **시냅스**, **척수, 뇌** 등의 복잡한 **신경계의 구조**와 **신경전달물질***의 **통합적 상호작용*을 거쳐 뇌가 통증을 인지**한다는 것이다.

* 통각 신호가 축삭 말단에 이르면 신경전달물질이 시냅스 공간에 분비되고, 전달하려는 신경세포의 가지돌기에 도달하면 '활동 전위(세포 내 · 외부 전위차)'가 발생하여 '흥분 또는 억제' 기능이 활성화되면서 신호 정보가 전달된다.[12] 이와 관련 내용은 〈부록 5. 신경전달물질의 종류와 기능〉을 보라.

시냅스에서 신경전달물질(흥분성 전달물질, 억제성 전달물질)의 분비는 **'흥분 또는 억제'**의 **균형(항상성)을 유지**하면서 **통각 신호가 조절되는 것**이다. 만약 이 기능이 깨진다면 **신경전달물질의 불균형**(오작동, 감작화)으로 만성통증, 우울증, 파킨슨병, 알츠하이머병 등 **다양한 신경계 질환의 원인**이 된다.[13] 또한 신경전달물질은 뇌 신경 가소성의 활성화에

11) 몬티 라이먼, 「고통의 비밀」, pp.31-32.
12) 「나무위키」, "신경전달물질", https://namu.wiki/w/신경전달물질

기여한다. 신경 가소성은 뇌가 환경 변화에 대응하여 신경회로를 바꾸는 능력이며, 이는 장애 또는 상해 후 **뇌 회복을 돕고** 다발성 경화증, 파킨슨병, 알츠하이머 등 **다양한 신경계 질환 치료의 중심적 역할**을 한다. 이 과정에서 신경전달물질은 '화학적 배달원'으로서 수행하는 역할을 통해 시냅스에 의한 신경세포 간의 연결을 증가시키거나 감소시켜 새로운 신경회로를 구성 또는 재배치하는 데 기여한다. 따라서 **신경전달물질**은 **시냅스**와 함께 신경계 기능 유지와 질병 예방에 매우 중요한 역할을 할 뿐만 아니라 **뇌 신경 가소성 활성화를 위한 핵심적인 기능을 한**다. 뇌 가소성에 관한 내용은 제5장에서 구체적으로 제시된다.

셰링턴은 '**데카르트의 기계적 통증 이론**'(통증은 물리적 상태에서 발생하며, 그 경로가 기계적으로 전달된다.)의 **오류를 밝혀냈다**. 조직 손상이 발생하면 기계적으로 뇌가 통증을 느끼는 것이 아니다. 유해 자극으로 말초신경의 통각 수용기가 활성화되면 통각 신호가 생성되고, 여러 신경을 거쳐 뇌로 전달된다는 것이다. 이러한 신경계의 '**통각 처리 과정**'과 '**시냅스**'를 통해 전달되는 신경전달물질의 역할은 "뇌가 통증을 생성한다."는 **현대 통증의학의 밑바탕**이 되었다.

그럼에도 이 이론은 **물리적 상태에서 발생하는 통증으로 한정**되어 **조직 손상이 없음에도 나타나는 통증, 조직 손상의 원인이 제거된 후에도 지속되는 통증 등 심리적·정서적·사회적 요인들이 통증에 어떻게 개입되고 영향을 미치는가를 설명하지 못하는 한계**를 드러냈다.

4-3 '관문(Gate) 통제 이론'과 '신경 매트릭스 이론'

셰링턴의 통증 경로 이론은 유해 자극으로 통각 수용기에서 '통각 신호'가 발생하고, 이 신호는 신경세포-시냅스-신경세포를 거쳐 중추신경계(척수와 뇌)로 전달된다는 것이다. 이러한 '**일방통행식 통증 경로**'는 우리가 일상에서 빈번하게 경험하는 **통증에 대한 이해를 어렵게 했으며, 치유를 위한 접근을 방해**했다.

예를 들어, 몸에 통각 신호가 발생하면 반드시 통증을 느껴야 하는데 **무언가에 집중하고 있을 때는 통증을 잘 느끼지 못하는 이유**를 밝혀내지 못했다. 침대나 의자 모서리에 발가락을 부딪쳐 강한 통증을 느낄 때 그 **통증 부위를 손으로 가볍게 만지거나 문질러 주면**

13) 「EBN-과학적 근거 기반 영향의학/건강 정보」, https://www.nutraminshealth.com/healthinfo/

통증이 조금씩 줄어들거나 사라지는 현상을 설명할 수 없었다. 수많은 사람이 **물리적 손상과 관련이 없음에도 그 원인을 알 수 없는 만성통증에 시달리고 있는 현상에 대해서도 규명하지 못했다.**

이는 통증이 단순히 조직 손상에 의해서만 발생하는 것이 아니며, 물리적인 **통각 신호가 통증 생성의 필요조건이나 충분조건이 아님을 보여주고 있다.** 더 나아가 **통증은 일방통행식 통증 경로가 아니라 무엇인가 뇌에서 통증 생성을 조절하고 있다는 것을 의미**했다. 이러한 의문을 풀어낸 연구가 바로 로널드 멜젝(Ronald Melzack)과 패트릭 월(Patrick Wall) 박사에 의해 발표된 '**관문 통제 이론**'이다. 이 이론은 1960년대 이후 뇌신경과학의 발전과 함께 "**통증은 뇌가 생성 및 조절하고, 뇌가 없으면 통증을 느끼지 못한다**"는 진실을 밝혀낸 **가장 대표적인 연구이다.**

1965년 「통증 메커니즘 : 새로운 이론(Pain mechanisms : a new theory)」이라는 논문을 통해 "통각 신호를 통증 인식 및 반응이 일어나기 전에 조절하는 **게이트 제어 시스템**"을 밝혀냈다.[14] 인간의 척수, 즉 모든 신경 신호(통각 신호)를 뇌로 전달하는 경로에는 '관문'이 있어 우리가 느끼는 통증의 정도를 조절(제어)한다고 주장했다. 이 관문은 **특정 감정과 상황에 따라 선택적으로 통각 신호를 전달하거나 차단할 수 있다**는 것이다.

월(Wall) 교수는 **통각 신호가 척수를 통해 뇌로 전달하는 메커니즘**(상행성 통증 경로)을 연구하였으며, 멜잭(Melzack) 교수는 심리적 차원에서 **뇌가 통증을 인지하고 반응하는 형태**로서 '**탑다운(Top-Down) 방식**'(하행성 통증 경로)으로 분석했다. 이들의 연구가 만나는 지점이 바로 '관문(Gate)'이었다.[15] 즉 "통각 신호가 척수에서 뇌로 전달되려면 '관문'을 통과해야 하는데, 관문에서 뇌로 올라가도 좋다는 '허락이 내려지면' 관문이 열려 통각 신호가 뇌로 전달되어 통증이 생성된다. 한편으로 뇌는 '통증 억제 물질'을 분비하여 하향식으로 관문을 막아 통각 신호를 차단할 수도 있다"는 것이다.[16]

만약 **통각 신호가 당사자의 부정적인 감정**(불안, 걱정, 우울 등)에 영향을 받게 된다면 **통각 신호가 흥분**(촉진)**되고 관문이 열려** 통과됨으로써 **통증이 증가**할 수 있다. 반면 통각 신호가 긍정적인 정서(기분전환, 이완, 안정 등)의 영향을 받게 된다면 통각 신호가 억제되고, 관문이 닫혀 척수 위로 올라가는 것이 차단되어 **통증을 감소**시킬 수 있음을 밝혀냈다.

---

14) Ronald Melzack and Patrick D. Wall,"Pain Mechanisms : A New Theory : A gate control system modulates sensory input from the skin before it evokes pain perception and response 통증 메커니즘 : 새로운 이론:게이트 제어 시스템은 통증 인식 및 반응을 불러일으키기 전에 피부의 감각 입력을 조절한다)" Science Vol.150, pp.971-979, 1965.

15) 「한국일보」, "[가만한 당신]로널드 멜잭", 2020.02.24.

16) 노먼 도이지, 「스스로 치유하는 뇌」, (서울, 도서출판 동아시시아), pp.29-30, 2018.4.

또한 월이 연구한 것처럼 **'뇌에서 척수로 전달되는 하행성 신호'**(진통)에 의해서도 **통증이 조절된다는 것**이다. **뇌의 여러 부위**(중뇌, 뇌교 등)에서 **'신경전달물질'**(노르아드레날린, 세로토닌, 다이노르핀 등)을 **분비**시켜, **통각 신호가 척수에 도달하기 전에 그 신호 강도를 조절**함으로써 **통증이 감소하거나, 증가할 수 있다**는 것이다.

이러한 관문 통제 이론은 그동안 **통증과 관련하여** 개입될 여지가 없었던 **'심리적 요인'**이 **'통증의 인식 과정에 중요한 역할을 할 수 있다'**는 것을 **과학적으로 증명한 것이**다. 또한 이전까지 생물학적 연구가 설명하지 못했던 **통증에 관한 많은 의문점을 해소**하였다. 그것은 첫째 **우리가 무언가에 집중하면 왜 통증을 지각하지 못하는 것**일까?, 둘째 **전쟁터에서 부상자들이 경험하는 통증의 정도는 왜 다른가**?, 셋째 **동일한 통각에 대해** 기분이 좋을 때와 기분이 나쁠 때 **느끼는 통증의 정도는 다른가**?, 넷째 부딪혀서 **심한 통증을 느낄 때 통각을 느끼는 부위를 문지르면 통증이 줄어드는 것일까**? 등의 의문들이다.

관문 통제 이론을 근거로 **"문에 찧은 발을 빠르게 문지르거나 강하게 누르면 통증이 완화되는 원리"**를 이해해보자.

신경섬유는 3가지이다. **이들의 전달 속도 차이**는 관문 통제 이론의 핵심 메커니즘 중 하나이다. **A-베타 섬유**는 촉각과 압각을 담당하며 속도가 **가장 빠르다. A-델타와 C-섬유**는 통증을 전달하며 상대적으로 **속도가 느리다.** 이러한 전달 속도의 상대적 차이는 '부딪혀 통증을 느끼는 부위를 문지르거나 강하게 누르면 통증이 줄어드는 이유'에 대한 설명이 가능하다.

무릎을 책상에 세게 부딪혔을 때 통각 신호는 **속도가 느린** 작은 직경의 섬유(**A-델타, C-섬유**)**를 타고** 척수의 관문을 통해 **뇌에 전달되어 통증을 느낀다.** 이때 **통증 부위를 문지르거나 누르는 행위**(신호)는 **속도가 가장 빠른 A-베타 섬유**를 타고 **척수에 도달**한다. 이 **'빠른 감각 신호'**가 척수의 **'관문'을 통과하면서 '속도가 느린 통각 신호'**의 **전달을 차단**하여 **통증이 줄어드는 것**이다.

멜잭과 월은 **"전투 중 총에 맞아도 통증을 느끼지 못하거나 줄어드는 것"**도 관문 통제 이론으로 설명하고 있다. **'생사**(사느냐 죽느냐)**의 절박한 위협 신호'**에 **'뇌 신경회로'**가 **우선 반응**함으로써 **'부상 통증'**을 **감소시키는 것**이다.

예컨대 **전투 상황**은 **생명이 위협받는 상황**이기 때문에 **뇌는 생존이 가장 중요한 일로 인식**한다. 이때 **뇌 신경회로는** 생사와 관련된 **절박한 정보를 우선 처리**하고, 상대적으로 **덜 절박한 총에 맞은 통각 신호**는 척수에 있는 **관문에서 차단되어** 척수 위로 못 올라가기 때문에 **통증을 인지하지 못하거나 덜 느끼게 되는 것**이다.

이 같은 **관문 통제 이론**이 **만성통증 환자에게 주는 시사점은 매우 크다.**

먼저, 물리적 손상 외에 심리적 및 정서적 요인에 의해서도 통각 신호가 '관문'에서 차단 또는 통과되어 통증의 강도가 조절된다는 점이다. 이는 **전문적인 치료**(심리 치료, 인지행동 치료 등) 외에 **통증을 경험하는 당사자의 노력에 따라 통증이 관리될 수 있음을 의미**한다.

예컨대 **부정적인 요인**(스트레스, 불안, 우울감 등)**은 '통증 인지**[17]**'를 증가시킨다.** 통증 인지는 당사자 스스로 비약리적 요법으로 조절이 가능하다. 즉 부정적인 요인을 완화하여 **통각 신호**가 **상행성 통증 경로*의 관문에서 척수 위로 올라가는 것을 제어**할 수 있다는 것이다. 이러한 메커니즘은 만성통증 환자들에게 약리적 처방에만 의존하지 말고, 비약리적 요법(운동과 명상, 요가, 호흡 운동 등)을 일상에서 적극적으로 실행할 것을 요구하고 있다. 이를 통해 통증을 줄이고 삶의 질을 높일 수 있기 때문이다.

---

* 상행성 통증 경로는 신체의 통각 수용체에 의해 발생된 통각 신호가 척수에서 시상을 거쳐 대뇌에서 통증을 생성하는 경로를 말한다.[18]

다른 하나는 규칙적인 운동은 중추신경계의 **하행성 통증 경로*를 활성화시켜** 엔돌핀과 같은 '**천연진통제**'(내인성 오피오이드)를 **분비하여 통각 신호가 척수 위로 전달되는 것을 억제**할 수 있다는 것이다.[19] 예를 들면 **운동**(빠르게 걷기, 달리기 등) **과정**에서 **느끼는 스트레스**(고통)**에 대한 반응**으로 '**하행성 통증 경로**'에서 '**엔돌핀** 또는 **도파민**'을 방출하여 통증을 감소시켜 준다. 이때 엔돌핀이나 도파민 외에 '**아난다마이드**'(대마초 성분의 일종으로 행복감을 불러일으키는 신경전달물질)**가 분비**되어 러닝 시 일정 시간이 지나면 **진통 효과와 함께 희열감을 느끼게 된다**. 그러니까 '**러너스 하이**'는 '**모르핀과 대마초**'를 **동시에 경험하는 효과**를 누리게 된다.[20]

---

* 하행성 통증 경로는 대뇌(중뇌, 연수, 뇌교)에서 통증을 조절하고 억제하는 신호가 척수로 전달되는 경로를 말한다. 대뇌가 자극을 받으면 신경 전달 물질 및 조절물질이 방출되어 뇌 또는 척수 관문에서 통각 신호가 뇌로 전달되는 것을 차단하여 통증을 제어하는 경로이다.[21]

---

17) 통증 인지는 뇌가 통증 신호를 처리하여 이를 통증으로 해석하는 과정으로서, 뇌가 통각 신호를 처리해 이를 통증으로 해석할 경우에만 우리 몸은 통증을 인지하게 된다.「MSD 매뉴얼(James C. Watson, MD, Mayo Clinic College of Medicine and Science)」, "통증 개요", 2022.09.12.

18) 청년의사, "Duloxetine의만성통증치료효과", 2016.05.31. https://www.docdocdoc.co.kr/news/

19) RRDS Santos, G Galdino, "Endogenous systems involved in exercise-induced analgesia", JPP, (2018), DOI : 10.26402/jpp.2018.1.01; Kazunori Itoh,「그림으로 이해하는 통증의 원인 및 진단과 치료」; 「ART한의사」 https://m.blog. naver.com/artkmd/220979623580

20) Woojin Kim and Sun Kwang Kim, "Neural circuit remodeling and structural plasticity in the cortex during chronic pain", Korean J Physiol Pharmacol Vol.20(1), pp.1-8, 2016.

월과 멜잭의 관문 통제 이론은 이전까지 "통증은 조직 손상에 의한 것이고 그 척도"이며, "피부 조직이 통각 신호를 보내면 뇌가 반응한다."는 **생리학적 관점을 완전히 뒤집었다.** 뒤집혀진 거짓과 오해는 "**통증이 조직 손상의 결과**로서 **통증은 몸에서 만들어지고, 그것을 뇌가 감지하는 것**이며, **통증을 느끼는 데 반드시 상처가 있어야 한다.** 그래서 **조직 손상의 원인을 제거되면 통증은 사라진다.**"는 것 등이다.

통증은 단순히 신체적인 조직 손상에 의한 통각 신호를 뇌가 감지하는 일종의 센서로 여겨지던 시각을 벗겨내고, **뇌가 통증을 생성하고 조절하는 중요한 기관임을 입증**했다. '**척수에 있는 관문**'은 말초에서 생성된 **통각 신호가 뇌로 전달되는 정도를 조절하는 역할**을 하며, **특정한 감정이나 상황에 따라 선택적으로 통각 신호**를 **전달하거나 차단할 수 있음**을 밝혀냈다. 경험하는 통증은 **심리적 · 정서적 요인이 통증의 강도에 영향을 미치고 있음을 입증**한 것이다.

멜잭은 관문 통제 이론에 이어 1989년에 '**통증 신경 매트릭스 이론**'을 발표했다. 이를 통해 **통증이 어떻게 감각되는지, 왜 주관적이며 상대적인지를 과학적으로 규명**했다.[22]

인간의 몸(뇌)은 태어나면서 **신경 네트워크를 갖추고 있으며**(builted-in), 이후 각자의 감각 경험(생물학적, 심리적, 사회적)을 통해 **점진적으로 미세하게 조정되면서 독자적인 '신경 매트릭스'를 형성**하게 된다. 그것은 유전적으로 타고난 신경회로가 고정불변한 것이 아니라 새로운 감각 자극을 반복적으로 수용하면서 특정한 패턴으로 통합 · 변형되어 **저마다의 다른 통증 감각 체계를 갖춘다. 뇌는** 단순히 **조직 손상의 정보를** 신경전달 경로를 통해 전달받아 **수동적으로 인식하는데 그치지 않고** 유전적인 요소와 경험, 기억, 다양한 부위에서 전달되는 신호들을 통합하여 통각 신호에 대해 **능동적인 반응**(뇌는 예측기관)**을 한다**는 것이다.

불과 수십 년 전까지만 해도 **난치성 신경통에 대해 다양한 수술**이 행해져 왔다. 예를 들면 척수신경근 절단술, 신경절 파괴술, 시상절제술 등이다. 이 수술의 접근법은 **통증 자극을 타고 올라가는 신경을 자르는 방법**이다. 즉 통증 경로 자르기이다. 심리학자 로널드 멜젝이 1965는 사이언스지에 기고한 논문에 의하면 **통증을 제거하기 위해서 척수에서부터 뇌까지 이르는 여러 곳을 잘랐지만** 통증이 나아지지 않았고 **통증이 더 악화**되는 경우가 많았다. **이들 수술은** 완전히 실패하여 **이제는 전혀 시행되지 않는 것이 대부분**이다. 그도 그럴 것이 이들 수술 모두 기본적으로 **데카르트의 기계적 관점에 근거한 것**이기 때문이다.

---

21) 김민재 · 강수정 · 전양현 · 홍정표 · 이규식, "하행성 조절계 : 만성통증에 대한 제어 작용", 대한구강내과학회지 Vol.38, No.2, p.215, 2013.
22) 「한국일보」, "[가만한 당신] 로널드 멜잭", 2020.02.24.

간과된 또 하나의 사실은 바로 '**신경 가소성**'이다. **시간이 지날수록 동일한 자극에 대한 통증 반응의 정도와** 신경회로(대뇌피질, 신경 네트워크) **등에 변화가 발생**한다. 게다가 **중요 통증 전달 경로가 손상되어도 얼마 지나지 않아 다른 경로로 통증이 전달**된다. 이는 통증 경로뿐 아니라 '**통증 중추**'(통증 신호를 처리하고 해석하는 뇌의 여러 영역으로써 '시상, 대뇌피질, 변연계, 뇌간' 등을 말한다.)에도 해당된다. **시상절제술이 실패하는 주요 원인이 바로 이 때문이다.**[23)]

이것은 **통증이** 단순한 신체적 손상을 넘어서, '**신경계의 복잡한 네트워크**'와 '**인지 및 감정 상태**'의 **상호작용으로 생성되고 조절**될 수 있다는 것이다. 이를 입증하는 **가장 강력한 사례는** 절단술 환자 65%가 경험하는 '환상통'이다. 환상통은 신체 일부가 절단되었거나 원래부터 없어 **물리적으로 존재하지 않는 상태인데도 그 부위와 관련해서 체험하게 되는 감각**이다. 극도의 통증을 느꼈던 부위나 절단된 부위에서 주로 발생하며, 교통사고나 절단 사고를 당한 환자들을 고통스럽게 하는 원인 중 하나다.[24)]

이전까지는 환상통의 원인을 '**신경 말단의 문제**'라고 생각했다. 그래서 절단 부위의 통각 수용체를 제거하면 통증이 사라질 것으로 판단하고, **절단된 부위보다 더 윗부분을 절단**했다. 하지만 **환상통은 그대로 유지**되었고 오히려 더 심한 통증을 느끼기도 했다. 이는 팔・다리를 절단한 환자가 오랜 기간까지 마치 사지가 여전히 남아 있는 듯 '**신경 매트릭스**'(뇌의 여러 신경 회로와 그 가소성에 의해 형성된 복합적인 경험)가 **재구성되어 가려움증이나 통증을 느끼게 된 것**이다.

이 이론은 통증이 개인의 신경계, 인지 및 감정 상태에 따라 다르게 경험될 수 있음을 의미한다. 따라서 만성통증 관리는 신체적 치료뿐만 아니라 심리적, 정서적 측면을 포함한 '다차원적 접근'을 통한 치료를 요구하며, 환자 개개인의 특성과 필요에 맞춰져야 한다는 것을 시사하고 있다.

신경 매트릭스 이론은 **생물학적, 심리적 및 사회적 요소들이 통증 경험에 어떻게 영향을 미치는지를 밝혀냈다**. 중추신경계 내에서 일어나는 신호 전달과 조절 메커니즘(중추성 메커니즘, 중추 감작 등)이 어떻게 통증 조절에 관여하는지에 대한 탐구를 가능하게 했다.

개개인이 가지고 있는 생리학적, 인지적 및 정서, 환경 및 사회문화적 차이가 각자의 통증 경험에 중대한 영향을 미치므로 개별 환자와 그들의 상황에 대한 맞춤형 접근법이 필요함을 일깨웠다. 특히 **뇌 신경 지문을 바꾸면 통증을 치료할 수 있다**는 점을 고려한 현대 의료

---

23) 「뉴스토마토」, "(의학칼럼) 통증은 왜 생길까? - 통증이론의 발전", 2015.12.01

24) 「나무위키」, "환상통", https://namu.wiki/w/%ED%99%98%EC%83%81%ED%86%B5

및 재활 치료 분야(뇌 신경지문)에서도 척수 자극기, 전기 자극기, 음압 치료 등과 같은 **다양한 치료방법을 개발하는데 기반**이 되었다.

4-4 현대 통증의학 이론

멜잭과 월의 '관문 통제 이론'은 현대 통증의학의 기반이 되었다. 이를 바탕으로 통증의학을 혁신시키고 있는 것은 **'현대 통증 이론'**과 과학영역으로 진입시킨 **'뇌 촬영 기술'**이다. 대표적인 통증 이론은 **'생체통증 이론'**, **'신경 가소성 이론'**, **'통증 게이트웨이 이론'**이 있으며, 뇌 촬영 기술은 CT(컴퓨터단층촬영), MRI(자기공명영상), PET(양전자방출단층촬영), fMRI(기능자기공명영상) 등이다.

생체통증 이론(Biopsychosocial Theory of Pain)

1977년 조지 엥겔(George Engel)은 발표 논문에서 통증을 포함한 다양한 건강 문제에 대해 이전과 다른 새로운 접근방식을 제기했다. 그것은 질병과 건강 문제를 생물학적 요소에만 초점을 맞추어 이해하고 치료하는 **'생물의학적 모델'**이 가진 **한계를 극복하기 위한 대안**으로서 **'생체-심리-사회적 모델'**이다. 이 모델은 환자의 신체적 상태뿐만 아니라 심리적 상태, 사회적 상황을 고려하는 통합적인 접근방식이다. 이후 로버트 가첼(Robert Gatchel) 등 많은 연구자는 '생체-심리-사회적 모델'을 통증 관리에 적용하여 **'생체통증 이론'**을 정립하고 확장했다. 즉 신체적, 심리적, 사회적인 요인이 통증 경험에 미치는 영향을 종합적으로 검토하였다.[25)]

이 이론은 통증을 신체적, 심리적, 사회적 변수 간의 상호작용(관계)으로서, 경험하는 통증은 단순히 신체적인 원인으로 한정해서는 안되며, 심리·사회적 요소가 포함된 상호작용 결과라는 것이다. 따라서 **통증 관리를 위해서는 개인의** 정서, 인지 등의 **'심리적인 상태'**와 가족·친구·직장 동료 등의 **'사회적인 요소'**, **'사회·경제적인 안정성'** 등을 고려하여 **신체적인 치료 외에 심리적인 지원, 사회적인 지지, 교육 및 자기관리** 등 **종합적인 접근이 필요하다**는 것이다.

---

25) Engel, G. L. (1977). The need for a new medical model : A challenge for biomedicine. Science, 196(4286), 129-136; Gatchel, R. J., Peng, Y. B., Peters, M. L., Fuchs, P. N., & Turk, D. C. (2007). The biopsychosocial approach to chronic pain : Scientific advances and future directions. Psychological Bulletin, 133(4), 581-624.

뇌 가소성 이론(Neuroplasticity Theory)

이 이론은 기존 뇌 과학 이론을 뒤집고 뇌 신경세포가 변한다는 '가소성'의 개념을 제시한다. 과거에는 뇌가 한 번 손상을 입으면 그 기능이 영구적으로 상실된다고 여겼다. 그러나 이 연구는 뇌의 구조와 기능이 경험, 학습, 환경 등에 따라 계속해서 변화한다는 '뇌 가소성'에 기초하여 통증을 이해하고 설명한다.

대표적인 논문은 1984년 마이클 머제니치(Michale Merzenich)가 발표한 **"성인 원숭이의 손가락 절단 후 체성감각**(촉각, 온도, 통각 등 온몸의 감각) **피질 지도*의 변경**"이다.[26)]이 연구는 **원숭이의 손가락을 절단한 후, 체성감각 피질이 어떻게 재구성되는지**를 보여주었다. 이를 통해 **뇌가 손상 후에도 새롭게 환경에 적응하고 변화할 수 있다는 뇌 가소성의 개념을 뒷받침하는 증거**를 제공했다.

* 피질 지도는 '**특정 신체 부위**의 **감각**이나 **운동 기능**'에 해당하는 '**뇌의 특정 부분**'의 '**신체 지도**' 또는 '**감각 지도**'를 말한다. 예를 들어 **뇌의 특정 영역**(예 체성감각 피질)이 **신체의 특정 부분**(예 손, 얼굴)과 **대응 관계**를 나타낸다.

피질 지도 연구는 1950년대 캐나다 신경외과 의사인 와일더 펜필드(Wilder Penfield)의 '**호문쿨루스**'다. 이는 라틴어로 "**작은 사람**(난쟁이)"이라는 뜻으로 뇌의 특정 영역이 신체의

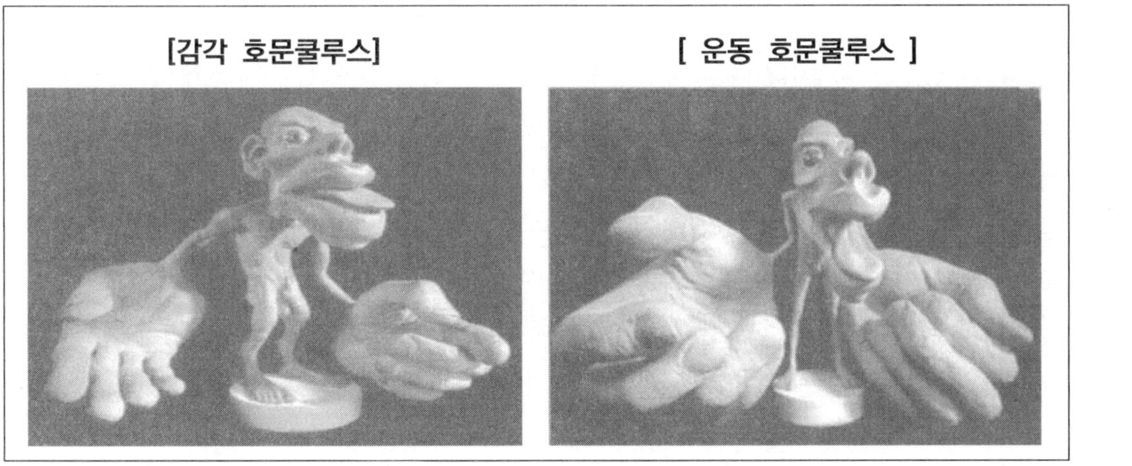

출처 : https://m.usjournal.kr/news/newsview.php?ncode=1065617894123022

26) Merzenich, M. M., Nelson, R. J., Stryker, M. P., Cynader, M. S., Schoppmann, A., & Zook, J. M., "Somatosensory cortical map changes following digit amputation in adult monkeys", Journal of Comparative Neurology Vol.224(4), pp.591-605, 1984.

각 부분을 어떻게 대표하고 있는지를 시각적으로 표현한 그림이며, 여기에는 '**감각 호문쿨루스**'와 '**운동 호문쿨루스**'가 있다.

호문쿨루스는 '피질 지도'의 한 형태이다. 신체의 각 부분이 뇌의 특정 영역에 어떻게 대응되는지를 보여준다. **대뇌피질의 영역에서 차지하는 신체의 관련성은 손, 입, 눈의 순으로 크다는 것**을 알 수 있다.

대뇌피질의 면적에서 신체의 각 기능이 더 **넓은 면적을 차지하는 것**은 **그 기능이 더 중요하고 복잡하다는 것**을 의미한다. 이는 뇌 가소성의 원리에 의해 건강한 뇌 회로를 관리하고 유지하기 위해서는 상대적으로 손, 입(혀), 눈 운동이 중요하다고 볼 수 있다. 이와 관련한 세부 내용은 〈부록 6. 펜필드의 뇌지도와 호문쿨루스〉를 보라.

외부자극에 반응하여 뇌지도가 재구성될 수 있음을 입증한 "성인 원숭이의 손가락 절단 후 체성감각 피질 지도의 변경" 논문은 **뇌의 신체 지각 피질 지도가 경험에 따라 어떻게 변할 수 있는지**를 보여주었다.[27] 이는 **'통증'이 '뇌 가소성'을 통해 '경험되고 해석'**되며, 통증의 **'지각과 반응'을 변화시킬 수 있는 가능성을 시사**하고 있다. 예를 들어 **통증에 대한 지속적인 노출은 중추신경계의 감작을 유발하여 통증의 지각을 증가**시킬 수 있으며, 반대로 감작을 유발하는 뇌 **영역에 대한 치료적 자극은 감작을 감소시켜 통증을 완화**할 수 있다는 것이다.

또 다른 논문은 1998년에 발표된 "**뇌 가소성과 행동, 심리학의 연례 검토**"이다. 이 논문은 **뇌 가소성과 행동 간의 관계를 검토한 연구**로써 '**뇌의 구조와 기능**'은 **경험과 학습으로 지속적인 변화가 이루어진다**는 사실을 밝혀냈다.[28] 뇌 신경세포는 '시냅스'라는 연결 부위로 서로 연결되어 뇌 신경망을 이루는데 그 뇌는 고정되어 있지 않고 경험(신체적 정신적 경험 모두를 포함)이나 지식이 쌓이면서 변화한다는 뇌신경학적 관점이다. 이는 외부자극으로 **신경세포 연결의 변화, 추가적인 연결 또는 축소,** 그리고 **새로운 신경세포의 생성**을 통해 **뇌 구조와 기능을 변경하거나 재조직**할 수 있다는 의미이다. 예컨대 뇌 가소성이 높다는 것은 경험이나 학습과 같은 외부자극에 따라 뇌 신경의 연결 부위가 얼마든지 유연하게 바뀔 수 있다는 것을 의미한다. 실례를 들면 '**경두개자기자극 치료**'[29]와 '**인지행동 치료**'

---

27) JT Wall, MF Huerta, JH Kaas, "Changes in the cortical representation of the hand following postnatal peripheral nerve injury in monkeys:modification of somatotopic aggregates", Journal of Neuroscience Vol.12(9), pp.3445-3455, 1992.

28) Kolb, B., & Whishaw, I. Q., "Brain plasticity and behavior", Annual review of psychology Vol.49(1), pp.43-64, 1998.

29) 경두개자기자극술은 전자기 코일에서 발생한 자기장을 머리 표면을 통해 두개골을 통과시켜 두뇌의 특정 부위의 신경세포를 활성 또는 억제하는 뇌 자극술이다. 「분당서울대병원」, https:// www.google.co.kr/

는 강박 장애 증상을 완화하는데 큰 효과(강박적인 행동과 불안 감소)를 보이는 매우 유용한 치료법이다. 이 치료법의 원리는 **신경 가소성을 통해 뇌의 변화를 유도한 것**이다.[30)]

뇌 신경 가소성은 **학습, 기억, 통증, 심지어 재활 과정에서도 뇌의 놀라운 적응력과 변화 가능성을 보여주고 있다**. 만성통증은 뇌 신경회로의 오작동이 주된 원인이므로 **통증을 줄이는 방향으로 신경회로를 변화**시킨다면 통증 관리가 가능하고 조절될 수 있다. 경험하는 통증이 방치된다면, 그 통증은 고착되거나 악화할 것이다. 통증을 감소 또는 제어하고자 하는 학습과 경험을 강화한다면, **긍정적인 통증 관리가 가능하게 된다**는 것이다. 뇌 신경 가소성에 대한 내용은 제5장에서 상세하게 제시된다.

통증 게이트웨이 이론(Pain Gate Theory)

이 이론은 멜잭과 월의 '관문 통제 이론'을 바탕으로 통증 조절 메커니즘을 설명하는 **현대 의학의 중요한 이론 중 하나**이다. 이 이론은 관문 통제 이론에서 **척수가 통증 신호 전달을 조절하는 것에 더하여**, 뇌에도 **'게이트'가 존재하여 통증 신호 전달을 조절한다**는 것을 밝히고 있다. 이러한 게이트 조절 메커니즘은 감각, 정서, 인지 등 **다양한 요인**이 **척수와 뇌의 '게이트'를 열거나 닫아 통증 신호의 전달을 조절**할 수 있으며, 촉각이나 압각 등의 **비 통증 자극은** 게이트를 닫아 통증 신호 전달을 차단하여 **통증 감각을 억제할 수 있다**는 이론이다.[31)] **뇌는 통증 조절 과정에서** 척수의 **관문 조절을 보다 포괄적으로 상위에서 조절**하며, 이 과정에서 **신경전달물질이 매우 중요한 역할**을 한다. 예를 들어 세로토닌, 노르에피네프린, 엔돌핀 등은 통증 억제에 관여하며, 이러한 **신경 화학적 메커니즘이 게이트 조절에 영향을 미친다**.

이 이론은 통증 관리의 중요한 이론적 기반을 제공하고 있다. 특히 다양한 요인이 통증 경험에 영향을 미칠 수 있다는 점을 강조하여 통증 관리 접근법의 폭을 넓혔다. **"경험하는 통증은 다양한 뇌 영역의 활성화와 관련되어 있다."**는 **'통증 매트릭스 이론**[32)]**'**으로 발전되어 **통증의 신경생리학적 메커니즘을 더욱 포괄적으로 이해할 수 있게 하였다**.

---

30) https://rtmscentre.co.uk/ko/tms-treatment-ocd/

31) https://www.physio-pedia.com/Gate_Control_Thedory_of_Pain#cite_note-:0-1

32) 「SCIENCE ON」, "고통을 제어하는 뇌 영역 찾아냈다. 2020.05.25, 듀크대 뇌과학자 판 왕(Fan Wang) 교수는 연구결과에 의하면 "다양한 곳(16개 영역에서 통증 전달 관리)에서 고통이 생성되고 있으며, 신경기관을 통해 그 고통을 제어하고 있다"고 밝혔다.

부록 1 데카르트 통증 경로 이론의 철학적 오류

데카르트의 통증 이론은 "**나는 생각한다. 고로 존재한다.**"는 명제에서 출발한다. 그는 이 명제를 통해 "**내가 통증을 느끼는 것은 내가 존재함을 나타내는 증거이다.**"라고 **추론**했다. '정신'과 '신체'는 별개로서 **정신은 비물리적인 세계**에 속하고, **신체는 물리적인 세계**에 속한다고 믿었다. 이러한 사고의 배경에는 '**심신이원론**'과 '**상호작용론**'을 자리하고 있었다.

심신이원론에 대해서 데카르트는 몸(물질적 실체)과 마음(비물질적 실체)이 서로 독립된 실체라고 규정했다. 그래서 육체가 기계처럼 작동하며, 통증 또한 일종의 기계적인 반응이므로 **인간의 의지와는 아무런 상관이 없다**고 보았다. 이러한 이유로 **조직 손상이 발견되지 않는** 환자가 심한 **통증을 호소할 경우** 대부분 **정신병자로 취급**되곤 했다. 그러므로 당시에는 스트레스, 우울증, 신경과민 등의 **심리적인 요인이 통증에 영향을 미칠 수 있다는 개념은 개입될 여지가 전혀 없었다.**[33)]

이러한 주장은 뇌 과학으로 입증된 **현대 통증의학의 '심신일원론'**과 **정면으로 배치**되는 오류를 범하고 있다.

예를 들어 우리가 스트레스를 받으면 속이 더부룩하고 소화가 잘되지 않으며 가슴이 답답함을 느낀다. 그 정도가 심해지면 속이 쓰리고 위통을 느끼게 되고, 이 상태가 지속되면 위궤양까지 발생할 수 있다. 대한민국 가정의학과 전문의인 오환진 교수의 연구도 심신일원론을 뒷받침하고 있다. 그에 따르면 "직장에서 스트레스를 많이 받는 사람이나 가정에서 정신적으로 복잡한 사람은 고혈압, 뇌졸중, 심장마비, 암 그리고 당뇨병에 걸릴 확률이 높다."는 것이다.[34)] 이는 **정신적 상태가 신체적 통증으로 나타난 '심신일원론'**을 의미한다. 특히 2020년 **국제통증연구협회는** 통증에 대해 "실제적 또는 잠재적인 조직의 손상에 관련하여 표현되는 감각적이고 정서적인 불유쾌한 경험"으로 정의함으로써 **심신일원론을 공식화**하고 있다.

심신이원론에 기반한 인식은 최근의 의학 기술의 발달로 '**의사는 인간의 신체 모든 부분을 다 치료할 수 있다**'고 **믿도록 만들었다**. 또한 의사들은 치료의 대상을 **신체 부분에만 초점을 맞추게 했다**. 즉 '의사는 환자의 환부에만 관심을 갖는다'는 것이다. 그러나 이런 접근법은 원인을 알 수 없는 만성통증으로 고통받는 수많은 사람의 상황을 설명하지 못한다. 그와 반대로 마음과 몸이 일체라는 사실에 기반을 두고 있는 **심신일원론에 따르면** 마음(정신)은 신체 기관(몸)을 움직이

33) 「뉴스토마토」,"통증은 왜 생길까? - 통증이론의 발전(최석민 척추 센터장)", 2015.12.01.
34) 오환진, "정신신체 질환의 치료(Aurorix를 중심으로)", 「가정의학회지」 제21권 제8호. pp.1066-1069, 2000.

고, 반대로 신체 기관은 감각 정보를 뇌(마음)에 전달하여 서로 유기적으로 작용한다. 따라서 환자는 마음을 가진 인간이므로 의사는 **환자의 환부뿐 아니라 마음의 치료까지 고려해야 한다**. 이것은 몸과 마음이 독립된 실체가 아니라 하나라는 심신일원론을 의미하며, **현대 통증의학의 본질**이다.

상호작용론(인과관계)은 '**신체적 사건**(화상)'이 원인이 되어 '**정신적 사건**(통증)'이 **유발되었다**고 보는 관점이다. 이는 일견(一見) 당연하고 타당한 논리처럼 보인다. 그러나 **상호작용론의 본질은 물질적 대상 사이에 인과관계를 전제로 하는 관점**이므로, 데카르트가 '**물질**'(신체)과 '**비물질**'(정신) **사이의 인과관계**로 **설명한 상호작용론은 명백한 논리적 오류**를 범하고 있다.

데카르트가 주장한 상호작용론에 따르면 뜨거운 물을 손등에 쏟는 것은 신체적 사건이다. 그 결과로 통증이라는 정신적 사건이 발생한다. 이때 우리는 뜨거운 물이 손등에 닿는 신체적 사건이 통증이라는 정신적 사건을 일으킨다고 말한다. 또한 뜨거운 물에 손등이 데여 통증을 느끼자 상처에 약을 바른다면, 이것은 통증이라는 정신적 사건이 약을 바르는 신체적 사건을 일으켰다고 할 수 있다. 이는 일견 타당한 논리처럼 보일 수 있다.

상호작용론은 **물질적 대상 사이에서 발생하는 사건들의 인과관계**이다. **몸과 마음을 물질적 실체와 비물질적 실체로 규정하면 논리적 오류가 발생**한다. 그래서 비물질적 대상과 물질적 대상 사이, 또는 물질적 대상과 비물질적 대상 사이에는 **인과관계가 성립되지 않는다**. 따라서 데카르트가 몸과 마음 사이, 즉 물질적 대상과 비물질적 대상의 인과관계로 주장한 상호작용론은 오류였다. 이것을 **20세기 영국의 철학자 길버트 라일**(Gilbert Ryle, 1900년~1976년)은 '**범주 오류**'라 했다.[35)]

35) 데이비드 암스토롱(옮긴이 유원기) 「어느 물질론자의 마음 이야기」, 2015. https://issuu.com/commbooks/docs/z20150610-p

부록 2 신경세포(뉴런)의 구조와 종류

통증은 관문 통제 이론에 의거 '통각 신호'의 전달 정도에 따라 조절되는 반응이다. 그 통각 신호가 정상적인 통증 조절 메커니즘에 의해 전달된다면 그 통증의 원인은 관리되고 제거할 수 있다. 하지만 비정상적으로 통각 신호가 증폭되거나 오작동 된다면 그 원인을 찾기도 어렵고 제거하기도 어려운 난치성 만성통증이 된다.

예컨대 정상적인 **'신체-마음'**의 **균형을 유지하기 위한 것**이 '신호 정보의 전달체계'로서 **'신경세포들이 연결된 신경회로*'**이다. 그런데 이 '신호 정보 전달체계'는 **뇌 신경 가소성으로 재구성**되고 그 기능이 **재배선 된다**. 그렇다면 **신경계가 어떻게 연결되고 신호 정보가 전달되는지에 관한 메카니즘을 알 필요가 있다.**

* 우주에서 가장 놀라운 것이 우리의 머릿속에 들어있다. 그것이 바로 뇌다. 뇌는 약 1,000억 개의 신경세포와 수백조 개의 시냅스로 구성되어 있다. 무게 약 1.5㎏으로 물 80% 그리고 나머지는 지방과 단백질이다. 이렇게 물컹거리는 평범한 물질이 거대한 우주만큼이나 경이롭고 복잡한 미지의 영역이다. 왜냐하면 조그마한 뇌가 **생각, 기억, 감각, 감정** 같은 **온갖 일들을 처리**하기 때문이다. 이 놀라운 일들을 처리하는 뇌의 기본단위가 '신경세포'이며, 이들을 연결하여 **신경계의 통합작용을 만들어내는 것**이 **'뇌 신경 네트워크'**다.

이를 위해 신경세포의 구조와 종류, 시냅스의 역할과 기능, 신경전달물질, 이들의 상호작용으로 재구성되는 대뇌피질(뇌지도)에 관해 기본적인 이해가 요구된다. 먼저 본 부록에서 '신경세포의 구조와 종류'를 제시하고 나머지 내용은 〈부록. 3~6〉에서 언급하고자 한다. 이러한 신경계의 메카니즘은 제5장에서 제시되는 뇌 신경 가소성이라는 치유 메커니즘을 이해할 수 있는 실마리를 제공할 것이다.[36)]

신경세포(뉴런)란

신경세포는 신경계를 이루는 기본단위로, 외부 자극을 전기 · 화학적 신호로 변환하여 척수와 뇌에 전달한다.[37)] 이런 뉴런이 우리 뇌에는 약 1,000억 개 정도가 있으며, 뉴런이 하는 일은 서로 쉴 새 없이 변화(흥분시키는 것, 연결하는 것)하는 것이다.

36) 「북툰 과학다큐」, "15분만에 정리하는 뇌과학(신경과학) 입문", https://www.youtube.com/watch?v=_ADYQgL6g_Y
37) 「뇌과학 홍보관 브로셔(1)」, file:///C:/Users/USER/Downloads/82130_42-1.

신경계의 작동은 뉴런 간의 상호작용으로 이루어지며, 상호작용은 '시냅스(연접, 신경세포와 세포 사이의 작은 틈)'라는 구조를 통해 신호를 주고받는다. 외부 자극은 '가지돌기-신경세포체-축삭돌기-축삭돌기 말단(신경종말)' 순서로 전달된다.[38]

[신경세포(뉴런)의 구조]

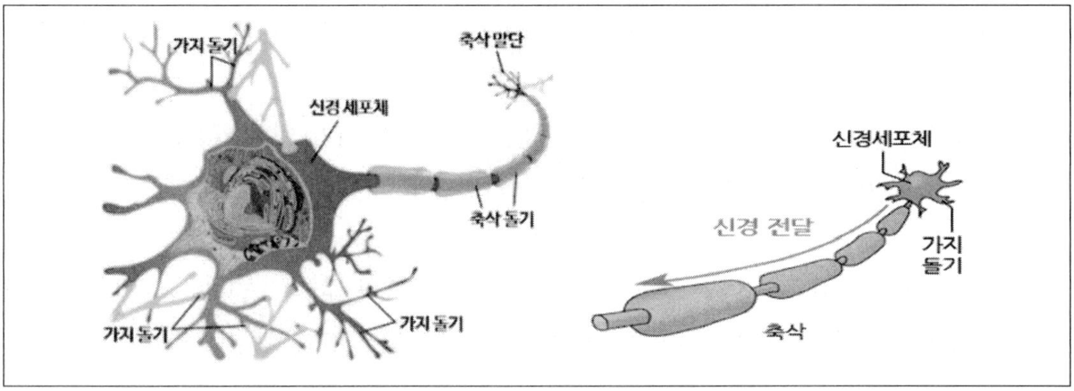

출처 : 에듀넷, 서울 아산병원

뉴런은 기능에 따라 다음 그림과 같이 **'감각 뉴런', '중간**(연합) **뉴런', '운동 뉴런'**의 세 종류로 구분된다. 각 뉴런 종류 간의 비율을 뇌의 다양한 부위와 기능에 따라 크게 달라질 수 있으며, 연구결과마다 다르게 보고되고 있어 일반화하기는 어렵다. 하지만 개략적으로 감각 뉴런 1개에 대해 10개의 운동 뉴런과 20만여 개의 연합 뉴런으로 구성된다.

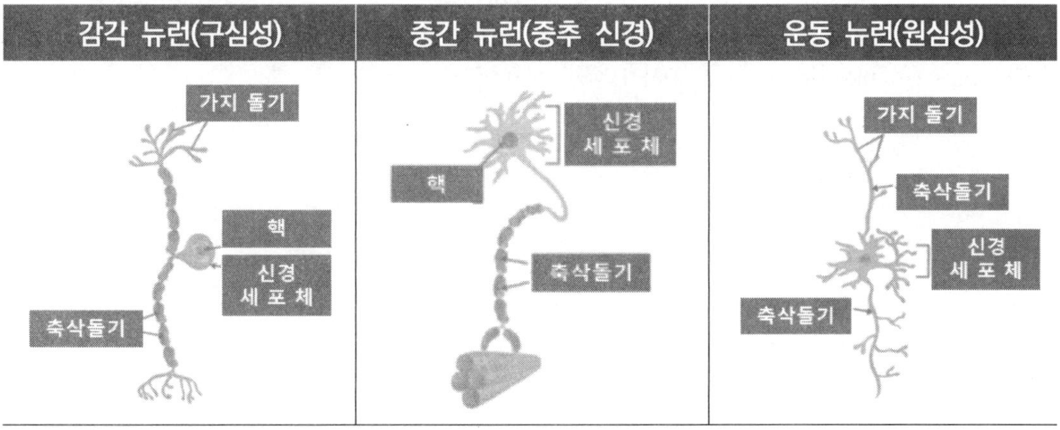

출처 : 에듀넷, https://www.edunetnet/

38) Hongkui Zeng & Joshua R. Sanes, "Neuronal cell-type classification : challenges, opportunities and the path forward", Nature Reviews Neuroscience Vol.18, pp.530-546, 2017.

'감각 뉴런'은 우리 몸의 감각 수용기에서 받아들인 자극에 대한 정보를 중추신경계로 전달하는 역할을 한다. 우리 몸의 중심에 해당하는 중추신경계로 정보를 전달하기 때문에, **'구심성 뉴런'**이라고도 한다.

'중간 뉴런'은 중추신경계에 위치하고 있으며, 감각 뉴런으로부터 들어온 정보를 분석하고 통합하여 **적절한 반응을 위한 명령을 생성**한다. 중간 뉴런들이 연결된 네트워크는 감각 뉴런으로부터 온 정보를 분석하고 통합하여 적절한 반응에 대한 명령을 생성하여 **운동 뉴런을 통해 반응기로 보낸다.**

'운동 뉴런'은 감각 뉴런과는 반대로 뇌를 포함한 중추신경계에서 만들어진 명령, 즉 자극에 대한 적절한 반응에 대한 정보를 우리 몸의 반응기로 전달하는 역할을 한다.[39)]

자극의 전달경로는 아래 그림과 같이 **'자극 → 감각 수용기 → 감각 뉴런 → 중간(연합 뉴런) → 운동 뉴런 → 반응기'** 순서로 이루어져, 최종적으로 반응을 하게 된다.

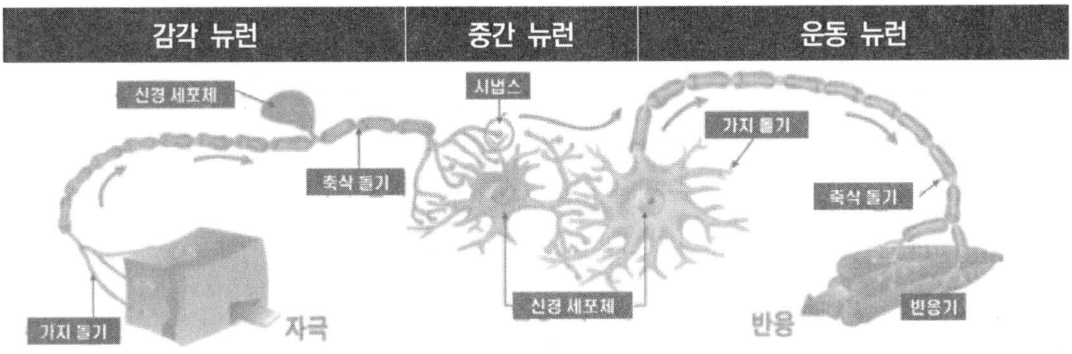

출처 : https://m.blog.naver.com/, 저자가 수정 · 보완하였음

39) 「교육부」, "유용한 교육정보 뉴런의 구조와 종류, https://m.blog.naver.com/

부록 3 시냅스의 역할과 기능(신경세포의 신호전달 방법)

신경계의 구조로서 시냅스와 신경전달물질의 역할

'기억은 어디에 저장되는가?'는 인류가 오랫동안 품어온 물음이다. 치매, 알츠하이머병은 65세 이상 고령자들이 피해가기 어려운 치명적인 퇴행성 질환이다. 알츠하이머병은 기억력, 사고력, 판단력 및 학습 능력 등 정신 기능이 서서히 쇠퇴하는 장애이다. 그 원인은 뇌의 일부 영역이 퇴화하면서 **신경세포가 파괴되고, 뇌의 신경세포 간 신호를 전송**하는 **신경전달물질**(아세틸콜린 등)**의 수치가 낮아지며, 시냅스의 기능이 저하**되기 때문이다.[40)]

뇌에 존재하는 시냅스에 기억이 저장된다는 것이 최근 밝혀졌다. 80여 년 전 캐나다 심리학자인 도널드 헵은 두 신경세포 사이의 시냅스에 기억이 저장된다는 가설을 제시했다. 그리고 **2018년 4월** 서울대 생명과학부 강봉균 교수 연구팀이 뇌에서 기억이 저장되는 **'기억저장 시냅스'**를 찾아냈다.

이 연구에 따르면 기억을 담당하는 부위는 측두엽에 위치한 **'해마'**인데, 생쥐 해마에 **'공포기억'**을 **학습시킨 후 시냅스의 변화를 분석**했다. 그 결과 **기억저장 세포들** 사이 **시냅스의 가지돌기 가지 밀도와 크기가 증가한** 것이 관찰되었다. 또한 **공포기억이 강할수록 이런 변화가 커지는**

[기억 저장 시냅스]

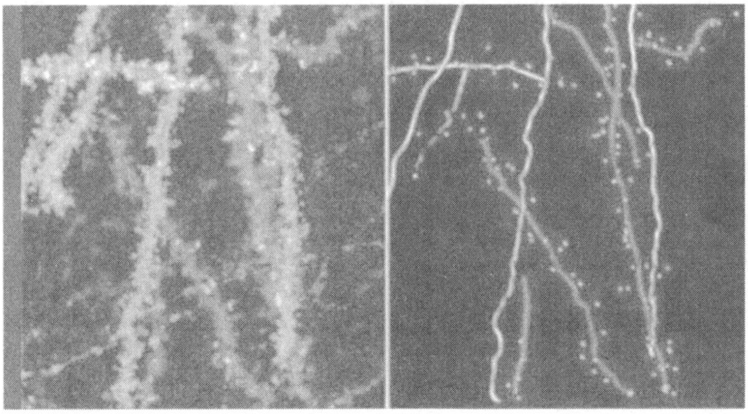

"빨간색(가지돌기)의 노란색 지점이 기억 저장 시냅스가 있는 곳이다."

출처 : https://m.dongascience.com/news.php?idx=22232

40) 「MSD 매뉴얼」, "알츠하이머병", https://www.msdmanuals.com/ko-kr/

것이 확인되었다. 이는 **시냅스에 기억이 저장된다는 주장을 뒷받침**하는 것이다.

강 교수는 "이 연구는 앞으로 치매, 외상후스트레스 장애 등 **기억 관련 질병 치료에 새로운 이정표를 제시**할 것"이라고 언급했다.41) 이 **'시냅스 기능을 활성화하는 것'**은 **'뇌 신경 가소성 활성화'**와 **등치**(等値) 되는 **의미**이다. 그것은 일상에서 운동, 훈련과 연습, 희망과 기대 등의 정신적 신체적 활동을 통해 **신경회로의 재구성과 재배치**를 하는 **신경세포의 연결기능을** 바로 **'시냅스'**가 **하기 때문**이다.

세링턴의 통증 경로 이론을 이해한 독자라면 이쯤에서 **'기억-신경전달물질-시냅스'**의 **관련성을 인지**했을 것이다. 신경과학에서 **기억은** 정보나 경험이 광범위하게 상호 연결된 뇌의 **신경회로를 통해 저장되고 재현되는 과정을 의미**한다. 저장을 통해 기억과 재현이 가능한(단기기억을 장기기억으로 전환) 신경세포 간의 연결 강도는 **'시냅스 가소성'**으로 **결정**된다. 시냅스 가소성은 **신경전달물질**에 의해 좌우된다. 따라서 **신경전달물질**과 상호작용하는 **시냅스 활동의 증가**는 시간이 지남에 따라 **학습과 기억을 강화**하는 반면 **시냅스 활동의 저하**는 기억을 감소시키며, **경험하는 통증의 강도에도 유사한 영향**을 줄 수 있다.42)

1906년 노벨생리의학상을 받은 스페인 신경과학자 산티아고 라몬 이 카할(Santiago Ramón y Cajal, 1852~1934)은 뇌에 여러 종류의 신경세포들이 존재하며, **이들이 시냅스에 의해 연결되어 있다는 것**을 **밝혀냈다**.43) 신경계의 기능적 최소 단위인 **하나의 신경세포에는 수천 개의 시냅스가 존재**한다. 뇌를 구성하는 신경세포들은 다양한 경험 자극으로 **'발화'**(fire)라 불리는 **'전기적 신호'**를 **발생**시키며, 이 발화 신호는 **신경전달물질이라 불리는 화학물질을 통해 다른 신경세포로 전달**된다. 이 전달과정은 기계적으로 신체의 한 부위에서 뇌로 직접 전달되는 것이 아니라 신경계 내에서 여러 단계를 거쳐 변환(전기적 신호 → 화학적 신호)되고 처리된다. 이러한 전달과정에서 핵심적 역할을 하는 것이 **'시냅스'**와 **'신경전달물질'**이다.

시냅스는 신경세포 간에 통각 신호전달을 가능하게 하는 중요한 신경계 구조로써 신경세포들이 **시냅스에 의해 어떻게 연결되느냐**(신경 가소성의 미제 조정에 매우 중요한 역할)에 따라 **정보처리 속도가 달라진다**. 즉 생성된 **'통각 신호'**는 신경세포에서 **'전기적 신호'**로 변환되고, 이 신호가 **이웃하는 신경세포로 전달하려면 '시냅스'**를 거쳐야 하며, 시냅스를 통과하려면 **'신경전달물질**이 분비되어 **화학적 신호로 변환'**되어야 정보전달이 가능하다.44)

---

41) 「머니투데이」, "뇌 속 '기억저장 시냅스' 발견…70년 전 가설 韓과학자 최초 증명", 2018.04.27.
42) JR Hughes, "Post-tetanic Potentiation", Physiological Reviews, Vol.38(1), pp.91-113, 1958.
43) Dr. Abdellatif Nemri, "Santiago Ramón y Cajal", Scholarpedia Vol.5(12), p.8577.
44) F. Cesca, P. Baldelli, F. Valtorta, et al., "The synapsins : Key actors of synapse function and plasticity", Progress in Neurobiology Vol.91(4), pp.313-348, 2010.

신경세포 간의 '통각 신호' 전달과정을 정리해 보면,

신호 정보를 주고받는 뉴런을 **'시냅스 전 뉴런'**, **'시냅스 후 뉴런'**이라 할 때, **통각 신호**가 시냅스 전 뉴런의 **'가지돌기'**에 전달되면 이를 **'전기적 신호'**로 **변환**한다. 이 신호가 **'축삭 말단'**에 도달하면 **'활동 전위'**(음전하 또는 양전하)가 발생하면서 **'시냅스를 통해 신경전달물질이 분비'**된다. 이때 전기적 신호가 **화학적 신호로 변환**되고 **시냅스 후 뉴런의 가지돌기에 존재하는 '수용체'**와 결합하면서 신호전달이 완료된다.45) 이 과정이 반복되면서 **신경계가 작동되고, 뇌 가소적 변화가 발생**하게 된다.

[신경세포 간의 신호전달 방법]

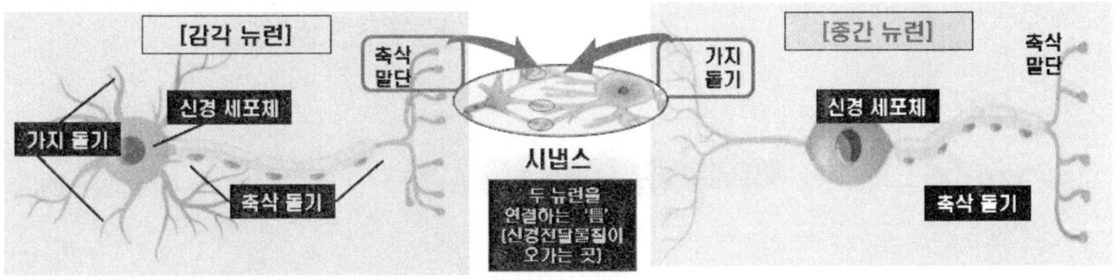

출처 : https://kr.123rf.com/photo_112287016, 저자가 수정 · 보완했음

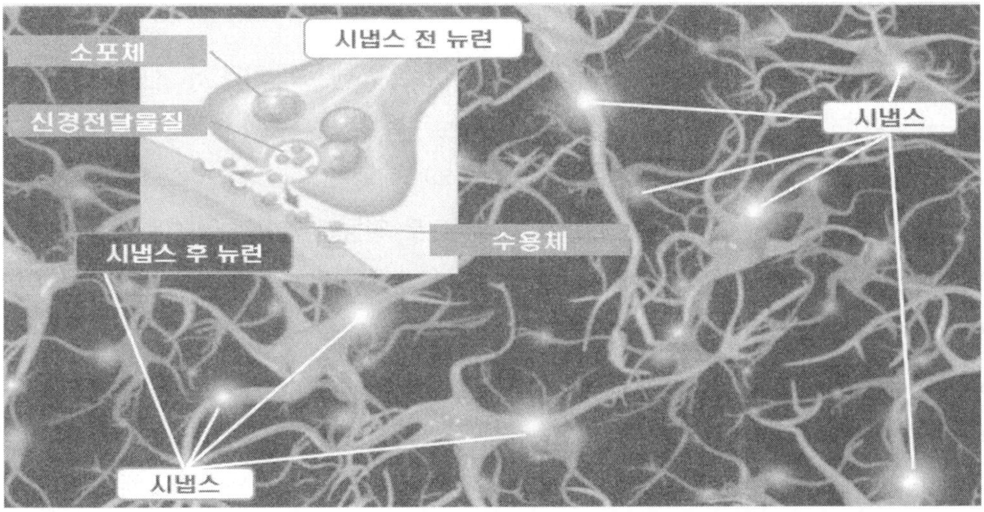

사진 출처 : https://www.jnuri.net/mobile/article.html?no=32659

45) 「위키백과」, "활동전위", https://ko.wikipedia.org/wiki/

그런데 '**뉴런의 축삭 말단**'과 '신호를 전달하고자 하는 **뉴런의 가지돌기**'는 맞닿아 있는 것이 아니라 '시냅스'에 의해 연결되어야 신호전달이 이루어진다. 이때 전기적 신호는 작은 틈인 시냅스를 뛰어넘을 수 없고 화학적 신호로 변환되어야 가능한데, 이를 위해 시냅스 전 뉴런(소낭)에 저장되어 있던 신경전달물질이 분비되면서 화학적 신호로 변환된 통각 신호는 '**시냅스 전 뉴런**'의 축삭 말단에서 '**시냅스 후 뉴런**'의 가지돌기로 전달된다.

[시냅스 내 신경전달물질의 분비]

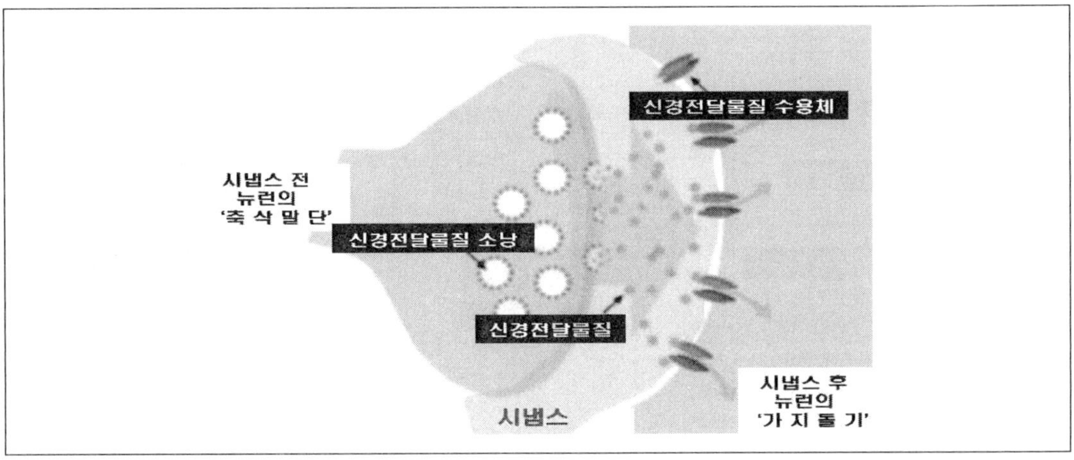

출처 : 정지혜, "실망하는 뇌, 사랑하는 뇌", P.58. 저자가 수정 · 보완했음

앞에서도 언급했지만 기억해야 할 중요한 것은 바로 '**시냅스의 기능**'과 '**신경전달물질**'이다. 뉴런과 뉴런의 연결하는 '시냅스 가소성'은 뇌의 정보처리를 이루는 가장 기본적인 메커니즘이고 이를 활성화하는 것은 신경전달물질이기 때문이다.[46] 신경전달물질은 뉴런과 시냅스의 생성 및 강화를 촉진하고 시냅스는 뉴런들의 연결을 강화하므로 **이들의 역할과 기능에 따라 정보처리가 달라진다. 뇌의 정보처리기능을 유지하는 것**은 '건강한 뇌'를 관리하는 것이며, **건강한 몸과 마음을 지키는 것**을 의미한다.

뇌의 신경회로는 평생 고정된 것이 아니라 외부 자극으로 끊임없이 재구성된다. 운동과 정신적 자극을 통해 신경전달물질의 생성 및 분비는 시냅스 가소성을 활성화하여 뉴런과 뉴런의 연결 패턴을 바꾸면 뇌의 정보처리를 바꿀 수 있다. 이것은 통증이 뇌에서 생성되기 때문에 뇌의 통증 정보처리 방식을 개선하면 통증을 줄일 수 있다는 것을 시사하고 있다.

46) 박석준, "신경세포와 시냅스 가소성", p.2. ReSEAT 프로그램(http://www.reseat.re.kr)

부록 4 신경전달물질(흥분성 · 억제성)과 항상성[47)]

신경계의 이해는 신경전달물질의 역할과 중요성을 아는 것으로부터 시작된다. 뇌는 **'신경세포'**와 **'교세포'**로 구성된다. 신경세포는 약 1,000억 개가 넘는 세포 간에 **신경전달물질을 통해 정보를 전달 및 처리하는 기능**을 하며, 전기적 신호를 생성하고 전달하여 신체의 다양한 부분 간에 통신을 가능하게 한다. 교세포(신경계의 90%)는 신경세포(전체 신경계의 10%)보다 훨씬 많으며, 신경계 대부분을 차지한다. 하지만 신경교세포와 뉴런의 비율이 1:1이라는 연구도 있다.[48)] 교세포의 기능은 신경전달물질의 농도 조절, 영양분 공급 등 **신경세포를 지원하고 유지하는 것**이다.[49)] **신경세포**가 정보의 **'전달자'**라면, **교세포**는 그들이 잘 작동할 수 있도록 지원하는 **'후원자'** 역할을 하는 것이다.

뇌의 신경계에서 하나의 신경세포는 수천, 수만 개의 신경세포와 정보를 주고받는다. 그렇다면 신경세포는 어떻게 정보를 주고받을까?

정보 교환의 역할을 하는 것은 시냅스 내에 분비되는 **'신경전달물질'**이다. 신경전달물질은 신경세포에서 분비되어 다른 신경세포의 특정 수용체와 결합하여 신호를 전달하게 하는 화학적 배달원이다. 신경전달물질은 소포체(신경섬유 말단부의 주머니)에 저장되어 있다가 전기적 신호 정보(통각 신호)가 들어오면 신경전달물질이 시냅스 내에 방출되고, 화학적 신호 정보로 변환되어 전달받는 수용체와 결합하면서 정보가 전달된다.

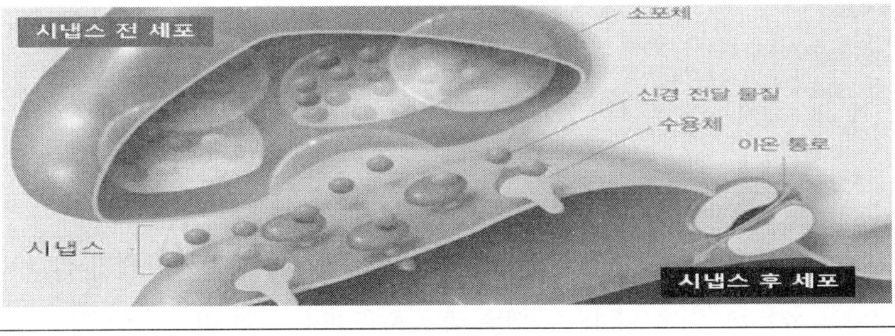

출처 : https://blog.naver.com/cch0075/222494557693

47) 이창준, 윤보은, "비신경세포를 통한 신경세포의 흥분 억제", https://www.ksmcb.or.kr/file/ webzine/2011_08_02.pdf
48) Christopher S. von Bartheld, Jami Bahney, Suzana Herculano-Houzel, "The search for true numbers of neurons and glial cells in the human brain : A review of 150 years of cell counting", Journal of Comparative Neurology Vol.524(18), pp.3865-3895.
49) 「카이스트 신문」, "노화 뇌에서 새로운 유형의 비정상적 세포 규명", 2022.09.20.

신경계는 신경전달물질을 통해 정보를 전달하고 처리하는 복잡한 시스템이다. 각각의 **신경전달물질**은 **특정 수용체**하고만 결합하여 **특정 정보**를 전달하면서 신경세포의 '**흥분**' 또는 '**억제**'상태를 결정한다. 방출된 신경전달물질이 세포막의 수용체와 결합하게 되면 이온 통로가 열리고, 이온(양이온 또는 음이온)이 세포 내외로 이동하면서 **신경세포의 전위차가 발생**하여 신경세포의 **흥분 또는 억제 상태**를 유진한다. 이것은 **정상적인 신경계의 기능을 유지하는 필수적인 메커니즘**이다.

신경세포는 평상시 음전하를 띠고 있다[50]. 이온 통로가 열리고 양이온(Na+ 또는 Ca2+) 또는 음이온(Cl-)이 유입되면 음전하를 가진 세포 안쪽과 바깥쪽에는 전위차(세포 내부와 외부 사이의 전기적인 차이, 세포 내외의 이온 농도 차이로 발생)로 인해 신경세포가 흥분 또는 억제상태가 된다.

만약 나트륨(Na+) 또는 칼슘(Ca^{2+})과 같은 **양이온이 신경세포로 유입되면** 신경세포 내부의 **양전하가 증가**하여 **흥분**하게 된다. 반대로 염소(Cl-)와 같은 **음이온이 세포로 유입되면**, 세포 내부의 음전하가 증가하여 신경세포의 **흥분이 억제**된다. 신경세포를 흥분시키는 대표적인 신경전달물질은 '**글루탐산**', 억제하는 물질은 'GABA(감마-아미노부티르산)'이다. 단순하게 보면 신경전달물질은 신경에 전기를 흐르게 하는 '**스위치(발화)**' 역할을 한다.

[양이온 또는 음이온 투입시 신경세포의 변화]

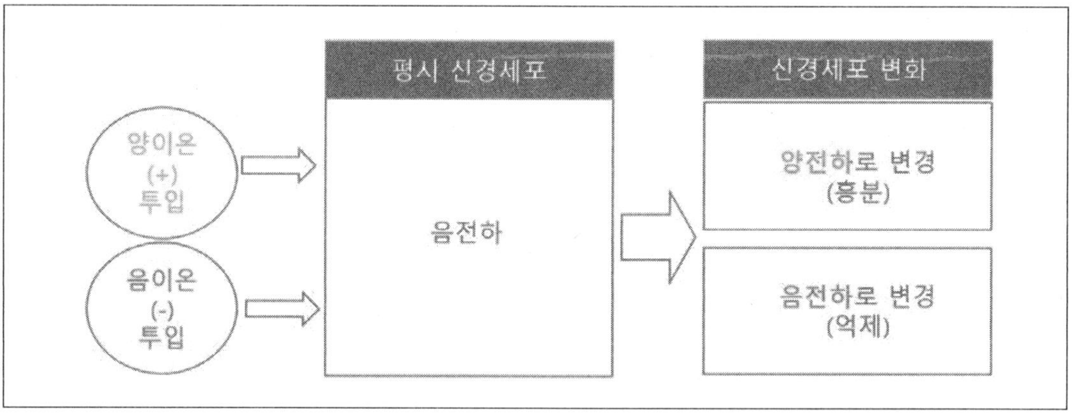

이러한 기능에 이상이 생긴다면, 뇌 신경회로의 변형이 발생하여 **만성통증**의 원인이 된다. 그래서 신경전달물질, 수용체, 이온 채널의 균형은 매우 중요하다. 만약 이 균형이 깨지면 뇌 신경회로의 변형이 발생하여 만성통증을 악화시키고, 다른 부위로 확산시킬 수 있다는 점이다.

---

50) 세포막 안쪽에는 칼륨 이온이 많고, 바깥쪽에는 나트륨 이온이 많은데, 대체로 K+가 세포막을 가장 잘 통과(세포막의 선택적 투과성)하므로 세포 내부는 세포 외부에 비해 상대적으로 낮은 칼륨 이온 농도를 가지게 되며, 이로 인해 음전하를 띠게 된다. 세포 안쪽이 바깥보다 전위가 높은 경우에는 양(+)의 값을 갖는다고 정의한다. 평상시에는 세포막 안쪽은 음의 값을 갖는다.

실례로 카이스트 정원석 교수 연구팀은 **"뇌의 흥분-억제 균형이 깨지면**(신경세포 흥분성 증가) **다양한 뇌 신경질환이 발생한다."**는 사실을 밝혀냈다.[51] 연구팀 관계자는 "비정상적인 억제성 시냅스 수 변화는 발작, 자폐 스펙트럼 장애, 조현병, 치매 등과 같은 다양한 뇌 질환의 유병률과 연관성이 높다."고 밝혔다. 따라서 자신의 최적화 상태를 오랫동안 유지하려는 **'항상성' 유지 기능이 매우 중요**하다. 뇌의 특성인 항상성의 원리에 따라 신경계는 신경 정보(통각 신호)를 처리하기 위해 신경전달물질의 분비와 수용체의 활성을 조절함으로써 **뇌의 기능을 최적화하고 항상성을 유지**한다.[52]

이를 '뇌의 항상적 가소성(homeostatic plasticity)'이라 한다. 중추신경계는 네트워크의 활성도를 일정하게 유지하려는 성질(항상성)이 있어, 신경 네트워크의 활동이 많아져 활성도가 증가하면 시냅스는 억제하려는 방향으로 작용하고, 반대로 네트워크의 활성도가 감소하면 시냅스의 기능은 증가(항진)하려는 방향으로 작용한다.[53] 그런데 이러한 조절기능(항상성)이 손상될 경우, 신경전달체계의 균형이 깨져 만성통증, 우울증, 불안장애 등 다양한 신경정신질환의 위험이 증가한다.

[뇌 기능의 항상성]

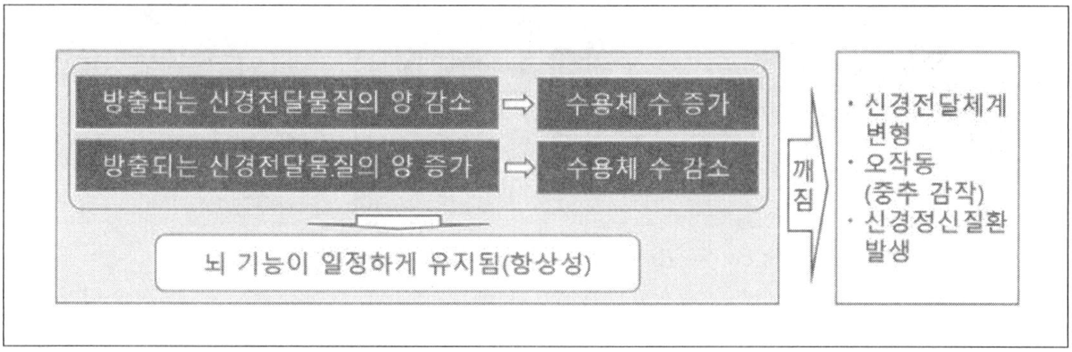

신경전달물질이 왜 중요한 것일까?

신경전달물질은 뇌의 신경 가소성과 밀접한 상관성이 있기 때문이다. 신경세포 간의 연결 과정에서 신경전달물질은 '화학적 배달원'으로서 시냅스 공간을 헤엄쳐 이웃하는 신경세포의 가지돌기에 도달하여 '흥분 또는 억제'를 통해 '정보전달'의 역할을 한다. 이 기능은 시냅스로 하여금 신경세포

---

51) 「KAIST 뉴스」, "신경세표의 흥분성 증가로 인한 뇌 질환 기제 규명", 2021.06.03. https://www. kaist.ac.kr/news

52) 「나무위키」, https://namu.wiki/w/

53) Turrigiano GG, Nelson SB. "Homeostatic plasticity in the developing nervous system", Nat Rev Neurosci Vol.5, pp.97-107, 2004.

사이의 연결을 증가시키거나 감소시켜 구조적(해부학적)으로 재생되고, 기능적으로 재배치되는 새로운 신경회로망(신경네트워크)의 형성을 촉진하는 것이다.

신경 가소성에 의한 신경계의 적응 잠재력은 장애 또는 상해 후에 뇌를 회복시키고, 다양한 신경계 질환(다발성 경화증, 파킨슨병, 인지기능 저하, 알츠하이머, 난독증, ADHD, 불면증 등)의 치료와 관련이 있다.[54] 이러한 이해는 신경계 질환의 치료와 관리에 중요한 단서로서, **인지훈련**(기억력, 주의력, 정보처리능력, 추론 및 문제해결 능력 등) · **인지 재활**(손상 장애 활동의 시행 능력) · **인지 자극**(산책, 걷기, 운동, 연주, 게임 등)[55]**과 같은 방법**을 통해 **뇌 신경 가소성을 촉진하여 더 나은 삶의 질을 높이는 데 도움**이 된다.

[인지 자극에 따른 신경망의 변화]

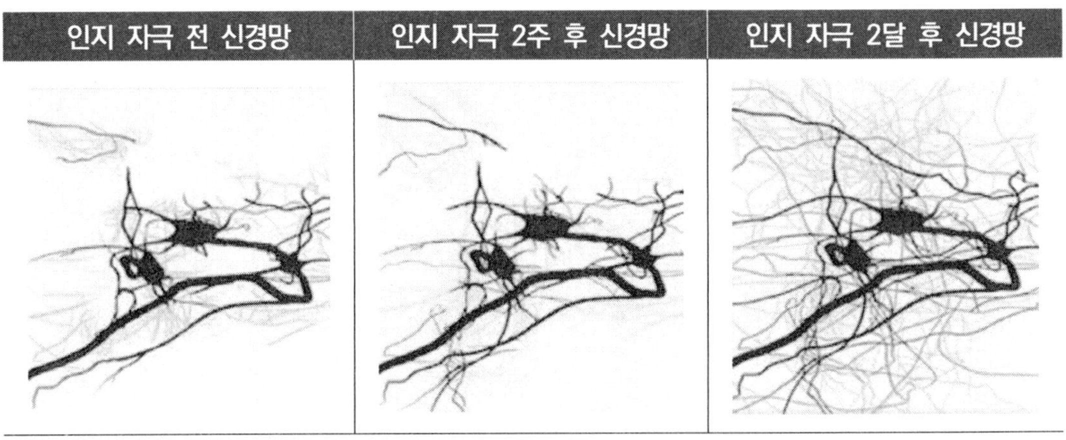

출처 : https://www.cognifit.com/kr/brain-plasticity-and-cognition

'치매'를 예를 들어 살펴보자!

치매(알츠하이머)는 뇌에 독성을 띠는 단백질 덩어리(아밀로이드 베타 플라크)가 과도하게 축적되면서 발생한다. 뇌 회로를 효율적으로 기능하도록 하는 미세아교 세포의 기능이 정상일 때는 이 덩어리를 먹어치우거나 배출시킬 뿐만 아니라 신경전달물질의 농도를 조정하고, 영양분을 공급하거나, 신경세포의 연결 자체에 관여하기도 한다. 그리고 뇌에서 신경 퇴행 반응을 일으키는 다양한 독성 물질을 제거하고 신경세포를 보호하는 세포로서 뇌 회로를 효율적으로 움직이게 만드는 일종의 청소부 역할을 한다. 그런데 미세아교 세포가 노화되면 탐식 기능도 저하되면서

54) 「CogniFit research」, "두뇌 가소성과 인지력", https://www.cognifit.com/kr/brain
55) 「인지중재치료학회」, "인지중재 치료 프로그램", https://www.cogvention.org/bbs/content.php? co_id =therapyis

뇌 인지기능 장애가 생길 뿐만 아니라 청소 기능을 넘어 신경세포와 시냅스를 공격하여 뇌 신경회로망을 파괴(신경 염증)하는 것이다.56) 이 문제를 해결하는 방법은 미세아교 세포의 활성을 조절하는 약물치료를 하거나, 인지 중재 치료 프로그램에 의한 치유이다. 예컨대 인지훈련의 일종인 트레드밀 운동(러닝 머신 운동)이 치매 환자뿐만 아니라 뇌졸중 환자에게도 대안적 치료방법이라는 연구결과는 많다.57)

신경전달물질은 뇌 신경 가소성이 일어나는 과정에서 뇌의 다양한 부위에서 신호를 전달하고, 뇌의 구조와 기능을 변화시키는 데 중요한 역할을 한다. 그 이유는 신경전달물질이 뇌 신경 가소성을 촉진하는 스위치로서 경험에 따라 신경세포 사이의 연결이 강하게 하거나 약하게 할 수 있기 때문이다.58) 경험이란, 경험한 통증, 통증 치유를 위한 운동 또는 기대와 희망이 내포된 치료활동, 새로운 학습활동 등 다양한 활동을 포함한다.

경험(자극)은 "**함께 발화되는 신경세포는 같이 연결된다.**"는 '헤비안 이론'(Hebbian theory)에 따라 **신경회로를 재구성하고 재배치**한다. 이것은 연접 전과 연접 후 신경세포의 활동이 관련 여부에 따라 **서로 연결 강도**가 '**증가**' 혹은 '**감소**'하는 **가소적 변화**를 말한다. 어떤 '**특정 경험**'을 **반복하면** 그 경험을 처리하는 신경세포 간 시냅스에 의한 '**새로운 신경회로망**'이 형성되고 강화되어 '**구조적 · 기능적 변화**'가 발생한다.

새로운 학습이나 경험은 신경세포들이 시냅스의 연결로 '**새로운 신경회로망이 구성되고 재배치된다**'는 것이다. 특정 **신경세포들을 연결되는 활동이 반복되면 될수록** 이 신경회로망은 **더 빠르고 더 강하고 더 효율적으로 작동하고 기능**하게 된다. 시냅스 전 신경세포의 발화는 시냅스 후 신경세포에 발화를 일으키며, 연접과 관련이 없는 신경세포에는 영향을 주지 않기 때문에 신경연접의 강화는 연대적으로 일어난다. 이를 '동질성 연접가소성'이라 한다.

'**신경 연접가소성**'에 있어 시냅스 전 신경세포와 시냅스 후 신경세포 사이의 연결 강도를 촉진 또는 억제하는 제3의 신경세포가 존재하기도 하는데 이를 '이질성 연접가소성'이라 한다. 동질성 연접가소성은 비교적 단기기억형성에 관여하며 이질성 연접가소성은 지속적인 기억 형성에 관여한다. 이것은 큰 개념의 '신경 가소성'이며, 이러한 신경 가소성 과정에 신경전달물질은 매우

---

56) 「조선일보」, "뇌 속 청소부 젊게 만드는 방법 찾았다…치매 치료 가능성 확인", 2014.04.11.

57) 인승헌 · 김석환 · 신영일, "점진적인 속도 증진 훈련을 통한 전동식 보행 훈련과 트레드밀 보행훈련이 뇌졸중 환자의 보행에 미치는 효과"(2007); Exerc Sci, The Effect of Treadmill Running on Insulin Receptor, Oxidative Stress, and Impaired Synaptic Plasticity in the Brain of High Fat Diet-induced 3xTg-AD Mice," Exercise Science Vol.27(3), pp.191-199, 2018.

58) Michael A. Nitsche, Florian Müller-Dahlhaus, Walter Paulus, Ulf Ziemann, "The pharmacology of neuroplasticity induced by non-invasive brain stimulation : building models for the clinical use of CNS active drugs", The Journal of Physiology Vol.590(19), pp.4641-4662, 2012.

중요한 역할을 한다. 특정 학습 · 경험에 대해 신경세포의 연결로 신경 정보를 전달하게 되면 특정한 신경회로가 구성 또는 재배치되며, 반복에 따라 연결성이 강화되어 신호 정보의 전달의 효율성을 높이고, 통증의 악화 또는 치유에 직접적인 영향을 미친다.

정리해 보면 **'신경전달물질'**(도파민, 노르에피네프린, 세로토닌, 아세틸콜린 등은 〈부록 5〉에서 상세하게 설명된다.)은 **시냅스의 강도를 조절하는 데 중요한 역할**을 한다. 이러한 '시냅스 가소성'은 평생에 걸쳐 대뇌피질의 생성 및 유지를 통해 **'뇌가 다양한 정보를 효과적으로 처리하고 기억'**할 수 있도록 하며, 시냅스를 통해 정보를 전달하거나 억제하는 방식을 계속해서 재구성하고, 분열을 강화하여 **'변화하는 환경에 적응하고 학습하는 능력을 유지'**하도록 한다.[59)]

59) EP Gardner, JH Martin, TM Jessell, E Kandel, et al., "Principles of Neural Science", 4th ed. Mcgraw-Hill, New York, pp.451-471, 2000.

부록 5 신경전달물질의 종류와 기능

신경전달물질은 시냅스 내에서 작용에 따라 '**흥분성**'과 '**억제성**'으로 나뉜다. **흥분성 물질은** 활성 작용을 통해 **기본적으로 활력을 주지만**, 그 정도가 과도한 경우에는 **균형이 무너지면서 신체 및 정신질환**으로 이어질 수 있다. **억제성 물질은** 억제와 진정 작용을 통해 기본적으로 **우리를 차분하게 만들지만** 활성 정도가 과다한 경우에는 **부정적인 영향**을 미친다.

신경전달물질은 화학적 기준으로 **아미노산 계열**, **모노아민 계열**, **뉴로펩타이드 계열**로 나뉜다.[60]

'**아미노산 계열의 신경전달물질**'은 체내 비중이 가장 크며, 주로 충추 신경(시상하부 등)에서 통신 메커니즘을 담당하며, **생존과 신체 통제 및 항상성 유지에 기여**한다. 종류에는 감마-아미노부티르산(GABA, 억제성 신경전달물질, 심리적 안정과 근육 이완에 중요한 역할)[61], 글루타메이트(흥분성 신경전달물질, 학습과 기억, 부정적인 감정을 관장)[62], 글리신(억제성 신경전달물질, 에너지 대사 및 해독 그리고 체온을 낮추는 역할)[63] 등이 있다.

'**모노아민 계열의 신경전달물질**'은 **감정, 기분, 수면 등** 다양한 **뇌 기능의 조절에 중요한 역할**을 한다. 주로 아세틸콜린(혈관 확장제로서 작용하는 흥분성 신경전달물질)[64], 노르에피네프린(스트레스나 자극으로 만들어지는 흥분성 신경전달물질)[65], 에피네프린(전투적인 신체 상태를 만들어

---

60) 「위키백과」, "신경전달물질", https://ko.wikipedia.org/wiki/

61) 감마-아미노부티르산(GABA)은 신경세포가 과흥분되는 것을 억제하는 역할을 하며, 이를 통해 우울, 긴강, 두려움, 스트레스를 해소하고 신체와 근육을 이완시키고 심리를 안정시키는 작용을 한다. 특히 수면과 신체의 회복, 성장 등과 같은 중요한 신체 대사에 깊이 관여한다.

62) 글루타메이트는 대표적인 흥분성 신경전달물질로 신체와 정신의 활력에 긍정적인 영향을 미치는 반면 인간의 기억력을 관장하는 해마에 다량 분포하며, 인간이 느끼는 공포와 긴장, 스트레스, 트라우마 등과 같은 장기적으로 지속되는 부정적인 감정이나 기억과도 깊은 관련이 있다. 과도하게 활성화되면 신경독소로 작용하여 간질 또는 흥분 독성을 유발할 소지가 있다.

63) 글리신은 콜라겐 등에 함유된 성분으로 가바와 함께 신체의 안정작용을 돕는 역할을 한다. 체내에서 주로 생체 내 에너지 대사와 해독작용을 하며, 체온을 낮추는 역할을 한다.

64) 아세틸콜린은 신체 전반에서 여러 기능을 수행하는데 말초신경계에서는 골격근의 수축에 착용하며, 중추신경계에서는 인지능력, 즉 기억과 학습에 중요한 역할을 한다. '아세틸콜린의 분비 및 작용체계'의 손상이 알츠하이머병의 기억장애와도 연관이 있는 것으로 확인되고 있다.

65) 노르에피네프린은 노르아드레날린이라고 불리며, 스트레스나 자극에 의해 만들어지는 신경전달물질로 에피네프린(아드레날린)과 함께 투쟁-도피반응을 유도하며, 혈관을 수축시켜 심박과 혈압을 증가시키고 지방을 태워 에너지를 방출시키는 역할을 한다. 흔히 분노 또는 투쟁의 호르몬이라고도 부르며, 인강의 활동, 활력에도 중요한 역할을 한다.

내는 흥분성 신경전달물질)[66], 도파민(쾌락과 관련된 흥분성 신경전달물질)[67], 세로토닌(행복감에 관여하는 억제성 신경전달물질)[68], 히스타민(알러지 반응과 관련된 신경전달물질)[69] 등이 있다.

'뉴로펩타이드 계열의 신경전달물질'은 **통증, 보상, 음식 섭취, 스트레스 반응** 등 복잡한 **뇌 기능의 조절에 중요한 역할**을 한다. 주로 아편계열 펩타이드의 하나로 엔돌핀(자연적인 진통제 역할, 스트레스와 통증에 대항하여 통증을 줄이고 즐거움을 주는 신경전달물질)[70], 물질-P(P물질, 몸에 해로운 자극이나 스트레스, 통각 등을 전달하는 신경전달물질), 뉴로펩타이드-Y(신체 에너지 균형과 음식 섭취 조절에 관여하는 신경전달물질)[71] 등이 있다.

[주요 신경전달물질의 작용과 증상]

종류	작용	과다 증상	부족 증상
도파민	뇌 신경세포의 흥분을 전달 및 유지한다.	중독, 환각, 조현병	ADHD(주의력결핍과다행동장애), 파킨슨병
아드레날린	스트레스에 반응하여 몸과 정신을 긴장시킨다.	조증, 난폭행동	우울증, ADHD
세로토닌	행복의 감정을 느끼게 하며, 식욕·수면·근수축에 영향을 준다.	정서 불안	폭식증, 우울증
아세틸콜린	중추신경계의 흥분을 억제하고, 근육을 활성화한다.	파킨슨병	알츠하이머병

66) 에피네프린은 아드레날린이라고도 불린다. 전투적인 신체 상태를 만들어내는 흥분성 신경전달물질이다. 기본적으로는 노르에피네프린과 함께 작용하지만 그 가제는 정신, 즉 분노나 투지에는 직접적인 영향을 미치지 않고 신체에만 작용한다. 따라서 우리가 일상적으로 투지를 불태울 때 아드레날린이 분비된다고 표현하는데 실제로 느끼는 기분은 노르에피네프린에 의해 만들어지는 것이다.

67) 도파민은 인간이 느끼는 쾌락에 깊게 관여하며, 긍정적인 마음이나 성욕, 식욕과도 깊은 연관이 있다. 보상을 받았을 때 기분이 좋아지는데 이때 도파민이 분비되며 행동력이 강화된다. 도파민은 억제 기능도 하는데, 불필요한 행동에 대한 자제력과도 연관이 있다. 도파민이 부족하면 우울해지기 쉬우며, 조현병 증세가 나타날 수 있다. 또한 니코틴이나 각종 망약은 일시적으로 도파민을 활성화시켜 쾌감을 주지만 결과적으로는 다시 부족해지므로 이로 인해 중독이 되는 경향이 있다. 그밖에도 도파민의 부족은 파킨슨병과 ADHD와도 연관이 있는 것으로 확인되고 있다.

68) 세로토닌은 인간의 행복감에 깊이 관여하는 억제성 신경전달물질이다. 전체 신경전달물질에서 차지하는 비중은 매우 적지만 그 영향력은 매우 크다. 도파민이 쾌락을 담당한다면, 세로토닌은 일종의 평온함, 만족감, 균형감을 느끼게 한다. 우울증은 세로토닌의 부족과 관련이 있다.

69) 히스타민은 혈관 확장, 장 근육 및 자궁근육을 수축시키는 작용을 한다. 평상시에는 혈액이나 여러 조직에서 비활성 상태로 존재한다. 히스타민이 과도하게 활성화되면 과민반응으로 알러지 증세가 나타나게 된다.

70) 엔돌핀은 아편의 주성분인 모르핀과 유사한 작용하는데 그 강도는 모르핀의 1백배에 달한다. 과도하게 활성화될 경우 면역체계를 무너뜨려 암, 자폐, 약물중독과 같은 부작용을 초래한다.

71) 뉴로펩타이드-Y는 식욕을 유발하고 에너지 소모를 줄임으로써 에너지 균형에 관여하는 신경전달물질이다. 혈관을 수축시키거나, 불안감과 스트레스를 줄이는 역할도 수행한다. 지속적인 스트레스나 불안시 과도한 분비는 비만 발생에 직접적으로 영향을 주는 것으로 확인되고 있다.

부록 6 펜필드의 뇌지도와 호문쿨루스[72)]

19세기 신경과학계에서는 큰 논쟁거리가 존재했다. 인간의 뇌는 **"서로 다른 기능을 담당하는 부분으로 각각 구분된 영역이 존재(국재화)**한다."는 것과 인간의 영혼처럼 **"뇌는 더 이상 나눌 수 없다."**는 주장이었다. 하지만 1861년 폴 브로카(Paul Broca)는 '실어증 환자'의 다수가 대뇌 '전두엽 부위에 병터'가 있다는 사실을 발견되면서 점차 **'국재화'**의 **증거들이 입증되기 시작**했다.

기존에는 인간 뇌의 구조와 기능의 관계를 연구하는데 **'병터(환부)'에 의한 분석**(병변 분석)**에 의존**했다. 환자의 뚜렷한 '신경학적 결함'을 '뇌의 특정 영역'과 연결 짓는 것인데, 사후에 부검을 통하여 이루어졌다. 하지만 병변과 광범위하게 손상된 뇌의 특정 부분과 연관시키는 것은 어려운 일이었다.

1970년대부터 생리학자들이 동물을 마취시킨 뒤 두개골을 절개해서 전기 자극을 통해 대뇌피질 기능의 국재화를 시도하기 시작했다. 이를 통해 좌뇌를 자극하면 오른쪽 몸이 반응하고, 우뇌를 자극하면 왼쪽 몸이 반응한다는 사실을 발견했다. 20세기가 되자 인간 대뇌피질 기능의 국재화를 위한 노력이 시작되었다. 많은 신경외과 의사는 환자를 국소마취 후 수술하면서 대뇌를 자극하거나, 뇌전증 수술 시 전기 자극을 주는 방법으로 운동과 감각기능을 실험하였다. 이러한 뇌의 '국재화' 연구는 와일더 펜필드에 의해 본격화되었다.

미국 출신 캐나다 맥길대 신경과학자 와일더 펜필드(Wild Penfield 1891~1976)는 전기 자극을 통해 **'뇌의 특정 부위'**가 **'신체 각 부위'**와 **연결되어 있다는 것을 발견**했다. 그는 환자의 의식이 있는 상태에서 두개골을 열고, 전극을 사용해 환자들의 뇌를 더듬는 방식으로 뇌의 국재화를 증명해내기 시작했다. 그가 손에 쥔 전극봉으로 대뇌피질을 자극하면서 뇌를 탐색했다. **손과 입 부위는 매우 예민하게 반응**했다. 이, 잇몸, 턱, 입천장, 혀는 마찬가지였다. 하지만 몸통, 코, 얼굴 등은 훨씬 덜 민감했다.

펜필드는 이 모든 데이터를 끈기 있게 수집했고, 몸 표면을 완벽한 뇌지도로 목록화했다. 그리고 1950년대에 '펜필드 뇌지도'를 공개했다. 신체 부위별 감각-운동신경의 비중을 차별화한 '펜필드 호문쿨루스'란 그림도 그렸다. **호문쿨루스**(homunculus)는 라틴어로 **'난쟁이'**라는 뜻으로, 신경과학에서는 **뇌의 특정 영역이 신체의 각 부분을 어떻게 대표하고 있는지를 시각적으로 표현**한 그림을 말한다.[73)] 호문쿨루스의 손과 얼굴(입술과 혀)이 도드라지게 큰 것은 **그 부위가 생산하는**

72) "와일더 펜필드 외과의사, 뇌 연구자", http://whatishuman.net/wave/06/05

감각 정보가 그만큼 많고, 그 정보를 처리하는 뇌 부위가 또 그만큼 넓다는 의미다.

[펜필드가 구조화한 뇌와 신체기능 간의 관계도]

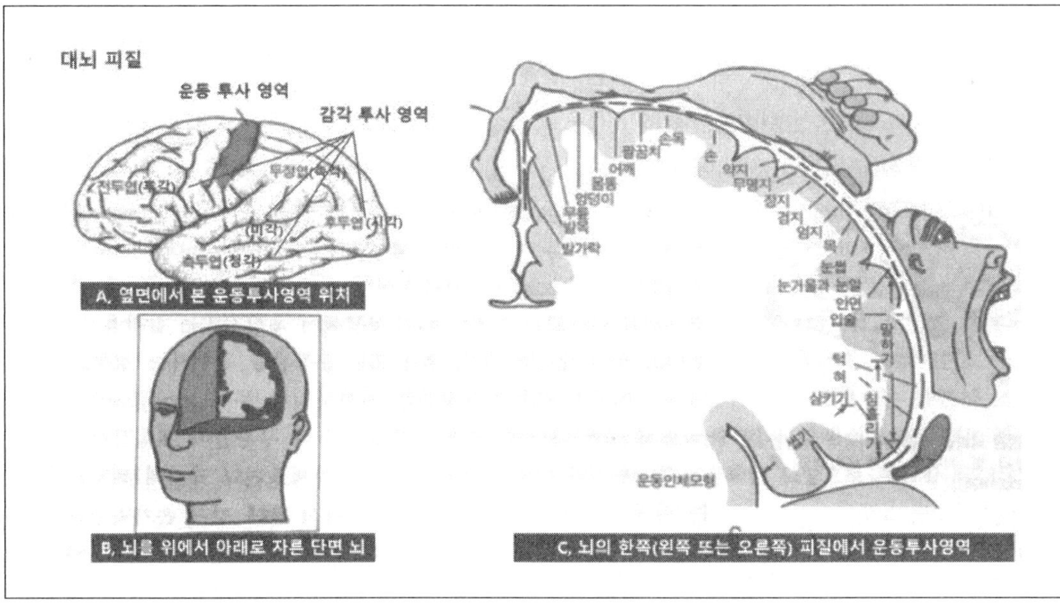

출처 : 헨리 클레이트만 심리학, (2003, 장현갑 외, 시그마프레스) 51쪽.

위 그림에서 A는 **'옆면**(측면)**에서 본 운동 투사 영역'**의 위치고, B는 뇌를 위에서 아래로 **'자른**(횡단) **면으로 본 뇌'**, C는 **'한쪽**(왼쪽 또는 오른쪽) **뇌피질의 운동 투사 영역'**으로써, 뇌피질의 위치와 해당하는 신체의 상대적 크기를 그림으로 나타낸 것이다. **뇌는 신체와 관련성이 크다는 것**을 알 수 있으며, 대뇌피질 운동 투사 영역(C)에서 손과 각 손가락이 대뇌피질의 영역에 모두 연결됐음을 알 수 있다. 즉 **'대뇌피질의 영역에서 차지하는 신체의 관련성'**은 **손, 입, 눈의 순으로 크다는 것**을 알 수 있다. 이를 구체적으로 형상화한 것이 펜필드의 호문쿨루스라고 한다. 감각 기능이 중심이면 '감각 호문쿨루스', 운동 기능을 중심으로 하면 '운동 호문쿨루스'가 된다.

대뇌피질의 면적에서 **신체의 각 기능이 더 넓은 면적을 차지하는 것**은 **그 기능이 더 중요하고 복잡하다는 것**을 의미한다. 예컨대 **손가락 부위가 몸통 부위를 차지**하는 **대뇌피질 영역의 100배인 까닭은 '손가락의 촉각 수용기'**와 **'몸통의 촉각 수용기'** 비율이 **100대1이기 때문이다**. 이는 뇌 가소성의 원리에 의해 건강한 뇌 회로를 관리하고 유지하기 위해서는 상대적으로 **손, 입(혀), 눈 운동이 중요하다고 볼 수 있다**.

---

73) 「울산저널」, "[치매예방365] 펜필드의 호문쿨루스, '손'은 제2의 뇌", 2022.03.29.; 「한국일보」, "진짜 손처럼 느끼고 움직이는 '새로운 몸'을 구현하려는 과학자들", 2023.09.18.

정리해 보면, 와일더 펜필드가 연구한 '감각 호문쿨루스'와 '운동 호문쿨루스'는 신체의 각 부위가 뇌의 특정 영역에 어떻게 할당되는지를 시각적으로 보여주고 있다. 즉 손, 입, 혀 등은 뇌에서 큰 부분을 차지하며, 이는 이 부위들이 **세밀한 움직임**과 **감각이 필요하기 때문**이다.

한편 **뇌 신경 가소성 이론**은 "뇌가 경험과 학습을 통해 구조와 기능을 변화시키는 능력으로써 새로운 신경 연결이 형성되거나 기존의 연결이 강화되는 과정을 포함하고 있으며, 이는 뇌의 특정 부위를 지속적으로 사용하고 자극함으로써 강화될 수 있다."는 것이다. 그 핵심은 **'사용자 의존적 가소성'**이다. 즉 "특정 신체 부위를 많이 사용하면 해당 부위의 뇌 영역이 더 발달하고 강화되는 현상이다." 이는 반복적인 자극과 사용을 통해 뇌의 해당 영역이 더 큰 **신경세포의 생성과 분열을 촉진**할 수 있기 때문이다.

펜필드의 호문쿨루스와 뇌 신경 가소성 이론에 의하면 **손, 입, 혀 등의 운동을 많이 하면 해당 부위의 뇌 영역이 더 자주 활성화되고**, 이는 **신경 가소성을 촉진하여 그 부위의 기능이 향상될 수 있음을 시사**하고 있다.

제5장

뇌 신경 가소성 - 치유를 위한 희망의 메시지

이 장은 우리가 가진 치유의 잠재력이자 놀라운 힘의 영역으로서 **'뇌 신경 가소성'**을 공유하고자 한다. 뇌가 변화한다는 본질적 속성에 따라 자극(경험)에 대한 반응으로 세포들이 전기 · 화학적으로 소통(시냅스 가소성)하면서, 뇌 신경회로를 재구성하고 재편성한다. 이러한 뇌 가소성은 **'불치의 영역'**을 **'치유의 영역'**으로 **전환하는 힘의 원천**임을 **규명**할 것이다.

뇌는 신체적인 활동과 정신적인 경험에 반응하여 뇌의 구조와 기능을 변화(긍정적 또는 부정적)시킨다. 대표적인 부정적 변화가 만성통증이며, **'뇌 신경회로의 변형'**에 의한 학습된 통증이다. 그 변형은 '중추 감작'과 '신경지문'이다. 하지만 **'부정적 가소적 변화'**의 일종인 만성 질환은 **'가소적 개입'**으로 정상화한다면 **치유될 수 있음**을 의미한다. 오작동하는 뇌 신경회로를 재구성하고, 손상된 뇌 기능을 재편성하는 **핵심적인 치유 메커니즘**이 바로 **'사용자 의존적 가소성'**(비침습적 비약리적 요법)이다. 이를 활용하여 **맞춤형 신체적 · 정신적 활동에 의한 가소적 개입**을 한다면 통증을 관리하고 다양한 질환에 대한 치유가 가능하다. 이러한 치유 메커니즘을 과학적 증거와 동물실험 및 임상시험의 결과를 토대로 입증할 것이다. 이상의 논의 내용은 다음의 7개 분야로 전개될 것이다.

Key Word

뇌 가소성(통증은 뇌에서 생성 및 조절되고 예측된 반응, 요람에서 무덤까지 변화하는 뇌 신경세포, 긍정과 부정을 인지 못 하는 뇌), **신경회로의 변형, 시냅스 가소성, 인지적 비축, 중추 감작, 신경 지문, 헤브의 법칙, 사용자 의존적 가소성, 비약리적 요법, 경쟁적 가소성**

제4장은 이 장의 이해를 돕기 위해 선행학습으로 통증 메커니즘인 '통증 경로 이론'에 대해 살펴보았다. 제5장은 **이 책의 가장 중심이 되는** 치유 메커니즘으로써 **'뇌 신경 가소성** (사용자 의존적 가소성)과 그 **원리**'에 대해 **초점을 맞출 것**이다.

5-1 뇌 신경 가소성 개관

현대 통증의학의 기반이 되는 **뇌 과학의 핵심 명제는 "뇌가 통증을 생성하고 조절한다**(관문 통제 이론)."는 것이다. **통증은 우리 몸을 보호하기 위해 '뇌가 만들어낸 평가이자 예측된 반응'**(뇌는 예측기관)이며, 뇌가 통증을 생성하고 조절하는 과정에서 발생하는 증상이다.[1] 이는 통증이 뇌의 **'가소적'**(㉾ 만성통증 환자의 회백질 감소 등)인 **속성**으로 생성된 **'주관적 경험'**(통증의 의미에 따라 느끼는 통증 정도 다름)'이므로, 긍정적 **뇌 가소적 개입은 '통증 관리 및 치료'**가 **가능하다'**는 것을 의미하고 있다.[2]

통증은 당사자의 신체적 활동과 정신적 경험 그리고 환경적 요인에 의해 구성되고 기능하는 '뇌 신경회로'에 의해 좌우된다. 그런데 뇌는 긍정적인 변화와 부정적인 변화를 인지하지 못한다. 그래서 뇌의 가소적 변화는 좋게도 변할 수 있고 나쁘게도 변할 수도 있다.

어떤 특정한 자극이나 조건으로 뇌 신경회로에 변형이 발생했다면, 시도 때도 없이 경보를 울리는 '오작동하는 화재경보기(㉾ 만성통증, 퇴행성 신경질환)'로서, 통증이나 장애의 정도를 악화시켜 삶의 질을 떨어뜨리는 주된 요인이 될 수 있다. 이와 마찬가지로 긍정적인 뇌 가소적 개입(사용자 의존적 가소성)은 부정적으로 변형된 뇌 신경회로를 재구성 또는 재편성하는 치유의 메커니즘이라는 것을 의미한다.

'뇌 가소성'은 **'요람에서 무덤까지'** 평생에 걸쳐 끊임없이 신체적 활동(몸)과 정신적 경험(마음) 등 환경적 요인에 반응하고 대응하는 **'뇌(중추신경계)**의 **가소적 변화'**이다. 뇌의 변화는 '몸'과 '마음'이라는 통로를 통해 '뇌'가 변화하고, '변화된 뇌'가 '몸'과 '마음'을 변화시키는 지속적인 선순환 과정이다. 우리가 **'보는 것'**은 **'눈으로 보는 것'**이 아니라 **'뇌가 보는 것'**이다. 고로 **'뇌가 변하는 것'**은 **'내가 변하는 것'**이고 **'세상이 변한다는 것'**을 의미한다.

---

1) Clifford J. Woolf and Michael W. Salter, "Neuronal Plasticity : Increasing the Gain in Pain", Science Vol.288, pp.1765-1768. 2000. DOI : 10.1126/science.288.5472.176
2) Bryan Kolb, and Ian Q. Whishaw, "Brain plasticity and behaviorR", Annual review of psychology Vol.49, pp.43-64. 1998. DOI : https://doi.org/10.1146/annurev.psych.49.1.43

이러한 '가소적 변화'는 뇌의 본질적 특성이다. 뇌는 '몸'(신체적 활동)과 '마음'(정신적 경험)의 통로를 통해 입력되는 자극에 반응하고 대응하여 시냅스로 연결되는 신경회로(네트워크)가 형성된다. 만약 나쁜 습관에 의해 뇌 가소적 변화가 발생하였다면, 한 번 일어나 자리를 잡기 시작한 '부정적 변화'는 '좋게 변화'할 수 있는 가능성을 막아버릴 수 있다.

어떤 뇌 가소적 변화를 선택할 것인가는 자신의 선택이다. 뇌 가소성을 활용하여 좋은 습관을 만들고, 그 자극으로 긍정적인 뇌로 변화시킨다면, 통증을 줄이고 제어할 뿐만 아니라 건강한 삶을 누리는 주인공이 될 것이다.

뇌 가소성을 '이해'하고 '**체감**'한다는 것은 쉽지 않다. 경험해 보지 못한 새로운 영역이기 때문이다. 뇌 신경 가소성에 대한 정의 자체가 너무 포괄적이어서 이해의 관점에서 보면 그 실체를 인식하기에는 단편적이라 할 수 있다. 따라서 독자분들이 뇌 가소성에 대한 실체를 실효적으로 받아들일 수 있도록 '뇌 가소성의 개념'과 치유의 '범위', '방법', '목표' 등을 망라하여 다음과 같이 '**조작적 정의**'를 하고자 한다.

'**뇌 가소성**'은 환경(신체, 정신 포함)적인 자극에 대해 뇌가 반응하고 대응하는 과정에서 결과되는 '**신경계 및 내분비계 메커니즘**'*(내분비계, 면역계, 근골격계, 순환계 등 포함)의 적응적 또는 비 적응적인 변화'이다.

* 항상성에 의한 '신경계와 내분비계의 자동조절 시스템'[3], '통증 발생 및 억제 시스템'(몸의 방어 시스템), '면역반응 시스템', '신경전달 및 조절 시스템'(콜린성 시스템 등), '도파민 시스템', '신경세포 신호처리 시스템(가소성의 조절계 등)' '스트레스 반응 시스템(도피-투쟁 반응)' 등을 망라한 메커니즘이다.

이러한 뇌 가성을 활용한 '**치유 활동**'이란 비정상적이거나 **변형된 뇌 신경회로를 '시냅스 가소성'**으로 '**재편성 또는 재배선**'하여 '**각종 생리적 시스템**'을 정상화하려는 신체적 활동(예 유산소 운동, 요가, 싸이클링 등) 또는 정신적 경험(예 학습, 상상 요법, 알아차림, 두뇌 훈련 등)을 말한다. 그 방법은 스스로(사용자 의존적 가소성) 행하는 '**비침습적**(수술은 상처와 염증을 유발)**이고 비약리적**(약물은 대체로 증상 개선 위주이며, 부작용 초래)**인 방식**'으로 '경험하는 장애나 질환과 그로 인해 연유되는 불유쾌한 감정을 축소 및 제거하는 것'이며,

3) 항상성은 생명 현상에 있어 매우 중요한 개념으로, 질병이 발생하는 핵심적인 정의 중 하나가 바로 이 "항상성이 깨져 면역력이 떨어지는 것"이다. 인간의 항상성은 '호르몬'과 신경 중 '자율신경계'에 의해 유지되며, 관여하는 기관은 '신경계'와 '내분비계'로, 상태의 변화에 따라 민감한 반응을 보인다. 예를 들면 뇌가 체온이 평소보다 높다고 판단하게 되었을 때, 즉시 몸에서 땀이 나도록 신경을 통해 명령하면 내분비계는 실제로 땀을 배출하여 인간의 몸에서 땀이 난다. 주위의 온도가 다시 추워지면 몸이 오들오들 떨리는 때도 이와 마찬가지다. 체내에서의 항상성 유지에는 크게 혈당량 조절, 체온 조절, 삼투압 조절이 있다. https://namu.wiki/w/항상성

목표는 궁극적으로 **'삶의 질을 높이는 것'**이다.

뇌 가소성 연구의 권위자 마이클 머제니치(미국 캘리포니아주립대 신경공학과 교수)는 **"당신의 뇌에는 '변화와 회복의 힘'이 있다."**는 것을 강조한다. "뇌졸중이 일어나면 뇌 세포 일부가 죽게 된다. 하지만 뇌는 스스로 최고의 상태를 만들기 위해 지속적으로 변화한다. **회복할 수 있는 가장 좋은 방법은 '뇌 가소성'을 이용하는 것이다.**" 즉 "**뇌를 깨우는 것**이다. 어떻게 적응해야 하고 최선의 결과를 도출해 낼지, 기존에 해왔던 기능을 어떻게 새로운 곳에서 잘해 낼 수 있을지? 우리 뇌는 이런 것들을 하기 위해 **스스로 변화하는 능력을 갖추고 있다.**"[4]고 주장한다.

그럼에도 뇌 가소성은 양날의 칼"이다. 뇌는 긍정적 변화와 부정적 변화를 식별하지 못한다. 그 선택은 각자의 선택에 달려 있다. 대표적으로 **부정적 가소적 변화**가 **만성통증의 주범**인 **'중추 감작*'**과 **'신경 지문**'**이다.

* (중추 감작)은 중추신경계가 예민해져 '무해 자극' 또는 '사소한 자극'에도 통증을 느끼는 현상이다. 이는 중추신경계의 변형을 의미하며, 다양한 만성통증 질환의 원인이 된다. 중추 감작에 의한 통증의 양상은 '근골격계 통증'(섬유근통), '긴장성 두통', '과민성대장증후군', '외상 후 스트레스장애', '만성 목통증'(경부통), '요통', '전환장애', '신체화 장애' 등 매우 다양하다.

** (신경 지문)은 사람의 지문처럼 경험한 통증이 뇌에 기억된 것이다. 기억된 통증은 "자라 보고 놀란 가슴 솥뚜껑 보고 놀란다"라는 속담처럼 유사한 상황에서 통증을 생성하고 악화시킬 수 있다는 것을 의미한다. 즉 뇌 속에 신경 지문이 형성되면 실제 신체조직에 손상이 없음에도 유사한 움직임이나 자극이 주어지면 뇌는 통증을 발화하게 된다.

뇌 신경 가소성(사용자 의존적 가소성, 시냅스 가소성)과 부정적 가소적 변화**(신경 지문, 중추 감작)**는 현대 통증의학의 핵심 이론으로 **'통증 관리와 치유'**의 중요한 단서이다.

이를 이해하는 것은 **'혁명적 통증 관리 및 치유 방식'**을 경험하는 출발점이다. **'몸'**(신체적 활동)과 **'마음'**(정신적인 경험)을 통해 반응하고 대응하는 **'뇌 가소적 변화'**는 우리가 가진 **'놀라운 치유의 영역'**이다. '몸과 마음이 뇌 신경회로를 변화'시켜 중추 감작 회로를 재구성하고 신경 지문을 지워내며, '변화된 뇌 신경회로가 다시 몸과 마음을 변화'시키는 **'치유의 선순환 메커니즘'**이기 때문이다. 이것은 이전까지 불치의 영역으로 여겼던 장애나 질환을 치유의 영역으로 가능하게 하는 진실이다. 그것도 비침습적이고 비약리적 방법으로 말이다.

이것이 이 장에서 언급하고자 하는 주요 내용이다. 이를 위해 뇌 가소성과 관련된 검증된 이론, 동물실험과 임상연구 논문, 그리고 사례들을 근거로 뇌 가소성의 실체를 제시한다. '급성통증을 제외한 대부분의 질환과 통증 관리'를 위한 '새로운 경험'이 될 것이며, 누구나

4) 「충남대학병원-뇌혈관센터」, "변화와 회복의 뇌를 가진 당신에게", http://webzine.cnuh.co.kr/ 2020/02/sec1/intro

'나이 듦'으로 직면할 수밖에 없는 퇴행성 뇌 신경질환(알츠하이머병, 파킨슨병, 치매 등)으로부터 스스로 '자유로운 삶'을 만들어갈 수 있는 필수적인 단서가 될 것으로 확신한다.

5-2 상기해 보는 만성통증의 원인과 메커니즘

제2장 '**알아야만 치유되는 통증**'에서 만성통증의 원인과 메커니즘을 알아보았다. 상기해 보면, 우리 몸은 **유해 자극이 발생하는 즉시 '통증 발생 및 억제 메커니즘'이 작동**한다. 이것은 '**우리 몸을 보호하는 정상적인 방어시스템**'이다. 그러나 통증 원인을 제거하지 못하거나, 경험하는 통증의 시간이 과도하게 경과하는 경우에는 뇌는 반복적으로 통증에 노출되고, 통증 유발 및 억제 물질의 전달과정에 균형이 깨지면서 '뇌 신경전달체계(신경세포가 연결된 회로)에 변형'이 발생한다. 이런 상황이 3개월 이상 지속할 경우, 통증은 뇌에 '각인'이 되고, 뇌의 신경전달체계가 손상되어 '통증의 중추화 혹은 중추 감작'이 발생한다. 이러한 상태는 통증의 원인을 제거했다 하더라도 뇌에 각인된 부분이 사라지거나, 대체되지 않는 한 통증을 계속 느끼게 된다.

난치성 만성통증을 관리하고 치유하는 방법은 무엇일까?

그 방법은 명확하다. 신경학적으로 **변형된 신경회로를 정상화**(재구성 또는 재배치)**하면 된다**. 그렇다면 인위적으로 뇌 신경회로를 변화시킬 수 있는 것일까? 가능하다. 그것이 바로 '**신경가소성**(神經可塑性, neuroplasticity)'이다. 뇌의 신경계는 자신의 선택과 경험에 따라 신경세포의 연결망을 재구성하고 기능을 조정(재편성)하는 능력이 있다. 이를 활용하여 변형된 신경전달체계를 재구성하거나 재배치되도록 한다면 통증 관리(통증 축소 또는 제거)에 긍정적(적응적) 결과를 만들어 낼 수 있다.

뇌의 변화와 관련 신경과학계의 유명한 실험이 있다. **1997년 누도 박사**(Dr. Nudo)의 **원숭이 실험결과**이다.[5] 원숭이에게 인위적으로 뇌경색을 만들고, 4개월간 재활 치료를 하지 않은 채 방치한 결과 손의 운동을 담당하는 뇌의 활성 영역이 1/4 크기로 줄었다. 반면 **재활 치료를 꾸준히 한 경우, 손 운동을 담당하는 뇌의 활성 영역이 크게 증가**했다.

5) 「헬스경향」, "뇌신경재활③ 집중재활치료로 뇌가소성 극대화되면 삶의 질도 '쑥'", 2017.10.20.

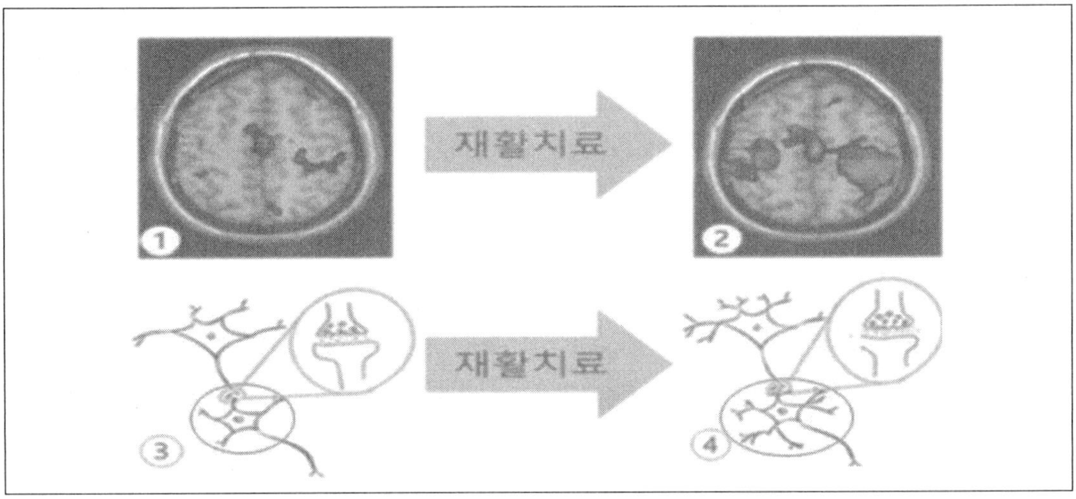

출처 : https://www.k-health.com/news/articleView.html?idxno=32043

이것은 '재활 치료'라는 물리적 자극이 '뇌 가소성'을 활성화하고, 신경회로를 적응적으로 변화시켜 신체기능을 회복시키고 장애를 감소시킨 것이다. 장애를 받은 손의 재활 치료를 시행한 후 fMRI 촬영한 결과 뇌의 활성 영역이 ① → ②로 확장되었다. 뇌 신경세포의 구조와 기능에도 변화가 생겼다. 사진 ③ → ④와 같이 신경세포의 가지돌기가 늘어나고, 신경전달물질의 분비량이 증가 됨으로서, 신경세포 간의 연결이 활성화되고 신호전달이 더 원활해졌다. 이 실험의 결과는 '재활 치료'(신체적 활동)가 뇌 신경회로의 재구성 및 재편성에 영향을 미친다는 것을 보여준 것이다.

2017년 미국 메사추세츠대 병원과 하버드대 연구팀은 "**고령자의 정기적인 걷기가 인지기능**(기억력, 주의력, 언어 능력, 시공간 능력, 판단력)**과 뇌 구조에 미치는 영향**"에 대한 연구를 수행했다. 고령자들이 매일 30분 이상 걷기 운동을 하면서 인지기능 테스트와 뇌 영상 검사를 하였다.

그 결과 정기적인 걷기 운동을 하는 고령자들의 인지기능을 담당하는 영역의 활성도가 높게 나타났다. 뇌 구조 측면에서도 **걷기 운동은 노화로 인한 뇌 부피 감소를 방지**하고, 기억과 학습을 담당하는 뇌의 영역인 **해마의 크기가 유지되거나 더 커진 것**으로 나타났다. 이 연구는 정기적인 걷기 운동이 뇌 기능을 활성화하여 노화로 발생하는 인지기능의 감퇴를 방지하고, 개선함으로써 고령자의 삶의 질을 유지 및 지원할 수 있는 비약리적 요법이라는 것이 확인되었다.[6)]

---

6) Dir. Joeseph ys Chung, "뇌 가소성 이론(Neuroplasticity theory)"https://m.blog.naver.com/premeduab/223219491317

이들 연구는 '재활 치료'나 '정기적인 걷기' 등의 신체적인 활동이 뇌를 자극하고, 그 자극에 대한 뇌의 반응은 '신경세포의 가지돌기 확장', '신경전달물질의 분비량 증가', '해마 크기 증가' 등 신경회로의 재구성 및 기능 변화를 촉진하였다. 그 결과 '운동 기능의 회복'과 '인지기능의 감퇴 방지 및 강화'로 나타난 것이다. 이 같은 '뇌의 가소적 변화'는 만성통증의 주된 원인인 변형된 신경회로(신경 지문, 중추 감작)도 재구성하거나 재편성한다면, 통증을 관리하고, 치유될 수 있는 영역임을 시사하고 있다.

5-3 뇌는 변하지 않는다 vs 변화한다

뇌는 혈관을 통해 피와 산소를 계속해서 공급해 줄 때 생존이 가능하다. 그런데 혈관이 터지는 **'뇌출혈'**이나 혈관이 막히는 **'뇌경색'**이 생기면, 그 부위에 산소 공급이 제한되고, 뇌는 손상이 되어 기능 수행이 어렵게 된다. 그래서 손상된 부위에 따라 **손발을 못 움직이든지**, **말을 잘못하든지**, **이해력이 떨어지는** 등 **장애를 겪게 된다**. 이러한 장애는 환자의 삶을 지배하면서 피폐하게 만든다. 하지만 환자들의 꾸준한 치유 활동과 노력으로 호전된 사례를 쉽게 확인할 수 있다.

문제는 **'손상된 뇌 신경은 변화(치유)될 수 있는가?'**라는 점이다.

뇌출혈로 뇌 신경이 손상된 환자는 자신의 의지대로 사지를 제대로 움직일 수 없다. 하지만 재활 치료를 하면 타격을 받은 부위의 기능이 상당한 정도로 회복된다. 이는 죽은 뇌 세포가 다시 살아나는 것이 아니다. 뇌 세포에 부분적인 손상이 있는 경우, **'손상되지 않은 건강한 세포'**가 **'손상된 세포의 기능'**을 **대체하여** **'걷는 기능이 회복된 것'**이다.[7]

이것은 뇌가 주어지는 환경에 반응하여 끊임없이 구조적 · 기능적으로 변화한다는 것을 의미한다. 신체적인 활동과 정신적인 경험은 뇌를 자극하여 새로운 뉴런을 생성하기도 하고, 활동하는 뉴런의 수명을 연장하며, 시냅스에 의한 신경회로의 연결을 강화한다. 이때 세포 간에 교환하는 정보의 양과 질에 따라 시냅스에 의한 신경 연결망이 새로 형성 또는 강화되기도 하고 사라지기도 한다(기능 퇴화). 이것은 뇌 세포의 구조와 기능의 변화를 의미하는 **'뇌 가소적 변화'**로서 뇌 세포가 가지고 있는 특유의 **플라스틱 성질**(신경계가 변화할 수 있는, 조절할 수 있는)[8] 때문이다.

---

7) 가천의대 길병원 건강칼럼, https://terms.naver.com/entry.naver?docId=2108599&cid=63166& categoryId=51014

그럼에도 '**뇌는 바뀌지 않는다**'는 것이 지난 400년간 **뇌 과학의 주류적 시각**이었다. 뇌 구조를 기계와 같은 '하드웨어'로 인식하여 **시간이 지나면 오직 퇴화**할 뿐으로, **갈수록 성능이 떨어질 수밖에 없다**고 믿었다. 과학자들은 뇌가 기계와 같아서 '**정신적 기능을 하는 뇌**'의 각각의 영역이 '**장치의 부품**'처럼 '**정해진 곳에 놓여있는 뇌**'라는 **장치로서 기능을 수행**한다고 보았다. 그래서 뇌졸중이나 기타 사고 또는 부상으로 뇌의 특정 영역이 망가지면 영원히 고칠 수 없다고 인식했다.

의학계와 심리학계에서는 전통적으로 영유아기에 뇌가 발달하고 나면 더 이상 변화하지 않는다는 것이 정설이었다. 그래서 발달심리학에서는 발달을 위한 '결정적 시기'가 존재하며, 이 시기에 적절한 인지, 정서, 신체적 발달이 이루어지는 것이 매우 중요하다고 믿었다.[9] 한편 나이 든 사람들도 뇌의 구조는 시간이 지나면 퇴화하는 기계에 불과하다는 생각에 뇌의 쇠퇴를 막으려는 정신적·육체적 활동과 노력은 시간 낭비인 것처럼 보였다. 하지만 **조금만 주의를 기울여 보면 '뇌는 바뀌지 않는다'**는 시각에 많은 오류가 있음을 확인할 수 있다.

인간의 뇌 크기가 증가하고, 대뇌피질 용량과 형태가 달라졌다

초기 인류 조상인 오스트랄로피테쿠스의 뇌용량(400-500cc)에 비해, 현생 인류 호모 사피엔스의 평균 뇌용량(1300-1400cc)은 **3배 정도 증가**했다. 이는 인류의 진화 과정에서 복잡한 사회적 상호작용, 도구 사용, 언어 발달 등과 관련성이 있지만, 본질적인 요인은 **뇌의 가소적 속성**에 의해 **뇌용량의 증가로 결과된 것**이다.[10]

인간의 사고 및 추리 능력을 담당하는 **'대뇌피질'의 용량은 25만~30만 년 전에 비해 20% 증가했다**. 이는 16% 증가한 신체 크기에 비해 상대적으로 많이 증가한 것이다. 이것이 인간이 만물의 영장이라 불리는 이유 중 하나이다. 만약 두개골의 크기가 뇌가 증가한 만큼 커졌다면 여성의 골반이 출산을 견디지 못했을 것이라 한다. 두개골의 크기보다 상대적으로 뇌의 용량을 키울 수 있었던 방법은 바로 뇌가 촘촘히 접히는 것이다. 이 때문에 대뇌피질의 90%는 주름으로 이루어져 있다. 주름진 피질 구조는 멀리 떨어진 신경세포들을 연결하는 데 필요한 거리를 줄여준다. 또한 상호 연결이 많은 뇌 영역들은 인접하여 위치함으로써, 연결에 필요한 부피를 줄이면서 용량을 키웠다.[11] 인간의 대뇌피질이 오랜 시간에 걸쳐

---

8) 모헤브 코스탄디(Moheb Costndi), 「Neuro-Plasticity 신경가소성」, p.6, 2019.11.
9) 「정신의학신문」, "[뇌과학], 우리의 뇌는 변화한다, 신경 가소성", 2023.03.10
10) Holloway, R. L.. "The role of human social behavior in the evolution of the brain." Human Evolution, Vol.3(1), pp.1-18, 1974.

용량이 증가하고, 주름이 더 많아진 '**진화**'라고 할 수도 있다. 그러나 근본 원인은 오랜 세월에 걸쳐 개체들이 환경에 적응하면서 경험과 학습을 통한 뇌 구조가 변화가 오랫동안 축적되어 온 결과로 보는 것이 타당하다. 따라서 '**대뇌피질의 주름 형성**'은 **진화적 변화의 결과**이지만, 그 근본적인 메커니즘은 **개체 수준에서 '뇌 가소성**'이라고 할 수 있다.

뇌 '가소적 변화'로 신체기능이 다르게 변화했다

16세기 르네상스 시대 미켈란젤로의 제자였던 조르조 바사리(G. Vasari, 1511~1574)는 그의 저서 《미술가 열전, 1550》[12]에서 "미켈란젤로는 고개를 뒤로 꺾은 채 서서, 말할 수 없이 불편하게 작업을 하고, 시력을 해친 나머지 여러 달 동안 그 자세가 아니면 책을 읽거나 설계도를 볼 수 없었다."라고 기술하고 있다.

미켈란젤로가 '시스틴 성당 천정화'[13]를 그렸을 때 거의 천정까지 발판을 쌓고 20개월 동안 그림을 그린 결과였다. 미켈란젤로가 2년 가까이 적용한 '신체적 활동'(자세)과 '정신적인 집중'은 뇌 신경회로의 재구성(뇌 가소적 변화)으로 이어져, '그림을 그리는 자세에서만 보고 읽을 수 있도록 적응'된 가소적 변화의 사례이다.

18세기 '가소적 개념'이 등장했고, 이를 입증한 동물실험도 있었다

이 개념을 탐구한 인물로는 스위스 철학자 **장자크 루소**(Jean-Jacques Rousseau, 1712~1778)와 **샤를 보네**(Charles Bonnet, 1720~1793), 그리고 이탈리아 과학자 **빈센조 말라카르네**(Malacarne, 1744~1816) 등이 있었다.

루소는 당시의 기계적인 자연관을 비난했다. 그래서 "**자연은 살아있고 역사를 지니고 있으며, 시간이 가면서 변화하고 있다.**"라면서, "**우리의 신경계가 기계와 같은 것이 아니라 살아있고 변화할 수 있는 것이다.**"라고 주장했다. 이러한 주장은 그의 저서 《에밀》에 언급되고 있다. "**뇌의 조직은 우리의 경험에 영향을 받으므로 우리는 근육을 훈련하듯이 감각과 정신 능력을 훈련할 필요가 있다.**"는 것이다. 이처럼 인간의 뇌는 경험에 민감하기 때문에 쉽게 변화된다는 루소의 생각은 당시 감각을 강조하는 '**발견학습**'으로서 **몬테소리 교육기관의 출현**으로 이어졌다.

---

11) 「경향신문」, "에너지 효율 높은 '뇌'", 2018.06.25
12) 「위키백과」, "조르조 바사리", https://ko.wikipedia.org/wiki/
13) 시스티나 성당(교황을 선출하는 장소이자, 교황이 직접 미사를 집전하는 성당으로 활용되고 있다)은 바티칸 시국에 있는 교황의 관저인 사도 궁전 안에 있는 경당이다. 미켈란젤로는 교황 율리오 2세의 후원을 받으면서 1508년에서부터 1512년 사이에 성당의 천장에 12,000점의 그림을 그렸다. 「위키백과」, "시스티나 경당"

루소의 생각을 공유했던 샤를 보네는 1783년에 말라카르네에게 "**신경조직도 근육처럼 훈련에 반응할지도 모른다.**"는 의견을 보냈다. 말라카르네는 **보네의 가설을 검증하는 실험을 진행**했다.[14] 말라카르네는 **'쌍둥이 동물'**(새, 개)을 두 그룹으로 나누어 **한 그룹은 훈련을 하고, 다른 그룹은 훈련을 하지 않았다.** 이들 두 그룹의 뇌를 비교하여 **신경조직의 차이를 관찰**했다. 그 결과 **훈련한 그룹의 뇌**(소뇌)**가 더 발달 되고, 신경조직이 복잡하게 연결된 것**을 발견했다. 이 실험은 **훈련에 반응하여 신경조직이 변한다는 것**을 보여주었다. 현대 신경과학의 기초가 되는 중요한 발견 중 하나였지만, 당시 뇌는 변하지 않는다고 믿었던 과학자들로부터 엄청난 반대에 부딪히면서 주목을 받지 못했다.

19세기에도 '가소적' 성질을 입증한 연구결과가 존재했다

1896년 스크래톤(G. Stratton)의 연구에 따르면 "**반전 프리즘 안경**(시야를 상하 반전시키는 렌즈로 구성)을 **착용한 사람들은** 몇 시간에서 며칠이 지나면 **뇌가 시각정보를 재조정하여 뒤집힌 세상을 정상적으로 인식**하게 된다. 심지어 책을 거꾸로 들고 읽는 것도 가능해진다."는 사실을 확인했다.[15] 이 연구는 "**뇌의 가소적 성질**에 의해 **뇌가 새로운 시각정보를 처리하고 해석하는 방식을 변경할 수 있다.**"는 것을 보여주는 것이었다.

그럼에도 **20세기 중반 이전까지는 '뇌의 해부학적 구조'**는 **고정되어 있다고 굳게 믿었다.** 즉 특정 뇌 기능(감각, 운동, 언어, 기억 등)이 '뇌의 특정 영역에서 국한되어 있다'는 '뇌의 국재화'의 개념은 견고했고, 그래서 뇌는 변화하지 않는다고 믿었다. 노벨상 수상자이자 세계적인 뇌 해부학자로 '신경세포의 구조 이해의 기초'를 다진 산티아고 라몬 이 카할 교수도 만년에 '뇌 가소성' 연구에 전념했지만, 그것을 입증하는 데 실패했다.

그는 "도마뱀처럼 단순한 동물의 뇌와 달리 인간의 뇌는 손상을 받으면 저절로 재생되지 않는가?"라는 문제에서 출발했다. 즉 피부의 상처는 새로운 피부가 재생되어 아물고, 부러진 뼈도 시간이 지나면 붙으며, 골수에 있는 조혈모세포는 적혈구와 백혈구로 분화되어 잃어버린 혈액을 채울 수 있다. 그럼에도 "뇌에서는 왜 '줄기세포[16]'를 찾을 수 없는가?"라는 것이다. 이를 확인하기 위해 '뇌가 구조를 바꾸고, 재생 또는 재조직'에 관한 연구를 전념했다.

---

14) MJ Renner, MR Rosenzweig, "Enriched and Impoverished Environments:Effects on Brain and Behavior." New York : Springer-Verlag. pp.1-2, 1987.

15) GM Stratton, "Some preliminary experiments on vision without inversion of the retinal image.", Psychological Review, Vol.3(6), pp.611-617, 1896.

16) 줄기세포는 특정 세포 유형으로 분화할 수 있는 능력을 가진 미성숙 세포(아기 세포)로, 두 가지 주요 특성을 가지고 있다. 첫째, 자기 복제가 가능하여 여러 세포로 분열할 수 있고, 둘째, 다양한 세포 유형으로 분화할 수 있는 잠재력을 지니고 있다. 여기에는 배아 줄기세포, 성체 줄기세포, 유도 만능 줄기세포로 구분된다.

하지만 1913년 《신경계의 퇴행과 재생》의 저서를 통해 **"성인의 뇌는 고정되어 있고, 죽어갈 뿐 아무것도 재생되지 않는다."**고 결론지었다.[17]

20세기에 들어서면서 달라지기 시작했다. '뇌가 변한다'는 진실은 서서히 드러나면서 규명되고 입증되었기 때문이다. 그 결과 최근 100년간 뇌 과학의 가장 대표적인 연구성과 중 하나로 손꼽히는 것이 바로 **'뇌 신경 가소성'을 밝혀낸 일**이다.

'인간의 뇌는 훈련하면 변화한다'라는 명제는 놀라움과 함께 경이로움이 공존한다. 그것은 **"뇌 세포는 한번 가지고 태어나면 영구적으로 손상되고 소멸한다"**는 기존 가설을 뒤엎는 충격이자 만성통증, 뇌 장애 및 질환 등 불치의 영역에서 벗어날 수 있다는 **'혁명적인 메시지'**였기 때문이다. 이 진실은 수많은 동물실험(쥐, 원숭이)과 임상시험을 통해 규명되고 입증되면서 **'뇌 신경 가소성 이론'**의 정립으로 이어졌다.

동물실험으로 드러나기 시작한 뇌 가소성

20세기 중반부터 쥐와 영장류 뇌에서 줄기세포(아기 세포)가 발견되면서 '뇌 가소성 연구'는 전환점을 맞이하였다. 동물실험으로 기억조절 기능을 담당하는 '해마'(기억제조공장)가 증식하는 것'이 입증되었기 때문이다.

그 출발은 신경 가소성에 대한 선구적 연구자인 캐나다 도널드 헵(Donald Hebb) 박사의 쥐 실험이다. 1947년 맥길대학에서 심리학 교수였던 헵은 실험실 쥐를 사용하여 환경 자극이 학습 능력에 미치는 영향을 연구했다. 그는 풍부한 자극이 있는 환경에서 자란 쥐가 자극이 없는 단순한 환경에서 자란 쥐보다 뛰어난 학습 능력을 보인다는 사실을 발견했다. 이 연구는 뇌 가소성에 대한 중요한 통찰을 제공하며, 헵의 이론은 이후 심리학 및 신경과학 분야에서 큰 영향을 미쳤다.[18]

1962~1976년 버클리 대학교의 마르크 로젠츠바이크(Mark Rosenzweig) 등의 연구팀은 쥐를 대상으로 한 실험에서 **풍부한 환경**(새로운 장난감 등)**에서 사육된 쥐는** 표준적인 환경에서 사육된 쥐에 비래 **뇌의 신경세포 밀도가 높고, 더 많은 신경 연결이 형성**된 것을 발견했다. 이는 **환경적 자극이 뇌의 구조와 기능에 영향을 미치며, 자극이 풍부한 환경이 뇌 신경회로에 '더 높은 수준의 화학적 변화를 촉진했다'**는 것을 의미한다.[19] 1996년

---

17) D. D. B., "Degeneration and Regeneration of the Nervous System", Nature Vol.125, pp.230-231, 1930.

18) D. O. Hebb, 「The Organization of Behavior」, https://doi.org/10.4324/9781410612403

19) MR Rosenzweig, EL Bennett, "Cerebral changes in rats exposed individually to an enriched environment", Journal of Comparative and Physiological Psychology Vol.80(2), pp.304-313, 1976. : MR Rosenzweig, EL Bennett, "Experiential Influences on Brain Anatomy and Brain

연구에서도 훈련과 경험은 대뇌피질 두께, 시냅스 연결 정도, 수지상 가시의 수(가지돌기의 수) 및 수지상 분지(가지돌기의 구조) 등에서 더 많은 변화를 유도했음을 밝혀냈다.[20]

1965년 매사추세츠 공과대학의 조지프 울트먼(Joseph Altman)과 고팔 다스(Gopal D. Das) 교수는 성체(다 자란) **쥐의 뇌**(해마)에서 **'줄기세포'를 발견**했다.[21] 이는 **성장이 완료된 후에도 특정 영역에서 신경세포의 생성**(신경생성)**이 계속 일어날 수 있다는 것을 입증**한 것이다. 1988년 미국 록펠러대학 연구진은 카나리아 뇌의 발성 관련 영역에서 새 뉴런들이 만들어진다는 사실을 발견했다.[22]

알츠하이머 등 노화로 인한 질병 연구 분야에 명성이 높은 **미국 솔크연구소**가 **쥐를 대상으로 한 뇌 가소성 연구는 매우 주목할 만하다**.

1997년 거드 **캠퍼만**(Gerd Kempermann)과 **게이지**(Gage)는 자극이 풍부한 환경(공, 튜브, 쳇바퀴 등과 같은 장난감 제공)에서 자란(45일) 성체 쥐가 대조군의 새끼 쥐보다 **'해마의 치과 이랑' 부피가 15% 증가**하고 **4만여 개의 새로운 뉴런이 생성**되었다고 발표했다.[23] 2002년에는 생후 10~20개월의 생쥐(수명 2년)에게 10개월 동안 자극이 풍부한 환경 조건을 부여한 결과, 대조군에 비해 **해마에 있는 뉴런의 수는 다섯 배 높았다는** 결과를 발표했다.[24] 이 연구는 풍부한 조건이 새로운 뉴런 생성에 유리하며, 나이와 상관없이 **긍정적인 영향**을 끼친다는 것을 확인했다.

1999년 게이지(Gage)와 헨리에트 반 프라그(Henriette Van Praag)는 **새로운 뉴런 생성을 촉진**하는 데 가장 효율적인 방법이 무엇인지를 연구했다. 실험은 성체 쥐를 대상으로 '길을 찾는 미로 학습', '수영', '자발적 쳇바퀴' 등 다양한 그룹을 편성하여 실험을 진행하였다. 그 결과 '**쳇바퀴**'가 가장 효과적이었으며, 한 달간 쳇바퀴를 돌린 생쥐는 해마(치상이랑)

Chemistry in Rodents", Studies on the Development of Behavior and the Nervous System Vol.4, pp.289-327, 1978.

20) MR Rosenzweig, EL Bennett, "Psychobiology of plasticity : effects of training and experience on brain and behavior", Behavioural Brain Research Vol.78, pp.57-65, 1996.

21) Altman, J., & Das, G. D.. "Autoradiographic and histological evidence of postnatal hippocampal neurogenesis in rats", Journal of Comparative Neurology Vol.124(3), pp.319-335, 1965.

22) A Alvarez-Buylla, M Theelen, and F Nottebohm, "Marga Theelen and Fernando Nottebohm, Birth of Projection Neurons in the Higher Vocal Center of the Canary Forebrain before, during, and after Song Learning", Proceedings of the National Academy of Sciences of the United States of Americ Vol.85(22), pp.8722-8726, 1988.

23) G Kempermann, HG Kuhn, FH Gage., "More hippocampal neurons in adult mice living in an enriched environment", Nature Vol.386, pp.493-495, 1997.

24) G Kempermann, D. Gast, and F. H. Gage, "Neuroplasticity in old age : sustained fivefold induction of hippocampal neurogenesis by long-term environmental enrichment", Annals of neurology Vol.52(2), pp.135-143. 2002. https://doi.org/10.1002/ana.10262

의 **새로운 뉴런 수가 2배로 증가**했음을 밝혀냈다.[25] 2005년에는 쳇바퀴를 탄 늙은 쥐(생후 19개월)에서도 뉴런의 생성(젊은 쥐의 50% 수준)과 학습 능력(미로 찾기, 기억 등)이 향상된 것을 확인하였다.[26]

이 연구결과는 '**예측 증식**'이론과 일치된다.[27] 새롭게 주어진 쳇바퀴는 동물에게 빠르게 걷는 색다른 상황을 경험하게 되고, 이전과 다른 새로운 환경(빠르게 걷는 환경)에 적응하기 위한 예측을 하며, 그 **예측에 맞는 학습과 발화에 필요한 뉴런이 증식된다는 것**이다. 이는 새로운 환경이 뉴런 생성을 촉진하므로 "**뇌를 건강하게 하려면 이미 숙달된 기술의 반복보다는 새로운 무언가를 배워야 한다**"는 머제니치의 주장을 뒷받침 한다.[28]

솔크 연구팀은 생쥐 연구를 통해 '**자극이 풍부한 환경**'이 **새로운 뉴런의 생성을 촉진**하며, '**새로운 도구들 사용법을 배우는 것**'은 새로운 뉴런을 생성하지 않아도 **존재하는 뉴런들이 그 영역에서 오래 살도록 해준다**(수명 연장)**는 것을 입증**했다. 특히 쳇바퀴와 같은 '**신체적인 운동**'과 그 도구들의 사용법을 배우는 '**학습**'은 상호보완적으로 뇌 가소적 변화를 촉진한다는 것을 보여주고 있다.

학습과의 상관성 연구도 있다. 미국 러트거스대학의 트레이시 쇼어스(Tracy Shors) 교수가 2004년 8월 '신경과학저널'에 발표한 논문에 의하면, 쥐의 기억력을 조사하는 과정에서 **사물을 학습시키면 쥐의 해마 신경세포가 증식한다는 사실을 발견**했다. 흥미로운 점은 기억력이 뛰어난 쥐일수록 새로운 신경세포가 더 많이 생성되었다. 먹이와 물만 있는 환경과 다양한 놀이 환경을 갖춘 곳에서 생활한 생쥐를 실험한 결과, 후자의 해마가 큰 것으로 확인되었다. 이후 '**아무것도 없는 환경에 있는 쥐를 자극적인 곳으로 옮기면 단 며칠 만에도 해마의 신경세포가 늘어났다**'는 결과도 도출했다.[29]

1999년 미 플린스턴 대학교 굴드(Gould)와 그로스(Gross)는 '사이언스'에 발표한 논문에서 "영장류인 성체(완전히 성장한) '마카크원숭이'에 어떤 자극(환경적 자극, 학습 경험 등)을

---

25) H Van Praag, G Kempermann, FH Gage, "Running increases cell proliferation and neurogenesis in the adult mouse dentate gyrus", Nature Neuroscience Vol.2, pp.266-270, 1999.

26) Henriette van Praag, Tiffany Shubert, Chunmei Zhao and Fred H. Gage, " Exercise enhances learning and hippocampal neurogenesis in aged mice", Journal of Neuroscience Vol.25(38), pp.8680-8685, 2005.

27) '예측 증식'은 뇌가 외부 세계를 어떻게 해석하고 예측하는지를 설명하는 이론으로서, 뇌는 외부 자극에 대한 예측을 생성하고, 실제 감각 정보를 기반으로 이러한 예측을 지속적으로 수정한다. 이러한 예측 증식은 동물들의 학습 과정과 밀접한 관련이 있으며, 새로운 경험을 통해 예측을 조정함으로써 환경에 적응하는 능력을 향상시킨다는 것이다. Friston, K. "The free-energy principle : a unified brain theory?" Nature Reviews Neuroscience Vol.11(2), pp.127-138, 2010.

28) 도먼 노이지, 「기적을 부르는 뇌」, p.324.

29) 「The Science Times」, "뇌는 훈련하면 변화한다.", 2015.11.04.

가했을 때 **'해마' 부위에 있는 신경세포의 개수가 증가한다**"고 밝혔다.30) 이는 다 자란 영장류의 **뇌 가소성을 뒷받침하는 중요한 증거**로서, **인간의 뇌도 유사한 과정이 있을 가능성을 제시했다**.

임상시험과 뇌 스캔으로 입증된 뇌 가소성

사람 뇌의 신생 뉴런에 관한 연구가 처음 나온 건 1998년이다. 미국의 솔크연구소의 러스티 게이지(Rusty Gage)와 에릭손(Peter Eriksson)은 **인간의 뇌에서도 임종 직전까지 해마에서 새로운 뉴런이 생성된다는 중요한 발견**을 했다. 이들은 'BrdU'라는 표지를 사용하여 뇌 세포를 염색하는 방법을 개발했다. 이 표지는 뉴런이 생성되는 순간에만 뉴런에 흡수되어 현미경으로 확인할 수 있다. 이 '표지'를 임종이 가까운 환자들에게 주입했다. 임종 뒤 그들의 뇌(해마)에서 생성된 신경세포들이 발견되었다.31) 인간의 뇌도 죽기 직전까지 새로운 뉴런이 생성된다는 것을 보여준 것이다.

같은 해에 학습과 관련하여 사후 부검을 통해 **'학습이 신경세포 간의 가지 수를 증가시킨다는 것**'을 **확인**하였다. 가지 숫자가 많아진 신경세포는 더 멀리 뻗어 가면서 **뇌의 부피와 두께를 증가**시켰다. 몸이 운동을 통해 근육이 강화되는 것처럼 '**몸에 변화**(자극)**를 주면 뇌가 깨어난다**'는 것이다.

브리이언 콜브(Bryan Kolb1) 등은 "뇌 가소성과 행동"이라는 심리학 연계 검토 보고를 통해 '**몸과 뇌 사이의 정보 통로를 원활히 하는 것**'(신체 운동과 같은 '경험')은 '뇌 신경 가소성을 활성화'하는 주요 요인으로, 뇌의 연결 방식이나 신경망의 변화, 시냅스 형성, 교세포 활동의 증가 등 '**뇌 신경망을 긍정적**(적응적)**으로 변화시킨다**'고 밝혔다.32)

2000년 런던대학의 엘리너 맥과이어(Eleanor Maguire) 교수는 미국과학아카데미 회보에 게재한 논문에서 "거미줄처럼 복잡한 것으로 유명한 영국 **런던의 택시기사의 뇌를 조사한 결과 베테랑 운전사일수록 '해마'가 더 크다**"는 연구결과를 발표했다.33) 런던 택시기사

---

30) Gould, E., & Gross, C. G.. "Neurogenesis in Adult Mammals : Some Progress and Problems", Science Vol.286(5439), pp.2027-2033. 1999. Gould, E., & Gross, C. G., "Neurogenesis in adult mammals : some progress and problems." Journal of Neuroscience Vol.22(3), pp.619-623, 2002.

31) Eriksson, P. S., Perfilieva, E., Björk-Eriksson, T., Alborn, A. M., Nordborg, C., & Gage, F. H., "Neurogenesis in the adult human hippocampus.", Nature Medicine Vol.4(11), pp.1313-1317, 1988.

32) Bryan Kolb1, and Ian Q. Whishaw, "Brain Plasticity and Behavior", Annual Review of Psychology Vol.49, pp.43-64, 1998.

33) Eleanor A. Maguire, et al., "Navigation-related structural change in the hippocampi of taxi

들의 해마의 뒤쪽 부분이 일반남성들 보다 상당히 크다는 것을 발견했다. 런던은 도로가 복잡하기로 유명하다. 런던 택시 운전면허는 런던의 거의 모든 거리를 익히고 그에 대한 시험을 통과해야만 얻을 수 있다. 이 때문에 런던 택시기사들은 학습과 기억, 특히 공간 기억력에 주요한 기능을 하는 해마 영역이 매우 발달해 있었다. 나아가 택시 운전을 오래한 사람일수록 해마의 크기가 더 컸다. 이는 지속적으로 해마를 사용해야 하는 상황과 경험에 노출됨으로써 '운행을 위한 기억을 담당'하는 '해마의 구조적 변화'가 일어났음을 보여준다.

또한 영국 런던대학은 '날마다 다른 곳을 운전하는 것'과 '같은 곳을 반복 운전하는 것'이 뇌 발달에 어떤 영향을 주는지에 대해 내비게이션을 사용하지 않는 '택시기사'와 '버스기사' 각각 35명을 대상으로 연구하였다. 그 결과 우선 운전을 하면 운전하지 않을 때보다 기억력을 담당하는 해마 부위가 더 발달하는 것이 확인되었다. **택시기사는** 해마 중에서도 **특징적인 지형물을 기억하는 해마 부위가 더 발달했고***, **버스 기사는 방향감각을 담당하는 해마 부위가 더 발달한 것****으로 나타났다.

* 택시기사는 다양한 경로와 목적지를 운전하며, 매일 다른 장소를 탐색한다. 이러한 경험은 그들이 주변 환경의 특징적인 지형물이나 랜드마크(Landmark, 먼 곳에서도 잘 보이는 땅에 세워진 물체)를 기억하는 데 도움을 준다. 따라서 지형적 기억을 담당하는 해마의 영역이 더 발달하게 된다.

** 버스기사는 정해진 노선을 따라 반복적으로 운전한다. 이들은 특정 경로와 정류장을 기억하는 데 집중하게 되며, 방향감각을 유지하는 것이 중요하다. 따라서 방향감각을 담당하는 해마의 영역이 더 발달하게 된다.

〈택시 기사의 뇌〉 〈버스 기사의 뇌〉

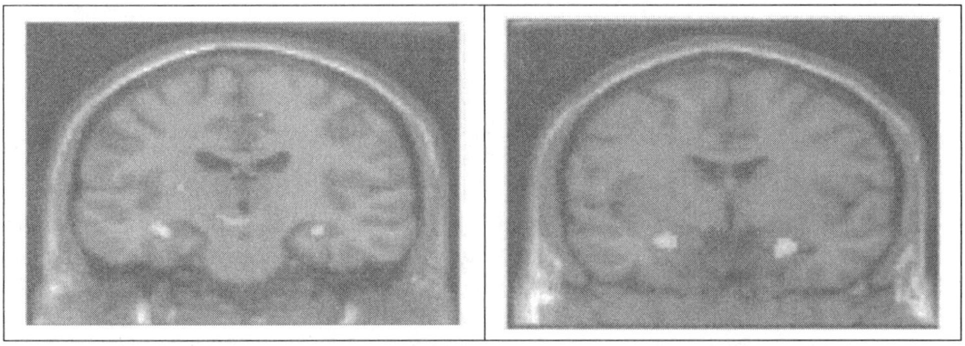

출처, https://news.sbs.co.kr/news/endPage.do?news_id=N1003157916

이 연구결과는 성인의 뇌가 환경적 요구에 대응하여 그 해부학적 구조(대뇌피질)에 가소적 변화가 일어날 수 있다는 것을 명확하게 입증한 것이다.

drivers", PANS Vol.97(8), pp.4398-4403, 2000. 「BRIC 동향」, "학습에 의해서 뇌의 구조가 변한다.", 2000.03.16; 「매일경제」, "[심리학 교실] 런던 택시기사들이 '공간 기억력' 특출난 이유", 2019.10.16.

최근 연구에서는 인간 뇌에서 신경세포(뉴런)의 생성이 일어나는 주요 부위는 '**해마**(SGV)'와 '**전뇌 뇌실하 영역**(SVZ)'이라고 밝히고 있다. 2000년(2010, 2015) 게이지를 포함한 연구자들은 **해마(치상회)에서 새로운 뉴런이 형성**되고, 기존의 신경회로에 통합되는 과정을 포함하여 신경세포의 생성이 활발하게 일어난다고 보고하고 있다.34) 또한 뇌 가소성을 촉진하고 뇌 손상 후 회복 과정에서 중요한 역할을 하는 '**전뇌 뇌실하 영역**'에서도 신경세포의 생성이 되는 것으로 밝히고 있다.35)

2004년 미국의 신경과학자 타일러 헨쉬(Tyler K. Hensch)는 "**뇌 가소성과 뇌 발달**"에 관한 연구결과를 다음과 같이 밝히고 있다. "뇌가 싫어하는 것은 자극이 없는 것이다. 신경망에 변화를 가져다주지 않고 오히려 퇴화하기 때문이다. **몸을 단련하는 운동, 무언가를 배우고 학습하는 과정**, 사람과의 **사회적 관계를 형성하는 과정** 등 이 모든 것들이 **새로운 신경망에 변화**를 만들어낸다. 많은 경험이 중요한 것은 '지식정보'보다 '**체험정보'가 새로운 시냅스 형성에 훨씬 유리하기 때문**이다."36)

지식의 기억은 오래가지 않으나 **온몸으로 체득한 경험은** 뇌의 다양한 부위를 자극하기 때문에 시냅스의 연결성 또한 훨씬 더 강하게 일어나 **장기 기억으로 보존**된다.37) 이는 뇌의 발달과 신경망 형성에 있어 다양한 자극과 체험이 필수적임을 시사하고 있다. 즉 단순한 지식보다 **실제 경험을 통해 얻는 학습이 더 효과적**이라는 것이다.

2008년 연구결과는 **인간 뇌의 또 다른 부분에서도 뉴런 줄기세포가 활성화**되고 **존재한다**는 것을 밝혀냈다. '**후각망울**'(냄새의 정보를 구분)에서는 활성화를 보이고, '**중격**'(감정과 관련된 기능 담당) · '**선조체**'(운동 조절, 보상시스템 관여) · '**척수**'(신호 정보 전달 통로) 등에서는 활동하지 않고 **잠복**(추출해서 활용이 가능)해 있다는 것이다.38)

2013년의 솔크연구소 연구원들은 '**성인 인간의 해마 신경 발생의 역학**'이라는 논문을

---

34) Gage, F. H. (2000). Mammalian neural stem cells. Science, 287(5457), 1433-1438. DOI : 10.1126/science.287.5457.1433; Kempermann, G., et al., "Environmental enrichment and adult neurogenesis in the hippocampus : a review", European Journal of Neuroscience Vol.32(2), pp.203-210, 2010. : Kempermann, G., Gast, D., & Gage, F. H. "Neurogenesis in the Adult Hippocampus", Nature Reviews Neuroscience Vol.3(10), pp.690-699, 2015.

35) Doetsch, F., Caillé, I., Lim, D. A., García-Verdugo, J. M., & Alvarez-Buylla, A. (1999). Subventricular zone astrocytes are neural stem cells in the adult mammalian brain. Cell, 97(6), 703-716. DOI : 10.1016/S0092-8674(00)80783-7; 김식현 · 김상수, "성체 뇌 조직의 신경발생", 대한고유수용성신경근촉진법학회, 제6권 제3호, p.38, 2008.

36) Hensch, T. K., "Critical period plasticity in local cortical circuits." Nature Reviews Neuroscience., Vol.6, pp.877-888, 2005.

37) 「대한민국 정책브리핑」, "뇌 속에 담긴 정보네트워크의 비밀", 2006.02.20.

38) Lledo, P. M., Merkle, F. T., & Alvarez-Buylla, A., "Origin and function of olfactory bulb interneurons." Nature Reviews Neuroscience, 9(12), pp.893-904, 2008.

통해 놀라운 연구결과를 발표했다. '탄소연대측정 기법'[39]을 응용해 사망자 **뇌 해마에서** 뉴런 생성 시기를 추적한 결과 **"성인의 경우 해마에서 날마다 700개가량의 신경세포가 생성**(성인의 신경 발생의 정도는 중년 인간과 생쥐가 비슷하다)되며, **노화가 진행되면서 완만하게 감소한다"**고 밝혔다.[40] 이 연구는 **"뇌의 뉴런 생성은 주로 어린 시절에 이루어지고, 성인이 되면 퇴화한다."**는 전통적인 기존 인식을 완전히 뒤집는 결과이다. **성인의 뇌도 신경생성이 가능하며, 뇌 기능이 향상될 수 있음을 규명한** 것이다.

공식화된 뇌 가소성

'뇌 신경 가소성'의 개념을 정립한 이는 2000년 노벨 생리 · 의학상 수상자 **에릭 캔델**(Eric Kandel) 이다.[41] 그는 지구상에서 가장 커다란 신경세포를 가진 **'해양 달팽이'**(갯민숭달팽이)를 연구하기 시작했다. 수년간의 연구 끝에 **"기억이 저장되는 신경학적인 메커니즘"**을 찾아냈다. 그리고 그의 저서《기억을 찾아서 : 마음의 신과학 등장》[42]에 자신의 연구결과와 과학적 지식을 총망라하여 담았다.

그는 **뉴런과 뉴런 사이의 신호전달체계 연구**를 통해 **뇌가 변한다는 사실을 입증**해냈다. 즉 **학습과 기억이** 신경세포 사이의 **'시냅스 연결'에 따른 변화를 통해 이루어진다**는 메커니즘을 실험을 통해 밝혀낸 것이다.

이를 토대로 **"뇌가 경험과 학습에 따라 구조와 기능이 변하는 능력"**으로서 신경세포가 시냅스 연결기능의 활성화로 신경회로가 변화할 수 있다는 **'신경 가소성의 개념'**을 **정립**하였다. 그의 연구는 신경 가소성 개념의 기초를 형성하는 데 중요한 역할을 했다. 에릭 캔델의 **'놀라운 발견'**은 크게 **3가지**다.

첫 번째는 **신경회로의 가소성 발견**이다. 이는 **시냅스 연결 강도가 변화할 수 있다는 것이**며, 신경회로가 물리적 · 정신적 자극으로 변화할 수 있음을 의미한다. **신체적 활동이나**

---

39) 이 기법은 방사성 탄소를 통해 세포가 생성된 시기를 정확히 측정할 수 있는 방법이다.

40) Kirsty L. Spalding, Olaf Bergmann, Kanar Alkass, Deborah C. Mash, Henrik Druid, Jonas Frisén, "Dynamics of Hippocampal Neurogenesis in Adult Humans", Cell, Vol.153, pp.1219-1227, 2013. :「미래&과학」, "어른 뇌에서도 새 뉴런이 자란다?"…20년 통설 '흔들'", 2019.10.19

41) 「브레인미디어」, "노벨생리의학상 수상자 에릭 캔델 - 01, 기억의 메커니즘과 의식 탐구의 오랜 여정", 2014.04.12.

42) 기억은 우리의 정신생활을 하나로 이어준다. 우리가 지금의 모습을 갖게 된 것은 대부분 우리가 배우고 기억하는 것들 덕분이다. 그렇다면 뇌는 어떻게 기억을 만들어낼까?라는 물음에 대한 자신의 연구결과와 통찰의 결과로서, 인지 심리학, 신경 과학, 분자 생물학을 결합한 새로운 정신과학으로 담아냈다. Eric R. Kandel, 「In Search of Memory : The Emergence of a New Science of Mind」, W. W. Norton & Company, 2007.

정신적 학습 경험이 시냅스의 수나 연결 강도에 영향을 미쳐 뇌 **신경회로의 구조적 변화**가 발생한다. 즉 기억과 관련하여 '**단기기억**'은 '**단순한 시냅스 기능의 변화**'이며, '**장기 기억**'은 '**시냅스에 의해 연결된 신경회로의 구조적인 변화**'를 필요로 한다. 이는 기억을 담당하는 해마의 크기가 변화(크면 장기기억, 작아지면 기억능력 퇴화)되면 인지기능(장기 기억)이 달라진다는 의미다.

두 번째는 **유전자 발현 조절**이다. **유전자는 바꿀 수 없다고 생각**한다. 하지만 '**장기 기억**'이 **유전자 발현**(유전자가 '켜진다')**을 바꿀 수 있음**을 밝혀냈다. 신경세포 내부의 '**장기 기억**'**을 강화하는 신호**(시그널) 전달과정이 **유전자 발현을 활성화시**키고, 이를 통해 **새로운 시냅스 연결을 강화**한다. 즉 유전자의 구조를 바꾸지 않고도 그 유전자의 역할을 바꿀 수 있다는 것이다.

세 번째는 **학습과 유전자 발현의 상호작용**이다. 그는 학습과 기억의 메커니즘을 연구하면서 **우리가 배우는 경험이 뇌의 시냅스 연결을 강화한다**는 것을 발견했다. 우리가 무엇인가를 배우고 경험할 때, **뇌의 신경세포들 사이의 연결이 더 강해진다**는 것이다. 이러한 학습 경험은 특정 유전자의 발현을 촉진하여 뇌에서 필요한 단백질 생성을 촉진(단백질은 신경세포의 생성 및 활동을 지원하여 뇌 가소성을 활성화)한다. 따라서 배우는 과정이 단순히 기억을 쌓는 것뿐만 아니라, 뇌의 구조와 기능을 변화시키는 데에도 영향을 미친다는 것이다.

이러한 연구결과는 본인의 저서《뇌의 치유방식》에서 언급하고 있듯이, 뇌 신경 가소성이 다양한 **신경학적 질환 치료(뇌 장애 및 질환, 난치성 만성 질환)에 활용(도움)될 수 있다는 가능성을 시사**하고 있다. 에릭 캔델은 학습이 뉴런 간의 연결인 시냅스를 통해 어떻게 기억이 신경회로에 저장되는(신경구조를 바꾸는 유전자의 스위치를 켤 수 있다)지를 밝혀냈다. 이후 수많은 후속 연구를 통해 "**뇌를 가진 다른 척추동물과는 달리 인간의 뇌는 지속적이고 강력하게 변화할 수 있다.**"는 것과 "**인간의 정신적 활동이 뇌의 산물일 뿐만 아니라 뇌의 구조를 변화시키는 요인이다.**"는 것을 입증했다. '한번 태어난 뇌 세포는 변화하지 않고 손상 또는 소멸된다.'는 기존의 뇌 과학의 통념을 깨뜨린 것이다.[43)]

지금까지 우리는 동물(쥐, 원숭이)과 인간의 뇌에 대한 해부학적 접근과 뇌 스캔의 결과로 "**뇌는 변한다**"는 '**뇌 가소성의 실체**'를 확인했다. 인간의 '**신체적 활동과 정신적 경험**'은 새로운 '**뇌 세포 생성**'과 '**수명 연장**', '**뉴런 간의 새로운 연결 및 강도 강화**' 등에 영향을 미친다는 것이다.

미국의 신경생리학자 마이클 머제니치(Michael Merzenich)는 "뇌는 **새로운 기술이나**

---

43) 「厚生新報」, "기억을 찾아서", 2014.12.09.

능력을 습득할 때마다 그 구조 · 기능이 변화된다."는 것을 입증했다.[44] 신체적인 활동과 정신적 경험 그리고 환경적인 조건이 더 많은 뇌의 뉴런을 생성하고 분화와 연결을 왕성하게 하여 적응적인 뇌 회로를 재구성하고 재편성을 가능하게 한다. 새로운 방식을 배우고 터득하는 **정신적 활동을 많이 할수록**, 규칙적인 운동으로 **인지적 자극을 활성화할수록**, **사회적인 관계를 유지하고 관리할수록**, **이들을 균형적으로 관리해온 사람일수록** 노화를 극복하면서 건강하고 자유로운 **삶의 질을 높일 수 있다**는 것이다.

뇌는 환경과 작용하면서 지속적으로 변화하고, 나이와 상관없이 변한다. 통계적으로 미국 사람들은 60세에 원래 시야의 40%를 잃고 70대에는 50%까지 감소한다. 세상의 많은 것들을 못 보는 것이다. 이는 나이가 들면서 인지능력이 감소하여 시야도 줄어들고 반응 속도도 느려진다. 이러한 현상에 대해 현대 신경의학은 치매를 인생의 질병으로 생각하듯이 당연한 것으로 받아들인다. 나이 든 뇌는 내부의 잡음 때문에 점점 노쇠해진다. 30세에 최정상이던 프로야구 선수가 40세가 됐을 땐 대부분 그러한 역량을 펼칠 수 없는 이유이다. 할아버지, 할머니가 손자, 손녀와의 게임에서 지는 이유이기도 하다. 늙은 쥐도 똑같이 모든 면에서 느려지고 부정확해진다.

하지만 이제는 뇌 가소성의 실체가 입증되고 일상의 활동 영역으로 수용되면서, 뇌는 "신체적인 활동과 정신적인 경험 그리고 주어진 환경적 여건에 따라 평생에 걸쳐 반응하면서 그 구조와 기능을 변화시킨다."는 '**뇌가 가진 놀라운 치유의 힘**'이 **목도**되고 있다. 이는 '뇌 가소성' 연구에 전념한 과학자와 연구자들의 덕택이다. 끊임없이 변화하는 뇌의 본질적 속성은 **인간의 삶의 방식을 새롭게 변화**시키고 있다.

5-4 뇌 신경 가소성의 원리와 신경학적 변화 형태

뇌가 지금의 나를 만들었다. 뇌는 자신이 '경험하는 것'을 통해 '새로운 것'을 만들어낸다. 뇌는 자신이 가깝게 생각하고, 중요하게 생각하는 것과 연결을 짓고 반응하기 위해 시냅스에 의한 신경세포의 연결을 통해 새로운 변화를 만든다. 나이와 상관없이 늘 변화하는 뇌는 그 변화를 통해 어제보다 나은 새로운 나를 만들어 낼 수 있다.

이처럼 놀라운 능력(자산)을 활용하지 않는 것은 매우 어리석은 행위에 지나지 않는다.

44) 「집중리포트」, "Brain Plasticity and Recovery", https://www.dbpia.co.kr/pdf/

내가 살아있다면, 뇌는 의도된 자극에 대한 반응으로 그 구조와 기능을 변화시켜 **현재의 나를 새롭게 만들어가는 진행형 메커니즘**이기 때문이다. 예를 들어 걷기 운동을 지속한다면 뇌는 새로운 뉴런의 생성과 분화를 통해 '해마'의 퇴화를 늦추고, 인지기능의 저하를 방지하는 가소적 변화를 만들어낼 것이다. 또한 그 어떤 것을 읽고 이해하는 활동을 계속한다면, 뇌 안에 특정 영역으로서 '읽고 이해하는 신경회로'를 새롭게 만들고, '인지적 비축'을 통해 노화에 대비한 자구책 역량을 강화해 나갈 것이다.

신호 정보 처리 메커니즘과 헤비안 규칙

우리의 감정과 생각이 만들어지는 곳이 '뇌'로서 중추 신경에 해당한다. **중추신경계는 신경 정보들을 받아들이고 반응을 결정하며 명령을 내리는 역할을 한다**. 뇌는 약 860~1,000억 개의 신경세포가 있으며, 이들 세포가 신호를 주고받을 수 있도록 연결 역할을 하는 1,000조 개 이상의 '시냅스'가 있다.[45] 뇌 신경세포들은 시냅스에 의한 연결을 통해 네트워크를 구성하고, 요구되는 **신경 정보**(신호 정보, 통각 신호)**를 처리**한다.[46]

뉴런과 뉴런은 연결된 것이 아니다. 통각 신호가 발생하면 신경세포 간 신호전달은 전기화학적 '흥분'과 '억제'라는 두 가지 신호를 주고받으며 상호작용을 한다.[47] 전기적 신호 상태의

〈시냅스 소자 모식도(도식적 그림) 및 신경전달물질 전달 모형〉

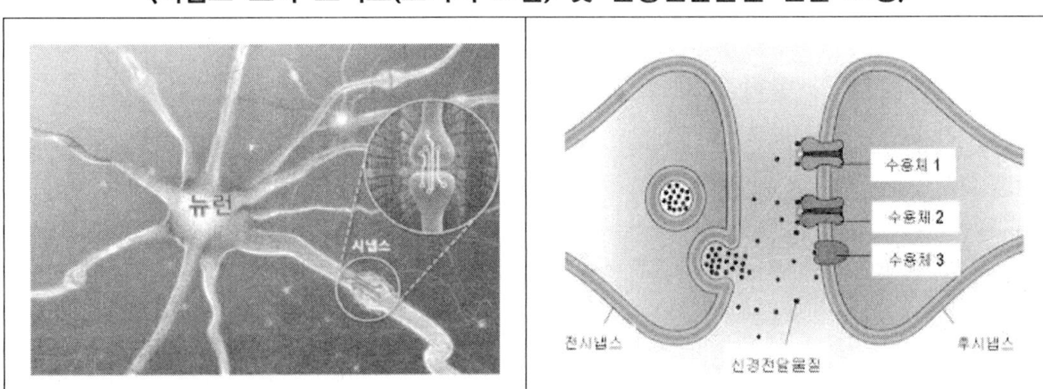

출처, https://m.dongascience.com/ 출처, https://www.readersnews.com/

45) 「교육부」, "뉴런의 구조와 종류", 2015.08.12. https://if-blog.tistory.com/5436 (검색일, 2023.03.06)
46) Zhang J. "Basic neural units of the Brain: Neurons, Synapses and Action Potential", arXiv preprint arXiv:1906.01703, 2019. DOI : 10.48550/arXiv.1906.01703.
47) Ricki Lewis 외, 「LIFE」, 6th Ed.,Mc Graw Hill, pp.345-346, 2009. 「동아사이언스」, "인간의 뇌 기능 흉내 낸 '인공 시냅스 소자'나왔다" 2018.08.27.

신호 정보는 화학물질인 '**신경전달물질**'(도파민, 아세틸콜린 등)의 도움으로 '화학적 신호'로 변환되어야 전달이 가능해진다. 이처럼 신경전달물질이 분비되고 신경세포 간의 연결 역할을 하는 부분이 바로 '**시냅스**'(뉴런과 뉴런의 '작은 틈')다.[48]

시냅스를 통해 신경전달 물질이 분비되면 **세포 내외부의 전위차로 인해 '흥분' 또는 '억제'가 결정**된다. 신경전달물질이 분비되면 세포에 전위가 상승하거나 감소하는데, 이때 **양이온이 유입되면 흥분**(활동 전위)하여 열리고 **음이온이 유입되면 억제**(휴지 전위)되어 닫힌다. '흥분'과 '억제'는 수십 조개의 시냅스를 통해 수백억 개의 신경세포를 깨우거나(흥분) 잠재우는(억제) 메커니즘이다.[49] '**시냅스의 활성화**'는 '**신경회로의 활성화**'를 의미하며, 이는 뇌 신경 가소성의 중심적 역할을 한다. 이러한 시냅스의 역할을 촉진하는 것은 중추신경계 대부분(90%)을 점유하는 '신경교세포'이다.

벤 바레스(Ben Barres)와 스탠포드 의대의 연구자들은 2001년 《사이언스》지를 통해 신경교세포의 유무에 따른 뉴런의 활동을 분석한 결과를 발표했다. 이들은 신경교세포가 없을 때 정상적인 뉴런들 사이에 시냅스 연결이 줄어들 뿐 아니라 그 기능도 온전치 못한 것을 발견했다. 반면 **신경교세포가 존재할 경우 뉴런의 시냅스 수는 7배나 증가**했다.[50] 이는 신경교세포가 있어야 뉴런 사이의 시냅스 연결이 최상으로 유지될 수 있다는 것을 의미한다.

뇌 신경 가소성은 '신호 정보', '신경전달물질의 분비', '시냅스', '신경교세포'의 상호작용으로 신경세포의 연결 · 생성 · 퇴화 등 재구성 또는 재배치가 이루어지는 과정이다. 이 과정에서 도널드 헵(Donald Hebb)의 '헤비안(Hebbian) 학습 규칙'이 중요한 메커니즘으로 작동한다. 헵의 규칙에 따르면 "신경세포들이 함께 전기화학적 신호를 주고받으면 이들 간에 **새로운 연결이 생기고 새로운 신경망이 생성**된다(Fire together, wire together). 반면 **사용하지 않으면 잊는다**(Use it or lose it)."는 것이다.[51]

이러한 헤비안 규칙은 1949년에 헵에 의해 제안되었으며, 뉴런 활동 패턴이 다른 것보다 자주 사용될 때 동시에 발화하는 세포 간의 연결을 강화하여 학습된다는 것이 주된 내용이다. 이 규칙은 경험 의존적 학습이 시냅스의 연결을 강화하여 뇌의 구조적 및 기능적 변화를

---

48) 수상돌기는 나뭇가지처럼 생겼고 다른 신경세포로부터 정보를 받아들인다. 세포체는 세포의 생명을 유지시키고 DNA를 담고 있다. 축삭은 다양한 길이(뇌에 있는 것은 1마이크로미터이지만 다리에 있는 것은 90센티미터가 넘기도 한다.)의 살아있는 전깃줄로서 이웃하는 수상돌기로 전기신호를 아주 빠른 속도로 내보낸다.

49) 「The Science Times」, "뇌는 훈련하면 변화한다.", 2015.11.04.

50) Erik M. Ullian, Stephanie K. Sapperstein, Karen S. Christopherson, Ben A. Barres, "Control of Synapse Number by Glia", SCIENCE Vol.291, pp.657-661. 2001.

51) BJ. Baars, "Cognition, Brain, and Consciousness: Introduction to Cognitive Neuroscience, (2010). static10.labirint.ru

만드는 도구로써 장기 기억 형성을 위한 주요 신경생물학적 모델로 자리잡았다.[52)]

이 규칙의 메커니즘은 곤충에서 인간에 이르기까지 광범위한 종의 다양한 신경 회로에서 입증된 '**스파이크(발화) 타이밍 의존 가소성**'[53)]과 유사하다. 특정 자극에 학습된 신경세포는 발화 속도가 빨라지고, 시냅스 강도가 강화되어 형성된 신경 네트워크가 더욱 강력해진다. 반면 상대적으로 사용되지 않는 신경세포는 퇴화한다. 특정 자극이 주어지면 학습된 자극의 경우 즉각적으로 신경세포 간의 발화 타이밍이 가동되고, 강력한 시냅스 활성화로 이어져 관련 신경회로 네트워크가 강력해진다. 이 과정은 해당 자극에 대한 반응이 더욱 즉각적이고 효율적으로 이루어지도록 한다.

결과적으로 신호 정보 처리 메커니즘과 헤비안 규칙은 뇌 가소성에 대한 깊은 통찰을 제공하고 있다. 뇌는 경험에 따라 변화되고 강화되며, 반복적인 연습과 경험은 정보처리와 기억 형성 등의 인지능력 향상에 매우 긍정적이다. 뿐만 아니라 통증 관리와 재활 치료에 있어서 특정 자극이나 훈련을 통해 신경 회로를 재구성하고 기능을 회복할 수 있는 가능성을 시사하고 있다.

뇌 신경 가소성의 주요(7가지) 원리

첫 번째는 사용자 의존성 원리이다. 뇌는 자극과 경험에 따라 끊임없이 변화하며, 사용되는 신경회로는 강화되고 사용되지 않는 회로는 약화(퇴화) 된다. 1990년대부터 본격화된 연구들은 "인간의 뇌는 지식을 습득하고 경험을 하게 되면 새롭게 신경이 성장하며, 신경 연결망이 연결되고 더해져서 끊임없이 변화한다."[54)]는 뇌 가소성을 입증하고 있다.

뇌는 자극(행동, 경험, 학습)에 반응하여 자기 스스로 재설계할 수 있는 능력을 진화시켜 왔다.[55)] 환경적인 변화는 기존의 신경세포 사이의 연결을 수정하고, 해마와 소뇌를 포함한 다른 뇌 부분의 새로운 신경망 생성을 통해서 행동과 인지를 바꿀 수 있다. 여기서 '끊임없이 변화한다는 것'은 신경세포가 또 다른 연결을 통해 '새로운 경로와 패턴을 만든다는 것'이다. 이 과정에서 '어떤 연결은 강화되고, 어떤 연결은 퇴화'한다. 새로운 학습과 경험이 주어지면

---

52) Rachael L. Sumner, et al., "The role of Hebbian learning in human perception : a methodological and theoretical review of the human Visual Long-Term Potentiation paradigm", Neuroscience & Biobehavioral Reviews Vol.115, pp.220-237, 2020.

53) Natalia Caporale, Yang Dan, "Spike Timing-Dependent Plasticity : A Hebbian Learning Rule", Annual Reviews of Neuroscience Vol.31, pp.1-24, 2008.

54) 이은진 · 최새은, "뇌 기반 교육원리를 적용한 가정과 공감교육 프로그램 개발", 「한국가정과교육학회지」, Vol.33, No.2, p.156, 2021.

55) Shatz CL, "Dividing up the neocortex", Science Vol.258, pp.237-238, 1992.

신경세포와 또 다른 신경세포가 시냅스로 연결되면서 '새로운 경로'가 만들어지고, 이것이 반복되면 그 연결이 강화되면서 하나의 '패턴이 형성'되어 '특정한 자극'에 대해 '고속도로처럼 작동'하게 된다. 하지만 사용되지 않는 신경회로(경로)는 약해지고 퇴화하게 된다.

[학습과 경험으로 변화하는 뇌 연결 방식]

신경생성	새로운 시냅스 형성	시냅스 연결 강화	시냅스 연결 약화
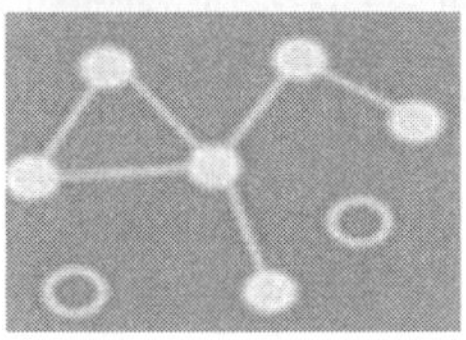	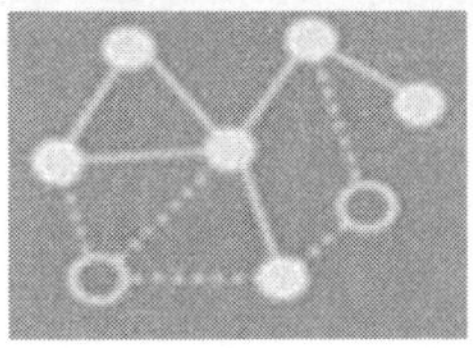	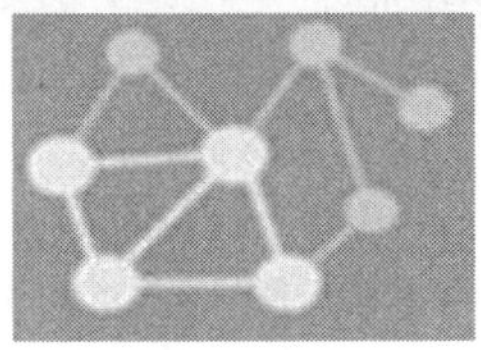	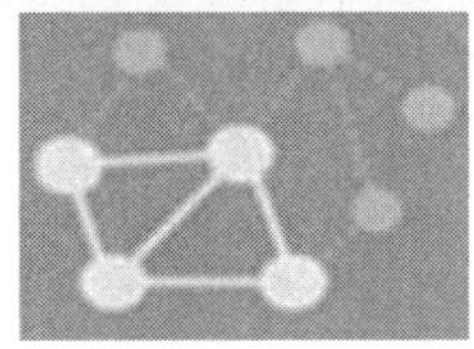

그림 출처:https://21erick.org/column/10214/

[경험에 의한 신경 가소성]

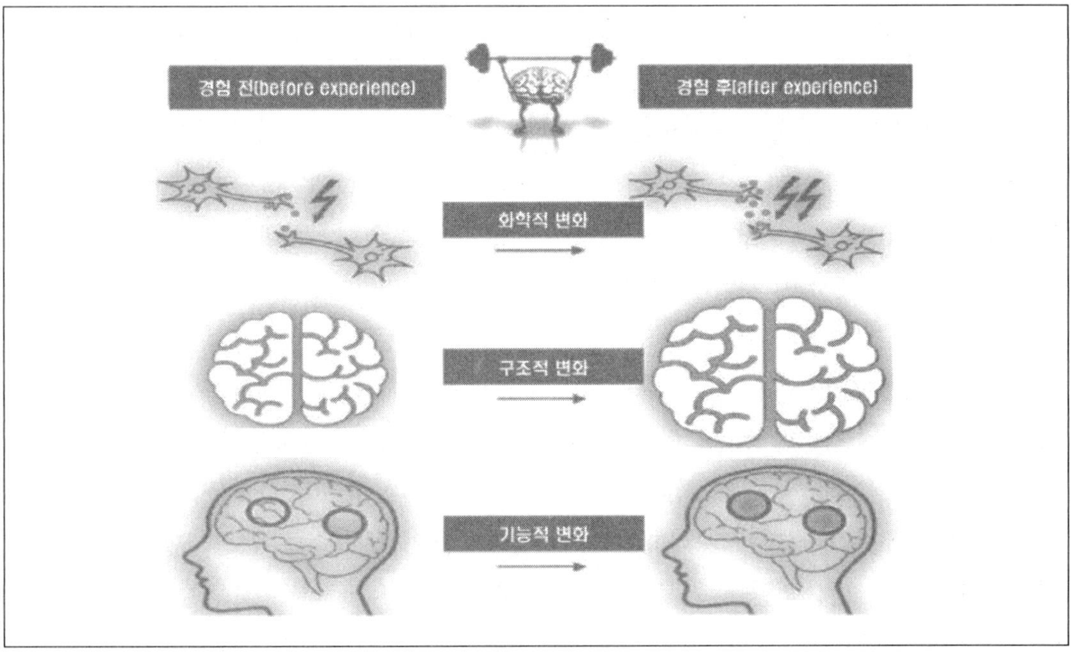

출처 : https://m.blog.naver.com/ptful/222369091190

뇌 가소성을 엄밀하게 정의하면, **"뇌가 새로운 학습이나 경험에 따라 기존의 신경망을 새롭게 구축하면서 그 형태를 바꾸어 나가는 특성"**으로 **"성장과 재조직을 통해 뇌가 스스로 신경회로를 바꾸는 능력"**이다.[56] '스스로'는 뇌가 독립적으로 변화한다는 것이 아니라, '물리적 · 정신적 자극에 반응하여 뇌가 무의식적으로 신경회로(구조와 기능)를 바꾸는 것을 의미한다. 뇌는 연습과 훈련이 필요하다. 가소성이 일어나려면 '집중을 통한 연습이 반복'되어야 하며, 이를 '**사용자 의존적 가소성**(UDP)'이라고 한다.[57)]

강력한 '**사용자 의존적 가소성**'의 사례를 살펴보자.[58)]

메슈는 세 살짜리 남자아이였다. 처음에는 갑작스럽게 발작을 일으키는 이유를 정확하게 찾지 못했다. 발작 횟수가 늘어나고 그 증상이 심해지고 나서야 그가 '희귀한 만성 염증 질환'에 걸린 사실을 확인했다. 다수의 의사는 매슈의 생명을 구하려면 염증이 지배하는 '뇌의 왼쪽을 모조리 도려낼 것'을 권했다. 결국 부모는 아들의 생명이라도 구하고자 그 수술을 결심했다. 수술이 끝나고 나서 매슈는 숨은 붙어있었지만 몸을 가누지 못했고, 결정적으로 말도 하지 못했다. 그랬던 매슈는 물리치료, 재활치료, 언어치료를 받으면서부터 반전이 시작되었다. 시간이 지날수록 그가 입으로 낼 수 있는 단어가 하나, 둘, 셋으로 늘어나기 시작했다. 그렇게 3개월이 지나자 그는 수술받은 시점의 여섯 살 또래와 비슷하게 말을 할 수 있게 되었다. 몸도 조금씩 가누면서 움직이기 시작했다.

도대체 매슈의 뇌에서 무슨 일이 일어난 것일까? 바로 '**뇌 가소성**'이다. '**제거된 왼쪽 뇌의 역할과 기능**'을 '**남아 있는 오른쪽 뇌가 대신한 것**'이다. 몸 여기저기서 들어오는 자극(시각, 청각, 후각, 촉각)을 받아들이고, 적절하게 판단하고, 나아가 운동신경에 지시까지 내릴 수 있도록 변했다. 그렇다면 지금 매슈는 어떻게 됐을까? (왼쪽 뇌를 제거한 탓에) 오른쪽 발을 절고, 오른손 필기가 서툴기는 하지만 수술하고 나서 20년 가까이 지나 20대가 된 매슈는 대학도 다녔고, 지금은 한 레스토랑에서 일한다. 전화로 고객 응대도 하고, 서비스도 한다.

신경 가소성은 경험에 따라 신경세포 사이의 연결이 강해지거나 약해질 수 있는 현상이다. 여기서 경험이란, 경험한 통증, 통증 치유를 위한 운동 또는 기대와 희망이 내포된 치료 활동, 새로운 것을 배우는 학습활동, 생각 등 신체적·정신적 활동을 의미한다. 어떤 '특정 경험'이 반복되면 그 경험을 처리하는 **뇌 신경세포들이 시냅스로 연결되어 새로운 신경 회로망이 형성되고 강화**된다. 즉 신경 회로의 구조적 변화와 기능적 변화가 발생하는 것이다. **시냅스로** 함께 발화되는 특정 신경세포의 **연결 활동이 반복되면 될수록** 이 신경 회로망은 **더 빠르고 더 강하고 더 효율적으로 작동**하고 **기능**하게 된다. (노먼 도이지, 스스로 치유하는 뇌, p.33.)

한편 사용하지 않으면 퇴화한다는 신경 가소성의 원칙에 따라 한동안 **어떤 활동도 하지**

---

56) 「위키백과」, "신경 가소성", https://ko.wikipedia.org/wiki (검색일, 2023.03.03)
57) 백남종, "신경조절과 뇌가소성", 「Brain & N euroRehabilitation」 Vol.1, No.1, p.12, 2008.
58) 「KDI-경제정보센터」, "뇌의 반쪽을 제거하면 어떻게 될까?", https://eiec.kdi.re.kr/

않는 신경세포의 연결망은 약화 되고, 더욱 시간이 흐르게 되면 **퇴화하게 된다**. 또한 사용되지 않는 신경세포들은 빈번하게 사용되는 신경회로로 전용되기도 한다. 예컨대 속상한 일(스트레스, 외로움, 강박증, 인정욕구 등)이 생길 때마다 뭔가를 먹는 버릇이 생기면 '**음식을 먹는 쾌락**'과 '속상함으로 주어지는 고통이 줄어드는 '**정서적 경감**'이 연결된다. 이런 경험이 반복되면 '**폭식증**'과 같은 식이장애의 나락으로 빠져들게 된다. 이런 버릇에서 벗어나려면 '**먹는 쾌락 = 정서적 고통의 경감**'이라는 등식을 깨버리는 법(걷기, 명상, 음악 듣기, 허브 향기 맡기 등)[59]을 만들고 반복해야 한다. 먹는 쾌락과 정서의 경감을 단번에 끊어내기는 쉽지 않다. 하지만 먹는 행위를 대체할 적당한 운동, 산책 등 마음의 전환(환기)을 통해 정서적 경감의 경험을 지속하다 보면, 그 연결고리가 점차 퇴화(신경 가소성)하여 먹는 버릇을 통제할 수 있게 된다.

인간의 뇌는 매일 변한다. 몸을 움직이거나, 새로운 것을 배우거나 새로운 생각을 할 때마다 머릿속에는 신경세포가 새롭게 연결되고 강화된다. 그러면서 물리적 구조와 기능적 역할도 새롭게 구성된다. 이러한 '**사용자 의존적 가소성**'은 만성통증 관리에 매우 중요한 의미를 내포하고 있다. 이 원리를 잘 이해하고 긍정적으로 적용한다면 '**당사자 중심의 통증 관리**'가 가능하다는 점이다. 사용자 의존적 가소성은 학습된 통증 회로를 새로운 학습과 경험으로 재구성하거나 재편성하여 통증에서 벗어날 수 있다는 것을 시사하고 있다.

위스콘신 대학의 신경과학자인 폴 바크-이-리타(Paul Bach-y Rita) 박사의 뇌 가소성 관련 연구결과는 놀랍다. 그는 1972에 발표한 "**우리는 눈이 아닌 뇌로 본다**(We see with our brains, not with our eyes)" 논문을 통해 "뇌의 구획화(뇌의 특정 부분들이 특정 기능을 담당하는 것)가 완전히 재편될 수 있으며, 이를 통해 우리의 감각이 서로 뒤바뀔 수 있다"고 밝혔다.[60]

우리는 눈이 아니라 뇌를 통해서 사물을 보기 때문에 **감각기관은 뇌에 정보를 제공하는 기관**에 지나지 않는다. 그러므로 **뇌의 신경회로를 수정하면 감각기관의 기능을 바꿀 수도 있다**는 주장이다.

폴 바크-이-리타 박사는 실험 참가자들의 눈을 가리고, 시각정보를 전기 자극 형태로 변환하여 혀에 전달하는 장치(BrainPort)를 사용했다. 카메라를 사용하여 시각정보를 촬영한 다음, 이를 전기 자극 패턴으로 변환하고, 실험 참가자의 혀에 부착된 전극 배열을 통해 전달함으로써 뇌는 혀(감각신경)를 통해 전달된 전기 자극 패턴을 해석하여 시각정보를

59) 「헬스조선」, "열받을 때 '화' 제대로 푸는 방법 8가지", 2019.05.10.
60) P Bach-y-Rita," Brain mechanisms in sensory substitution", Cerebral Localization: An Otfrid Foerster Symposium, pp.203-216, 1975.

인식하는 실험이다. 이렇게 영상 이미지가 혀로 옮겨지자 눈을 가린 실험 참가자들은 혀에서 보낸 시각정보를 뇌로 보내 사물의 위치와 주변의 구조를 파악하기 시작했다. 반복적인 노력과 집중을 통해 대부분 참가자는 자신을 향해 굴러오는 공을 10번 중 9번을 잡을 수 있었다.

이 실험은 뇌가 다양한 감각 입력을 유연하게 처리할 수 있는 능력으로서 뇌 가소성을 증명했다. 시각정보가 직접 눈으로 입력되지 않더라도, 다른 감각기관(이 경우 혀)으로 입력된 정보를 뇌가 시각적으로 해석한 것이다. 이는 손상되거나 변형된 뇌 신경회로를 바꾸거나 새롭게 재구성할 수 있는 뇌의 유연하고 적응력이 뛰어난 능력을 입증시킨 중요한 발견이다.

뇌의 가소적 변화를 뒷받침하는 구체적인 과학적 근거는 차고 넘친다. 대표적으로 '**가지돌기의 가지 발아 촉진**'(운동이나 학습을 하는 경우, 가지돌기의 가지 발아가 촉진되어 신경세포체에 전기신호를 더 효율적으로 전달한다.)[61], '**대뇌피질(**대뇌의 표면에 위치하는 신경세포들의 집합**) 감각지도**(피질 호문쿨루스[62])**의 재조직화**'(감각기관이 잘려나가도 대뇌피질 안에서 감각 지도가 재조직되는 환상통이 발생한다.)[63], '**새로운 신경세포의 생성**'(80세 이상의 두뇌에서도 새로운 신경세포가 생성된다)[64] 등이다. 이러한 근거는 **사용자 의존적 가소성** 원리에 의해 만들어진 가소적 변화이다. 즉 사용자에 의한 운동이나 학습 등은 시냅스 연결에 의한 신경회로의 변화(뇌 기능 변화)를 촉진하며, 이를 활용하면 뇌 손상의 치료(운동 기능 회복)[65]나 학습장애의 치료가 가능하다는 것을 시사하고 있다.

실례로 **최근 가소적 변화에 중점을 둔 재활 치료가 부각되고 있다.**

뇌 손상 환자에게 매일 반복하는 연습이 전제된 재활 치료(운동 습득 및 반복)는 사용자 의존적 가소성에 의한 치유이다. 적용 중인 치료법에는 '**신경 근육 자극 치료법**', '**가상현실을 이용한 치료법**' 등이 있으며, 자신 또는 타인의 동작을 '**관찰**'하거나 움직임을 '**상상**'**하는 것만으로도 운동 기능의 회복을 촉진하는 치료법**(거울 뉴런의 역할) 등이 있다.[66]

---

61) Rosenzweig MR & Bennett EL, "Psychobiology of plasticity : effects of training and experience on brain and behavior", Behavioural Brain Research Vol.78. pp.57-65, 1996

62) 인간의 대뇌피질을 중심으로 하는 감각신경과 운동신경이 각기 다른 신체 부위에 얼마만큼 연관되어 있는지를 크기로 대응시켜 나타낸 모형으로, 각 신체 부위가 자극에 대하여 얼마나 민감하게 반응하고 운동을 하는지를 나타낸다. https://ko.wikipedia.org/wiki/

63) NN Byl, A McKenzie, SS Nagarajan, "Differences in somatosensory hand organization: healthy flutist and flutist with focal hand dystonia: a case report", Journal of Hand Therapy Vol.13. pp.301-309.

64) 「미래&과학」, "어른 뇌에서도 새 뉴런이 자란다?…20년 통설 '흔들'", 2019.10.19.

65) LG Cohen, M Hallett, "Neural plasticity and recovery of function", Handbook of Neurological Rehabilitation, pp.99-111, 2005.

66) 백남종, "신경조절과 뇌가소성", Brain & N euroRehabilitation Vol.19(1), p.13, 2008.

서울 의과대학교 재활의학과 백남종 교수는 만성 뇌졸중 환자나 실어증 등 재활 치료 환자를 대상으로 '**신경조절 치료법**'(운동+대뇌피질 자극+약물치료)을 제시하고 있다. 운동 기능 회복이 필요한 환자의 재활 치료는 가소성이 일어나도록 환자 자신이 집중을 통한 연습이 반복되어야 한다는 것을 전제로 한다. **운동 기능이 전혀 없는 경우**에는 '**운동 상상 기법**' 또는 '**운동 관찰**'을 시행하고, 보조적으로 각종 '말초 혹은 대뇌피질 자극', 혹은 '약물 요법'을 병행함으로써 운동 기능을 더 빠르게, 더 많이 회복할 수 있다는 것이다.

신경과학자 마이클 머제니치(Michael Merzenich)는 2009년 4월 "뇌 가소성의 증거 증가" 주제로 TED 강연에서 뇌 가소성의 활용과 관련된 내용을 주목할 필요가 있다. "**손상되고 변형된 뇌를 치유하고 건강한 능력을 향상하기 위해** 스스로 변화하고 적응하는 뇌의 강력한 능력인 **가소성을 활용해야 한다.**", "**뇌가 성인이 되어서도 변화할 수 있는 능력을 유지**하며, 이는 부상이나 질병이 있는 뇌가 나중에 기능을 회복할 수 있음을 시사한다."고 강조했다.[67)]

트리니티 대학의 신경유전학자인 케빈 미첼 박사가 BBC4 라디오 프로그램에서 "**태생적인 것과 길러지는 것의 이분법에서 벗어나야 한다.**"며 "**이 둘은 불가분하게 연결된 것**" 그리고 "**순간순간 우리의 행동을 통제하는 습관들은 경험에 대한 반응이 쌓여서 나온 것**"라고 말했다. 즉 인간의 삶을 창조하는 무수한 선택들은 어떤 면에서는 유전자에 의한 것일 수도 있다. 하지만 그게 전부가 아니다. 대부분은 '**사용자 의존적 가소성'에 의해 형성된 습관에 따라 선택이 이루어지기도 한다**는 점을 강조한 것이다.[68)]

두 번째는 **특이성(Specificity) 원리**이다. 뇌의 변화는 특정 자극이나 경험에 따라 특정 영역에서 일어난다. 예를 들어 숙련된 바이올린 연주자들의 왼손은 오른손보다 더욱 활동적이고 격렬하게 움직인다. 그들의 뇌에서 **왼손을 담당하는 뇌 영역은 오른손보다 상대적으로 컸다**. 반면에 **양손을 동시에 사용하는 피아니스트는 손을 담당하는 뇌 영역이 일반인보다 모두 큰 것**으로 나타났다.[69)]

세 번째는 **시간 의존성**(Time-Dependent Plasticity) 원리이다. 뇌의 변화는 시간에 따라 점진적으로 일어난다. 따라서 **반복적이고 집중적인 자극과 경험이 필요하다는 것**이다. 뇌 활동이 일어나는 시간적 패턴에 따라 신경 연결의 강도가 달라진다. 예를 들어 운동 기술 관련 뉴런들이 동시에 흥분이 되면 이들 사이의 시냅스 연결이 강화되고, 관련 뉴런들이

---

67) https://www.ted.com/speakers/michael_merzenich
68) 「BBC NEWS 코리아」, "뇌발달 : 인간의 두뇌를 바꿀 수 있을까?", 2019.07.20. https://www.bbc.com/korean/news-49054653
69) 「brunch story」, "21 문명의 비밀 : 신경 가소성", https://brunch.co.kr/@betterbrain/21

흥분되는 시간 차이가 클수록 시냅스 연결이 약화된다. **운동 기술은 익히는 과정에서 연습을 반복하게 되면 뉴런 간의 시냅스 연결이 빠르고 강하게 이루어져 운동 기술이 향상**되며, 운동 기술과 관련된 뇌 가소적 변화는 강화된다.

네 번째는 **상호작용성의 원리**이다. 뇌의 변화는 다양한 요인들(유전, 환경, 행동 등)의 상호작용으로 일어난다. 언어를 배우는 경우를 예를 들면 특정 언어 관련 유전자가 있는 사람은 언어를 배우는 데 더 유리할 수 있으며, 환경적으로 언어 자극이 풍부한 환경에서 자라게 되면 언어 습득에 중요한 역할을 한다. 그리고 아이가 스스로 말을 하려고 노력하고 다른 사람들과 의사소통하려고 하는 행동은 언어 능력 발달에 중요한 역할을 한다. 이러한 요인들이 상호작용하여 아이의 언어 능력과 관련된 뇌 가소성을 촉진하게 된다.

다섯 번째는 **연령 의존성의 원리**이다. 뇌 신경 가소성은 연령에 따라 달라지며, 어린 시절에 가장 높고 점차 감소한다. 어린 시절에는 뇌가 매우 유연하고 새로운 정보를 빠르게 흡수할 수 있지만, 나이가 들수록 이러한 능력이 점차 감소한다. 어린아이가 악기를 배우게 되면 뇌의 청각 및 운동 영역이 활발하게 변화하며, 평생 음악적 능력을 유지하는 데 도움이 된다. 하지만 성인이 악기를 배우는 경우, 뇌가 새로운 기술을 습득하고 신경회로를 재구성하는 능력이 어린이 보다 떨어지기 때문에 더 오랜 시간이 걸리고 어려움을 겪을 수 있다. 다만 노인도 여전히 학습하고 적응할 수 있는 능력이 있으며, 뇌도 새로운 학습과 경험을 통해 그 능력이 향상될 수 있다. 이는 평생에 걸쳐 뇌를 자극하고 활동적으로 유지하는 것이 중요함을 시사하고 있다.[70)]

여섯 번째는 **가역성의 원리**이다. 뇌의 변화는 가역적(되돌릴 수 있다)이어서 새로운 자극과 경험에 따라 다시 변화할 수 있다. '감각기능 회복'을 예로 들어보면, 한쪽 눈을 가린 상태로 오랫동안 지내면, 뇌의 시각 영역이 변화하여 가린 눈의 시력이 저하된다. 하지만 가린 눈을 다시 사용하기 시작하면, 뇌의 변화가 가역적으로 일어나면서 시력이 회복될 수 있다. 이는 우리가 평생동안 새로운 것을 배우고 적응할 수 있는 능력의 기반이 된다.

일곱 번째는 **활성화 의존성**의 원리이다. 뇌의 변화는 특정 활동이나 경험이 반복될 때 뇌의 특정 영역이 활성화되고, 이를 통해 새로운 신경 연결이 형성된다. 이는 '1만 시간의 법칙'(어떤 분야의 전문가가 되기 위해서는 최소한 1만 시간의 훈련이 필요하다는 법칙)처럼 특정한 분야에서 전문가 수준으로 **개인의 자질이나 능력을 키우고자 한다면 관련된 뇌 가소적 활성화가 전제되어야 한다**. 악기 연주 학습을 예로 들면, 피아노를 배우기 시작하면서 손가락의 움직임을 조정하고 악보를 읽는 활동을 반복하게 된다. 이러한 활동은 뇌의

---

70) 「코메디닷컴」, "노화로 뇌기능 떨어지면, 다른 뇌 영역이 도와준다", 2024.02.11.

특정 영역을 활성화하여 피아노 연주와 관련된 새로운 신경회로가 구성된다. 상대적으로 뇌 신경세포는 가만히 두면 변화하지 않고 퇴화한다.

뇌 가소적 변화는 어떤 형태(해부학적 구조)로 나타나는가?

일반적인 뇌 신경의 가소적 변화의 형태는 '**뉴런의 생성***', '**뉴런의 분화****'(뉴런의 수명 연장), '**시냅스의 생성 및 시냅스에 의한 연결 강화*****', 그리고 '**뇌 회로망이 재구성**'되거나, '**손상된 뇌 기능이 대체**(죽거나 손상된 뇌 세포의 기능을 살아있는 온전한 세포가 대신 수행, 재배선) **되는 방식**'(신경회로 즉 **신경 네트워크의 가소성******) 등이다.

* 뉴런의 생성은 신경을 구성하고 있는 기본 세포인 뉴런이 만들어지는 것을 말한다. 신경세포가 새로 생성되며, 기존의 신경세포들과 연결이 되고 새로운 신경회로가 구성되는 뇌 가소성으로 이어진다. 동물의 뉴런 생성은 조지프 앨트만과 고팔 다스(1965, 쥐 해마)와 굴드와 그로스(1999, 원숭이) 등이 입증했고, 솔크연구소는 사람 뇌(해마, 전뇌 뇌실하 영역, 후각망울, 선조체 등)의 뉴런 생성을 밝혀냈다.

** 뉴런의 분화는 기존 신경세포의 기능(가지돌기 가지의 생성 및 분열로 신속한 신호처리)을 강화하고, 세포의 수명을 연장함으로써 뇌 가소성을 활성화한다. 이는 미국 워싱턴대 의대 연구팀의 동물실험을 통해 입증되었다. 생쥐의 시상하부에 있는 특정 뉴런을 활성화(노화를 지연시킴)하여 생쥐의 최고 수명(약 900~1000일)보다 60~70일 더 오래 살았다(털의 윤기와 두께를 증가시키고 활동성을 강화). 이는 전체 수명의 약 7%에 해당된다.[71]

*** 시냅스의 생성 및 시냅스에 의한 연결강화는 신경회로망이 해부학적으로 재구성되고, 기능적으로 재배선되기 위한 전제조건이다. 뉴런은 신경 경로 안의 한 지점인 시냅스에서 만나 상호 간의 의사소통을 통해 신호 정보를 처리한다. 하지만 노화나 신경회로의 변형으로 정보 처리가 지연되어 인지능력의 저하나 장애가 발생하게 된다. 이러한 문제를 해결하는 가장 유연한 능력이 '시냅스 가소성'이다. 경험을 통해 반응하는 신경 활동의 메커니즘(뇌 기능의 변화)은 시냅스 가소성에 의해 이루어진다. 이는 새로운 시냅스의 생성, 시냅스 크기의 확장, 신경전달물질 수용체 수의 증가 등을 의미한다.[72] 뇌의 기본단위는 신경세포이지만, 신경 정보를 다른 신경에 전달하는 주요 단위는 시냅스이다. 따라서 신속하고 정확한 신경 정보의 처리를 위해서는 건강한 뉴런과 함께 시냅스의 역할이 필수적이다.

**** 신경 네트워크의 가소성은 뉴런의 생성, 뉴런의 분화, 시냅스의 생성 및 시냅스의 연결 강화 등으로 새로운 뇌 신경회로가 재구성되고 재배선 된 상태를 말한다. 이것은 가소적 변화가 안정되고, 생리학적인 기능이 정상적으로 작동되는 것을 의미한다. 여기에는 '항상성 가소성'이 중심적 역할을 한다. 즉 신경세포의 흥분성을 조절하고, 시냅스 강도를 안정화하며, 시냅스 형성 속도와 정도에 영향을 미치는 등 신경 회로를 안정화한다.[73]

---

71) 「코메디닷컴」, "뇌 세포 '이곳' 활성화...인간 수명 6년 연장 가능해", 2024.01.09.

72) Ami Citri, Robert C Malenka, "Synaptic Plasticity : Multiple Forms, Functions, and Mechanisms", Neuropsychopharmacology Vol.33, pp.18-41, 2008.

73) Gina G Turrigiano, "Homeostatic plasticity in neuronal networks : the more things change, the more they stay the same", Trends in Neurosciences Vol.22, pp.221-227, 1999.

뇌 스스로 '자구책'(Self-help)으로서 나타나는 변화형태는?

또 다른 뇌 가소적 변화의 형태는 노화의 진행 과정에서 기능적 감퇴 또는 저하를 극복하기 위해 뇌가 스스로 가소적 변화를 일으키는 것으로 확인되고 있다. 그것은 '**인지적으로 비축된 자원을 활용한 뇌 처리영역의 전환(이동)**'과 '**편측화 축소**' 등이다.

먼저 **인지적으로 비축된 자원을 활용한 처리영역의 전환**(이동)이다.

노화로 인해 인지기능의 퇴화를 줄이고자 하는 뇌 가소적 변화로서, '**뇌 처리영역이 한 부위**(엽)**에서 다른 부위**(엽)로 **이동**'된다는 것이다.

2005년 토론토 대학의 M.V. 스프링거(MV Springer) 등 4인이 연구한 논문은 기억 과제를 수행하는 동안의 뇌 활동과 교육 연수(정신적 학습활동) 기간 간의 관계를 조사하였다.[74] 기본적으로 고등교육은 노화와 관련된 인지기능의 저하를 줄이는 것으로 알려져 있다. 하지만 이 연구는 **고등교육의 결과**로 노화와 관련 '**뇌가 수행하는 기능 부위의 이동**'이라는 **가소적 변화**를 밝혀냈다.

연구결과(뇌 스캔)에 따르면 인지 과제의 수행이 '**젊은 참가자(14~30세)**'들은 '**측두엽**'에서 실행되었고, 교육 수준이 높을수록 더 활발한 활동을 보였다. 반면 '**65세 이상의 피실험자**'들은 '**전두엽**'에서 실행되었으며, 교육 수준이 높은 사람일수록 더 많이 사용하는 것으로 나타났다. 노화에 따라 **인지 과제 처리 영역이 측두엽에서 전두엽으로 이동**한 것이다. 특히 교육을 많이 받은 사람들은 전두엽이 더욱 활성화되면서 **인지기능의 쇠퇴를 방지하는 것으로 확인**되었다.

그 이유는 오랜 교육으로 축적된 '**인지적 비축***'을 나이가 들면서 뇌가 쇠퇴할 때 이를 활용할 수 있게 해주기 때문으로 분석되고 있다. 젊은이들이 인지 과제를 수행할 때 측두엽이 더 활성화되는 것은 기억과 감정적 요소가 중요한 역할을 하기 때문이다. 그러나 노화로 인해 측두엽이 인지 과제 처리가 어렵게 된다면, 고차원적인 인지기능을 처리하는 전두엽의 역할이 더욱 중요해질 수 있다. 이때 고등교육으로 성숙해진 전두엽이 측두엽이 수행하는 기능(인지 과제 처리)을 넘겨받아 인지기능의 감퇴를 극복하게 된다는 것이다. 이는 노화에 대비하여 **정신적 경험**(교육과 학습활동)**에 의한 인지적 비축이 중요하다**는 것을 의미한다.

---

74) M. V. Springer. A. R. McIntosh, G. Wincour, and C. L. Grady. "The relation between brain activity during memory tasks and years of education in young and older adults", Neuropsychology Vol.19(2), pp.181-192, 2005, https://doi.org/10.1037/0894-4105.19.2.181

* '인지적 비축 이론'(Cognitive Reserve Theory)은 미국의 신경과학자 스턴(Y. Stern, 2002)[75]이 제안한 바와 같이, 개인의 교육 수준, 직업적 경험, 여가 활동 등이 뇌의 구조적 · 기능적 변화에 영향을 미쳐 인지적 기능을 보호하고 향상할 수 있다는 개념이다. 이 개념은 높은 교육 수준과 다양한 인지적 경험이 뇌의 구조적 및 기능적 변화에 긍정적인 영향을 미친다는 것이다. 이 이론에 따르면 오랜 교육이나 다양한 인지적 경험이 뇌의 신경망을 다각화하고 강화하여 노화나 뇌 손상에 대한 저항력을 높인다. 따라서 인지적 비축이 많을수록 인지적 과제를 수행하는데 필요한 자원을 더 잘 활용할 수 있으며, 이는 인지적 기능 저하를 늦추는 데 기여한다. 평생 교육과 인지적 활동(인지적 자극에 자주 참여하는 사람)은 장기적으로 뇌 건강에 긍정적인 영향을 주며, 해마의 노화나 알츠하이머병과 같은 인지적 장애를 예방할 수 있다는 점을 시사하고 있다.[76]

다음은 편측화의 축소이다.

젊은 시기의 뇌 활동은 많이 '편측화'(측방화)[77] 되어있다. 우리 뇌는 좌반구와 우반구로 나뉘어 있는데, 각 반구는 서로 다른 기능을 담당한다. 일반적으로 **언어와 논리적 사고는 '좌반구'**에서 더 많이 처리되고, **감정과 창의성은 '우반구'**에서 더 활발하게 이루어진다. 하지만 듀크 대학교의 로베르토 카베자 연구팀의 최근 연구결과에 따르면[78], **나이가 들면서** 뇌의 **'편측화' 현상이 줄어드는 것으로 확인**되었다.

이 연구는 노화가 진행됨에 따라 **뇌의 좌반구와 우반구 간의 활동 균형이 변화한다는 점을 강조**한다. 이들 연구팀은 다양한 연령대의 참가자들을 대상으로 뇌의 활동 패턴을 분석했다. 주로 fMRI를 사용하여 뇌의 활동을 스캔했다. 결과적으로 **'나이가 많은 참가자'**들은 **'젊은 참가자'**들에 비해 **뇌의 양쪽 반구에서 더 균형 잡힌 활동을 보였다**. 특정 기능이 한쪽 반구에만 집중되는 것이 아니라, 두 반구가 함께 협력하여 작업을 수행하는 경향이 강화된 것이다. 이러한 변화는 나이가 들면서 특정 인지기능이 감소할 수 있는데, 이를 보완하기 위해 뇌는 다른 반구의 자원을 활용하여 기능을 유지하려는 적응적인 반응으로 분석된다. 뇌 스스로 편측화를 줄이는 반면 양쪽 반구를 활용하는 양측화로 노화에 대한 자구책을 강구하는 뇌 가소적 변화이다.

75) Stern, Y, "What is cognitive reserve? Theory and research application of the reserve concept", Journal of the International Neuropsychological Society, Vol.8(3), pp.450-458; 2002. Scarmeas N, Stern Y, "Cognitive reserve and lifestyle", Journal of Clinical and Experimental Neuropsychology Vol.25, pp.625-633, 2003.

76) Robert S. Wilson, PhD; Carlos F. Mendes de Leon, PhD; Lisa L. Barnes, PhD; et al., "Participation in Cognitively Stimulating Activities and Risk of Incident Alzheimer Disease" JAMA Vol.287(6), pp.742-748, 2002.

77) G Vallortigara, L.J Rogers, "Possible evolutionary origins of cognitive brain lateralization", Brain Research Reviews Vol.30, pp.164-175, 1999.

78) R Cabeza, Hemispheric asymmetry reduction in older adults : the HAROLD model, Psychology and Aging, Vol.17, No.1, pp.85-100, 2002.

손상된 기능이 회복되려면 살아있는 조직의 기준은 어느 정도인가?

'뇌 손상 후 상실되거나 장애가 된 기능이 회복된다'는 의미는 죽은 뇌 세포가 다시 살아나는 것이 아니다. 손상된 뇌 세포의 기능을 인접해 있는 정상적인 세포가 대신하는 것으로, 손상된 기능을 넘겨받는 뇌 가소적 변화를 말한다. 이를 위해 살아있는 신경조직이 어느 정도여야 손상된 기능을 대체할 수 있는가? 라는 물음이다.

폴 바크-이-리타는 **기존의 선행연구***와 **자신의 경험 및 임상시험 결과****를 근거로 "생존한 2% 신경조직이 손상된 뇌 기능을 대체(재배선) 가능할 것인가?"라는 논문을 통해 **"2%의 생존조직이 기능 재편성을 위한 기초를 제공한다"**라며 **"남아 있는 정상적인 조직은 기능적 재편성에 충분할 수 있다"**고 밝히고 있다.[79)]

---

* 기존의 선행연구 : 1967년 로버트 갈람보스(Robert Galambos)와 동료 연구자들은 "고양이의 시신경 병변 보존 패턴 시력"이라는 논문을 발표했다. 시신경이 98%가 손상된 고양이를 대상으로 전기적 자극에 의한 수술로 1주 이내 정상적인 시력 수준으로 회복될 수 있음을 증명했다.[80)]
1980년 글리스(Glees P)는 "남성의 반구 절제술 후 및 영장류의 작은 실험적 병변 후 기능 재편성" 논문을 통해 뇌의 기능적 재조직과 관련하여 최소한의 생존 뇌 조직이 손상된 뇌 기능을 대체할 수 있다고 밝혔다.[81)]

** 폴 바이크-이-리타의 경험 및 임상시험 결과[82)] : 바크-이-리타가 뇌 가소성을 이해하게 된 근원에는 1965년 뇌졸중으로 쓰러진 아버지(페드로, 65세)의 극적인 회복 경험이다. 의사는 회복할 가망이 없다고 진단했다. 하지만 당시 의대생이었던 폴의 형 조지는 병원의 재활프로그램을 무시하고 자신이 생각한 집중적이고 단계적인 재활 훈련을 2년 동안이나 지속했다. 6개월이 지나도 혼자서는 대소변이나 샤워를 할 수 없는 상태였다. 마비된 어깨와 팔을 벽에 기대고 4발로 기는 연습을 여러 달 시행했다. 구슬을 굴리는 게임을 하고, 마비된 쪽으로 동전을 집어 올리는 동작을 하고, 마비된 손으로 항아리의 둘레를 15분은 시계방향으로 15분은 반시계 방향으로 돌리는 훈련도 했다. 그리고 기는 동작에서 출발하여 앉고 일어서고 걷는 등 단계별 과제 단위 훈련을 진행했다.
말을 하지 못하는 실어증 상태와 글쓰기 장애를 서서히 벗어나기 시작했다. 재활 2년 뒤 페드로는 다시 정상적으로 활동할 수 있었다. 그는 72세에 산악 등반을 하던 중 심장마비로 사망하였다. 폴은 아버지를 부검한 결과 **'뇌간의 핵심적인 경로의 신경세포 97%가 손상된 상태'**임을 확인했다.
그럼에도 페드로가 재활을 통해 정상적인 생활을 할 수 있었던 이유는 무엇일까? 그 이유는 재활을 통해 대부분 손상된 신경조직의 기능을 살아있는 조직이 넘겨받았기 때문이다. 즉 **정상적인 3%의 조직이 손상된 기능을 수행할 수 있도록 뇌 회로가 재편성된 것**이다.

이어서 2003년에는 "개방 루프 제어 시스템 닫기 : 혀를 통한 전정치환"이라는 논문을 발표했다.[83)] '젠타마이신' 부작용으로 똑바로 서 있질 못하는 환자(전정기관의 기능 97.5%

---

79) P Bach-Y-Rita, "Is it possible to restore function with two percent surviving neural tissue?", Journal of integrative neuroscience Vol.03, No.01, pp.3-6, 2004.
80) Robert Galambos, Thomas T. Norton, Gabriel P. Frommer, "Optic tract lesions sparing pattern vision in cats", Experimental Neurology Vol.18, pp.8-25, 1967.
81) Glees P. "Functional reorganization following hemispherectomy in man and after small experimental lesions in primates", In 1', 1980.
82) 질 볼트 테일러, 「나는 내가 죽었다고 생각했습니다-뇌과학자의 뇌가 멈춘날」, 월북, 2019.

상실)를 대상으로 '혀를 통한 전기 자극(뇌-기계 인터페이스, 비침습적 요법)'으로 전정 기능을 회복시킨 것이다. 이에 대한 세부 내용은 〈부록 1. 전기 자극을 매개로 전정기관을 회복한 사례〉를 보라.

이 연구는 '뇌-기계 인터페이스'를 활용 살아있는 소량의 정상적인 전정 조직이 손상된 전정 조직의 기능을 복원(대체)할 수 있음을 보여주었다.

뇌 가소적 변화로 발생하는 재조직(재편성)의 범위는 어느 정도인가?

1984년 머제니치는 영장류의 손가락을 절단한 후, 해당 대뇌피질 감각 영역(뇌 지도)의 변화를 연구했다. 실험 결과, 절단된 손가락에 해당하는 '대뇌피질 영역'이 남아 있는 다른 손가락의 대뇌피질 영역으로 통합(전환)된 것을 발견했다. 이 변화는 2개월에서 8개월 사이에 일어났으며, 대뇌피질의 가소적 범위(재편성의 정도)는 2mm 이내에서 일어난다고 밝혔다.[84] 이 연구는 절단된 부위의 감각 입력이 감소로 대뇌피질 영역이 변경되었으며, 반대로 남아 있는 부위의 감각 입력이 증가하여 담당 대뇌피질 영역이 확장되었음을 보여주었다. 특정한 신체 부위에서 "행동 관련성이 있는" 감각 입력이 증가하면 대뇌피질의 영역이 증가한 것이며, 이는 사용자 의존적 가소성에 의해 '**대뇌피질의 재조직**'(재편성)이 발생한 것이다.

1990년 연구에서도 같은 결과가 도출되었다. 원숭이들이 보상을 받기 위한 조건화 학습이 선행된 원숭이를 대상으로 실험했다. 그 결과 배고픈 원숭이가 먹이 보상을 얻기 위해 원판 홈에 충분히 접촉해야 하는 손가락의 '행동 관련' 영역을 담당하는 대뇌피질의 영역은 최대 2mm까지 확장될 수 있음을 확인하였다.[85]

이는 대뇌피질의 재편성(변화)이 뇌의 특정 부위가 사용되지 않으면 사라지고, 사라진 영역은 2mm이내 인접하여 감각 입력 기능이 활성화한 영역이 차지하여 사라진 신체 부위의 기능을 대신할 수 있다는 것을 의미한다. 이 같은 결과는 사람에게도 동일한 현상이라는 사실이 많은 임상시험 결과*로 입증되었다.

---

83) M Tyler, Y Danilov, P Bach-y-Rita, "Closing an open-loop control system : vestibular substitution through the tongue", Journal of Integrative Neuroscience Vol.02, No.02, pp.159-164, 2003.

84) Merzenich, M. M., Nelson, R. J., Stryker, M. P., Cynader, M. S., Schoppman, A., and Zook, J. M. "Somatosensory cortical map changes following digit amputation in adult monkeys." J. Comp. Neurol Vol.224, pp.591-605, 1984. DOI:10.1002/cne.902240408.

85) Jenkins, W. M., Merzenich, M. M., Ochs, M. T., Allard, T., and Guic-Robles, E., "Functional reorganization of primary somatosensory cortex in adult owl monkeys after behaviorally controlled tactile stimulation", J. Neurophysiol Vol.63, pp.82-104, 1990.

* 점자를 읽기 위해 손에 세 손가락을 동시에 사용하는 시각장애인은 점자를 읽지 않는 사람에 비해 손 영역을 담당하는 대뇌피질 영역이 크게 확대된 것으로 나타났다.[86]

* 시각이 있는 사람들에 비해 시각장애인들의 소리를 처리하는 청각 피질의 핵심 영역은 1.8배 정도 확대되는 것으로 밝혀졌다. 즉 시각장애인은 시각이 없기 때문에 청각에 더 많은 뇌 자원을 할당하게 되고, 그 결과로 소리의 방향이나 출처를 더 잘 구분하게 되는 것을 보여준다.[87]

신경과학자들은 대뇌피질 재편성의 가소적 범위가 2mm 이내라는 머제니치의 실험결과에 대해 의문을 갖기 시작했다. **'2mm 이내의 가소적 변화'**는 뉴런의 기능적인 연결과 역할을 하는 수상돌기의 성장과 분열 수준에서 가능한 미세한 범위라는 것이다. 이 정도의 가소적 변화는 '**손상된 뇌 부위에서 2mm 이내에 인접한 뉴런**'과의 재편성을 의미하고, '**2mm 이상 떨어진 뉴런**'과는 **재편성이 어렵다는 것**이기 때문이다.

이런 의문점에 대해 1984년과 1991년 토브(Taub. E) 박사와 폰즈(Pons)는 '**대뇌피질의 재구성 범위의 한계**'를 검증하는 연구를 진행했다. 이 연구는 감각신경이 척수에 들어오는 부분을 절단(등쪽 뿌리근 절개술)하여 입력될 수 있는 양쪽 팔 **감각신경을 완전히 차단**된 지 12년 된 원숭이를 대상으로 진행되었다. 감각신경이 차단된 팔을 자극해 보았다. 예상했던 대로 팔의 영역을 담당했던 대뇌피질은 반응하지 않았다. 그러나 손의 뇌지도와 인접해 있는 얼굴을 건드리자 '**감각신경이 차단된 팔의 뇌 영역**'의 **뉴런들이 발화**되었다. '**감각신경이 차단된 팔의 뇌 지도**'를 '**얼굴 뇌지도가 넘겨받은 것**'이 확인된 것이다.

놀라운 것은 얼굴을 담당하는 뇌 영역의 **재조직 범위는 10-14mm에서 발생한 것으로 관찰**되었다.[88] 이러한 "대규모" 대뇌피질 재편성은 **뇌 손상 후 큰 폭의 기능 재활의 가능성을 시사**했다. 머제니치의 연구는 손상된 조직으로부터 2mm 이내에 있는 정상조직이 손상된 기능을 넘겨받을 수 있다는 것이지만, 토브의 연구는 손상된 부위로부터 14mm 이내까지 살아있는 조직이 손상된 조직의 기능을 넘겨받을 수 있다(재조직)는 것이다. 이는 뇌의 가소적 변화는 훨씬 크고 광범위하게 발생 될 수 있다는 것이며, 그만큼 뇌 손상으로 발생한 부위에 대한 치유의 범위가 크다는 매우 희망적인 결과이다.

지금까지 뇌 가소성의 원리와 가소적 변화로 나타나는 뇌 신경세포의 변화형태와 범위

86) Sterr, A., Mueller, M. M., Elbert, T., Rockstroh, B., Pantev, C., and Taub, E., "Changed perceptions in Braille readers", Nature Vol.391, pp.134-135, 1998. DOI : 10.1038/34322

87) Elbert, T., Sterr, A., Rockstroh, B., Pantev, C., Muller, M. M., and Taub, E., "Expansion of the tonotopic area in the auditory cortex of the blind." J. Neurosci Vol.22, pp.9941-9944, 2002.

88) Tim P. Pons, Preston E. Garraghty, Alexander K. Ommaya, Jon H. Kaas, Edward Taub, and Mortimer MishkinA, "Massive Cortical Reorganization After Sensory Deafferentation in Adult Macaques", Science Vol.252, pp.1857-1860, 1991.

등에 대해 살펴보았다. 뇌는 자극에 대한 반응으로 시냅스의 생성 · 조절 · 연결을 통해 신경회로를 바꾸는 놀라운 뇌 가소성을 가지고 있다. 이는 신체적 활동과 정신적 경험 등의 환경변화에 반응하여 뇌 신경회로의 구조와 기능을 변화시키는 신경계의 적응 과정이다. 뇌의 재구성 또는 재배치는 사용자 의존적 가소성에 의해 주도되며, 대뇌에 광범위하게 분포하고 있는 시냅스의 활성화(시냅스 가소성)에 의해 결정된다.

이러한 뇌 가소성의 원리는 '만성통증'과 뇌 병변 이후 학습 및 기억 등 '대뇌 기능 회복'(외상성 뇌 손상), '퇴행성 신경질환'(알츠하이머, 파킨슨병 등), '정신질환'(자폐증, 주의력 결핍 장애 등), '노화에 따른 인지기능의 개선' 등의 놀라운 치유 메커니즘이 될 수 있음을 시사하고 있다.[89)]

하지만 뇌는 긍정적 변화와 부정적 변화를 식별하지 못한다. 그래서 가소성은 양날의 칼이다. 만약 일상에서의 신체적 활동과 정신적 경험이 부정적인 뇌 가소적 개입으로 작동되고 반복된다면 통증과 각종 신경질환의 원인이 될 뿐만 아니라 만성화로 이어질 가능성을 높이게 된다. 이러한 관점에서 '**중추 감작**'과 '**신경 지문**'에 대해 접근해 보고자 한다. 이 내용은 대표적인 **부정적 가소적 변화**이자, **만성통증의 주범**으로 치유 메커니즘에 대한 이해를 넓혀주기 때문이다.

5-5 부정적 뇌 가소적 변화 - 중추 감작

임상 신경생리학 연구는 만성통증과 **신경퇴행성 질환을 포함한 여러 신경계 및 정신과적 질환**은 **부정적 뇌 가소적 변화**(시냅스 가소성 저하)**의 결과**라는 사실에 모두 동의한다.[90)] 이는 시냅스 가소성의 변화를 의미하며, 신경 전달 물질 방출, 시냅스 후 수용체의 수 및 민감도(수용체가 신경 전달 물질에 반응하는 정도) 변화 등의 복잡한 상호작용(신경 활동*)의 결과이다. 그 결과는 시냅스 연결의 강화(긍정적 가소성) 또는 약화(부정적 가소성) 되면서, **뇌 신경회로의 신호 정보 처리 능력**(비정상적인 신호처리는 다양한 뇌 질환이나 만성통증의 원인)으로 나타난다.

---

89) 노먼 도이지, 「스스로 치유하는 뇌」, pp.15-16.
90) Paolo Calabresi, Antonio Pisani, et al., "Hyperkinetic disorders and loss of synaptic downscaling", Nature Neuroscience Vol.19, pp.868-875, 2016.

* 신경 활동은 신경세포 간의 전기적이고 화학적인 신호를 통해 흥분과 억제로 정보를 전달하며, 이 과정에서 시냅스의 활성화(신경전달물질의 분비 및 신호 전달)로 뇌의 가소적 변화(신경 회로의 구조와 기능의 변화)가 발생한다. 이러한 변화가 반복적이고 장기화되면 유전자 발현으로 이어진다.[91)]

따라서 시냅스 가소성은 그 강도와 구조적 변화 모두를 포함하며, 뇌의 모든 활동으로 나타나는 뇌 가소성의 기본 메커니즘이다.[92)] 예컨대 시냅스 가소성의 비정상적인 상태는 만성통증(섬유근육통, 신경병증성 통증 등), 골관절염, 전신 통증 과민증을 동반한 근골격계 질환, 두통, 턱관절 질환, 치아 통증, 내장 통증, 과민성 장애 및 수술 후 통증, 통증 과민성 증후군의 동반 질환, 퇴행성 뇌 신경질환 등의 직접적인 원인이라 한다. 그런데 **이러한 질환의 공통적인 임상 증상 및 반응 패턴**이 바로 **부정적 뇌 가소적 변화**에 의한 '**중추 감작**'이다.[93)]

중추 감작과 그 메커니즘

중추신경계가 통증에 과민한 반응을 보이는 현상으로, 통증을 느끼는 역치가 낮아져 통증이 아닌 자극도 통증으로 느끼거나 약한 통증이 강한 통증으로 증폭되어 느껴지는 것을 말한다. 이러한 통증 정보처리는 중추신경계의 척수, 뇌간, 시상, 그리고 피질과 같은 여러 부분이 서로 연결되어 이루어지며, 여기에는 '상행성 통증 경로*'와 '하행성 통증 경로'**가 있다. 중추 감작은 이 경로가 부정적인 가소적 변화로 오작동하면서 발생하는 증폭된 통증을 의미한다.[94)]

* 상행성 통증 경로는 신체조직이 손상되면 생성된 통각 신호가 신경을 타고 '척수-뇌간-시상-대뇌피질'로 이어지는 경로이다. 통각 신호는 척수에 있는 '관문(Gate)'에서 당사자의 '감정 및 정서의 상태'와 '통각 신호의 속도'에 따라 '통각 신호'를 조절(흥분 또는 억제)한다.

** 하행성 통증 경로는 뇌가 통증을 인식하는 즉시 뇌는 '천연 진통제'(내인성 오피오이드, 엔돌핀)를 분비하여 통증을 줄이는 뇌-뇌간-척수로 이어지는 '하행성 통증 경로'이다. 즉 통각이 발생하면 뇌는 '천연 진통제'를 내려보내서(분비) 말초에서 중추로 '통각 신호'를 전달하는 'P-물질[95)]'의 생성을 억제하여 통증을 줄인다. 또한 뇌는 통증 억제 물질(세로토닌, 노르아드레날린 등)을 직접 또는 척수를 통해 분비시킴으로써 상행성 통증 경로의 척수 관문에서 통각 신호를 억제하여 통증이 줄어들게 한다.

---

91) Macarena Sahores, Patricia C. Salinas, "Chapter five - Activity-Mediated Synapse Formation : A Role for Wnt-Fz Signaling", Current Topics in Developmental Biology Vol.97, pp.119-136, 2011.
92) David F. Cechetto and Nina Weishaupt,「The Cerebral Cortex in Neurodegenerative and Neuropsychiatric Disorders」, University of Western Ontario, London, ON, Canada, 2017.
93) Clifford J. Woolf, "Central sensitization : Implications for the diagnosis and treatment of pain", PAIN Vol.152, pp.S2-S15, 2011.
94)「주간조선」, "만성통증-서울성모병원 마취통증의학과 박휴정 교수", 2022.03.23.
95) P-물질은 중추신경계, 말초신경 그리고 장내 신경계에 고루 분포되어 있으며, 중추신경계에서 통각을 전달하는

몸에서 받아들이는 '**통증의 정도**'와 '**감각의 정도**'는 **정반대**다. **통증을 제외한 '모든 감각**'(진동감각, 위치감각, 차가운 감각, 만지는 감각, 압력 감각 등)은 시간이 지나면서 모두 적응 현상을 보인다. 예를 들어 우리가 목욕탕에 들어가면 처음에는 뜨겁게 느껴지다가 시간이 지나면 점차 따뜻하고 시원한 느낌을 받는다. 온도감각에 인체가 적응한 결과이다. 즉 **감각이 주어지면 주어질수록 그 역치가 높아지면서 그 감각에 무뎌지는 현상이 나타난다**. 하지만 통증은 **주어지면 주어질수록 그 역치가 낮아지면서 예민해진다**. 이것을 '**통증 감작**'이라 한다. 처음에는 주먹으로 내리치는 강한 자극일 때만 발생하던 통증은 지속적으로 주어지면 나중에는 살짝 때리는 통각에도 통증을 느끼고, 심하면 만지기만 해도 통증을 느끼게 된다. 아주 드물게는 선풍기 바람만 불어도 아프다고 호소하기도 한다.

통증은 반복적으로 주어질수록 통증의 역치가 낮아지는 이유는 무엇일까?

하나는 '**상행성 통증 경로**에서 발생하는 **중추 감작**'이며, 다른 하나는 '**하행성 통증 경로의 신경조절 메커니즘**(통증 억제 물질 조절 체계)**의 변형**(불균형 또는 파괴)'이다. 이는 반복적인 신경 자극(통각)에 대한 반응으로 **중추신경계에서 일어나는 변화**이다.[96] 뇌는 빈번한 자극에 대해 '**기억**(신경 지문)'이 형성되고 자리를 잡게 되어, 이후 **유사한 자극을 경험할 때 과도하게 경보를 발령**하는 증상이 나타난다. 뇌에 기억된 자극은 '**시냅스 가소성**'으로 구성되어 '**자리 잡은 신경회로**'이며, **비정상적으로 변형되어 오작동 되는 신경회로**이다. 이것이 중추 감작의 핵심적인 메커니즘이다.[97]

먼저, 상행성 통증 경로의 중추 감작이다. 이는 지속적인 통각 자극으로 인해 척수와 뇌의 신경세포가 과민해져서 통증이 없는 자극에도 통증을 느끼게 하거나, 주어진 자극보다 훨씬 과도한 통증으로 나타나는 현상이다. 그 원인은 주어진 통각 신호에 대해 척수와 뇌의 신경세포가 이전보다 흥분성이 증가하는 오작동으로 관문에서 통각 신호를 억제 또는 차단하는 역할이 약화되었기 때문이다.

다음은 하행성 통증 경로(뇌-뇌간-척수)의 조절 메커니즘의 변형이다. 통증이 생성되면 뇌는 하행성 통증 조절 경로를 통해 신경전달물질을 분비하여 통각 신호를 억제하거나 조절하는 것이 정상적인 메커니즘이다. 그러나 만성통증이 지속되면 이 하행성 통증 조절 메커니즘이 변형되어(통증 억제 물질 분비의 불균형) 제대로 기능하지 못하게 된다. 이로 인해

신경전달물질로 이미 잘 알려진 일종의 신경호르몬이다. 이혜란, "신경전달물질과 면역계의 관계-Suvstance P를 중심으로", 소아과:제36권 제11호, p.1495, 1993.

96) JA Gudin, "Expanding our understanding of central sensitization." Medscape Neurol Neurosurg, 2004.

97) RR Ji, T Kohno, KA Moore, CJ Woolf, "Central sensitization and LTP: do pain and memory share similar mechanisms?", Trends in neurosciences Vol.26(12), pp.696-705, 2003.

통각 신호 억제가 제대로 이루어지지 않아 통증 역치가 낮아지게 된다. 이러한 하행성 통증 경로의 중추 감작은 만성 질환*, 만성 스트레스**, 신경병증성 통증***, 염증성 통증**** 등 다양한 요인으로 중추신경계의 '신경전달물질 분비의 불균형'이 초래되어 중추 감작이 발생한다.

---

* (만성질환)에 의한 중추 감작은 중추신경계 안에 '세로토닌'과 '노르아드레날린'의 불균형으로 발생한다.[98]

** (만성 스트레스)는 중추신경계의 신경전달물질 균형을 교란시켜 '통증 조절기능'('통각 신호를 억제 또는 감소시킨다)을 저하시킬 수 있다. 즉 '신경전달물질'(세로토닌, 노르아드레날린 외에도 도파민, GABA, 도파민, 아세틸콜린 등)과 '신경호르몬'(부신피질 자극 호르몬 방출 인자)의 상호작용을 통해 중추신경계를 동원하는 스트레스 반응에서 신경전달물질의 불균형이 초래될 수 있다.[99] 예컨대 세로토닌 분비가 낮아지면 '통증 억제 기능'이 감소하고, 노르아드레날린 분비가 낮아지면 '통각 신호'가 증폭될 수 있다.

*** (신경병증성 통증)은 경미한 자극에도 극심한 통증을 느끼는 증상이며, 일반적으로 당뇨, 항암치료, 수술 등으로 인해 신경계의 손상이나 기능 이상으로 인해 발생하는 중추 감작이다. 이는 통증 신호가 잘못 전달되거나 과도하게 활성화되어 나타난다. 심각할 경우, 옷에 쓸리는 느낌만으로도 불에 타는 듯한 극심한 통증을 느껴 삶의 질을 떨어뜨린다. 이 경우 '글루타메이트'와 'P-물질'인 신경전달물질이 과도하게 분비되어, 통각 신호의 활성화와 증폭을 초래하여 극심한 통증을 유발한다.[100]

**** (만성 염증성 질환)은 관절염, 류머티즘 등에서 중추 감작이 나타날 수 있다. 이때는 염증 반응을 유발 및 촉진하는 염증 매개 물질(프로스타글란딘, 사이토카인)이 관여한다. 이들은 신경세포의 통각 수용체를 활성화시켜 통각 신호를 증폭시킨다.

중추 감작은 통각 신호에 대한 중추신경계의 오작동이다. 지속적인 통증에 반복적으로 노출되면 '신경 가소성'에 의해 신경전달체계에 변형이 생기거나 척수와 뇌의 신경세포가 과민해져서 사소한 자극에도 과도한 통증 반응이 나타난다. 척수와 뇌의 신경세포가 흥분성이 증가하고 억제 기능은 약화되어 더 심한 통증이 유발되는 것이다. 세부 내용은 〈부록 2. 통증을 증폭시키는 '중추 감작'〉을 보라.

반복적으로 강조하지만 "통증은 뇌에서 생성되고, 생성된 통증은 몸을 보호하기 위한 반응"이다. **"찔리면 아프다. 그것은 통각이다. 통증은** 통각과 다르다. **통각에 불쾌한 감각과 주관적 경험이 더해진 것"**이다.[101] 우리가 느끼는 **통증은 어떤 유해 자극에 대해 향후 예측되는 상황**(뇌는 예측하는 기관이다.)까지 고려하여 몸을 보호하기 위한 반응으로서 **뇌가 발령하는 경고**다. 그런데 뇌가 발령하는 경고로서 통증의 정도는 뇌의 상태에 따라 실제보다

---

98) R Tamano, M Ishida, "Effect of spinal monoaminergic neuronal system dysfunction on pain threshold in rats, and the analgesic effect of serotonin and norepinephrine reuptake inhibitors", Neuroscience Letters Vol.615, pp.78-82, 2016.

99) 유범희 · 우종민, "스트레스의 시경생물학적 이해", 정신신체의학, 9(1), pp.81-92, 2001.

100) 민양기 · 김승민, "신경병성 통증 진단과 치료", 의학강좌; 51(12) : 1139-1148, 2008

101) 「동아사이언스」, "이유 없이 '콕콕' 만성통증, 10년 연구 끝에 원인 찾았죠", 2019.02.15.

증폭될 수도 있고, 축소될 수도 있다. 이러한 결과를 초래하는 뇌의 상태란 통증의 정의에 나와 있듯이 실제적이거나 잠재적 손상으로 설명될 수 있는 정서적 · 심리적 · 사회적 경험 등 '**사용자 적응적 가소성**'으로 **만들어진 뇌 신경회로망**을 의미한다.

중추 감작이 던지는 메시지는 무엇일까?

중추 감작(통증 감작)은 단순한 통증 외에도 피로, 수면장애, 집중력 저하 등 다양한 증상을 동반되어 두 번째 화살에 노출되면서 더욱더 악화되는 악순환에 빠질 개연성이 높다. 이는 단순히 조직 손상과 관련된 신체적 문제를 해결하는 것만으로는 충분하지 않다는 것이며, 중추신경계의 과민성을 줄이기 위한 다양한 노력(예 약리적 요법 외에 비약리적 요법)을 요구하고 있다. 또한 중추 감작은 부정적 뇌 가소적 변화로서 학습된 주관적 통증이므로 긍정적 가소적 변화를 만들어내려면 당사자 중심의 맞춤형 접근이 중요하다.

이를 위한 방법은 **사용자 의존적 가소성에 의한 통증 관리 및 예방**이다. 중추 감작에 의한 만성통증의 **약리적 처방은 대부분 진통제**이다. 이것은 현대 통증의학이 인정하고 있듯이 지속 가능한 치료 또는 치유 활동으로서 한계를 가지고 있다. 그래서 **비약리적 요법이 병행**되어야 한다는 것이다. 이를 실행하는 원리는 '**사용자 의존적 가소성**'이며, 일상화된 맞춤형 비약리적 요법은 오작동하는 뇌 신경회로를 재구성 또는 재배치하여 치유에 이를 수 있음을 시사하고 있다.

예를 들어 만성통증 예방을 위해서는 균형 잡힌 식사와 걷기, 수영 등의 유산소 운동을 습관화하는 것이다. 운동에 의한 자극은 긍정적 뇌 가소적 변화를 유도하여 만성통증의 예방뿐만 아니라 증상 완화에도 도움이 된다. 유럽 류마티스 치료 TF에서는 만성통증으로 분류되는 섬유근육통의 예방과 치료를 위해 에어로빅과 같은 유산소 운동을 권장하고 있다. 섬유근육통은 전신에 걸쳐 지속적인 통증, 피로, 수면장애, 인지기능 저하 등을 동반하는 특징이 있으며, 신경계의 통증 처리 방식에 변화가 생겨 발생하는 것으로 알려져 있다. 따라서 자신에게 맞는 운동프로그램을 꾸준히 함으로써 실제 약물치료에 버금가는 효과를 얻을 수 있기 때문이다.[102] 척추관 협착증의 경우도 수영 및 걷기 등의 운동이 척추 주변 근육을 강화하고 이를 통해 신경 증상을 완화할 수 있다는 것이다.[103]

---

102) 「건강 in-2017. 11월호」, "만성통증 이렇게 예방하자"; 「국민건강 지식센터」, https://hqcenter.snu.ac.kr/

103) 「모커리 한방병원」, https://www.mokhuri.com/stenosiscenter/m/02_stenosis/stenosis_07.php

5-6 부정적 뇌 가소적 변화 - 신경 지문

통증은 **뇌가 몸을 보호하기 위한 반응**이지만, 이에 대처하기 위해 **뇌에 영향을 미치는 방법**은 **몸과 마음을 통해서이다**. 오감을 통해 받아들이는 정보, 근육과 골격의 움직임을 수반하는 행동, 매일 섭취하는 음식 등이 뇌 신경회로에 영향을 미치고 있다.[104] 이러한 경험으로 형성된 뇌 신경회로는 통증을 줄일 수도 있지만, 악화시킬 수도 있다.

최근 조사에 따르면 실제 요통 환자의 90% 이상은 조직 손상이 없는 것으로 밝혀져 있다.[105] 그렇다면 왜 사람들은 조직 손상이 없거나, 통증의 원인이 제거된 이후에도 통증이 사라지지 않거나, 원인을 알 수 없는 통증이 지속되는 이유는 무엇일까? 통증이 사라지지 않는 또 하나의 이유는 뇌 가소적 변화로서 각인된 '**신경 지문**'이다.

사람은 저마다 얼굴 생김새가 다르다. 그렇다면 건강한 뇌와 아픈 뇌는 어떨까? 불과 30년 전까지만 해도 뇌과학자들은 뇌 모양에 대해 대수롭지 않게 생각했다. 그러나 뇌 영상 촬영기술이 발전하면서 새롭게 밝혀진 진실이 있다. **사람의 뇌는 지문처럼 달랐다**. 심지어 우울증, 불안증 등 똑같은 뇌 질환을 갖는 환자의 뇌도 달랐다.

2018년 취리히 대학교 연구진에 따르면, 우리의 뇌 역시 마찬가지로 뇌의 능선과 골짜기 모양은 사람마다 고유하며, 뇌의 구조는 유전적 요인과 개인적 경험에 영향을 받는다. **짧은 기간의 사건도 뇌에 흔적을 남기며**, 이를 통해 **뇌의 구조가 사람마다 고유하다**는 사실이 밝혀냈다.[106]

연구진은 건강한 노인 200여 명의 두뇌를 MRI로 2년에 걸쳐 3회 촬영하여 450개에 이르는 뇌의 해부학적 속성을 분석했고, 그 결과 참가자 191명의 뇌에서 고유한 특질을 식별할 수 있었다. 이는 뇌의 구조가 유전적 요인뿐만 아니라 개인적 경험에 의해서도 영향을 받는다는 것을 보여준다.

음악가가 연주할 때, 또 **바둑 기사**가 돌을 둘 때 **사용하는 뇌의 영역**에는 **오랜 연습으로 인해 생긴 특징이 있다**는 것이다. 짧은 기간의 사건도 뇌에 흔적을 남긴다. 예를 들어 보름 동안 오른팔을 사용하지 않으면, 그 팔의 움직임을 제어하는 부위의 대뇌피질이 얇아진다는 것이다.

---

104) 이승헌 · 신희섭, 「뇌를 알면 행복이 보인다」, https://books.google.co.kr/(검색일 : 2023.04.19.)
105) 「한국농정」, "만성통증을 극복하는 방법", 2023.04.09.
106) SA Valizadeh, F Liem, S Mérillat, J Hänggi, L Jäncke, "Identification of individual subjects on the basis of their brain anatomical features", Scientific reports, (2018)8:5611;「코메디닷컴」, "뇌도 지문처럼 개인마다 다르다 (연구)", 2018.07.11.

통증을 느끼는 뇌의 신호에도 개별적 특성이 있음을 밝혀냈다.

2023년 프라사드 시바커(Prasad Shirvalkar)107) 미국 샌프란시스코 캘리포니아대 연구팀은 만성통증 환자가 통증을 느낄 때 뇌의 특정한 부위에서 강한 전기신호가 발생하는 것을 확인하고, 그 연구결과를 국제학술지 '네이처 신경과학'에 발표했다.108) 연구팀은 만성통증이 일어날 때 뇌의 신호 변화를 확인하기 위해 1년 이상 만성통증을 겪고 있는 4명의 환자(3명, 다리 절단 후 환상통 1명)를 대상으로 6개월 동안 실험을 했다. 분석결과 실험 참가자들은 원인 불명의 통증을 느낄 때 '안와전두피질'(욕구 및 동기에 관련된 정보를 처리)에서 강한 '전기신호'가 발생했다. 통증이 발생할 때 뇌에서 일어나는 신호의 양상은 실험 참가자에 따라 조금씩 차이가 있었다. 즉 **사람의 지문이 전부 다른 것처럼 통증을 느끼는 뇌의 신호에도 개별적 특성이 관찰된 것**으로, 안와전두엽의 신호는 만성통증 상태를 예측하고 치료의 지침이 될 수 있음을 시사하고 있다.

2023년 미 연구팀은 빅테이터를 이용하여 '**뇌의 크기와 모양이 얼마나 다를까?**'에 대한 연구결과를 네이처 사이언스에 발표했다. 이 연구는 1,196명의 건강한 사람의 뇌를 관찰하고, 1,032개의 회색질(신경세포가 모여있는 부분으로 대부분 대뇌피질에 분포되어 있다.) 크기를 분석하였다.109) 이 연구에 따르면, 건강한 사람의 뇌에서도 **회색질 부피의 개인차가 매우 큰 것으로 나타났다**. 특히 건강한 사람의 75%에서 회색질 일부 영역이 너무 작았고, 60% 이상에서 회색질의 일부 영역이 너무 큰 것으로 확인되었다. 이는 **건강한 사람일지라도 개인별 뇌 구조와 기능이 매우 다를 수 있음**을 보여주는 결과이다.

〈참가자 1〉 〈참가자 2〉 〈참가자 3〉

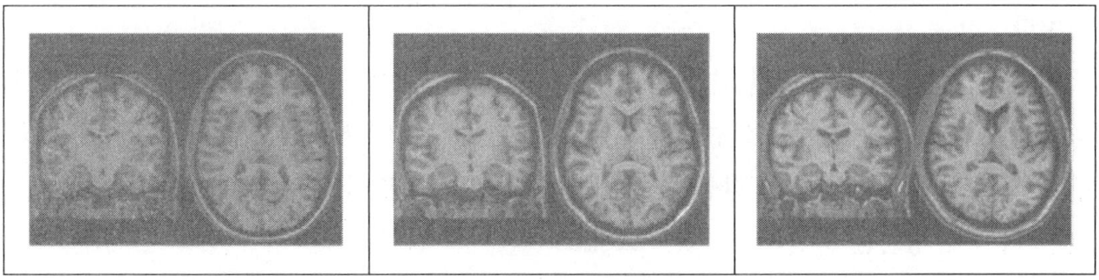

사진 출처 : "뇌도 지문처럼 다르다", https://m.science.ytn.co.kr/

107) https://profiles.ucsf.edu/prasad.shirvalkar

108) Prasad Shirvalkar, et al., "First-in-human prediction of chronic pain state using intracranial neural biomarkers", Nature Neuroscience Vol.26, pp.1090-1099, 2023. : 「동아사이언스」, "만성통증 환자에 '희소식'...뇌에서 전기신호 최초 확인", 2023.05.23

109) 「YTN 사이언스」, "뇌도 지문처럼 다르다", https://www.youtube.com/@YTNSC

왜 그런 것일까? 그 이유는 **인간의 뇌는** 약 1,280억 개의 **개별 신경세포가 네트워크**(뇌 신경회로)**를 구성하여 움직이기 때문**이다. 제4장 통증 경로 이론(부록 4. 신경전달물질과 항상성, 뇌의 항상적 가소성)에서 언급한 바와 같이 뇌는 외부 자극에 대해 흥분과 억제의 메커니즘에 의해 균형을 잡아주는 항상성의 원리가 작동하고 그 정도나 변화가 각기 다르다는 것이다.

《트라우마 내가 나를 더 아프게 할 때》 저자 프랜신 샤피로(Francine Shapiro) 박사에 의하면 "심각한 정신적 외상이나 신체적 고통, 고통스러운 경험은 정보처리 시스템을 압도하여 **기억 네트워크 간의 연결을 방해하고** 결국, **그 고통의 경험은 뇌에 그대로 기억된다**. 당시 감정, 이미지, 신체감각, 그와 관련된 기억이 처리되지 않은 본래의 상태 그대로 저장된다."[110]고 한다. **통증도 한번 뇌에 각인되면 뇌의 신경회로에 남는다**. 통증 경로의 특정 패턴이나 흔적을 의미하는 신경 지문은 특정 자극에 대한 경험으로서 뇌의 예측된 반응에 영향을 미칠 수 있다.

이 같은 사실은 캐나다의 신경과학자 카를 피어스(Carl Pierce)[111]에 의해 선도되고 있는 신경 지문의 연구에서도 입증이 된다. 연구결과에 따르면 '신경 지문'은 개인의 뇌가 어떻게 작동하는지에 대한 독특한 패턴으로서 뇌의 구조와 기능이 고유하게 나타난다. 이런 패턴은 개인의 경험, 유전적 요인, 환경적 요인 등 다양한 요소에 의해 형성되며, 그 정도는 개인마다 **주요 신경전달물질**(도파민, 세로토닌, 에스트로겐, 테스토스테론 등)**의 노출 수준에 따라 결정된다**는 것이다.[112] 신경전달물질이 분비되어야 시냅스 연결 및 정보전달이 이루어지고 이것이 반복되면 그 신경회로의 연결이 강화되어 뇌의 해부학적인 구조와 기능이 달라지기 때문이다. 이러한 **신경 지문은 기억 형성, 감정 처리, 의사결정 등 다양한 뇌 기능에 영향을 미친다**.

뇌 과학에서 통증과 관련된 신경 지문이란, 통각 신호에 대응하는 신경 체계의 반응 패턴을 의미하며, 뇌의 기능과 행동을 결정하는 데 중요한 역할을 한다. **기억된 통증은 원인이 소멸한 이후에도 사소한 자극에 반응하여 통증을 유발할 수 있다**. 이는 뇌가 현재 몸의 상태가 아닌 과거에 경험한 통증의 기억을 토대로 반응하는 '**뇌의 오작동**'이라고 볼 수 있다.

예컨대 허리를 삐끗하여 발생한 '**요통**'은 치료를 통해 **다 나은 뒤에도 '허리를 다치는 것이 두려운 뇌**'는 허리에서 약간의 이상한 낌새만 포착하면 통증을 일으킨다. 대부분 만성

---

110) F Shapiro, MS Forrest , 「The Breakthrough Therapy for Overcoming Anxiety, Stress, and Trauma」, (2016); 프랜신 사피로, 「트라우마, 내가 나를 더 아프게 할 때1」, (수오서재, 2014)

111) https://www.simonsfoundation.org/people/karl-pierce/

112) 「뉴스1」, "삼성전자 · 애플을 왜 그만둘까…바로 신경지문 때문", 2023.07.13

통증은 뇌가 단순하게 현재 몸 조직 상태의 정보만을 해석하는 것이 아니라, 과거에 경험했던 통증의 기억을 토대로 판단하고 예측하는 것이다. 한번 뇌에 각인된 통증은 뇌의 신경회로(시냅스)에 저장되고, 해당 부위에 어떤 자극이 가해지면 습관적으로 통증을 일으켰던 신경회로를 재가동시켜 통증을 생성한다.

만약 '신경전달체계의 변형(하행성 통증 경로에 의한 중추 감작)'으로 통증 발생 및 억제 물질의 불균형이 지속되는 경우는 신경회로에 통증의 신경 지문이 각인 된다는 의미이다. 더욱 심각한 것은 만성통증이 5년 이상 지속된다면 뇌 회백질이 5~11% 줄어들고, 이로 인해 노화는 10~20년 정도 앞당겨질 수도 있다는 점이다.

신경 지문의 근본적인 메커니즘은 뇌 신경 가소성으로, 통증이 신경회로(시냅스)에 기억된 결과이다. 경험한 통증은 뇌 가소성에 의해 신경 지문으로 남게 되고, 특정한 자극에 민감하게 반응하여 통증으로 되살아나는 것이다. 그래서 만성통증의 원인이 된 신경 지문은 치유하기가 쉽지 않다. 통증이 각인된 신경회로를 재구성하거나 재배치해야 하기 때문이다. 하지만 뇌는 놀라울 정도로 신경 가소성이 뛰어난 조직이기에 통증을 경험하는 당사자의 노력 여하에 따라 통증을 줄이는 방향으로 끊임없이 재구성 또는 재배치 될 수 있다. 그것이 바로 사용자 의존적 가소성이다.

반복적인 연습과 훈련을 통해 사용자 의존적 가소성을 활성화하여 신경 지문을 지우거나 바꾸면 된다. 예컨대 만성통증에 가장 좋은 진통제는 '활동적으로 지내는 것'이다. 통증에 대해 움직임을 제한하기보다는 가능한 한 움직이면서 회복을 꾀하는 것이 좋고, 초기손상이 치유될만한 시기가 지나면 손상 부위를 더욱 적극적으로 가동시키는 연습을 통해 그 통증이 만성화로 가는 것을 방지하는 것이다. **한번 각인된 신경 지문도 지속적인 적응적 활동을 통해 괜찮다는 신호를 뇌로 계속 보내게 되면 신경 지문도 사라지게 된다.**[113)]

신경 지문으로 반복되는 통증에서 벗어나는 방법은 무엇인가?

뇌 가소성을 활용하여 신경 지문을 지우거나 재구성하기 위해서는 '**인지훈련**'과 '**특정 자극에 대한 노출 훈련**'을 **강화하는 것**이다.

먼저, **인지훈련을 통한 움직임에 대한 인지를 개선하는 방법**이다.

허리를 굽히면 통증을 느끼는 사람에게 허리를 펴고 몸을 숙이라고 하면 자신은 허리를 폈다고 하지만 실제로 허리를 굽히고 있는 경우가 많다. 이런 결과는 신체에 대한 인지와 움직임 사이에 불일치가 존재하기 때문이다. 따라서 허리를 굽히면 통증을 느끼는 사람에게

113) 「한국농경신문」, "만성통증을 극복하는 방법", 2023.04.09., http://www.ikpnews.net

실제로 허리를 펴고 몸을 숙이는 연습을 하도록 하여, 실제 움직임과 신체에 대한 인지 사이의 불일치를 해결하도록 해야 한다. 이를 통해 뇌가 해당 움직임을 더 이상 위협적으로 인식하지 않도록 하는 것이다.

예컨대 뇌의 통증 유발이 반드시 해당 부위의 조직 손상에 의한 것이 아니라는 것은 사고나 수술로 사지의 일부가 절단된 환자의 75% 이상이 이미 잘려 없어진 부위에 통증을 느끼는 신경 지문의 일종인 '환상통'에서도 그 근거를 찾을 수 있다. 따라서 아프다고 움직임을 제한하기보다는 가능한 한 움직이면서 회복을 꾀하는 것이 좋고, 점차 통증 부위를 더욱 적극적으로 가동하는 연습을 통해 신체가 모두 정상이라는 확신하도록 하여 신경 지문에 의한 통증을 관리하는 것이다.

다음은 **특정 자극에 대한 점진적 노출을 강화하는 훈련**이다.

통증을 유발하는 특정 자극(몸을 숙이는 패턴)이 유해하다는 생각을 버리고, **자연스러운 움직임으로 인식하면서 그 빈도(회수)를 높여 가는 방법**이다. 우리의 삶은 다양한 움직임에 기반하고 있다. 이를 제한받는다는 것은 삶의 질을 떨어뜨리는 주요한 요인이다. 근골격계 통증은 항상 움직임과 관련이 있고, 그 통증은 신체에 대한 뇌의 해석이다. 따라서 운동 조절 훈련을 통해 뇌가 신체에 대한 인지를 개선하고 유해 자극(통증을 유발하는 부위)에 점진적인 노출을 강화하는 것이 신경 지문을 지우거나 사라지게 하는 유효한 방법이다.[114]

5-7 희망과 치유의 증거 - 뇌 신경 가소성

뇌는 아직도 우주에 비견될 만큼 미지의 영역이다. 하지만 뇌가 경험으로 변화하는 능력으로서 '**뇌 신경 가소성**' 이론의 입증은 **현대 과학 및 의학의 놀랄만한 발견이자 업적**이다. 여기에 **뇌 영상 촬영기술**(CT, fMRI, PET)**은** 뇌를 더욱 자세한 관찰을 가능하게 함으로써 뇌의 가소적 메커니즘을 활용한 비약리적 요법으로서 뇌 가소적 개입을 객관화하고 있다.

세계적인 통증관리 전문가 마이클 모스코비츠(Michael Moskowicz)가 뇌 가소성 원리를 활용하여 치유해 낸 결과는 매우 놀랍다. 그는 "나는 통증 관리를 더 이상 믿지 않습니다. **끈질기게 지속되는 통증을 치료하려는 노력만을 믿습니다**."라는 말의 의미를 되새겨 볼 필요가 있다. 가장 중요한 것은 당사자 중심의 사용자 의존적 가소성이라는 점을 강조한

114) 「몸마음연구소」, "운동을 통한 즉각적인 통증조절:뇌를 훈련한다!", https://blog.naver.com/

것이다. 자신이 도운 만성통증 환자의 유형(세부 내용은 제2장 2-5.를 보라)에 대해 언급하면서 "이들은 통증에서 해방되는 데 성공했는데, **필요한 정신적 훈련**(심상화와 같은 뇌 가소적 변화)**을 줄기차게 행할 수 있을 때만 그랬다**"라며 환자 당사자의 대단한 노력을 강조하고 있다(노먼 도이지, pp.61-62.).

신체와 뇌(정신) 사이의 정보 통로를 원활히 하는 것, 즉 신체 운동을 하는 것은 몸을 좋게 하는 것이라기보다 가소성을 촉진하고 발달시킨다는 표현이 더욱 정확하다. 뇌가 하는 일은 기본적으로 외부에서 오는 정보를 알아차리는 것인데, 그 외부의 대표적인 것이 '신체'이다. 신체에 변화를 주면, 뇌가 변화하는 것이다. 최근 학교현장에서 활용되고 있는 '뇌체조'는 뇌와 몸의 관계를 이해하고, 신체 조절 능력을 습관화하는 면에서 바람직하다고 볼 수 있다. '움직임(motion)'은 동물(움직이는 것)과 식물(심겨 있는 것)을 구분 짓는 대표적인 차이로서 청소년기 운동습관의 형성은 두뇌발달에 매우 중요한 요소이기 때문이다. 지구상의 생명체 중 인간의 뇌만큼 복잡한 구조와 기능을 가진 존재는 없으며, 태어난 이후 지속적으로 뇌의 변화를 불러오는 존재 역시 단연코 없다. 집중과 몰입, 과거와 미래를 넘나드는 상상, '나는 누구인가'로 대표되는 내면 탐색 또한 인간의 고등정신 능력이다.

뇌가 싫어하는 것은 자극(경험, 훈련, 연습)이 없는 것이다. 신경망에 변화를 가져다주지 않기 때문이다. 몸을 단련하는 운동에서부터 무언가를 배우고 학습하는 과정, 사람과의 유기적인 관계 형성에 이르기까지 이 모든 것들이 새로운 신경망에 변화를 만들어낸다.

'뇌가소성'이 우리에게 던지는 메시지는 "우리는 변할 수 있다. 그리고 할 수 있다", "무엇을 믿고 행동하느냐에 따라 우리는 충분히 달라질 수 있다. 뇌는 우리가 노력만 한다면 언제든 보답할 준비가 되어 있다. 뇌는 우리의 강력한 믿음을 절대 배반하지 않는다."는 것이다.[115]

1996년 초 머제니치 등 4인이 공동으로 「Scientific Learning」 설립하여 인지능력을 향상하기 위한 **뇌 신경 가소성 기반 컴퓨터 프로그램** '패스트 포워드(Fast ForWord)'를 운용하고 있다.[116] 뇌 가소적 변화를 입증하는 이프로그램 운영결과는 매우 놀랍다.

난독증 학생(22명)의 경우 8주간의 '**청각처리능력과 음소훈련 및 언어훈련**' 후, 보통 수준의 독서능력을 지닌 학생(23명)들과 유사한 수준으로 변화했으며, 뇌 스캔 결과 '난독증'과 '비 난독증'의 '**대뇌 전두엽 피질층의 활동 양상의 차이가 줄어든 것**'으로 확인되었

115) 「breffee.net」, https://www.pnas.org/doi/abs/10.1073/pnas.070039597

116) 이 프로그램은 **인지훈련**(기억력, 주의력, 처리속도, 언어능력, 시퀀싱 등 훈련)을 통해 읽기와 언어 능력의 기본이 되는 '**인지능력**'을 **개선하고 향상**하고자 하는 프로그램이다. 「FAST FORWORD -BY CARNEGIE LEARNING」, https://www.scilearn.com/

다.[117)]

독서능력이 평균적으로 2년 정도 뒤처지던 중학생들에게 학기 중 '**6개월 동안 패스트 포워드를 학습**'한 후 독서능력을 평가한 결과 '**평균 13개월 정도 향상된 것**'으로 나타났다.[118)]

'**비 언어 장애 아동**'과 '**언어 장애 아동**'을 대상으로 **6주**(하루 100분)**간 패스트 포워드를 학습**한 뒤에 훈련 전후를 비교하였다. 그 결과 이들 모두가 타인의 언어를 듣고 이해할 수 있도록 하는 '**수용언어 능력**'과 자신이 필요로 하는 분야에만 집중하는 '**선택적 집중력**'(선택적 청각적 주의 신경 메커니즘)**이 향상**되었다.[119)]

2002년에 설립된 '**포지트 사이언스**'(Posit Science Corporation)는 마이클 머제니치와 엘리자베스 로스(Elizabeth Rosenzweig) 등이 공동으로 설립한 두뇌훈련 프로그램 개발 및 운영 회사이다. 프로그램의 중점은 인간이 나이 들어가면서 퇴화하는 영역이다. 훈련은 "**뇌가 경험과 훈련을 통해 변화하고 적응할 수 있다.**"는 '**뇌 신경 가소성**' 원리를 기반으로 하고 있다. 훈련 프로그램은 다양한 인지 과제를 통해 뇌의 특정 영역을 활성화(뇌를 재배선)하고 강화하는 방식(뇌를 통한 정보 흐름의 속도와 정확성을 향상)으로 설계되어 있다. 즉 인지훈련(기억력, 집중력, 문제해결 능력 등)의 강화로 '**인지능력의 향상**'과 **노화로 인한** '**인지기능을 개선**'하는 것이다. 이와 관련된 두뇌 훈련의 유효성에 대한 임상시험 결과는 수없이 많다.

먼저, 노인의 인지 저하 발병(알츠하이머병)을 막기 위해 '비약물적 개입'으로서 '**인지훈련'의 유효성을 밝힌 연구**이다. 노령 성인(65~84세) 중 성공적으로 6개월 인지훈련 요법을 마친 참가자 31명을 측정한 결과 모든 인원이 '처리속도', '억제 통제(집중과 선택)[120)]', '일화 기억(개인의 과거 경험과 사건에 대한 기억)' 등에서 개선된 것으로 평가되었다.[121)]

---

117) N, Gavrieli JDE, Deutsch GK, Tallal P, Temple E, "Neural correlates of rapid auditory processing are disrupted in children with developmental dyslexia and ameliorated with training : an fMRI study", Restorative Neurology and Neuroscience, Vol.25, pp.295-310, 2007.

118) https://fastforword.co.kr/28/?idx=14020244&bmode=view

119) Stevens C, Fanning J, Codh D, Sanders L, Nevile H, "Neural mechanisms of selective auditory attention are enhanced by computerized training : Electrophysiological evidence from language-impaired and typically developing children", ScienceDirec, Vol.1205, Pages 55-69, 2008.

120) '억제 통제'는 개인이 특정 자극이나 반응을 억제하고, 원하는 행동이나 반응을 선택할 수 있는 능력을 의미한다. 예를 들어 주의가 산만해질 때 집중해야 할 작업에 계속 집중할 수 있는 능력이나, 즉각적인 반응을 자제하고 더 적절한 반응을 선택하는 것이 포함된다. 이는 의사결정이나 문제 해결에 중요한 역할을 하며, 일상생활에서도 필요하다.

121) Lee, Pai-Lin, Chih-Kun Huang, Yi-Yi Chen, Hui-Hsiang Chang, Chun-Hua Cheng, Yu-Chih Lin, and Chia-Li Lin. 2024. "Enhancing Cognitive Function in Older Adults through Processing

인지훈련이 조직 손상을 예방하는 효과가 있음을 밝힌 연구도 있다. 이 연구는 전방십자인대 수술 후 '관절 경직'(움직임의 제한) 조절 및 '무릎 기능'에 대한 인지훈련의 효과를 건강한 사람과 비교하여 살펴보는 것이다. 즉 인지훈련을 통해 전두엽 영역의 신경처리 능력(전전두엽 피질에는 공포와 관련된 기능 조절)을 향상하고, 향상된 인지 처리는 대뇌피질 반응으로서 부정적 감정을 억제하여 행동 계획을 개선하고, 이를 통해 전방십자인대 수술에 따른 관절 움직임의 제한사항을 조절하고 무릎의 기능적 결과를 향상하여 추가적인 부상을 예방하는 중요한 역할을 할 수 있다는 것이다.[122)]

알츠하이머 및 치매와 건강의 사회적 결정 요인(의료 및 교육 접근성) **및 인지훈련 효과의 관련성 연구**도 있다. 인지훈련을 받은 참가자(1,605명, 1999~2019년 사이에 발생한 치매 환자)를 대상으로 관련성을 연구한 결과, 건강의 사회적 결정 요인의 점수가 높을수록 치매 위험이 낮은 것으로 나타났으며, 높은 수준의 보호를 받은 것(인지기능의 향상으로 치매 위험이 낮아짐)으로 나타났다. 이는 **사회적 요인들이 건강과 치매 발병에 중요한 영향을 미치며, 인지훈련이 치매 예방에 긍정적 효과**가 있음을 밝히고 있다.[123)]

65~94세의 노인을 대상으로 10년에 걸쳐 **'인지훈련'**이 **'낙상 경험 위험'**에 **미치는 영향을 조사한 연구**도 있다. 인지훈련의 하나인 **'두뇌 처리 속도' 훈련군**에서 향후 낙상 위험이 더 큰 참가자는 대조군에 비해 10년 동안 **낙상을 경험할 가능성이 31% 낮은 것**으로 평가되었다.[124)]

질 볼트 테일러(Jill Bolte Tayor) 박사는 《뇌 과학자의 뇌가 멈춘 날 - 나는 내가 죽었다고 생각했습니다.》라는 책의 저자이다. 그는 뇌 과학자로서 뇌출혈이 발생하여 수술 그리고 수술 후 회복 과정까지 8년이라는 재활 과정에 대해 본인이 경험하며 느끼는 이야기를 기록한 책을 발간하고 베스트셀러로서 TED(아이디어는 모든 것을 바꾼다) 무대에서 역대 가장 많은 조회 수를 기록한 강연을 하기도 했다.[125)] 그녀는 "뇌는 우리

Speed Training : Implications for Cognitive Health Awareness." Healthcare Vol.12(5), p.532. https://doi.org/10.3390/healthcare12050532.

122) An, Yong Woo, Kyung-Min Kim, Andrea DiTrani Lobacz, Jochen Baumeister, Jill S. Higginson, Jeffrey Rosen, and Charles Buz Swanik. 2023. "Cognitive Training Improves Joint Stiffness Regulation and Function in ACLR Patients Compared to Healthy Controls." Healthcare Vol.11(13), p.1875. https://doi.org/10.3390/healthcare11131875.

123) Rebok, George W., Andrew Gellert, et al. "Effects of Cognitive Training on Alzheimer's Disease and Related Dementias : The Moderating Role of Social Determinants of Health", Journal of Aging and Health Vol.35(9), pp.40S-50S, 2023.

124) BN Sprague, LA Ross, KK Ball, "Does Cognitive Training Reduce Falls across Ten Years? : Data from the ACTIVE Trial." International Journal of Environmental Research and Public Health Vol.20(6), p.4941, 2023, https://doi.org/10.3390/ijerph20064941.

몸을 다스리는 본부 장치이다."라며, "나에게 내가 누구이고 어디 사는지를 끊임없이 일깨워 주는 세포와 회로가 망가지면, 나에 대한 개념이 완전히 바뀐다."라고 언급하고 있다. 인간의 뇌, 특히 대뇌피질은 가장 복잡한 구조물이다. 감각 영역과 운동 영역 그리고 연합 영역으로 나뉘는 대뇌피질은 각각 처리하는 정보 유형은 다르지만 서로 연결되어 함께 작용하여 우리가 세상을 지각할 수 있게 해준다. 그런데 만약 뇌에 다양한 신호를 전달하는 기능이 잘못되었다면? 뇌와 내 몸의 대화가 순조롭지 못한다면? 어떤 일이 일어날까? 신경회로의 오작동으로 인지기능 저하, 신체적 기능(균형감각, 운동 협응력 등) 저하, 정서적 변화 및 불안감 증대, 사회적 고립 및 삶의 질 저하 등이 발생하게 될 것이다. 이러한 오작동을 최소화하기 위한 최고의 방법으로 '운동'을 제시하고 있다.

하버드 대학교 정신과 교수인 존 레이티(John H. Ratey)는 그의 여러 연구와 책을 통해 운동의 긍정적인 효과에 대해 알려주고 건강한 삶을 살기 위한 뇌 건강에 대해 강조하고 있다. 그는 뇌의 구조적인 역할로 인해, 운동 시에 최고의 기능을 발휘할 수 있으며, 뇌를 활성화하고 최적화시키는 호르몬 또한 운동으로 분비될 수 있다고 말한다. 즉 우리 수렵 채집 생활 조상들은 격렬한 신체활동이 생존을 위한 필수적인 방식이었다. 그러나 현대사회에 만연한 좌식생활 방식은 신체적으로 활동적인 생활 방식의 필요성을 무시했다. 그 결과 비활동이 인지능력의 저하와 다양한 질병으로 이어졌다. 따라서 **인지에 대한 움직임과 신체활동**이 **건강 및 성과 프로그램의 핵심 구성 요소로서 매우 중요한 가소적 개입**이라고 밝혔다.[126)]

뉴욕대의 신경 과학 센터의 신경과학과 심리학 교수인 웬디 스즈키(Wendy A. Suzuki)는 뇌의 장기간 기억력에 관한 연구하던 중 운동을 통한 삶이 얼마나 소중한지 깨닫게 되면서 운동과 학습, 기억력, 인지력 등의 상호관계 연구에 집중하게 되었다. 그녀는 특히 운동을 통한 '전전두엽 피질(기억력 사고력 관장, 정보 조정 및 행동 조절)'과 '해마(신호 전달, 기억 형성 및 저장, 학습과 운동 조절)'의 기능이 향상되는 것에 열광했다. 그녀는 운동이 즉각적으로 뇌를 변화시키는 혁신적인 활동이라고 했다. 연구결과에 따르면, 한 번의 운동은 정서적 상태와 인지기능 수준에서 행동을 변화시킨다고 밝혔다.[127)]

정서적 측면에서는 부정적 정서를 감소시키고, 긍정적 정서를 증가시키며, 급성 스트레스에 대한 심리적, 생리적 반응을 감소시킨다. 인지기능 측면에서는 주로 주의력, 작업 기억,

125) 「나래 연구소」, "[月刊캡틴] 움직임 전문가가 바라보는 뇌의 기능과 통증", 2019.11.

126) JJ Ratey, JE Loehr, "The positive impact of physical activity on cognition during adulthood: a review of underlying mechanisms, evidence and recommendations", From the journal Reviews in the Neurosciences Vol.22(2), 2011, https://doi.org/10.1515/rns. 2011.017

127) JC Basso, WA Suzuki, "The Effects of Acute Exercise on Mood, Cognition, Neurophysiology, and Neurochemical Pathways : A Review", Brain Plasticity Vol.2(2), pp.127-152, 2017.

문제해결, 인지 유연성, 언어 유창성, 의사결정 및 억제 조절을 포함하여 전전두엽 피질에 의존하는 실행기능을 향상한다. 또한 뇌 스캔 및 신경생리학적 측면에서 운동은 즉각적인 반응으로 신경전달물질 분비를 촉진하며, 민첩성과 집중력 그리고 반응 속도가 향상된다는 것을 확인하였다. 지속적인 운동은 뇌의 생리 및 기능을 변화시키는데, 특히 뇌의 해마에서 새로운 뇌 세포가 생성되며, 그 양이 증가하면 장기 기억능력이 향상된다고 보고하고 있다.

이러한 과학적 사실을 받아들이는 것만으로도 우리는 통증과 다양한 질환의 굴레에서 좀 더 자유로울 수 있다. 뇌를 변화시킬 수 있다는 진실 앞에서 무엇이 두려운가? 통증을 두려워할 필요는 없다. 그 통증을 줄이고 제거하는 것은 다름이 아니라 자기 자신임을 기억해야 한다. 통증을 줄일 수 있다는 믿음을 가지고 행동으로 옮길 때 만성통증은 얼마든지 극복될 수 있다. 우리는 우리의 뇌를 반드시 믿어야 한다. 뇌는 우리가 노력만 한다면 언제든 보답할 준비가 되어 있다. 그것이 바로 뇌 신경 가소성이다.

뇌는 신체적 활동과 정신적 경험을 통해 스스로 배우고 성장하며 자신을 지켜내려 한다. 그리고 자신을 보호하기를 원한다. 웰에이징을 하고자 한다면, '뇌 신경 가소성'은 모두가 공유하고, 또 공유해야만 하는 치유 메커니즘이다. 이와 관련 뇌 가소적 개입으로 치유에 이르는 구체적인 사례들은 제6장~9장을 통해 제시될 것이다.

부록 1 전기 자극을 매개로 전정기관을 회복한 사례

1960년대 당시의 뇌 가소성 관련 의문은 '**한 번도 본 적이 없는 사람이 성인이 되어서 보는 법을 배울 수 있는가?**이며, **뇌가 완전히 새로운 감각 체계를 발달시킬 수 있을 만큼 충분히 가소적인가?**'였다. 이 두 가지 의문을 입증한 것이 바크-이-리타가 1969년에 개발한 '**감각 대체 장치**(SSD)'개발이다.[128] 이는 촉각 또는 청각 기능의 향상으로 환경 정보의 감지를 쉽게 하도록 하는 시각 장애 재활을 위한 장비이다. 뇌는 감각(구심) 정보가 신경 자극의 형태로 뇌에 도달하면 시각적 이미지로 해석하는데, 이를 용이하도록 해주는 장비가 바로 SSD이다.[129] 즉 시각이 제한된 사람들에게 다른 감각을 활용하여 주변을 인식할 수 있도록 돕는 장비이다.

SSD를 사용하는 연구에서 시각을 잃은 사람들이 촉각이나 청각을 통해 시각 정보를 해석할 수 있는 능력을 개발하는 것을 관찰되었다. 이는 뇌가 새로운 감각 정보를 처리하고 해석하는 데 필요한 신경 경로를 재구성할 수 있다는 것을 보여주었다. 또한 촉각이나 청각 등 다양한 감각 정보를 통합하여 새로운 형태의 인식(시각)을 가능하다는 것이 규명되었다. 이러한 새로운 감각 체계를 배우는 과정은 반복적인 사용과 훈련을 통해 뇌 새로운 정보를 처리하는 능력이 있음을 입증한 것이다.

감각 대체 장치의 개발은 뇌 가소성이 성인이 되어 새로운 감각을 배울 수 있음을 입증하는 데 중요한 역할을 했다. 이는 뇌가 경험에 따라 변화하고 적응할 수 있는 능력을 보여주는 사례로, 특정한 경험이 없는 사람도 뇌 가소적 변화로 새로운 감각 체계를 만들고 새로운 세상을 인식할 수 있다는 뇌 가소성의 놀라운 치유 메커니즘을 보여준 것이다.

더 나아가 바크-이-리타는 감각 대체 장치의 개념을 발전시키고, 뇌의 가소성을 활용하여 손실된 감각 기능을 보완하는 방법을 탐구했다. 그 연구 결과물의 하나가 '브레인포트(BrainPort)'라는 균형장치이다. 이 장치는 '말초 전정 기능(세반고리관, 타원주머니 등) 또는 중심 전정 기능(뇌간과 소뇌의 전정 처리센터) 손실로 인한 장애를 치료하는 데 사용한다. 전정 기능 손실자 28명을 대상으로 브레인포트를 사용한 결과 균형, 자세 및 보행에서 일관되고 긍정적인 개선 효과가 나타났다.[130] 이 균형장치를 이용하여 전정 기능을 회복한 셰릴 쉴츠(Cheryl Schiltz, 39세)의

128) P Bach-y-Rita, CC Collins, et al., "Vision substitution by tactile image projection", Nature Vol.221, pp.963-964, 1969.

129) P Bach-y-Rita, "Sensory plasticity : Applications to a vision substitution system", Acta Neurologica Scandinavica Vol.43, pp.417-426, 1967.

사례는 다음과 같다.131)

1997년 셰릴 쉴츠(39세)라는 여성은 '자궁절제술'을 받고 감염되어 처방받은 항생제인 '젠타마이신'(청력손실, 어지럼증 등 부작용이 있는 의약품)을 복용 후 그 부작용으로 **'전정기관'**(신체의 균형 유지 기능 수행)132)의 **기능이 상실되어 똑바로 서 있질 못하는 환자**다.

[전정기관]

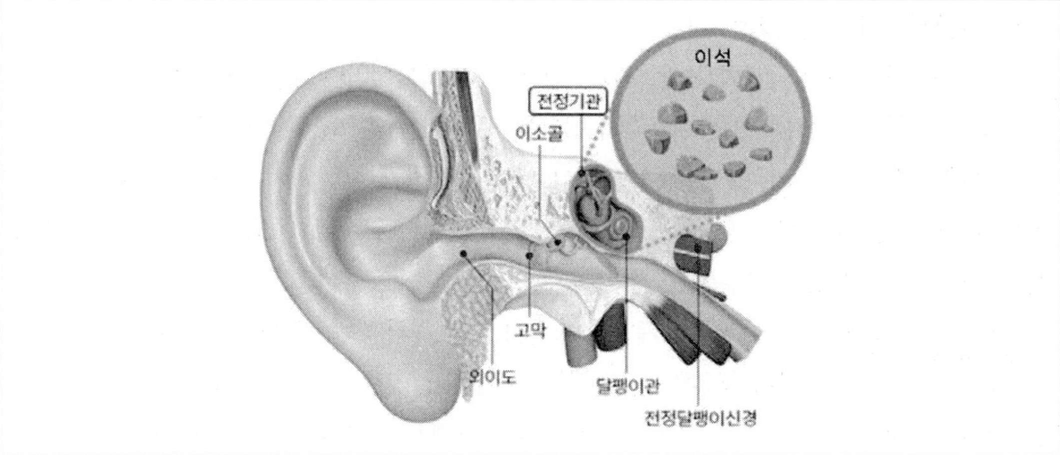

그림 출처 : 시작한의원, https://startclinic.co.kr/65

이 환자를 치료한 의사는 신경과학자인 **폴 바크-이-리타**(Paul Bach-y Rita) 박사다. 1972에 발표한 **"우리는 눈이 아닌 뇌로 본다."** 논문을 통해 **"뇌의 특정 부분과 특정 기능이 완전히 재편될 수 있다"**라며, 뇌 가소성으로 손상된 뇌 영역이 다시 기능할 수 있도록 하는 재활 치료의 가능성을 밝힌 바 있다. 이어서 그는 전정기관의 기능을 95% 이상 상실하여 희망이 없어 보이던 세릴의 전정 기능을 회복시킴으로써 자신이 주장했던 "손상되거나 변형된 뇌 신경회로를 바꾸거나 새롭게 재구성할 수 있다"는 놀라운 뇌 가소성을 실체적으로 입증했다.133)

---

130) KL Skinner, RA Hogle, P Bach-y-Rita, "Efficacy of electrotactile vestibular substitution in patients with peripheral and central vestibular loss", Journal of Vestibular Research Vol.17, pp.119-130, 2007.

131) AH Rutkin, P Bach-y-Rita, "Champagne for the Blind : Paul Bach-y-Rita, neuroscience's forgotten genius", MIT Libraries, pp.24-29. 2013. http://dspace.mit.edu/handle/1721.1/7582

132) 전정기관은 귀의 가장 안쪽에 위치하여, 머리의 수평, 수직 선형 가속도, 회전 운동을 감지하고 뇌의 중추 평형기관에 전달하여 신체의 균형을 유지하도록 하는 기관이다. 「서울아산병원」, "전정기관", https://www.amc.seoul.kr/asan/healthinfo/body/bodyDetail.do?bodyId=228

133) AH Rutkin, P Bach-y-Rita, Paul, "Champagne for the Blind : Paul Bach-y-Rita, neuroscience's forgotten genius", Neuroscience Union College, pp.24-29, 2013. http://hdl. handle.net/1721.1/106742

전정기관의 덕분에 우리는 공간 속에서 방향과 균형을 잡고 움직일 수 있다. 전정기관에는 **'3개의 반고리관'**(앞, 뒤, 옆쪽)이 있으며, 각 반고리관 내부에는 '유동액'(림프액), '섬모'(작은 털), 그리고 '이석'이 존재한다. 머리가 움직이면 유동액이 '섬모'를 흔들고, '이석'이 움직여 몸의 균형과 관련된 자극을 발생시킨다.[134] 이 자극이 전정신경을 통해 **'전정 핵'**(평형감각 관련 정보를 처리)으로 전달되며, 전정 핵은 **이 정보를 척수와 뇌로 보낸다**. **뇌는** 이 정보를 이용하여 **몸의 균형을 유지할 수 있도록 명령**을 내린다. 그래서 우리가 수평, 수직, 앞 · 뒤 등 3차원 공간에서 **'몸의 균형을 유지할 수 있게 된다'**.[135]

전정기관은 시각계와도 밀접하게 연결되어 있다. 머리가 움직이면 '전정기관에서 감지된 정보가 눈 운동을 조절하여 시야를 안정'시킨다. 이를 통해 '물체의 상이 망막에 고정'되도록 한다. 즉 '전정기관의 정보'와 '시각 정보'가 통합되어(상호작용) '공간 지각과 자세 유지'에 활용된다. 예컨대 시각 정보가 없으면 전정 기능만으로도 어느 정도 균형을 유지할 수 있으며, 어두운 곳에서는 전정 기능 의존도가 높아진다.

'전정기관의 기능이 상실되어 시각계와 연결되지 않는 셰릴의 눈'은 움직이는 물체를 원활하게 따라갈 수가 없었다. 따라서 끊임없이 누군가에 의해 떠밀리는 느낌이 되어 똑바로 서 있을 수 없고, 넘어져 바닥에 쓰러져 있는 때에도 낭떠러지 아래로 떨어지는 느낌이었다. 비록 그녀는 움직이는 물체를 눈으로 좇을 수는 없지만, 자신이 똑바로 서 있는지에 대한 여부를 인지할 수 있는 것은 오직 시각뿐이었다. 그래서 그녀는 '어지럼증의 고통' 외에도 '넘어지지 않기 위해 고도의 경계 태세를 해야 하는 정신적인 고통'에 시달려야 했다. 자세를 바로 유지하는 일에 엄청난 뇌의 역량이 필요했기 때문이다. 이를 위해 '균형감각 기능을 담당하는 뇌 영역'(전정-시각 반사) 외에 추가로 소요되는 역량은 뇌의 기억력, 계산력, 추리력과 같은 다른 정신적 기능에서 빼앗아 와야 했다(경쟁적 가소성).

폴 바크 -이- 리타는 전정기관 기능의 감각을 제공하는 '균형장치'를 **고안**했다.[136] 이 장치는 가속도계가 내장된 헬멧을 착용하고, 혀 위에 전극이 달린 선을 연결한다. 가속도계가 '인공 균형 신호'를 내보내면 혀를 통해 뇌로 전달하여 상실된 전정기관의 기능을 대체하는 장치이다. 즉 **'인공 전정 기능 신호'**를 **'혀를 통해 뇌로 전달'**하여 **'상실된 전정기관의 기능'**을 **되살리는 원리**이다.

셰릴은 헬멧을 쓰고 테이블을 잡은 채 눈을 감았다. 그리고 장치들을 작동시켰다. 잠시 후 그녀는

---

134) 「서울아산병원」,https://www.amc.seoul.kr/asan/healthinfo/body/bodyDetail.do?bodyId=228

135) 박병림 · 김민선 · 이문영, "전정기관의 자세 및 자율신경 기능 조절", 대한평형의학회지 제3권 1호 2004, pp.25.

136) 'BrainPort' 균형장치는 혀의 전기 촉각 자극을 통해 환자의 머리 위치에 대한 정보를 전송한다. 머리 위치 데이터는 가속도계에 의해 감지되고 자극 패턴으로 혀에 표시된다. 이 자극 패턴은 머리의 움직임에 직접적으로 반응하여 혀를 앞뒤로 그리고 옆으로 움직인다. (Bach-y-Rita, P., et al., 2007)

테이블에서 손을 떼었다. 비틀거리지 않았다. 셰릴에게서 끊임없이 떨어지고 있는 감각이 사라졌다. 5년 만에 처음이었다. 그녀의 뇌는 **'인공 전정기관에서 오는 신호를 정상적으로 처리한 것'**이다.

이러한 결과도 놀라운 일이었지만, 더 경이로운 것은 **'뇌 가소성의 기적'**이 발생했다. 셰릴은 혀의 장치를 제거하고 헬멧을 벗었다. 그럼에도 셰릴은 눈을 뜨고 한발을 땅에서 들어 올리면서 한 발로 균형을 잡았다. '인공 전정기관의 감각'을 혀를 통해 20분 동안 전기적 자극을 받은 셰릴의 뇌는 자극 해석을 통해 '전정 기능이 정상적으로 작동되는 가소적 변화가 일어난 것'이다.

뇌 가소성의 기적은 처음 1분 동안 장치를 사용했을 때, 장치를 제거한 뒤 '뇌에 잔류효과'는 20초간 발생했다. 다음에 2분에 40초, 장치 사용시간을 20분으로 증가시켰을 때, 잔류효과는 1시간 내내 지속 되었다. 잔류효과가 점점 길어진 것이다. 며칠 후에는 20분 동안 쓰고 나서 3시간 20분 동안 잔류효과가 나타났다. 그리고 하루에 4번 잠깐씩만 쓰고도 정상적인 생활이 가능했다. 뇌 가소성에 의해 **뇌가 스스로 잔류시간을 연장하**고 있었다. 훈련을 거듭할수록 4개월 그리고 더 이상의 잔류효과가 나타났다. **현재 셰릴은 이 장치를 쓰지 않고 정상적인 사람으로 살아가고 있다.**

셰릴의 **전정 기능은 회복**되었으며, **'전정계-시각계'**의 **연결기능도 정상화되었다.** 이는 셰릴이 쓴 장치로 '혀'를 통해 제공된 '인공적인 감각'이 뇌 가소적 변화를 촉진하여 **'손상된 전정 기능'**과 **'차단된 전정계-시각계의 연결기능'**을 되찾게 만든 것이다. 이에(뇌 가소성의 원리) 대해 '바크-이-리타'는 다음과 같이 설명하고 있다. "셰릴의 손상된 전정계는 오작동으로 건강한 뇌 회로가 보내는 모든 신호를 차단하여 기능을 발휘하지 못했다. 그런데 '셰릴이 쓴 장치'는 건강한 뇌 회로에서 오는 신호를 강화되도록 하거나, 차단된 뇌 회로 경로를 우회하여 다른 경로를 사용하도록 만들었다. 그리고 이러한 경로들이 사용되면서 점차 강화되어 정상 기능을 발휘하는 신경회로가 된 것이다(노먼 도이지, 기적을 부르는 뇌, pp.70~77. 참조)."

폴 바크-이-리타는 '기능이 작동하지 않는 감각'을 대신하는 '다른 감각 자극'을 통해 **'원래 기관을 관장하는 뇌 부위'** 이외의 **'다른 부위에서 해당 기능을 수행'**하도록 도울 수 있는 다양한 기계들을 만들었다. 맹인의 뇌에 '보는 기능'을 부여하기도 했고, 손의 감각을 잃은 나병 환자들을 위해 촉각을 느낄 수 있도록 했다. 결국 **기적적인 것은** 그의 기계가 아니라, **살아 움직이고 변화하고 새로운 종류의 인공신호들에 적응한 '뇌 가소성'**이었다.

부록 2 통증을 증폭시키는 '중추 감작'

만성통증은 3~6개월 이상 지속하는 통증 또는 통증을 유발한 조직이 치유된 후에도 지속되는 통증으로 '증상'이라기보다는 '**질병**'에 속한다. 만성통증은 일반 통증(급성통증)이 만성으로 이행되는 과정은 '**감작화**'(만성질환 또는 뇌 신경회로의 비정상적인 변형)와 같은 신경계의 변형으로 진행된다.[137] 그럼에도 대부분 당사자(의사, 환자)는 **조직 손상에 의한 통증으로 진단하고 치료하고자 한다**. 이것은 만성통증의 치료를 어렵게 만드는 주된 요인이다.

만성통증의 핵심적인 원인은 '감작화(감작)'이다. 허리통증(요통)은 주로 척추 관련 조직 손상으로 나타나는 증상이다. 그런데 요통 환자들을 진단해 보면 조직 손상(디스크, 추간판 탈추증 등)이 없는데도 엉치 또는 다리 쪽으로 찌릿하게 저리는 통증(방사통, 감각 · 운동장애)을 느끼거나, 신경 손상이 없는 상태에서도 '**칼로 찌르는 듯한**' 혹은 '**타는 듯한**' 통증을 호소하는 경우가 많다. 이처럼 **조직 손상이 없음에도 불구하고 지속적인 조직 손상성 통증**이 나타나고, **신경 손상이 없이도 지속적인 신경병증성 통증**(신경, 척수 또는 뇌의 손상이나 문제로 인해 발생하는 통증)이 나타난다.

이러한 통증이 발생하는 원인과 이유를 설명할 수 있는 것이 바로 '신경계의 감작화(sensitization)'이다. 이것은 통증이 다른 감각과는 달리 반복적인 경험이 쌓이게 되면 **조직 손상과의 인과관계는 약해지고** 오히려 **통증을 더 잘 만들어 내고 더 강해지는 성질**을 의미한다. '감작'은 '내성'과 정반대 개념이다. 어떤 자극을 경험한 후에 그 자극에 대한 반응이 점차 감소하게 된다면 '**내성**'이고, 오히려 증가했다면 '**감작**'이다.

일상생활에서 내성과 감작을 경험할 수 있다. 어떤 직장인이 상사로부터 거의 매일 야단을 맞는 상황에서 그 질책을 받아들이는 느낌이 둔감해졌다면 내성이 생긴 것이다. 하지만 상사의 질책에 대해 점차 스트레스가 쌓여 상사의 안 좋은 표정만 보아도 가슴이 벌렁벌렁하고 안절부절하게 된다면 감작이 발생했다고 볼 수 있다. 의학적 용어로서 감작은 유해 자극으로 발생한 통각에 대한 '과민 반응'이다. 조직 손상이나 염증 등의 원인으로 강하고 반복적인 통증을 경험하게 되면 통증을 느끼는 역치가 낮아져 사소한 자극에도 통증의 강도가 높아지는 것을 의미한다. 즉 통증 경험이 방치된 채 반복되고 시간이 경과 된다면 점차 통증 역치는 감소하고, 상대적으로 느끼는 통증의 강도는 증폭되게 된다. 감작의 원인은 지속적이거나 반복적인 유해 자극으로 중추신경계(뇌와

137) 이영진, "만성통증의 발생 기전과 중재적 신경 · 근 자극요법", 「가정의학학회지」, 제27집, p.341, 2006.

척수)가 변형이 발생 되어 비정상적으로 작동하는 것이다.

중추 감작의 원리를 적용하여 허리통증이 만성통증이 되는 과정을 살펴보자. 급성요통은 갑작스럽게 발생한 통증으로, 일반적으로 외상이나 근육 피로, 허리 부위의 비정상적인 움직임으로 인해 발생할 수 있다. 예를 들어 무거운 것을 들고 허리를 들어 올리거나 급하게 움직였을 때 허리에 통증이 생길 수 있다. 그런데 허리 급성통증에 대해 적절한 치료나 관리를 하지 않은 채 장기간 방치된다면, 이 통증은 중추 감작에 의한 만성통증으로 발전할 수 있다. 중추신경계는 통증 신호를 전달하고 조절하는데 관여하여 통증의 강도와 지속 시간을 조절한다. 이러한 중추신경계가 지속적인 통증에 노출된다는 신경 가소성에 의해 변형이 되어 허리의 만성통증이 지속될 수 있다.

중추 감작은 통증뿐만 아니라 다른 감각 이상(감각의 감소, 감각의 왜곡 등)으로도 나타날 수 있다. 대표적인 것이 신경병증성 통증(신경계의 질환이나 손상이 원인)으로 대표적인 것이 '이질통'과 '과민성 통증'이다. 이질통은 정상상태에서는 통증을 일으키지 않는 자극에 대하여 통증을 느끼는 것을 말한다. 옷에 스칠 때, 바람에 스칠 때, 만질 때 등의 자극에도 통증으로 느끼는 경우이다. '통각 과민'은 정상상태에서도 통증을 일으키는 자극이긴 하지만, 자극에 대해서 통증이 증강된 상태를 말한다.[138] 수의 개념으로 보면 자극이 거의 없거나 10 정도의 통증을 일으키는 자극에도 100 정도 통증 강도는 느끼는 상태를 말한다. 예를 들면 신경병증성 통증의 대표적인 질환인 대상포진 후 발생하는 신경통이다. 중추 감작으로 피부 환부(병변)에 중추 감작으로 생긴 자발통, 이질통, 감각 저하, 이상 감각, 통각 과민 등의 증상이 나타난다.[139]

만성통증의 원인인 '중추 감작'을 규명한 연구진이 있다. 이들 연구팀(서울성모병원 인용 교수와 은평성모병원 고인준 교수)은 2015년부터 2016년까지 무릎 인공관절 치환술을 받은 222명의 환자(중추 감작 환자군 55명, 비감작 환자군 167명)를 대상으로 2년 동안 수술 전후 중추 감작 정도와 무릎 상태, 만족도 등을 조사하고 분석했다. 그 결과 수술 전 '중추 감작 환자'는 수술을 받은 뒤 무릎 기능이 의학적으로 호전된 상태라도 통증이 지속되는 것으로 나타났다. 이러한 연구결과에 대해 고인준 교수는 "무릎의 통증 원인 제거만으로 이미 진행된 중추 감작을 개선하기에는 한계가 있음을 밝혀냈다. 이는 수술 전 중추신경계가 감작된 환자들은 성공적인 무릎 인공관절 치환술을 받더라도 기능적인 호전이 있을 뿐 비감작 환자에 비해 삶의 질 향상 및 만족도면에서 불량할 수밖에 없다는 의미"라고 말했다.[140]

---

138) 「의학신문」, "[의학신문창간특집]신경병증성 통증 치료제", 2002.06.05.
139) 권태동, "급·만성통증의 관리", 제62차 대한내과학회 추계학술대회, p.98, 2011.
140) 「METAMEDIC」, https://metamedic.co.kr/content/633d2fa7571b5048b5e903f4;「병원신문」, "만성통증원인, '중추신경감작' 임상 경과 규명", 2020.05.15.

이러한 중추 감작은 만성통증의 발생과 지속에 중요한 역할을 한다. 따라서 단순히 말초 조직의 병변 치료에 초점을 맞추는 것이 아니라, 중추신경계의 변화에 주목하는 것이 필요하다. 즉 중추 감작의 메커니즘을 이해하고 치유활동은 신체적, 심리적, 사회적 요인들이 복합적으로 접근해야 한다는 것이다. 이 과정에서 환자 자신이 통증 관리에 능동적인 참여와 역할이 치유에 지배적인 요소이다. 그것은 **중추신경계의 변화가 요구**되며, 그 해결의 지배적인 요소는 바로 '**사용자 의존적 가소성**'이기 때문이다.

제3부

몸 · 마음에 의한 가소적 개입과 치유

"몸과 마음은 하나다.
하나가 아프면 다른 하나도 아프다."

- 톰 하디(Tom Hardy)-

"치유는 단순히 아픔을 없애는 것이 아니다.
그것은 나 자신을 이해하고 받아들이는 과정이다."

- 에크하르트 톨레(Eckhart Tolle)-

제6장

플라시보 효과와 그 실체

이 장은 **'마음으로 뇌 구조를 변화시키는 치유영역'**으로서 뇌 가소성을 뒷받침하는 **'플라시보 효과'**를 **공유**하고자 한다. 이를 위해 다양한 연구논문, 임상시험 결과, 뇌 스캔에 의한 과학적 증거 등을 기반으로 **'플라시보(가짜 약) 효과 · 본질 · 원리'**를 입증해 보일 것이다.

플라시보 효과는 **'기대와 희망'**이 신경전달 및 조절물질을 분비하여 상 · 하행성 통증 경로에서 **'실제 약'** 또는 **'실제 수술'** 효과를 나타내는 뇌 가소적 변화를 의미한다. 이는 **마음**(기대와 희망)**이 뇌 구조를 변화**시키는 **실체적 치유 방법**이다. **플라시보 원리는 가짜 약**을 매개로 **'좋아질 것'**이라는 **'기대와 희망'**이 **'뇌 보상 회로 시스템'**을 **작동시키고, 그 결과**는 내인성 오피오이드, 신경전달 및 조절물질의 분비로 이어져 **통증을 제어하게 되는 뇌 가소적 변화를 의미한다**. 이는 **기대와 희망**이라는 심리적 요인이 자기암시, 조건화, 외적 단서 등으로 연결되면서 **'플라시보 효과'**로 나타난다. 이는 뇌 스캔에 의한 **'플라시보에 의한 뇌 부위의 변화'**의 결과로 입증할 것이며, 일상에서 플라시보 효과를 증진할 수 있는 방법도 제시하고자 한다. 이러한 내용은 다음의 6개 분야로 전개될 것이다.

Key Word

마음으로 뇌 구조를 변화시키는 치유 방법, 뇌 가소성, 플라시보(가짜 약, 위약) · **효과 · 본질 · 원리, 항상성**(흥분, 억제), **기대 · 믿음**(자기 암시 효과), 조건화, 내인성 **오피오이드,** 하행성 통증 경로, 상행성 통증 경로, **신경전달물질, 신경조절물질, 엔돌핀, 도파민,** 세로토닌, **뇌 보상 회로, 예측 처리모델,** 공개 라벨 플라시보(비맹검 플라시보), **외적 단서**

제5장에서 우리는 이 책의 중심내용인 '**뇌 신경 가소성 이론**'에 대해 살펴보았다. 통증은 유해 자극에 대해 '**뇌가 몸이 위험하다는 판단하고 예측한 반응**'이다. 그 **통증**은 통증 발생 및 억제 메커니즘에 의한 **'흥분'과 '억제'의 균형**(항상성)**으로 조절된 것**이다. 그런데 이 균형이 깨져 통증이 발생한 상태로 시간이 경과하게 된다면 부정적인 뇌 가소적 변화로 통증 처리 경로에서 변형이 발생하게 되고, 변형된 통증 경로와 신경회로망에 기억된 통증이 난치성 **만성통증이다.** 하지만 신경 가소성에 의해 변형된 신경회로는 가소적 변화를 통해 긍정적으로 변화시킬 수 있으므로 오작동하는 신경회로를 재구성 및 기능을 재배선하여 만성통증을 치유할 수 있음을 확인하였다.

결과적으로 만성통증을 비롯한 통증 발생 메커니즘과 관련된 질환의 출구전략은 뇌 가소적 변화를 통한 치유이다. 이 같은 긍정적인 **뇌 가소성을 뒷받침하는 또 하나의 객관적인 증거**가 **플라시보 효과**이다. **마음으로 뇌 구조를 변화시키는 치유 방법**으로서, 플라시보 효과의 실체를 규명하는 것이 본 장의 중심내용이다.

6-1 플라시보 효과

위약이라는 단어는 1811년 이래로 환자에게 유익하기보다는 기쁨을 주기 위해 주는 약을 의미하는 데 사용되어 왔다. 밀가루 알약을 '진짜 약'이라고 속이고 환자에게 복용하면 일부 환자들은 그 증상(통증)이 개선되는데, 이를 일반적으로 '**플라시보 효과**'(placebo effect)라 한다.[1] 그렇지만 진짜 약보다는 효과가 미치지 못하는 것이 일반적인 상식이다. 그럼에도 2011년 하버드 의대 연구진은 '**급성 천식 환자**'를 대상으로 '**플라시보**'와 '**실제 치료제**'를 비교한 결과 "**진짜와 동일한 주관적 효과를 확인했다**"고 발표했다.[2]

연구진은 39명의 환자가 12차례 병원을 방문하는 동안 4가지 방법을 사용했다. 진짜 약인 '알부테롤 흡입제', 아무 효과가 없는 '가짜 흡입제', '가짜 침술 요법', 그리고 '아무런 치료도 하지 않는 방법'이었다. 그 결과, 아무런 치료도 받지 않은 환자들은 증상(기침)이 21% 정도 개선(시간 경과에 따른 치유)된 반면 치료를 받고 있다고 생각한 환자들의 증상은

---

1) Henry K. Beecher, M.D., "The powerful placebo", Journal of the American Medical Association, Vol.159(17), pp.1602-1606, 1955

2) Michael E. Wechsler, M.D., et al., "Active Albuterol or Placebo, Sham Acupuncture, or No Intervention in Asthma", Thd New England Journal of Medicine Vol.365(2), 2011, DOI : 10.1056/NEJMoa1103319; 「코메디닷컴」, "'플라시보의 놀라운 효과', 천식에서 입증", 2011.07.14.

훨씬 더 크게 개선되었다. 알부테롤 흡입 환자의 경우는 50%, 플라시보를 흡입한 환자는 45%, 가짜 침술 요법을 받은 환자는 46%였다. 연구진은 이에 대해 "**플라시보 효과의 위력을 보여주는 결과**"라며 "**환자의 평가라는 측면에서 보면 플라시보 효과는 진짜 약과 동일하다**"고 밝혔다.

플라시보 효과의 극단적인 사례는 1957년 심리학자 브루노 클로퍼(Bruno Klopfer) 보고서에 잘 나타나 있다.[3] 환자는 목, 겨드랑이, 사타구니에 오렌지 크기의 종양이 있는 '림프육종'을 앓고 있었다. 그는 이미 알려진 모든 치료법을 다 사용한 뒤라 죽을 것으로 예상했다. '크레바이오젠(krebiozen)'이라는 약이 효과가 있다는 이야기를 듣고 이 약을 투여해달라고 클로퍼에게 요청했다. 약을 투여하자 커다랗던 종양이 사라지는 극적인 반응을 보였다. 하지만 얼마 후 이 약이 아무런 효과가 없다는 신문 기사를 보았다. 그러자 종양은 다시 예전의 상태로 돌아갔다. 환자에게 도움을 주고자 했던 클로퍼는 환자에게 그 기사를 믿지 말라고 당부하면서, 더 강력한 크레바이오젠을 주사하겠다면서 식염수를 주사했다. 놀랍게도 환자의 종양은 또다시 사라졌다. 그런데 이번에는 미국의학협회에서 공식적으로 '크레바이오젠'이 아무런 효과가 없다고 최종 발표하였다. 이 사실을 알게 된 환자의 종양은 다시 자라났고 일주일 만에 그는 사망하고 말았다.

클로퍼 보고서의 결론은 매우 시사적이다. "우리는 놀라운 성과와 회복을 이룰 수 있는 능력이 있다. 이를 받아들이는 것이 중요하다. 유전자가 우리의 삶을 결정짓지 않는다는 사실을 알고 있다. 유전학자 브루스 립톤은 그의 책 《믿음의 생물학》에서 이 점을 설명한다. 유전자는 환경과 우리가 받는 메시지에 의해 영향을 받는다. 그러므로 새로운 삶을 시작하고, 자신의 몸과 삶을 사랑하는 것이 중요하다. 자신이 누구인지, 무엇을 원하는지를 기억하며 살아가야 한다." 이는 긍정적인 환경과 사랑하는 삶을 살고자 하는 의지가 뇌의 가소성을 통해 우리의 삶에 긍정적인 변화를 가져올 수 있다는 메시지이다.

어떻게 플라시보가 진짜 약과 주관적 효과가 동일할 수 있을까? 라는 의문을 품는 것은 너무도 당연하다. 이 의문을 해소해 줄 수 있는 '**뇌의 치유 능력**'으로서 '**플라시보**'에 대한 엔디 헌터(Andy Hunter) 기자의 글을 소개하고자 한다.[4]

17세기 서양 의학에서 가장 놀라운 일은 **현미경을 발명**(네덜란드의 안톤 반 리벤후크)한 것이다. 왜냐하면 현미경을 이용해 질병의 과학적인 근거를 규명하면서 치료의 효과도 관찰

3) Bruno Klopfer, 「Psychological Variables In Human Cancer」, (1992), https://doi.org/10.4324/9781315827520; B. Siegel,「Remarkable Recoveries」, (2009), https://www.ijhc.org/wp-content/uploads/2022/07/Siegel-9-1.pdf; 「경북일보」, "플라시보 효과", 2018.01.30.

4) 「브레인미디어」, "플라시보 뇌의 긍정심리가 주는 치유 효과-뇌의 자연 치유 능력"(브레인 제45호), 2014.04.19.

되고 측정할 수 있게 되었기 때문이다. 그래서 의사들은 현미경을 활용하여 어떤 약품이 효과가 있는지 알아내고자 했다. 각각의 약리적 효능을 테스트해본 결과 그들이 사용했던 '치료제'의 대부분은 전혀 효능이 없거나, 심지어 건강에 해로운 것으로 밝혀졌다.

치료에 효능이 없는 약들이 오래도록 치료제 역할을 했다는 것은 놀랄 일이 아니다. 예컨대 페루 인디언들 사이에 '**기나스 나무껍질**'은 **말라리아성 열병에 큰 효과**가 있는 것으로 알려졌고, 결국 찰스 2세와 루이 14세를 치료하는 데 쓰이기도 했다. 그러나 훗날 기나스 나무껍질은 치료제로서 아무런 효과가 없는 것으로 판명되었다.

이처럼 '**약리적 효과가 없는 것**'들이 지난 오랜 기간 '**치료제**'로서 분명히 긍정적인 효과가 있었던 **치료법**에 대해 과학자들은 무엇이라고 해명했을까? 이들이 내놓은 해명은 라틴어로 '**기쁘게 해줄 것이다**'라는 의미의 '**플라시보 효과**'라 하였다. 그래서 지난 수 세기 동안 의학은 이 효과에 대해 없애버리거나 피해야 할 부정적 인식으로 자리하게 되었다. 그러나 최근에 과학자들은 혁신적인 '**뇌 영상 기술**'과 정교한 '**이중맹검학**'(신약 효과의 검사법)[5] 등을 통해 '플라시보 효과의 원리'를 연구하고 그 효과를 인정하기 시작했다.

6-2 플라시보 효과는 과연 존재하는가?

플라시보 효과는 일반적으로 비과학이며, 의학적 지식과 처방에 반하는 '**가짜**', '**속임수**'라는 관점에서 많은 의혹의 대상이자 논쟁거리였다. 실례로 1955년 랜싯(The Lanset)에 발표된 논문에서 '**플라시보 효과**'에 대해 "1945년까지만 해도 플라시보는 '도덕적으로' 유용하지만 치료나 증상적 결과가 없는 무해한 관리 도구였다."라고 평가하였다.[6] 덴마크 코펜하겐 대학의 과학자들은 전 세계 114건의 연구 사례들을 대상으로 '위약 효과의 진위(眞僞) 여부'를 조사한 결과 대부분의 연구에서 "위약을 투여받은 부류와 이를 투여받지 않은 부류 사이에

---

5) 이중맹검학은 신약의 효과를 검사하기 위한 임상시험에서 과학적인 안전성과 신뢰성을 보장하기 위해 주로 사용되는 방법의 하나이다. 이 방법은 실험군과 대조군으로 나누어, 실험군에는 신약을 투여하고 대조군에는 소금물 등의 유사한 물질을 투여하는 것이다. 그리고 양쪽 모두 신약이나 대조물질이 투여되었다고 착각하도록, 심리적 안심을 주는 장치로 대조군도 치료군으로 보이도록 한 것이다. 이렇게 하면 실험자나 환자들이 진짜 신약이 투여되었는지 여부에 대해 알 수 없으므로, 편견이나 추정으로 인한 오차를 줄일 수 있다. Margraf, J., Ehlers, A., Roth, W. T., et al., (1991). "How 'blind' are double-blind studies?", Journal of Consulting and Clinical Psychology Vol. 59(1), pp.184-187, 1991.

6) Ted J Kaptchuk, OMD, "Powerful placebo : the dark side of the randomised controlled trial", Department of Medical History Vol.351(9117), pp.1722-1725, 1998.

차이가 없는 것으로 드러났다"며 위약 효과에 대해 의문을 제기했다.[7)]

이처럼 생의학적 틀 안에서 질병 치료를 접근해야 된다는 신념을 가진 일부 의학계와 의사들은 '플라시보 효과'에 대해 비과학적인 난센스로 간주하면서 환자들이 몸이 나았다고 생각하는 것일 뿐, 실제로는 그렇지 않다고 주장한다.[8)]

하지만 **최근 의학계는** '플라시보 효과'에 주목하면서 수많은 연구결과를 근거로 거짓과 속임수가 아니라 '**치료에 대한 기대와 믿음의 결과**'로서 **플라시보 효과를 인정**하고 있다. 플라시보가 심리적 · 정서적 · 인지적 원리(치료에 대한 기대, 좋아지겠지 하는 믿음, 의사-환자 간의 신뢰 등)로 작동되면서, 뇌를 변화시켜 통증과 질병을 고칠 수 있다는 것이다. 최근까지 현대 의학이 지지했던 "질병과 약물의 상호작용만이 몸의 생화학적 상태를 바꿀 수 있다"는 믿음이 바뀐 것이다. 약물이라는 '화학적 효과' 못지않게, 인간의 '**믿음과 기대**'로 **증세가 호전되는 수많은 사례가 '플라시보 효과'를 입증하고 있다**.

예컨대 피부를 절개한 후, 다시 꿰매기만 했는데도 무릎 골관절염이 호전되는 환자들, 가짜 '내유동맥 묶음 술'을 받고 치유된 협심증 환자들, 식염수를 모르핀인 것처럼 주사했는데도 통증을 느끼지 못한 환자들, 항우울제 대신 설탕 약을 먹고 자살 시도를 멈춘 여성 등등 일일이 열거할 수 없을 정도로 많다.(박정호, 2017. pp.9~10.)

이러한 플라시보 효과는 **뇌에 의해 통제되고 조절되는 만성통증, 우울증, 관절염, 과민성 대장 증후군, 궤양 등을 대상**으로 한다. 하지만 **암, 세균 감염, 인대파열, 조현병, 종양 세포를 줄이는 것과 같은 생리학적 질병 치료에는 효과가 없다**는 사실이다. 플라시보 효과의 사례를 살펴보자.

비타민 C는 1930년대에 '**호흡기 감염 치료제**'로 제안되었으며, 1971년 노벨상 수상자 리누스 폴링 (Linus Pauling)이 비타민 C가 감기를 예방하고 완화한다는 연구결과로 대중화되었다.[9)] 하지만 비타민 C(아스코르브산)의 약리적 효과는 70년 동안 논란의 대상이었다.

2013년 코크란 협력단체는 '감기 예방 및 치료에 대한 비타민 C'의 연구결과를 발표했다.[10)] 이 연구는 비타민 C를 감기 증상 발현 시 치료제로 매일 지속적으로 섭취하거나

---

7) 「BRIC 동향」, "위약 효과에 대한 의문 제기"(2001.05.26.). https://www.ibric.org

8) 현대 의학은 "인간을 신체로 국한시키고 모든 질병을 신체화하는데 주력해 왔으며, 그것은 인간을 신경, 근육, 뼈로 이루어진 기계적 모형으로 축소했고, 그 모형 위에서 인간이 겪는 모든 질병의 발생과 경과를 하나하나 추적했다. 그리고 마침내 신체의 해부 임상학적 지식과 생의학의 분석틀 안에서만 질병의 객관적 원인이 밝혀질 수 있다는 신념이 세워졌다. 박정호, "플라시보 효과 : 의사-환자 관계에서 증여 행위와 그 도덕적 가치", 「사회와 이론」, 통권 제30집, pp.7-8, 2017.

9) Linus Pauling, "Vitamin C and Common Cold", JAMA Vol.216(2), (1971), doi:10.1001/jama.1971.03180280086025.

10) Hemil, H., & Chalker, E., "Vitamin C for preventing and treating the common cold", Cochrane

치료제로 사용할 경우 감기의 발병률, 지속기간 또는 중증도를 줄이는지를 파악했다. 이전의 비타민 C와 감기에 관한 29건의 연구를 검토하고, 11,306명의 참가자를 대상으로 그 결과를 분석하였다.

연구결과에 따르면 **비타민 C의 감기 발병률을 줄이지 못한 것으로** 나타났다. 감기바이러스에 직접적인 치료 효과도 없다. 하지만 지속적인 비타민 C 섭취는 감기 증상의 심각성 완화를 돕는 경우가 있다는 것이다. 이는 비타민 C의 항산화 작용과 면역 증진 효과로 분석했다. 종합하면 **비타민 C는 감기 예방 효과가 크지 않지만, 감기 증상 완화에는 도움**(치료제가 아니다)**이 될 수 있다**. 다만 감기 치료 효과는 약리적 효과가 아닌 환자들의 믿음과 기대감에 기인한 '**플라시보 효과**'라는 것을 밝혀냈다. 많은 연구에서 평소에 강한 믿음과 기대를 가진 환자들이 높은 치료 효과를 보이는 것은 플라시보 효과를 입증하고 있는 또 하나의 객관적 증거이다.

2016년 12월에 발행된 학술지 '통증(Pain)'에는 **"만성 요통 환자를 대상으로 한 정직한 위약 임상연구"**란 논문이 게재되었다.[11] 포르투갈의 연구자들은 만성 골관절염 통증 환자를 대상으로 '정직한 위약(가짜 약임을 알려줌) 치료의 효과'를 평가했다. 환자들을 무작위로 두 그룹으로 나누어 한 그룹은 정직한 위약 치료를 받고, 다른 그룹은 위약을 받지 않은 대조군(아무런 치료를 받지 않음)으로 설정되었다. **정직한 위약 치료 그룹에게는 위약 치료 효과에 대해 솔직히 설명하고 동의를 구했다**. 3개월 동안 치료를 진행하였으며, 통증 수준, 기능 수준, 삶의 질 등을 평가하였다.

그 결과 정직한 위약 치료 그룹은 대조군과 비교했을 때, 통증 수준, 기능 수준, 삶의 질 등이 유의미하게 향상되었다. 예컨대 통증 점수를 0점에서 10점 척도로 측정한 결과 통증 수준에 있어서 정직한 위약 치료 그룹이 12주 후 3점 감소(예를 들어 초기 7점에서 4점으로 감소)한 반면 아무런 치료를 받지 않은 대조군은 12주 후 1점 감소 (예를 들어 초기 8점에서 7점으로 감소)하였다. 그리고 기능 수준이나 삶의 질 측면에서도 유사한 결과가 나타났다. 이 같은 통계적 분석결과는 **정직한 위약 치료 그룹이 대조군에 비해 통증, 기능, 삶의 질 측면에서 유의미한 개선 효과**를 보여주었으며, **위약의 치료 유용성**(효과)을 **입증**한 것이다.

Database of Systematic Reviews, (2013), https://doi.org/10.1002/14651858.CD 000980.pub4

11) Tétreault P., Mansour A., Vachon-Presseau E., Schnitzer T. J., Apkarian A. V., & Baliki M. N.. "Brain Connectivity Predicts Placebo Response across Chronic Pain Clinical Trials", Pain Vol.157(7), pp.1393-1402, 2016.

'플라시보(가짜) 수술 효과' 사례이다.

1950년대 널리 시행되었던 협심증 치료 수술이 **'내유동맥 묶음술'**이다. 이 수술은 가슴에 통증이 있는 환자들의 앞가슴뼈 부위를 절개하여 가슴을 연 다음 내유동맥(가슴벽의 앞쪽과 유방에 혈액을 공급하는 동맥)을 묶는 수술이다. 1955년 시애틀의 심장외과의인 레너드 콥(leonard cobb)은 이 수술의 효과에 의심을 품고, 아주 과감한 방식으로 그 효과를 확인하기로 했다.

자신의 환자 가운데 절반은 **'진짜 수술'**(내유동맥 묶음술)을 하고 나머지는 환자의 피부만 살짝 절개하는 **'가짜 수술'**을 하였다. 두 집단의 수술 경과를 확인한 결과는 놀라웠다. 내유동맥을 묶은 환자와 그렇지 않은 환자 모두 **'가슴 통증'**이 사라졌다.[12] 가짜 수술을 한 환자들도 좋아질 것이라는 **'기대와 희망'**이 **통증을 제거**한 것이다.

최근에 **뇌 영상 촬영 기술**(fMRI, PET)을 활용하여 '통증'과 '플라시보 효과'의 상관관계에 대한 검증이 이루어졌다. '통증이 주어졌을 때 활성화되는 뇌 영역'과 '플라시보를 투여했을 때 활성화되는 뇌 영역'을 비교해 보면 '플라시보 효과'를 입증할 수 있기 때문이다. 그 결과, '플라시보 효과'는 되돌릴 수 없는 실체적 진실임을 입증되었다.

2000년 미국의 신경과학자이자 노스웨스턴 의과대학의 바니아 압카리안(Vania Apkarian)교수는 **통증을 체험하는 동안 뇌 스캔을 통해 통증을 담당하는 뇌 부위를 최초로 입증**했다.[13] 실험 참가자들에게 통증에 해당하는 **'열 자극'**을 가하면서 뇌 스캔을 하는 방식으로 진행되었다. 통증을 느끼는 유해 자극에 반응하는 **뇌 부위**(전두엽, 기초핵, 시상하부, 전측 대상회 피질 등)가 **확인**되었다. 이는 통증 자극(열 자극)이 주어진 상태에서 통증을 처리하는 뇌 부위가 활성화(반응)된 것이다.

플라시보 투여 시 반응하는 뇌 부위를 확인하는 연구도 진행되었다. 플라시보 효과가 실제로 존재하는가를 확인하는 임상시험이다. 그 대표적인 연구자가 컬럼비아 대학의 신경과학자 토르 웨거(T. D. Wager) 교수다.[14] 2004년 이들 연구팀은 **'가짜 진통제'**와 **'실제**

---

12) David R. Hamilton, 「마음이 몸을 치료한다.」, 불광출판사, pp.245-246, 2012.

13) AV Apkarian, MC Bushnell, et al., "Human brain mechanisms of pain perception and regulation in health and disease", European journal of pain Vol.9(4), pp.463-484, 2005.

14) T. D. Wager는 현재 University of Colorado Boulder의 심리학 및 뉴로사이언스 교수로서. 심리학, 신경과학, 정신과학 영역에서 연구를 수행하고 있으며, 특히 통증 조절과 플라시보 효과에 관한 연구를 진행하고 있다. Wager 박사는 과학자, 연구자로서도 활발한 활동뿐만 아니라 Neuroscience and Biobehavioral Reviews와 PAIN 등의 각종 학술지에서 편집자로 활동하고 있다. Wager는 정신과학, 신경과학 및 통증 연구 등의 분야에서 국제적으로 인정받는 연구자 중 한 명으로, 플라시보 효과와 관련한 연구를 수행하는 연구팀의 일원으로 다양한 연구를 발표했으며, 그 연구팀은 대체로 University of Colorado Boulder나 University of Michigan Ann Arbor에서 연구를 수행하는 학자들로 구성되어 있다.

진통제'를 복용한 두 그룹의 뇌 활동을 비교 분석하였다. 위약이 통증에 영향을 미치는지 그리고 감각 통증 처리 영역을 변화시키는지에 대한 임상시험이었다.15)

먼저, 지원자의 팔 부위에 **'전기적 충격'** 또는 **'열'**을 가하면서 뇌 스캔으로 뇌 변화를 확인했다. 지원자의 '**통증**(불안)**을 처리하는 뇌 부위**(시상, 전두피질, 뇌섬엽)'가 **활성화**되었다. 이어서 통증을 줄여주는 연고라며 속이고 '**일반 피부 크림**(플라시보)'을 발라 준 다음, 다시 전기 충격을 가하자 지원자들은 **통증이 크게 줄었다**고 **반응(응답)**했다. 뇌 스캔으로 확인한 결과 '**통증을 느끼는 뇌의 부위**(시상, 전대상피질, 뇌섬엽)'의 **활성화가 줄어든 것**을 확인했다. 위약이 통증 경험을 변화시킨다는 증거를 제시한 것이다.

연구를 주도한 웨거 박사는 "약물효과에 대한 인간의 믿음과 이들에게 나타나는 약물효과 간에 강한 상관관계를 발견할 수 있었다."며 **"환자의 믿음에 따라 약물효과가 달라질 수 있음을 입증한 것**"이라고 말했다. 이 결과는 '가짜 진통제'가 '실제 진통제'와 뇌 부위의 활동이 거의 유사하게 나타남으로써 플라시보 효과가 실제로 존재하는 것을 입증하였다.16)

2007년 미국 유타대 교수이자 정신의학자 존 카 주비에타(Jon-Kar Zubieta) 박사는 '**진통제**' 대신 '**플라시보**'를 투입하면 **뇌 속에서 화학적 변화**(측좌핵이 플라시보에 의해 도파민 방출이 증가한다)**가 일어난다**는 연구결과를 발표했다.17)

이들 연구팀은 "진통제가 아닌 염분이 들어있는 플라시보를 투여하고, 뇌 스캔으로 확인한 결과 '**측좌핵**(뇌의 보상 신호를 처리하는 기능)에서 **도파민 방출의 활성화**(증가)**를 확인하였다.** 추가적인 기능적 연구(fMRI)에서도 '금전적 이익'에 대한 기대는 위의 플라시보 효과에 비례하는 방식으로 측좌핵 시냅스 활성을 증가시킨 것으로 나타났다. 또한 웨거 교수팀이 플라시보 효과로 확인한 통증을 처리하는 뇌 부위가 일관되게 관련되어 있음을 확인했다.

이 연구는 기대라는 심리적 요인이 행동에 영향을 미치는 중요한 요인(보상 획득, 위험 회피)으로 긍정적인 플라시보 효과의 기초가 된다는 것을 뒷받침하고 있다. 즉 인체의 항상성을 위협하는 환경적 문제와 신체 반응을 감소(축소)시킬 수 있는 긍정적 기대는 뇌 신경계의 상호작용(뇌 가소적 변화)으로 각각 취약성과 회복력을 부여한다는 것이다. 그래서 가짜 진통제(플라시보)를 복용하면 진통에 대한 기대로 측좌핵의 도파민이 방출되고, 통증 처리 부위(전전두피질 · 시상 · 뇌섬엽 등)와 함께 **뇌 보상시스템이 활성화되어, 통증 완화의 효**

15) TD Wager, JK Rilling, et al., "Placebo-induced changes in FMRI in the anticipation and experience of pain",Science Vol.303, pp.1162-1167, 2004.

16) 「MEDICAL Observer」, "'플라시보 효과' 과학적 입증-가짜 진통제 바른 후 뇌에서 통증완화 인식 확인", 2004.02.26.

17) Robert A. Koeppe, Jon-Kar Zubieta, et al., "Individual Differences in Reward Responding Explain Placebo-Induced Expectations and Effects", Neuron Vol.55(2), pp.325-336, 2007.

과가 발생했다는 것을 의미한다.

토르 웨거 연구팀은 후속 연구(TD. Wager, et al., 2011, 2014, 2015, 2017)[18]를 통해, '플라시보'가 '실제 약물'과 비슷한 뇌 활동이 발생하여 통증을 완화하는 '플라시보 효과'를 입증했다. 뇌 스캔 결과도 위약 효과가 '통증 처리', '내인성 진통 체계', '정서조절' 등 다양한 신경 메커니즘을 통해 진통 효과를 유발한다는 것을 규명하고 있다.

이상의 연구 외에도 '플라시보 효과'의 존재를 입증하는 연구논문과 임상 실험결과는 무수히 많다. 뇌 영상 촬영에 의한 분석은 '플라시보 효과'에 '뇌가 반응'하고 '통증이 감소'한 물리적 생리학적 명확한 증거이다. 플라시보는 뇌 신경 가소성에 의한 뇌 회로망을 변경시켜 통증을 차단하고, 기능을 변화시켜 내인성 호르몬을 증가시킬 뿐만 아니라 정서조절에도 영향을 미친다는 것이 명확하게 입증된 것이다.

6-3 플라시보 효과의 본질

2002년 미국의 모즐리(JB Moseley) 등 정형외과 의사들은 **'무릎 관절경 수술의 플라시보 효과'**라는 **흥미로운 연구결과를 발표**하였다.[19] 관절경 수술은 무릎 관절 주위에 구멍을 내고, 내시경을 넣은 다음 모니터로 직접 관찰하면서 하는 수술이다.

이 연구는 무릎 관절경 수술 효과가 **'실제 치료 효과'**인지, **'플라시보 효과' 인지를 확인**하고자 했다. '무릎 관절염'이 있는 환자 180명을 대상으로 3개 그룹(무릎 관절경 수술, 윤활제 주사 치료, 가짜 수술)으로 나누어 임상시험을 하였다. 첫 번째 그룹은 **진짜 관절경 수술**로 '마취-절개 및 연골 제거-식염수 세척-봉합'의 정상적인 수술을 하였다. 두 번째 그룹은 '마취-절개-식염수 세척-봉합'으로 **연골을 제외한 일부 수술**을 했다. 세 번째 그룹은 '마취-

18) Tor D. Wager, et al., "Predicting Individual Differences in Placebo Analgesia : Contributions of Brain Activity during Anticipation and Pain Experience", Journal of Neuroscience Vol.31(2), pp.439-452.; 2011. Jason T. Buhle, TD Wager, "Cognitive Reappraisal of Emotion : A Meta-Analysis of Human Neuroimaging Studies", Cerebral Cortex Vol.24, pp.2981-2990, 2014.; TD Wager, LY Atlas, "The neuroscience of placebo effects : connecting context, learning and health", Nature Reviews Neuroscience Vol.16, pp.403-418. : 2015. Leonie Koban1, Tor D. Wager, et al., "The Cognitive Neuroscience of Placebo Effects : Concepts, Predictions, and Physiology", Annual Review of Neuroscience Vol.40, pp.167-188, 2017.

19) Moseley, J. B., O'Malley, K., Petersen, N. J., Menke, T. J., Brody, B. A., Kuykendall, D. H., ... & Wray, N. P. "A controlled trial of arthroscopic surgery for osteoarthritis of the knee", New England Journal of Medicine Vol.347(2), pp.81-88, 2002. : David R. Hamilton, 「마음이 몸을 치료한다.」, 불광출판사, pp.246-248, 2012.

절개-봉합'한 **가짜 수술**이었다.

수술결과는 놀라웠다. 생리학적 관점으로 본다면, 진짜 관절경 수술 외에는 관절염 상태가 나빠지는 것이 상식적이다. 하지만 **세 그룹 모두 똑같이 '무릎 통증'이 완화**되었다. 무릎 관절염 환자가 진짜 수술로 본 효과는 '가짜 수술'보다 나은 것이 없었다. 모즐리는 수술이 끝난 2년 후 세 그룹을 대상으로 수술 효과를 확인하였다. 플라시보 수술을 받은 집단 역시 진짜 수술을 받은 집단처럼 통증이 경감되고 걷는 상태가 나아졌다.

'플라시보 수술(가짜 수술)'이 '진짜 수술' 만큼 효과가 있었던 이유는 무엇일까? 그것은 환자가 수술 후 **'좋아질 것'**이라는 **'믿음'**과 **'기대감'**의 심리적 요인이 **뇌를 건드리고**(엔돌핀, 도파민 생성), **뇌가 반응**(보상 회로 활성화 및 통증 경로에서 통각 신호 차단)**한 결과**이다. 그렇다면 손상된 조직을 도려내고 염증을 제거한 **'진짜 수술의 효과'에 대해 어떻게 설명할 것인가?** 진짜 수술 후에 통증이 완화된 것'은 물리적인 통증 요인을 제거한 것도 있지만 근본적으로 수술 후 나아질 것이라는 환자의 믿음과 기대감인 **'플라시보 효과'를 건드린 결과**이다. 이 연구는 통증 치유 효과가 손상된 조직을 도려낸 외과적 수술이라기보다는 좋아질 것이라는 '**마음**(기대와 희망)'이 **뇌 신경 가소성을 건드리고, 그 가소성이 뇌를 변화시킨 결과임을 보여 준 것**이다.

2017년 어깨뼈돌기형성술[20]에 대해 '**가짜 수술과 차이가 없다**'고 발표했던 앤디 카 교수(Andy Carr, 옥스퍼드대학 병원 정형외과 의사)의 플라시보 효과에 대한 설명은 명쾌하다. "위약 효과를 속임수와 가짜라고만 생각하는 오류가 있다."면서 "치료될 것이라는 기대감은 우리 뇌의 통증 인지 관련 부위(기능)를 장악해 강력한 심리적 효과를 일으킨다."면서 "수술에도 약처럼 위약효과가 있다는 연구결과들을 적대시하기보다는 이를 과학으로 이해하고 **위약효과도 정상적 치료과정의 일부로 생각해야 한다.**"고 밝혔다.[21]

침술에 대한 약리적 효과는 의협과 한의협 간의 오랜 논쟁거리다.

그럼에도 침술의 플라시보 효과는 모두가 인정하고 있다. 침 치료가 통증 등 여러 불편한 증상을 덜어준다는 사실은 인정하면서도 '침술 자체의 고유한 효과'에 대해서는 논란이 계속되고 있다.

독일에서는 2000~2004년까지 **만성통증 질환**(만성 요통, 편두통, 슬관절염)**에 대한 침술의 치료 효과를 확인**하고자 30만 명을 대상으로 대규모 임상시험을 진행했다. 이 연구는

---

20) 이는 연골이 닳거나 기능이 저하되면 뼈끼리 마찰돼 뼈 끝 부분이 뾰족하게 되고 인대 등이 뼈에 닿아 손상과 염증, 통증을 일으키므로 어깨부위 뼈돌기를 깎아주는 게 좋다는 이론에 근거해 매우 흔히 하는 내시경 수술이다.

21) 「Dailymedi」, "불필요한 수술 많다. 수술도 '플라시보' 같은 심리효과 커", 2017.06.13.; 「한의신문」, "상당수 수술 '위약효과'…불필요한 수술 많아", 2017.06.14.

'진짜 침술'과 '가짜 침술(피부를 관통하지 않는 침)'을 비교했다. 그 결과 **가짜 침술도 진짜 침술만큼 통증 완화에 효과가 있는 것**으로 발표했다. 편두통 환자에 시술한 침술효과는 약물치료제(β-blockers, Flunarizine, Valproic acid)와 동등한 효과를 나타냈고, 만성 요통과 슬관절염[22]에 적용된 서양 의학의 표준치료보다 더 우월한 것으로 보고되었다.[23] 이는 가짜 침의 효과도 '가짜 수술'처럼 좋아질 것이라는 '기대심리'에 의해 뇌가 만들어 낸 '플라시보 효과'임을 의미한다.

서울시 '신림평온정신건강의학과' 전형진 전문의에 의하면, 플라시보 효과가 더욱 좋은 경우는 '환자가 의사와 병원을 신임할수록, 한 번 약을 먹어서 그 약의 효과를 본 환자일수록, 똑같은 약이라도 가격이 비싸다는 것을 인지할수록, 솔직하고 순진한 성격의 사람(공감 형성이 큰 사람)일수록 기대심리가 크게 작용하면서 그 효과가 크다는 것이다.[24] 예컨대 환자에게 플라시보 처방을 할 때 그 약이 비싸거나 구하기 힘든 것이라고 귀띔해주면, 흔한 약이거나 저렴한 약이라고 말해주는 것보다 훨씬 큰 효과를 얻는다. 또한 의사처럼 권위가 있는 사람이 플라시보 처방을 하는 것이 자동판매기에서 약물을 구입하는 것보다 훨씬 강력한 효과를 낼 수 있다.

2001년 토리노 의과대학의 연구는 "플라시보 효과는 약물 투여방법에 따라 진통 반응에도 영향을 끼친다"고 밝히고 있다. 그 효과는 사전 프로그래밍된 기계로 주입(숨겨진 주사)하는 진통제에 의해 투여받는 경우보다 환자가 보는 상태의 개방 주사가 훨씬 크기 때문이다. 진통제를 투여하는 방법에 따라 진통 효과에 영향을 미치는 것으로 확인된 것이다.[25]

이 연구는 환자들을 A, B 두 그룹으로 나누어 진통제를 투여하였다. A 그룹의 환자들은 의료인이 직접 진통제를 주어 투약 여부를 알 수 있게 하였고, B 그룹의 환자는 자신이 직접 주사기로 진통제를 투약하였다. 그 결과는 의료인에 의해 진통제가 투여된 A그룹의 플라시보 효과가 더 컸다는 것이 관찰되었다. 즉 약물을 복용하는 방법에 따라 약물의 진통 효과가 달라질 수 있다는 것을 보여주고 있다. 또한 **모든 치료의 '생리학적 치료 효과' 뒤에는 '플라시보 효과'가 내재 되어있을 수 있다는 것**을 시사하고 있다.

---

22) 관절을 이루는 뼈와 뼈 사이에서 충격을 흡수하는 연골의 점진적인 손상이나 퇴행성 변화로 인해 관절을 이루는 뼈와 관절막, 주변 인대 등에 손상이 일어나서 통증과 변형, 기능 장애를 일으키는 질환으로 관절의 염증성 질환 중 가장 높은 빈도를 보인다(질병관리청 국가건강정보포털).

23) 「한의신문」,"독일의 침 임상시험효과 프로젝트", 2004.3.1.; 「민족의학신문」, "2000년부터 독일에서 수행된 대규모 침 임상연구들에 대한 고찰", 2013.04.18.

24) 「정신의학신문」, "말하는 대로, 생각한 대로-플라시보 효과와 노시보 효과", 2022.07.07.

25) Amanzio M, Pollo A, Maggi G, Benedetti F, "Response variability to analgesics : a role for non-specific activation of endogenous opioids." Pain Vol.90, pp.205-215, 2001.

2004년 연구결과도 2001년 연구내용을 뒷받침하고 있다. 통증, 불안 및 파킨슨병을 포함한 신경계 질환이 있는 사람들에게 '숨겨진 치료(은폐치료)'는 명백한 의료행위로 투여될 때보다 그 효과가 감소한다는 것이다. 이는 치료 내용을 환자가 알고 있을 때 치료 효과에 영향을 미치고, 치료를 제공하는 의사와 환자 간의 상호작용이 치료 효과에 중요한 역할을 한다는 것이다.[26]

이러한 결과들은 뇌 영상 연구를 통해서도 규명되었다. '소염진통제 투약을 알고 있는 상태의 뇌'와 '모르는 상태에서 투약받은 뇌'를 비교하였다. 투약을 알고 있는 상태는 모르는 상태에 비해 통증과 관련된 뇌 영역이 진통 효과를 증가시키는 방향으로 변하였다.[27] 이것은 의료진과 환자의 상호관계를 포함하는 것이다.[28] 의사소통 중에 주어지는 통증 완화에 대한 긍정적 기대와 희망은 '치유될 수 있다'는 믿음과 확신으로 이어진다. 의사와 환자간의 소통은 통증에 대한 불안과 스트레스를 줄이고, 내인성 오피오이드 분비 촉진과 함께 통증 치료의 긍정적 생리적 반응(뇌, 통증 수용체, 호르몬 등)으로 나타나게 된다. 특히 환자들에게 플라시보의 메커니즘에 대한 정보를 제공하고 이 효과를 설명하면 통증 치료와 관련된 효과가 높일 수 있다.

통증이나 질병을 치료하고자 할 때 '**우리는 왜 명의(名醫)를 찾는 것일까?**'**를 생각해보면** '**의사와 환자의 상호작용이 플라시보 효과를 증진한다.**'는 원리를 이해할 수 있다. 요즘처럼 의학이 표준화되고 지식이 거의 실시간으로 모두에게 접근 가능한 상황에서 특별한 비방이라는 것이 존재하기 힘들다. 같은 약을 쓰고도 더 효과를 끌어내는 관점에서, '**플라시보 효과를 극대화하는 의사가 명의**'라 할 수 있으며, 그것은 의사에 대한 믿음과 신뢰다.[29]

플라시보 효과가 잘 나타나는 상황은 다양하다. 환자가 병원과 의사에 대한 신뢰가 높은 경우에 효과가 좋다. 한 번 약의 효과를 본 경우라면 효과가 더 잘 나타날 수 있으며, 성격적으로 솔직하고 순진할수록(잘 믿으므로) 효과가 크다. 약의 가격도 비싼 약이 플라시보 효과가 크다. 미국의학협회지(JAMA)에 따르면 통증 환자 82명을 대상으로 한 알에 2.5$ 하는 진통제와 10센트 하는 진통제(둘 다 플라시보)를 처방하고 비교한 결과 비싼 2.5달러를 먹은

---

26) Colloca L, Lopiano L, Lanotte M, Benedetti F. Overt versus covert treatment for pain, anxiety, and Parkinson's disease. The Lancet Neurology Vol.3(11), pp.679-684, 2004.

27) Bingel U, Wanigasekera V, Wiech K, Ni Mhuircheartaigh R, Lee MC, Ploner M, et al. "The effect of treatment expectation on drug efficacy : imaging the analgesic benefit of the opioid remifentanil." Science Translational Medicine Vol.3(70), p.70ra14, 2011.

28) Kirsch I, Lynn SJ, Vigorito M, Miller RR. "The role of cognition in classical and operant conditioning", Journal of clinical Psychology Vol.60, pp.369-392, 2004.

29) 「중앙일보」," [마음아 아프지마] 잔소리 반대말은 '우산'입니다", 2011.12.17.

이들의 85%가 통증이 완화되었다고 답했다. 반면 10센트 약 복용자들의 61%가 통증이 나아졌다고 답했다.[30]

6-4 플라시보 효과의 원리

최근 많은 연구는 심리학적 연구와 뇌 스캔 연구를 통해 플라시보 효과의 원리를 규명하고 있다. **심리학적 연구**는 플라시보 효과가 "좋아질 것이라는 환자의 믿음과 기대, 암시와 조건형성, 사회적 학습 등의 현상"으로 결론짓고 있다. **뇌 스캔 연구**는 환자에게 '진짜 약'과 '가짜 약'을 투여했을 때 뇌 부위가 유사하게 반응하는 신경생리학적 변화를 근거로 '위약 효과'의 실체에 동의한다. 이들 연구를 종합해 보면, 플라시보 효과는 심리적인 요인으로서 '좋아질 것'이라는 기대와 희망이 뇌를 깨우고, 신경생리학적으로 반응하여 통증 감소 또는 치유로 나타난 것이다. 즉 '기대감'이라는 유효 성분이 '뇌 가소성'을 활성화하고, 그 기대에 부합하는 '뇌 구조와 기능'을 변화시킨 결과이다.

심리학적 연구는 '플라시보 효과'의 원리에 대해 심리적인 요인으로서 '**기대**', '**암시**', '**조건형성**', '**사회적 학습**' 등을 통해 이득을 얻는 **일종의 학습 현상**의 하나로 분석한다.[31]

기대(이전의 경험 포함)는 플라시보 효과의 핵심 매개체이다.[32] 플라시보를 주면서 상담(위약에 관해 받는 언어적 단서와 암시)에 따라 기대하는 바가 정해지고 이를 매개로 위약 반응이 나타난다. 이전에 통증이 감소했던 경험을 떠올리게 하면, 통증이 줄어들 것이라는 기대와 함께 진통 효과를 유도할 수 있다. 이렇게 **언어를 통해 유발된 기대**는 플라시보와 연관되어 더 나은 진통 효과를 유도할 뿐만아니라 향후 통증 완화에 대한 기대를 높여 준다.[33] 임상시험 결과, 피험자에게 통증 자극이 주어진 상태에서 두 가지 다른 언어적 '단서'와 '암시'를 주면서 위약 크림을 바르게 했다. 그 단서는 '크림이 비활성 물질이어서 아무런 효과가 없을 것'이라는 것과 '크림이 매우 효과적인 진통제'라는 것이었다. 위약의 진통 효과는

---

30) 「헬스 조선」, "마음먹기 나름? '플라시보 효과'가 먹힐 때…", 2010.07.29.

31) L Colloca, R Klinger, H Flor, U Binge, "Placebo analgesia : psychological and neurobiological mechanisms", Pain Vol.154(4), pp.511-514. 2013. DOI : 10.1016/j.pain.2013.02.002

32) P Reicherts, ABM Gerdes, et al., "Psychological Placebo and Nocebo Effects on Pain Rely on Expectation and Previous Experience", The Journal of Pain Vol.17,(2), pp.203-214, 2016.

33) Colloca L, Benedetti F. "How prior experience shapes placebo analgesia." Pain Vol.124, pp.126-133, 2006.

주어진 정보대로 나타났다.[34)]

이러한 결과는 '기대'가 클수록 위약의 효과도 커진다는 것을 의미한다. 이 외에도 환경적 단서, 이전 경험, 치료 제공자와 상호작용 등도 기대를 견인하는 요인이다. 예를 들면 진통제나 항불안제를 투여할 때 '환자가 보는 앞에서 약물을 투여하는 경우'가 '환자 모르게 약물을 투여하는 경우'보다 치료 효과가 크게 나타난다. 약물을 중단할 때도 '환자가 인지하지 못하게 진통제나 항불안제를 중단하는 경우'가 '환자에게 알려주고 중단하는 경우'에 비해 약물의 효과가 더 오래 지속된다. 중요한 점은 위약 반응에 있어 '기대'라는 심리적 요인이 단독으로 작동하기보다는 기억, 동기, 질병을 앓았던 경험 등 여러 다른 요인들과 함께 작용하며, 단순한 언어적으로 유발된 효과에 비해 훨씬 더 강하고 안정적인 플라시보 진통 효과를 유발한다는 것이다.

'긍정적인 결과'를 기대하면 '**불안**'이 줄어들면서 '**보상**'이 활성화될 수 있고, 반대로 '부정적인 결과'를 기대하면, 발생 가능한 위험을 예상하게 되어 '**불안**'이 증가할 수 있다.[35)] 예컨대 피험자에게 진통제라고 설명한 위약을 주고 통각 자극을 주었을 때 **불안이 감소한 대상자는 통증 역치가 더 높았고**(통증을 덜 느낌), 위약 반응이 나타나는 **과민성대장증후군 환자의 불안이 감소**하는 것으로 나타났다. 뇌 스캔 연구에서도 위약 반응을 보일 때 **불안과 관련된 뇌 영역**(전대상피질과 외측 안와전두엽피질)**의 활성이 감소하는 것이 관찰**되었다.[36)] 영국 심리학연구소 심리학자 스티브 코헨(Steve Cohen) 박사는 BBC와의 인터뷰(2018.2.16)에서 '플라시보 효과'에 관해 "약물효과에 대한 '기대감'이 통증 경험에 주요한 역할을 한다"면서 "일반적으로 불안감이 커질수록 통증 인식도 증가한다." "통증을 완화할 수 있을 것이라고 믿는 무언가를 접하게 되면 불안감도 그만큼 해소된다."고 밝혔다.[37)] 이는 '플라시보 효과의 본질'은 순진한 사람들에게 병이 나았다고 속이는 방식으로 통증을 줄이는 것이 아니라, 플라시보가 뇌를 자극하여 '실제 약이 작용하는 경로'에서 '진짜 약이 작용하는 것과 같은 방식'으로 영향을 미치는 것을 의미한다. 즉 통증을 없애는 것은 '플라시보'가 아니라 '좋아질 것'이라는 '**기대감으로 설득된 뇌**'이다

---

34) Price DD, Milling LS, Kirsch I, Duff A, Montgomery GH, Nicholls SS. "An analysis of factors that contribute to the magnitude of placebo analgesia in an experimental paradigm", Pain Vol.83, pp.147-156, 1999.

35) Benedetti F. "Placebo effects : understanding the mechanisms in health and disease", Zeitschrift für Medizinische Psychologie Vol.19, pp.180-180, 2010.

36) Petrovic P, Dietrich T, Fransson P, Andersson J, Carlsson K, Ingvar M. "Placebo in emotional processing--induced expectations of anxiety relief activate a generalized modulatory network", Neuron Vol.46, pp.957-969, 2005.

37) 「BBC News」, "Placebo effect : Harnessing the power of the mind", 2018.02.16.

'**플라시보 효과**'는 심리적으로 작용하는 일종의 '**자기 암시 효과**'라고도 한다.[38]

'플라시보'는 의학적으로 치료 효과는 없으나, 병이나 상태를 호전시킬 것으로 기대하며 투약하는 처치이다.[39] 즉 보통 약리학적 효과가 없는 플라시보(식염수, 포도당, 가짜 수술 등)가 통증이나 질병 환자에게 유익한 효과를 나타내는 것을 의미한다.[40] 그래서 어떤 병이 있는 환자에게 플라시보를 처방했을 때 병세가 호전될 것이라는 강한 믿음이 있는 경우 어느 정도 약효가 나타난다. 특히 환자의 믿음이 강할수록, 효과를 본 경험이 기억에 각인되어 있을수록, 환자에게 플라시보 처방을 할 때 그 약이 비싸거나 구하기 힘든 것이라고 알려주면 더 큰 기대심리가 작용하면서 그 효과가 커진다.

자기암시의 중요한 함의는 플라시보 없이 직접적인 자기 암시를 효과적으로 사용될 수 있다는 것이다. 이것은 약물로 인한 부작용이 적고, 비용이 크게 절감되며, 환자를 속일 수 없고, 의사의 시간 부담을 덜어주고, 약물이나 다른 치료법이 문제가 되는 영역에서 치유가 가능한 매우 유용하다는 점이다.

반복적인 약물치료로 '**진통의 조건화**'가 이루어지면, 약물 대신 **플라시보를 투약하였을 때도 약물과 유사한 효과를 유발**할 수 있다. 이러한 효과를 '**약물 조건화**'라고 한다.

환자에게 일정 기간 '모르핀'과 '소염진통제'를 투약하다가 '플라시보'로 대체해도 선행 약제들과 유사한 약리적 반응을 보이는데 이는 '학습 과정'을 통하여 나타나는 '조건화 반응'을 보여주는 것이다.[41] 이러한 조건화는 통증 및 면역체계와 관련된 치료에 있어 위약 반응을 나타내는 중요한 역할을 한다. 예를 들면 '면역억제제'(무조건 자극)와 '딸기우유'(중립 자극)를 반복적으로 함께 주어 '조건화 반응'을 일으키면 면역억제제 없이 딸기우유(조건 자극)만 주어도 면역 억제 효과가 발생한다.[42] 이러한 결과는 '기대'와 같은 인지적 요소 없이 '조건화'만 독립적으로 작용해서 위약 반응이 나타나는 것을 의미하는 것이 아니다.

---

38) JL Mommaerts, D Devroey, "The placebo effect : how the subconscious fits in", Perspectives in biology and medicine Vol.55(1), pp.43-58, 2012.

39) 정진우 · 정하늘 · 신하영, "속임약 진통의 기전과 임상 적용", Journal of Pain and Autonomic Disorders, Vol.5(2), p.42, 2016.

40) 플라시보(Placebo)는 심리학 · 의학 용어로서 그 유래는 "내가 기쁘게 해주지."라는 뜻을 가진 라틴어이며, 한국어로 '위약(僞藥)', 즉 '플라시보'로 번역된다. 효과가 없는 약제를 진짜 약으로 가장하고 섭취하였을 때, 환자의 병세가 실제로 호전되는 현상이다. 대표적인 예로 임상실험의 대조군에서 아무 효과도 없는 약을 처방받아 먹었음에도 병세가 호전되는 사례를 들 수 있다. 하지만 플라시보가 검증된 약보다 낫다는 것을 의미하지는 않는다. https://namu.wiki/w/ (검색일, 2023.02.28.)

41) Amanzio M, Benedetti F. "Neuropharmacological dissection of placebo analgesia : expectation-activated opioid systems versus conditioning-activated specific subsystems." Journal of Neuroscience Vol.19, pp.484-494, 1999.

42) Benedetti F. "Mechanisms of placebo and placebo-related effects across diseases and treatments." Annual Review of Pharmacology and Toxicology Vo.48, pp.33-60, 2008.

즉 조건화로 위약 반응이 발생한 경우라 할지라도 '기대'에 의한 조건화가 견인될 수 있다. **기대와 조건화는 위약 반응에 각각 다른 방식으로 작동되면서 상호작용**을 한다. 특히 기대와 조건화가 함께 작용할 때 위약 반응은 극대화될 수 있다.[43]

플라시보 효과는 '직접적인 경험'이나 **'진통의 조건화' 없이도 나타난다**.

그 이유는 **'사회학습'을 통하여 진통에 대한 기대를 강화**할 수 있기 때문이다. 과거 경험이 위약의 진통 효과에 어떤 영향을 미치는지 알아보기 위한 연구에 따르면, 통증 치료에 대한 경험이 긍정적인지 부정적인지에 따라 위약의 진통 효과는 다르게 나타났다. 또한 타인의 통증이 치료로 감소하는 것을 본 환자는 상당한 '플라시보' 진통 효과를 경험할 수 있다.[44] 이 경우, 개인의 공감성향 정도가 클수록 플라시보의 진통 효과가 크게 나타나는 경향이 있다.

이러한 플라시보 효과는 그 효과를 믿는 사람들에게서 주로 나타난다. 반대로 효과가 없거나, 부정적인 결과를 얻을 것이라는 기대를 하면 실제로 통증이 심해지거나 부정적인 결과가 나타난다. 이를 '**노시보 효과**(nocebo effect)*'라 한다.

* 노시보 효과는 플라시보 효과의 반대 개념으로 '믿음'이라는 심리적 메커니즘으로 발생하는 현상이다. 환자의 '부정적 믿음'이 '자기 암시'로 작용하여 '실제 치료 효과에 부정적 영향'을 가져오게 된다. 예를 들면 실험 환경에서 건강한 피험자는 가짜 고주파 자극을 받고 전류가 머리를 통과하고 있다는 정보를 받으면 두통을 느끼게 된다. 부정적인 기대가 불편함과 두통을 유발한 것이다.[45] 유사 사례로서 영국의 심리학자 어빙 키시(Irving Kirsch)는 대학생들에게 깨끗한 공기를 마시게 하면서, 그 공기에 독소가 포함되어 있다고 거짓말을 했다. 그중 한 집단에 여성이 공기를 마시고 고통스러워하는 모습을 보여주었다. 이를 목격한 집단은 고통스러워하는 증상이 더 많이 나타났다.[46]

2021년 호주 시드니대와 멜버른대 공동연구진은 '**플라시보 효과**'와 '**노시보 효과**'가 **뇌 속에서 어떻게 이뤄지는지를 규명한 결과를 발표**했다.[47] 연구진은 임상시험 대상(25명)자 팔에 '고통스러운 온도까지 가열되는 보온대'를 묶은 뒤, '**3가지 종류의 크림**'을 차례로 그들의 팔에 발라주고 fMRI로 뇌의 변화를 관찰했다. 시험에 각각 고통을 덜어주는 '**통증**

43) 김성완 · 장지은 · 윤진상, "위약 효과와 신경정신약물의 임상시험", Korean J Biol Psychiatry p.166, 2012.
44) Colloca L, Benedetti F. "Placebo analgesia induced by social observational learning", Pain Vol.144, pp.28-34, 2009.
45) Luana Colloca, Franklin G Miller, "The nocebo effect and its relevance for clinical practice", Psychosom Med Vol.73(7), pp.598-603, 2011.
46) 「나무위키」, "노시보 효과", https://namu.wiki/
47) Lewis S. Crawford, Emily P. Mills, Theo Hanson, et al., "Research Articles, Behavioral/Cognitive Brainstem Mechanisms of Pain Modulation : A within-Subjects 7T fMRI Study of Placebo Analgesic and Nocebo Hyperalgesic Responses", Journal of Neuroscience Vol.41(47), pp.9794-9806, 2021.; 「코메디닷컴」, "플라시보 효과, 뇌의 '이 부분' 때문 (연구)", 2021.10.29.

완화제', 고통을 가중시키는 '**통증 유도제**', 아무런 효과가 없는 '**통제 크림**(바세린)'이라고 알려주었다. 사용된 크림은 모두 **가짜인 석유 젤리**였다.

임상시험 결과 대부분의 플라시보 효과 내지 노시보 효과를 경험했다. 그중 약 3분의 1은 '통증 완화제'를 발랐다고 했을 때 통증이 줄어들었다고 반응했다. 절반 이상은 '통증 유도제'를 적용했을 때 통증이 더 심하다고 응답했다. 이러한 반응은 fMRI 스캔에서도 동일하게 나타났다. 플라시보 효과와 노시보 효과 모두 '**뇌간**'[48]의 **활동**(내인성 통증 조절계)에 영향을 준 것*으로 확인되었다. 이 연구는 **통증에 대한 인식은** 개인의 기대와 신념으로서 **내인성 통증 조절 시스템******에 강력한 영향**을 미치며, 이는 곧 **뇌 가소적 변화로 이어진다**는 것을 보여주고 있다.

* 플라시보 효과는 뇌의 중심부에 위치하여 통증 억제에 도움을 주는 부위(수도관 주위 회백질)의 활동성을 증가시키고, 이것이 통증 정보를 조절하는 부위(뇌간의 입쪽배안쪽숨뇌)의 활동을 증가시켰다. 반면 노시보 효과는 정반대의 변화를 유도했다.

** 내인성 통증 조절 메커니즘(내인성 통증 조절계)은 말초에 있는 '통각 수용체'에 자극이 주어지면 그 신호가 척수를 거쳐 대뇌피질로 전달과정을 포함된다. 이 과정에서 통각 신호는 그대로 전달되는 것이 아니라, 관문통제이론에 따라 상행성 통증 경로에서 통각 신호의 강도가 조절되어 뇌로 전달된다. 통각 신호를 인식한 뇌는 이를 극복하기 위해 내인성 신경전달 및 조절물질(오피오이드, 엔돌핀, 도파민, 세로토닌, 노르에피네프린 등)을 분비하여 하행성 통증 조절 경로에서 통증 전달을 억제한다. 특히 'P 물질(신경전달물질)'은 조직 손상이 발생한 말초로부터 통증을 중추로 전달하는데, 하향성 조절 경로에 의해 엔돌핀이 분비되면 P 물질의 분비가 억제되어 통각 신호 전달 강도가 축소된다.[49]

호주 시드니대와 멜버른대학교의 연구는 **뇌 스캔**을 통해 **플라시보 원리를 규명**했다. 플라시보를 투여했을 때 이를 담당하는 뇌 부위를 찾아내고, 어떻게 반응하는지, 플라시보와 진짜 약의 개입에 따른 뇌의 변화를 보면서 통증이 증가하는지 감소하는지 등의 원리를 확인하고 검증한 것이다.

2004년 웨거 교수는 뇌 스캔(fMRI, PET) 연구를 통해 **전기 자극과 같은 통각이 주어졌을 때 '통증을 담당하는 뇌의 영역'**(시상, 전측대상피질, 뇌섬엽 등)**이 활성화**(통증 증가)되었다. 반면 '**플라시보**'(식염수, 포도당, 연고, 가짜 수술)를 투여받은 환자는 동일한 '**뇌 영역**'의 **활성화가 감소**(통증 감소)한다는 결과가 도출되었다(Tor D. Wager, et al., 2004).

48) 뇌간은 사이뇌 · 중간뇌 · 다리뇌 · 숨뇌를 합친 것이며, 아래쪽은 숨뇌가 척수에 이어진다. 뇌와 척수를 이어주는 줄기 역할을 하는 부위로서, 뇌와 척수 사이의 신호를 중계하는 역할을 한다. 주요 기능은 생명을 유지하는데 필수적인 기능인 호흡과 혈압을 조절하며, 체성 통증 감각의 정도를 조절한다. 「서울아산병원」, "뇌간(뇌줄기)", https://www.amc.seoul.kr/asan

49) Al Basbaum, HL Fields, et al., "Endogenous pain control mechanisms : Review and hypothesis" Annals of Neurology Vol.4(5), pp.451-462. 1978.; 이배환, "신경손상으로 유발된 통증의 발현, 전달 및 조절 기전", 대한뇌신경마취연구회 회보 제7권 제1호, p.6. 2002.;「청년 의사」, "만성통증의 병태생리 기전과 효과적인 조절 전략", 2016.06.10.

2006년에는 플라시보 효과를 발생시키는 내인성 신경계의 메커니즘을 입증했다. 연구에 따르면, 플라시보 효과는 심리적 요인과 내인성 오피오이드 신경계의 상호작용으로 나타난다는 것이다. 독일 대학교(마그데부르크, 프라이부르크, 류빙겐)의 연구팀(신경과학 및 통증 교수)은 플라시보가 내인성 통증 조절계를 통해 신경전달 및 조절물질을 생성하고, 통증 처리를 담당하는 뇌 영역을 제어하여 진통을 완화한다고 밝혔다. **플라시보를 복용**하면 천연 진통제 역할을 하는 **신경전달 및 조절물질**(엔토르핀, 도파민 등)**이 분비**되어 통증을 처리하는 부위(전전두엽피질, 전대상피질, 시상하부, 편도 핵, 수도관 주위 회색질)*의 활성화를 감소시켜 통증 완화를 유도한다는 것이다.[50)]

* '전전두엽피질'(진통 반응의 결정적 역할), '전대상피질'(신체적인 고통에 반응하고 통각 정보를 처리하는 뇌 영역), '시상하부'(신체의 생리작용 조절), '편도 핵'(불안과 분노 촉발), '수도관 주위 회색질'(위협 자극에 대한 행동 반응 제어)이다.

2007년 웨거 교수팀은 PET, fMRI를 활용하여 **'플라시보 효과와 보상회로와의 상관성'**을 **규명하기 시작했다.**[51)] 플라시보가 말초신경뿐만 아니라 중추신경계에도 영향을 미쳐 진통 효과로 이어진다고 밝혔다. 플라시보를 복용하면 '나아질 것'이라는 환자의 '기대감'이 '하행성 통증 경로'를 제어하여 신경전달물질의 분비와 신경조절물질의 기능을 촉진하고, 이는 '상행성 통증 경로'에서 통각 신호전달을 억제하고, **보상 회로를 가동 및 촉진**시켜 **진통 효과**로 나타나는 것이다.* 이러한 원리는 PET로 촬영한 결과에서도 신경조절물질이 분비되어 진통 효과에 관여하는 것으로 확인되었다.

* 플라시보는 '하행성 통증 경로'에서 뇌에 저장된 신경전달물질인 '내인성 오피오이드(엔돌핀, 도파민, 콜레키스토키닌, 칸나비노이드, 옥시토신 등)'를 분비시킨다. 이 신경전달물질은 '상행성 통증 경로'에서 통각 신호를 차단(척수와 뇌로 전달되는 것을 억제)하여 통증을 감소시키고, '보상 회로 시스템(도파민 회로, 세로토닌 회로)'을 활성화하여 진통 효과에 관여한다.

2009년 연구에서도 플라시보가 내인성 통증 조절계에서 작동하는 것을 밝혀냈다. 오피오이드계 진통 효과의 길항제(대항제)인 '날록손'(Naloxone)을 투여한 결과 플라시보 진통 효과는 뚜렷하게 억제되는 것을 확인했다. PET로 확인한 결과, 날록손 투여 시 플라시보에

50) Bingel U, Lorenz J, Schoell E, Weiller C, Buchel C. "Mechanisms of placebo analgesia : rACC recruitment of a subcortical antinociceptive network." Pain Vol.120, pp.8-15, 2006.

51) Wager T. D, Scott DJ, Zubieta JK. "Placebo effects on humanmu-opioid activity during pain." PNAS Vol.104(26), pp.11056-11061, 2007.; 정진우 · 정하늘 · 신하영, "속임약 진통의 기전과 임상 적용", Journal of Pain and Autonomic Disorders, Vol.5, No.2. p.43, 2016.12.

의해 활성화된 뇌 부위와 같은 부위의 활성이 감소(통증 증가)하는 현상이 관찰되었다.[52] 이는 플라시보 반응이 내인성 오피오이드 신경계에서 작동되는 것임을 보여준다. 즉 '기대감(좋아질 것)'이라는 유효 성분이 '하행성 통증 경로'에서 '뇌에 저장된 오피오이드' 분비를 촉진하고, 분비된 신경전달물질과 신경조절물질이 '상행성 통증 경로'에서 관여하여 '진통 효과'로 나타난 것이다. 신경전달 및 조절물질과 관련된 세부내용은 〈부록 1. 천연 오피오이드와 인공 오피오이드〉를 보라.

이어서 플라시보 복용 후 '기대와 믿음'의 심리적 요인이 뇌의 신경생리학(동기와 보상)적으로 관여하여 '플라시보 효과'로 나타나는지에 대한 원리를 구체적으로 규명하기 시작했다.

2009년 욘-카르 주비에타(JK Zubieta) 등 연구팀은 '**플라시보로 반응하는 뇌 부위**'와 '**진통제**(오피오이드)**로 반응하는 뇌 부위**'가 유사하며, 플라시보가 보상시스템을 활성화하여 진통 효과를 유도한다는 것을 밝혀냈다. 이 연구에 따르면, 플라시보는 통증과 감정조절에 중요한 역할을 하는 '내인성 오피오이드(엔돌핀, 도파민, 세로토닌, 옥시토신 등) 수용체'를 활성화하여 통증 및 부정적인 정서 상태를 감소시킨다. 또한 동기 및 보상회로와 관련된 뇌 영역(전측대상피질, 뇌섬엽, 편도체, 시상, 시상하부, 수도관 주위 회백질)을 활성화하여 플라시보 효과를 유도한다는 것을 확인하였다[53]

2016년 미국 노스웨스턴대학 의과대학 마르완 발리키(Marwan Baliki)와 바니아 압카리안(Vania Apkarian) 등이 참여한 연구팀은 "만성통증 환자가 '플라시보'를 복용하면 그 효과가 어디에서 일어나는지 그 특정 뇌 부위를 찾아냈다."고 밝혔다.[54] 이들은 '퇴행성 무릎 관절염'으로 만성통증을 겪고 있는 환자 95명을 대상으로 임상시험을 실시했다. '진통제'를 투여한 그룹과 '플라시보'(설탕으로 만든 정제)을 투여한 그룹으로 구분하여 fMRI로 뇌가 어떻게 반응을 하는지를 관찰했다. 그 결과 '**전두엽**(운동과 언어 소통, 의사결정 담당)' **안에 있는 '중전두회'**가 **빛을 발하기 시작**했다. '중전두회'는 보상 자극에 반응하여 의사결정 기능을 담당하면서 플라시보 효과를 견인하는 역할을 한다. 즉 플라시보 복용 시 활성화된 중전두회는 보상 회로를 가동시키고, '측좌핵' 등의 보상체계를 자극하여 플라시보 효과가 나타난다.[55] 이와 관련된 내용은 〈부록 2. '플라시보' 효과와 뇌의 보상 회로(시스템)〉을 보라.

---

52) Eippert F, Bingel U, Schoell ED, Yacubian J, Klinger R, Lorenz J, et al. "Activation of the opioidergic descending pain control system underlies placebo analgesia." Neuron Vol.63(4), pp.533-543, 2009.

53) JK Zubieta, CS Stohler, "Neurobiological mechanisms of placebo responses", Annals of the New York Academy of Sciences Vol.1156, pp.198-210, 2009.; 「The Science Times」, 플라시보 효과, 뇌과학이 증명", https://www.sciencetimes.co.kr/news/

54) 「SCIENCE ON」,"플라시보 효과, 뇌과학이 증명", 2016.11.07., https://scienceon.kisti.re.kr/

같은 해 토르 웨이저 교수 주도의 다트머스대 연구팀은 **"위약 진통으로 알려진 통증 감소를 위한 위약 치료**가 **뇌의 여러 영역**(보상회로, 내인성 통증 조절계)**에서 통증 관련 활동을 줄인다."**는 연구결과를 발표했다.[56] 이들 연구팀은 **플라시보 효과가 뇌에서 어떻게 작동하는지 확인**하고자 했다. 이 연구는 600여 명의 건강한 참가자를 대상으로 한 20건의 fMRI 연구를 통계적으로 통합한 최초의 대규모 메타 분석 사례이다.

분석결과는 플라시보 효과의 영향을 주로 많이 받는 영역(시상, 기저핵, 뇌섬엽)[57]을 확인했다. '**시상**'은 플라시보 복용에 따른 '기대와 믿음'이라는 심리적 감각을 대뇌피질로 전달하여 '**기저핵**'을 자극하고 **도파민을 생성하여 보상체계를 활성화**한다. 그리고 '**뇌섬엽**'은 내인성 오피오이드(엔돌핀)와 세레토닌 등 **신경전달물질 분비를 조절한다. 이러한 뇌 영역의 상호작용으로 플라시보 효과**가 나타나게 된다.

이에 관해 연구를 주도했던 다트머스대 토르 웨이저(Tor Wager) 교수는 "우리는 이번 연구를 통해 '**플라시보 효과**'가 단순히 감각이나 인지 과정에만 국한되지 않고, 여러 '**뇌신경학적 메커니즘의 조합**'이라는 사실을 확인했다"고 언급했다.[58] 이는 위약 효과가 보상체계와 내인성 통증 조절계 등과 연동되어 통증 처리 과정에서 진통 효과를 유발한다는 것을 보여주고 있다.

이상과 같은 플라시보 효과의 원리는 뇌 신경계의 가소적 변화로 유도되는 것임을 명백하게 입증하고 있다. 그럼에도 플라시보 효과의 지속성에 대해서는 많은 논란이 제기되고 있다. '**플라시보 효과**'는 '**경쟁적인 가소성에 의한 뇌 회로의 재구성 및 기능 변화**'에 비해 일반적으로 **지속성이 약하다**는 것이다.[59] 위약 효과가 지속된 연구도 있지만, **반응이 아주 빠르게 일어나면 위약 효과일 가능성**이 크다. 하지만 **재발할 위험성이 그만큼 높다**고 한다.[60] 이러한 점들은 플라시보 연구에 바탕을 둔 연구자들이 인정하는 합의사항이다.

'플라시보 효과'와 '경쟁적인 가소성의 원리에 의한 심상화 기법'은 모두 뇌 신경 가소성의 원리를 기반으로 하는데, 왜 효과의 지속성에 차이가 있는 것일까? 그 이유에 대해 모스코비

---

55) A. Vania Apkarian, et al., "Brain Connectivity Predicts Placebo Response across Chronic Pain Clinical Trials", PLOS · Biologycal, 2016, https://doi.org/10.1371/journal.pbio.1002570.

56) Wager, T. D., Atlas, L. Y., Botvinick, M. M., Chang, L. J., Coghill, R. C., Davis, K. D., ... & Yarkoni, T. (2016). Pain in the ACC? Proceedings of the National Academy of Sciences, 113(42), E6423-E6423.

57) 시상은 감각 정보를 대뇌피질로 전달하고 처리하는 역할을 하며, 기저핵은 도파민과 관련된 보상처리 시스템의 역할을 수행한다. 뇌섬엽은 불쾌감, 불안, 통증 등의 주관적인 경험을 처리한다.

58) 「팜뉴스」, "플라시보 효과, 뇌 속에 비밀이 있다", 2021.03.03.

59) 노먼 도이지, 「스스로 치유하는 뇌」, p.58.

60) F. M. Quitkin et al., "Different Thpes of Placebo Response in Patients Receiving Antidepressants", American Journal of Psychiatry Vol.148(2), pp.197-203, 1991.

츠 박사는 **'심상화 기법'**은 실제 행동을 하지 않더라고 **뇌에 '시각화'를 통해 신경회로의 구조 자체의 변화를 유도하는 것**이다. 반면 **플라시보 효과는 환자의 믿음에 의해 뇌의 보상시스템을 활성화하여 신경전달물질을 분비**시키는 **'기능적 변화'**를 의미한다. 따라서 플라시보 효과는 그 효과가 일시적이고 지속성이 상대적으로 낮은 편이다.

6-5 공개 라벨 플라시보 효과

플라시보 효과에 관한 또 하나의 흥미로운 연구가 있다. 심리학 미디어 프시케(Psyche)[61]에 따르면, **가짜 약이라는 사실을 인지한 경우에도 플라시보 효과는 나타날 수 있다**는 것이다.[62]

미식축구 선수인 마숀 린치(Marshawn Terrell Lynch)는 고등학교 시절부터 경기 전이면 불안감과 심한 메스꺼움에 시달렸고, 다양한 치료법을 시도했으나 효과는 여의치 않았다. 어느 날 어머니로부터 "**스키틀즈**(단순한 과일 맛 사탕, 약리적 효과 없음)**를 먹으면 위가 진정되고 더 좋은 경기를 할 수 있다.**"는 말을 듣고 경기 전에 스키틀즈를 먹게 되었다. 경기 전에 오는 불안이나 메스꺼움이 크게 줄면서 경기력도 더 향상됐다.

이와 관련하여 매체는 린치 선수의 행동에 대해 "스키틀즈를 먹는 것이 경기 전 시시한 루틴일 뿐이라고 생각할 수 있다. 그러나 **스키틀즈를 먹으면 퍼포먼스**(신체적 행위)**가 향상된다는 믿음**에서, **린치 선수는 매우 현실적인 '플라시보 효과'를 경험한 것**"이라고 주장했다.

플라시보 효과는 임상적 효과가 확인되었지만, 일반적인 의료적 처방이 되기 어렵다. 그 이유는 환자에게 '진짜 약'이라고 거짓말을 하고 복용하도록 하는 윤리적 문제가 존재하기 때문이다. 그러나 스키틀즈가 단순한 사탕(위약)임을 알고 있음에도 플라시보 효과가 나타날 수 있다면 윤리적인 문제를 극복하면서 일반적인 치료가 가능해진다. 이러한 경우를 **'공개라벨 위약**(open-label)' 또는 **'비맹검 플라시보'**라고도 불린다.

2010년 캡척 박사 등 연구팀은 '과민성 대장 증후군(IBS)' 치료에서 '공개 라벨 위약'에 대한 임상 연구(80명, 3주)가 진행되었다.[63] 속임수 없이 투여하는 위약은 무 치료

---

61) 이 매거진은 Aeon Media에서 발행하며, 심리학, 철학, 예술을 통해 인간의 조건을 조명하는 디지털 매거진이다. https://psyche.co/

62) 「THE DAILYPOST」, "가짜 약임을 알아도 '플라시보 효과' 있을까?", 2022.04.25.

63) Ted J. Kaptchuk, Elizabeth Friedlander, John M. Kelley, et al., "Placebos without Deception : A

대조군(약리적 처방이나 플라시보 처방을 받지 않음)에 비해 IBS에 강력한 효과가 있음을 확인하였다. 흥미로운 점은 플라시보 그룹에게 가짜 약이라는 사실을 알려주었다는 점이다. 플라시보를 주면서 "이 약은 포도당 정제처럼 비활성 물질이지만, 임상시험을 한 결과 몸과 마음의 자가 치유과정을 통해 과민성대장증후군에 상당한 효과를 낸다"고 알려주었다. 연구결과에 따르면, **플라시보를 받은 그룹의 59%가 증상 개선**을 보였고, 환자들의 통증과 배변 등의 증상이 호전된 것으로 나타났다.

2021년 연구에서도 IBS 환자 262명을 대상으로 6주간 임상시험 결과 '알약 없는 대조군(무 치료)'에 비해 '공개 라벨 위약'이 효과적이라는 것이 확인되었다. '공개 라벨 위약'과 '비공개 위약(참여자와 연구자가 치료의 종류를 모르는 상태에서 진행되는 위약)'의 유사한 효과를 나타냈다.[64]

이 연구는 플라시보 효과가 '속임수'가 아니라, **환자가 가짜 약임을 알고 먹어도 효과가 있다**는 것을 입증했다. 이는 환자의 **단순한 행위로 출발한 '기대와 믿음'이 치료 효과에 큰 영향을 미칠 수 있다는 점**을 보여주고 있다.

공개 라벨 위약이 효과를 발휘하는 이유에 대한 몇 가지 가설이 있다.[65] 하나는 "치료가 유익하다고 믿는 실험 참여자의 기분이 실제로 몸에 긍정적 영향을 미치고 있다"는 것이다. 일종의 심리적 요인으로서 긍정적인 기대에 해당된다. 다른 하나는 "신체가 특정 행동 및 의식과 유익한 효과를 연결한다"는 것이다. 사람들은 두통일 때는 두통약, 감기에는 감기약을 먹는 '약 먹기'와 '증상 개선'의 관련성을 반복 학습하고 있다. 심리적 요인으로서 조건화에 해당한다고 할 수 있다. 위약임을 알면서 복용을 해도, 학습된 행위로서 '**외적 단서**'에 의한 플라시보 효과가 발생한다는 것을 의미한다.

공개 라벨 위약 효과에 대해 캡척 박사는 "뇌가 예측 처리기관이라는 미래 예측 모델 이론"을 근거로 '가짜 약'이라는 사실을 알면서 복용해도 플라시보 효과가 나타난다고 주장한다. 뇌의 예측 처리모델에 의하면 뇌는 외부 환경에서 일어나는 일을 정확하게 예측하기 위해 뇌가 가진 기대, 생각, 믿음에 의한 정보 처리 기관으로서 역할에 더하여 새로이 입력된 감각(정보)를 통해 앞으로 일어날 상황을 예상하는 '**미래 예측기관**'이라는 것이다.[66] 이는

Randomized Controlled Trial in Irritable Bowel Syndrome", PLOS ONE, (2010), https://doi.org/10.1371/journal.pone.0015591

64) K Hall, RB Davis, TJ Kaptchuk, et al., "Open-label placebo vs double-blind placebo for irritable bowel syndrome : a randomized clinical trial", PAIN Vol.162(9), pp.2428-2435, 2021.

65) Lukas Spille, Johannes C. Fendel, et al., "Open-label placebos - a systematic review and meta-analysis of experimental studies with non-clinical samples", Nature Vol.13, 2023, https://www.nature.com/articles/s41598-023-30362-z

우리가 어떤 행동을 할 때, 그 행동이 어떤 결과를 가져올지 예측하는 과정을 포함한다. 따라서 공개 라벨 위약이라 할지라도 좋아질 것이라는 '기대'와 행위로서 '외적 단서'가 예측의 결과로서 플라시보 효과를 유도한다고 평가할 수 있다.

6-6 플라시보 효과 증진방법

플라시보의 위력은 상상을 초월한다. 허버트 벤슨(Herbert Benson, 하버드 의과대학의 심신의학 교수이자 벤슨-헨리 연구소의 명예 소장)[67] 박사는 "플라시보(위약)가 질병에 대해 90%까지 이로운 결과를 보인다."고 말한다. 임상연구에 따르면 플라시보 처방은 우울증이나 궤양 같은 질병에도 60%까지 효험이 있다고 한다.

예를 들면 사마귀가 난 환자에게 의사가 마치 약물을 처방하듯이 아무런 의학적 가치가 없는 염색 물감을 바르고 '곧 사마귀가 사라질 것'이라고 말하자 얼마 뒤에 치료가 되었다는 실험결과도 있다. 아리프칸(Apif Khan) 박사의 2008년 연구(3,063명의 우울증 환자)는 항우울제의 75%가 플라시보 효과로 인해 치료 효과를 본다는 점을 증명했다.[68] 심지어 암 환자들에게도 치료 효과를 거둘 수 있다. 대장에 염증이 있는 환자들의 절반 이상이 플라시보 처방을 받고 병세가 호전되었다는 보고도 있다. 물론 플라시보 처방이 상처를 봉합하거나 감염을 멈출 수는 없다. 그러나 질병이나 통증에 대한 우리 몸의 반응은 모두 뇌에서 조절된다. 그 **뇌를 플라시보가 설득함으로써 우리 몸의 반응에 긍정적인 영향을 미칠 수 있음을 의미**한다.[69]

플라시보 효과는 **'심리학적 측면'**이 **'신경계 기능과 구조'**에 영향을 미쳐 **'통증 완화 및 기능 개선'** 등으로 나타난다. '기대와 믿음', '외적 단서'(치료와 치유 행위) 등 심리적 요인이 뇌의 '의식적 · 무의식적 트리거'로 작동되어, '내인성 오피오이드와 신경전달물질'을 분비시키고, '보상 회로'를 활성화하여 '하행성 및 상행성 통증 경로'에서 '통각 신호'를 차단

66) K Friston, "The Free-Energy Principle: A Unified Brain Theory?" Nature reviews neuroscience Vol.11, pp. 127-138. 2010.; Andy Clark, "Surfing Uncertainty: Prediction, Action, and the Embodied Mind", Oxford University Press, 2015.
67) https://en.wikipedia.org/wiki/Herbert_Benson
68) A Khan, N Redding, WA Brown, "The persistence of the placebo response in antidepressant clinical trials", Journal of Psychiatric Research Vol.42(10), pp.791-796, 2008.
69) 「브레인미디어」,"플라시보 뇌의 긍정심리가 주는 치유 효과", 2014.04.19.

함으로써, '플라시보 효과'를 유도한 것이다.

이는 플라시보가 만성통증 관리에 유효한 방법으로서 치료 효과를 높이고, 특정 약물(소염진통제, 근육이완제, 해열진통제 등 비마약성 약제)을 부분적으로 대체하여 부작용은 줄일 수 있음을 의미한다.[70] 따라서 플라시보 효과를 제공하는 심리적 요인과 외적 단서 등을 잘 활용한다면, 통증 관리는 물론 웰에이징에 유용한 비약리적 요법이 될 수 있다.[71]

일상에서 "좋아질 것이다. 치유될 것이다."라는 긍정적인 말과 행동은 통증완화에 유익하다. 왜냐하면 뇌는 우리가 상상하는 것 이상으로 강력하기 때문이다. 그 강력한 힘을 활용하는 것은 통증 관리에 매우 유용한 방법이다. '경험하는 통증'은 믿음과 기대로 변화시킬 수 있다. 그 믿음과 기대를 키우는 방법은 무수히 많다. 예컨대 걷기, 호흡, 명상, 등산, 맞춤형 운동, 음악, 통증을 관리하기 위한 동호회 활동을 통해 그 믿음과 기대를 확신으로 바꾸어 가면 된다. 여기에 더하여 통증 관리를 위해 의사에게만 의존하는 수동적 자세에서 벗어나 스스로가 그 관리의 주체라는 적극적 자세가 필요하다.

공개 라벨 플라시보 효과를 나타내는 '**외적 단서**'를 유념할 필요가 있다. 뇌는 기존 정보처리 기관으로서 역할에 더하여 새로이 입력된 감각(정보)를 통해 향후 일어날 상황을 예상하는 '미래 예측기관'이다. 따라서 통증 완화를 매개하는 '외적 단서(언어적 암시, 플라시보 복용, 플라시보 치료 행위 등)'를 누적시켜서, 향후 통증이 줄어들게 될 것이라는 뇌의 예측된 판단을 자극하고 강화하는 것이 중요하다.

'가짜 약'이므로 '약리적 효과가 없을 것'이라는 뇌의 이성적 · 의식적 판단과 플라시보 약을 복용했다는 행위 자체로 '좋아질 것'이라는 비이성적 · 무의식적 판단(반응) 사이에서 뇌는 '예측 오류'를 최소화하기 위해 통증을 줄이는 공개라벨 플라시보 효과가 나타난다. 이것이 중요한 이유는 가짜 약을 인지한 상황에서도 플라시보를 복용했다는 '외적 단서'가 이성적 '기대와 믿음'을 뛰어넘어 비이성적 · 무의식적 뇌를 깨우는 '트리거'로서 작동한다는 점이다. 또한 통증 완화를 매개하는 **'외적 단서'**가 있으면 통증 완화는 더 빨리 더 강하게 나타나고, 이러한 외적 단서의 반복은 뇌에 기억된 표상(신경지문 또는 충추감작 등 변형된 신경회로)을 점차 위험하지 않다는 생각으로 이어져, 통증이 완화되고 몸이 회복될 가능성을 견인하기 때문이다. 그래서 만성통증 환자일수록 일상에서 외적 단서를 많이 만드는 것이 필요하다.

---

70) L Colloca, R Klinger, et al., "Placebo analgesia: psychological and neurobiological mechanisms.", Pain Vol.154(4), pp.511-514, 2013.

71) A Makasi, K Govender, "Price as a proxy of quality: Achieving something out of nothing through the placebo effect", J Economics Vol.5(3), pp.239-246, 2014.

예컨대 플라시보 효과에 큰 관심을 가졌던 미시간 대학교의 다니엘 모어만 박사(Daniel Moerman)는 약을 복용할 때 마치 알약과 대화를 나누는 것처럼 약을 먹을 때마다 "안녕 애들아! 너희들이 잘 치료해줄 거라 믿는다."와 같은 의식적 행동도 진통 효과와 치유를 강화할 수 있는 외적 단서가 될 수 있다. 72) 이러한 외적 단서는 플라시보 효과에 대한 환자의 믿음을 강화하는 요인이며, 통증 치유 활동에 대한 이전의 부정적 인식을 점진적으로 긍정적 인식으로 변화시키는 핵심적 단서이다. 일상적인 운동도 행위를 통한 외적 단서를 누적시키는 매우 중요한 요소이다.

플라시보와 노시보 효과는 단순한 신념 그 이상이다. 뇌가 어떻게 받아들이냐에 따라 몸과 뇌에서 일어나는 반응이 확연히 달라진다. 캡척 교수는 플라시보 효과를 "**뇌가 기분이 좋아지기 위해 필요한 것을 신체에 알리는 방법**"이라고 표현한다. 만약 우리가 실생활에서 이 방법을 제대로 적용한다면 자신의 기분이나 상태를 마음대로 조절할 수 있게 된다.

가장 쉬운 방법은 지금 당장 입꼬리를 위로 올려보자. 이 상태로 유지하면 굳어있던 얼굴 근육이 펴지고 긴장된 몸도 이완된다. 레몬의 신맛을 상상했을 때 침이 고였듯이 웃으면 엔돌핀이 분비되어 기분이 좋아진다. 마스크를 쓰고 있다면 다른 사람 눈치 보지 않고 시도 때도 없이 할 수 있어서 좋다. 심각한 고민이나 문제가 있을 때 나도 모르게 인상을 쓰고 표정이 굳어지는데 평소에 내가 짓는 표정이 곧 뇌의 상태라고 할 수 있다. 스트레스를 받거나 불안, 우울한 상태에서는 좀처럼 웃기가 힘들다. 하지만 뇌 상태를 바꾸고 싶을 때 웃음만큼 쉽고 즉각적인 효과가 나타나도록 하는 방법도 드물다.

실제로 웃으면 코르티솔, 에피네프린 등과 같은 스트레스 호르몬 수치가 감소하고 면역 세포가 활성화된다는 연구결과가 있다. 행복하고 싶다면 지금 당장 행복한 척해보자! 아무런 효과가 없는 약을 특효약이라 믿고 먹으면 효능이 있듯이 '나는 지금 행복하다' 하고 웃으면 진짜로 행복해진다. 일시적인 감정에 속지 않는 대신 뇌를 잘 속이는 사람이 뇌를 잘 활용하는 사람이다.

동서고금을 막론하고 중요한 삶의 지침의 하나가 '모든 것이 마음먹기에 달렸다'는 일체유심조(一切唯心造)이다. 이것은 심리학적 현상인 '플라시보 효과(위약 효과)'와도 맥을 같이 한다. 플라시보 효과는 부인할 수 없는 뇌 과학의 영역이다.

---

72) 다니엘 모어만 박사의 박사학위 논문 제목은 "Symbolism in American Indian Peyote Ritual"이다. 이 논문은 1963년에 뉴욕주립대학에서 제출되었다. 그러나 이 논문에서는 알약과 대화를 나누는 것과 관련된 내용은 다루지 않고 있다. 다니엘 모어만 박사가 알약과 대화를 나누는 것에 대한 주장을 발표한 책은 "Talking Back to Prozac : What Doctors Won't Tell You About Prozac and the Newer Antidepressants"이며, 2001년에 출판되었다.

부록 1 천연 오피오이드와 인공 오피오이드

사람이 어떤 감정이나 감각을 느끼게 되면 뇌에서는 무슨 일이 일어날까? 신체적 활동과 정신적 경험으로 자극을 받은 뇌는 신경전달물질이 분비되면서 그 신호를 주고받는다. 행복, 쾌감, 진통 효과 등을 유발하는 **신경전달물질에는 엔돌핀, 도파민, 옥시토신, 세로토닌 등이 있다.**[73)]

'**엔돌핀**'은 뇌에서 생성되는 자연 진통 물질로 '**몸 안에서 분비되는 모르핀**'이다. 즉 뇌 속에 존재하고 있는 '모르핀'(Endogenous Morphine)이라는 의미로 줄여서 '엔돌핀'(Endorphine)이라 부른다. 엔돌핀은 운동, 흥분 상태, 통증이 있거나 매운 것을 먹는 경우, 뇌(시상하부, 뇌하수체)에서 생성되어 통증을 감소시키고 기분을 좋게 만들어 준다.[74)] 엔돌핀의 분비는 대게 스트레스나 심한 통증 자극이 가해질 때 증가된다. 뇌가 스트레스나 통증으로부터 몸 전체가 위험해지기 전에 강력한 진통제를 분비시켜 몸을 마비시키는 것이다.

예를 들어 산모가 아이를 낳을 때 통증이 아주 심하다. 이때 산모와 태아의 뇌에서 엔돌핀이 최대로 분비되어 통증을 참아낼 수 있게 한다. 풀코스(42.195km)를 달리는 마라토너들이 처음에는 힘이 들고, 근육이 통증으로 고통스럽다. 하지만 어느 시점(개략 30km)을 지나면 엔돌핀 농도가 증가하면서 고통이나 통증은 사라지고 희열을 느끼게 되는 순간이 느끼게 된다. 즉 엔돌핀은 인간이 감내하기 힘든 고통을 이겨내고 앞으로 나아가게 해주는 꼭 필요한 내부 분비 호르몬으로서, 통증을 줄이기 위한 몸의 자연적인 방어 메커니즘으로 분비된다.

엔돌핀은 통각 신호에 대한 반응으로 분비되어 통증을 경감시키면서, 다른 한편으로 '도파민' 생성을 증가시켜 쾌락(즐거움, 행복감)을 느끼게 한다. 이러한 역할은 말초신경계(상행성 통증 경로)와 중추신경계(하행성 통증 경로)에서 모두 작용한다. 말초신경계에서는 통각 신호가 발생하면 엔돌핀이 분비되고 발통물질인 'P-물질'의 분비를 차단하여 통각 신호가 중추신경계로 전달되는 것을 억제한다. 한편 통각 신호를 전달받은 중추신경계에서는 엔돌핀을 분비하여 흥분성 신호전달과 활성을 억제하는 가바(GABA) 분비를 차단하면서 통증을 줄이고 '도파민' 분비를 증가시켜 즐거움을 느끼게 한다.

'**도파민**'은 쾌락과 행복감, 몰입, 의욕 등의 감정을 느끼게 하는 역할을 한다. 보상 시스템에서 생성된 도파민은 짜릿한 쾌감을 주는 행동을 기억하고 반복하게 만든다. 뇌의 보상 회로에서

73) 「한국교육신문」, "신경전달물질의 비밀", 2022.06.30, https://www.hangyo.com/news/
74) https://www.amc.seoul.kr/asan/healthinfo/easymediterm/easyMediTermDetail.do?dictId=2668

분비된 도파민은 자극에 대한 보상을 예측하는 데 작용한다. 선조체에서 도파민은 운동 기능을 조절하며, 기저핵에서는 운동의 계획 및 조정을 담당한다. 이러한 도파민은 어떤 사물이나 사람에게 관심이 생기거나 호감이 생길 때 분비되며, 호감이 가는 사람에 대한 생각을 더 많이 하게 한다. 적절한 도파민 분비는 특정한 일에 몰입하게 하고, 일이나 학습의 성취로 얻는 쾌감은 도파민의 분비를 높여준다.

'**옥시토신**'은 신뢰와 친밀감의 호르몬이자 신경전달물질이다. 뇌의 시상하부에서 생성되어 뇌하수체를 통해 분비되며, 모성애뿐 아니라 부부간의 사랑 같은 사회적 유대 형성 그리고 스트레스와 불안을 감소시키고, 긍정적인 감정과 공감 능력을 증진하는 데 중요한 역할을 한다. 1990년대 초원들쥐 연구결과가 널리 알려지면서부터 더욱 관심을 갖게된 신경전달물질이다. 초원들쥐는 사람처럼 일부일처제로 가정을 이루고 사는데(포유류에서는 예외적인 경우다) 그 원동력이 옥시토신인 것으로 밝혀졌다.

'**세레토닌**'은 만족의 호르몬이자 신경전달물질이다. 원초적으로 먹이를 배불리 먹은 뒤에 휴식을 취할 때 생성된다. 여유, 휴식, 충족감과 관련이 있다. "이만하면 행복하지!" 하는 신경전달물질이다. 예컨대 비가 오는 어둑어둑한 날은 왠지 우울하고, 햇빛이 쨍쨍한 날은 기분이 좋았던 경험있을 것이다. 그 이유는 행복감을 주는 신경전달물질인 '**세로토닌**'과 관련이 있다. 햇빛은 우리 몸이 비타민 D를 만들 수 있도록 도와준다. 그리고 비타민 D는 세로토닌 합성을 도와주므로 햇볕을 쬐면 뇌 속의 세로토닌의 양이 늘어나고, 우리 기분도 좋아진다. 행복과 관련된 신경전달물질은 우울한 감정을 해결하는 데도 사용된다. 우울증 환자들에게 처방하는 약 중 하나가 바로 '세로토닌 재흡수 억제제'이다. 신경세포에서 분비된 세로토닌은 일정 시간이 지나면 다시 신경세포 안으로 재흡수되어 소포체로 돌아가는데, 이 과정을 억제하면 세로토닌이 더 오래 시냅스 공간에 남아서 '안정감'을 주는 역할을 하게 된다. 그 결과로 우울증 환자의 기분이 나아지게 된다.

이 네 가지 물질들이 뇌 속에서 증가하면, 우리는 기분이 좋아진다. '엔돌핀'은 통증이나 스트레스를 받을 때 분비되어 '고통을 줄이고 쾌감'을 준다. 엔돌핀은 '도파민' 생성 및 분비를 견인하여 쾌락을 느끼게 한다. 또한 도파민 시스템 활성화로 우리가 목표를 이루었을 때 그에 대한 '보상'으로 순간적이고 강력한 기쁨을 준다. '옥시토신'은 사랑, 신뢰, 우정 등과 관련이 있으며 우리에게 가족, 친구 등 '인간관계와 연관된 기쁨'을 준다. '세로토닌'은 우리의 마음이 편안하도록 '안정감'을 주며 좋은 기분을 유지하도록 해준다.

따라서 이들은 모두 기분과 정서에 긍정적인 영향을 미치는 신경전달물질로서 큰 의미에서 천연 진통제라 할 수 있다. 웰에이징 하고자 한다면, 이들을 촉진하는 활동을 강화해야 한다.

그 활동이 운동(유산소 운동, 근력 운동 등), 음악 또는 춤, 명상 및 요가, 산책, 그리고 가족 친구 직장 동료들과의 긍정적인 사회적 관계를 유지하는 것 등이 해당된다는 것을 유념할 필요가 있다.

인공 오피오이드(Opioid)는 아편성 진통제(마약)이다

이는 아편 계열의 약물로 진통 효과가 있어 암 등과 같은 중증 환자나 만성통증 환자 등의 치료를 돕기 위해 사용한다. 대표적인 오피오이드 계열 진통제는 **모르핀, 펜타닐, 메타돈, 트라마돌, 옥시코돈** 등으로 **의사들의 처방전으로 구입**할 수 있다.

오피오이드는 신경전달물질인 엔돌핀(Endorphin)과 유사한 구조를 가지고 있어 중추신경계에서 통증과 관련된 신경세포들의 활동을 억제한다. 이러한 마약성 진통제는 '통증 지각'을 감소시킴으로써 강력한 '진통 효과'를 나타낸다. 하지만 심각한 중독성이 있고, 그 약효에 반응하는 민감도 점차 떨어져 점점 강한 마약을 사용해야 하는 문제점이 있다. **지속적인 오피오이드 사용**은 **'뇌'**로 하여금 **덜 민감해지도록 작용**하며 **'통증'**에는 **더 민감해지도록 한다**. 따라서 **환자는 갈수록 오피오이드에 더 의존**하게 된다.

중증 환자들의 극심한 통증을 줄이는 데 많은 도움이 되긴 하지만, 중독성이 강하고 남용하면 심각한 부작용을 초래할 수 있어 반드시 의사나 약사의 지시에 따라 복용해야 한다. 그런데 최근 인공 오피오이드 오남용으로 발생하는 피해는 심각하다.

미국의 국립보건통계센터(NCHS) 보고서에 따르면, 2016년 약물 과다복용 사망자는 6만 4,000명으로, 이는 같은 해 미국에서 자동차사고, 총기사고, 에이즈로 인한 사망자를 합한 것보다 더 많다. 그리고 이들 사망자의 60% 이상이 오피오이드 과용으로 사망했다. 이에 대한 대책이 없는 경우 2027년경에는 연 65만 명이 오피오이드 과용으로 사망할 것이라는 예측을 하고 있다.[75)]

세계보건기구(WHO)의 발표에 따르면 "2017년 약 11만 5,000명이 오피오이드 과다복용으로 사망했으며, 2019년에는 전 세계적으로 약 2억 7,500만 명(15~65세 인구의 5.5%)이 적어도 한 번은 오피오이드를 접해본 적이 있다"는 것이다. 또한 미국 질병통제예방센터(CDC)에서는 2021년 미국인 기대수명이 76.1세로, 1996년 이후 최저치를 기록했다고 밝혔다. 수십 년간 상승 추세였던 기대수명이 추락한 이유 중 하나가 바로 '오피오이드 오남용'이라는 것이다. 특히 미국 마약단속국(DEA)에서는 펜타닐에 대해 '미국이 직면한 가장 치명적인 마약'으로 규정했다. '펜타닐'은 모르핀보다 80~100배, 헤로인보다 50배 강력한 것으로 알려져 있으며, 약물을 중단

---

75) 「의사신문」, "그 많던 오피오이드는 누가 다 먹었을까", 2023.01.10.

했을 때 살이 타는 듯한 통증이 느껴지는 부작용이 나타나고 있다.

사람들이 오피오이드에 빠지는 이유는 무엇일까?

우리 몸의 통증 경로에는 오피오이드 수용체가 존재해 신호전달에 관여한다. 오피오이드는 이 수용체에 결합해 통각 신호전달을 억제하여 통증을 감소시킨다. 또한 뇌의 보상시스템에 작용하여 도파민 분비를 증가시키는 기능을 한다. 오피오이드는 중추신경계에 직접 작용하는 만큼 진통 효과가 강력하고, 그만큼 의존성과 중독성이 강하다. 이는 **약물(오피오이드로)로 인해 높은 도파민 수치를 경험한 뇌 보상시스템**은 **도파민에 무뎌지게 되고**, 이후에는 **도파민 수치가 더 높아지길 원하기 때문이다**.

도파민은 기분 좋은 행동을 했을 때 뇌에서 분비하는 신경전달물질로 정상인의 경우에는 도파민이 생성되고 난 뒤 제 역할을 다하면 다시 원래 농도로 돌아온다. 그런데 오피오이드를 복용하면 도파민 생성을 촉진하면서 도파민 농도가 떨어지는 것을 막아 기분 좋은 느낌을 유지하게 한다. 이 메커니즘이 문제가 되는 이유는 약물이 도파민의 생성과 분해를 임의로 조절해 쾌락을 느끼게 되면서, 일반적인 행동으로는 행복을 느끼지 못하게 되기 때문이다. 즉 처음에는 '1의 쾌락'을 얻기 위해 '2의 도파민'이 필요했지만, 이후에는 4, 10, 100의 도파민이 있어야 같은 쾌락을 얻을 수 있는 것이다. 오피오이드를 오남용하게 되면 중독을 비롯해 통증에 더 민감해지고 호흡이 억제될 수 있다. 또 체온과 혈압이 급격하게 낮아지면서 자칫 사망에 이를 수도 있다. 오피오이드가 '**죽음을 부르는 약**'이라 불리는 이유다.[76]

만성통증 환자에게 일상적으로 처방되고 복용되는 '비마약성 약제'의 부작용도 심각함을 유념할 필요가 있다. 만성통증의 약물치료에 사용되는 진통제는 크게 '마약성'과 '비마약성' 약제로 구분된다. 근골격계 통증, 신경병성 통증, 만성 요통 등 만성통증에 사용되는 '비마약성 약제'는 주로 아세트아미노펜(해열 및 진통), 비스테로이드성 소염진통제(아스피린, 이부프로펜, 나프록센), 코르티고스테로이드(항염증), 트라마돌(합성 오피오이드 진통제)과 항우울제, 항경련제 그리고 근육 이완제와 같은 보조적인 약제들이 처방된다.

이러한 비마약성 진통제는 습관성과 의존성이 없으며, 비교적 투약 초기 부작용이 마약성 진통제에 비해 적다. 하지만 용량 증가에 비해 효과가 늘지 않는 '천정 효과(ceiling effect)[77]'가 있고,

---

76) 「Kheir Community Clinic」, "오피오이드 중독, 약물로 치료해요",https://www.lakheir.org/korea n; http://www.emdr.co.kr/News/NewsView.asp?srno=30577&page=1&gubun=&keyword=

77) 비마약성 진통제는 신체적 · 정신적 의존성 및 내성이 없고, 해열 작용을 한다는 특징이 있다. 또한 약물의 용량을 증가시켜도 일정 용량 이상에서는 진통 작용이 더 상승하지 않고 부작용만 증가하는 천정 효과(ceiling effect)를 가지고 있다.「국가암정보센터」, "비마약성 진통제", https:// www.cancer.go.kr/

신장과 간 기능을 악화시키거나 치명적인 위장관 부작용을 나타낼 수 있다. 따라서 이들의 장기적인 복용은 회피하면서, 비약물적 치료를 병행하는 것이 바람직하다.

왜냐하면 만성통증 치료의 목표는 통증의 완전한 제거보다는, 통증으로 초래된 사회적, 직업적, 정신적, 육체적 및 대인 관계적 장애를 개선하여 삶의 질을 높이는 데 있다. 이를 위해 전문의료진은 "만성통증의 조절을 위해서는 약물치료와 더불어 비약물적 치료들을 적극적으로 병행하는 것이 중요하다."고 강조한다. 비약물적 치료의 대표적인 방법은 생활습관 교정, 심리상담, 운동, 재활 치료 등을 권고하고 있다.[78]

---

78) 박중철 · 최윤선 · 검정현, "만성통증의 최신 약물치료", Korean Med Assoc 2010 September; 53(9) : 815-823; Jackman RP, Purvis JM, Mallett BS. "Chronic nonmalignant pain in primary care", Am Fam Physician Vol.78, pp.1155-1162, 2008.

부록 2 '플라시보' 효과와 뇌의 보상 회로(시스템)

최근에 플라시보가 말초신경뿐만 아니라 중추신경계에도 영향을 미쳐 진통 효과를 유도한다는 것이 명확하게 밝혀졌다. 그 영향은 플라시보 복용 시 '기대와 희망'이라는 심리적 요인이 신경전달 및 조절물질의 생성 및 분비를 촉진하는 것이다. 신경전달물질의 분비는 통각 신호의 전달을 억제하고, 신경조절물질의 기능 촉진이 '진통 효과'로 나타나는 것이다. 이를 이해하는 것은 플라시보 효과에 대한 과학적 신뢰를 증진한다. 또한 기대와 믿음에 의한 신경전달물질과 조절물질의 분비는 뇌 가소성을 촉진하고, 이전보다 긍정적인 뇌 신경구조와 기능을 재편성할 수 있다는 확신을 다져가는 과정이다.

이 내용의 이해를 돕기 위해 '**해부학적 보상 회로**', '**내인성 오피오이드**'와 신경전달물질인 '**도파민**'에 대해 알아볼 필요가 있다. 우리 뇌는 보상에 민감하다. 그 보상에 반응하는 뇌 시스템을 '**보상 회로**'라 한다. 뇌 보상 회로가 자극되면 '도파민'(Dopamine)이 분비되고 쾌감을 느끼게 된다. 우리 뇌의 '도파민 보상 회로'(복측 피개 영역 – 측좌핵 – 편도체를 연결하는 경로)는 3가지(중뇌–변연계 보상 회로, 흑질–선조체 보상 회로, 중뇌–피질 보상 회로)로 구분한다.[79]

[도파민 보상 회로 3가지]

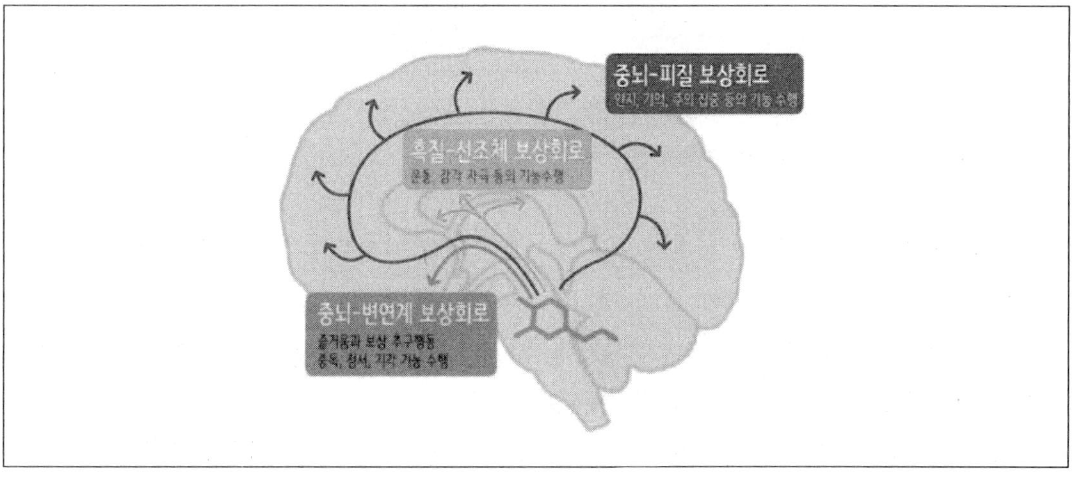

출처 : 이찬승, "동기는 뇌 보상시스템", https://21erick.org/column/7033/

79) Trevor Haynes (2018). Dopamine, Smartphones & You : A battle for your time. Dopamine,

이 3가지 중에서 '보상 처리 과정'으로서 플라시보 효과와 밀접하게 연관된 회로는 **'중뇌-변연계' 보상 회로**이다. 뇌 스캔 결과 이 회로에서 도파민 분비 증가가 관찰되며, 이를 통해 통증 감소, 보상감, 쾌감, 운동 기능 향상 등의 플라시보 효과가 나타나는 것으로 밝혀졌다.

우리 뇌에는 도파민을 분비하는 신경세포들이 존재한다. 그 부위는 **'복측피개영역'**(전전두피질과 중뇌변연계 경로로 도파민을 분비한다), **'흑질'**(선조체로 도파민을 분비한다), **'시상하부 활꼴핵'**(호르몬 분비를 조절하는 '정중융기'로 도파민을 분비한다.) 등이다.

[우리 뇌의 도파민 분비 신경세포 및 경로]

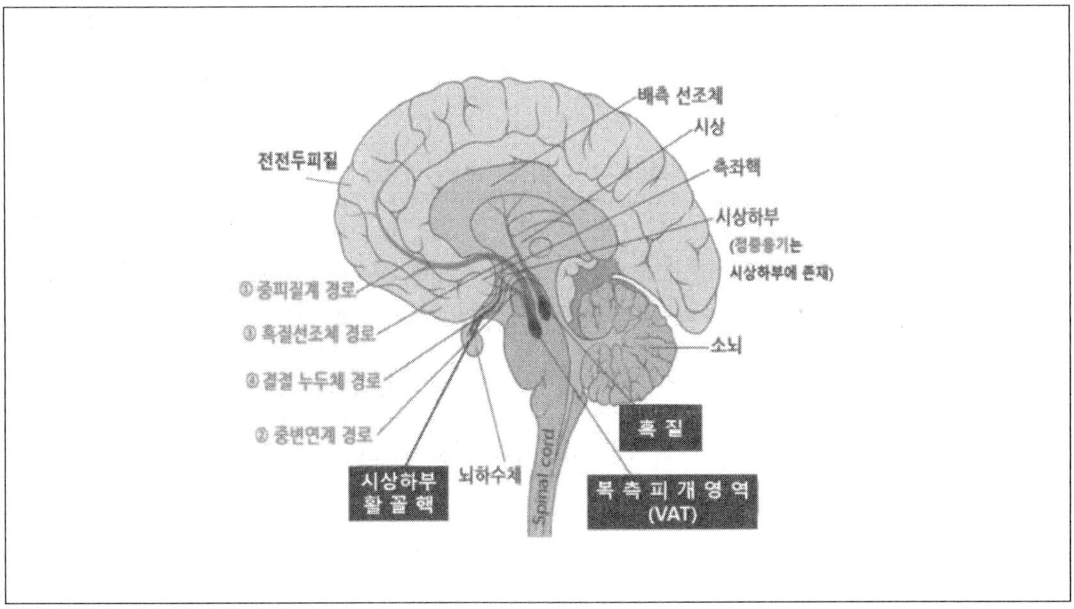

출처 : https://blog.naver.com/PostView.naver?blogId

'중뇌-변연계' 보상 회로는 '도파민 경로'와 '세로토닌 경로'가 있으며, 각기 다른 방식으로 플라시보 효과에 영향을 미친다.

'도파민 경로'는 복측피개영역에서 생성된 도파민을 '전전두피질'과 '측좌핵'에 분비시켜 **통각 신호를 억제**하고 쾌감을 통해 통증 역치를 높여준다.

'세로토닌 경로'는 기분 · 수면 · 통증 · 인지 조절 기능을 수행하는 '뇌간의 솔기핵'에서 생성된 세로토닌을 '대뇌피질, 변연계, 기저핵'에 분비시키고, 측좌핵의 도파민 분비를 증가시켜 통각 신호전달을 억제하고 쾌감을 증진시켜 플라시보 효과를 유발한다. 긍정적인 기대와 믿음이 세로토닌 경로를 활성화하고, 이는 측좌핵의 도파민 분비를 증가시켜 보상 처리에 긍정적인 영향을 미치게 된다.

이처럼 중뇌-변연계 보상 회로에서 도파민 경로와 세로토닌 경로는 서로 밀접하게 연결되어 플라시보 효과에 중요한 역할을 한다.

'내인성 오피오이드'와 **'도파민'**은 모두 **신경전달물질이자 조절물질**이다. **내인성 오피오이드**는 몸 안에서 자체적으로 생산되는 펩타이드(2개 이상의 아미노산) 화합물로서 대표적으로 엔돌핀, 엔케팔린, 다이노르핀 등이며, 이들은 중추신경계에서 통증 경로에 존재하는 오피오이드 수용체를 자극하여 **'통각 신호를 차단하는 역할'**과 '도파민' 같은 신경전달물질을 분비를 조절하는 역할을 한다.[80] **'도파민'**은 대표적인 신경전달물질 중 하나로서 도파민 수용체와 결합하여 세포 내 **'신호전달경로를 활성화'**하며, 신경조절물질로서 **'보상, 동기, 운동 등 조절 기능'**을 한다.[81]

신경과학의 관점에서 **인간의 행동은 '동기'에 의해 촉발**된다고 본다. 동기는 물, 음식, 잠, 고통의 회피와 같이 **'생존을 위해 필요 불가결한 것'**과 **'보상'**으로 나눌 수 있다. 보상은 생존과 번식에 필요한 음식, 성행위, 아이의 미소와 웃음소리, 학교나 직장에서의 성취, 가족과 친구들의 지지와 인정 등 우리가 일상적으로 경험하는 자극들이 우리의 행동에 동기를 부여하는 것이다. **동기는** 특정 행동을 유발하고 유지하는 내부적인 상태나 과정이며, **뇌의 보상시스템, 도파민 경로, 내인성 오피오이드 생성 및 분비** 등 다양한 **신경 메커니즘과 깊은 관련**이 있다. 예를 들어 도파민 시스템은 보상과 쾌감, 학습, 기억 등과 밀접하게 연관되어 있으며, 특정 행동을 촉진하는 동기부여 과정에서도 중요한 역할을 한다.

플라시보 효과의 본질은 **'기대와 희망'**이며, 이는 **'보상'에 대한 심리적 요인**으로서 **뇌의 변화(뇌 가소성)를 자극**한다. 사람은 살아가면서 언어를 통한 **기대, 암시와 조건형성, 사회적 학습** 등을 통해 **'이득(보상)'을 얻는 방법을 학습**한다. 이러한 학습은 심리적 측면에서 플라시보 효과의 본질과 그 맥락을 같이한다. (Colloca L, et al., 2009) 진료 과정에서 플라시보를 주면서 이전에 통증 감소의 경험을 떠올리게 하면, 통증이 줄어들 것이라는 기대(보상)로 인해 진통 효과를 유도할 수 있다. 이처럼 언어를 통해 형성된 '기대'는 플라시보 복용과 연관되어 진통 효과를 강화하고, 더 나아가 향후 통증 완화에 대한 기대를 강화하여 그 효과가 선순환된다. 또한 반복적인 약물치료를 통해 조건화가 형성되면 약물 대신 플라시보를 투여해도 약물과 유사한 효과가 발생한다. 타인이 플라시보 치료로 통증이 감소하는 것을 본 환자(사회적 학습)도 그 효과를 경험할 수 있다. 그렇다면 좋아질 것이라는 기대와 희망의 심리적 요인이 어떻게 신경학적으로 작동되어 진통 효과로 이어지는지 확인해 보자.

---

80) https://www.ncbi.nlm.nih.gov/pmc/articles/PMC6826828/
81) https://www.sciencedirect.com/topics/biochemistry-genetics-and-molecular-biology/endorphin

플라시보 효과와 관련된 수많은 연구는 **플라시보 복용 시 분비되는 내인성 오피오이드**가 관련 수용체와 결합하면서 '상행성 통증 경로'에서 **통각 신호를 차단**하고, 동시에 **'도파민 시스템'을 활성화**하여 **플라시보 진통 효과에 관여**하고 있음을 밝혀냈다.

1960년대 PET(양전자 단층촬영)를 이용한 연구는 내인성 신경조절물질 및 전달물질(오피오이드, 콜레시스토키닌, 칸나비노이드, 도파민, 세로토닌 등)이 플라시보 '진통 반응'을 촉진한다는 것을 입증하였다.[82] 한편 진통 효과를 억제하는 길항제(대항제, 진통 신경전달물질의 작용을 저해하는 물질)인 '날록손(Naloxone)'을 투여한 결과, 플라시보 진통 효과가 억제되는 것으로 확인되었다(Wager TD, et al., 2007). 이는 플라시보가 '진통 효과'를 나타내고 있음을 입증하는 것이다. 이러한 관찰 결과는 뇌에서 분비되는 신경전달 및 조절물질들이 플라시보 진통에 관여한다는 것을 보여 준다.

플라시보를 복용하면 **뇌에서 신경조절물질**(우리 몸의 생리작용과 행동을 조절하는 화학물질)[83]이 **'하행성 통증 경로'에서 생성**되고, 이 신경조절물질이 **뇌의 신경전달물질**(신호전달물질로서 시냅스로 신경세포 간 연결해주는 화학물질)**의 방출 빈도 · 강도 · 지속 시간을 조**절하여, **인접 세포 간의 상호작용**(신호전달 촉진 또는 억제)을 일으킨다. 이로 인해 **'상행성 통증 경로'**에서 **'통각 신호가 조절'**된다. 예를 들면 통각 신호가 발생하면 말초에서 시작하는 상행성 통증 경로를 통해 뇌로 전달되고, 뇌에서 시작하는 '하행성 통증 경로'에서 신경조절 물질인 '내인성 오피오이드'를 생성하여, '글루타메이드'와 같은 흥분성 신경전달물질의 방출을 억제함으로써 '상행성 통증 경로'에서 척수와 뇌로 전달되는 '통각 신호전달을 억제'하여 '통증을 감소'시킨다.

플라시보를 복용한 환자는 좋아질 거라는 **'기대'**와 **'믿음'**으로 인해 **뇌에 저장된 '천연 진통제'가 분비**되어 **'통증을 완화'**하고 **'증세를 호전'**시킨 것이다. 많은 연구는 플라시보를 투여받은 대상들과 실제 진통제를 투여받은 대상들을 비교하여, **플라시보를 복용한 대상자들의 뇌에서 오피오이드 분비가 증가하는 것을 관찰**하였다. 이는 플라시보가 '기대와 믿음'이라는 심리적인 요인을 작동시키고, 이어 뇌의 오피오이드 분비를 증가시켜(신경조절 및 신호전달 변화가 통각 신호전달을 조절) '통증 완화'로 이어진 것이다.[84]

---

82) Scott DJ, Stohler CS, Egnatuk CM, Wang H, Koeppe RA, Zubieta JK. "Placebo and nocebo effects are defined by opposite opioid and dopaminergic responses", Arch Gen Psychiatry Vol.(65), pp.220-231, 2008.; 장진우 외 2인, "속임약 진통의 기전과 임상적용", Journal of Pain and Autonomic Disorders Vol.5(2), p.43, 2016.

83) 「위키백과」, "신경조절물질", https://ko.wikipedia.org/wiki/

84) P Petrovic, E Kalso, et al., "Placebo and opioid analgesia--imaging a shared neuronal network", Science Vol.295(5560), pp.1737-1740, 2002.; TD Wager, DJ Scott, JK Zubieta, "Placebo effects on human μ-opioid activity during pain", Proceedings of the National Academy of Sciences Vol.104(26), pp.11056-11061, 2007.; JK Zubieta, WY Yau, et al., "Belief or Need? Accounting for Individual Variations in the Neurochemistry of the Placebo Effect", Brain, Behavior, and Immunity Vol.20(1), pp.15-26, 2006.

제7장

스스로 만성통증을 치유한 뇌 가소적 개입

이 장은 '심상화(마음)'라는 가소적 개입을 통해 **통증 처리 영역을 축소하여 만성통증을 치유한 사례와 필자의 임상적 경험을 공유**하고자 한다. 이를 위해 관련 논문과 임상시험의 결과 등을 근거로 심상화를 통한 만성통증에 대한 치유과정을 제시할 것이다.

신경과학자인 모스코비츠는 **'만성통증'**은 뇌 가소적 변화에 따른 **'학습된 통증'**이므로 **뇌 가소성으로 치유도 가능하다**고 보았다. 그의 삶을 지배한 '중추 감작'을 제어하고자 착안한 원리는 **'경쟁적 가소성'**이었으며, 그 적용방법이 **'심상화'**였다. 정상적인 뇌를 신체상으로 시각화하여 미쳐 날뛰는 **'통증 처리 영역'을 축소시키는 반면 '정상적인 뇌 영역'을 확장하여** 만성통증의 속박에서 벗어났으며, 같은 방식으로 많은 환자를 치유하였다. 이러한 가소적 개입의 효과를 **'경쟁적 가소성'**에 의해 변화된 **'뇌지도**(대뇌피질 구조)'를 통해 규명하고, **'심상화**(시각화)'가 어떻게 뇌 가소적 변화를 만들고, 만성통증을 치유하는 비약리적 요법임을 입증하였다.

필자도 상상요법인 **'심상화'**와 신체적 활동으로서 **'브란트 다프로 운동과 복식호흡'**을 결합한 **'일일 심상화 운동'**을 개발하여 적용하였다. 그 목표는 정상적인 뇌의 이미지를 통해 퇴화된 뇌 세포와 네트워크를 회복시키는 것이었다. 그 결과 전정 기능의 회복으로 **이석증 치유**, 노화로 감퇴하는 **인지기능 향상**, **무릎 통증 완화**, **손 떨림과 머리 흔듦의 치유** 등 효과를 보았다. 이러한 내용은 다음의 **5개 분야로 전개**하였다.

Key Word

학습된 통증, 경쟁적 가소성, 통증 처리 영역, 대뇌피질의 뇌지도, TMS(경두개 자기 자극술), **심상화**(시각화), **신체상, 전정기능, 상상 요법, 브란트 다로프 운동법, 복식호흡, 일일 심상화 운동**

앞 장에서는 '기대와 희망'이라는 심리적인 요인이 긍정적인 뇌 가소적 변화를 만들어내는 플라시보 효과와 그 실체를 확인하였다. '마음'이라는 심리적인 통로를 통해서도 뇌 가소적 변화가 가능하며, 이를 통해 일상에서 통증을 관리하고 치유할 수 있음을 규명했다.

이 장은 만성통증 환자이자 통증 전문의인 마이클 모스코비츠(Michael Merzenich)가 '마음(시각화, 이후 '심상화'라 한다.)'의 통로를 통해 13년 동안 자신을 지배했던 만성통증을 치유해 낸 방법과 이를 응용하여 적용한 필자의 경험을 공유하는 것이다. '경쟁적 가소성'의 원리를 적용한 '심상화'의 뇌 가소적 개입이 만성통증을 스스로 치유해 낸 놀라운 비약리적 요법의 효과를 밝히고, 이를 일상에서 적용할 수 있도록 '일일 심상화 운동'을 제시하는 데 초점을 맞출 것이다.

마이클 모스코비츠는 만성통증 치료와 편두통 연구 분야에서 탁월한 업적을 남긴 신경과학자이자 미국 하버드대 교수이다. 미 솔크연구소와 협력하여 섬유근육통 및 환상지 통증과 같은 만성통증 장애에 대한 새로운 치료법을 개발하는 데 중요한 기초 자료를 제공하고, 통증의 신경 회로를 이해하는 데 커다란 기여를 했다.[1] 특히 1979년 편두통(신경학적 질환인 편두통은 두통과 메스꺼움, 구토, 현기증 등이 주요 증상) 발생 메커니즘(신경 펩타이드와 같은 뇌의 메신저 단백질을 발견[2])을 발견하여 2021년 덴마크 '룬드벡 재단'이 수여하는 '브레인 프라이드' 수상자로 선정되었다.[3]

그의 연구에 따르면 "**만성통증은 '학습된 통증'으로, 급성통증이 적절히 치료되지 않을 경우 중추신경계가 변형되어 몸의 통증 경보 체계가 켜진 상태로 계속 오작동하는 것**"으로 규정하고 있다.

급성통증은 우리가 느끼는 '통각 수용체'(감각 수용체)'에서 '뇌'로 올라가는 '입력'(상행성 통증 경로)인 반면 '만성통증'은 더 복잡한 중추신경계의 '출력'(하행성 통증 경로)으로 **급성통증**은 '**감각적 느낌***'인 반면 **만성통증**은 '**지각****'에 가깝다는 것이다.

* 급성통증은 손을 베이거나, 데였을 때 느끼는 통증이며, 이는 신체가 손상을 인식하고 즉각적으로 반응하는 감각적인 느낌이다.

** 만성통증은 만성요통이나 신경병성 통증과 같이 우리의 뇌가 그 통증을 어떻게 기억하고 받아들이고 반응하는지를 포함한 '지각'된 통증이다.

---

1) 「Salk」, DOI : 10.1016 / j.cell. 2024.06.035, 2024.07.21. https://www.salk.edu/ko
2) https://www.salk.edu/ko/
3) 「동아사이언스」, "편두통 고통에서 자유롭게 한 과학자 4명 '브레인 프라이즈' 수상", 2021.03.05.

지각된 만성통증은 '일반적인 치료 방식'이나 '자연치유'에 의해 변경될 가능성이 크지 않은 지속적인 통증이다. 따라서 '학습된 통증'이나 'wind-up 현상*'이라고도 불리며, 신경계가 통증을 기억하고 점점 더 강하게 느끼게 되는 경향(현상)을 보인다.[4)]

* 'Wind-up 현상'은 반복적인 통증 자극이 신경계에 축적되어 통증의 강도가 점점 증가하는 현상이다. 예를 들어 같은 부위에 여러 번 통증 자극이 가해지면, 처음에는 약한 통증으로 느껴지던 것이 시간이 지남에 따라 점점 더 강한 통증으로 느껴진다. 이는 신경세포가 자극에 대해 점점 더 민감해지기 때문이다. Wind-up 현상은 중추 감작의 한 형태이며, 만성통증의 원인이다.

'중추 감작'은 만성통증의 주된 원인이다. 중추감작은 중추신경계의 변형으로 '**면역 세포의 염증 반응**'[5)]과 '**변연계**(두려움, 불안, 우울감 등의 감정적 반응을 처리)**의 활성화**' 그리고 '**신경 기질**(신경계의 구조적 기능적)**의 변화**' 등이 복합적으로 상호작용하여 나타난다.

쉽게 정리해 보면, 면역 세포의 염증 반응이 변연계에서 처리하는 두려움과 불안을 자극하고, 이것이 뇌의 가소적(신경 기질)의 변화로 이어져 통증이 지속적으로 미쳐 날뛰게 되는 것이다. 즉 통증은 생리학적으로 더 강하게 느껴지게 되고, 불안, 우울증, 그리고 기타 심리적 또는 사회적 요인 등과 연결되면서 더욱 증폭되는 통증을 경험하게 된다.

이러한 결과는 뇌가 유해 자극을 평가하면서 통증 지각의 주관적 경험을 바탕으로 통증을 줄이기 위한 행동을 취할지에 대한 **평가와 더불어 위험이 어떻게 될지에 대해 예측하기 때문**이다. 이렇듯 통증 회로는 몸에서 뇌로, 뇌에서 몸으로 신호를 끊임없이 반복하면서 추가적인 위험을 막고 회복을 촉진하기 위해 평가하고 예측된 반응이 자동으로 실행된다. 이 과정에서 만성화된 통증은 롤러코스터를 탄다는 것이다.[6)] 가소적 변화로 오작동하는 변형된 신경 회로에 의해 만성통증이 발생한다면 통증을 처리하는 회로를 정상적으로 켜고 끌 수 있는 방식으로, 뇌의 가소적 변화를 유도한다면 만성통증의 폭주 과정을 정상적으로 되돌려 놓을 수 있다는 것이다.

---

4) 머제니치와 그 동료들에 의해 통증과 관련하여 연구된 와인드업 현상(동일한 강도의 자극이 반복되면 통증 감각이 악화하는 것)의 원인을 밝혀냄. AR Møller,「Neural plasticity and disorders of the nervous system」, (Cambridge University Press), p.115, 133, 2006.;「Musculoskeletal Key」,"Central Influences on Pain-Chapter 5", https://musculoskeletalkey.com/central- influence s-on-pain/
5) 면역 세포의 염증 반응이란, 면역계의 염증세포들이 병원균이 몸에 침입하는 것을 막기 위해 일으키는 반응이다. 염증은 유해한 자극에 대한 생체반응으로, 면역세포, 혈관, 염증 매개체들이 관여하여 염증을 일으키는데, 그 염증의 목적은 세포의 손상을 초기 단계에서 억제하고, 상처 부분의 파괴된 조직 및 괴사된 세포를 제거하며, 조직을 재생하기 위한 것이다. https://www.google.co.kr/
6) MH Moskowitz. "Central Influences on Pain", Interventional Spine, pp.39-52, 2008.

7-1 미쳐 날뛰는 만성통증이 된 급성통증

마이클 모스코비츠는 1994년에 딸과 함께 **수상스키를 타다가 뒤집힌 사고**를 당했다. 시속 60km의 속도로 달리던 수상스키에서 뒤집혀서 물에 거꾸로 처박혔다. 사고로 인한 통증은 집요하게 이어졌고 한동안 일하기도 불가능할 정도였다. 강력한 진통제, 물리치료, 스트레칭, 마사지, 자기최면, 열, 얼음, 휴식, 소염제 등 온갖 방법을 동원했지만, **사고 후 시작된 통증은 13년간 그의 삶을 지배했다. 그것도 시간이 갈수록 더 심해졌다**.(치유하는 뇌, pp.31-37.)

13년 동안 모스코비츠의 삶을 지배했던 통증이 그랬듯이, 수상스키를 타다 곤두박질치면서 발생한 **급성통증**은 그 치료가 지연되고 시간이 경과되면서 상 · 하행성 통증 경로에 **'중추감작'**(통각 과민, 통증에 대한 민감도가 비정상적으로 높은 상태를 의미)**을 만들고**, 신경회로(시냅스)에 **'신경 지문'**으로 각인되어 **만성통증**이 되었다.

급성통증의 경우 뇌와 척수가 협력하여 감각을 감지하고, 잠재적인 손상을 최소화하기 위해 반응하며, **실제 통증의 정도를 줄인다**. 반면 **만성통증**의 경우, 지속적인 통증 자극으로 인해 **뇌의 신경회로가 민감하게 변형되어**(중추신경계의 하행성 통증 조절 경로의 변형, 'wind-up' 현상) **통증의 정도를 증폭시킨다**. 게다가 통증이 정서적 반응이 연결되면서 동시다발적으로 롤러코스터(불균형)를 타며, **통증과 감정 체계는 악순환**을 형성하여 **통증을 악화시키고 영속화한다**.

급성통증은 적정한 두려움과 분노의 감정적 반응을 일으켜 더 이상 손상되지 않도록 몸을 보호하는 역할을 하지만, 만성통증은 감정적 절망감과 우울감을 더 많이 끌어들여 통증과 감정적 고통도 함께 지속되는 절망적 상태를 유발할 가능성이 더 높다.[7)]

모스코비츠가 규정한 만성통증은 중추신경계의 균형(흥분과 억제)을 깨뜨리고, 비정상적인 통증 경로(변형된 통각 신호의 처리 방식)를 만든 다음, 그 영역(통증을 처리하는 뇌 영역)을 점차 확장하면서(경쟁적 가소성) 통증이 증폭된 **'학습된 통증'**이다.

이는 **'통각 신호처리 방식의 변형'**으로 **말초신경계의 활성화 증가**(발통 물질 증가), **신경전달물질의 분비 불균형**(흥분과 억제 불균형), **통증 관련 수용체의 활성화**(통각 민감화)

---

7) Price D, "Psychological Mechanisms of Pain and Analgesia. Seattle", IASP Press, pp.9-10, 1999.; Michael Moskowitz, M.D., M.P.H., and Scott M. Fishman, M.D., "The Neurobiological and Therapeutic Intersection of Pain and Affective Disorders", FOCUS Vol.4(4), 2006, https://doi.org/10.1176/foc.4.4.4

등으로 이어지는 '**통각 신호 증폭**'(와인드업) 또는 '**비 적응적인 신경 가소성 재편성**' 등의 다양한 문제가 발생한 것이다. 결과적으로 만성통증은 손상된 통증 처리 시스템의 증거로서 단순한 증상이 아니라 '폭주하는 신경 가소성'으로 인한 징후이다.[8] 이렇게 한번 자리 잡은 뇌의 오작동은 시간이 지날수록 그 영역을 확대하면서 통증 역치를 떨어뜨리게 된다.

모스코비츠를 지배한 통증은 사고 당시의 '**급성통증**'이 시간이 지남에 따라 뇌와 척수에 있는 통증 체계에 영향을 미친 '**중추성 통증**'(중추신경계에서 발생하는 통증)이며, 통증을 담당하는 '**뇌지도**'(통증을 담당하는 뇌 부위)의 신경세포들이 과민(오작동)해져서 발화된 것이다. "**함께 발화하는 신경세포들은 같이 연결된다.**"는 신경 가소성의 원리에 따라 시냅스로 연결된 신경회로(뇌지도)가 **부정적인 구조와 기능으로 변형된 결과**였다.

만성통증은 **뇌지도의 통증 세포들을 쉽게 발화**시킬 뿐만 아니라 **그 영역을 확장**했다. 그래서 그의 목 통증은 목의 양쪽으로 퍼져나갔고, 아주 사소한 신경 자극에도 몸의 넓은 부위에 걸쳐 극심하고 끊임없는 통증에 시달리게 되었다. 그가 **통증을 느낄 때마다** '**가소적 뇌**'는 **점차 더 예민하게 굴고, 더 고약하고 고통스런 통증을 예고**했다. 그래서 통증 신호의 강도, 지속 시간, 통증의 범위 등이 증가했다.

통증 전문의인 그는 만성통증 증후군이 발병하여 통증의 악순환에 빠져 있음을 인식했다. 그래서 2007년부터 '**신경 가소적 변화의 법칙**'을 자신의 통증 치료에 직접 활용하고자 했다. 그는 '신경 가소성'을 자신에게 유리하게 활용할 수 있도록 '**뇌지도를 차지하고 있는 만성통증 회로를 약화하는 방법**'을 검토하기 시작했다. 그 핵심적인 개념이 바로 '**경쟁적 가소성**'이었다.

7-2 '경쟁적 가소성'의 개념과 그 원리

뇌는 변할 수 있는 놀라운 능력을 갖추고 있다. 새로운 기술을 배우거나 새로운 경험을 할 때, 뇌는 구조적 · 기능적으로 변한다. 이러한 가소적 활동과정에서 작동되는 것이 '**경쟁적 가소성**'이다. **뇌가 어떤 자극으로 가소적 활동을 할 때, 사용하지 않는 뇌의 피질 영역의 자원을 차지하여** 점점 **더 많은 영역을 확장하는** 속성으로서 '특정한 신경 회로'가 활성화될 때, 다른 비활성 회로(사용하지 않는 자원)의 연결이 약화되는 현상이다.

8) Borsook D (ed), "Molecular Neurobiology of Pain. Seattle", IASP Press, pp.221-304, 1997.

이러한 과정은 특정한 강한 자극이 'NMDA 수용체'(시냅스 가소성을 강화하는 글루타메이트 신경전달물질 수용체)를 활성화하면 시냅스에 의한 뉴런 간의 연결이 강화되고, 그 연결 빈도가 많아지면 그만큼 뉴런 간의 발화되는 영역이 확장된다. 반면 상대적으로 사용되지 않는 영역은 줄어든다는 것을 의미한다.[9)]

뇌졸중 환자의 치유 메커니즘(CI 요법, 제9장에서 상세히 언급될 것임)도 경쟁적 가소성의 개념으로 설명될 수 있다. 뇌로 가는 혈류가 제한(충분한 기간과 범위만큼 감소)되면 뇌졸중이 발생하고, 이로 인해 신체적 장애가 발생한다. 타격을 받은 부위의 장애를 개선하거나 회복하기 위해서는 해당 기능을 수행하는 대뇌피질 영역에서 살아있는 신경 네트워크를 재편성해야 한다. 이를 위해 손상된 부위를 강제로 자극(감각 및 운동)하여 살아있는 신경회로를 활성화해야 한다. 이렇게 해야만 손상된 뇌피질 부위의 기능을 인접해 있는 정상적인 신경회로가 대신하게 된다. 이때 작동되는 원리가 경쟁적 가소성이다. 감각 및 운동 자극이 주어져야만 손상된 기능이 활성화되고, 그 영역의 기능이 주변 부위로 확장되어 손상된 기능이 회복될 수 있다. 반면 손상된 기능에 대한 자극이 없으면 그 기능은 퇴화하게 된다.[10)]

특정한 자극이 주어지면, 그에 대한 반응으로서 뇌의 각 부분은 제한된 자원을 공유하게 되며, "뇌 자원은 사용 또는 손실의 원칙에 따라 할당된다." 만약 특정 부위가 활성화된다는 것은 다른 부위는 사용하는 자원이 줄어들 수 있다는 것을 의미한다.

이러한 **'경쟁적 가소성'을 해부학적으로 입증한 것**은 마이클 머제니치의 **원숭이 '손 지도'** 실험이다. 이 실험은 원숭이의 뇌가 손에 대한 감각 입력을 어떻게 처리하는지를 연구하기 위해 수행되었다. 머제니치와 그의 동료들은 원숭이의 손가락을 특정 방식으로 자극하여 뇌의 감각 지도가 어떻게 변화하는지를 관찰했다.

1983년 머제니치는 동료 신경과학자인 존 카스(Jon Kass) 등과 함께 원숭이를 대상으로 '감각신경'이 차단되었을 때 '뇌지도'가 어떻게 반응하고 변화하는지를 실험했다.[11)] 원숭이의 손은 사람의 손과 마찬가지로 3개의 주요 신경(요골신경, 정중신경, 척골신경)으로 구성되어 있다.

---

9) KD Miller, "Synaptic economics : competition and cooperation in synaptic plasticity", Neuron Vol.17(3), pp.371-374, 1996.

10) Timothy H. Murphy & Dale Corbett, "Plasticity during stroke recovery : from synapse to behaviour", Nature Reviews Neuroscience Vol.10, pp.861-872, 2009.

11) M. M. Merzenich, J. H. Kass, J. Wall, R. J. Nelson, M. Sur, and D. Felleman, "Topographic reorganization of somatosensory cortical areas 3b and 1 in adult monkeys following restricted deafferentation", Neuroscience Vol.8, pp.33-55, 1983.

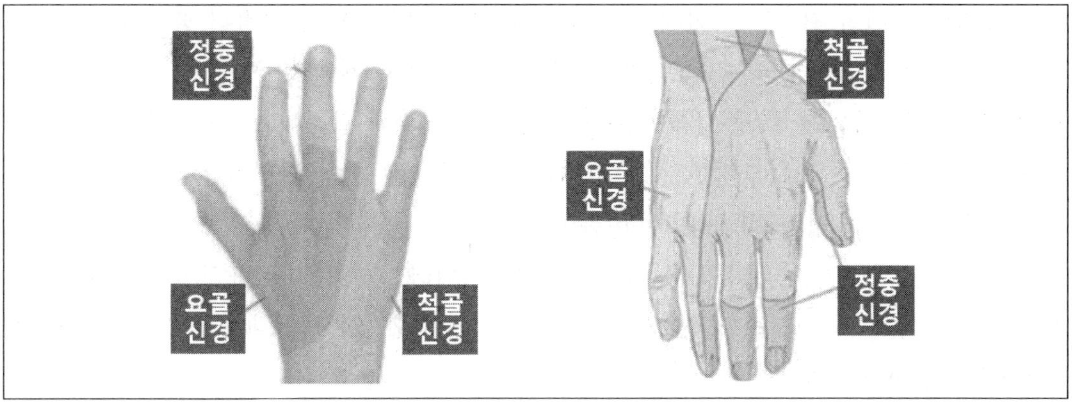

출처 : https://samsungmedicals.tistory.com/27

이 중에서 중지에서 오는 감각을 전달하는 '정중신경'을 절단한 후, 2개월에서 9개월 후에 체감각피질의 뇌지도 변화를 확인했다. 그 결과 **'중앙 손가락 부위'**를 **자극해도** 이를 담당하던 **'대뇌피질의 영역'**은 반응하지 않았다. 하지만 정중신경의 좌측과 우측에 있는 **'요골신경과 척골신경'** 부위를 자극하자 절단된 **'정중신경을 담당했던 뇌 영역'**이 **반응**했다. 이전의 정중신경이 차지했던 체감각피질의 영역을 요골신경과 척골신경이 차지하여 반응한 것이다. 이는 '체감각피질'의 신경세포들이 새로운 감각 입력에 적응하여 기존의 대뇌피질이 '재조직(재편성)된다는 것'을 의미했다. 즉 특정 부위의 감각 입력을 잃더라도 인접한 영역이 그 기능을 일부 대체할 수 있음을 보여준 것이다.

위의 연구와 연계하여 정중신경 절단 후, **시간 경과에 따른 가소적 변화가 어떻게 진행되는지**에 대한 연구를 계속했다. 정중신경 **절단 전, 절단 직후**, 그리고 **11일, 22일, 144일째**의 **'뇌지도의 변화'**를 관찰했다.[12] 그 결과 신경 절단은 대뇌피질에 **'즉각적인 반응'**(중지 자극에 대한 무반응)으로 나타났다. 대뇌피질의 변화(재편성)는 (중지 바깥쪽 자극 시 중지 신경 발화, 척골신경과 요골신경의 지도가 절단된 정중신경 지도 영역을 전부 차지) 점진적으로 진행되면서 144일째에는 **'정중신경 절단에 적응된 정교한 뇌지도'**가 형성되었다.

1984년 머제니치와 넬슨 등은 원숭이의 뇌에 있는 손 지도를 그린 다음, 그 원숭이의 중지를 절단 후, 2~8개월 동안 **'체감각피질 지도의 변화'**를 관찰하는 실험을 했다.[13] 그

12) M. M. Merzenich, J. H. Kass, J. Wall, R. J. Nelson, M. Sur, and D. Felleman,, "Progression of change following median nerve section in the cortical representation of the hand in areas 3b and 1 in adult owl and squirrel monkeys", Neuroscience Vol.10, pp.639-665, 1983.

13) Dr. Michael M. Merzenich, Randall J. Nelson, Michael P. Stryker, Max S. Cynader, Axel Schoppmann, John M. Zook, "Somatosensory cortical map changes following digit amputation in adult monkeys", Journal of Comparative Neurology Vol.224(4), pp.591-605, 1984.

결과 잘라낸 중지의 지도는 사라지고, 인접한 손가락들의 지도가 사라진 중지가 차지했던 영역을 대신 차지해 버린 것을 발견했다. 이는 **신체적 손상에 대한 반응으로 뇌**(체성감각 피질)**의 구조와 기능적 재배치**(재조정)**가 가능하다는 것**을 입증했다. 또한 가소성은 감각 신경을 절단하거나 신체 부위를 제거했을 때만 나타나는 것이 아니라 외부 자극에 따라 끊임없이 뉴런과 뉴런 간의 연결이 변화하고 있다는 것을 의미했다.

이들 동물실험의 결과는 뇌의 가소적 변화뿐만 아니라 뇌 신경회로가 작동하는 과정에서 쓰지 않는 자원들은 퇴화하고, 사용되는 자원과 관련한 영역들은 계속 확장되는 '**경쟁적 가소성**'을 입증한 것이다.

임상시험을 통해 '경쟁적 가소성'을 밝혀냈다. 1996년 뇌와 감각 처리에 대한 연구를 하고 있는 미국과 일본의 연구자들은 "시각 장애인의 점자 읽기에 의한 일차 시각 피질의 활성화"라는 논문을 발표했다. 이 연구는 시각장애인의 점자 읽기 능력에 '시각피질'의 관여하는지 유무를 PET로 검증하였다. 그 결과 시각장애인이 손으로 점자 읽기(촉각 작업)를 하자, 시각피질 영역이 활성화되어 촉각(점자 읽기) 기능을 보조하는 것으로 확인되었다. 또한 '**점자를 더 잘 읽는 사람**'일수록 '**시각피질이 더 많이 관여한다.**'는 사실도 밝혀냈다. 하지만 시각이 정상인 사람들은 점자 읽기를 할 때 시각 피질이 활성화되지 않았다.[14] 이는 경쟁적 가소성의 원리에 의해 '눈에서 입력을 받지 못하는 시각 지도 영역'이 '촉각 지도 영역'으로 징발되어 '점자 읽기 기능을 강화한 것'임을 의미한다.

이 연구는 **뇌의 특정 부위를 더 많이 사용하면 그 부위가 강화되고, 반대로 사용하지 않는 부위는 약해질 수 있다는 것이다. 즉** 새로운 언어를 배우거나 악기를 연주하는 등 특정 기술을 연습할 때 관련 뇌 부위는 강화되고, 이 과정에서 사용되지 않는 다른 부위와 제한된 자원을 놓고 경쟁하게 되며, 사용되지 않는 부위는 약화된다. 잘 알려진 바와 같이 특정 손가락을 많이 사용하는 **피아니스트의 뇌는 그 손가락을 담당하는 대뇌피질의 부위가 크게 발달**(피질 영역이 증가)한다.

제니퍼 앤 호킨스(Jennifer Anne Hawkins)는 저서 《뇌 가소성과 학습》에서 '뇌 가소성을 통해 학습과 경험이 통증 인식에 영향을 미칠 수 있다'고 언급하며, 경쟁적 가소성 개념을 통해 만성통증의 치유에 적용할 수 있는 가능성을 제시하고 있다.[15] 이 같은 맥락에서 모스코비츠는 경쟁적 가소성을 활용하여 정신적인 노력(마음)을 통해 생리학적인 통증 회로를

---

14) Norihiro Sadato, Alvaro Pascual-Leone, Jordan Grafman, Vicente Ibañez, Marie-Pierre Deiber, George Dold & Mark Hallett, "Activation of the primary visual cortex by Braille reading in blind subjects", Nature Vol.380, pp.526-528, 1996.

15) Jennifer Anne Hawkins, 「Brain Plasticity and Learning」, 2021.

약화시키고, 자신에게 유리한 뇌 회로를 재편성한다면, 자신의 만성통증의 문제를 해결할 수 있다고 보았다.

그는 만성통증이 발생할 때 뇌에서 어떤 일이 일어나는지 분석했다. 이 과정에서 **통증을 처리하는 뇌의 부위들이 발화되지 않는 상태인** 평소에는 **감각, 이미지, 기억, 동작, 감정, 믿음 같은 것들을 처리한다는 것**을 **발견**했다. 이 발견은 우리가 통증을 느끼고 있을 때는 통증 자체에 함몰되어 화를 참지 못하고 격해지거나 다른 어떤 것을 생각할 겨를이 없는 이유를 설명해 준다. 그것은 통증을 처리하는 영역이 평소 처리하는 기능을 차지해 버리기 때문이다. 예컨대 통증이 발화하기 시작하면, **통증 처리영역이** 경쟁적 가소성에 의해 평소 수행하는 여러 기능을 **흡수**(통증으로 통합)**해 버리기 때문에 통증 외의 기능은 생각할 여력이 없어지는 것**이다. 따라서 통증이 발화하면 경쟁적 가소성으로 통증 처리영역이 확장되었듯이, 의식적으로 경쟁적 가소성을 유리하게 사용하면 통증 처리영역에 가담했던 뇌 영역들이 본래 기능을 수행하도록 되돌릴 수 있다고 보았다.

예컨대 질병에 걸린 환자가 감정조절이 어렵거나 판단력이 흐려지는 경우를 흔히 볼 수 있다. 또한 근골격계 만성통증 환자가 구조적 문제없이도 운동 기능을 상실한 경우가 있다. 이러한 현상은 평소 다른 기능을 수행하는 뇌 영역이 통증 처리영역에 의해 잠식당하면 발생하게 한다. 하지만 통증으로 잠식당한 뇌 영역에 대해 강제적 개입을 통해 고유 기능을 활성화하면, 본래 기능을 수행할 수 있게 된다. 신체의 감각은 1~2차 체감각 피질에서 대부분 처리되는데 이 영역이 잠식당했을 때 본래 기능을 처리하도록 정보를 강제적으로 제공하여 뇌 가소적 변화를 만들어내면 만성통증에서 벗어날 수 있다.[16)]

모스코비츠의 연구에 의하면, 뇌가 **급성통증을 처리할 때**는 통증 처리영역 **신경세포의 5% 정도가 관여한다.** 반면 **만성통증의 경우**는 통증 처리영역 **신경세포의 15~25%가 통증 처리에 관여**한다. 이것은 "함께 발화(ON)하는 세포들은 함께 연결된다."는 도널드 헵의 이론에 따라 뇌 기억 시스템은 기존의 신경망에 새로운 연결을 추가하면서 그 연결성을 강화한 결과를 의미한다. 그래서 만성통증은 통증 조절 시스템의 변형으로서, 반복되는 오작동으로 학습된 통증이라 한다. 결국 **만성통증 처리에는 신경세포의 10~20%가 추가로 가담**되는 셈이다. '**이 가담된 부분을 되찾고자 하는 것**'이 모스코비츠가 착안한 '**만성통증 치유 원리**'이다.[17)]

---

16) 「brunch story」, "만성통증, 본래의 기능으로 치유하기", 2019.11.22.
17) https://blog.naver.com/hyenggoo1/221494867883,; 「스스로 치유하는 뇌」, p.40.

〈만성통증 뇌〉 〈정상 뇌〉 〈급성통증 뇌〉

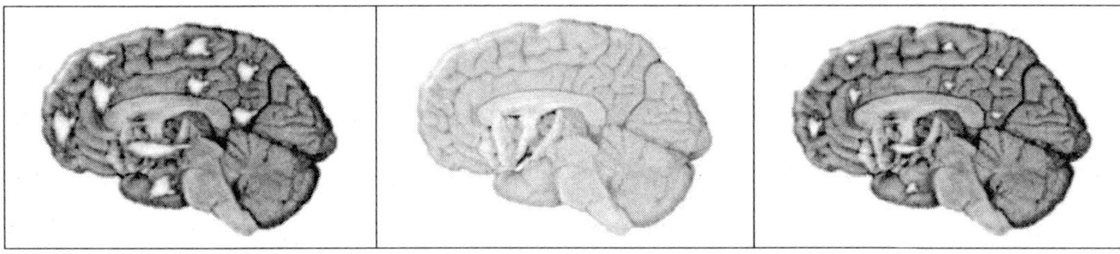

15-25% 관여 - 5% 관여

출처 : https://blog.naver.com/hyenggoo1/221494867883

국내 연구도 이를 지지하고 있다. 만성통증이 차지해 버린 영역을 축소시키기 위한 강제적 개입으로서 '마음 챙김 훈련(명상)'도 뇌 활성화를 조절함으로써 신체적 통증 감소에도 직접적인 영향을 미친다는 것이다. 만성통증으로 고통을 받는 환자들을 대상으로 일정 기간 마음 챙김 훈련을 시킨 후 그 효과를 뇌 생리학적으로 검증하였다. fMRI 측정 결과 만성통증, 급성통증 모두에서 마음 챙김 훈련은 '하행성 통증 조절경로'를 활성화하여 통증의 감소를 가져왔다. 평균 10년 이상 훈련 경험이 있는 경우에는 상행성 통증조절 경로의 활성화하여 통증 감소로 유도되었다. 이 같은 결과는 마음 챙김과 같은 '강제적 개입' 방법은 경쟁적 가소성을 활성화하여 통증 처리영역을 축소하거나 약화시킬 수 있다는 것을 입증한 것이다. 또한 강제적 개입 방법의 질적인 정도에 따라 경쟁적 가소성의 효과가 달라질 수 있음을 시사하고 있다.[18]

7-3 통증 회로를 제어하고 변화시키는 심상화

모스코비츠는 '경쟁적 가소성'의 개념을 자신을 지배했던 만성통증 회로를 약화하는(재편성) 방법으로 활용하고자 했다. 통증이 시작될 때, 강제적 개입(마음의 통로를 이용 통제)으로 평소 다른 기능을 수행하는 뇌 영역들을 통증 처리 영역으로 가담(확장)시키지 못하도록하여 자신을 지배하고 있는 통증 처리 회로를 약화시키는 것이다. 즉 '**통증의 영역이 확장되지 못하도록 하는 강제적인 의식적 활동**'을 통해 '**무의식으로 활성화되는 만성통증 처리영역**

18) 고은미, "만성통증에 대한 마음챙김의 뇌 생리학적 효과 : 체계적 고찰", 한국심리학회자 Vol.28(6), pp.1143-1163, 2023.

을 **축소**(억제)'하는 방법이다.

그 방법이 바로 마음이라는 통로를 통해 통증 처리 회로를 약화시키고자 하는 '**심상화**'였다. 통증이 발화되기 시작할 때, 그 통증을 참고 견디는 행위에 집중하게 되면, 오히려 통증에 기름을 붓는 격이므로 뇌에 '**반대 자극**'(통증이 완치된 자극)'을 **주는 것이 필요**하다고 판단했다. 그래서 강제적으로 통증 처리 연결 부위를 통증이 아닌 다른 것을 처리하도록 하여 '**만성통증 회로를 약화**'하고자 했다.

예컨대 뇌의 '후두엽'은 일반적으로 통증과 시각 인식을 모두 처리한다. 그러나 반복적인 시각화를 통해 후두엽이 시각화 기능에 집중하도록 한다면, 통증을 처리하는 기능이 점차 퇴화하면서 통증 회로에 가담하지 못하도록 하는 것과 같은 원리이다.

모스코비츠는 심상화 통해 경쟁적 가소성을 활성화하고 **자신을 지배하고 있던 통증 처리 회로를 축소하고 제거하는데 성공**함으로써 13년간 지속된 자신이 겪은 만성통증을 치유해 냈다.(고통의 비밀, pp.272~276, 스스로 치유하는 뇌, pp.31~43)

통증 전문가였던 그는 심상화 기법을 적용하기 위해 자신이 연구하고 습득했던 것을 정리한 '**뇌 그림**' **세 장을 그렸다**. 첫 번째 그림은 '**급성통증 상태의 뇌**'다. 통증 자극이 주어졌을 때 통증 처리에 관여하는 뇌 부위가 조금 활성화된 상태이다. 두 번째 그림은 '**만성통증 상태의 뇌**'로서 급성통증 당시 활성화되었던 부위보다 더 넓게 확장된 것이다. 통증 반응이 지속되고 시간이 경과되어 통증 처리 회로가 변형(중추 감작)된 상태이다. 세 번째 그림은 통증을 느끼지 않은 '**건강한 뇌**'다.

[만성통증의 뇌 변화]

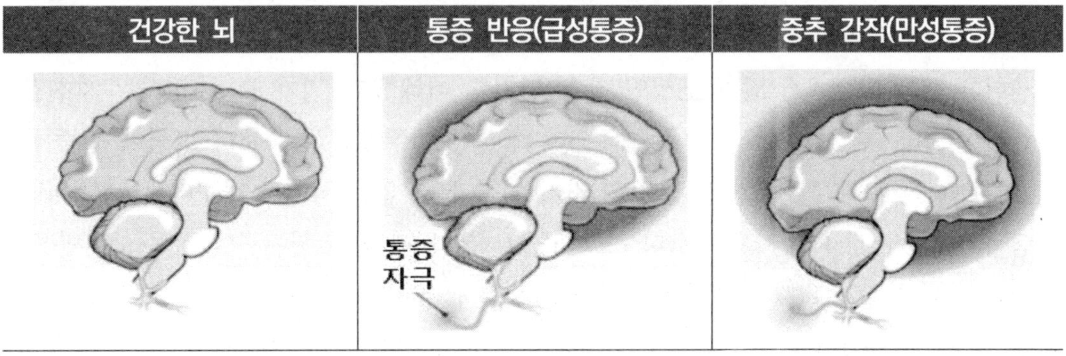

출처 : https://m.blog.naver.com/aligntherapy/222401222001

2007년 4월부터 심상화를 실행하기 시작했다. 그 방법은 강제적 개입으로서 통증을 제압하도록 본인이 그린 그림을 시각적으로 활용했다. 통증이 느껴질 때마다 그는 '**시각적 상상**

을 가동'했다. 상상한 것은 **자신이 그렸던 3가지 뇌지도**였다. 먼저 '**만성통증 상태의 뇌**' 그림을 떠올렸다. 만성통증일 때 그 영역이 얼마나 많이 신경 가소성에 의해 확장되는지 보는 것이다. 다음은 발화 부위가 줄어들어 '**통증이 전혀 없는 뇌**' 그림을 상상했다. 자신의 통증 뇌지도가 줄어드는 모습을 머릿속에 떠올린 것이다. 이것은 자신이 강제로 시각정보와 통증을 처리하는 '**후측 대상회**'와 '**후두 정엽**'을 가동하여 '**시각적 이미지만을 처리하도록 한 것**'이다.

3주가 지나자, 그는 통증이 아주 조금 감소했다고 생각하고 스스로에게 "신경망 연결을 끊고 지도를 줄여."라고 말하면서 이 방법을 지속했다. **6주째**가 되자 양어깨 뒤쪽 사이와 어깨뼈 근처의 **통증이 완전히 사라지는 것을 경험**했다. 그리고 **1년이 못 되어 거의 통증을 느끼지 않게 되었다**. 13년을 괴롭혔던 만성통증이 사라지자, 그의 삶은 완전히 달라졌다.

모스코비츠는 자신을 치유한 같은 방식(심상화)을 만성통증 환자들에게 적용해 보았다. **그 결과는 기적에 가까울 만큼 놀라웠다**. 그가 치료한 첫 번째 환자는 미국 캘리포니아 레드 우드 시티에 있은 쉐쿼이아 병원의 심장 병동에서 일하는 **40대 간호사 잰 샌딘**(Jan Sandin) 이었다. 어느 날 체중 136㎏이나 되는 여성 환자에게 짓 눌려 으드득 소리가 나며 요추뼈 디스크가 모두 망가지는 부상을 당했다. 수술을 받은 이후 몇 년 동안 물리치료와 마취제 처방 등 일반적인 통증 치료를 지속했다. 하지만 통증은 나아지지 않았고 만성통증이 되었다. 의사의 처방에도 통증은 가시지 않았다. 심지어 TV도 볼 수 없었고 책도 읽을 수 없었다. 통증과 약물로 인해 정신이 흐릿했기 때문이다. 10년 동안 진료를 받을 때를 제외하곤 집에만 틀어박혀 있었다. 살짝만 움직여도 참기 어려울 정도로 통증이 심했다. 2007년 6월 모스코비츠는 신경 가소성 기법을 사용하여 **스스로 치료하는 방법을 소개**했다. 관심을 불러일으키고자 자신이 쓴 책을 제공하고 **뇌 가소성을 이해**하도록 했다.[19]

샌딘은 책을 읽으면서 **뇌 가소성의 작용 원리를 이해**했고, 뭔가 할 수 있다는 자신감을 느끼게 되었다. 모스코비츠는 그녀에게 그림 3장을 보여주었고 '**통증보다 그림에 집중**'하도록 요구했다. 그림을 본 다음 '**눈을 감고 자기 뇌를 통증 없는 상태로 바꾼다고 상상**'하면서 그림을 시각적으로 떠올리도록 했다. 그리고 그녀의 뇌가 통증 없는 그림처럼 보이면 정말 통증을 느끼지 않게 된다는 생각에 집중하도록 했다. 하루에 7번 뇌 그림을 보라고 했지만, 하주 종일 그림을 보았다. '통증 중추가 발화하는 것'을 시각적으로 떠올렸고, '통증이 등에서 어디로 들어오는지', '어떻게 척수를 지나 뇌로 들어오는지' 머릿속에 그렸다.

---

19) N Doidge, 「The brain's way of healing : stories of remarkable recoveries and discoveries」, amazon, 2015.

첫 2주 동안에는 순간순간 통증이 사라질 때가 있었다. 통증이 지속되지는 않겠구나! 하는 생각이 들었다. 3주 차에는 하루 2분 정도 통증을 느끼지 않기 시작했다. 갑자기 통증이 멈추었다. 그리고 다시 통증이 돌아왔다. 3주가 끝날 무렵에는 통증 없는 시간이 조금 늘어난 것 같았다. 4주 차에는 통증 없는 시간이 15분에서 30분까지 늘어났다. "통증이 사라지려 하나 봐."라고 생각했다. 그리고 정말 통증이 사라졌다. 그녀는 복용하던 약을 모두 끊기 시작했다. 통증이 다시 나타날까 봐 겁이 났지만 돌아오지 않았다. 그 후로도 돌아오지 않았다. **악몽 같았던 지난 10년간의 통증의 굴레에서 벗어나 정상적인 삶을 되찾은 것**이다.

샌딘에게 적용한 심상화 역시 '**경쟁적 가소성**'의 개념에 근거한 것이다. 경쟁적 가소성은 '**뇌의 한정된 자원**'을 두고 '**서로 다른 기능**'**들이 경쟁**하는 현상이다. **특정 기능이 강화**되면 **상대적으로 다른 기능은 약화하는 것**이다. 예컨대 눈이 보이지 않는 사람은 시각 피질은 퇴화하고 청각이 유난히 발달하거나 촉각이 뛰어나게 민감한 것은 뇌의 기능 간에 대뇌피질의 영토를 넓히기 위해 경쟁을 한다는 것을 알 수 있다.

샌딘의 반복적인 심상화는 **통증에 가담했던 '후두 정엽'**이 원래의 기능인 '**시각 처리 기능**'**을 수행하도록 하여 통증 처리에 가담하지 못하도록 한 것**이다. 뇌 스캔 결과, 심상화 치료 중 '후두 정엽의 시각 신경세포에 혈류가 증가하는 것'이 관찰되었다. 이는 후두 정엽이 통증 처리 회로에서 벗어나 '시각 처리'라는 본래 기능 수행으로 정상화된 것을 의미한다. 이에 따라 같이 경쟁하던 통증 처리 영역이 줄어들면서 통증은 감소하고 점차 사라진 것이다. 심상화 훈련이 '시각 처리 기능을 강화'하고, 상대적으로 통증 처리 기능은 약화시킨 것이다.

모스코비츠와 샌딘이 시각화로 심상화했던 '**뇌 그림**'은 물리적 신체가 아니라, 최면술사들이 환자에게 사용하는 '**마음속으로 자기 몸이라 인식**'된 '**주관적 이미지**'이자, 임상의들이 언급하는 '**신체상**'에 해당한다. 통증 부위가 줄어들거나 사라지고 있다고 상상하도록 하여 통증을 감소시키는 주관적 이미지로써 마음속에서 만들어져 뇌에서 지각되고 무의식적으로 몸에 투사되는 가상적 신체로서 '**신체상**'이다. 이 신체상은 시각, 촉각, 통각, 고유 감각 등이 입력되어 만들어진 모든 '**뇌지도**'**를 의미**한다.

2008년 신경과학자이자 통증 연구 전문가인 모슬리(G. Lorimer Moseley)와 그의 동료(Alberto Gallace, Charles Spence)들은 '**만성 손 통증**'과 '**부기**(浮氣, 부은 상태)'로 고생하는 환자들을 대상으로 **흥미로운 실험을 진행**했다.[20] 먼저, 환자들에게 열 가지 손동작을 하면서 자신의 팔을 관찰하도록 했다. 그 방법은 '확대가 없는 쌍안경', '두 배의 배율을

20) G. L. Moseley et al., "Is mirror therapy all it is cracked up to be? Current evidence and future directions", Pain Vol.138(1), pp.7-10, 2008.

가진 쌍안경', '뒤로 돌려 배율이 축소된 쌍안경'을 통해 손동작을 반복하면서 보도록 했다.

그 결과 손의 크기가 확대되었을 때 통증이 증가하고, 축소되었을 때 통증이 감소한 것을 확인했다. 또한 확대된 손가락을 보고 있을 때 실제 손가락 부기가 증가한 것으로 나타났다. 이것은 통증이 단순히 '**통각 수용체**'에 의해서만 '**통각 신호'가 생성되는 것이 아니라, '신체상'에 의해서도 영향을 받는다는 것**을 보여주는 것이다.

'시각화'가 통증 관리에 유효하다는 또 다른 연구가 있다. 그것은 노팅엄 대학 연구팀이 '**미라지**(Mirage)'라는 **착시 기구를 이용하여 신체상 왜곡 현상에 관한 연구**를 진행했다. 미라지는 거울과 프로젝션 기술을 활용해 사용자의 실제 신체는 그대로 두고, 시각적으로 이미지(신체상)를 실시간으로 변형시킬 수 있는 기구이다.

연구팀은 박람회에서 이 기구를 시범 운영하며 참가자들의 반응을 관찰했다. 관절염이 있는 할머니가 손가락이 늘어나는 실험을 한 뒤에 "손가락이 더 이상 아프지 않다면서 기계를 집으로 가져갈 수 있는지"를 물었다. 이를 목격한 캐서린 프레스턴(Catherine Preston)은 골관절염을 앓는 환자 20명을 대상으로 후속 연구를 진행하였다.[21] 지원자들에게 **미라지 장치***를 사용하여 시각적 신체상의 변화를 체험하도록 했다.

* 실제 손을 직접 보는 것처럼 동일한 위치와 관점에서 실제 손을 실시간으로 비디오로 캡쳐하는 시스템을 사용하는 환상을 적용한 것이다. 시각적 조작은 실제 손에서 발생하는 것처럼 보이도록 이미지에 사용하였다. 그래서 지원자(환자)들이 이미지를 늘리거나 줄이면서 소위 '컨트롤 착시'를 느끼도록 했다. 그 결과 지원자의 85%가 통증의 정도가 50% 수준으로 줄었다고 반응했다. 손가락이 수축할 때 통증이 가장 크게 줄었다고 한 사람이 많았다. 특히 대다수의 사람이 장치를 사용할 때 손가락을 더 쉽게 움직일 수 있었다. 이는 '시각적 신체상'을 실시간으로 바꾸면 '통증을 낮출 수 있다는 것'이며, '대뇌피질의 통증 회로를 변경시킬 수 있다는 것'을 의미한다.

지금까지 언급한 모스코비츠와 잰 샌딘 사례, 오스트레일리아 과학자들의 연구, 노팅엄 대학 연구팀의 연구결과는 모두 일치한다. '뇌 그림 또는 미라지'에 의한 **심상화**(시각화)**는 자기 신체상을 변화**시키고, **뇌 가소적 변화를 촉진**하여 **통증 회로를 재구성 및 재편성**함으로서 '**통증을 줄이거나 차단할 수 있다는 것**'을 보여주고 있다.

특히 잰 샌딘은 뇌 그림만을 상상한 것이 아니다. '만성화된 뇌 그림을 자신이 느끼는 통증과 연결'(감정이 중요함)하였다. 이어 정상적인 뇌 그림을 반복적인 시각화를 통해 통증에서 회복된 새로운 '신체상'(표상)을 만들었다. 이 신체상이 뇌 가소적 변화를 유도하여(기존의 만성통증 뇌지도를 통증이 사라진 뇌지도로 재편성) 만성통증의 굴레에서 벗어난 것이다.

21) C. Preston and R. Newport. "Analgesic effects of multisensory illusions in osteoarthritis", Rheumatology Vol.50, pp.2314-2315, 2011. https://doi.org/10.1093/rheumatology/ker104

2009년에 완치된 잰 샌딘은 만성통증 증후군은 재발하지 않았고, 실제로 그녀는 이전보다 더 젊어 보였다. 2014년에도 고통없이 건강한 삶을 계속하고 있다고 한다.

7-4 상상 요법의 실체

만성통증을 치유할 수 있었던 심상화는 일상에서 다양하게 적용이 가능한 메커니즘이다. 이를 위해 그 과학적 근거로서 '상상 요법'의 실체에 대해 좀 더 확인해 볼 필요가 있다.

최근 '**심신 의학**'에 속하는 '**시각화(심상화)**'는 대다수 병원에서 '**통증 치유를 위한 주류적 방법**'으로 **적용**되고 있다. 그 근거는 통증은 "정신 및 감정적 요소가 신체 건강에 영향을 미칠 수 있다."는 국제 통증 연구협회의 공식화된 정의와 이 내용을 글로벌 의학 지식인 'MSD 매뉴얼'[22]에 명시되어 있다는 점이다. 이를 근거로 '**심신 요법**' 또는 '**지시적 심상**'이라고도 하며, 그 유익성을 뒷받침하는 과학적 증거가 충분하여 **만성통증 치유의 주류적 방법으로 간주**하고 있다. 이 방법은 통증을 줄이거나, 암 또는 심리적 외상 등의 특정 질환의 치유를 촉진하기 위한 정신적 '심상(心象)'의 사용을 포함한다.

서울대학교암병원은 "통증 관리-스스로 할 수 있는 통증 조절 방법"으로 '상상 요법'을 제시하고 있다.[23] 신체적 활동과 정신적 경험으로 뇌 신경회로를 변화시키는 것을 '간접적 방식'이라 한다면, '시각화'는 통증 체계(통증 처리 영역)에서 변형된 뇌지도를 변화시켜 통증을 치유하려는 '직접적인 방식'이다.

시각화(視覺化)는 육체의 눈이 아니라 **마음의 눈**, **의식의 눈**으로 **무언가를 보는 것**을 의미한다. 시각화는 마음속(心)에서 '**이미지(像)를 만드는 일**'이기 때문에 '**심상화**(心像化)' 라고도 한다. 우리의 잠재의식은 언어보다 '이미지 또는 영상'을 더 잘 이해한다. 언어는 잠재의식의 저항을 쉽게 일으키지만, 이미지나 영상은 그에 비해 잠재의식의 저항을 덜 일으킨다. 그 이유는 인간의 잠재의식은 '상상의 경험(눈이 내린다고 생각하는 것)'과 '실제 경험(실제 눈이 내리는 것)'을 구분하지 못하기 때문이다.

1989년 진 디세티(J. Decety)와 프랑수아 미첼(F. Michel)은 '두 가지 그래픽 작업에서

22) MSD 매뉴얼(미국과 캐나다의 경우 Merck 매뉴얼로 알려짐)은 1899년 이래 의사, 의학도 및 일반인들을 위한 의학 참고서의 글로벌 표준으로 인정받고 있다. https://www.msdmanuals.com/ ko?ruleredirectid=766
23) http://cancer.snuh.org/board/B028/view.do?bbs_no=3692&searchKey=all&searchWord=&pageIndex=1

실제 및 상상(정신적 이동) 시간의 비교 분석'이라는 실험을 했다.[24] 6명의 피험자는 문장을 쓰고 도형을 그리는 두 가지 과제를 수행했다. 그 결과는 '**실제로 쓰고 그리는 시간**'과 '**상상으로 쓰고 그리는 시간**'은 **비슷했다**. 예컨대 '잘 쓰지 않는 손'으로 실제로 쓰고 상상할 때 소요 시간은 '잘 쓰는 손'으로 할 때보다 모두 더 소요되는 것으로 나타났다.

이는 마음속의 행동은 실제 행동과 시간상으로 밀접하게 연결되어 있으며, 비슷한 계획을 따른다고 볼 수 있다. 이는 뇌가 '**실제로 하는 것**'과 '**상상하는 것**'을 구별하지 못하고 **동일한 프로그램으로 작동된다는 것**을 의미한다.

시각화 방법을 가장 많이 활용하는 분야가 스포츠이다. 많은 연구결과는 '운동하는 걸 상상해도 신체기능이 향상될 수 있다는 것'을 입증하고 있다. 신경과학의 관점에서 뇌는 어떤 행동을 '상상하는 것'과 '행동을 하는 것'을 유사한 행위로 인식하기 때문이다.

골프 경기를 많이 보면서 이미지 훈련을 하면 실제 연습하는 것과 유사한 효과를 볼 수 있다. 잠재의식 재조정을 위해서 필요한 장면들을 시각화할 수 있다. 예컨대 목표가 이루어진 장면, 문제가 해결된 장면 등 장면이 구체적일수록 좋다. 그리고 시각화를 할 때도 감정(좋은 느낌, 쾌감 등)이 반드시 수반되어야 한다. 그래서 '자신이 원하는 결과치'를 이미지로 만들어 구체적이고 실감 나는 정보를 '뇌에 각인시키는 방법'이다.

수영왕 펠프스(Michael Phelps)가 10대 소년이었을 때, 당시 코치였던 바우만(Bob Bowman)은 훈련이 끝나면 "**잠들기 전에 비디오테이프를 보아라. 일어나서도 비디오테이프를 보아라.**"고 가르쳤다. 그 '**비디오테이프**'는 실제로 존재하는 것이 아니라, 머릿속으로 스스로 그려보는 '**상상의 레이스**'였다. 펠프스는 매일 밤 잠들기 전에, 또 아침에 일어나자마자 완벽하게 수영하는 모습을 느린 동작으로 상상했다. 손동작을 머릿속에 그렸고, 수영장의 끝에 손을 대고 회전(턴)해서 되돌아오는 모습을 상상했다. 등 뒤에 느껴지는 물살, 수면을 스칠 때 입술에서 뚝뚝 떨어지는 물방울, 경기를 끝내고 수영 모자를 벗을 때의 기분도 그려(감정을 느낌)보았다. 침대에 누워 눈은 감은 채 경기 장면을 처음부터 끝까지, 사소한 것도 빠뜨리지 않고 머릿속에서 보고 또 보았다. 결국에는 **마음속으로 초 단위까지 정확히 측정**할 수 있었다.[25]

그는 올림픽에서 금메달을 23개 획득하여 역사상 제일 많은 금메달을 획득한 선수가 되었으며, 4관왕을 4번 달성한 선수이자 올림픽 역사상 유일무이하게 한 대회에서 8개의 금메달을 석권하고 두 대회 연속 8개의 메달을 획득한 수영계와 올림픽에서 전설로서 족적(足跡)을

---

24) Jean Decety, François Michel, "Comparative analysis of actual and mental movement times in two graphic tasks", Brain and Cognition Vol.11(1), pp.87-97, 1989.
25) 「대한민국 정책브리핑」, "'상상력'은 뇌지도를 변화시킨다", 2020.03.25., https://www.korea.kr/

남겼다. 펠프스는 은퇴 후 인터뷰에서 **"6년 동안 단 하루도 훈련을 쉰 적이 없다."**고 이야기 했다. 이는 실제 훈련을 하지 않는 날에는 **'상상의 레이스'**를 했음을 의미한다.[26]

하버드대학 파스쿠알 레오네(Pascual-Leone) 교수는 TMS를 사용하여 **'뇌지도'**를 그린 최초의 사람으로서 **'상상 자체만으로도 뇌의 해부학적 구조를 바꿀 수 있다'**는 것을 밝혀냈다.[27]

1995년 상상이 실제로 신체적 변화를 불러오는지에 대한 연구를 진행했다.[28] 경두개 자기 자극(TMS)*을 사용하여 피아노 연주에 대한 **'상상 훈련'**과 **'실제 훈련'이 뇌 가소적 변화에 어떤 역할을 하는지에 대한 연구**였다.

* '경두개 자기 자극술(TMS)'은 마이클 패러데이(Michael Faraday)가 발견한 전기 물리학 원리를 기반으로 하는 '비침습적 뇌 자극 방법'이다. 전자기 코일에서 발생한 자기장(펄스)을 머리 표면을 통해 머리뼈를 통과시켜 '뇌의 특정 부위(신경세포)의 기능을 활성화'하거나 '기능을 억제'하는 뇌 자극술이다. 자기장(펄스)은 몸에 부담을 주거나 부작용이 거의 없는 치료법으로 '기존 신경회로의 활성화'나 '시냅스에 의한 새로운 연결을 강화'하는 등 '뇌 가소적 변화를 촉진'하여 놀라운 치료 잠재력을 제공한다. 예컨대 파킨슨병의 경우 신경전달물질인 '도파민'을 생성하는 세포가 점차 소멸하면서 떨림, 경직, 자세 불안정 등의 운동장애가 발생한다. 따라서 **운동을 관장하는 뇌 부위를 TMS로 자극하여 운동 기능을 촉진**한다면 부작용이 없는 치료의 효과를 볼 수 있다는 것이다. 현재 TMS는 미국식품의약국(FDA)에서 **우울증, 난치성 강박 장애, 만성통증에** 승인된 치료법이다.[29]

임상시험은 피아노를 배운 적이 없는 사람들을 두 집단으로 나누어 진행되었으며, 두 집단 모두 피아노 멜로디(1일 2시간 5일 동안)를 가르쳤다. **'상상 훈련 집단'**은 피아노 건반 앞에 앉아 그 멜로디를 **연주한다는 상상을 하면서 피아노 연주를 들었다.** 반면 **'신체 훈련 집단'**은 하루 두 시간씩 **실제 피아노를 치면서 그 멜로디를 연습**했다. 두 집단은 실험 전, 실험하는 날마다, 실험이 끝난 후에 뇌지도를 작성했다. 그런 다음 두 집단 모두에게

26) 「나무위키」, "마이클 펠프스", https://namu.wiki/

27) 파스쿠알-레오네(Pascual-Leone)는 TMS 및 비침습적 뇌 자극 분야에서 450편 이상의 과학 논문과 여러 권의 책을 저술한 선구자이다. 그는 "TMS를 사용하여 뇌의 특정 부분에 있는 뉴런의 발화 패턴을 변화시킴으로써 수술이나 약물 없이도 사람의 기분을 바꿀 수 있다."는 것을 증명했다. 시각장애인이 점자를 배우면 '시각피질'이 더 활성화되고, 이 부위를 자극함으로써 새로 시각장애인이 된 사람들의 '점자 읽기 속도를 높일 수 있다'는 사실을 확인했다. 또한 임상시험을 통해 간질, 뇌졸중, 파킨슨병, 만성통증, 자폐증 및 약물 내성 우울증 등의 뇌 질환 치료에서 TMS 효능을 증명하고 증거를 제공했다. Alvaro Pascual-Leone and Vincent Walsh,「Transxcranial Magnetic Stimulation」; Zuberoa Marcos, "Álvaro Pascual-Leone : a pioneer of non-invasive brain stimulation", THE LANCET Neurology Vol.12, p.853, 2013.

28) A. Pascual-Leone, D. Nguyet, L. G. Cohen, J. P. Brasil-Neto, A. Cammarota, and M. Hallett, "Modulation of muscle responses evoked by transcranial magnetic stimulation during the acquisition of new fine motor skills", Journal of Neurophysiology Vol.74, pp.1037-1045, 1995. ;「대한민국 정책브리핑」, "'상상력'은 뇌 지도를 변화시킨다."

29) Antonio H. Iglesias, "Accesses Transcranial Magnetic Stimulation as Treatment in Multiple Neurologic Conditions", Neurology of Systemic Diseases (J. Biller, Section Editor) Vol.20, 2020. https://doi.org/10.1007/s11910-020-1021-0

연주를 시키고 연주의 정확도를 측정했다.

그 결과는 놀랍게도 **두 그룹 뇌지도**(대뇌피질의 물리적 구조)**의 변화가 비슷**하게 나타났다. 상상 연주의 정확도 정도는 실제 피아노 연주의 3일째 수준 정도였다. PET 촬영 결과도 마찬가지였다. '상상하는 움직임'과 '실행된 움직임'에 대한 뇌의 활성화 정도는 차이가 있었지만, 활성화된 영역(전두엽 및 두정엽 영역)은 비슷했다.30) 이 연구는 '상상에 의한 움직임'이 '실제 움직임'의 특별한 형태로 간주 될 수 있다는 것이며, 상상을 통한 훈련만으로도 대뇌피질의 뇌지도(뇌 해부학적 구조)를 변화시킬 수 있다는 직접적인 증거이다.

이처럼 파스쿠알 레오네는 TMS 기술을 활용하여 '상상하는 것만으로도 뇌의 해부학적 변화가 발생한다는 사실을 입증하였다. 또한 TMS 기술은 특정 뇌 부위의 비활성화나 과다 활성화로 발생하는 각종 뇌 질환에 대해 비침습적으로 치료가 가능하다는 것을 시사하고 있다.

1992년 유예(G. Yue)와 콜(K. J. Cole)의 연구도 상상훈련이 실제 효과가 있음을 입증하고 있다. 이들은 피실험 대상은 3개 그룹(실제 훈련을 한 그룹, 상상만 한 그룹, 아무것도 하지 않은 그룹)으로 나누어 '**주당 5회 4주간 손가락 근육 강화훈련**'을 진행했다. 그 결과 **실제 신체 운동을 한 그룹의 손가락 근력이 30% 증가**했다. **상상만 한 그룹 역시 근력이 22%나 증가**했다. 이 연구는 생생하게 운동하는 것을 상상만 해도 뉴런이 활성화되고 근육이 강화될 수 있음을 입증하고 있다.31)

1996년 진 디세티는 "상상된 행동과 실행된 행동은 동일한 신경 기질(해부학적 구조의 변화)을 공유하는가?"32)라는 논문을 발표했다. 이 연구는 '**상상과 실제 행동**'은 모두 **운동피질**(즉 전운동 피질, 전두엽, 하두정엽 및 소뇌)을 **활성화**하는 것을 밝혀냈다. 1999년에 발표한 논문33)에서는 뇌가 행동을 인식하는 과정에서 뇌 구조와 기능에 영향을 미치는 인간의 행동 인식 방식이 두 가지로 나뉜다고 밝혔다. 첫째, 상향식 처리는 감각 정보가 뇌로 들어와서 처리되는 과정을 의미하며, 둘째, 하향식 처리는 이미 알고 있는 정보나 경험이 감각 정보를 해석하는 데 영향을 미치는 과정을 의미한다. 이때 상상은 하향식 처리에 해당한다. 따라서 상상하

---

30) K. M. Stephan, G. R. Fink, R. E. Passingham, D. Silbersweig, A. O. Ceballos-Baumann, C. D. Frith, and R. S. Frackowiak, "Functional anatomy of the mental representation of upper extremity movements in healthy subjects", Journal of Neurophysiology Vol.73, pp.373-386, 1995.

31) G. Yue and K. J. Cole, "Strength increases from the motor program : comparison of training with maximal voluntary and imagined muscle contractions", Journal of neurophysiology Vol.67, pp.1114-1123, 1992.

32) Jean Decet, "Do imagined and executed actions share the same neural substrate?", Cognitive Brain Research Vol.3(2), pp.87-93, 1996.

33) J. Decety, "The Perception of Actions : Its Putative Effect on Neural Plasticity", Conference paper, pp.109-130, 1999.

는 것 자체만으로도 뇌의 가소적 변화를 촉진하고 대뇌피질의 지도에 영향을 미친다는 것이다.

2010년 프란체스카니(Franceschini) 등의 연구팀은 상상에 의한 치료 효과를 입증했다.[34] 뇌졸중 환자가 CI 요법 과제를 수행하는 행동을 '비디오 클립 영상'으로 만들어, 이를 뇌졸중 환자들에게 보여주고 '장애를 입은 사지로 같은 동작을 모방'했을 때 '치료 효과'(거울 뉴런 효과 포함)의 유무에 대한 임상시험을 했다. 손과 팔에 장애가 있는 만성 뇌졸중 환자 28명을 대상으로 주 5일 4주 동안 '**비디오 클립 관찰을 기반으로 한 재활 치료**'(장애를 입은 팔다리로 같은 동작 모방 포함)를 진행했다. 그 결과는 **모든 척도에서 실제 치료와 차이가 없는 것**으로 나타났다.

예컨대 타인이 수행하는 CI 치료 수행 행동에 대한 '**관찰 치료**'도 '**실제 치료**'와 동일한 신경구조를 활성화하여 **대뇌피질을 재편성한다는 것**을 의미한다. 이때 적용된 과제는 '수건 접기, 물컵 마시기, 테이블 닦기, 수도꼭지 여닫기, 병뚜껑 열기, 책장 넘기기, 전화 걸기, 문고리 열기, 머리 빗기, 비누 가지고 손 씻기' 등 매우 단순한 과제였다.

정리해 보면, '시각화'와 '상상'은 마음(심리)이라는 통로를 이용한 특정한 뇌 신경회로를 재구성하거나 재편성을 유도하는 '뇌 가소적 개입' 방식이다. 이 두 방식은 유사한 심리적 개입으로서 경쟁적 가소성을 활용하여 긍정적인 뇌 가소성을 활성화하고, 새로운 신경회로를 변화시켜 심리적 문제나 신경회로의 개선 등 추구하는 목표 달성을 위해 긍정적인 변화를 끌어낼 수 있는 비약리적 요법의 하나이다.

7-5 '일일 심상화 운동'에 의한 뇌 가소적 개입

필자도 경쟁적 가소성 개념을 적용한 '심상화'를 적용해 보았다. 그 결과 '**전정기관의 기능 회복**(이석증)', 인지능력의 감퇴 방지 및 향상, 머리 맑음, 만성 무릎 관절통 치유, 손 떨림 및 고개 흔듦의 신체적 문제점을 개선하는 등 뇌 가소적 개입에 의한 **실체적 치유 효과를 체험**했다.

2024.1.23일 새벽 침대에서 화장실을 가려고 일어서는 순간, 눈앞이 번쩍번쩍 회전하면서 '악 소리'와 함께 주저앉았다. 처음 경험하는 '이석증[35]'이었다. 서울시 소재 이빈후과에

34) Franceschini M, Agosti M, Cantagallo A, et al. "Mirror neurons : action observation treatment as a tool in stroke rehabilitation", European Journal of Physical Rehabilitation Medicine Vol.46(4), pp.517-523, 2010.

내원하여 약 처방을 받아 3일간 복용했다. 하지만 몸을 통제하기 어려운 어지럼증이 간간이 찾아왔다.

다시 내원하여 '두이변환안진검사'로 '이석'이 떨어져 나온 반고리관의 위치를 찾았다. '이석'을 원래 제자리에 돌려놓는 물리치료인 **'이석 치환술'을 1회 실시 후 1주일분의 약을 처방받아 복용**했다. 심한 어지럼증은 개선이 되었지만, 침대에 드러누울 때, 앉았다가 일어설 때, 머리를 감을 때는 어김없이 어지럼증이 동반되었다.

지금까지 살아오면서 자신의 문제 해결 방식이 그랬듯이 **내가 할 수 있는 무엇을 찾고 실행(행동)에 옮기고자 했다**. 그것은 이석증 증상을 개선하면서 재발 방지를 할 수 있는 **'비약리적인 운동요법'**으로 '삼성 스마트신경과'에서 공개한 **"어지럼증 치료/회복 운동**[36]**"**이었다. 이 운동은 **"브란트 다로프**(Brandt-Daroff)*"로서 임상시험 결과 첫 주에 64%, 2 주차에 88%, 그리고 3주 만에 전체 25명 환자 모두의 어지럼증이 개선된 것으로 밝히고 있다.[37] 2024.2.18일부터 운동을 시작했다. 매일 아침에 일어나서 공복에 따뜻한 물을 마시고 '브란트 다프로' 운동을 10~20회씩(소요시간 20~30분) 실시했다. 어지럼증이 다소 완화되고 차도를 보였다.

*** 브란트 다로프 운동법**

1. 머리를 왼쪽으로 45도 돌린다.
2. 우측으로 빠르게 눕는다.
3. 약 30초간 누워 있는다(혹은 어지럼증이 사라질 때까지).
4. 일어나 약 30초 동안 앉는다(혹은 어지럼증이 사라질 때까지).
5. 고개를 우측 45도 돌린 후 좌측으로 빠르게 눕는다.
6. 30초 후 일어나 30초 동안 앉는다(혹은 어지럼증이 사라질 때까지)..
7. 다시 우측으로 눕는다.
   ☞ 좌우 왕복이 1번이며, 10~20번씩 아침, 점심, 저녁 3세트 운동을 한다. 어지럼증 좋아질 때까지 하면 된다.

35) 이석증은 중년의 어지럼을 일으키는 대표적인 질환이다. '이석'은 신장, 방광, 담낭, 혹은 침샘의 결석과 달리 우리 몸에 꼭 있어야 할 소중한 '돌 알갱이'로 버스가 급출발 급정거를 할 때, 초고속 엘리베이터를 타고 올라가거나 빠르게 낙하하는 놀이기구를 탈 때 순간 어지럼을 느끼게 되는데, 이때 우리의 머리와 몸이 균형을 잡아주는 역할을 한다. 그런데 이석이 회전 운동을 담당하는 반고리관으로 떨어져 나와 머리를 움직일 때마다 핑핑 순간적으로 어지럽게 만드는 것이다. 그래서 이석증이 생긴 환자는 움쭉달싹 못하고 일상생활이 힘들다. 「서울아산병원」, "이석증 어떻게 예방해야 할까", 2022.10.03.

36) https://smartneuro.co.kr/article/%EC%9D%98%ED%95%99%EC%B9%BC%EB%9F%BC/5/17/

37) Yaser Said Cetin, Omer Afsin Ozmen, Uygar Levent Demir, Fikret Kasapoglu, Oguz Basut, Hakan Coskun, "Comparison of the effectiveness of Brandt-Daroff Vestibular training and Epley Canalith repositioning maneuver in benign Paroxysmal positional vertigo long term result : A randomized prospective clinical trial", Pak J Med Sci Vol.34(3), pp.558-563, 2018.

그러던 중 2024년 5월 노먼 도이지가 쓴 《스스로 치유하는 뇌》에서 '아픈 의사여 자신부터 치료하라(모스코비츠가 스스로 만성통증을 치유한 사례)'는 내용은 매우 흥미로웠고 충격적이었다. 그 치유 방법은 경쟁적 가소성을 이용하여 통증 처리 영역을 축소하고 신경회로를 재구성하여 통증을 치유한 '**심상화**'였다. 이를 통해 내가 내린 결론은 내가 할 수 있는 '일일 심상화 운동'이었다. 이석증 진단을 받은 뒤 2월부터 해오던 '**신체 운동**으로서 **브란트 다프로+복식호흡***'과 '**정신 활동**으로서 **건강한 뇌 심상화**'를 통합한 소위 '**일일 심상화 운동**'을 하자는 것이었다. 이런 결심에는 60세 이후 지인의 이름이 잘 생각나지 않고, 대화 중에 내가 무슨 이야기를 하고 있는지 그 중심을 인지하지 못하는 등 감퇴하는 인지능력을 개선해 보자는 것도 크게 작용했다.

* 복식호흡의 주요 효과는 다음과 같이 4가지로 요약할 수 있다.[38] 첫째, 뇌의 혈류량을 증가시키고 뇌 세포의 활동을 촉진하여 뇌 가소성 활성화에 기여한다.[39] 둘째, 백혈구의 생산 속도와 손상된 조직의 회복 속도를 높인다. 셋째, 혈압과 혈중 콜레스테롤 수치를 떨어뜨린다. 넷째, 에너지 소비량을 증가시키고, 신진대사를 촉진한다.

이 운동의 원리는 '**몸**'과 '**마음**'이라는 통로를 통해 '**뇌 신경회로를 재구성 및 기능을 활성화**'하는 일종의 '**뇌 운동**'이다. 이는 '건강한 뇌 사진'을 매개로 '건강한 뇌 회로'를 '심상화(신체상으로 표상)'하고, '경쟁적 가소성'을 활성화하여 노화로 퇴화된 뇌 신경세포와 네트워크를 축소하는 반면 '건강한 뇌 회로(대뇌피질)'를 확장(재편성)하는 것이다. 이를 통해 노화로 인한 '인지기능 개선', '전정 기능의 회복', '신체적인 통증 완화', '비정상적인 몸 기능의 개선' 등 효과를 보고자 했다. 또한 '건강해질 것'이라는 '자기 암시' 또는 '외적 단서'로서 '플라시보 효과'까지 기대할 수 있다고 보았다.

필자가 일상에서 적용하는 뇌 가소적 개입 운동은 크게 두 가지이다. 하나는 '**일일 심상화 운동**'이고, 다른 하나는 '**규칙적인 유산소 운동**'이다. 심상화는 매일 아침(필수)과 저녁(선택)에 실시하는 기본 운동이다. 유산소 운동은 '빠르게 걷기(1일 2만 보 이상)'와 '혀 · 눈알 굴리기(각각 2,000회 이상) 운동*' 그리고 다리 들어 올리기(3000회 이상), 푸시업(500회 이상) 등이다. (이에 관한 내용은 제10장에서 자세하게 제시될 것이다.)

38) 「Hewlett Packard Enterprise」, "건강정보-복식호흡을 알아보자", https://hpwellness.aimmed. com/
39) 복식호흡(느린 호흡)은 미주신경을 활성화하고, 그 결과로 인지 성능과 학습 능력이 향상되었다고 밝히고 있다. C Cammarata, N Zhou, RD Markello,, et al., "Taking twelve slow breaths enhances cardiovascular and cognitive plasticity in young and older adults." 2024, file:///C:/ Users/ThinkPad/ Downloads/Cammarata_Anderson_DeRosa_PsyArXiv%20(4).pdf

* '혀 돌리기 운동'의 뇌 가소적 개입 효과에 대해서는 〈부록 1. 뇌 가소성을 자극하는 탁월한 감각기관 혀〉를 보라.
* 눈알 굴리기 운동(눈 운동)의 뇌 가소적 개입 효과는 〈부록 2. 눈 운동의 가소적 개입 효과〉를 보라.

필자가 적용한 일일 심상화 훈련은 두 가지 방식이었다. 이석증이 완전히 치유된 이전(~2024년 12월 이전)과 치유 이후(2025년~) 방식이다. 전자는 이석증(어지럼증)이 동반된 경우에 적용하는 방식이었고, 후자의 경우는 주로 인지능력 향상을 추구하는 방식이다.

먼저, 이석증이 발생한 상태에서 실행에 옮긴 '일일 심상화 운동'*이다. 그 **순서는** '정좌 - 우측으로 눕는다 - 정좌 - 좌측으로 눕는다 - 정좌'이다. 이 과정에서 각각의 자세에서 '**들숨-정지-날숨**을 하면서, 심상화는 '**건강한 뇌 사진**(핸드폰에 저장된 사진)'을 눈으로 스캔하고, '**머릿속으로 클로즈업**(떠올림)'하여 나의 뇌 회로처럼 연상 및 활성화한다. 좌우 왕복이 1회이며, 10~20회씩 반복한다.

* **일일 심상화 운동**
온몸의 긴장을 풀어 편안히 앉은 자세(가부좌, 跏趺坐)를 하고, 앞쪽에 핸드폰에 입력된 건강한 뇌 사진을 전체화면으로 하여 볼 수 있도록 한다.
1. 들숨을 하면서 건강한 뇌 사진을 눈으로 스캔한다. 눈을 감고 스캔한 뇌 사진을 머릿속에 클로즈업(떠올림) 한다. 이어 뇌 사진이 자신의 뇌 회로처럼 활성화(분화 상태)되는 것을 연상하면서 날숨을 마무리 한다.
2. 들숨을 하면서 건강한 뇌 사진을 눈으로 스캔한다. 눈을 감고 스캔한 뇌 사진을 머릿속에 클로즈업(떠올림)하면서, 머리를 왼쪽으로 45도 돌리면서 우측으로 빠르게 눕는다. 옆으로 누워서 활성화되는 자신의 뇌 회로를 연상하면서 날숨을 마무리한다.
3. 일어나 앉아서, 1번 동작을 반복한다.
4. 2번과 반대편(좌측으로 빠르게 눕는다)으로 동작을 반복한다.
5. 일어나 앉아서 1번 동작을 반복한다.
   ☞ 나의 경우, 처음 1~2주 동안은 스캔한 건강한 뇌 회로의 떠올림이 쉽지 않았다. 하지만 6주 이후부터는 뇌 사진이 선명하게 머릿속에 떠오르고, 그 뇌 회로로 머리로부터 발끝까지 스캔한 다음 다시 머릿속에서 활성화되는 연상이 가능해졌다(시간이 지날수록 '떠올림'이 선명해진다).

2025년 1월부터는 이석증이 완전히 치유되어 '브란트 다프로' 운동을 제외하고, '**복식호흡을 하면서 건강한 뇌를 심상화**'를 하는 방식으로 필자는 '**건강한 뇌를 품은 복식호흡**'이라고도 한다. 그 방법은 핸드폰에 저장된 뇌 사진(전체화면)을 앞에 놓고 서서 또는 가부좌 상태로 '복식호흡'(약 80회, 30분)과 건강한 뇌를 표상하는 '심상화'를 다음과 같이 진행한다.

먼저, **선 상태에서 복식호흡을 하면서 건강한 뇌를 심상화하는 방법**이다.

무릎을 반쯤 굽힌 상태에서 스마트 폰의 건강한 뇌 사진을 보고 양손으로 감싸 안는다(실제 뇌를 드는 것처럼). 눈을 감고 들숨과 함께 천천히 일어서면서 감싸 쥔 뇌를 코 위쪽에 위치시키고, 분화하는 나의 뇌로 시각화한다. 허리가 뒤로 제진 상태에서 계속 뇌가 분화하는 것을 상상하다가 들숨을 중지한다. 머리 속에 표상된 뇌를 그대로 유지한 채로 날숨을 하면서 최초의 자세(무릎을 굽힌 자세)로 되돌아 간다. 눈을 뜨고 스마트 폰의 뇌 사긴을 스캔한 뒤 눈을 감고 들숨을 하면서, 처음 동작부터 반복한다. 들숨과 날숨을 1회로 총 총 70~80회의 복식호흡을 약 30분 정도 진행한다.

① 무릎을 반쯤 굽히고, 들숨을 하면서 건강한 뇌 사진을 양손으로 감싸 쥐듯 들어 올리면서 눈을 감는다.
② 서서히 일어서면서 양손으로 감싸 쥔 뇌 이미지를 코 윗부분(실제 뇌 위치)으로 들어 올리면서 분화되는 뇌를 떠올린다.
③ 들숨을 지속하는 가운데 허리가 뒤로 제친 상태로 뇌가 계속 분화하는 것을 상상하다가 잠시 들숨을 중지한다.
④ 머리 속에 표상된 뇌를 그대로 유지한 채로 날숨을 하면서 최초의 자세(무릎을 굽힌 자세)로 되돌아 간다.
⑤ ①의 동작을 다시 시작한다.

다음은 가부좌**에서 복식호흡을 하면서 건강한 뇌를 심상화하는 방법**이다.

① 가부좌 상태로 들숨을 하면서 건강한 뇌 사진을 스캔 후 눈을 감는다.
② 들숨을 계속하면서 뇌 이미지를 코 윗부분으로 떠올린다.
③ 뇌 회로를 머리 전체로 활성화하다가 숨이 차면 호흡을 정지한다.
④ 호흡이 정지된 상태에서 건강한 뇌회로를 머리 전체로 확산시킨다.
⑤ 날숨을 하면서 머리 속에 뇌 회로를 계속 연상한다.
⑥ 날숨을 정지하고 눈을 뜬다. 그리고 ①부터 다시 시작한다.

참고로 필자가 심상화에 활용한 뇌 사진은 다음과 같다.

〈건강한 뇌 사진〉

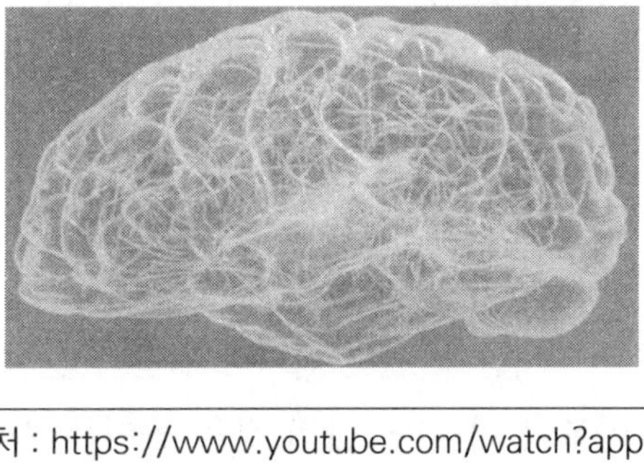

〈흥분(소통)되는 신경회로〉

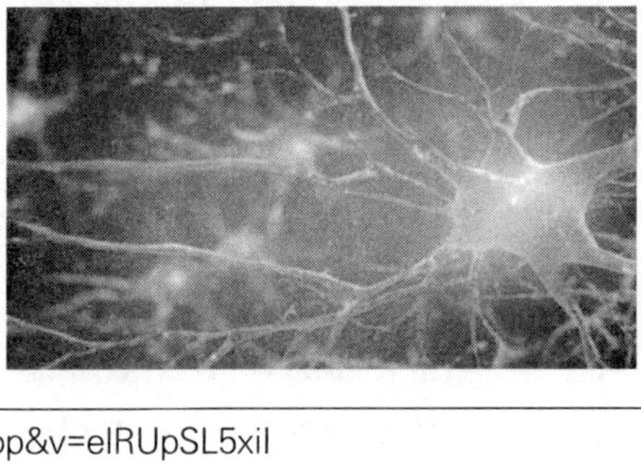

출처 : https://www.youtube.com/watch?app=desktop&v=elRUpSL5xil

2024.5.8일 이후 '일일 심상화 운동'을 현재까지 지속하고 있다. 6월부터 **'이석증 어지럼증'**은 **완전히 사라진**(머리를 감고 침대에 누울 때 일어설 때, 허리를 굽혔다 펼 때도 전혀 느끼지 않는다.) 후 현재까지 **재발되지 않았다**. 만성통증으로 빈번하게 절뚝거리던 왼쪽 무릎의 연골 통증(2000년 십자인대 수술, 2009년 관절경 수술 등)은 7월 이후 매일 2만 보 이상을 걸으면서도 통증을 느낄 수 없는 상태로 회복되었다.

60세 이후 체감되던 기억력 및 집중력 감퇴 증상도 훈련 8 주차 이후부터 개선되는 것을 느끼게 되었고, 지금은 과거 40~50대 한참 일을 하던 때의 수준으로 회복되었다. 집사람이 늘 지적하면서 병원에 가봐야 한다고 했던 '손 떨림', '머리 흔듦'도 사라졌다. 책을 쓰는 주제에 대한 맥락적 이해와 연결이 과거보다는 빨라지고 강력해졌다. 특히 7월 중순쯤부터 머리가 60세 이후 언제부터인가 맑지 못하고 뿌옇게 느껴졌던 느낌이 사라졌다.

그렇다면 '비약리적 요법으로서 **일일 심상화 운동을 언제까지 지속할 것인가**'이다.

뇌 가소성에 의해 신경회로가 재구성되고 기능이 변화되는 기간을 설정한다는 것은 매우 난해한 문제이다. 그 기간은 주관적인 상황과 조건에 따라 천차만별로 나타나기 때문이다. 하지만 현재까지 드러난 근거(인지훈련의 결과, 원숭이 실험결과, 사람의 임상시험 결과 등)를 종합하여 다음과 같은 결론을 도출하였다.

신체적 활동과 정신적 경험으로 반응하는 뇌 가소성(뇌 회로의 재구성)은 즉시 발화되는 부분도 있지만, 시간의 경과를 거치면서 점진적인 정교화되는 과정을 거친다. 예컨대 머제니치가 설립한 패스트 포워드의 연구결과나 원숭이의 실험결과, 솔크연구소의 임상시험 결과 등을 종합해 보면 뇌 가소적 변화는 최대 144일 약 20주 이내에 완성되는 것으로 보이며, 모스코비츠가 만성통증을 제거하는 데에는 1년이 소요되었다. 제5장 〈부록 1. 전기 자극을 매개로 전정기관을 회복한 사례〉에서 셰릴 쉴츠는 폴 바크-이-리타 박사가 개발한 장비를 2년 이상 사용한 뒤 전정 기능을 되찾을 수 있었다. 이러한 결과들은 뇌 가소적 변화가 반영구적으로 지속된다는 머제니치의 주장을 지지한다.

하지만 제8장에서 제시될 사례인 1968년부터 피킨슨병을 앓게 된 존 페퍼(John Papper)는 '**의식적 걷기**'(8킬로미터씩 3차례, 매주 24킬로미터)로 '선조체' 부위의 신경회로를 재배선하여 운동 기능을 회복하고 유지하는 뇌 가소적 변화를 만들었다. 그러나 **운동을 멈추면 6주 이내에 또다시 퇴행함으로써 지속성을 담보 받을 수 없었다.**

이러한 차이는 **통증이 주관적인 경험이라는 것을 입증하는 것**으로, 표준적인 기간을 설정하는 것 자체가 비과학적인 판단이 될 수 있음을 의미한다. 뿐만 아니라 일반적 만성통증 치유의 목표가 통증 발생 이전의 상태로 완전한 회복이 아니라, 삶의 질을 높이는 것이라

할 때 뇌 가소적 변화의 지속 가능한 기간을 표준화하려는 시도 자체가 무의미하다고 할 수 있다.

따라서 **필자는 현재도 앞으로도 일일 심상화 운동을 지속할 예정**이다. 노화로 발생 되는 인지능력의 감퇴를 방지하고, 떨어진 인지능력을 향상하는 등 뇌 건강을 위한 필수운동으로써 일상화하고자 한다. 향후 나의 신체적 변화와 맞닥뜨릴 수 있는 각종 질환이나 나타날 수 있는 취약점이 있을 수밖에 없기에, 그때그때 상황에 맞는 맞춤형 비약리적 요법으로 피드백하여 적용할 예정이다.

건강한 독자분일지라도 퇴행성 신경질환의 예방적 관점에서 건강한 뇌 관리를 위한 심상화를 시도할 필요가 있다. 《신비한 인간 뇌 해부도 입문》이나 《뇌 구조 해부학 동영상》을 통해 건강한 뇌 부분(해마, 흑질, 도파민 회로)을 심상화하여 특정 부분이 확장되고, 회백질이 많아지며, 신경세포의 분화가 활성화되는 것들을 상상하면서 '복식호흡'이나 '마음 챙김'(명상) 등을 해도 매우 유용할 것이다.

부록 1 뇌 가소성을 자극하는 탁월한 감각기관 혀

폴 바크-이-리타(Paul Bach-y Rita) 박사 연구진이 개발한 장비(폰스, PoNS)의 원리는 '혀'를 통해 전기신호를 간뇌[40](감각 및 운동 정보를 처리하여 대뇌로 전달한다)를 거쳐 뇌로 보내고, 대뇌피질의 관련 신경세포를 발화시켜서 치유를 촉진하는 **뇌 가소성**을 적용한 것이다.

그렇다면 왜 혀를 통해 뇌를 자극하는가?

신경해부학에서 인체의 각 기관이 관장하는 대뇌피질 영역의 비율에 따라 인체 비율을 재구성한 뇌지도가 '호문쿨루스(난쟁이)'이다. 여기에는 감각의 민감도를 표현하는 '감각 호문쿨루스'와 세밀한 조절 능력을 나타내는 '운동 호문쿨루스'가 있다. **차이점은 손이 조금 더 크고 작은 것**이라는 점이며, **공통점은 손과 입(혀)이 상대적으로 크다**는 점이다. 이 호문쿨루스, 신경생리학, 임상자료 등을 근거로 할 때 **손의 감각신경섬유 수는 수천 개에서 수만 개**나 되는 것으로 확인되고 있다. 이에 비해 혀**의 감각신경**은 **26,000~76,000개** 정도로 보고되고 있다. 혀의 크기가 손에 비해 5분의 1정도 임을 고려할 때 **혀의 감각 수용체 밀도는 가장 높은 기관이라고 평가**할 수 있다.

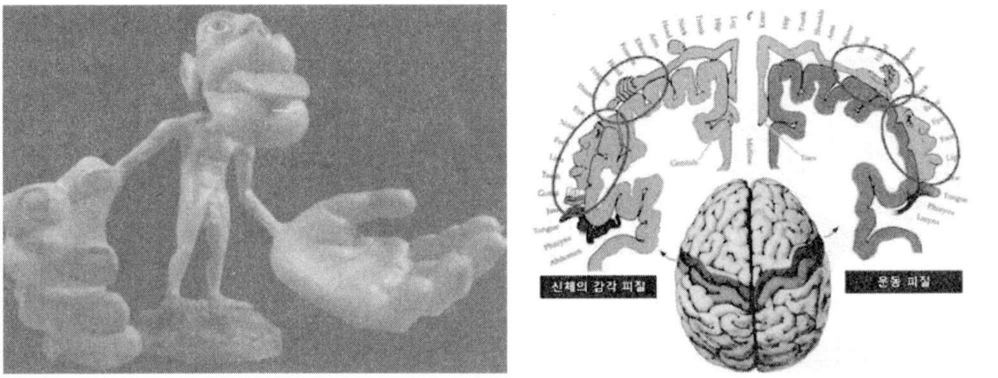

출처 : alxalib, Homunculus, https://alxalib.tistory.com/entry/

혀의 감각 기능을 담당하는 주요 신경은 '혀 신경', '설인신경', '미주신경'으로 구분된다. **'혀 신경'**은 혀의 앞쪽 3분의 2에서의 일반 감각(온도, 촉각, 통각)과 미각 정보를 담당한다. 혀 신경과

40) 간뇌는 체온, 식욕 등을 조절하는 내분비계의 끝판왕. 자율 신경계의 중추「나무위키」, "간뇌(Brain stem)", https://ko.wikipedia.org/wiki/

함께 작용하면서 미각 정보를 담당하는 곳을 '미각의 신경전달 경로'에서 보는 바와 같이 안면신경의 한 갈래인 '고삭신경'(6,000~10,000개)이라 한다. **'설인신경'**은 혀의 뒤쪽 3분의 1에서의 감각과 미각 정보를 담당한다. 혀 신경과 설인신경은 위치만 다를 뿐 그 기능은 같은데 구별하는 이유는 진단 및 치료를 위한 것이다. **'미주신경'**은 혀 일부와 인두(목구멍)에서 감각(미각과 혈압 조절, 소화기계통과 호흡 활동, 규칙적인 심장 활동 등) 기능에 관여한다.

[미각의 신경전달경로]

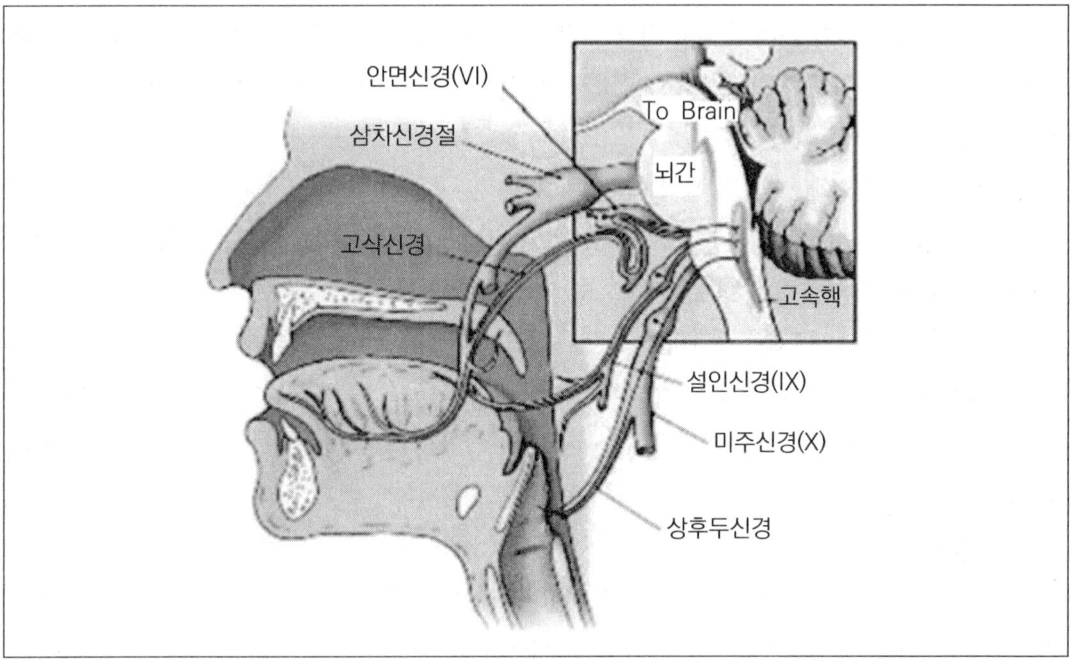

출처 : 「대한안면통증구강내과학회」, https://www.google.co.kr/

혀의 감각을 뇌로 전달하는 주된 역할이 '혀 신경'이며, 이는 삼차신경과 안면신경(고삭신경)을 포함하며, 촉각, 통각, 온도와 같은 일반 감각과 미각 정보를 간뇌를 거쳐 대뇌피질로 전달한다.[41]

2001년 폴 바크-이-리타 연구팀은 "혀를 통한 시각장애인의 '시각적' 시력"이라는 논문을 발표했다.[42] 연구결과는 정상인의 2.3% 수준(20/860)인 시각 장애인을 대상으로 혀에 부착한 9시간의 전기 자극기 훈련을 통해 시력이 두 배로 향상되었다. 이는 혀가 '뇌를 자극하는 매우 유효한 통로'라는 점과 혀를 통한 전기 자극이 뇌 가소적 변화를 촉진하여 실명에 가까운 시각

41) 「위키백과」, "혀 신경",https://ko.wikipedia.org/wiki/
42) Paul Bach-y-Rita et al., "Brain plasticity : 'visual' acuity of blind persons via the tongue", Brain Research Vol.908, pp.204-207, 2001.

장애인의 시력을 치유할 수 있는 유효한 치료법임을 입증한 것이다. 2003년의 연구결과도 혀가 뇌로 통하는 지름길이며, 뇌를 자극하여 활성화하는 중요한 통로가 될 수 있음을 시사하고 있다.[43)]

과학계에는 생물의 생존에서 다양한 방식으로 기여한 혀에 주목했다. 그것은 주로 음식물을 섭취하는 수단으로 혀의 역할이었다. 하지만 최근에는 혀의 또 다른 역할에 주목하고 있다. 단순히 음식물을 섭취하는 수단뿐만 아니라 다양한 방식으로 동물의 생존에 기여했다는 것이 혀의 진화 과정을 연구하는 과학자들의 주장이다. 우리는 자신의 혀가 **단어를 형성하거나 음식을 맛보고 삼키는 역할을 하는 동안 물리지 않기 위해 얼마나 민첩해야 하는지에 대해 거의 생각하지 않는다**. 하지만 과학자들은 혀가 우리 몸에서 가장 다양한 용도로 사용되는 신체 기관인 손만큼이나 쓰임새가 많다고 말한다. 이와 관련하여 사이언스지에 발표한 엘리자베스 페니시의 **"혀의 이야기"**[44)]는 매우 구체적이고 시사적이다.

레스브리지 대학교의 신경과학자인 이안 휘쇼(Ian Q. Whishaw)는 "혀로 손을 뻗을 수 있다면 손으로도 손을 뻗을 수 있고, 생각으로도 손을 뻗을 수 있다"고 말한다. 이는 **'혀를 통해 세상을 경험하고, 뇌에 인식된 그 경험을 바탕으로 예측하고 행동할 수 있다'는** 것을 의미한다.

구강 건강과 관련한 연구를 수행하고 있는 미국의 포사이스 연구소(Forsyth Institute)의 미생물 생태학자인 제시카 마크 웰치(Jessica Mark Welch)는 "먹고, 말하고, 키스하는 등 **사람이 혀로 하는 모든 행동은 놀랍다. 혀는 인간이라는 존재의 핵심적 부분**이다."라고 말한다. 인간의 혀에는 동물보다 훨씬 더 많은 기능이 밀집되어 건강을 유지하고 관리하는 데 매우 중요한 기관이라는 것이다.

'초기 형태의 혀(Prototongue)'를 연구한 슈뱅크(Schwenk)는 먹이에 대한 욕구가 혀의 출현을 촉발했을지 모르지만, 자연(**다양한 동물의 뇌)의 선택은** 무수한 다른 목적을 위해 **혀를 조정하고 연마**했으며, 때로는 **"말도 안 되게 미친 특수 시스템"**을 만들었다고 말한다. 예를 들어 도롱뇽은 끈적끈적한 혀를 내밀어 곤충이나 다른 작은 절지동물을 잡아먹고, 목구멍 골격 전체를 입으로 쏘아낸다. 이 수유 방식에는 목구멍 근육을 재정비하는 것이 포함되었는데, 한 세트는 혀를 내뿜기 위해 즉시 방출할 수 있는 탄성 에너지를 저장하고, 다른 세트는 혀를 다시 감아 넣는 것이다. 또한 카멜레온은 거의 초속 5미터의 속도로 혀를 내밀어 1/10초 이내에 귀뚜라미를 잡는다. 이는 **혀의 구조와 기능이 뇌와 직접적인 관련성이 매우 크다**는 것을 시사하고 있다.

2023년 "혀 너머로 꿀을 먹는 것(벌새)[45)]"라는 논문을 발표했던 리코-게바라(Rico-Guevara)와

---

43) Paul Bach-y-Rita, Stephen W. Kercel, "Sensory substitution and the human-machine interface", Science that inspires Vol.7, pp.541-546, 2003.

44) Elizabeth Pennisi, "Tales of the TONGUE", Science Vol 380, pp.786-791, 2023.; 「동아사이언스」, "생존에 기여한 혀의 과학", 2023.05.28.; 「한국창조과학회」, "생물의 혀는 다윈을 호되게 꾸짖고 있다", 2023.07.19.

45) Alejandro Rico-Guevara et al., "Nectar feeding beyond the tongue : hummingbirds drink using

그 연구팀들은 "포유류의 혀는 뼈나 힘줄이나 관절이 없어도 복잡한 방식으로 움직일 수 있는 복잡한 근육 섬유망으로 진화했다. 그것은 **젖을 빠는 데 기여**하고, 일부에서는 **체온 조절을 돕고**(헐떡이는 개를 상상해 보라), 인간의 언어에 사용되는 **소리를 생성하는 것** 등의 전문적인 역할을 수행한다. 그리고 이 모든 종의 먹이를 안내하는 데 도움이 되는 세포를 가지고 있다." 그래서 "**대부분 포유류의 혀는 대단한 재주를 부린다**", "그것은 진정으로 다기능 도구이며, 동물의 외부 부속 기관보다 접근하기 어렵기 때문에 주목을 덜 받았다."라고 말한다. 이와 관련하여 미국의 국립 재생 에너지 연구소 생물학자인 J.D. 로렌스-체이슨은 "**어떤 의미에서 혀는 '입의 손'이 되었다**"고 말한다.

2018년 휘쇼(Whishaw)와 그의 팀은 쥐들에게 과일을 집기 위해 입 대신 발을 사용하도록 가르쳤다. 그리고 **몇몇 동물들이 발을 뻗을 때 그들의 혀를 내민다는 것을 발견**했다. 아직 발표되지 않은 후속 연구에서 '**손과 혀를 모두 통제하는** 대뇌피질의 "**구강 수동**(oromanual)" 영역을 확인했다. 이는 인간에게도 비슷한 뇌 영역이 존재하며, 왜 그렇게 많은 사람이 말할 때 몸짓하는지, 왜 글을 배우는 아이들이 손가락이 글자를 만들 때 종종 혀를 비트는 이유를 설명하는 데 근거가 될 수 있다는 것이다.

휘쇼는 손과 혀를 위한 공통된 뇌 영역은 진화론적으로 의미가 있다고 말한다. 초기 육상 동물은 민첩한 혀가 먹이를 먹는 데 필수적이었다. 나중에 일부 동물들이 팔다리로 먹이를 잡기 시작하면서, 진화는 '**혀를 지배하는 동일한 뇌 회로를 손의 움직임을 조정하기 위해 채택**'했을 수 있다. 또한 사고(思考)와 같은 훨씬 더 복잡한 행동들이 처음에 혀를 조정하기 위해 진화한 뇌의 힘(지능)에서 비롯되었을 수 있다고 추측한다. 이는 **혀를 잘 사용하는 것이 뇌의 발전에 기여**했고, 그 결과로 **더 복잡한 사고나 행동할 수 있게 됐다**는 의미이다. 그래서 휘쇼는 "미친 것처럼 보일지 모르지만, **그것이(혀) 우리 존재의 중심**이라고 생각한다."라고 말한다. 인간의 혀가 가진 민첩함이 우리의 **손과 심지어 정신까지도 세밀하게 통제할 수 있는 길**을 닦는 데 **도움이 될 수 있었음**을 시사하는 것이다.

동양의학에서는 오랫동안 몸속 기관의 건강 상태를 미루어 진단할 수 있는 기관으로 '혀'를 지목하고 도구로 활용했다. 왜냐하면 몸에는 에너지라고 하는 '기(氣)'가 있는데 그 에너지 통로를 경락(경혈)이라 하고 그것은 몸에만 있는 것으로 믿었다. 하지만 최근에는 '혀'에도 경혈이 있다고 주장하면서 **혀에 침술을 하여 뇌신경질환을 치료하는 데 적용**하고 있다.

2003년 "**뇌성마비의 기능적 결과 개선을 위한 혀 침술 대 가짜 침술의 무작위 대조 시험**"에서는 뇌성마비 환자 33명을 대상으로 '혀 침술'과 '가짜 침술'을 시행하였다. 임상 결과 운동 기능을

---

phase-shifted bill opening, flexible tongue flaps and wringing at the tips", Journal of Experimental Biology Vol.226, 2023, https://doi.org/10.1242/jeb.245074

측정한 결과 혀 침술이 유의하게 개선된 것으로 나타났다.[46)]

2006년 **"시각 장애가 있는 어린이의 혀와 신체 침술의 효능에 대한 파일럿 연구"**에서는 중추 및 말초 시력장애가 있는 어린이(12명)를 대상으로 일주일에 5회 총 60회의 시력 회복에 대한 '혀 침술'과 '몸 침술'의 효능을 분석했다. 침술 방법에 따른 평가를 하지는 않았지만, 33%의 어린이가 임상적 또는 기능적 개선을 보였고, 특히 비정상적인 시각 유발 잠재력을 가진 아동 중 56%, PET 검사에서 86%의 어린이가 시각 피질의 포도당 대사 개선을 보였다고 밝혔다.[47)]

2014년 **"자폐 스펙트럼 장애(ADS)에서 혀 침술을 사용하는 무작위 대조 시험"**에서는 ADS 아동에 대한 혀 침술의 효능을 연구하였다. 21명의 자폐증 소년(3-16세)을 혀 침술 그룹(12명)과 대조군 그룹(전통적 자폐 치료법 적용, 침술 없음, 9명)으로 무작위로 배정하여 8주 동안 치료를 진행했다. 그 결과 자폐증 환자의 언어영역, 자기관리 영역, 인지 영역 그리고 총점 영역에서 혀 침술이 유의한 결과를 나타냈다.[48)]

이들 연구는 오랜 과학적 배경을 가진 서양 의학에서 **혀는** 운동 피질과 감각피질의 호문쿨루스에서 비율에 따라 **나머지 신체 부위보다 상대적으로 더 큰 지형을 차지하는 매우 중요한 기관**임을 **지지**하고 있다. 혀는 뇌의 다양한 영역과 국소 접촉 및 신경 연결을 통해 깨물기, 삼키기, 미각, 언어 생성 및 감정 기능을 촉진하며, 신경(설인두 및 미주 신경), 혈관 및 림프 공급이 풍부하다. 따라서 **침을 사용하여 혀 경혈에 대한** 침을 사용한 자극은 **혈관-림프-신경 네트워킹**을 연결하는 **핵심적인 센터에 불이 붙을 수 있다**는 것이다. 혀 침술은 혀**와 소뇌, 뇌간의 긴밀한 신경망**을 통해 주요 **뇌 중추**(㉠ 시상)에 **불을 붙이고 뇌의 모든 영역에** 대한 방대한 **네트워킹을 제공한다**는 것을 의미한다.

이러한 논의는 일상에서 '혀 운동'에 대한 중요성을 입증하기에 충분하다. 퇴행성 신경질환 치료뿐만 아니라, 예방을 위해서는 규칙적인 운동에 '혀 운동'이 포함되어야 하는 과학적 근거이기도 하다. 이러한 관점은 노화 분야 전 세계 일인자로 꼽히는 유병팔 박사(텍사스주립대 교수 노화연구소장, 1931년생 94세)의 저서《125세 건강 장수법》과 '혀 운동' 관련해 많은 동영상에서도 제시되고 있다.

---

46) J G Sun, C H Ko, V Wong, X R Sun, "Randomised control trial of tongue acupuncture versus sham acupuncture in improving functional outcome in cerebral palsy", Journal of Neurology, Neurosurgery & Psychiatry Vol.75, 2003, https://doi.org/10.1136/jnnp.2003.021485

47) VCN Wong et al., "Pilot Study of Efficacy of Tongue and Body Acupuncture in Children With Visual Impairment", Journal of Child Neurology Vol.21, 2006, https://doi.org/10.1177/08830738060210061201

48) Virginia Chun-Nei Wong, Jie-Guang Sun, David Wai-Chow Yeung, "Randomized control trial of using tongue acupuncture in autism spectrum disorder", Journal of Traditional Chinese Medical Sciences Vol.1, pp.62-72, 2014.

부록 2　눈 운동의 뇌 가소적 개입 효과

눈은 우리 몸에서 피로한 상태를 가장 잘 나타내는 부위 중 하나이다. 이는 눈이 뇌 가소성과 관련이 있다는 생리학적 현상으로 해석될 수 있다.

신경생리학적으로 시각 정보는 뇌간을 거치지 않고 시각 피질로 직접 전달되며, 이는 빠른 처리 속도를 가능하게 한다. 즉 자극에 대한 시각 피질의 신경세포 활동이 즉각적으로 반영되어 시각 정보처리에 영향을 미치며, 이는 피로 또는 활력의 상태로 나타난다. 예를 들어 복식 호흡이나 눈 운동을 통해 눈의 피로가 즉각적으로 해소되는 것은 눈이 신경생리학적으로 중요한 영향을 받는 부위임을 시사한다.

이러한 관점에서 국민보험공단은 아래와 같은 눈 운동법을 제시하고 있다.[49]

① 위아래로 5회 이상 반복	② 눈을 감았다가 ①번 반복	③ 좌우로 5회 이상 반복

④ 눈을 감았다가 ③번 반복	⑤ 손을 비빈후 눈을 덮음	⑥ 눈을 시계 반시계로 5회

49) 「국민건강보험공단」, https://www.nhis.or.kr/magazin/157/html/sub6.html; 「건강 iN」, "피로를 풀어 주는 눈", 2020.05.

이 같은 눈 운동의 효과는 매우 유용하는 것이며, 여러 임상시험 결과를 통해 입증이 되고 있다. 즉 눈 운동에 의한 자극은 '뇌 가소적 개입'으로서 시력을 보정하고 개선하는 비약리적 요법이라는 것이다.

2004년 연구는 지각 학습 과제('대비 감지', '물체 인식', '시각적 주의 집중' 등으로 눈 운동과 직접적으로 관련되어 있다)를 연습함으로써 약시(시력이 약함) 성인의 시력이 향상될 수 있는 것을 밝혀냈다.[50] 후속 연구는 이 같은 시각 기능의 개선은 치료 후에도 지속된다는 것을 확인하였다. 이는 시각 피질 가소성에 의한 시력 개선이라는 것을 입증했다.[51] 이어 2008년에는 지각 학습 과제 후 시각 기능의 개선은 정상 시력 또는 정상 시력으로 교정된 참가자에서도 나타나는 것을 입증하였다.[52] 이들 연구는 약시는 정상적인 가소성의 결핍의 결과로 간주하고 있다. 따라서 신경 가소성의 원리를 활용하여 시각 피질을 자극하면, 약시가 있는 눈의 기능을 회복하고, 시각 시스템의 균형을 맞추는 데 기여할 수 있다는 것이다.[53]

2005년에는 검안 시력에 눈 운동(눈 깜박이기, 초점 전환 운동, 원형 운동, 눈 마사지, 눈 휴식 등)의 효능에 관한 연구가 진행되었다.[54] 이 연구는 43건의 임상시험이 이루어졌다. 그 결과 눈 운동은 시력 문제, 안구 운동 장애, 적응 기능 장애, 약시, 학습 장애, 난독증, 안정시, 근시, 멀미, 스포츠 수행 능력, 입체증, 시야 결손, 시력 및 전반적인 웰빙을 포함한 광범위한 상태를 개선하는 것으로 밝혀졌다. 이 연구는 눈 운동이 가소적 개입의 수단이라는 것을 입증하고 있다.

2009년 연구는 근거리에서의 눈 운동(수평 운동 : 좌우로 굴리는 운동, 수직 운동 : 위아래로 굴리는 운동 등)이 어떻게 작용하는지를 설명하고, 이러한 반응이 시각적 성능을 향상시키는 데 중요한 역할을 한다고 밝혔다.[55] 즉 눈 운동이 신경 경로를 보정하는 자연스러운 능력을 촉진하여

---

50) Polat U., Ma-Naim T., Belkin M., and Sagi D., "Improving vision in adult amblyopia by perceptual learning", Proceedings of the National Academy of Sciences of the United States of America Vol.101(17), pp.6692-6697, 2004.

51) Chung S. T. L., Li R. W., and Levi D. M., "Identification of contrast-defined letters benefits from perceptual learning in adults with amblyopia", Vision Research Vol.46(22), p.3853-3861, 2006.

52) Xiao L.-Q., Zhang J.-Y., Wang R., Klein S. A., Levi D. M., and Yu C., "Complete transfer of perceptual learning across retinal locations enabled by double training", Current Biology Vol.18(24), pp.1922-1926, 2008.

53) Wong A. M., "New concepts concerning the neural mechanisms of amblyopia and their clinical implications", Canadian Journal of Ophthalmology Vol.5, pp.399-409, 2012.

54) JA Rawstron, CD Burley, et al., "A Systematic Review of the Applicability and Efficacy of Eye Exercises", Journal of Pediatric Ophthalmology & Strabismus Vol.42(2), pp.82-88, 2005.

55) Schor, Clifton M, "Neuromuscular Plasticity and Rehabilitation of the Ocular Near Response", Optometry and Vision Science Vol.86(7), pp.E788-E802, 2009.

시각적 성능을 최적화하는 데 기여하며, 이는 눈의 운동, 시각 발달, 그리고 시각적 기능의 평가 및 치료와 관련된 영역의 기초를 제공한다는 것이다. 이러한 연구는 눈의 구조적 및 기능적 가소성 변화를 촉진하는 것을 보여주고 있다.

같은 해 '뇌졸중 후 반원시 환자의 안구 운동 훈련 유도 가소성에 대한 연구'가 이루어졌다.[56] 이는 뇌졸중으로 양쪽 눈 또는 한쪽 눈의 시야가 감소되거나 완전히 보이지 않는 상태의 환자를 대상으로 안구 운동 훈련을 통해 뇌의 가소성을 유도하고, 시각적 기능이나 운동 능력을 개선할 수 있는지를 조사한 연구이다. fMRI를 사용하여 안구 운동 훈련이 대뇌 피질 조절에 미치는 훈련 효과를 연구한 것이다. 안구 운동 훈련은 시각 감각 장애를 개선하였으며, 안구 운동영역뿐만 아니라 선조체 및 선조체 외 피질의 뇌 지도를 변화시킨 것으로 밝혀졌다.

2013년 연구는 18~30세 그룹의 총 60명의 피험자를 대상으로 임상시험을 진행했다.[57] 8주간 눈 운동을 한 그룹과 어떤 눈 운동도 제공되지 않은 그룹으로 구분하여 적색과 녹색에 대한 시각적 반응 시간을 확인했다. 눈 운동을 한 그룹은 적색과 녹색에 대한 시각적 반응 시간이 유의하게 감소한 것으로 나타났다. 이는 눈 운동이 뇌 가소적 변화를 유도(신경 연결 강화, 인지적 기능 향상, 재활 및 치료)한다는 것을 의미한다.

정리해 보면, 눈 운동은 약시를 개선하고, 반원시를 치유할 뿐만 아니라, 부가적으로 인지능력을 개선하는 등의 긍정적 가소적 변화를 촉진한다고 평가할 수 있다. 따라서 우리의 눈은 신체의 다른 근육과 마찬가지로 건강을 유지하기 위해 규칙적인 운동이 필요하다. 문제는 우리의 눈이 결국 우리를 포기하고 결국 안경이나 콘택트렌즈가 필요하게 될 것이라는 것을 당연하게 여긴다는 것이다. 정기적으로 눈을 운동한다면 그럴 필요가 없다. (Nitin B Gosewade, et al., 2013)

---

56) Gereon Nelles, Anja Pscherer, et al., "Eye-movement training-induced plasticity in patients with post-stroke hemianopia", Journal of Neurology Vol.256, pp.726-733, 2009.

57) Nitin B Gosewade 1, Vinod S Shende, et al., "Effect of Various Eye Exercise Techniques along with Pranayama on Visual Reaction Time : A Case Control Study", J Clin Diagn Res Vol.7(9), pp.1870-1873, 2013.

제8장

퇴행성 뇌 신경질환과 뇌 가소적 개입
(규칙적 유산소 운동)

이 장은 '몸'과 '마음'의 통로를 매개로 **'뇌 구조를 변화시키는 치유영역'**으로서 **'신체적 활동과 인지적 자극'**으로 **'퇴행성 신경질환을 예방하고 장애를 극복'**하는 뇌 가소적 개입을 **'공유'**하고자 한다. 이를 위해 다양한 연구논문, 임상 시험결과, 뇌 스캔 등의 과학적 증거를 토대로 인지적 자극이 포함된 규칙적인 유산소 운동이 **인지능력 향상**과 **운동기능을 회복**하는(퇴행성 신경질환의 예방 및 관리) 최고의 명약임을 **밝히고자 한다.**

퇴행성 신경질환은 신경세포의 사멸 또는 손상으로 치명적인 인지능력 감퇴와 운동능력의 장애로 이어진다. 그럼에도 이전 상태로 되돌릴 수 있는 약리적 치료법이 개발되지 않은 상황에서 최고의 대처법은 무엇인가?

그것은 비약리적 요법으로서 인지적 자극과 결합된 규칙적인 유산소 운동(의식적 걷기, 인터벌 트레이닝 등)이다. 퇴행성 질환에 대비하고 대응하는 규칙적인 신체적 정신적 자극은 **'신경전달 및 조절물질'**을 **생성 및 분비**하고, **'성장인자의 발현'**을 **증가**시키며, **'각종 호르몬'**을 **조절**하여 **뇌와 신체의 최적 상태를 유지**하도록 하는 **'종합적인 처방'**임을 **입증할 것이다. 또한 실행을 위한 기준으로서 규칙적인 유산소 운동과 격렬한 운동의 기준을 제시한다.** 이러한 내용은 다음의 **6개 분야로 전개**될 것이다.

Key Word

노화, 비침습적 비약리적 요법, 신경영양인자, 신경세포의 생성, 신경영양인자 발현, 신경 다발 증가, 유산소 운동, 인지능력(기능), **인지적 비축**(인지 예비력), **빠르게 걷기**(의식적 걷기), **보행-운동능력**(기능), **인터벌 트레이닝, 대사적 감퇴**(뉴런의 감소), 대뇌피질 재조직(재편성)

앞 장에서는 '마음'이라는 통로를 매개로 한 심상화가 만성통증을 치유해 낸 뇌 가소적 개입이었음을 입증하였다. 만성통증은 '경쟁적 가소성'의 개념에 의거 통증 처리 회로 영역이 중추화 되면서 감정과 판단을 통제하는 뇌 영역까지 침범하여 확장된 것이다. 이로 인해 미쳐 날뛰는 만성통증 처리 회로를 축소시키고 제거하는 치유의 방법이 '심상화'라는 비약리적 요법임을 확인하였다.

고령화 사회로 이행되면서 좌식문화로 인해 점점 심각한 문제로 급부상하고 있는 것이 퇴행성 신경질환이다. 하지만 치료 약은 개발되지 않은 상태이다. 따라서 본 장에서는 퇴행성 신경질환에 대한 예방 및 관리 방법에 대해 살펴보고자 한다. 그것은 '신체적 활동(몸)과 인지적 자극(마음)'을 매개로 한 '뇌 가소적 개입'임을 밝힐 것이다.

나이 듦의 과정에서 피할 수 없는 뇌 신경세포의 퇴화와 사멸은 치매와 같은 퇴행성 신경질환으로 이어진다. 그럼에도 현재까지 개발된 약리적 처방은 퇴행성 신경질환을 중단시키거나 되돌릴 수 없고, 오직 증상을 완화할 뿐이다. 그래서 퇴행성 신경질환을 예방하고 나타난 증상들을 개선할 수 있는 과학적이고 검증된 비약리적 방법을 제시하고자 한다. 그것은 규칙적인 유산소 운동으로서, 퇴행성 질환의 증상을 어떻게 차단하고 예방 효과가 발생하는지에 초점을 맞출 것이다. 이와 관련하여 동물실험과 과학적 임상시험의 결과를 근거로 유산소 운동이 퇴행성 질환으로 소멸되고 퇴화하는 신경세포를 제어하고 활성화하는 최고의 처방임을 입증할 것이다. 이 과정에서 앞장에서 논의되고 언급되었던 '통증 경로 이론'과 '뇌 신경 가소성 이론'이 반복적으로 검증되고 인용될 것임을 밝혀둔다.

8-1 퇴행성 신경질환이란?

현대인을 위협하는 가장 두려운 질병이 '**퇴행성 신경질환**'이다. 나이가 들수록 발병될 가능성은 증가하고, 한번 발병하면 치료가 힘들며, 가족들을 고통에 빠뜨리는 질병이기 때문이다. 80~90세 나이에도 신체적으로는 건강하지만, 노화와 함께 찾아오는 퇴행성 뇌 신경질환은 인지능력의 감퇴를 동반함으로써 정신 줄을 놓게 되는 최악의 상황으로 전락하게 만든다. 신체적 건강이 무색해지는 결과이다.

통계적으로 보면, 급격한 인구노령화로 3대 노인성 질환인 치매, 파킨슨병, 뇌졸중이 매우 빠른 속도로 증가하는 추세다. 2016 글로벌 질병 부담(GBD) 연구에 따르면 1990년에서

2016년까지 기간에 **치매**, **알츠하이머병**, **파킨슨병**의 유병률이 2~3배씩 증가하고 있으며, **노인의 장애와 사망의 주요 원인**이라고 보고한다. 이들 질환은 70~79세에 가장 많이 발생하는 것으로 나타났다. 2018년 중앙치매센터에서 발행한 보고서에 따르면 치매 환자 수가 2018년에 74만 9,000명에서 2025년에는 100만 명, 2050년에는 300만 명이 넘을 것으로 추계하였으며, **80세 이상에서 급격히 늘어날 것으로 예측**한다.[1]

[2016년 성별 연령별 치매 환자수 분포]

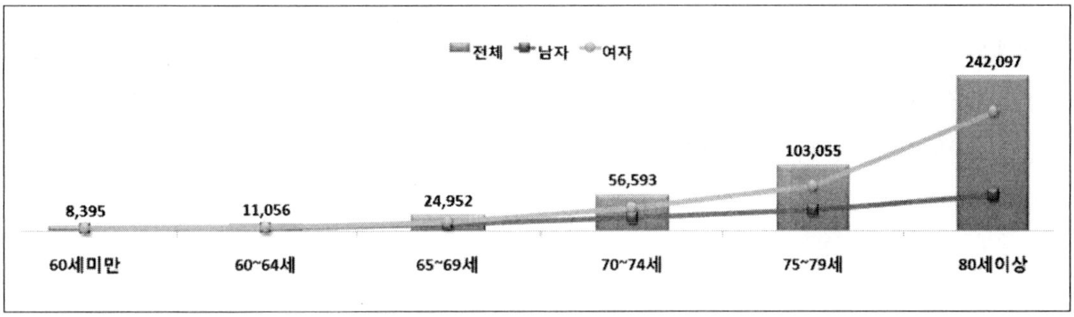

출처 :「건강보험심사평가원」, "생활 속 질병통계 100선", p.150.

파킨슨병도 60대 이후에 급격히 늘고 있다. 파킨슨병의 경우 2016년 9만 6,764명에서 2021년에는 11만 6,504명으로 5년 사이에 20% 증가하였으며, 이들 중 30~40%가 말기에 치매 증상을 보인다. 전문가들은 앞으로도 **퇴행성 뇌 질환의 증가는 계속될 것으로 전망**한다.

알츠하이머병은 연령이 증가함에 따라서 5년마다 유병률이 거의 2배씩 증가하는 추세이다. 예컨대 65~69세는 2.09%, 70~74세에서 3.35%, 75~79세는 6.92%, 80~84세는 13.21%, 85세 이상에서는 26.93%를 보이고 있다.

이러한 통계는 **60세 이후 삶의 질을 위협하는 최대 요인이 퇴행성 신경질환**이며, 그 예방 또는 퇴행성 장애 관리가 노년의 삶의 질을 좌우하는 지배적인 요소임을 의미한다.[2]

퇴행성 신경질환에 대해 요약해 보면, 중추신경계의 신경세포*는 감각 정보를 처리하고, 운동을 조절하며, 의사결정을 하는 등 핵심적인 기능을 수행한다. 그런데 이들 신경세포가 손상되거나 죽어가는 상태(퇴행성 세포 변화)를 일컫는 질환이 바로 퇴행성 신경질환이다. 뉴런과 그 수초(뉴런의 축삭을 둘러싸고 있는 지방질의 층, 신호 정보 전달 기능 수행)가

---

1) 석승환, "초고령 사회, 한국에서 노인 신경학의 중요성", Journal of Geriatr Neurology, Vol.1, p.3, 2022, https://doi.org/10.53991/jgn.2022.00045

2) 김숙희, 한설희, "한국인 치매 유병률", The Journal of Korean Diabetes, p.125, http://dx.doi.org/10.4093/jkd.2012.13.3.124

오랫동안에 걸쳐 악화되어 기능 이상과 장애가 나타나는 질환으로, 미국국립보건원은 600종류의 신경질환이 있다고 밝히고 있다.[3)]

---

* 뇌는 우리의 생각, 판단, 운동, 감각 등을 담당하는 가장 중요한 기관이다. 뇌는 구조상 '대뇌, 소뇌, 뇌간'으로 구분할 수 있다. '뇌간'은 호흡, 소화, 수면, 체온 조절 등 '생명과 관련된 기능 조절'을 담당한다. '소뇌'는 '균형 유지, 근육 조절' 등을 담당한다. '대뇌'는 '학습과 기억, 언어, 시공간 파악' 등을 책임진다. 이러한 생존에 필수적인 기능이 '퇴행성 신경질환'과 직접적으로 관련되어 있으므로 치명적일 수밖에 없다.[4)]

퇴행성 신경질환은 뇌의 특정 부위에서 특정 단백질의 구조 변형으로 형성된 '**독성 단백질**'이 '**신경세포 독성**'을 생성하고, 이로 인해 정상 신경세포가 공격을 받으면서 손상 또는 사멸(소실)되어 발생하는 질환이다.[5)] 대표적인 질환으로 파킨슨병*, 알츠하이머병(치매)**, 헌팅턴병*** 등이 있다.[6)]

---

* 파킨슨병(Parkinson's Disease)은 뇌간의 중앙에 존재하는 '흑질의 도파민계 신경'이 파괴되어 움직임의 장애(안정 떨림, 운동 느림)가 나타나는 질환이다. 도파민은 뇌의 기저핵(선조체)에 작용하여 우리가 원하는 대로 몸을 정교하게 움직일 수 있도록 하는 중요한 신경 전달계 물질이다. 정확한 원인은 아직까지 정확하게 밝혀진 것이 없다.

** 알츠하이머병(Alzheimer's Disease)은 이상 단백질(아밀로이드 베타 단백질, 타우 단백질)이 뇌 속에 쌓이고 이들이 뇌 신경세포(해마)를 공격하여 서서히 죽어가면서 기억력을 포함한 인지기능의 악화가 나타나는 노인성 치매이다. 알츠하이머병은 치매를 유발하는 가장 흔한 원인(치매 환자의 50~60% 정도)으로 언어기능과 판단력 등 다른 여러 인지기능의 이상을 동반하게 되다가 모든 일상생활 기능을 상실하게 된다. 한편, 치매는 후천적으로 기억, 언어, 판단력 등의 인지기능이 감소하여 일상생활을 제대로 수행하지 못하는 임상 증후군으로 노인성 치매와 혈관성 치매가 있다.

*** 헌팅턴병(Huntington's Disease)은 헌팅턴 유전자 돌연변이에 의해 발생하는 유전성 뇌 질환으로 발병된 후 15~25년 이내에 신체적, 정신적으로 심각한 무능력상태를 보인다. 이 질환은 뇌의 기저핵과 대뇌 피질의 신경세포 사멸과 연관되어 있으며, 증상은 무도증(말하고 걷고 삼키는 장애), 비정상적인 걸음걸이, 어눌한 말투, 연하곤란(음식물 삼킴 곤란), 인지장애와 성격장애 등이 나타난다.

퇴행성 신경질환은 어느 특정 단일 원인에 의한 것이 아니라, 유전적 위험요소와 환경적 위험 인자(예 빈민촌, 오염, 생활습관)의 상호작용이 더해져 오랜 시간에 걸쳐 누적되어

---

3) 강빈구, "퇴행성 신경질환 메커니즘의 분석 : Systems biology의 출현", 2009.05.14, https:// www.reseat.or.kr/portal/cmmn/file/fileDown.do?menuNo=200019&atchFileId=919ec139a9d947ea9eca5dd9c12c7dd5&fileSn=1&bbsId=
4) 박지영, "두려운 질병, 퇴행성 뇌 질환" 건강보험, Vol.299, 2023.09.
5) 「YONSEI-the FIRST & the Best」, "NCST Lavoratory Neuronal Cell Signaling & Transduction", http://ncst.yonsei.ac.kr/research02.html
6) 「EHC 환경보건 종합정보시스템」, "신경계 질환"; https://www.ehtis.or.kr/; 「서울아산병원」, https://www.amc.seoul.kr/; 「서울삼성병원-뇌신경센터」, http://www.samsunghospital.com/

발생한다. 노화와 깊은 관련성을 가지면서도 정상적인 노화의 과정과는 달리 신경계의 일부 또는 뇌 전체에 비정상적인 신경세포의 손상과 사멸이 급속도로 발생하는 것이 특징이다.

요컨대 **신경세포를 퇴화**(소멸)**시키면서 동시에 뇌 가소적 변화를 무력화하는 치명적인 질환**이다.[7] 노화가 진행됨에 따라 아밀로이드와 같은 독성 단백질이 생성되고 염증 물질이 중추신경계로 유입된다. 이러한 독성 물질은 정상적인 뇌 세포를 공격하여 **신경세포의 손상과 사멸시키고, '뇌 가소적 능력'**을 무력화함으로써 회복 불가능하게 만든다. 주요 증상은 뇌와 척수의 기능이 저하되어 **'인지능력'**과 **'보행-운동 능력'**의 감소이며, 그 외에도 성격 변화, 우울증, 망상, 환각, 수면장애 등 다양한 증상이 나타난다.

퇴행성 질환의 가장 큰 문제는 인지능력과 보행-운동능력(시공간 능력 장애)이 급격하게 감소하여 기억장애, 시공간 능력 및 판단력 장애, 언어장애, '운동실조'(몸 움직임의 조절이 어려워 균형을 잃거나 보행이 불안정) 등이 나타나면서 정상적인 일상생활을 어렵게 한다는 점이다.[8]

그럼에도 이들 질환에 대한 치료제는 개발되지 못하고 있다. 또한 뇌의 손상이나 변화가 시작된 후 실제로 증상이 나타나기까지 10년에서 20년 정도의 장기간에 걸쳐 진행된다는 점이다. 이는 증상이 나타난 후 진단을 받더라도 이미 뇌의 손상이 많이 진행된 상태가 되어 근본적인 치료가 어렵다는 것이다. 따라서 퇴행성 뇌 질환은 증상이 나타나기 전에 조기에 발견하고 예방하는 것이 중요하다는 것을 의미한다.[9]

8-2 퇴행성 신경질환의 본질적인 실체

앞에서도 언급한 바와 같이 퇴행성 질환이 치명적인 것은 급격한 **'인지능력'**의 감퇴와 **'보행-운동 능력'**의 저하이다. 이러한 변화는 신체적 활동을 제한하고, 신체적 감각 및 운동 자극이 줄어들면서, 그 기능을 담당하는 대뇌 피질 영역은 점차 위축된다. '함께 발화하는 세포들은 함께 연결되고 사용하지 않으면 퇴화한다'는 헵의 법칙에 따라 자극이 줄어든 신체적 장애는 더욱 심화되고 퇴화하는 악순환에 빠지게 된다. 결국 퇴행성 신경질환의

7) 「보바스기념병원」, "퇴행성 신경질환", https://bobath.co.kr/center/degenerative_neuronal.php
8) 「한국과학기술연구원」, "퇴행성 뇌질환의 비밀 풀어줄 열쇠 찾았다.", 2024,03.21.
9) Won-Jin Moon, "Preface for Imaging of Neuro degenerative Diseases : Current Status and Recent Updates", Taehan Yong sang Uihakhoe Chi Vol.83(3), pp.451-452, 2022.

중심에는 '인지기능'과 '운동기능'이 자리하고 있음을 의미한다.

우리의 먼 조상들은 수백만 년 동안 직립보행(걷기)을 하면서 수렵, 채집 생활을 활발하게 했고, 그와 함께 뇌가 발달했다.[10] 사냥이나 채집 활동은 단순히 몸을 움직이는 게 아니라 동시에 끊임없이 머리를 사용해야 하는 작업이다. 때로는 재빨리, 때로는 조심스레 이동해야 하고, 지형지물을 익혀야 하고, 과거의 기억을 되살릴 필요도 있기 때문이다. 수렵채취인들은 신체적 활동과 인지적 활동을 병행한 삶의 방식이었다. '**동물을 사냥하기 위한 몸놀림**'이라는 **신체적 활동**과 '**더 큰 이익을 주고 생존에 유리한 몸놀림**'에 대한 **인지적 활동**으로 **뇌가 진화한 것**이다. 이것이 뇌가 운동을 통해 최적화될 수 있는 근본적 이유라고 할 수 있다.

예컨대 현대인의 대다수는 좌식 문화생활에 길들어져 수렵채취인 시절 인류와 비교할 수 없을 정도로 신체 활동이 낮은 수준이다. 이 같은 상황은 **신체적 건강에 비해 뇌의 건강이 일찌감치 쇠퇴할 가능성이 높다**. 실제 21세기 들어 지구촌 차원에서 알츠하이머병을 비롯한 신경퇴행성 질환 환자가 급격히 늘고 있는 현상은 이런 가설에 힘을 실어주고 있다.[11]

수렵채취인들이 현대인처럼 별도로 운동을 한 것도 아니다. 그저 먹고 살기 위해 하루에 몇 시간씩 돌아다니며 사냥을 하고 채집을 하는 게 전부였다. 그럼에도 이런 일상의 활동이 현대인들이 각종 기구와 스포츠과학이 뒷받침되는 운동보다도 뇌 건강에 더 좋다는 말인가?

신체활동과 뇌의 관계를 진화의 관점에서 통찰했던 인류학자 라이크렌(David Raichlen)과 뇌과학자 진 알렉산더(Gene Alexander)에 따르면 '**당연히 그렇다**'이다. 그 이유는 "인류는 움직임을 통해 진화했고, 따라서 운동이 건강을 유지하는 데 필수적"이라고 전제하면서 "인지 도전이 포함된 운동이 없으면 근육량이 줄어들고, 뇌의 신경생성도 줄어든다. 그러나 인지적 활동과 결합된 운동을 통해 몸에 에너지를 공급하면, 이는 뇌에도 동일하게 작용하여 신경생성을 촉진한다(적응 능력 모형)[12]."는 것이다. 그러니까 '**단순한 신체적 활동**'만을 하기보다는 '**인지적 활동**'이 **가미된 운동이 뇌를 건강하게 만든다는 것**이다.

파킨슨병은 **운동성을 제한하는 신경질환**이다. 운동기능의 제한으로 사람이 움직이지 못하면 덜 보고, 덜 듣고, 새로운 정보를 덜 처리하게 된다. 이는 자극의 부재로서 뇌를 위축시키고 '인지력 저하'(파킨슨병 환자의 84%에서 인지기능 장애 발생)[13]'로 이어지면서 정상인과 비교했을 때 치매에 걸릴 확률이 최대 6배가 높으며, 사망률도 3배 이상인 것으로 나타나고 있다.[14]

---

10) 「브레인미디어」, "운동하면 일어나는 일-왜 더 많이 움직여야 하는가?", 2022.09.05.
11) 「동아사이언스」, "뇌는 이런 운동을 원한다", 2017.07.08.
12) David A. Raichlen, Gene E. Alexander, "Adaptive Capacity : An Evolutionary Neuroscience Model Linking Exercise, Cognition, and Brain Health", Trends in Neurosciences Vol.40, pp.408-421, 2017.
13) 「HIiDoc 뉴스」, "파킨슨병 치매는 다른 치매와 어떻게 다른가 [인터뷰]", 2024.01.23.
14) 가톨릭대 인천성모병원 신경과 송인욱 교수는 "파킨슨병이 치매로 이어질 가능성이 정상인보다 최고 6배

이와 관련하여 노먼 도이지가 제시하고 있는 '**의식적 걷기**'로 장애를 극복한 사례는 매우 시사적이고 유용하다. 세부 내용은 〈부록 1. **'의식적 걷기'로 제어되는 파킨슨병 장애**〉을 보라.

1968년부터 파킨슨병을 앓게 된 페퍼는 '**무의식적인 뇌가 제어하는 운동기능**(파킨슨병으로 발생한 운동 장애)'을 '**의식적인 뇌로 제어**'하는 방식이라는 '**의식적 걷기**'(8킬로미터씩 3차례, 매주 24킬로미터) 방법을 개발하여 실천하고 있다. '의식적 걷기'는 '**빠른 걷기의 신체적 활동**'을 하면서, 파킨슨병으로 나타난 보행 장애를 스스로 개선 및 극복하고자, 정상적인 걷기를 제한하는 문제(균형, 협응, 연속동작 등)를 교정하는 '**인지적 활동'을 병행하는 운동**이다. 이를 통해 약리적 처방을 받지 않고도 파킨슨병의 주요 증상들을 차단하고 극복하여 정상적인 일상생활을 유지할 수 있었다. 하지만 운동을 멈추면 6주 이내에 또다시 운동장애가 나타나는 퇴행 상태가 되었다.

물론 존 페퍼는 의식적 걷기만을 한 것이 아니다. 파킨슨병 진단 이후 신체적 감각 운동으로 트레드밀, 근육운동, 스트레칭 등 유산소 운동을 하였다. 인지능력 감퇴를 방지하기 위해 십자말풀이, 숫자 퍼즐(스토쿠), 브리지 · 체스 · 포커 · 도미노 등을 했으며, 프랑스어를 배우고, 포짓 사이언스의 두뇌 훈련을 하는 등 다양한 활동을 병행하였다(스스로 치유하는 뇌, pp.68~156 참조).

필자는 신체적으로 건강한 60대 중반으로 '빨리 걷기'를 적용해 보았다. 시속 6킬로미터를 넘기가 쉽지 않았다. 물론 연습을 통해 시속 7킬로미터는 이를 수 있었다. 이 과정에서 '**빠르게 걷기**' 자체가 '**의식적 걷기**'라는 것을 체험했다. 걷다 보면 속도가 늦어지고, 팔 동작이 작아지고, 보폭이 짧아지고, 보행 자세가 흐트러지는 등의 부정적인 생리적 변화가 발생했다. 이를 계속 확인하고 보정 하면서 걸을 수밖에 없었다. 빠르게 걷기는 속도와 걷기 자세 등을 의식적으로 생각하고 보정 해야만 하는 '**인지적 활동**'을 할 수밖에 없는 '**의식적 걷기**'였다. '집중'에 의한 '빠르게 걷기'를 의미한다.

2020년 미국의 버크셔 클리닉(Berkshire Clinic)의 신경과 전문의인 리처드 암스트롱 박사는 '신경 퇴행성 질환의 원인은 무엇입니까?'라는 논문을 통해 인지 및 신체 운동의 중요성을 강조하고 있다.[15)]

이 연구는 신경퇴행성 질환의 원인이 여러 가지 위험 요인과 관련이 있지만, 노화가 가장 큰 위험 요인으로서 독성 단백질의 축적으로 신경의 구조와 기능이 퇴화된다. 또한 외부

높으며 사망률도 3배 가까이 높은 것으로 나타났다"고 설명했다.「경향신문」, "파킨슨병 환자, 일반인보다 치매발생률 높다", 2018.04.04.

15) Richard Armstrong, "Review paper What causes neurodegenerative disease?", olia Neuropathol Vol.58(2), pp.93-112, 2020.

환경 요인(㉮ 직장 스트레스, 가족문제, 경제적 어려움 등)과 내부 유전적 요인(㉮ 유전적 소인, 개인의 생리적 특성 등)의 상호작용이 개인적인 상황과 결합되어 나타난 결과 등이라고 밝히고 있다. 따라서 발병률을 줄이기 위해서는 일생동안 개인에게 주어지는 위험 요인을 최소화하고, **인지 및 신체 운동을 최대화하는 것이 중요**하다는 것이다.

정리하자면, 퇴행성 신경질환은 중추신경계 신경세포가 죽어가면서 나타나는 질환이다. 대표적인 증상은 급격하게 인지능력의 감퇴와 보행-운동기능의 저하이며, 일상적인 삶을 피폐하게 할 가능성이 높다는 주장에 대부분의 전문 의료인은 동의한다. 이러한 질환의 근원적인 해결의 단서는 '인지적 자극'과 '신체활동'이라 할 수 있다. 문제가 되는 '**인지능력**'과 '**보행-운동 능력**'의 저하를 예방하고 감퇴를 차단하기 위해서는 지속적인 인지적 · 신체적 자극이 강화되어야 하기 때문이다. 이는 치료 약이 없는 퇴행성 신경질환에 어떻게 대처해야 할 것인가? 라는 물음에 본질적인 처방이기도 하다.

반복하지만 최근 우리는 동물과 인간 연구를 통해 뇌가 환경적 자극으로 지속적인 변화를 거듭한다는 것을 알고 있다.[16] 변화된 요구와 환경에 맞게 조직을 수정할 수 있는 신경계의 능력이 '신경 가소성'이다.[17] 이것이 소멸하는 신경세포를 방지하고 활성화하는 방법이다. 강제적이고 자발적으로 감각 및 운동 자극과 인지적 자극을 증가시키는 것이다. 이는 새로운 시냅스의 형성 또는 시냅스 연결의 재구성과 같은 대뇌피질의 구조적 변화를 만들어 뇌 신경세포의 사멸을 방지하고 새로운 생성을 촉진할 수 있기 때문이다.

8-3 퇴행성 신경질환의 예방 및 관리 방법(비약리적 요법)

퇴행성 신경질환의 가장 **핵심적인 요인은 노화***이다. 노화는 누구도 피할 수 없는 섭리이기에 누구도 퇴행성 질환으로부터 자유로울 수 없다. 그럼에도 안타까운 점은 현재까지 신경 퇴행성 질환을 되돌릴 수 있는 효과적인 약리적 치료법이 개발되지 못했다는 점이다.

그래서 뇌 가소성의 최고 권위자 머제니치는 '노화나 치매로 인한 인지능력 감소 및 퇴화'에 대한 대처방식에 대해 '**비침습적인 비약리적 요법**'을 주장한다. '**약리적 처방**'은 **퇴행성**

16) A Pascual-Leone, A Amedi, et al., "The plastic human brain cortex", Annual Review of Neuroscience Vol.28, pp.377-401, 2005

17) D Bavelier, HJ Neville, "Cross-modal plasticity : where and how?", Nature Reviews Neuroscience Vol.3, pp.443-452, 2002.

질환의 진행을 중단시키지 못할 뿐만 아니라, 부작용도 **심각**하다**. 반면 신체적 및 정신적 활동을 통해 특정 영역의 뇌 회로를 재구성하고 재배선하는 '**뇌 가소적 개입 방식**'은 부작용이 없고, 그 지속성이 상대적으로 길기 때문이다.

---

* 인간의 뇌는 인지능력과 관련하여 복잡한 기능을 매개하는 '해마(장기기억 담당) 및 신피질 회로(사고, 이해, 추론과 같은 생각을 관장)'는 노화에 매우 취약하다. 이로 인해 많은 사람이 인지장애를 경험하게 될 것이며, 이는 기억력과 획득한 정보를 전략적으로 사용하기 위한 주요 능력의 결핍으로 나타난다. 즉 노화에 의한 회백질 부피의 감소는 세포가 사멸되는 퇴행성 질환과는 대조적으로 손상되지 않은 회로의 시냅스 손실(연결성 약화)을 의미한다.[18]

** 인지기능의 저하 및 퇴화를 가져오는 알츠하이머(치매)병은 '아세틸콜린을 분비하는 신경세포(마이네르트 기저핵)의 파괴'가 주된 원인이다. 이는 시냅스의 아세틸콜린 농도를 떨어뜨리고, 신호전달 장애로 이어져 결국 '인지기능의 저하'로 나타난다. 따라서 약리적 처방은 '시냅스의 아세틸콜린 농도를 증가' 시켜서 신호전달을 원활하게 하여 '인지기능'을 향상시키고자 한다. 최근 사용되는 '인지기능 개선제'는 '도네페질(아리셉트)', '리바스티그민(엑셀론)', '갈란타민(레미니틸)', '메만틴' 등이다.[19] 그러나 이들 약제는 "병의 진행을 막을 수가 없으며, 그 경과를 6개월~2년 정도 늦출 수 있다"는 단기적인 미봉책에 불과하다. 게다가 심장질환, 소화기계통, 불면증, 두통 등의 부작용도 나타나고 있다.[20]

** 뇌의 도파민 신경세포의 소실로 인해 몸의 움직임에 이상(말과 행동이 느려지고 손떨림)이 생기는 파킨슨병은 복용 후 뇌에서 대사 과정을 거쳐 도파민이 되는 '레보도파'라는 약을 사용한다. 이 약물 역시 근원적인 치료제가 아니며, 복용후 4~5년이 지나면 운동 장애가 나타나며, 몸의 다양한 부위에서 뒤틀리고 꼬이는 이상운동증과 환각, 기억 상실 등의 부작용이 나타나 추가적인 복용이 어려워진다.

최근 많은 연구는 머제니치가 주장하는 '**뇌 가소적 개입 방식**'에 의한 비약리적 요법을 지지하고 뒷받침하고 있다. 연구자들은 신체적 운동과 정신적 활동은 '**신경세포의 생성 및 분화**'*[21], '**혈류 증가 및 혈관 생성**'**[22], '**시냅스 생성 및 연결성(가소성) 강화**'***[23], '**NAA**(N-아세틸 아스파르트산염) **생성 및 분비**'****[24] 등을 통해 '**뇌 가소적 변화를 촉진**'

---

18) Patrick R. Hof, et al., "The aging brain : morphomolecular senescence of cortical circuits", Trends in Neurosciences Vol.27(10), pp.607-613, 2004.

19) 「중앙치매센터 모바일 - 치매 매뉴얼 044」, "치매 환자의 건강 관리", p.048

20) 윤현철 · 정현강, "치매의 약물요법", Korean Med Assoc, 61(12), pp.758-764, 2018.

21) Zsolt Radak, et al., "Physical exercise, reactive oxygen species and neuroprotection", Free Radical Biology and Medicine Vol.98, pp.187-196, 2016.; 송주민, "운동과 신경 가소성에 대한 고찰", 대한고유수용성신경근촉진법학, 제6권 제2호, pp.31-38, 2008.

22) 운동은 기존의 혈관에서 새로운 혈관이 생성되는 혈관신생이 관찰된다. 특히 저항성 운동 및 장기간의 지구성 운동으로부터 생성된 혈관은 생체 내부에 원활한 혈류의 흐름을 제공함으로써, 건강을 유지하는 데 유익한 효과를 제공한다. 이혁종, "운동이 혈관신생 인자 발현에 미치는 영향", Exercise Science, Vol.27, No.1, pp.1-14, 2018.; Ulrich Laufs, MD, Nikos Werner, et al., "Physical training increases endothelial progenitor cells, inhibits neointima formation, and enhances angiogenesis", Circulation Vol.109(2), 2003, https://doi.org/10.1161/01.CIR.0000109141. 48980.3

23) Michelle W. Voss, et al., "Neurobiological markers of exercise-related brain plasticity in older adults", Brain, Behavior, and Immunity Vol.28, pp.90-99, 2013.; 이계주, "운동이 노화에 따른 뇌 구조 및 기능 변화에 미치는 영향", J Korean Med Assoc(대한의사협회지), Vol.52(9), pp.907-919, 2009.

24) NAA는 뇌에서 발견되는 자연 발생 화합물이며, 전두엽, 측두엽, 두정엽의 백질과 회색질에서 여러 가지 기능을

하여 인지능력의 향상과 운동 기능의 회복에 긍정적이다는 것을 밝히고 있다.

* 규칙적인 운동이 인체의 산화 환원 상태(인체 내에서 에너지 생산, 대사 과정, 세포 신호전달 등 다양한 생리적 기능)에 긍정적 영향을 미친다는 것은 명확하다. 즉 운동에 의한 적절한 수준의 활성산소종(산소 라디칼 O_2^-, 과산화수소 H_2O_2 및 수산기 HO－)의 생성은 신경세포와 신호전달 경로에서 중요한 역할(세포주기 조절, 식세포작용 및 효소 활성화)을 한다. 이들은 신호 전달과정에 참여하여 신경세포의 생존과 생성 및 분화와 관련된 유전자의 발현 조절을 활성화하는데 기여한다.

** 관상 동맥 질환이 있는 환자가 28일 동안 자전거 에르고미터(운동의 강도와 양을 정량적으로 측정할 수 있는 장치) 훈련, 중간 정도의 근력 훈련 및 걷기로 구성된 통제되고 표준화된 운동 프로그램을 받았다. 그 결과 혈류증가 및 혈관 생성에 관여하는 '혈관내피전구세포(EPC)'가 운동 시작 전에 비해 약 78%가 증가했고, EPC의 세포사멸이 41%가 감소하였다. 즉 운동은 EPC 혈관 생성을 통해 뇌의 혈류를 개선하고, 다양한 생리적 인자와 상호작용하여 신경가소성을 촉진(뇌 기능과 회복력에 긍정적인 영향)한다.

*** 건강한 노인을 대상으로 1년간 유산소 운동 프로그램이 뇌 유래 신경영양인자(BDNF), 혈관 내피 성장인자(VEGF)의 혈청 수치에 어떤 영향을 미치는지를 조사한 결과, 운동은 BDNF와 VEGF의 생성 및 증가시켰으며, 이는 측두엽 기능적 연결성이 강화되었다는 것이다. 이 연구는 운동이 노인의 뇌에서 시냅스 생성과 시냅스 연결성을 증가시키고, 이를 통해 뇌 가소성을 촉진하는 데 중요한 역할을 한다는 것을 보여주고 있다.

**** 3개월 동안 유산소 운동(싸이클링 등) 후 환자(12%)와 건강한 피험자(16%)에서 상대적 해마 부피가 유의하게 증가했으며, 해마 용적의 변화는 해마의 N-아세틸라스파르테이트(NAA)의 증가와 관련이 있음을 밝혀냈다. 즉 운동이라는 신체적 자극이 NAA 생성 및 분비시키고, 해마 용적의 증가라는 뇌 가소성을 촉진했음을 나타내고 있다.

비약리적 요법으로서 뇌 가소적 변화는 자극에 의한 네트워크의 형성으로 시작되며, 특정 자극에 전문화된 네트워크일수록 쉽게 발화되고 강력하다. 뇌는 '신경세포'(15%)와 '신경교세포[25)]'(85%)로 구성되어 있다. 이 2가지 종류의 세포들에 의해 우리는 지각하고, 생각하며, 어떤 느낌이나 감성을 느끼고, 배우고, 결정을 내리는 등 **정신적인 과정을 제어**할 수 있다.

어떤 자극이 들어왔을 때 신경세포들은 전기 자극이나 화학 자극을 통해 서로 정보를 교환하면서 특정한 '**네트워크**'가 만들어진다. 뇌 기능이 좋다는 것은 이 과정이 원활한 것임을 의미한다. 우리가 자주 접하고 사용하는 것이 더 잘 기억나는 이유는 '네트워크의 연결성이 강화'되어 있기 때문이다.

뉴런은 유사한 자극으로 자주 발화될수록 가지돌기가 더 분화되고 촘촘해진다. 신경세포

수행하는 필수적인 강력한 신경전달물질이다. 이 화합물이 부족하면 뇌의 노화가 빨리 진행되며, 다양한 신경퇴행성 질환에 치료 효과가 있는 것으로 확인된다. 「백세시대」, "과도한 체지방, 뇌 노화 촉진시켜", 2008.05.19.; https://brunch.co.kr/@27dc900794064fe/528.; Frank-Gerald Pajonk, et al., "Hippocampal Plasticity in Response to Exercise in Schizophrenia," Arch Gen Psychiatry Vol.67(2), pp.133-143, 2010.

25) 신경교세포가 신경세포를 지원하는 역할 외에도 신경줄기세포 분화를 조절하는 성장영양인자를 생산하며, 신경 발생을 조절하고, 최적의 정보처리와 관련된 기능을 수행함으로써, 뇌 가소적 변화에도 관여하는 것으로 밝혀지면서 새롭게 주목을 받고 있다. R. Douglas Fields, Alfonso Araque, et al., "Glial Biology in Learning and Cognition", The Neuroscientist, Vol.20, 2013, https://doi.org/10.1177/107385841 3504465

들을 연결하는 시냅스의 활동성도 강해지고 그 수도 증가한다. 이는 뉴런의 연결성이 강화되고, 신호전달이 강력해져서 네트워크가 활성화될 뿐만 아니라 특정 정보(자극)에 따른 전문화된 네트워크가 구성된다. 중요한 점은 한 번 **형성된 네트워크**(신경회로)는 항상 그 역할이나 경로에만 머물러 있지 않고 **상황에 따라 가변적으로 수행하는 역할이나 경로를 수정한다**는 점이다. 이는 특정 자극으로 형성된 네트워크는 그 규칙성의 정도(빈도, 강도)에 비례하여 빠르고 강해진다는 것이다. 예컨대 신체적 운동도 규칙성이 수반될 때 뇌 가소적 개입으로서 효과가 크고 강하다는 것을 의미한다.

2011년 미국의 메이요 크리닉(Mayo Clinic) 소속의 에릭 알스코그(J. Eric Ahlskog) 박사 등이 참여한 연구팀은 '치매와 뇌 노화의 예방 또는 질병 수정 치료로서의 신체 운동'에 관한 연구논문을 발표했다. 이 연구는 '유산소 운동'이 인지장애를 약화시키고 치매 위험을 줄일 수 있음을 강력하게 시사하고 있다.[26] 이 연구를 주관한 'Mayo Clinic'은 미국 미네소타주 로체스터에 본사를 두고 있는 세계적인 의료 기관으로서 알츠하이머병, 파킨슨병 등 뇌 및 신경계 질환의 전문적인 연구를 담당하고 있다.

이들은 운동이 퇴행성 신경질환에 대처하는 매우 효과적인 비약리적 요법이며, 인지훈련과 신체적 활동의 중요성을 강조하고 있다. '운동'은 걷기, 체육관 또는 헬스클럽 루틴(체육관이나 헬스클럽에서 운동을 할 때 따르는 계획이나 일정), 진입로 농구, 눈 치우기, 낙엽 긁기 또는 기타 정원 일과 같은 가정 활동을 포함하는 다양한 유산소 운동을 말한다. 규칙적인 운동은 정확하게 정의할 수 없지만, 심박 수와 산소 필요량을 증가시키기에 충분한 신체 운동(예 세션당 최소 20-30분 동안)이 지속되는 활동을 의미한다.

이 연구는 알츠하이머병, 치매 또는 경도인지장애[27]가 있는 환자를 대상으로 6개월에서 1년간 신체 운동이 미치는 영향을 fMRI를 통해 분석하고 규명했다. 동물과 인간 연구의 증거를 종합한 결과, 유산소 운동이 인지장애를 약화시키고 치매 위험을 줄일 수 있다고 밝히면서 다음의 세 가지 결론을 제시하고 있다.

첫 번째, 유산소 운동은 '신경 보호 신경 영양 인자(BDNF 등)*'의 생성 및 분비를 촉진하고 신경 가소성의 활성화를 유도한다. 이로 인해 신경 퇴행성 질환의 직접적인 원인인 뇌 세포의 손상 또는 사멸(신경 퇴행성 질환 메커니즘)을 차단하고 방지하는 등의 직접적인 영향을

---

26) JE Ahlskog, YE Geda, NR Graff-Radford, et al., "Physical exercise as a preventive or disease-modifying treatment of dementia and brain aging", Mayo Clinic Proceedings Vol.86(9), pp.876-884, 2011, https://doi.org/10.4065/mcp.2011.0252

27) 경도인지장애는 정상 노화로 인한 건망증과 치매의 중간 단계로, 치매가 되기 바로 전 단계를 말한다. 65세 이상 노인의 약 15~30%에 이르며, 치매 발병율이 연간 15%로 매우 높다(AI 개요).

미친다. 즉 운동이 신경퇴행성 과정의 진행과 노화와 관련된 시냅스 및 신경세포의 손실을 약화시킬 수 있다는 것을 의미한다.

---

* 신경 영양 요인은 노화 관련 뇌 위축 및 신경 퇴행성 질환과 싸우는 데 매우 중요하다. 예컨대 BDNF는 인간의 성인 뇌 전체에 걸쳐 널리 발현되는 반면 알츠하이머병 환자의 뇌에서는 수치가 현저히 감소한다. 더욱이 상태가 급격히 악화되고 있는 알츠하이머병 환자는 상태가 서서히 악화되고 있는 환자보다 혈청 BDNF 농도가 현저히 낮다. 이러한 BDNF는 단기간의 격렬한 운동으로 생성 및 방출되는 것으로 확인되고 있다.

두 번째, 포도당 과민증과 당뇨병, 고혈압, 고지혈증, 비만은 혈관성 치매뿐만 아니라 신경 퇴행성 치매의 위험을 촉진하는 요인이다. 이러한 혈관 요인은 유산소 운동으로 감소하는 것으로 나타났다. 지속적인 중간 강도의 신체 운동은 전 연령에 걸쳐 치매와 관련된 인지 위험을 낮추고 인지기능 저하를 늦추기 위한 처방으로 간주 되어야 한다는 것이다.

세 번째, 추가적인 운동의 이점으로 고령화 인구와 관련하여 골다공증 및 골절 위험의 감소, 근감소증 예방, 우울증과 불안 등을 감소시킨다. 특히 중요한 것은 장기적인 신체활동이 일반 인구의 사망 위험을 줄인다는 것이다.

이 같은 메이요 클리닉 연구결과는 인지능력을 개선하기 위한 뇌 가소적 개입으로써 '두뇌 훈련'을 강조하는 머제니치의 주장과 일치된다. "사람들이 오래 살 수 있게 만드는 바람에(고령화 사회), 오래 살아가는 노인 중에서 평균적으로 절반은 죽기도 전에 '**마음속의 천국**'(치매에 걸려 '정상적인 삶이 불가'한 상태)에 가 있는 '**기괴한 상황**'이 만들어진 거다. 사람이 '**정신적 수명을 연장**'(인지능력 개선)해서 '**육체의 수명에 이르게**'(정상적인 삶을 살아가도록) 하기 위해서는 '**무언가**'(인지능력 감퇴에 대한 대처 활동)**를 해야만 하는 상황**이다."라는 것이다. 그래서 두뇌 훈련을 통해 인지능력의 감퇴를 줄이고 향상시켜야 한다고 주장한다. 정신이 살아있도록 하려면 "새로운 무엇인가를 강도 높게 집중해서 학습하는 것이 필요하다."는 것이다. '높은 주의 집중을 요구하는 활동'(새로운 언어 배우기, 새로운 신체활동, 난해한 수수께끼 풀기, 새로운 기술과 내용 습득 등)은 '가소성 조절계'를 작동시켜 신경전달물질(아세틸콜린, 도파민)을 생성 및 분비시킨다. 이 화학물질들은 시냅스 생성 및 연결성을 강화하여 뇌 가소적 변화를 유도한다. 그 결과 **인지기능**(해마)**의 신경회로를 재구성하거나 재편성하여 정신적 수명**(인지능력)**을 연장할 수 있다**는 것이다.

이처럼 신체적 운동과 정신적 활동은 퇴행성 신경질환의 예방 및 관리를 위한 뇌 가소적 개입으로서 현존하는 약리적 처방보다 더 효과적인 비약리적 요법이 될 수 있다는 것이다.

이러한 메커니즘은 제7장 "만성통증을 이겨낸 뇌 가소적 개입"에서 언급되고 입증된 방식과 유사하다. 다만 자극의 방식이 '마음'(상상요법, 심상화)이 아니라 주로 '몸'(신체적 운동)을 매개로 한 가소적 개입이라는 점이다. 주관적인 상황에 맞는 신체적 운동 중심의 자극은 특정한 신경세포의 사멸로 인한 인지적 감퇴와 신체적(운동) 장애를 극복할 수 있는 가소적 변화를 유도한다. 이러한 치유 메커니즘은 최근 알츠하이머병, 파킨슨병, 치매와 같은 퇴행성 뇌 질환과 교통사고를 비롯한 외상으로 인한 뇌 손상 치료 및 재활에도 활용되고 있다.

8-4 규칙적인 유산소 운동의 과학적 근거

퇴행성 신경질환은 특정 뇌 영역(해마, 흑질 등)의 신경세포를 약화, 소실, 사멸시켜 '**뇌 가소성을 무력화**'하는 치명적인 질환이다. 현재까지 이를 중단시킬 수 있는 약리적 치료법은 없지만, 비약리적 요법으로서 '사용자 의존적 가소성' 원리에 의해 뇌를 자극하면 신경전달물질의 분비를 촉진하여 특정 영역의 신경세포 사멸을 차단하면서 '**뇌 가소성의 무력화**'를 방지하여 퇴행성 신경질환의 예방 및 관리가 가능하다는 것이다. 그것이 바로 '규칙적인 운동'이며, 이러한 비약리적 처방에 많은 동물실험과 임상적 시험의 결과가 지지하고 동의한다. 물론 운동의 방법에 대해서는 다양한 의견이 존재하지만, 공통적인 결론은 유산소 운동으로서 규칙적인 '**걷기**, **달리기**'(이하 '걷기'로 통칭하여 사용한다)라는 신체적 활동이다. 여기에 더하여 의식적 자극이 통합된 운동을 권고하고 있다.

걷기는 신경생리학적으로 두뇌의 비료인 '**신경영양인자**'(BDNF*, GDNF**)와 신경전달물질인 '**산화질소**'(NO***)나 '**도파민**'의 생성 및 분비를 촉진하여 인지기능의 개선과 운동기능의 회복에 기여한다. 이러한 물질들은 특정 뇌 영역에서 신경세포의 소실을 방지하여 퇴행성 신경질환의 진행을 지연시키고 증세를 차단할 수 있음을 임상시험에서 입증되고 있다. 걷기라는 신체적 운동이 뇌 신경세포의 생성 및 수명연장, 시냅스 생성 및 기능 강화, 혈관 건강을 향상, '텔로미어'28) 길이를 연장하여 노화를 방지하는 데 도움을 준다는 것이다.29) 따라서 치료제가 개발되지 못한 **퇴행성 신경질환에 대처하는 선택지**는 **걷기와 같은**

28) 텔로미어(telomere)는 염색체의 끝부분에 있는 염색 소립으로 세포의 수명을 결정짓는 역할을 한다. 이것은 즉 세포시계의 역할을 담당하는 DNA의 조각들이다. 세포가 분열할 때마다 텔로미어는 조금씩 짧아지며, 결국 특정 길이 이하로 줄어들면 세포는 더 이상 분열할 수 없게 된다. 이 과정은 노화와 관련이 있으며, 텔로미어의 길이는 세포의 수명과 건강에 중요한 영향을 미친다. 「Science ON」, "ScienceON TREND", https://scienceon.kisti.re.kr/

유산소 운동이 약리적 처방을 뛰어넘는 **필수적인 대안일 수밖에 없다.**

---

* BDNF(Brain-Derived Neurotrophic Factor)는 아세틸콜린을 생성하는 콜린시스템을 활성화하는 단백질이다. 기억을 담당하는 해마의 신경세포 분화와 생성을 촉진해 인지기능(기억력, 사고력 등)을 향상시킨다. 알츠하이머나 치매 환자의 경우 '아세틸콜린을 분비하는 신경세포의 파괴'가 주된 원인이다. BDNF는 아세틸콜린을 생성 및 분비하는 '마이네르트 기저핵'을 발화하여 해마와 상호작용[30]을 통해 학습 및 기억에 도움을 주면서 인지기능을 개선시킨다.

** GDNF(Glial-Derived Neurotrophic Factor)는 주로 도파민 뉴런의 생존과 발달을 지원하는 단백질이다. 신경세포의 생존과 재생을 촉진하고, 신경세포의 분화와 성장에도 영향을 미친다. 특히 파킨슨병 환자의 경우 도파민을 생성하는 신경세포(흑질)의 사멸이 주된 원인이다. GDNF는 흑질 소실을 방지하여 도파민 생성을 촉진하고, 도파민으로 가동되는 선조체 기능을 활성화하여 몸의 균형과 운동 기능의 회복을 유도한다.

*** NO(Nitric Oxide, 산화질소), 산화질소는 혈관 내피세포(혈관의 가장 안쪽 벽을 구성하는 세포)와 뇌 신경세포에서 면역 반응, 혈류증가 및 혈관 확장, 신경 전달 등 다양한 생리적 과정에 중요한 역할을 한다. 면역 반응으로서 백혈구가 종양세포와 박테리아를 죽일 수 있도록 하며, 혈관 이완제로서 혈류를 증가시켜 혈압을 조절하는 등 혈관을 확장한다. 또한 뇌 세포 간의 정보를 전달하는 강력한 신경전달물질의 역할 등을 수행하여 기억과 특정 신경 퇴행성 질환(알츠하이머) 치료에 기여한다. 이는 매우 불안정하여 수명이 짧아 6~10초 동안 존재하는 분자로서. 세포의 성장, 유전자 발현, 단백질 합성과 전신 활동을 조절한다.[31]

걷기는 퇴행성 신경질환의 인지기능과 운동기능을 회복시키지만 더욱 중요한 것은 노화와 함께 진행되는 **퇴행성 장애에** 대한 **최선의 예방법**이라는 점이다. 또한 운동 기능이 제한되는 경우에도 '**운동 상상 기법**'이나 '**운동 관찰**' 등을 시행하여 '**뇌 가소적 개입**(걷기 효과)**의 효과**'를 누릴 수 있다는 점도 빼놓을 수 없다.[32]

걷기와 관련한 동물 실험결과는 어떨까?

결론부터 말하면 **걷기는 뇌 가소적 개입을 위한 가장 강력한 처방**이다. 실험 쥐를 대상으로 한 '**빨리 걷기**(풍부한 자극 포함)'의 실험결과는 특정한 뇌 신경회로의 가소적 변화에 매우 긍정적이다.

---

29) 「시정일보」, "손매남의 뇌 건강 이야기 /#13 퇴행성 뇌질환의 예방과 정신건강", 2022.12.15.

30) 해마와 마이네르트 기저핵은 서로 연결되어 있으며, 아세틸콜린은 해마의 기능에 중요한 영향을 미친다. 마이네르트 기저핵에서 방출되는 아세틸콜린은 해마의 신경 회로에 영향을 주어 기억 형성과 학습 과정에 기여한다. 따라서 이 두 구조는 인지기능을 조절하는 데 있어 상호작용을 하며, 특히 기억과 관련된 과정에서 중요한 역할을 한다.

31) Richard Bruckdorfer, The basics about nitric oxide, Molecular Aspects of Medicine Vol.26, Pages 3-3, 2005.; Solomon H. Snyder and David S. Bredt, Biological Roles of Nitric Oxide, Scientific American Vol.266(5), pp.68-77, 1992.

32) 백남종, "신경조절과 뇌가소성", 「Brain & N euroRehabilitation」 Vol.1, No.1, p.15, 2008.

물론 설치류의 실험결과가 인간에게 동일시할 수 있는 것인가? 라는 의문은 있지만, 2013년 솔크연구소가 "성인 인간의 해마 신경 발생의 역학[33]"의 논문에서 "**새로운 신경세포의 발생 정도는 중년 인간과 생쥐가 비슷하다.**"고 밝힌 것은, **동물 실험결과가 인간에게 무관하지 않다는 것**을 시사하고 있다. 그래서 마우스(생쥐)는 인간의 생리학 및 질병의 유전적 기초를 밝히는 강력한 모델(이상적인 모델 유기체)로 많은 의료 분야에서 사용되어 왔다.[34]

1947년 도널드 헵은 '**자극이 풍부한 환경에서 자란 쥐**'가 자극이 없는 단순한 환경에서 자란 쥐보다 **뛰어난 학습 능력**(문제 해결 능력)을 보인다.[35]는 것을 발견했다. 자극이 인지 능력을 향상한다는 것이다. 1962 로젠츠바이크와 에드워드 베네트 등은 **복잡한 환경**(새롭고 풍족한 조건, 새로운 장난감 등)에서 **사육된 쥐는** 대조군(격리된 쥐)에 비해 '**신경전달물질**(콜린에스테라아제, 신호전달 조절)이 **활성화**하고', '**대뇌 피질이 무겁고 밀도가 높았으며**', '**더 많은 신경 연결을 형성**'한 것을 밝혀냈다.[36] 자극이 풍부한 환경이 뇌 신경회로에 더 높은 수준의 생리적 · 화학적 구조적 변화를 촉진한다는 것을 의미한다.

1999년 솔크연구소의 게이지와 헨리에트 반 프라그는 **새로운 뉴런의 증식을 촉진**하는 데 가장 효과적인 운동이 '**쳇바퀴**(빠르게 걷기)'이며, 대조군에 비해 새로운 뉴런의 수가 2배가 증가했음을 밝혀냈다(Henriette van Praag, et al., 1999). 2005년에는 '쳇바퀴를 탄 생후 19개월 된 늙은 쥐'(평균 수명 2년)에서도 '뉴런이 생성'되고 '학습 능력(미로 찾기, 기억 등)이 향상'된 것을 확인하였다(Henriette van Praag, et al., 2005).

2021년 미국 스탠퍼드대학 토니 와이스 코리(Tony Wyss-Coray) 박사 연구진이 생쥐를 대상으로 한 연구에 따르면, 자발적으로 '**쳇바퀴 운동을 한 쥐**'의 혈액에서 채취한 혈장을 '**운동을 하지 않은 일반 쥐**'에게 **주입한 결과**, 이들 쥐에서 **뇌 세포 생성이 증가하고 인지기능이 향상된 것**으로 나타났다.[37] 이는 쳇바퀴 운동이 신체활동의 신호 정보로 뇌를 자극 및 활성화하여 '신경세포의 생성*', '신경영양인자 발현 증가**', '신경 다발 증가***' 등의

---

33) KL Spalding, O Bergmann, et al., "Dynamics of hippocampal neurogenesis in adult humans", Cell Vol.153(6), pp.1219-1227, 2013.

34) Andrzej Z. Wasilczuk, et al., "Chapter Eleven - The Mouse as a Model Organism for Assessing Anesthetic Sensitivity", Methods in Enzymology Vol.602, pp.211-228, 2018.

35) 「brunch story」, "21세기 문명의 비밀 : 신경 가소성. 두 번째 이야기", 2020.04.28. https://brunch.co.kr/@betterbrain/21; DO Hebb, "The effects of early experience on problem-solving at maturity", American Psychologist Vol.2, pp.306-307, 1947.

36) MR Rosenzweig, EL Bennett, et al., "Effects of environmental complexity and training on brain chemistry and anatomy : a replication and extension", Journal of Comparative and Physiological Psychology Vol.55(4), pp.429-437, 1962.

37) T Wyss-Coray, et al. "Exercise plasma boosts memory and dampens brain inflammation via clusterin", Nature Vol.600, pp.494-499, 2021.

가소적 변화를 유도했다는 것이다. 이러한 세 가지 요소는 뇌의 발달, 학습 능력, 그리고 신경계 회복 과정에서 상호작용하여 긍정적인 역할을 한다.

---

* 신경세포의 생성은 뇌(주로 해마)에서 새로운 뉴런이 형성되는 과정을 의미한다. 이는 뇌의 발달, 학습, 기억, 그리고 회복 과정에서 중요한 역할을 한다. 신경세포가 생성될 수 있다는 사실은 학습이나 경험에 따라 뇌의 구조가 변화할 수 있음(뇌 가소성)을 의미한다.

** 신경영양인자(신경세포의 생존, 성장 및 분화에 중요한 역할을 하는 단백질, 대표적인 신경영양인자는 'BDNF') 발현 증가는 신경세포의 생존률이 높아지고, 신경세포 간의 연결을 촉진하여 신경망의 기능이 향상된다. 특히 학습과 기억 형성에 큰 영향을 미친다.[38]

*** 신경 다발(신경 신호의 전달과 정보처리에 필수적인 신경세포 간의 연결망을 구성하는 신경섬유들의 집합을 의미한다.) 증가는 신경세포 간의 시냅스 형성과 관련이 있으며, 이는 학습과 기억의 기초가 된다. 새로운 경험이나 학습을 통해 신경 다발이 증가하면 신경망의 효율성이 높아지고 더 복잡한 정보처리가 가능해진다.[39]

최근 연구에서는 쥐 실험을 통해 '**신체 운동**'(쳇바퀴)과 '**인지적 자극**'(해마 의존 연상 학습과제)이 결합된 환경에서 운동했을 때 더 큰 효과가 발생한다고 보고되고 있다. 연구에 따르면 새로운 **신경세포가 두 배정도 더 많이 생성**되고[40], **BDNF 증가**를 통해 노화 및 신경 퇴행성 질환의 위험이 있는 뉴런을 유지하고 보호하며,[41] **공간 기억을 향상**시키는 것[42]으로 나타났다. 이러한 연구들은 풍부한 자극(인지적 자극)과 빠른 걸음은 뇌 가소적 변화에 매우 긍정적이라는 사실을 입증하고 있다.

운동 강도와 뇌 가소적 개입 효과와 상관성 연구도 진행되었다. 2018년 연구는 인터벌 트레이닝(HIIT, 수영, 6주간)이 쥐의 림프구에서 **신경전달물질**(아데노신 디아미나제, 아세틸콜린에스테라아제)의 **활성을 증가시키는 것**을 확인했다.[43] 2020년 연구에서는 '**수컷 실험 쥐**'의 24마리를 4개 그룹으로 나누어 4개 유형의 훈련을 8주(주당 5회)간 실시한 뒤 효과를 분석했다.[44] 그 결과 신경전달물질(nAchR), 신경영양인자(BDNF), 유전자 발현 등

---

38) 박민규 · 김현 · 이대희, "흰쥐 편측 도파민성 신경계 소실이 신경영양성 인자들의 유전자 발현에 미치는 영향", 대한신경과학회지, Vol.13, No.3, pp.426-434, 1995.9.

39) 「ibs기초과학연구원」, "우리의 경험은 어떻게 기억으로 기록되는 걸까?", 2023.11.28.

40) Gould et al., "Learning enhances adult neurogenesis in the hippocampal formation", Nature Neuroscience Vol.2, pp.260-265, 1999.

41) Kesslak et al., "Learning upregulates brain-derived neurotrophic factor messenger ribonucleic acid : A mechanism to facilitate encoding and circuit maintenance?", Fernando Behavioral Neuroscience Vol.112(4), pp.1012-1019, 1998.

42) Uysal et al., "The effects of regular aerobic exercise in adolescent period on hippocampal neuron density, apoptosis and spatial memory", Neuroscience Letters Vol.383, pp.241-245, 2005.

43) Juliano Marchi Vieira, Jessié Martins Gutierres, et al., "Caffeine and high intensity exercise : Impact on purinergic and cholinergic signalling in lymphocytes and on cytokine levels", Biomedicine & Pharmacotherapy Vol.108, pp.1731-1738, 2018.

모두를 향상시킨 운동은 '**고강도 인터벌 트레이닝**'으로 확인되었다. **고강도 훈련**은 아세틸콜린 생성 증가와 그 수용체(nAchR) 발현을 증가시키고, BDNF 생성과 유전자 발현에 긍정적 영향을 미쳐 **시냅스의 가소성을 활성화** 한다는 것이다.

이들 연구는 집중에 의한 **운동 강도가 '아세틸콜린, 이를 분해하는 효소, 시냅스 가소성, 유전자 발현'** 등을 활성화하여 강력한 뇌 가소적 변화(퇴행성 질환 예방 및 관리)를 뒷받침하는 '**핵심 요인**'이라는 것을 밝히고 있다.

'걷기 등 유산소 운동'이 뇌 건강에 미치는 임상시험의 결과는 어떨까?

결론은 동물시험과 유사하게 매우 효과적인 처방임을 입증했다. **유산소 운동은** 신경전달물질, 신경영양인자, 산화질소, 천연 오피오이드 등을 생성 및 분비하여 '**인지능력 향상**'과 '**운동 기능 회복**'에 긍정적 영향을 주는 것으로 확인되었다. 즉 운동이 퇴행성 신경질환의 유용한 치료 및 예방법(강력한 뇌 가소적 개입)이라는 것이다.

2001년 미국 샌프란시스코 캘리포니아대학교 연구팀은 65세 이상의 여성 노인 5,925명을 대상으로 8년 동안 걷기와 관련한 뇌 기능을 측정한 연구를 진행했다. 평소 '**걷기 운동을 많이 하는 노인**'이 '**운동을 하지 않는 노인**'에 비해 '**인지기능의 감퇴를 경험할 가능성이 낮은 것**'으로 나타났다.[45] 이러한 효과는 인지기능에 영향을 미치는 잠재적 요인(나이, 교육, 건강상태, 우울증, 뇌졸중, 당뇨, 고혈압, 흡연, 호르몬 치료 여부 등)들을 통제한 후에도 확인되었다. 이 연구는 '**신체활동이 노인들의 인지기능 저하를 예방한다**'는 가설을 뒷받침하는 것이다.

뇌 세포와 혈관 내피세포[46]에서 산화질소(NO)가 생성되려면 운동을 해야 하고, 이를 통해 혈관 내피세포가 건강해야 산화질소가 다양한 생리적인 역할(NO 기능 : 면역 반응, 혈류증가 및 혈관확장, 신경전달 등)을 수행하게 된다. 2004년 이와 관련한 연구(**운동이 혈관 내피세포에서 생성되는 산화질소의 기능에 미치는 영향**)가 진행되었다.[47]

---

44) Ali Gorzi, Firooz Jamshidi, Walter Krause Neto, et al., "Muscle gene expression of CGRP-α, CGRP receptor, nAchR-β, and GDNF in response to different endurance training protocols of Wistar rats", Molecular Biology Reports, Vol.47, pp.5305-5314, 2020.

45) Yaffe K, Barnes D, Nevitt M, Lui LY, Covinsky K. "A prospective study of physical activity and cognitive decline inelderly women : women who walk", Arch Intern Med Vol.161, pp.1703-1708, 2001.

46) 내피세포는 산화질소(NO)를 포함한 수많은 파라크린 물질을 생성하여 혈관 벽의 건강을 유지하고 혈관 운동 기능을 조절하는 데 도움을 준다. (Daniel J. Green, et al., 2004)

47) Daniel J. Green, Andrew Maiorana, Gerry O'Driscoll, Roger Taylor, "Effect of exercise training on endothelium-derived nitric oxide function in humans", The Journal of Physiology Vol.561,

연구결과에 의하면 운동은 직접적, 간접적인 방법으로 NO 기능을 활성화한다. 정상인 사람과 심혈관 위험 요인(고혈압, 당뇨, 비만 등) 및 질병이 있는 환자 모두에게 NO 기능을 지속적으로 향상시킨다. 다만, 단기간의 훈련은 NO 생체 활성화를 증가시키지만, 훈련 중단 후에는 그 효과가 이내 사라진다는 것이다. 이 연구의 결과는 운동이 혈관 건강을 개선하고, 염증을 줄이며, 신경 보호 효과를 통해 퇴행성 신경질환의 예방 및 관리에 기여할 수 있음을 시사하고 있다. 따라서 규칙적인 운동은 이러한 질환을 예방하고 관리하는 데 중요한 전략이 될 수 있음을 의미한다.

2010년 미국 일리노이대학의 아서 크레이머(Arthur F. Krame) 교수팀이 노인들을 대상으로 '**유산소(걷기) 운동**'과 '**비유산소 피트니스 운동**'이 **뇌 기능과 인지에 미치는 영향을 비교 분석**하였다. 1년간의 걷기는 '디폴트 모드 네트워크(뇌의 휴식 모드, 외부자극이 없는 상태)[48]'와 '전두엽 집행 네트워크(인지적 작업 수행)[49]'의 기능적 연결성을 증가시켰다. 즉 유산소 운동 요법이 상대적으로 해마의 크기를 증가시키고 기억력을 향상한 것으로 드러났다.[50] 이는 노화 관련 **뇌 기능장애를 극복하는 데 있어 걷기 유산소 운동이 효과적**이었음을 확인해 주고 있다.

나이가 들어도 다리 힘으로 측정한 근육 건강이 튼튼하면(향상되면) 뇌의 기능을 건강하게 유지하는 데 도움이 된다는 연구가 있다.[51] 2016년 영국 킹스 칼리지 런던 연구팀은 324명의 여성 쌍둥이(43~73세)들을 대상으로 10여 년간 연구를 진행한 결과, '**걷기 등의 활발한 신체활동**'을 통해 튼튼한 다리를 가진 대상자들은 운동하지 않은 사람들에 비해 **인지능력이 더 뛰어나고 노화와 관련된 뇌 변화도 훨씬 적었다**. 이는 운동을 규칙적으로 하여 다리를 튼튼하게 유지하면 치매를 예방하는 데 큰 도움이 될 수 있다는 것이다.

운동으로 생성되는 BDNF는 **퇴행성 신경질환을 관리 및 예방하는 데 매우 중요한 역할**을 한다. 그 이유는 기억을 담당하는 해마의 신경세포 분화와 생성을 촉진해 기억력과 인지기능을 향상하기 때문이다. BDNF는 노화로 인한 '대사적 감퇴'(뉴런의 감소)를 줄일 뿐만

---

pp.1-25, 2004, https://doi.org/10.1113/jphysiol.2004.068197

48) DMN(Default Mode Network)는 2001년 미국 워싱턴 대학교의 Marcus Raichile 교수팀이 아무것도 하지 않을 때 활성화되고, 어떤 작업에 집중할 때 오히려 활성이 감소하는 회로 시스템을 발견. 이 휴식상태의 활성 네트워크를 DMN이라 명명했다. https://brunch.co.kr/@smileearth/206

49) 전두엽 집행 네트워크는 주의 집중, 의사결정, 계획, 문제 해결 등과 같은 인지적 작업을 수행할 때 활성된다.

50) Arthur F. Kramer, et al., "Plasticity of brain networks in a randomized intervention trial of exercise training in older adults", Frontiers in Aging Neuroscience Vol.2, (2010), doi.org/ 10.3389/fnagi.2010.00032

51) Claire J. Steves, ORCID logo, Mitul M. Mehta, Stephen H.D. Jackson, Tim D. Spector, "Kicking Back Cognitive Ageing : Leg Power Predicts Cognitive Ageing after Ten Years in Older Female Twins", Gerontology Vol.62, pp.138-149, 2016.; 「브레인미디어」, "운동하면 일어나는 일", 2022.09.05.

아니라, 퇴행성 질환으로 손상된 뉴런의 기능을 복원에도 관여를 한다. 미국 UCLA대학에서 '운동이 두뇌 기능에 미치는 영향'을 연구하고 있는 페르난도 고메즈-피니야(Fernando Gomez-Pinilla) 교수는 "**운동이 두뇌 기능에 도움**을 준다면, **그 핵심에 BDNF가 있다**."라며 운동과 BDNF의 상관성을 명쾌하게 밝히고 있다.52) 그의 연구에 따르면, 즉 가장 빠른 학습자이자 가장 좋은 기억력을 가진 동물에게서 BDNF의 가장 높은 발현이 나타난다는 것이다.

신체활동 정도와 기대수명의 상관관계를 추정한 연구도 있다.

2024년 호주 그리피스대 레너트 비어만 교수팀은 걷기 수준이 기대수명에 미치는 정도를 분석했다.53) 40대 이상을 신체 활동량에 따라 4개 그룹으로 나누고 예측 모델을 사용하여 그룹별 기대수명을 추정했다. 시속 4.8㎞의 보통 속도로 매일 160분 이상 걷는 사람이 신체활동량 상위 25%로 분류됐다. 분석결과 모든 40대가 시속 4.8㎞ 속도로 매일 160분 이상 걷는다면, 기대수명이 78.6세에서 84세로 5.4년 늘어날 것으로 추정됐다. 특히 신체활동을 늘릴 때 기대수명 연장 효과가 가장 큰 사람은 활동량이 가장 적은 그룹이었다. 하루 걷는 시간이 50분 정도로 신체활동이 적은 하위 25%인 사람이 걷는 시간을 상위 25% 수준(하루 160분)으로 늘리는 경우, 기대수명은 10.9년 더 늘어날 수 있는 것으로 분석됐다. 이 연구는 **걷기**와 같은 신체활동 중심의 **규칙적인 유산소 운동이 매우 긍정적인 뇌 가소적 개입**이라는 것을 입증하였으며, 개인 수준에서 **기대수명을 크게 늘릴 수 있는 잠재력이 있음**을 밝히고 있다.

이 외에도 유산소 운동(120명의 노인을 대상으로 한 임상시험)이 BDNF 혈청 수치와 전방 해마의 크기를 증가시켜 공간 기억력을 향상시키고,54) 뇌 신경세포(신경 줄기세포, 신경 전구세포)55)를 증식 및 분화하여 인지능력 및 운동기능 회복시키는 주된 요인이라고 밝히고 있다.56) 20분 정도 싸이클링과 같은 유산소 운동이 중증도 알츠하이머병 환자의

---

52) 「서울시50플러스포털」, "운동이 행복한 두뇌를 만든다!", https://www.50plus.or.kr/detail.do?id= 8749009

53) 「라이프」, "40대, 매일 2시간40분씩 걸었더니…놀라운 결과 나왔다 [건강!톡]", 2024.11.15.

54) Erickson KI, Voss MW, Prakash RS, Basak C, Szabo A, Chaddock L, et al. "Exercise training increases size of hippocampus and improves memory", Proc Natl Acad Sci USA. Vol.108, pp.3017-3022, 2011.

55) 신경 줄기 세포(NSC)는 모든 신경계 세포로 분화할 수 있는 다능성을 가진 세포인 반면 신경 전구 세포(NPC)는 특정 세포 유형으로 제한된 분화 능력을 가진 세포이다. 두 세포 모두 신경계의 발달과 재생에 중요한 역할을 한다(AI 개요).

56) Freberg, Elissa, et al.,"Exercise as a Potential Therapeutic Strategy to Target the Clinical Link Between Depression and Alzheimer's Disease : A Narrative Review", Journal of Alzheimer's Disease Vol.89, pp.759-767, 2022.; Carina Scharf, et al., "Twelve weeks of physical exercise breaks with coordinative exercises at the workplace increase the sulcal depth and decrease

선택적 주의력, 작업 기억 및 문제 해결 능력을 크게 향상시킬 수 있으며,[57] 파킨슨병 환자의 GDNF 혈청 농도를 증가시켜 운동 기능 회복에 기여할 수 있음을 보여주고 있다.[58]

이상의 연구들은 유산소 운동이 '알츠하이머병에 의한 인지기능 저하'와 '파킨슨병에 의한 운동기능 저하'를 예방하거나 늦추기 위한 효과적인 방법임을 입증하고 있다.[59]

8-5 유산소 운동의 가소적 개입 효과

신경과학의 관점(쾌락 전환 가설, 동기와 보상)에서 '유산소 운동'(의식적 자극을 포함한 걷기, 달리기, 싸이클링 등)은 보상 및 도파민 시스템을 활성화하여 '내인성 오피오이드'(세로토닌, 노르에피네프린, 도파민, 아세틸콜린 등)을 분비하고, '신경영양인자'(GDNF, BDNF)와 '산화질소'(NO) 등을 생성하므로 **퇴행성 신경질환*에 유효한 비약리적 요법이다.**[60]

* 퇴행성 신경질환에서 가장 흔한 것은 알츠하이머병(AD), 파킨슨병(PD)으로 대표되는 **'운동 장애'**와 '인지 장애'이다. 이는 일반적으로 노년기에 발생하며, 발병 진단 이전까지는 뉴런과 시냅스 연결의 점진적인 손실을 보인다. 하지만 발병 이후에는 특정한 뇌 신경세포의 급격한 손상 또는 사멸이 진행된다(신경세포 손실의 정도는 임상 증상의 발생 및 진행과 직접적인 상관관계가 있다). 알츠하이머병에서 발생하는 '인지적 장애'(기억, 사고력, 판단력 등)는 해마의 손실로 인해 발생하며, 파킨슨병에서 발생하는 '운동 장애'(떨림, 서동증, 자세 불균형)는 흑질에 있는 도파민 뉴런의 70~80%가 손실된 후에 분명해진다.[61] 헌팅턴병(HD)은 원치 않는 안무 동작(불규칙한 움직임이나 떨림, 경련), 행동 및 정신장애, 치매를 특징으로 하는 중추 신경계의 희귀 퇴행성 신경질환이다.

---

gray matter volume in brain structures related to visuomotor processes", Brain Structure and Function Vol.229, pp.63-74, 2024.

57) Ines Ben Ayed, et al., "Does acute aerobic exercise enhance selective attention, working memory, and problem-solving abilities in Alzheimer's patients? A sex-based comparative study", Frontiers in Sports and Active Living Vol.(6), 2024, https://doi.org/10.3389/fspor.2024. 1383119

58) Fatih Soke, et al., "Effects of task-oriented training combined with aerobic training on serum BDNF, GDNF, IGF-1, VEGF, TNF-α, and IL-1β levels in people with Parkinson's disease : A randomized controlled study", Experimental Gerontology Vol.150, 2021, https://doi.org/10.1016/j.exger.2021.111384

59) Ma CL, Ma XT, Wang JJ, Liu H, Chen YF, Yang Y. "Physical exercise induces hippocampal neurogenesis and prevents cognitive decline", Behav Brain Res Vol.317, pp.332-339, 2017.

60) 「RunningDr」, "달리기가 우울증을 치유해지는 이유(이동윤 메디컬 칼럼)", 2015.12.16.

61) CR Oehrn, S Cernera, et al., "Chronic adaptive deep brain stimulation versus conventional stimulation in Parkinson's disease: a blinded randomized feasibility trial", Nature Medicine Vol.30, pp.3345-3356, 2024.

인간의 행동은 '동기'에 의해 유인된다는 것은 보편적인 상식이다. 그 동기는 물, 음식, 잠, 고통의 회피와 같이 '생존'을 위해 필요 불가결한 것과 '보상'에 의해 촉발된다. 퇴행성 신경질환의 예방이나 치유를 위한 **인지적 자극**과 **유산소 운동은 생존을 위한 동기로서 강력한 뇌 가소적 개입**으로 작동된다. 이러한 활동은 뇌의 보상시스템, 콜린성 시스템, 내인성 오피오이드 생성 및 분비 등 다양한 신경 메커니즘을 자극한다. 그 결과 뇌의 가용자산인 '**인지적 비축**'으로 이어져 **인지능력의 향상**과 **운동기능의 회복**에 긍정적인 영향을 주기 때문이다.

'**인지 예비력**'(인지적 비축)'은 1996년 그레이브스(AB. Graves)와 그 동료들이 정신적, 육체적 활동의 보호 효과를 설명하기 위해 제시된 개념이다. 풍부한 환경, 자발적인 쳇바퀴 운동, 환경 풍부화와 대뇌 피질을 포함한 특정 뇌 영역의 신경 가소성을 활성화 한다는 것이다. 다양한 정신적 자극(교육, 여가활동 등)*과 신체적 경험(유산소 운동)**은 인지적 비축으로 이어지면서 뇌의 건강을 보호하고 인지적 손상에 대한 저항력을 높일 수 있다는 이론이다. 인지적 비축은 **노화나 질병으로 인한 인지 저하를 예방하는 데 중요한 자원으로서 역할을 한다**.

* 65세 이상을 대상으로 3년 간격으로 두 차례에 걸쳐 인지기능을 평가한 결과, 정규 교육을 받은 기간이 적은 사람들은 연령, 출생지, 면접 언어, 직업 및 소득에 관계없이 인지기능에서 더 큰 감소를 보였다.[62)]

** 유산소 피트니스는 BDNF 혈청 수치를 높이고, 대뇌 혈액량 증가, 노인의 해마(치상이랑)의 신경생성 및 부피를 증가시킨다. 특히 사춘기 이전의 어린 시절에 커 큰 해마 부피와 더 나은 기억력과 상관관계가 있다.[63)]

이러한 인지적 비축은 알츠하이머병과 기타 형태의 치매 발병 위험을 낮춘다는 역학 데이터로 사용되었다.[64)] 최근의 증거에 따르면 인지적 비축은 뇌 노화, 신경 퇴행성 질환뿐만 아니라 다른 신경 및 정신질환에도 긍정적 영향을 미친다는 것이다. 따라서 더 높은 정신 및 신체활동 수준을 통해 '인지적 비축을 강화하는 전략'이 우선순위가 되어야 하며, 이를

62) Denis A. Evans MD, et al., "Level of education and change in cognitive function in a community population of older persons", Annals of Epidemiology Vol.3(1), pp.71-77, 1993.

63) Baker LD, et al., "Effects of aerobic exercise on mild cognitive impairment : A controlled trial", Arch Neurol Vol.67, pp.71-79, 2010.; Laske C, et al., "Exercise-induced normalization of decreased BDNF serum concentration in elderly women with remitted major depression", Int J Neuropsychopharmacol Vol.13, pp.595-602, 2010.

64) AB. Graves, JA. Mortimer, EB. Larson, et al., "Head Circumference as a Measure of Cognitive Reserve", The British Journal of Psychiatry, Vol.169(1), pp.86-92, 1996.

통해 다양한 뇌 신경질환의 발병을 지연시키거나 발병률을 줄일 수 있음을 의미한다.[65]

2000년에 오스트레일리아 신경과학자 앤서닌 해넌(Anthony J. Hannan)과 안톤 반 델렌(Anton van Dellen)은 '**풍부한 환경**'과 '**빠르게 걷기**'가 사용자 의존적 가소성을 활성화하여 '**퇴행성 신경질환**'에 어떤 영향을 미치는지에 대한 실험을 했다. 인간의 헌팅턴병(치료법이 없다) 유전자를 이식한 쥐(형질 전환 마우스)를 만들어 자극이 풍부한 환경에 노출시켰다. 그 결과 헌팅턴병으로 인한 '대뇌 용적의 손실을 예방'하고 '운동 장애의 발병과 진행을 지연'시켰다.

또한 알츠하이머병 형질 전환 마우스에서도 학습과 기억력(인지능력)이 향상되었음을 밝혀냈다.[66] 이어 2006년에는 헌팅턴병 '형질 전환 마우스'(헌팅턴병 유전자를 이식한 쥐)를 '쳇바퀴(빨리 걷기) 환경'에 노출시켜 자발적인 신체 운동이 가능하도록 했다. 그 결과 쳇바퀴가 없는 환경에서 자란 쥐들에 비해 '선조체 기능(운동 기능 조절)을 개선'하고, '발병 시기를 지연(발병한 시기가 인간의 시간으로 약 10년 정도 늦춰짐)시켰으며, 인지능력의 저하를 늦춘 것으로 나타났다.[67] 2011년 연구에서도 운동이 헌팅턴병으로 겪는 '인지장애를 지연'(자극이 풍부한 환경은 기억력 결핍과 공간 학습 능력 개선)시키고[68], 헌팅턴병으로 발생한 '우울증'(세로토닌 조절 장애)을 겪는 생쥐의 해마 세포 증식에 긍정적 영향을 미치는 것을 확인했다.[69]

한편 형질 전환 마우스 쥐의 뇌에 BDNF를 주입한 결과 헌팅턴병의 선조체 세포 사멸을 방지하는 것을 밝혀냈다.[70]

---

65) Jess Nithianantharajah, Anthony J. Hannan, "The neurobiology of brain and cognitive reserve : Mental and physical activity as modulators of brain disorders", Progress in Neurobiology Vol.89, pp.369-382, 2009.

66) Denis York & Anthony J. Hannan, et al., "Delaying the onset of Huntington's in mice", Nature Vol.404, pp.721-722, 2000.; Jess Nithianantharajah & Anthony J. Hannan, "Enriched environments, experience-dependent plasticity and disorders of the nervous system", Nature Reviews Neuroscience Vol.7, pp.697-709, 2006.

67) T.Y.C. Pang, N.C. Stam, J. Nithianantharajah, M.L. Howard, A.J. Hannan, "Differential effects of voluntary physical exercise on behavioral and brain-derived neurotrophic factor expression deficits in huntington's disease transgenic mice", Neuroscience Vol.141, pp.569-584, 2006.

68) Jess Nithianantharajah, Christopher Barkus, Mark Murphy, Anthony J. Hannan, "Gene-environment interactions modulating cognitive function and molecular correlates of synaptic plasticity in Huntington's disease transgenic mice", Neurobiology of Disease Vol.29, pp.490-504, 2008.

69) Thibault Renoir, Terence YC Pang, et al., "Treatment of depressive-like behaviour in Huntington's disease mice by chronic sertraline and exercise", British Journal of Pharmacology Vol.165, pp.1375-1389, 2011.

70) I. Ferrer, E. Goutan, et al., "Brain-derived neurotrophic factor in Huntington disease", Brain Research Vol.866, pp.257-261, 2000.

이들 연구는 형질 전환 마우스를 통해 '풍부한 환경(인지적 자극)'과 '빠르게 걷기'가 '사용자 의존적 가소성'을 활성화하여 '헌팅턴병의 발병과 진행을 지연'시키고, 기억과 학습 능력을 향상시켜 '인지능력을 개선'하여 알츠하이머병과 파킨슨병에도 긍정적 영향을 준다는 것을 입증했다.

피킨슨병은 뇌의 '**흑질에서 도파민 신경세포의 대량 퇴화**'와 '**선조체 도파민 섬유의 손실 및 도파민 수치의 극적인 감소**'를 특징으로 하는 신경 퇴행성 질환이다.[71] 2004년 독일 하이델베르크 대학 소속의 안드레아스 쇼버(Andreas Schober) 교수는 '신경독소'(6-OHDA, MPTP)를 사용하여 파킨슨병을 유발시킨 '형질 변경 쥐'를 대상으로 유산소 운동(트레드밀)에 미치는 영향을 분석했다. 신경독소 물질은 동물에 투여할 경우 뇌(흑질)에서 도파민을 만드는 뉴런을 손상시켜 사람의 파킨슨병과 유사한 질환을 유발시킨다.[72]

연구자들이 두 물질(6-OHDA, MPTP)을 생쥐에 투여하자 흑질 신경세포를 빠르게 파괴하여 도파민 손실이 발생하고 파킨슨병과 비슷한 증상이 나타나는 것을 확인하였다.[73] 이어 '**파킨슨병 증상을 일으킨 쥐**'를 대상으로 '**트레드밀(달리기)**'을 시켰다.[74] 그 결과 흑질의 도파민 관련 신경세포의 염증 반응을 줄이고 손상을 감소시켰으며, **운동 속도를 향상**시키고 **균형 장애를 개선**한 것으로 확인되었다.

국내 연구에서도 트레드밀이 파킨슨병 쥐(6주령 수컷 쥐)의 **흑색질 신경세포의 염증**(COX-2 및 iNOS의 발현을 감소) **반응을 완화**하여 **도파민 세포를 보호**하는 것을 확인하였다.[75] 트레드밀 운동이 "흑질의 도파민 생성 신경세포를 보호하여 파킨슨병으로 인한 운동기능의 퇴화를 방지하고 장애를 개선하는 유효성"을 입증한 것이다. 이는 규칙적인 운동이 평생에 걸쳐 도파민 감소 가능성을 현저히 줄일 수 있으며, 파킨슨병 발병률을 낮출 수

71) Andreas Schober, "Classic toxin-induced animal models of Parkinson's disease : 6-OHDA and MPTP", Laboratory Investigation Vol.318, pp.215-224, 2004.

72) 김용식 · 박찬웅 · 윤영란 · 윤용하, "MPTP와 대사물인 MPP+의 도파민 신경세포에 대한 독성효과에 관한 연구", 대한약리학회지, 제31권 제2호, pp.165-166, 1995.

73) David Blum, Sakina Torch, et al., "Molecular pathways involved in the neurotoxicity of 6-OHDA, dopamine and MPTP : contribution to the apoptotic theory in Parkinson's disease", Progress in Neurobiology Vol.65, pp.135-172, 2001.

74) Caroline Cristiano Real, Priscila Crespo Garcia & Luiz R. G. Britto, "Treadmill Exercise Prevents Increase of Neuroinflammation Markers Involved in the Dopaminergic Damage of the 6-OHDA Parkinson's Disease Model", Journal of Molecular Neuroscience Vol.63, pp.36-49, 2017.; Giselle M. Petzinger, John P. Walsh, et al., "Effects of Treadmill Exercise on Dopaminergic Transmission in the 1-Methyl-4-Phenyl-1,2,3,6-Tetrahydropyridine-Lesioned Mouse Model of Basal Ganglia Injury", Journal of Neuroscience Vol.27(20), pp.5291-5300, 2007.

75) 조한샘 · 신말순 · 김창주 · 백성수, "트레드밀 운동이 6-OHDA로 유발된 파킨슨병 흰쥐 흑색질 내 염증지표에 미치는 영향", 운동과학, 제21권 제1호, pp.51-58, 2012.

있음을 시사한다.

이들 연구에 대한 지지는 2008년 '실라 문 브라이스(S. Mun-Bryce)' 박사의 논문에서도 확인된다.[76] 연구결과에 따르면 "6-OHDA, MPTP를 투여한 파킨슨병 관련 실험은 **운동 기능 상실을 예방**하는데 **신체활동의 중요성이 확인**되었다. 도파민 고갈 당일부터 시작된 **트레드밀**은 '**도파민 시스템 보호 및 기능 개선**'하고 **운동 기능**'의 회복으로 나타났다. 하지만 좌식(운동을 하지 않은) 동물은 도파민의 고갈로 지속적인 행동 결함을 보였다. 특히 "파킨슨병 동물일지라도 하루에 두 번의 운동이 활동적으로 유지되는 한 계속해서 행동 결함을 보이지 않았다."며 운동요법의 중요성을 명확히 하고 있다. 그는 '퇴행성 신경질환 예방 및 관리'를 위해서는 평생에 걸친 '규칙적인 운동'이 무엇보다도 중요하다는 점을 강조했다.

'신체활동'의 감소는 파킨슨병의 뚜렷한 증상이 나타나기 몇 년 전부터 나타날 수 있다. 따라서 **파킨슨병이 나타나기 전에 운동을 시작하는 것이 건강에 매우 좋다.** '운동요법의 조기 시행'은 임상 및 실험실 환경 모두에서 기능적 결과를 현저하게 개선하는 것으로 밝혀졌다. 파킨슨병으로 운동기능이 저하된 경우의 운동요법은 신경영양인자(BDNF, GDNF)를 생성 및 분비시키고, 이로 인한 '신경 가소성의 활성화'는 파킨슨병의 퇴행을 예방하거나 지연시킨다. 초기 파킨슨 환자의 일상에 통합된 운동(파킨슨병 임상 판정 후 시행하는 운동)은 더 이상 신경계의 퇴행을 보호할 수 있지만, 그 효과는 영구적이지 않으며, '좌식생활 수준에 도달(운동을 중단할 경우)'하면 또다시 퇴행을 시작한다.

2009년 미국의 신경과학자이자 피츠버그대 신경학 교수인 지그몬드(MJ Zigmond)와 그 동료들은 '두 독소를 투여한 쥐'와 'MPTP를 투여한 원숭이'를 대상으로 '쳇바퀴(러닝휠, 빨리 걷기)'가 미치는 영향을 연구하였다.[77] 운동은 독소 투여 전 3개월 전부터 시작하여 투여 후 1~2개월 동안 진행하였다. 그 결과 '**도파민 뉴런의 손실이 감소**'하였고, 도파민 부족으로 유발되는 '**행동 장애가 개선**'되었다. 특히 '신경영양인자(GDNF)의 발현을 증가시켜 도파민 뉴런의 사멸을 방지'한 것으로 확인되었다. 이는 독소로 유도된 파킨슨병 쥐와 원숭이에게 쳇바퀴 운동은 GDNF를 생성 및 분비시켜 도파민 신경세포를 보호하고, 운동기능을 회복시킨다는 것을 입증한 것이다.

'알츠하이머병'과 '경도인지장애[78]'(MCI)에 관한 전문가인 미국의 로널드 피터슨(

76) M Trail · EJ Protas · Eugene C · Lai,「Neurorehabilitation in Parkinson's disease : an evidence-based treatment model」, SLACK Incorporated, 제2장, S. Mun-Bryce, "신경 가소성(파킨슨병에 대한 영향", pp.46-47, 2008.

77) MJ Zigmond, JL Cameron, RK Leak, et al.,"Triggering endogenous neuroprotective processes through exercise in models of dopamine deficiency", Parkinsonism & Related Disorders Vol.15, pp.S42-S45, 2009.

Ronald C. Petersen) 박사 등의 연구에 의하면, 이를 치료하기 위해 FDA(미국식품의약국)에서 승인한 약물은 없으며, 인지를 개선하거나 진행을 지연시키는 '약리학적 또는 식이요법'을 규명하는 장기 연구도 없다고 한다.

그는 가급적 약리학적 접근보다는 '행동 증상 치료에 주력'해야 하며, 그 방법으로 6개월간의 임상 시험결과 '**주 2회 이상의 정기적인 운동**'을 권장하고 있다.[79] 또한 많은 연구결과가 '**운동이 신경 가소성을 통해 인지기능 저하를 방지**하고 **인지기능 회복에 기여한다**'는 것을 입증하고 있다. 이와 관련 내용은 〈부록 2. 인지능력 향상을 위한 비약리적 요법〉을 보라.

알츠하이머병과 **치매**는 기억을 담당하는 해마를 중심으로 신경세포의 소실로 인해 **뇌 위축이 발생하여 인지력 저하가 발생**한다(서울대학교병원, N의학정보). 그런데 '성장영양인자'(BDNF, GDNF, NGF)는 기억을 담당하는 해마(단기기억을 장기기억으로 전환)의 신경세포 분화와 생성을 촉진해 기억력과 인지기능을 향상시키며, 기저핵 부위에 있는 **선조체의 신경세포를 보호하고 성장을 촉진**하는 것으로 밝혀졌다.[80] 이는 알츠하이머병이나 치매를 예방하고 대처하기 위해서는 성장영양인자 단백질을 생성을 증가시키는 활동이 중요하다는 것을 의미한다.

신경영양인자 단백질의 역할(세포 성장과 생존, 기억의 시냅스 활성화 등)은 '동물 모델'과 '알츠하이머병 환자'를 대상으로 한 시험에서 모두에서 입증되었다.[81] 임상시험 결과, '**경도인지장애**' 및 '**알츠하이머병 환자**'에서 혈청 **GDNF 수치가 유의하게 감소**하였으며, 중등도의 알츠하이머병 환자 26명과 경도인지장애 환자 62명에서 **BDNF, GDNF, NGF 수치의 감소**가 관찰되었는데 이는 **뇌 손상**으로 인해 인지 기능 저하로 이어졌음을 의미한다.[82]

---

78) 치매의 전 단계라 불리는 '**경도인지장애**'는 기억력이나 사고 능력이 약간 저하되지만, 일상생활에는 큰 영향을 미치지 않는 상태를 말한다. 신경 퇴행성 또는 정신장애 등 질병 과정에서 수반되어 나타날 수 있지만, '**알츠하이머병의 초기 증상**'일 수 있다. Huey ED, Manly JJ, Tang MX, et al.. "Course and etiology of dysexecutive MCI in a community sample." Alzheimer's Dementia Vol.9, pp.632-639, 2013.

79) Ronald C. Petersen, MD, PhD, Oscar Lopez, et al,, Practice guideline update summary : Mild cognitive impairment, Neurology Vol.90(3), pp.126-135, 2018.;「동아사이언스」, "운동이 어떻게 뇌기능을 좋게 할까", 2022.12.30.

80) Gould E, McEwen BS, Tanapat P, Galea LA, Fuchs E. "Neurogenesis in the dentate gyrus of the adult tree shrew is regulated by psychosocial stress and NMDA receptor acti vation", J Neurosci Vol.17, pp.2492-2498, 1997.; McAllister AK, Katz LC, Lo DC. Neurotrophins and synaptic plasticity. Annu Rev Neurosci, Vol.22, pp.295-318, 1999.

81) Josiane Budni, Tatiani Bellettini-Santos, Francielle Mina, Michelle Lima Garcez, et al., "The involvement of BDNF, NGF and GDNF in aging and Alzheimer's disease", Aging Dis Vol.6(5), pp.331-341, 2015.

82) Forlenza OV,Teixeira AL, et al. (2015). "Decreased Neurotrophic Support is Associated with Cognitive Decline in Non-Demented Subjects", Journal of Alzheimer's Disease Vol.46(2), pp.423-429, 2015.

이러한 **성장영양인자를 발현시키기 위한 방법은 무엇일까?**

동물실험과 임상시험에서 '유산소운동(빠르게 걷기, 고강도 트레드 밀, 싸이클링 등)'이 가장 효과적이라는 것을 입증되었다. 성인 쥐를 대상으로 2주간 러닝머신 운동을 시킨 결과 해마에 있는 성장영양인자 발현을 증가시키며,[83] **자발적 쳇바퀴 운동**(6시간과 12시간)을 한 생쥐에서도 BDNF**가 증가**한다는 것을 보여주었다.

뉴질랜드 오타고대 연구진은 **비약리적 요법으로 BDNF를 높이는 방법**에 대한 임상시험을 했다. 실험 방법은 4가지 '20시간 단식(간헐적 단식), 90분 저강도 사이클링, 6분 고강도 사이클링(40초 운동-20초 휴식 반복), 단식-저강도 사이클링 병행'이었다. 네 가지 요법 중 BDNF 혈중 수치를 크게 증가시킨 것은 고강도 인터벌 트레이닝*(6분 고강도 사이클링)으로 나타났다. 즉 **6분간 '고강도 사이클링'**을 한 경우 BDNF **수치는 90분 저강도 사이클링**이나 단식한 경우보다 **4~5배나 많았다**.[84]

* '인터벌 트레이닝'은 강한 강도의 운동과 약한 강도의 운동을 교대로 수행하는 '고강도의 지구력 운동'이다. 달리기를 예로 들면 '빠른 속도의 달리기'(30초~1분 내외) – '적당한 속도의 달리기'(1분~2분 내외)를 7~10세트 반복하는 것이다. 적당한 속도로 달리는 '인터벌을 두는 이유'는, 인간은 전속력으로 오래 달릴 수 없기 때문이다. 그래서 에너지 시스템을 회복한 후 다시 전속력으로 달릴 수 있게 인터벌을 둔다.

이 같은 맥락은 2024년 영국 유니버시티칼리지 연구에서도 확인되었다. 연구진은 약 4,500명의 허벅지에 운동측정기를 달고 7일 동안 추적한 결과 '앉거나 눕고, 가벼운 활동을 하는 시간'을 '6~9분 정도의 중강도 또는 고강도 운동'으로 대체한 경우 '인지 점수(기억력, 집중력, 문제해결 능력, 정보처리 속도 등)가 더 높아진 것'으로 나타났다.[85] 즉 고강도 운동은 혈액순환 중 BDNF를 증가시키는 더 효율적인 수단으로서 **뇌의 건강수명을 늘려주고 알츠하이머나 파킨슨병 같은 신경퇴행성 질환의 발병을 지연**시키는 효과적인 방법이 될 수 있음을 시사하고 있다. 그러나 유의해야 할 점은 반드시 고강도 운동이 더 효과적이라고 단정하기 어렵다는 점이다. 개인별 주관적인 상황에 따라 효과는 매우 다르게 나타날 수 있기 때문이다.

83) Trejo JL, Carro E, Torres-Aleman I, "Circulating insulin-like growth factor I mediates exercise-induced increases in the number of new neurons in the adult hippocampus", J Neurosci Vol.21, pp.1628-1634, 2001.

84) 「미래&과학」, "하루 6분 강렬한 운동이 긴 저강도 운동보다 치매 늦춘다", 2024.06.29.

85) Travis D Gibbons, James D Cotter, Philip N Ainslie, Wickliffe C Abraham, Bruce G Mockett, Holly A Campbell, Emma M W Jones, Elliott J Jenkins, Kate N Thomas, "Fasting for 20 h does not affect exercise-induced increases in circulating BDNF in humans", Physiol Vol.602(14), pp.3597-3598, 2024.

8-6 퇴행성 신경질환에 대처하는 최고의 처방(규칙적인 유산소 운동)

앞에서 우리는 동물과 인간을 대상으로 퇴행성 신경질환의 예방 및 관리를 위한 요법으로서 인지적 자극과 유산소 운동에 대해 살펴보았다. 현재까지 치료제가 개발되지 못한 채 처방 중인 약물은 증상을 완화할 뿐이며 부작용도 크지만, 약리적 처방이 안고 있는 근원적인 문제는 **'뇌 가소적 개입'**을 **무시하고 있다는 점**이다. 따라서 퇴행성 신경질환을 되돌릴 수 없는 치료제가 개발되지 않는 한 퇴행성 뇌 신경질환에 대처하는 **선택 가능한 최고의 예방법이자 치료법**은 머제니치가 주장하는 뇌 가소적 개입으로서 **규칙적인 유산소 운동**이다.

세계 최고의 의료 수준 1위로 평가되는 미국의 마요 클리닉(MAYO CLINIC)[86]의 알스코그(J. Eric Ahlskog, 퇴행성 신경 질환의 운동 장애 전문) 박사의 연구결과[87]에 유의할 필요가 있다. 파킨슨병은 점점 악화되는 질병으로 말기에는 약물로 조절이 어려운 운동 기능으로 인해 돌봄을 받아야 하는 경우가 많다. 이를 해결하려면 격렬한 신체운동이 필요하다. 그 격렬한 운동(걷기, 수영 등)이란 **"심박동수**와 **산소 요구량**을 늘리기에 충분한 정도의 **신체활동"***을 의미한다.

* 격렬한 신체활동(운동)이란? '심박동수'가 최대 심박 수의 50%에서 70% 정도에 도달해야 한다. 최대 심박 수는 보통 220에서 자신의 나이를 뺀 값으로 계산할 수 있다. 예컨대 60세의 경우 최대 심박 수는 160이므로 격렬한 운동 심박 수는 80(50%)~112(70%) 정도이다. '산소 요구량'은 보통 METs(사람이 쉬고 있을 때의 대사율)를 기준으로 평가하는데, 격렬한 신체활동은 3~6 METs 정도로 정의된다. 따라서 쉬고 있을 때보다 3배에서 6배 더 높은 에너지를 소비하는 활동을 의미한다. 예를 들어 3 METs는 '가벼운 걷기', 6 METs는 '빠른 걷기나 수영'과 같은 활동이다.

파킨슨병 동물 모델에서 운동은 성장인자(BDNF, GDNF, NGF) 발현과 신경 가소성에 의해 인지력과 운동기능을 지속적으로 향상시킨다. 하지만 운동을 하지 않는 경우에는 오히려 부정적인 영향을 미친다.

인간의 경우 운동은 혈청 BDNF를 증가시키며, 이는 '혈액-뇌 장벽'[88]을 통과하여 뇌 가소성을 촉진한다. 인간의 파킨슨병 위험은 '중년의 운동'으로 현저히 감소한다는 사실이

86) 「나무위키」, "메이요 클리닉", 세계 병원 순위(삼성서울병원 34위, 세브란스병원 40위, 서울대학병원 43위, 분방서울대학병원 81위, 강남세브란스병원 94위 등), https://namu.wiki/

87) J. Eric Ahlskog, PhD, MD, "Does vigorous exercise have a neuroprotective effect in Parkinson disease?", Neurology Vol.77(3), pp.288-294.

88) 혈액-뇌 장벽(Blood-brain barrier)은 뇌를 보호하는 역할을 하는 구조로, 유해한 물질이 뇌에 들어오는 것을 막고, 선택적으로 필요한 영양소와 물질만을 통과시킨다. https://www.amc.seoul.kr/asan/

대규모 전향적 연구(현시점으로부터 연구 대상자를 추적 관찰하는 임상연구 방법)에서 입증되었다. 운동을 한 파킨슨병 환자는 인지력을 향상시키며, 중년의 운동은 '치매'와 '경도인지장애'의 위험을 크게 줄여준다. 또한 치매가 있는 노인과 치매가 없는 노인을 대상으로 한 수많은 연구에서 체력 단련이나 운동이 대뇌 회백질 부피를 증가시켰다. 이 연구는 지속적인(규칙적인) **'격렬한 운동'**(빠른 걷기, 수영 등 유산소 운동)이 **퇴행성 신경질환의 예방 및 치료에 매우 효과적**임을 시사하고 있다.

이 장에서 동물과 인간을 대상으로 제시되고 논의되었던 최고의 비약리적 요법은 **인지적 자극이 통합**(결합)**된 '규칙적인 유산소 운동'**(빠르게 걷기, 수영, 달리기, 인터벌 트레이닝 등)이다. 이는 '사용자 의존적 가소성 원리'를 기반으로 최적화된 건강한 뇌를 유지하여 퇴행성 신경질환의 발병을 낮추는 **'최고의 예방접종'**이다. 또한 퇴행성 신경질환으로 나타나는 '신체적 · 정신적 증상'(운동 장애, 인지력 감퇴 등)을 중단시키고 개선할 수 있는 **'부작용이 없는 천연 명약'**이다. 가소적 변화에 따른 효과는 약효가 떨어지면 소멸하는 약리적 처방과는 달리, 훨씬 더 장기간 지속된다. 왜냐하면 유산소 운동은 대뇌피질의 영역을 확장하여 **'항상성의 메커니즘을 강화'**하며 **'인지적 비축'**으로 이어지므로 그 지속성은 가늠하기조차 어렵다.

'규칙적인 운동'은 일상생활에서 발생하는 모든 신체의 움직임을 포함하는 신체활동의 한 범주에 속하며, 체력을 유지하고 향상시키기 위해 '계획적으로 **구조화된 신체적 · 의식적 활동**'이다. 예를 들면 체중을 조절하기 위해(계획) 하루 1시간 동안 달리기를 하는 것은 '운동'이다. 운동은 일정한 계획하에 구조적인 움직임으로 이루어지는 신체활동의 일부이다.[89] 반면 미국 스포츠의과대학(American College of Sports Medicine, 1986)지침에 의하면 "규칙적인 운동 참가는 일주일에 최소한 3번 이상 신체활동을 행하며, 1회 신체활동이 15분 이상 지속되는 경우로 규정"하고 있다.[90]

규칙적인 운동이 필수적인 이유는 **'긍정적인 뇌 가소적 변화'**를 강화하여 **그 지속성을 누리기 위함**이다. 또한 규칙성은 신체적 · 정신적 자극(경험)에 대해 더 빠르고 더 효율적인 대응과 반응이 가능한 '최적화된 뇌'를 지속적으로 재구성하고 재배선하는 신경학적 조건이자, 인지적 비축의 양을 증대시키는 방편이다. 규칙적인 운동은 여러 '신경전달 및 조절물질'을 생성 및 분비하고, '성장인자의 발현'을 증가시키며, '각종 호르몬'을 조절하여 뇌와 신체

89) 「질병관리청 국가건강정보포털」, "운동", https://health.kdca.go.kr/healthinfo/biz/health/gnrlzHealthInfo/ gnrlzHealthInfo/gnrlzHealthInfoView.do?cntnts_sn=5293

90) 「ACSM」, "ACSM's Guidelines for Exercise Testing and Prescription", https://www.acsm.org/education-resources/books/guidelines-exercise-testing-prescription.

의 최적 상태를 유지하도록 하는 '**종합적인 처방**'이다.

신체적인 운동이라는 자극은 '하행성 통증 경로'를 활성화하여, 뇌로 하여금 '신경전달 및 조절물질 시스템'*(도파민 시스템, 콜린성 시스템, 글루타메이트 시스템, 세로토닌 시스템, 노르에피네프린 시스템, GABA 시스템, 옥시토신 시스템)을 가동시키고, '성장인자'(BDNF, GDNF 등) 생성 및 분비를 증가시키며, '호르몬을 생성 및 조절'하여 뇌와 몸의 최적화된 상태를 유지시키는 선순환의 출발점이자 요체(要諦)이다.

---

* '도파민 시스템' 운동은 도파민 생성 및 분비를 촉진하며, 보상, 동기부여, 기분 조절을 통해 운동 후 쾌감이나 만족감을 느끼게 한다. 이는 운동이 스트레스 감소와 기분 개선에 도움이 되는 이유 중 하나이다.
* '콜린성 시스템' 운동은 아세틸콜린의 방출을 증가시켜 주의 집중력을 강화하고 인지기능을 활성화함으로써, 인지능력 개선 및 향상에 기여한다.
* '글루타메이트 시스템' 운동은 글루타메이트를 분비시켜 중추신경계의 흥분성 신호를 증가시키고, 신경세포 간의 연결을 강화하며, 학습 및 기억에 긍정적인 영향을 미친다.
* '세로토닌 시스템' 운동은 세로토닌의 방출을 증가시켜 기분 개선, 불안 감소, 수면 조절에 기여하며, 운동 후 피로 회복에도 중요한 역할을 한다.
* '노르에피네프린 시스템' 운동 중 스트레스 반응에 관여하는 노르에피네프린의 분비가 증가한다. 이는 주의 집중과 반응 속도를 높이며, 에너지 수준을 증가시킨다.
* 'GABA 시스템' 억제성 신경전달물질로 스트레스와 불안을 줄이는 데 기여하며, GABA의 활성화를 통해 신경전달 및 조절의 항상성을 유지시켜며 신경 안정화에 도움을 준다.
* '엔돌핀 시스템' 운동은 엔돌핀의 방출을 촉진하여 통증을 완화하고 쾌감을 유도하는데, 이는 '러너스 하이'라고 불리는 상태와 관련이 있다.
* '옥시토신 시스템' 운동은 옥시토신의 분비를 증가시키며, 이는 사회적 유대와 신뢰를 강화하는 데 기여한다.
* '성장인자 발현 증가' 운동은 뇌 유래 신경영양인자(BDNF)와 신경 성장 인자(GDNF)와 같은 성장인자의 발현을 증가시킨다. BDNF는 신경 가소성, 기억 및 학습에 중요한 역할을 하며, GDNF는 신경생존과 재생에 기여한다.
* '호르몬 조절' 운동은 다양한 호르몬(엔돌핀, 아드레날린, 인슐린 등)의 분비를 조절하여 신체의 대사와 스트레스 반응을 최적화한다. 이러한 호르몬의 변화는 통증 감지 및 정서적 안정에 긍정적인 영향을 미친다.

무엇보다 중요한 것은 안다는 것을 실행에 옮기는 것이다. 이와 관련하여 운동이 건강에 미치는 종합적인 연구로서 '카디프 연구결과'를 눈여겨볼 필요가 있다. 영국 카디프의과대학의 피터 엘우드(Peter Elwood)가 이끄는 연구팀은 '45세~59세 사이의 남자 2,235명'을 대상으로 30년간 추적 관리하면서 '**다섯 가지 활동**'이 '**건강과 치매 등에 미치는 영향**'을 관찰했다.

2013년 5가지 키워드를 공개하면서 "다음의 네다섯 가지 활동을 했을 때 '**인지력 저하**'와 '**치매' 위험을 60%까지 낮출 수 있다**"고 발표했다. 연구팀이 제시한 다섯 가지 활동은

"규칙적인 운동, 금연, 적은 음주, 적절한 몸무게 유지(체질량 지수 18~25), **건강한 식습관"**이다. 5가지 키워드 중 "치매 예방에 가장 효과가 좋은 것은 '운동'*이다."면서 '걷기'의 중요성을 강조했다.[91]

* 운동(하루에 최소 3km 걷기 또는 16km 자전거 타기)은 인지력 저하와 치매 위험을 줄이는 데 가장 효과적으로 기여했다.

* 서울 아산병원 신경과 이재홍 교수는 규칙적으로 운동을 1주일에 3회만 해도 인지력, 인지기능 장애가 30% 감소하고 치매도 30%가 저하된다. 장거리 걷기를 1주일에 12km 이상만 걸어도 인지기능 감퇴가 30% 줄어들고, 매일 3km 이상 걷기만 해도 치매가 30% 저하된다. '버스트 트레이닝'(100m를 천천히 걷고 200m는 빨리 걷는 것을 반복하는 방식)도 매우 유용하다.[92]

걷기 등 유산소 운동은 퇴행성 질환을 지연시키고, 더 이상 악화를 방지하는 최고의 처방이다. 만약 인지적 자극(학습)이 가미된 걷기 운동이라면 금상첨화이다. 그럼에도 우리가 기억해야 할 것은 **피터 앨우드 박사의 발언**이다.

"베스트 5를 모두 지키는 사람은 극히 드물었으며, 대부분은 30년이 넘는 시간 동안 나쁜 습관을 전혀 바꾸지 못했다."

카디프 연구의 '5가지 건강한 행동'이 '건강 및 생존에 유익한 생활 방식'이다는 인식이 증가하고 있음에도 불구하고, 이를 모두 따르는 성인 인구의 비율은 1% 미만이었다는 사실을 기억할 필요가 있다.

91) 「스포츠경향」, "30년 연구결과 '치매예방 키워드 베스트5'는?", 2013.12.10.; Peter Elwood, Julieta Galante, Janet Pickering, Stephen Palmer, Antony Bayer, Yoav Ben-Shlomo,Marcus Longley, John Gallacher, "Healthy Lifestyles Reduce the Incidence of Chronic Diseases and Dementia : Evidence from the Caerphilly Cohort Study", PLOS ONE, 2013, https://doi.org/ 10.1371/journal.pone.0081877

92) 「시정일보」, "손매남의 뇌 건강 이야기 /#13 퇴행성 뇌질환의 예방과 정신건강", 2022.12.08.

부록 1 '의식적 걷기'로 제어되는 파킨슨병 장애

노먼 도이지에 의하면, 1968년부터 피킨슨병을 앓게 된 존 페퍼(John Papper)는 **'무의식적인 뇌가 제어하는 운동'**을 **'의식적인 뇌로 제어'**하는 **'의식적 걷기'**(시속 8킬로미터 씩 3차례, 매주 24킬로미터) 방법을 개발하여 실천하고 있다. 이를 통해 파킨슨병으로 **나타나는 운동 장애를 차단하면서 정상인과 같은 일상을 유지**하고 있다(《스스로 치유하는 뇌》 pp.68~156. 참조).

파킨슨병은 운동성을 제한하는 신경질환이다. '운동 기능'의 제한은 사람이 덜 움직이게 되고, 덜 보고, 덜 듣고, 새로운 정보를 덜 처리하게 된다. 이는 자극의 부재로서 뇌를 위축시키고 '인지력 저하'(파킨슨병 환자의 84%에서 인지기능 장애 발생)[93]로 이어지면서 정상적인 사람에 비해 치매에 걸릴 확률이 최대 6배가 높으며, 사망률도 3배 이상인 것으로 나타나고 있다.[94]

파킨슨병은 뇌의 '흑질'에서 **도파민을 생성하는 신경세포가 서서히 소실**(사멸)되어 가면서 '선조체'(몸의 균형과 운동 기능을 담당)로 분비되어야 할 **도파민의 결핍이 발생**하게 된다.

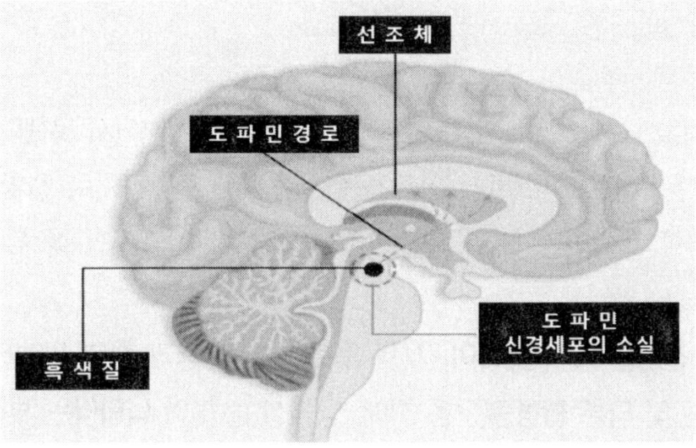

출처 : 「질병관리청-국가건강정보포털」, https://health.kdca.go.kr/

이로 인해 운동을 담당하는 선조체의 기능이 저하되어 서동중(동작이 느려짐), 안정 떨림, 근육

93) 「HIiDoc 뉴스」,"파킨슨병 치매는 다른 치매와 어떻게 다른가 [인터뷰]", 2024.01.23.
94) 가톨릭대 인천성모병원 신경과 송인욱 교수는 "파킨슨병이 치매로 이어질 가능성이 정상인보다 최고 6배 높으며 사망률도 3배 가까이 높은 것으로 나타났다"고 설명했다.「경향신문」,"파킨슨병 환자, 일반인보다 치매발생률 높다", 2018.04.04.

경직, 구부러진 자세, 자세 불안정 및 보행정지(무동증, 움직이지 못함) 등의 증상이 나타난다.[95] 즉 파킨슨병의 전형적인 증상은 구부정한 자세와 발을 끄는 걸음걸이로 걷는다거나, 팔을 앞뒤로 흔들지 못하는 것 등이다. 이외에도 말이 느려지고 얼굴에 표정이 거의 나타나지 않게 된다. 증상이 심해지면 자세도 구부정하게 변하고 걸음걸이가 좁아져 종종걸음을 걷게 되며 균형을 잡기 어려워져 자주 넘어지기도 한다.[96]

[파킨슨병의 증상]

출처 : 「서울아산병원」, https://www.amc.seoul.kr/asan

현재까지 파킨슨병을 근본적으로 치료할 수 있는 치료제는 개발되지 못했다. 파킨슨병 환자에게 가장 효과적인 약물은 **'레보도파'**이다. 이 약물은 복용 시 도파민으로 전환되어 도파민 결핍을 보충하여 운동 장애를 개선하는 데 도움을 주며, 상당 기간 양질의 삶 유지와 사망률 감소에 기여하고 있다.

하지만 **파킨슨병 진행을 막지 못하며**, 사용 후 6년 이상 경과 하면 약 75%의 환자들은 **몸이 뒤틀리는 이상운동증 및 다른 합병증**(운동 장애, 공격성 증가)**이 나타나는 부작용**이 있다.[97] 또한 2004년 미국의 파킨슨 스터디 그룹의 임상시험 결과에 따르면, 42주간의 레보도파를 투여받은 그룹은 플라시보를 투여한 그룹에 비해 운동 장애, 긴장 항진증, 감염, 두통 및 메스꺼움 등의

---

95) The Parkinson Study Group, "Levodopa and the Progression of Parkinson's Disease", The New England Journal of Medicine Vol.351(24), pp.2498-2508, 2004.

96) 「신촌연세병원」, "서서히 진행되는 파킨슨병, 적극적이고 빠른 치료 중요", 2024.03.25.

97) 임주혁 · 강지훈 · 이명종, "파킨슨병의 치료", 대한신경과학회지 19(4), pp.315-336, 2001.; Joseph Jankovic, "Levodopa strengths and weaknesses", Neurology Journals Vol.58, pp.s19~s32, 2002.; Frederick K. Goodwin, "Psychiatric Side Effects of Levodopa in Man", JAMA Vol.218(13), pp.1915-1920, 1971, doi:10.1001/jama.1971.03190260031009

부작용이 훨씬 더 많이 발생한 것으로 보고되었다.

파킨슨병 진단을 받은 페퍼는 질환으로 나타나는 '운동 장애'(자꾸 넘어짐, 발을 질질 끎, 안정 떨림, 느린 동작)를 극복하고자 '걷는 방식'에 대한 문제점을 검토하기 시작했다. 그는 걷는 동작을 세분화하고, 각각의 근육의 움직임, 무게 중심 이동, 다리와 팔의 협응 동작 등을 분석했다. 그리고 천천히 걸으면서 자신의 걷는 동작에 대한 문제를 파악해 냈다. 넘어짐을 통제하지 못하는 이유를 포함하여 많은 개선할 점들을 도출했다. 자신이 걸을 때, 왼쪽 발이 체중을 지탱하지 못해 넘어지거나, 오른발이 강하게 착지를 하면서 질질 끄는 경향이 있다는 것을 파악했다. 이러한 문제를 해결하기 위해 페퍼는 '**왼발에 체중을 싣는 연습에 집중**'했다. 또한 걷기에서 나타나는 보폭이 좁은 것, 팔을 흔들지 않는 것, 상체가 앞으로 기우는 것, 손 떨림 등의 문제점도 하나씩 해결하면서 모두 극복해냈다. 이처럼 '발생한 장애를 교정하기 위한 의식적 노력'과 '걷기라는 신체적 활동'을 병행한 것이 '**의식적 걷기**'였다.

즉 운동 기능을 담당하는 뇌 영역에 '**물리적 자극**'(걷는 **신체적 활동**)과 '**인지적 자극**'(걷는 동작의 장애를 개선하고자 하는 집중적인 의식적 노력)을 강제적으로 가하여 그 자극의 강도만큼 강력한 대뇌피질의 재편성(손상된 부위에 의한 기능장애를 정상적인 부위가 대신 수행하도록 신경회로를 재배치)을 유도한 것이다.

페퍼는 뇌 가소성 및 파킨슨병 관련 지속적인 연구를 진행했다. 이를 통해 확인된 지식을 자신에게 적용하는 방법을 만들고, 강한 정신력과 집중력으로 실행에 옮겼다. 그래서 "**무의식적인 뇌로 제어되는 운동**(파킨슨병으로 나타나는 운동 기능 장애)**을 의식적인 뇌를 사용하여 운동 장애를 극복하는 방법**"으로서 '의식적 걷기'를 개발한 것이다. 그는 파킨슨병을 극복하고자 '빠른 걷기(시속 8km)'라는 '신체적 운동'을 하면서 자주 넘어지고, 발을 끌면서 걷는 등의 장애를 교정하고자 하는 **의식적 노력**으로 뇌에 '**인지적 자극**'을 가하는 '**의식적 걷기**'로 **무의식적으로 나타나는 장애를 제어**한 것이다. 그것도 '레보도파'와 같은 항파킨슨약을 복용하지 않고 말이다.

약을 복용하지 않고도 파킨슨병의 증상을 제어하는 원리는?

의식적 걷기는 '빠른 걷기'로서 유산소 운동이다. 제8장에서 입증되었듯이 유산소 운동은 '뇌유래 신경영양인자(BDNF, 인지력 개선, 도파민 신경세포 기능 지원)'와 '신경교세포주 유래 신경영양인자(GDNF, 운동 기능 개선)' 단백질 생성을 촉진하였다. 생성된 신경영양인자는 '도파민 신경회로'(흑질-기저핵-선조체)의 사멸을 차단하고, 일부 손상된 도파민 시스템 신경회로의 기능을 대신 할 수 있는 신경회로를 재편성하여 도파민 생성을 촉진(도파민 결핍 방지)하고 공급된 도파민에 의해 '선조체'의 몸의 균형과 운동 조절 기능을 활성화(정상화)하는 '뇌 가소적 변화'를 유도한 것이다.

의식적 걷기에 의한 치유 효과는 많은 동물실험과 임상시험의 결과들이 지지하고 있다. 유산소 운동은 '해마'와 '선조체' 등의 뇌 부위에서 각각 BDNF* 및 GDNF** 농도를 증가시켜 기억 기능과 균형 조정 기능을 향상시키는 것으로 밝혀졌으며,[98] 신경 영양 인자는 **신경 가소성에 기여하는 중요한 단백질***로, 각각의 특성과 기능에 따라 운동 기능과 인지능력 개선에 중요한 역할을 한다.

* 유산소 운동(고강도 인터벌 트레이닝, 싸이클링, 걷기, 달리기 등)은 신경 영양 인자 BDNF를 증가시키고, 중추신경계(CNS)의 신경 가소성을 향상시킨다. 생성된 BDNF는 뇌 발달과 신경 가소성 및 신경돌기 성장을 조절하여 기억력 등 인지능력을 개선하고 알츠하이머 및 우울증을 예방한다.[99] BDNF 관련 세부적인 역할과 기능은 〈부록 2. 인지능력 향상을 위한 비약리적 요법〉을 보라.

** GDNF는 도파민, 피질 및 운동 뉴런을 보호하고 운동 기능을 개선하여 파킨슨 및 근위축성 측삭 경화증 질환의 발생을 예방하는 것으로 밝혀졌다.[100] GDNF는 많은 종류의 뉴런의 생존을 강력하게 촉진하는 단백질이며, **도파민 뉴런의 생존 및 분화를 촉진하고 운동 뉴런의 세포 사멸을 예방**한다.[101] 즉 흑질에서 도파민 생성을 가능하게 하고, 도파민이 공급된 '**선조체**'는 '**몸의 균형과 운동 기능**'을 활성화함으로써, 무동증, 서동증 증상을 차단할 수 있다.

*** 동물 및 인간 모델에서 운동의 생리학적 사용은 신경세포 증식 개선, 생존 및 염증 반응 감소와 관련된 유전자의 발현으로 이어진다.[102] 운동(파킨슨 환자 16명 대상, 유산소 운동과 4주간의 집중 재활 치료 병행하여 실시)은 림프구에서 GDNF와 BDNF의 생성을 촉진(증가)하며, 운동 기능을 향상시켰다.[103] 한편, 파킨슨병 환자(1,034명)를 건강한 대조군(886명)과 비교한 결과 환자들의 흑질 선조체 경로에서 BDNF 수치가 유의하게 낮았다.[104] BDNF는 선조체에서 도파민과 도파민 세포 활동의 양을 조절하며, 도파민 수치의 감소는 인지 장애, 불안 및 우울증 증상에 영향을 미치는 것으로 확인되었다.[105] 하지만 운동은 흑질과 선조체에서 BDNF 생성 감소를 방지하면서,[106] 파킨슨병 환자들의 BDNF 혈중 수치를 증가시키고 운동 기능을 회복하는 데 유의한 효과를 보여주었다[107]

---

98) Mohammad Esmaiel Afzalpour, et al., "Comparing interval and continuous exercise training regimens on neurotrophic factors in rat brain", Physiology & Behavior Vol.147, pp.78-83, 2015.
99) NE Doody, et al., "Differential expression of genes in the RhoA/ROCK pathway in the hippocampus and cortex following intermittent hypoxia and high-intensity interval training", Journal of Neurophysiology Vol.132(2), pp.531-543, 2024.
100) Don Marshall Gash, Greg A. Gerhardt, et al., "GDNF clinical trials for Parkinson's disease : a critical human dimension", Cell and Tissue Research Vol.382(1), pp.65-70, 2020.
101) R Grondin, OM Littrell, et al., "GDNF revisited: a novel mammalian cell-derived variant form of GDNF increases dopamine turnover and improves brain biodistribution", Neuropharmacology Vol.147, pp.28-36, 2019.
102) Ewelina Palasz 1, et al., "BDNF as a Promising Therapeutic Agent in Parkinson's Disease", J. Mol. Sci. Vol.21(3), pp.1170, 2020.; https://doi.org/10.3390/ijms21031170
103) C Fontanesi, et al. "Intensive Rehabilitation Enhances Lymphocyte BDNF-TrkB Signaling in Patients With Parkinson's Disease", Neurorehabilitation and Neural Repair Vol.30(5), pp.411-418, 2015.
104) Z Chen, H Zhang, "A meta-analysis on the role of brain-derived neurotrophic factor in Parkinson's disease patients", Advances in Clinical and Experimental Medicine Vol.32(3), pp.285-295, 2022.
105) RN Ferreira, AS De Miranda, et al., "Neurotrophic factors in Parkinson's disease : What have

결과적으로 유산소 운동은 BDNF와 GDNF의 생성을 촉진하고 이들은 상호작용으로 해마와 도파민(흑질, 선조체) 신경세포의 생존을 지원하여 인지 기능과 운동 기능을 향상에 기여한다.

하지만 '걷기를 중단했을 때 파킨슨병 증세가 다시 발생'한 것은, 걷기로 유도된 가소적 변화의 지속효과가 매우 단기적으로 6주 후면 도파민을 생성하는 세포가 또다시 약화 되고 사멸이 시작된다는 것이다. 이는 뇌 가소적 변화도 매우 주관적인 상태에 따라 달라질 수 있음을 의미한다.

'의식적 걷기'는 폴 바크-이-리타 박사 연구진이 **"환자의 뇌를 자극하면 그가 잃어버린 기능을 되찾도록 돕는 가소적 개입 방법"**과 같은 원리이다. 이와 관련한 내용은 제5장 〈부록 1. 전기자극을 매개로 전정기관을 회복한 사례〉를 보라.

폴은 '혀'를 통해 전기신호를 '뇌간'을 거쳐 '뇌'로 보내고, 대뇌피질의 특정 뇌 부위(전정 기능, 시각 기능 등)를 자극하여 관련 신경세포(도파민 시스템)를 발화시키고 재배선하도록 하는 것이다. 이를 위해 '폰스'라는 장비를 이용 전기신호를 환자의 혀를 통해 뇌를 자극하면서, '신체적 운동'을 요구했다. 즉 전정 기능이 97.5%가 손상되어 균형을 잡지 못하던 셰릴 쉴츠에게는 눈을 감고 밸런스볼 위에 올라서도록 했다. **장비에 의한 뇌 자극**(인지적 자극)과 **신체적 자극**(밸런스볼 위에 선 것)을 **병행한 것**이다. 이는 **의식적 걷기와 유사한 방식**이다.

'의식적 걷기'는 제9장에서 제시될 아놀드 토브 박사가 개발한 뇌졸중 재활 치료 방법인 **'CI 요법*의 메카니즘과도 같은 원리이다.**

균형을 잡지 못하는 것을 교정(개선)하지 않고 방치를 한다면, 왼발에 체중을 싣지 못하는 것을 당연하게 받아들이게 되는 **학습된 비사용****으로 인해 **장애 자체가 고착화**된다. 그러나 페퍼는 왼발에 체중을 싣지 못하는 신체적 장애를 왼발로 지탱할 수 있도록 집중적인 연습(물리적 자극을 주어 왼발의 감각을 담당하는 대뇌피질의 기능을 활성화하도록 하였다)을 통해 **학습된 비사용을 차단**하고 3개월 후부터 더 이상 넘어지지 않았다. 그리고 나머지 장애들(보폭이 좁은 것, 팔을 흔들지 않는 것, 상체가 앞으로 기우는 것, 손 떨림 등)도 모두 극복하였다.

---

we learned from pre-clinical and clinical studies?", Current medicinal Chemistry Vol.25, pp.3682-3702, 2018.

106) CC Real, AFB Ferreira, et al., "BDNF receptor blockade hinders the beneficial effects of exercise in a rat model of Parkinson's disease", Neuroscience Vol.237, pp.118-129, 2013.

107) MA Hirsch, EEH van Wegen, et al., "Exercise-induced increase in brain-derived neurotrophic factor in human Parkinson's disease : A systematic review and meta-analysis", Translational Neurodegeneration Vol.7(7), pp.1-12, 2018.; Francardo V, et al., "Neuroprotection and neurorestoration as experimental therapeutics for Parkinson's disease", Experimental Neurology Vol.298, pp.137-147, 2017.

* CIMT(CI 요법, constraint-induced movement therapy)는 뇌졸중으로 '영향을 받지 않거나 영향을 덜 받은 사지'의 움직임을 제한(구속)함으로써 '영향을 받은 사지를 강제적으로 움직이도록 하는 방식'으로 환자 스스로 손상된 기능을 회복하는 원리이다.[108] 이는 'CI 요법의 물리적 자극'을 매개로 '뇌 가소적 변화'를 촉진하고, 뇌졸중으로 '손상된 대뇌피질의 기능'을 '손상되지 않은 뇌 세포'가 대신 수행하도록 '뇌 회로를 재배선(재편성)하는 것'을 의미한다.

** **학습된 비사용**이란, 환측(손상 받은 부위)의 상지(손, 팔)를 움직이지 못하는 것은 직접적 신경학적 손상으로부터 전적으로 유발된 것이 아니고, 부분적으로는 행동학적으로 조건화(일시적으로 장애가 발생한 부위를 사용하지 않게 되면 점차 사용할 수 없다고 인식한다.)되고 유지된다는 것이다. 그러므로 **기능적 장애의 상당 부분은 학습화된 것이므로 탈 학습화도 가능하다**고 할 수 있다.[109]

나이가 들면 뇌 세포 수는 꾸준히 감소한다. 한번 사라진 뇌 세포는 복구가 되지 않기 때문에 **뇌 기능 또한 점점 쇠퇴**한다. 이는 흑질도 마찬가지다. 흑질에서 만들어지는 **도파민의 양은 나이가 들수록 점점 줄어든다**. 흑질의 신경세포가 손상되면 도파민의 소실이 심해진다.

파킨슨병 환자는 '**도파민과 아세틸콜린 조절 체계**(콜린시스템)'가 무너져 '**선조체 기능이 손상**'되는데, 그 결과 '운동 능력이 떨어지고, 몸이 떨리거나 근육이 경직되고, 무동중, 서동중 증상이 나타난다. 이처럼 운동 기능의 저하는 자극이 줄어들면서 결국 인지 장애로 이어질 수밖에 없다. 그래서 파킨슨병의 증상이 인지기능 저하, 우울증, 성격 변화, 말이 어눌해지는 증상 등이 나타나게 된다[110].

흑질에 왜 이러한 변화가 일어나는지는 아직 명확하게 밝혀지지 않았다. 흑질의 도파민 분비량이 정상 수치에서 약 20% 정도가 줄어들면 증상이 하나둘씩 보이게 된다. 하지만 파킨슨병의 근본적인 치료제가 없고, 사용 중인 '레보도파'라는 약물은 부작용이 심각하다. 따라서 파킨슨병 치료를 너무 약물에만 의존하는 것도 좋지 않다. 파킨슨병의 주된 원인인 도파민 분비를 늘리기 위해서는 의식적 걷기와 같은 맞춤형 운동과 같은 비약리적 요법을 병행하는 것이 절대적으로 필요하다.[111] 무엇보다 중요한 것은 규칙적인 유산소 운동을 통해 파킨슨병과 같은 퇴행성 신경질환을 예방하는 것이다.

108) Davide CorbettaValeria SirtoriGreta CastelliniLorenzo MojaRoberto Gatti, "Constraint induced movement therapy for upper extremities in people with stroke", Cochrane Livrary, 2015, https://doi.org/10.1002/14651858.CD004433.pub3

109) 김민욱, "건측 상지 운동 제한 치료법", Korean Med Assoc, Vol.56(1), p.39, 2013.

110) 「뉴고려커뮤니티」, "파킨슨병과 치매는 같은 질환일까?", 2022.02.14.

111) 「바이오타임즈」, "파킨슨병, 도파민 소실 막고, 분비 늘리는 것이 중요", http://www.biotimes. co.kr

부록 2 인지능력 향상을 위한 비약리적 요법

퇴행성 신경질환은 특정한 신경세포들이 점진적으로 손실되는 질환으로, 이 손실의 원인은 주로 노화와 같은 환경적 요인 외에 유전적 요인과 특정 단백질(독성 물질)의 축적 등이 있다.112) 이들 질환중에서 인지 장애와 관련이 있는 대표적인 질환은 알츠하이머병과 파킨슨병이다.

알츠하이머병은 치매를 일으키는 가장 흔한 원인 질환으로, 전체 치매 환자의 50~70%를 차지한다. 두 번째로 많은 것이 파킨슨병 치매로서 파킨슨병 환자 중 30~40%가 말기에 치매 증상을 보인다. 주요 증상은 기억 상실, 언어 사용 문제, 성격 변화, 지남력(현재의 상황을 올바르게 인식하는 능력) 상실 등의 치매 증상이다. 치매는 라틴어에서 유래된 말로 **'정신이 없어진 것'**이라는 뜻이다. 초기에는 주로 최근 일에 대한 기억력에서 문제를 보이다가 진행하면서 언어기능이나 판단력 등 다른 여러 인지기능의 이상을 동반하게 되다가 결국에는 **'모든 일상생활 기능을 상실하게 되는 치명적인 질환'**이다.113) 보험 연구원의 2023년 연구보고서에 의하면, 우리가 80세에 치매에 걸릴 확률은 약 40%이다.

[연령대별 치매 유병률 추이]

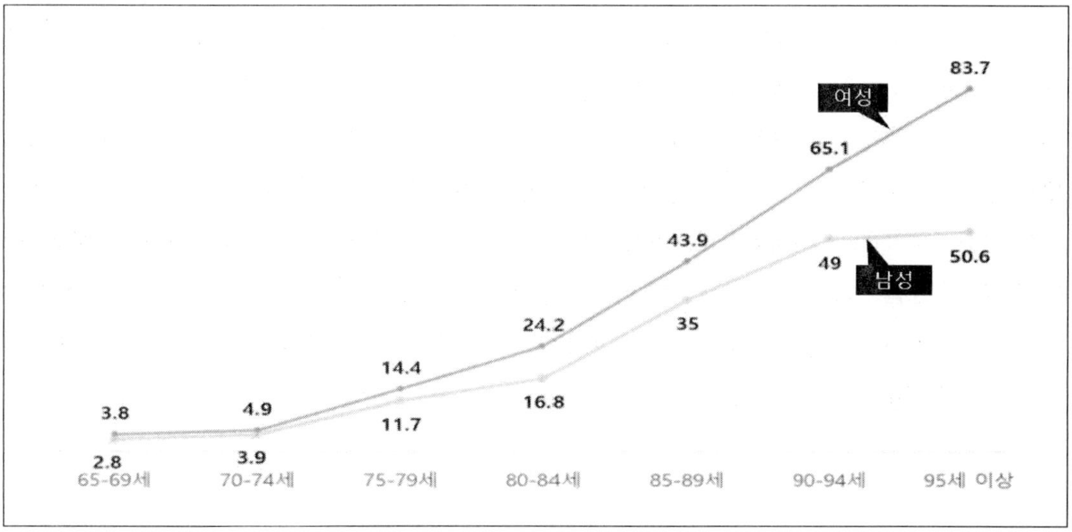

출처 : 보험 연구원, 연구보고서 2023-14, p.14. https://www.kiri.or.kr/

112) BN Dugger, DW Dickson, "Pathology of neurodegenerative diseases", Cold Spring Harbor Perspectives in Biology, (2017), doi : 10.1101/cshperspect.a028035

113) http://www.snuh.org/health/nMedInfo/nView.do?category=DIS&medid=AA000115

이들 질환의 주된 원인은 '황산화시스템'(활성산소로부터 세포를 보호하고 '산화 스트레스'114)에 대응하기 위한 자연적인 방어시스템) 균형이 깨져 산화된 성분 물질이 축적되면서 중추신경계에 직접 손상(세포 손상, 염증 반응, 세포 사멸)을 일으킨다.115) 그 손상을 초래하는 상태는 '**아밀로이드 프라그***'와 '**신경섬유다발****'의 형성이다.

* 아밀로이드 프라그는 알츠하이머병에서 아밀로이드라는 단백질이 정상적으로 분해되지 않고 뭉쳐진 미세 덩어리로 남아 '**뇌 조직에 염증과 손상**'을 일으킨다.

** '신경섬유다발'은 파킨슨병에서 '타우'라는 단백질이 세포 안에 뭉친 것으로, 신경세포의 '**신호전달 능력을 저하**'시키고 뇌 세포를 사멸시킨다.

이러한 뇌 신경세포의 변화는 초기에 '**경미한 기억력장애**'가 나타나며, 이 두 가지 독소 단백질의 영향을 받는 뇌 영역이 점점 늘어나면서 **다양한 심리 행동 증상이 발생**하고 **인지기능 장애는 점차 악화된다.**

이 두 가지 단백질이 형성되는 이유로는 '유전적 원인'과 '환경적 요인'이 있는데, 환경적 요인의 경우 직접적인 원인이라기보다는 '발병을 촉진하는 위험인자'로 이해할 수 있으며, 이중 대표적인 것이 노화이다. 하지만 정상적 노화에서 보이는 인지기능 감퇴와 알츠하이머병에서 보이는 인지기능 감퇴는 관련된 뇌 부위와 그 정도가 다르다.

'노화로 인한 인지기능 감퇴'는 '전두엽과 측두엽' 등 일부 뇌 영역의 구조적, 기능적 변화로서 '주의력, 기억력, 정보처리 속도' 등의 인지기능이 점진적으로 감퇴한다. 반면 '알츠하이머병에서는 '해마, 측두엽, 두정엽' 등 광범위한 뇌 영역에 걸쳐 신경세포 손실과 신경전달물질 감소가 나타나며, '기억력, 언어능력, 시공간 능력, 실행기능' 등 다양한 인지기능이 심각하게 저하된다. 노화 외의 위험인자로는 '당뇨, 고혈압, 우울증, 수면장애, 낮은 수준의 뇌-신체-사회 활동, 청력저하, 흡연과 음주, 미세먼지' 등이다.116)

머제니치는 '**노화나 치매로 인한 인지능력 감소 및 퇴화**'에 대한 대처방식에 대해 '**비침습적인 비약리적 요법**'을 주장한다. 그것은 뇌 가소적 변화를 기반으로 한 '**두뇌 훈련**'과 '**신체적 활동**'을 강조한다. 왜냐하면 '**약리적 처방**'은 뇌 신경학적으로 '**인지기능**을 **유지 및 향상**에 요구되는 **뇌 가소적 메커니즘**'*을 고려하고 있지 않기 때문이다.

114) 산화 스트레스는 활성산소의 생성이 많아지고, 활성산소를 제거하는 능력이 감소하여 정상 세포가 손상되는 상태를 말한다. (AI 개요)

115) 유자연, 윤정희, 설국환, 오미화, 함준상, "산화스트레스와 치매", Journal of Dairy Science and Biotechnol Vol.38(3), pp.134-141, 2020.; KJ Barnham, CL Masters, AI Bush, "Neurodegenerative diseases and oxidative stress", Nature reviews Drug discovery Vol.3, pp.205-214, 2004.

116) 「세브란스병원」, "세브란스 건강정보, 알츠하이머 병", 2024.05.01.

* 알츠하이머병으로 인지기능이 떨어진 사람들의 경우(치매 환자 포함) 대부분 **'아세틸콜린'**이 매우 낮게 나타난다.[117] 이는 **'아세틸콜린을 생성 및 분비'**하는 **'마이네르트 기저핵'**을 방치한 결과이다. 이를(마이네르트 기저핵) 발화시키려면 '두뇌의 비료'라 불리는 'BDNF를 방출'시켜야 하고, 이들이 활성화되면 '아세틸콜린의 생성 및 분비'가 촉진되어 학습 및 기억에 도움을 주면서 인지기능의 개선으로 이어진다. 이러한 '콜린성 시스템'을 발화시키기 위한 트리거로서 BDNF의 생성을 활성화하려면 어떻게 할 것인가? 최근 많은 임상시험의 결과는 비약리적 요법인 '고강도 인터벌 트레이닝'이 효과적이라는 것이 밝히고 있다.(임상시험의 결과는 제8장 본문 내용에서 제시되었음)

인지기능의 저하 및 퇴화를 가져오는 알츠하이머(치매)병은 '아세틸콜린을 분비하는 신경세포(마이네르트 기저핵)의 파괴'가 주된 원인이다. 이는 시냅스의 아세틸콜린 농도를 떨어뜨리고, 신호전달 장애로 이어져 결국 '인지기능의 저하'로 나타난다. 따라서 약리적 처방은 '시냅스의 아세틸콜린 농도를 증가'시켜서 신호전달을 원활하게 하여 '인지기능'을 향상시키고자 한다.

최근 사용되는 '인지기능 개선제'는 '도네페질(아리셉트)', '리바스티그민(엑셀론)', '갈란타민(레미니틸)', '메만틴' 등이다.[118] 그러나 이들 약제는 "병의 진행을 막을 수가 없으며, 그 경과를 6개월~2년 정도 늦출 수 있다"는 임시방편에 불과하다. 게다가 심장질환, 소화기계통, 불면증, 두통 등의 부작용도 나타나고 있다.[119]

이러한 **약리적 처방**은 머제니치가 주장하는 바와 같이 뇌 가소적 변화에 의한 '콜린성 시스템'(아세콜틸렌 생성 및 분비)의 재구성 또는 재배선하는 **'반영구적인 치유 방법'**을 도외시한 **'미봉책에 불과하다는 것'**이다.

'기억력 감퇴'가 발생하는 것은 '뇌의 정보처리 속도'가 떨어진 것이며, 이는 뇌의 가소적 변화를 위해 '주의 집중'을 하도록 하는 소위 '가소성 조절계'(기저핵에 포함되는 마이네르트 기저핵, 피각, 맥락피질, 담창구)가 위축되어 기능 발휘가 약해진 결과이다. 따라서 '인지기능의 퇴화 및 감퇴에 대한 대응'은 '주의 집중'을 하고, '선명한 기억을 생성'하도록 뇌의 가소적 변화를 통해 '천연 아세틸콜린의 생성 및 분비'(마이네르트 기저핵 발화)를 증가시켜 뇌의 정보처리속도를 높이는 것이다.

그렇다면 **아세틸콜린을 생성하려면 어떻게 할 것인가?** 두뇌의 비료인 BDNF를 분비시켜 '마이네르트 기저핵을 발화'시켜야 한다. 이를 위한 **BDNF 활성화 방법**은 임상시험 결과 **유산소 운동 등 비약리적 요법***이라는데 동의한다.

---

117) 치매 환자는 뇌에서 아세틸콜린을 분비하는 신경세포가 파괴되면서 아세틸콜린의 분비가 줄어, 기억력과 같은 인지기능이 떨어지게 된다. 「대한치매학회」, "99가지 치매이야기", 2021.03.18.

118) 「중앙치매센터 모바일 - 치매 매뉴얼 044」, "치매 환자의 건강 관리", p.048.

119) 윤현철 · 정현강, "치매의 약물요법", Korean Med Assoc, 61(12), pp.758-764, 2018.

* BDNF 분비를 활성화하려면, 규칙적인 '**유산소 운동**(걷기, 고강도 인터벌 트레이닝)',[120] 새로운 기술 또는 문제해결 등 '**인지적 자극**',[121] 적당한 '**스트레스**',[122] '**사회적 상호작용**'(긍정적인 사회적 경험이나 관계),[123] '**식이 요인**'[124](오메가-3 지방산, 항산화물질, 단백질 등), '**충분한 수면**'[125] 등이 효과적이라 한다.

따라서 인지능력의 감소에 대응하는 방식은 약리적 처방(불필요하다는 의미가 아님)보다는 '콜린성 시스템(아세틸콜린을 생산)'[126]을 활성화하는 비약리적 요법이 실효적이다. 그 이유는 효과도 반영구적이며, 부작용도 없기 때문이다. 즉 머제니치가 주장하는 뇌 가소성 기반의 '**두뇌 훈련***' 이나, **BDNF 분비를 발현시켜 '시냅스 가소성**'을 촉진하는 유산소 운동을 선택적**(맞춤형)으로 **적용**하는 것이다.

* 두뇌 훈련에 대한 원리는 '성인기의 마이네르트 기저핵을 발화시켜 뇌의 정보처리 속도를 높이는 뇌 가소적 변화를 통해 인지능력을 개선시키는 것'이다. (제2장에서 제시한 패스트 포워드 또는 포지트 사이언스를 보라.)

** '**시냅스 가소성**'을 조절하는 대표적인 신경전달물질은 '글루타메이트'(흥분성 물질)와 'GABA'(억제성 물질)이다. 글루타메이트는 신호전달을 촉진시켜 학습, 기억과 관련된 신경회로의 가소적 변화를 활성화한다. 'GABA'는 신경회로의 과도한 흥분을 방지하고 균형을 통해 항상성을 유지한다. 이러한 메커니즘에 '뇌 유래 신경영양인자'(BDNF)가 가장 중요한 조절역할을 한다는 것은 수많은 연구(1993~2008)에서 입증이 되었다.[127] 즉 BDNF가 뉴런의 발달을 촉진하고 **사용자 의존적 가소성을 촉발**시켜 궁극적으로 시냅스 분화 및 연결을 활성화함으로써, **인지능력 유지 및 향상**(학습 및 기억)에 **매우 유익한 단백질이다.**

---

120) Zoladz et al., "Endurance training increases plasma brain-derived neurotrophic factor concentration in young healthy men", Journal fo Physiology and Pharmacology Vol.59, pp.119-132, 2008.
121) Maguire, E.A., Valentine, E. R., Wilding, J. M., and Kapur, N., "Routes to remembering : the brains behind superior memory." Nat Neurosci Vol.6, pp.90-95, 2003.
122) Shuji Murakami, Hiroki Imbe, Yoshihiro Morikawa, Chiharu Kubo, Emiko Senba, "Chronic stress, as well as acute stress, reduces BDNF mRNA expression in the rat hippocampus but less robustly", Neuroscience Research Vol.53, pp.129-139, 2005.
123) Valentina Colonnello, Nicola Petrocchi, Marina Farinelli and Cristina Ottaviani, "Positive Social Interactions in a Lifespan Perspective with a Focus on Opioidergic and Oxytocinergic Systems : Implications for Neuroprotection", Current Neuropharmacology Vol.15, pp.543-561, 2017.
124) Fernando Gómez-Pinilla, Brain foods : the effects of nutrients on brain function, Nature Reviews Neuroscience Vol.9, pp.568-578, 2008.
125) K Schmitt, E Holsboer-Trachsler, A Eckert - Annals of medicine, BDNF in sleep, insomnia, and sleep deprivation, Annals of Medicine Vol.48, pp.42-51. 2016.
126) Francis PT, Palmer AM, Snape M, Wilcock GK (1999). "The cholinergic hypothesis of Alzheimer's disease : a review of progress",《J. Neurol. Neurosurg. Psychiatr.》66 (2) : 137-147.
127) K Gottmann, T Mittmann, V Lessmann, "BDNF signaling in the formation, maturation and plasticity of glutamatergic and GABAergic synapses", Experimental brain research, Vol.199, pp. 203-234, 2009.; Bart Larsen, Beatriz Luna, "Adolescence as a neurobiological critical period for the development of higher-order cognition", Neuroscience & Biobehavioral Reviews, Vol.94, pp.179-195, 2018.

제9장

뇌졸중 장애를 극복하는 뇌 가소적 개입(CI 요법)

이 장은 뇌졸중으로 타격을 받은 부위의 기능을 담당하는 **대뇌피질이 물리적 및 정신적 자극으로 재조직되도록 하여 손상된 기능을 치유하는 CI 요법을 공유하고자 한다.** CI 요법 중심 개념은 **'학습된 비사용'**을 극복하는 것이며, 4가지 프로토콜을 이용 '손상된 대뇌피질의 기능'을 '손상되지 않은 정상적인 신경회로'가 대신 수행토록 하는 **뇌 가소적 개입**이다.

이와 관련 다양한 연구논문, 임상시험 결과, 뇌 스캔에 의한 과학적 증거 등을 근거로 CI 요법의 원리와 그 가소적 개입 효과를 입증할 것이다. 이는 뇌졸중으로 인해 발생하는 비사용 학습을 차단하고, 타격을 받지 않은 부위 사용을 강제적으로 억제하면서, 타격을 받은 부위를 강제적으로 사용(자극이 없으면 퇴화하기 때문)하도록 하여 장애를 극복하는 원리이다.

CI 요법의 주요 프로토콜은 **'집중 훈련, 형성 기법, 전달 패키지, 억제 행동'** 등 4가지이다. 이 프로토콜은 뇌졸중으로 인한 감각-운동 장애에 적용하여, 타격을 받은 부위의 **비사용 학습을 무력화**하고, 강력한 신체적 · 정신적 자극을 가하여 **손상된 대뇌 피질의 기능**을 살아있는 정상적인 다른 부위가 **대신 수행**(재편성)**하도록 하는 뇌 가소적 개입**이다. 이러한 비약리적 CI 요법은 실어증, 뇌성마비, 이명, 강박 장애 등에도 효과적인 치료 메커니즘으로서, 뇌졸중 외의 다른 장애에도 유용하게 적용 가능을 입증할 것이다. 이 내용은 다음의 **6개 분야로 구성**된다.

Key Word

감각-운동 기능장애, 재활 치료, 대뇌 운동 피질의 재편성(재조직화), 과제 지향적 훈련(형성 기법), 반사 이론, 구심성 신경(감각신경), 학습된 비사용, 척수 쇼크(기능해리), 대뇌피질의 뇌 지도, 구속유도 운동요법(CI 요법), 사용자 의존적 가소성, 실어증, 뇌성마비, 이명 치료, 강박 장애

앞 장에서는 '**퇴행성 신경질환 예방 및 관리**'를 위해 '신체적 활동'에 의한 '**뇌 가소적 개입**'의 유효성에 대해 살펴보았다. 가장 효과적인 방법은 '몸'이라는 통로를 통해 '**긍정적 뇌 가소적 변화**'를 만들어내는 '**규칙적인 유산소 운동**'임을 확인하였다. 특히 젊은 시기부터 시작된 규칙적인 운동은 '**인지적 비축**'으로 이어져 **퇴행성 신경질환의 발병을 예방하는 강력한 원천**이 된다는 것이다.

이 장에서는 몸과 마음을 매개로 발생한 장애를 극복하는 뇌 가소적 개입에 대해 초점을 맞추고자 한다. 그 중심은 뇌졸중으로 타격을 받은 '**감각-운동 기능장애**'를 극복하는 재활 치료법으로서 '**구속유도 운동요법**(CI 요법)'이다. 이는 뇌졸중 외에도 일상에서 수시로 경험하는 정신적 · 신체적 장애를 스스로 극복할 수 있는 중요한 메커니즘이다. 따라서 이를 이해하고 실행에 옮길 수 있도록 '**학습된 비사용**'* 개념, CI 요법의 4가지 **프로토콜**과 원리 그리고 **그 메커니즘을 적용한 다양한 치유 사례**에 주안을 둘 것이다.

* 학습된 비사용이란 뇌졸중으로 인한 '기능해리[1]'(뇌졸중 후 2-6주 기간 동안 타격 부위뿐 아니라 인접한 다른 부위에도 기능적 저하가 발생하는 현상)는 장애를 입은 사지(팔과 다리)에 대한 움직임을 제한한다. 이 과정에서 환자는 손상된 부위에 대한 의식적 사용이 실패를 거듭하게 되고, 점차 사용하지 않음으로써, 시간이 지남에 따라 그 기능을 더욱 잃게 되는 비사용 학습이 발생한다.[2]

많은 연구결과는 학습된 비사용의 원리가 뇌졸중에만 국한되는 것이 아니라, 신체적 · 정신적 장애에도 광범위하게 나타난다는 점이다. 뇌는 자극(사용)하지 않으면 퇴화한다는 원칙에 따라, 장애로 인한 부위를 사용하지 않는다는 것은 뇌 기능이 퇴화하거나 발생한 장애가 고착된다는 것을 의미한다.

발생한 장애의 부위를 불편함 때문에 사용하지 않거나 통증 때문에 회피한다면 그 기능과 관련된 자극은 줄어들고 대뇌피질의 영역은 그만큼 축소되어 장애 자체는 더욱 심화된다. 이를 극복하려면, 타격을 받은 부위나 장애가 발생한 부위에 대해 CI 요법에 의한 신체적 · 인지적 자극을 증가시켜서, 손상된 대뇌피질의 기능을 살아있는 정상적인 대뇌피질 부위가 대신하도록 해야 한다는 것이다.

1) 「ibs 기초과학연구원-Research News」, "뇌졸중 후유증 유발하는 '기능해리' 발생 메커니즘 규명", 2023.11.28.
2) 김덕용 · 박창일 · 장원형 · 정용원, "만성 편마비 환자에서 건측 상지 운동 제한 치료법의 효과", 대한재활의학회지, 제27권 제6호, p.813, 2003.

9-1 뇌졸중과 재활 치료

뇌졸중은 전 세계적으로 **중요한 사망원인**이며, 성인에서 발생하는 **장애의 가장 흔한 원인 질환**이다. 우리나라에서만 한해에 약 50만 명 정도가 뇌졸중을 진단받고 있으며, 매년 증가추세에 있다.[3] 2024년 질병관리청 보도자료에 의하면, 2021년 뇌졸중 발생 건수는 108,950건으로 10년 전인 2011년 9,412건 대비 9.5% 증가하였다. 60세 이상에서 인구 10만 명당 2,645명이 발생하였으며, 60세 이하보다 발병률이 8.9배로 급격하게 증가했다. 뇌졸중 1년 치명률은 2021년 19.3%이며, 65세 이상에서 뇌졸중 발생 후 1년 이내 사망률은 30.6%인 것으로 나타났다.[4]

서울백병원 신경과 박경일 교수는 "뇌졸중은 우리나라의 **전체 사망원인 중 2위**이고, **단일 질환으로는 1위**를 차지한다. 뇌졸중 유병률은 19세 이상의 성인에서 인구 1,000명당 15.9명이며, **60대 이후 유병률**이 **급격하게 증가**(60대 57.96명, 70세 이상은 67.45명)하고 있다."고 밝히고 있다.[5]

이러한 통계는 대한뇌졸중학회의 〈뇌졸중 팩트 시트(자세한 정보가 포함된 문서) 2024〉와 일치한다. 국내 뇌졸중 발병 시 평균연령은 남성 66.3세, 여성 72.5세였다. 2022년 85세 이상 뇌졸중 환자 비율은 10년 전(2012~2014년)에 비해 2배 이상 증가했다는 것이다.[6] 이러한 뇌졸중 관련 통계는 고령화 사회 추세에 비례하여 지속적으로 증가할 것으로 예측되며, 발병에 의한 신체적 장애가 치명적이라는 점에서 퇴행성 신경질환과 유사성을 가지 있다. 따라서 **예방이 무엇보다도 중요**하다는 것을 시사하고 있다.

뇌졸중(腦卒中, '중풍'이라고도 함)은 **뇌혈관이 막히거나**(허혈성 뇌졸중), **터지면서**(출혈성 뇌졸중) 혈액을 공급받지 못하는 뇌 부위가 손상되는 질환이다. 발생하는 후유증은 **반신마비**, **언어 장애**(실어증), **식물인간**, **대소변 못 가림**, **치매**, **연하 곤란**(삼킴장애) 등이다(ibs, 기초과학연구원). 뇌졸중의 발생을 의심해 봐야 할 대표적인 조기 증상은 갑작스러운 편측마비, 언어 장애, 시각 장애, 어지럼증, 그리고 심한 두통 등이 있다. 뇌졸중에 의한 **'감각-운동 기능장애'**는 세면하기, 식사하기, 대소변 처리하기, 목욕하기, 보행 및 이동 동작 수행하기

---

3) 박중현 · 최수미 · 안은미 · 김성현 · 이강희, "뇌졸중의 위험인자와 일차예방", 주간 건강과 질병, 제11권 제37호, p.1224.
4) 「질병관리청」, "10년 새 심근경색증 54.5%, 뇌졸중 9.5% 발생 증가", https://www.kdca.go.kr/
5) 「대한뇌졸중학회」, "[OECD 의료 질]韓 뇌졸중 · 대장암 의료 수준 세계 최고…만성질환 분야는 개선 권고", https://www.stroke.or.kr/bbs/index.html?code=day&mode=view&number=2452
6) 「의협신문」, "뇌졸중 골든타임 방문 불과 26% '뇌졸중 통계' 발표 눈길", 2024.04.25.

등 기본적인 일상생활의 수행에 어려움을 초래하여 삶의 질을 떨어뜨리는 가장 중요한 원인이다.[7)]

이를 예방하기 위한 생활 수칙으로는 금연, 절주, 싱겁게 먹기, 꾸준한 운동, 적정 체중 유지, 즐거운 마음 갖기(스트레스 줄이기), 정기적 검사(혈압, 혈당, 콜레스테롤 등), 꾸준한 치료(고혈압, 당뇨병, 고지혈증) 등을 제시되고 있다.[8)]

이러한 뇌졸중 환자에 대해 캔자스대학 재활의학과 교수 랜돌프 J. 누도(Laendolpeu J. Nudo) 박사 등은 "뇌졸중으로 손상된 대뇌 운동 피질 영역이 마비된 부위를 사용하지 않으면 줄어들고, 적절한 재활 치료를 시행하면 늘어나는 것"을 확인하여 재활 치료의 가능성과 중요성을 입증하였다.[9)]

재활 치료의 방법론으로 애리조나 주립대학 제프리 클라임(JA Kleim) 교수 등은 "재활 치료는 단순한 운동 및 활동이 아닌 '**과제 지향적 훈련**(조형)'만이 **대뇌 운동 피질 재조직에 긍정적인 영향**을 준다"는 것을 확인했다.[10)]

재활 치료의 원리와 관련하여 슈클롭스키(Chklovskii)는 재활 치료에서 신경회로의 재구성 및 기능회복의 의미는 "학습(물리적 자극 포함)에 따른 뉴런 간의 연결성 변화가 발생하는데, 이는 '**기존 연결된 회로 중 특정 연결이 강화되는 것**'과 '**새로운 연결 회로가 생성**'되는 '**구조적 가소성**'이 발생하는 것"이라고 밝혔다.[11)]

이들 연구는 뇌졸중 발생 초기 외에는 재활 치료의 효과가 없다는 오류에서 벗어나 뇌신경 가소성이라는 과학적 믿음을 전제로 하고 있다. 따라서 뇌졸중으로 손상을 받은 부위도 자극에 의한 가소적 변화를 유도하여 치료가 가능하다는 근거로서 재활 치료의 새로운 지평을 열었다.

---

7) 신명준 · 김상훈 · 이창형 · 신용일, "뇌졸중 후 상지 기능 개선을 위한 재활치료의 전략", Brain & Neuro Rehabilitation Vol.7, No.1, pp.21-29, 2014.
8) 「질병관리청 국가건강정보포털」, "뇌졸중에 대해서", https://health.kdca.go.kr
9) Nudo RJ, Wise BM, Si Fuentes F, Mil liken GW., "Neural substrates for the effects of rehabilitative training on motor recovery after ischemic infarct", Science Vol.272, pp.1791-1794, 1996.
10) Kleim JA, Barbay S, Nudo RJ. "Functional reorganization of the rat motor cortex following motor skill learning", Journal of neurophysiology Vol.80(6), pp.3321-3325, 1998.
11) Dmitri B. Chklovskii1, and Alexei A. Koulakov1, "MAPS IN THE BRAIN : What Can We Learn from Them?", Annual Review of Neuroscience, Vol.27, pp.369-392, 2004.

9-2 재활 치료에 대한 'CI 요법' 연구 이전의 인식과 그 변화

1960년대 이전까지만 해도 신경 재활 분야는 **'두 가지 믿음'**이 확고하게 자리잡고 있었다. 하나는 **"성인 중추신경계는 고정되어 있다"**는 인식으로 **'뇌는 변하지 않는다'**는 것이다. 다른 하나는 중추신경계의 손상 후 만성 단계에서는 **모든 종류의 치료적 개입을 사용하더라도 실질적인 기능회복이 일어나지 않는다**는 임상학적 믿음이다.[12] 즉 뇌졸중이나 다른 유형의 심각한 뇌 손상이 발생한 초기에는 기능회복이 가장 높았고, 그 후에는 점차 느려지다가 1년이 지나 만성화된 경우에는 어떠한 치료적 개입(약물치료, 재활 프로그램, 물리치료 등)에도 기능회복이 거의 나타나지 않는다는 것이다.[13]

이러한 믿음을 더욱 강하게 뒷받침했던 또 하나의 근거는 당시 신경과학자와 의사들을 지배했던 **찰스 셰링턴**(Sherrington)의 **'반사 이론'**이다. 모든 행동은 감각 자극이 있어야만 반사 행동이 발생하며, 이는 뇌의 개입 없이 척수에 의해 이루어진다는 개념이다. 즉 모든 동작은 자극에 대한 반응으로 뇌가 아닌 '척수'를 중추로 해서 일어나는 반사작용인 **'척수 반사'**라는 것이다. 이는 충격과 같은 자극으로 근육이 운동하는 반사작용을 말한다.[14]

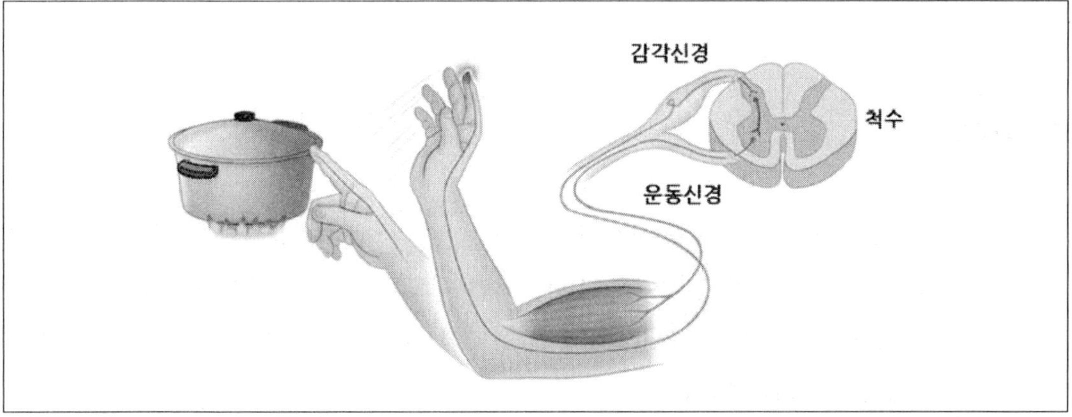

출처 : 「서울아산병원」, "말초신경계", https://www.amc.seoul.kr/asan/

12) Parker, V., Wade, D., and Langton-Hewer, R. "Loss of arm function after stroke : measurement, frequency, and recovery", Disabil. Rehabil Vol.8, pp.69-73, 1986. : G Bard, GG Hirschberg, "Recovery of voluntary movement in upper extremity following hemiplegia", Arch. Phys. Med. Rehabil Vol.46, pp.567-572, 1965.

13) VM Parker, DT Wade, RL Hewer, "Loss of arm function after stroke : measurement, frequency, and recovery", International Rehabilitation Medicine Vol.8, pp.69-73, 1986.

14) 「아산병원」, "척수 반사", https://www.amc.seoul.kr/

이 이론이 당시 지지를 받을 수 있었던 근거는 1895년 셰링턴과 모트(F. W. Mott)가 원숭이 한쪽 앞다리(팔)의 **신체감각**(구심로, 감각을 척수-뇌로 전달하는 감각신경)**을 외과적으로 차단한 실험**이었다.[15] 이는 '감각신경이 움직임에 미치는 영향에 대한 실험'이다. 구심로를 차단한 후 4개월 동안 관찰한 결과 **원숭이 팔의 의도적인 움직임이나 자발적인 회복은 보이지 않았다**. 이 실험은 감각신경이 차단되었으므로 반응의 결과로서 '움직임'이 나타날 수 없다는 셰링턴의 주장을 뒷받침했다. 감각신경이 차단되어 자극에 대한 반사 반응으로 의도적인(수의적인) 움직임이나 회복은 있을 수 없다는 것이다. 이러한 이론과 믿음은 재활 치료의 효과와 중요성이 드러날 가능성을 원천 차단하는 역할을 하였다. 즉 뇌 가소적 변화를 전제로 하는 재활 치료로 뇌졸중에 의한 장애를 치유할 수 있었음에도 그 기회를 박탈해 버린 것이다.

하지만 모든 의문점이 해소된 것은 아니었다. 원숭이들의 '**구심로 차단**'은 감각을 느끼는 신경을 자른 것이므로 감각을 느끼지 못하는 것은 이해한다. 그렇지만 중추신경계에 의해 운동신경을 거쳐 반응기(근육)로 가는 **운동신경을 자른 것이 아닌데, 움직이지 못하는 것은 이해할 수 없었다**. 이러한 의문이 아놀드 토브(E. Taub) 박사가 CI 요법을 개발하게 된 실마리가 되었다.

9-3 '학습된 비사용'과 '구속유도 운동요법'(CI 요법)

20세기 후반에 들어서면서 "중추신경계 손상 후 만성 단계(1년이 경과 한 후)에서는 환자가 가지고 있는 운동 기능이 무엇이든 간에, 어떤 치료적 개입을 사용하더라도 실질적인 기능회복이 일어나지 않는다"는 재활 치료의 임상학적 입장이 전환되기 시작했다. 이는 다음 두 가지 사실로부터 출발하였다.

하나는, 1960~70년대 원숭이를 대상으로 한 연구에서 구심로를 차단해도 의도적인 움직임이 가능하다는 것이 확인되면서, 셰링턴의 반사이론이 잘못되었음을 밝혀낸 것이다. 앞다리(팔)의 신체감각을 외과적으로 차단하여 **감각 입력을 원천적으로 차단**하더라도, 두 가지 **'행동 기법'***(형성 : Shaping,[16] 온전한 팔다리를 1주간 사용하지 못하도록 구속)을 적용하

15) F. W. Mott and C. S. Sherrington, "Experiments upon the influence of sensory nerves upon movement and nutrition of the limbs. Preliminary Communication", Proceedings of the Royal Society of London Vol.57, pp.481-488, 1894-1895, DOI : 10.1098/rspl.1894.0179

면 의도적으로 **팔다리를 광범위하게 사용할 수 있다는 것**이다.[17]

* 1920년대부터 신경학적 손상 후 운동 기능을 향상하기 위해 '행동 기법'이 동물에게 적용될 수 있는 연구가 진행되었다.[18] 이는 주로 행동 수정, 훈련, 동물의 학습 능력을 향상하고자 했으며, 적용된 행동 기법은 다음과 같다. '강화 학습'은 긍정적 강화(보상)를 통해 원하는 행동을 증가시키고, 부정적 강화(벌)를 통해 원하지 않는 행동을 감소시키는 방법이다. 예를 들어 고양이가 특정 행동을 했을 때 간식 또는 칭찬으로 그 행동의 반복을 유도하는 것이다. '조건화'는 '고전적 조건화'로 파블로프의 개 이론과 '조작적 조건화'로 서랍에 숨겨놓은 사탕을 발견했을 때, 다음에도 먹고 싶으면 서랍을 열어보게 된다는 것과 같은 기법이다. 특정 자극에 반응하도록 학습시키는 데 활용한다. '모델링'은 다른 동물이나 사람의 행동을 관찰하고 이를 모방하여 학습하는 방법이다. 고양이는 다른 고양이나 사람의 행동을 보고 학습할 수 있다. '사회적 학습'은 고양이가 다른 고양이 또는 사람과 상호작용을 통해 행동을 배우는 과정을 의미한다.

다른 하나는 왜 원숭이들은 구심로가 제거된 팔다리를 하나도 사용하지 않았을까?라는 의문을 해결하기 위한 수단으로 제기된 '학습된 비사용 메카니즘'의 발견과 이를 입증한 임상시험의 결과이다. 1980년대 후반부터 감각신경이 차단된 지 오래된 원숭이 실험을 통해 **'학습된 비사용'을 무력화하면 의도적으로 움직일 수 있다는** 것을 밝혀냈다. 이러한 동물실험에 의해 확인된 기술을 사람에게 적용했을 때, '뇌졸중 후 만성 단계에서 팔다리의 장애'를 크게 개선할 수 있다는 것을 입증한 것이다. 이것이 바로 '**뇌졸중 후 만성 단계에서 팔다리의 장애**'를 치유하는 '**제약유도 운동요법**' 또는 'CI **요법**'이다.[19]

이후 CI 요법은 외상성 뇌 손상, 뇌성마비, 다발성 경화증 및 척수 손상 등과 같은 **중추신경계의 다른 유형의 손상에도 성공적으로 적용**되었으며, 뇌졸중 후 실어증의 기능 개선에도 적용되었다. 이 연구가 진행됨에 따라 **CI 요법의 물리적 자극이 중추신경계의 구조를 변경**할 수 있으며, 이러한 대뇌피질의 재구성은 '**사용자 의존적 가소성**'과 관련이 있음이 밝혀졌

16) 형성(조형)이란 개인에게 학습하고자 하는 최종적인 복잡한 행동을 여러 단계의 비교적 단순한 행동들로 나누어 이들을 순차적으로 하나하나 학습시켜 나가는 과정을 일컫는다. 이경순, "행동주의적 상담이론과 기술", 대한간호 제30권 제4호 통권 제162호, p.40, 1991.

17) Taub, E, "Movement in nonhuman primates deprived of somatosensory feedback", Exercise Sport Science. Reviews Vol.4(1), pp.335-374, 1977.

18) Chambers, W. W., Konorski, J., et al., "The effects of cerebellar lesions upon skilled movements and instrumental conditioned reflexes", Acta Neurobiologiae Experimentalis Vol.32, pp.721-732, 1972.; Tower, S. S. "Pyramidal lesions in the monkey", Brain Vol.63, pp.36-90, 1940, doi : 10.1093/brain/63.1.36

19) Langhorne P, Coupar F, Pollock A. Motor recovery after stroke : a systematic review. Lancet Neurol. 2009, pp.741-754; Steven L. Wolf, PhD, PT; Carolee J. Winstein, PhD, PT; J. Philip Miller, AB; et al, "Effect of constraint-induced movement therapy on upper extremity function 3 to 9 months after stroke : the EXCITE randomized clinical trial", JAMA Vol.296(17), pp.2095-2104, 2006.

다.[20] 이는 신경 재활의 필요성과 중요성을 확장한 결과이며, 'CI 요법'은 현재까지 뇌졸중 후 상지 기능회복을 위한 가장 효과적인 치료법으로 확인되고 있다.

토브 박사의 CI 요법 개발 과정과 주요 내용을 확인해 보자. 그 이유는 CI 요법에 대한 이해를 토대로 일상에서 실행하기 위한 조건화 과정이기 때문이다.

셰링턴과 모트의 '**구심로 차단 실험결과의 의문**'에 대한 검증이 이루어졌다. 그 의문은 운동신경을 자른 것이 아님에도 왜 원숭이들은 감각신경이 제거된 팔다리를 하나도 사용하지 않았을까? 하는 것이다. 1977년 에드워드 토브(Taub, E.)에 의해 진행된 검증은 '원숭이 한쪽 팔의 구심로를 차단하고, 차단하지 않은 팔을 사용하지 못하도록 했을 때, 과연 감각이 차단된 팔을 움직일 수 있는가에 대한 실험이었다.[21]

실험결과 원숭이의 팔은 감각신경이 제거(차단)된 상태에서 '**두 가지 행동 기법**'을 **적용하면 "감각신경이 제거된 팔을 다양한 목적을 위해 의도적**(수의적)**으로 사용할 수 있다."**는 것을 확인했다. 즉 감각신경이 차단된 팔다리를 '**형성**(조형, Shaping) **기법**'*에 의해 훈련하고, '손상되지 않은 팔을 1주간 사용하지 못하도록 구속'하자 원숭이는 감각신경이 차단된 팔을 의도적으로 광범위하게 사용하는 것이 가능했다. 다만 움직임은 정상적이지 못했다.

* '형성 기법'의 목표는 환자가 손상된 쪽 팔을 사용하여 일상적인 활동(예 물건 집기, 컵 들기, 동전 집어 넣기 등)을 수행하는 것이다. 이를 위해 '기초 행동 관찰 - 보상 - 점진적 요구 - 최종 목표 행동 강화'의 과정을 망라한다. '기초 행동 관찰'은 환자가 손상된 쪽 팔을 사용하려고 시도하는 행동을 관찰한다. 이는 환자가 손상된 쪽 팔을 약간 들어 올리거나 손가락을 움직이는 모습을 포착하는 것 등을 의미한다. '보상'은 환자가 손상된 쪽 팔을 조금이라도 사용하려고 할 때마다 긍정적인 피드백이나 칭찬을 제공한다. 이 단계에서는 팔을 완전히 사용하지 않아도 환자가 시도하는 것만으로도 보상을 해준다. '점진적 요구 증가'는 환자가 손상된 쪽 팔을 자주 사용하기 시작하면, 훈련자는 점차적으로 더 많은 사용을 요구한다. 예를 들어 환자가 손상된 쪽 팔로 물건을 잡는 행동을 할 때 보상을 주고, 점차적으로 물건을 잡는 시간이나 거리를 늘려간다. '최종 목표 행동 강화'는 환자가 손상된 쪽 팔을 사용하여 특정 작업(예 컵을 들고 마시는 행동)을 성공적으로 완수했을 때에만 보상을 주어, 최종적으로 손상된 쪽 팔을 적극적으로 사용하는 행동을 학습하도록 한다. 이러한 방식으로 CI 요법은 형성기법 훈련의 원리를 활용하여 환자가 손상된 쪽 팔의 기능을 회복하고, 일상생활에서의 독립성을 높인다.

20) Edward Taub, Gitendra UswatteGitendra Uswatte, Victor W. Mark Victor W. Mark, "The functional significance of cortical reorganization and the parallel development of CI therapy", Sec. Brain Health and Clinical Neuroscience, Vol.8, 2014, doi.org/10.3389/fnhum.2014.00396; Liepert J., Bauder H., Sommer M., Miltner W., Dettmers C., Taub E., et al., "Motor cortex plasticity during Constraint-Induced Movement therapy in chronic stroke patients", Neurosci. Lett Vol.250, pp.5-8.

21) Taub, E. "Somatosensory deafferentation research with monkeys : implications for rehabilitation medicine", Behavioral Psychology in Rehabilitation Medicine : Clinical Applications, ed Ince L. P. (New York, NY : Williams & Wilkins), pp.371-401, 1980.

셰링턴이 실험에서 감각신경이 제거된 원숭이 팔이 **움직이지 못했던 것**과는 달리 '두 가지 행동 기법'을 적용한 결과 광범위하게 **사용될 수 있는 사지로 전환**(감각이 차단된 사지로 자세 지지, 보행, 등반, 엄지와 집게손가락 사용 등)되었다. 이 실험을 통해 **셰링턴의 '반사 이론'이 틀렸음**을 밝혀냈다. 그리고 두 가지 행동 기술을 사람에게 적용할 경우, **뇌졸중 장애에 대한 재활 치료의 유효한 가능성을 예고**했다. 한편, 토브는 왜 원숭이는 구심로 차단 직후 그 팔다리를 사용하지 못한 이유 무엇일까?에 대해 감각신경의 차단이 아니라면, 그 본질적인 이유를 찾고자 했다.

토브는 "뇌졸중을 맞은 환자들이 팔을 완전히 움직일 수 없는 것처럼 보였던 사실"에 주목했다. 그리고 **정상적인 팔을 구속**하면서 **움직이지 못하는 팔을 강제로 사용**한다면 **치료가 가능**할 것으로 판단했다. 그 근거는 원숭이의 "감각신경을 제거하면 생존을 위해 팔다리 모두를 움직이게 될 것"이라는 추론에서 비롯된 것이다.

토브와 연구자들은 이 추론을 확인하고자 1979년 원숭이 팔다리 감각신경을 모두 제거하는 실험을 했다.[22] '등 쪽 뿌리 절개술'을 통해 감각신경을 제거하여 원숭이의 팔다리로부터 **감각 입력을 모두 차단**하였다. 하지만 **원숭이는 자신의 팔다리를 모두 사용했다**. 그 이유를 조사한 결과 '움직임이 회복되는 이유'는 '감각신경이 아니라는 것'을 밝혀냈다.

1895년 셰링턴과 모트의 실험에서 "왜 원숭이는 감각신경이 제거되었지만, 운동신경이 살아있는 팔을 사용하지 않았을까?"라는 의문에 대해 토브가 제시한 개념이 '**학습된 비사용**'이다. 토브는 감각신경이 제거된 팔을 사용하지 않는 것은 '움직임의 조건적 억제와 관련된 학습 현상'이라고 제안했다.[23]

즉 수술 직후에는 수술(구심성 신경 제거)로 인한 '**척수 쇼크**'(2~6주, 척수 기능인 운동 감각 및 반사 기능이 소실된 상태)가 발생한다. 이 기간에 손상된 팔을 움직여 보려 하지만 '**움직일 수 없다**'는 **실패의 반복**(학습된 비사용)으로 의도적 움직임을 포기해 버린다. 반면 생존을 위해 긍정적 강화를 얻을 수 있는 '**온전한 팔을 사용**'에 의존하게 된다. 그래서 감각신경이 제거된 팔을 사용하지 못하게 된 학습 현상이라는 것이다.

---

22) Richard M. Wylie, Gilbert Barro, Edward Taub, "Electrophysiologic evidence that deafferentation by dorsal rhizotomy abolishes afferent inputs to segmental levels of the spinal cord in the monkey", Experimental Neurology Vol.66, pp.423-443, 1979.

23) 원숭이를 대상으로 한 연구결과로서, 과도한 운동 장애의 일정 비율은 학습된 움직임의 억제와 관련이 있으며, 이를 '학습된 미사용(비사용)'이라 한다. Edward Taub, Jean E. Crago, Louis D. Burgio, Thomas E. Groomes, Edwin W. Cook III, Stephanie C. DeLuca, Neal E. Miller, "An operant approach to rehabilitation medicine : overcoming learned nonuse by shaping", Journal of the Experimental Analysis of Behavior Vol.61, pp.281-293, 1994.

이러한 학습된 비사용을 극복하는 것은 뇌졸중 장애에 대한 재활 치료를 위해 반드시 선행되어야 할 선결 요건이었다. 그래서 토브는 **학습된 비사용을 극복할 수 있는지에 대한 실험을 진행**했다. 감각신경이 차단되고 학습된 비사용에 의해 여러 해 동안 장애 상태로 남아 있는 원숭이의 팔(만성화된 장애)을 강제적으로 사용하게 한다면, 움직일 수 있는지(의도적인 사용)에 대해서 확인하는 것이었다. 이를 위해 '온전한 팔의 사용을 구속'하는 대신 '감각신경이 차단된 팔'을 '온전하게 사용이 가능한 팔'에 붙여 놓았다. 감각신경이 차단된 팔이 척수 쇼크로 인한 비사용 학습을 경험할 수 없도록 한 것이다. 그 결과 척수 쇼크 기간이 지난 뒤 원숭이는 감각신경이 차단된 팔을 의도적으로 사용할 수 있다는 것을 확인하였다.

이 연구는 감각신경이 차단되고 학습된 비사용으로 여러 해 동안 사용하지 못했던 원숭이의 팔도 **'강제적인 운동'**으로 그동안의 **'학습된 비사용'**을 **극복**하고, **운동기능을 회복할 수 있다는 것을** 입증했다. 이를 근거로 토브는 1980년에 '학습된 비사용' 개념을 제시했다. 또한 오랫동안(만성적인) 감각신경 장애가 있는 원숭이에게 학습된 비사용을 극복하기 위해 사용된 '**두 가지 기술**'(형성 기법, 덜 영향을 받은 사지 부위의 구속)이 **인간에게 사용될 수 있으며**, "**뇌졸중 후 만성 운동 장애를 개선하는 데 가치가 있을 수 있다.**"는 논문을 발표하였다.[24)]

1993년에는 감각신경이 차단된 원숭이에게 적용되었던 **두 가지 행동 기법**을 사람에게 적용한 임상시험을 했다.[25)] '덜 영향을 받은 팔'의 사용을 구속하는 억제 행동을 하면서, '더 영향을 받은 팔'에 형성 기법을 적용하여 집중 훈련을 진행했다. 그 결과 **뇌졸중 후 발생한 장애를 크게 개선할 수 있음**이 확인되었다. 이것이 뇌졸중으로 발생한 장애를 개선하기 위한 신경 재활 접근법으로, 영향을 덜 받는 상지의 구속과 영향을 받는 팔의 강제 사용을 특징으로 하는 CIMT(CI 요법, 구속유도 운동요법)이다. 다시 말해서, 학습된 비사용은 특정 신체 부위나 기능이 손상되었을 때, 환자가 그 부위를 사용하지 않게 되는 심리적 및 신경학적 메커니즘이다. 이를 무력화하고 뇌졸중으로 발생한 운동 장애를 개선하는 치료 기법이 4가지 프로토콜이며, 이를 통칭하여 CI 요법이라 한다.

CI 요법 치료의 효과는 앨라배마 대학교 버밍엄 캠퍼스의 실험에서 충분히 입증되었다.[26)]

---

24) E Taub, "Somatosensory deafferentation research with monkeys : implications for rehabilitation medicine", Behavioral Psychology in Rehabilitation Medicine, pp.371-401, 1980.

25) E Taub, NE Miller, TA Novack, EW Cook, et al., "Technique to improve chronic motor deficit after stroke", Arch. Phys. Med. Rehabil Vol.74, pp.347-354, 1993.

26) DM Morris, E Taub, VW Mark, "Constraint-Induced Movement therapy (CI therapy) : characterizing the intervention protoco", Eura. Medicophys Vol.42, pp.257-268, 2006.

이들 연구는 1~20년 전 반쪽 마비(편마비)를 경험한 만성 뇌졸중 환자를 대상으로 임상시험을 했다. 치료 방법은 CI 요법 4가지 프로토콜을 모두 적용했다(E. Taub, et al., 2013). 그 결과 타격을 받은 팔의 자발적 사용의 양이 치료 전(9%)과 비교하여 치료 후(52%)로 약 5배로 증가했다. 또한 치료 2년 후에도 약 80%의 향상된 팔 사용 유지율을 보이는 등 개선 효과는 지속되었다. 반면 대조군 환자는 같은 기간 동안 팔 사용에 변화가 거의 없었다.[27] 이러한 결과는 뇌졸중 후 3~9개월 환자를 대상으로 한 대규모 다기관 무작위 임상시험에서도 유사했다.[28]

2006년 연구는 뇌졸중 후 평균 4.5년이 지난 운동 장애자를 대상으로 CI 요법을 실험(2주간 하루 6시간, 타격을 받은 부위에 대해 형성기법으로 집중 훈련, 덜 손상 받은 사지는 깨어있는 시간의 90% 억제)한 결과 만성 뇌졸중 환자의 상지 운동이 크게 개선되어 그 효과를 입증했다. 특히 5세 때 발병한 뇌졸중 장애를 55세에 치료하여 50년이 지난 장애도 치료가 가능함을 보여주었다.[29] 어떤 치료법도 CI 요법보다 뇌졸중 나타난 장애를 1년 후에 더 회복할 수 있다는 증거는 확인되지 않았다. 이제 CI 요법은 물리 및 작업치료 학술 프로그램의 커리큘럼에 있어서 표준적인 지위를 누리고 있다.[30]

9-4 '구속유도 운동요법'(CI 요법)의 원리

CI 요법은 1993년 에드워드 토브와 진 크라고(Jean Crago) 등이 개발한 뇌졸중으로 인한 장애 치료법이다.[31] 이들 연구에 따르면 CI 요법은 "뇌졸중 환자가 10일에서 14일

27) E Taub, G Uswatte, DK King, D Morris, JE Crago, et al., "A placebo-controlled trial of Constraint-Induced Movement therapy for upper extremity after stroke", Stroke Vol.37, pp.1045-1049, 2006. DOI : 10.1161/01.STR.0000206463.66461.97

28) Wolf, S., Winstein, C., Miller, J., Taub, E., Uswatte, G., Morris, D., et al., "Effect of Constraint-Induced Movement therapy on upper extremity function 3-9 months after stroke : the EXCITE randomized clinical trial", JAMA Vol.296, pp.2095-2104, 2006.

29) Taub, E., Uswatte, G., et al., "A placebo-controlled trial of Constraint-Induced Movement therapy for upper extremity after stroke." Stroke Vol.37(4), pp.1045-1049, 2006.

30) Morris, D., and Taub, E., "Constraint-induced movement therapy", in Improving Functional Outcome in Physical Rehabilitation, eds S. O'Sullivan and T. Schmitz. (Philadelphia, PA : F. A. Davis Co.), pp.232-245, 2010.

31) E Taub, JE Crago, G Uswatte - Rehabilitation Psychology, Constraint-induced movement therapy : A new approach to treatment in physical rehabilitation, Rehabilitation Psychology, Vol 43(2), pp.152-170, 1998.

연속으로 하루에 여러 시간 동안 타격을 받은 상지(손과 팔)의 사용을 크게 늘리도록 유도하는 일련의 기술로 구성된다. 주된 시그니처(핵심) 기술은 슬링(밴드)으로 반대쪽 팔(타격을 받지 않은 팔)의 사용을 제한하고, 타격을 받은 팔을 형성 기법으로 집중적인 훈련"을 하는 것이다.

뇌졸중 환자들에게 적용된 토브 박사의 '**CI 요법 원리**'는 간명하면서도 뇌 가소적 변화에 의한 효과는 우리의 일반적 상식과 한계를 뛰어넘는 '**짧은 시간 동안 빠른 회복력**'이다. 그 원리는 치료과정에서 적용되는 '**4가지 프로토콜**'에 의한 '**학습된 비사용**'을 차단하면서 뇌졸중으로 타격을 받은 부위의 장애를 개선하는 비약리적 치료요법이다. 즉 장애가 발생한 부위를 강제적으로 자극을 강화하여 그 기능을 담당하는 대뇌피질의 살아있는 부위가 **손상된 기능을 대신 수행**하도록 하는 '뇌 가소적 개입'이다.

이를 위해 적용되는 프로토콜(구성 요소)은 '집중 훈련, 형성 기법, 전달 패키지, 억제 행동' 4가지다. '**집중 훈련**'은 더 많이 타격을 받은 팔을 대상으로 여러 날(1일 6시간, 2주간) 동안 운동기능 개선을 위한 동작을 집중적으로 반복한다. '**형성 기법**'은 환측 운동 능력을 개선하기 위해 아주 단순하고 작은 과제에서 시작하여 점차 더 어려운 동작을 수행하도록 유도하고, 작은 성공을 통해 좀 더 복잡한 동작을 할 수 있도록 돕는 기법이다. '**전달 패키지**'는 치료과정에서 익힌 행동이나 이점을 일상생활에서 활용(적용)할 수 있도록 돕는 일련의 행동 기술 또는 전략이다. 즉 치료의 효과를 일상생활에서 지속적으로 얻고 누릴 수 있도록 하기 위한 기법이다. '**억제 행동**'은 타격을 덜 받은 건강한 팔의 사용을 제한하여 상대적으로 손상된 부위의 사용을 강화(물리적 자극 증대)하도록 도와준다.[32)]

CI 요법은 뇌졸중으로 인해 '사용이 가능한 사지'의 **움직임을 제한(억제 행동,** 2주간)하고, 상대적으로 '타격(장애)을 받은 사지'를 강제적으로 움직이도록(**집중 훈련**) 하며, 운동기능을 개선하기 위한 내용은 단순한 과제부터 시작하여 점진적으로 난이도를 높혀가면서 격려와 보상을 강화하고(**형성 기법**), 치료과정의 효과를 일상에서 확장하고 누릴 수 있도록 하여(**전달 패키지**), 뇌졸중 장애의 운동기능을 회복시키는 재활 치료법이다.

이는 손상을 받은 부위에 강제적인 '물리적 자극(몸)'을 강화하여 뇌졸중으로 발생한 '**기능해리**에 의해 나타나는 **학습된 비사용**'을 무력화하면서, 환자 자신이 1일 6시간씩 단계별 과제에 집중하는 '**인지적 자극**(마음)'을 병행하는 것이다. 이러한 물리적 · 인지적 자극은 뇌

32) Taub, E., "Harnessing brain plasticity through behavioral techniques to produce new treatments in neurorehabilitation", Am. Psychol Vol.59, pp.692-704, 2004.; E Taub, G Uswatte, "The learl1ed nonuse phenomenon : implications for rehabilitation", Eura. Medicophys Vol.42, pp.241-255, 2006.

가소적 변화를 촉진하여, 손상된 뇌 기능을 타격을 받지 않은 신경회로가 대신(재배선) 수행하도록 하는 원리이다. 뇌졸중으로 타격을 받은 대뇌피질 영역을 되살릴 수는 없기 때문이다.

CI 요법에서 핵심은 바로 '**학습된 비사용**'을 무력화하여 운동기능을 회복하는 것이다. 토브는 뇌졸중 환자가 타격을 받은 팔과 다리를 사용하지 못하는 것은 '척추 쇼크'에 의한 '학습된 비사용'이라는 개념을 제시했다. 본질적으로 같은 메커니즘이지만, 엄밀하게 보면 '**기능 해리**'[33]에 의한 **학습된 비사용**이라고 보는 것이 타당하다.

뇌졸중으로 뇌혈관이 터지거나 막히면 산소(혈액)를 공급받지 못하는 대뇌피질이 손상(타격)되고, 그 주변에 있는 다른 부위도 대사와 기능이 저하되는 '**기능 해리**'(약 6주)가 발생한다. 이 기간에 타격을 받은 사지를 움직이려고 시도를 하지만 실패를 거듭하면서 움직일 수 없다는 '**비사용 학습**'이 반복되면서 타격을 받지 않은 사지 사용에 의존하는 '학습된 비사용'이 발생한다.

학습된 비사용으로 감각 입력이 줄어들면, 대뇌피질의 구조도 퇴화된다. '사용자 의존적 가소성'의 원칙에 따라서 감각 및 운동신경이 타격을 받은 부위를 사용하지 않으면, 그 기능을 담당하는 신경회로(대뇌피질)는 점차 위축되고 약화하면서 타격을 받은 팔의 장애는 더욱 고착된다. 이는 **감각 입력의 변화에 따른 대뇌피질이 재구성***되는 뇌 가소적 변화의 결과이다. 현악기 연주자의 핑거링을 담당하는 대뇌피질의 영역이 상대적으로 확대된 것처럼, 인간의 대뇌피질도 근육처럼 자주 사용하는 기능 영역은 더 발달하고 덜 사용되는 부분은 위축되기 때문이다.

* 1995년의 실험에서, 연구자들은 신체감각정보를 처리하는 뇌의 특정 부분인 '일차 체성감각 피질'이 어떻게 재편성되는지를 살펴보았다. 그 결과, 환상지 통증'(이미 상실된 팔다리가 있는 것처럼 느끼는 통증)이 심할수록 이를 처리하는 뇌 영역이 더 많이 확장된다는 것을 발견했다. 즉 환상지 통증이 강할수록 뇌가 그 통증을 처리하는 뇌 영역(뇌 지도)이 확장되어 뇌 구조가 재편성된다는 것이다.[34]
* 1995년 악기에 대한 수년간의 연습을 한 현악기 연주자는 현을 운지법(악기를 연주할 때 손가락을 쓰는 방법, 핑거링)으로 다루는 손의 손가락을 담당하는 대뇌피질 영역은 확대되었다. 하지만 현을 활로 휘감는 손재주가 덜 필요한 작업을 수행하는 반대쪽 손은 그렇지 않았다.[35]

33) 기초과학연구원(IBS, 원장 노도영) 인지 및 사회성 연구단 이창준 단장 연구팀은 뇌졸중 후유증이 유발하는 '기능 해리' 발생 메커니즘은 "반응성 별세포가 억제성 신경전달물질인 '가바(GABA)'를 과도하게 분비하여 주변 신경세포의 활성과 대사를 억제함으로써 제 기능을 하지 못하도록 만들기 때문이다"라고 밝히고 있다.

34) H Flor, T Elbert, S Knecht, C Wienbruch, C Pantev, et al., "Phantom limb pain as a perceptual correlate of massive reorganization in upper limb amputees", Nature Vol.375, pp.482-484, 1995. DOI : 10.1097/00001756-199207000-00009

35) T Elbert, H Flor, N Birbaumer, S Knecht, et al.. "Extensive reorganization of the somatosensory cortex in adult humans after nervous system injury", Neuroreport Vol.5, pp.2593-2597, 1994, DOI : 10.1097/00001756-199412000-00047

우리가 기억해야 할 점은 **학습된 비사용의 개념이 뇌졸중뿐만 아니라 다양한 형태의 장애나 질환에서 광범위하게 나타난다**는 점이다.

학습된 비사용이 발생하는 형태는 매우 다양하다. 허리 통증 환자의 경우 점차 허리 사용을 회피하고 외부활동을 제한하는 경향이 있다. 우울증이나 공황장애가 있는 경우에도 특정 활동이나 장소를 회피하게 된다. 재활 과정에서도 환자에게 불편함이나 두려움을 주는 특정 동작이나 활동을 회피하게 된다. 이러한 학습된 비사용이 방치된다면, 그 부위는 악화되고 기능은 퇴화할 가능성이 높아진다. 이처럼 학습된 비사용의 여러 가지 형태는 'CI 요법 프로토콜'을 적용하여 그 학습된 비사용을 무력화하는 유용한 '치유 메커니즘'이 될 수 있음을 의미한다.

따라서 일상에서 경험하는 **다양한 형태의 장애와 질환**에도 **CI 요법 프로토콜을 적용**한 뇌 가소적 개입 전략이 매우 중요하다는 것이다. 이 같은 사실은 후속 연구(㉠ 고관절 골절,* 외상성 뇌손상,** 다발성 경화증,*** 뇌성마비에 의한 소아 운동 장애**** 등)에서 입증이 되고 있다. 이들 연구는 학습된 비사용이 발생하는 다른 형태의 장애나 질환에도 CI 요법 프로토콜 기법을 적용한 결과 발생한 운동 장애를 개선할 수 있음이 증명되었다.

* 1999년 토브 박사 등은 CI 요법 프로토콜을 불완전한 척수 손상, **고관절 골절 환자의 하지**(다리) **재활**에 적용한 결과 뇌 가소적 변화를 통해 운동 기능이 개선되었음을 밝혔다.[36]

** 외부충격으로 뇌 손상을 받은 중증도 팔 장애 환자 22명에게 CI 요법을 적용한 결과 모든 측면에서 운동 기능이 크게 개선되었다.[37]

*** 뇌, 척수, 시신경으로 구성된 중추신경계에 염증이 발생하는 '다발성경화증(팔다리 마비, 어지럼증, 시각장애)' 환자 5명에 대해 CI요법으로 30시간 치료를 한 결과 운동기능(팔다리 사용 기능)이 크게 개선되었다.[38]

**** 선천성 뇌성마비 및 신경학적 기원의 소아(1-10세) 20명을 대상으로 CI 요법으로 치료한 결과 치료 이전에 보이지 않았던 새로운 종류의 운동 패턴과 기술(기어 다니기, 엄지 및 검지 사용 등)을 보였으며, 기타 운동 장애가 크게 개선되었다.[39]

36) E Taub, G Uswatte, R Pidikiti, "Constraint-Induced Movement therapy : a new family of techniques with broad application to physical rehabilitation-a clinical review",Journal of rehabilitation research Vol.36(3), pp.237-251, 1999.

37) SE Shaw, DM Morris, G Uswatte, SB McKay, E Taub, "Adherence to Constraint Induced Movement therapy procedures and outcome for persons with traumatic brain injury", Journal of Rehabilitation Research & Development Vol.42(6), pp.769-778, 2005.

38) VW Mark, E Taub, K Bashir, et al., "Constraint-Induced Movement therapy can improve hemiparetic progressive multiple sclerosis. Preliminary findings", Multiple Sclerosis Journal Vol.14(7), 2008, https://doi.org/10.1177/1352458508090223

39) E Taub, A Griffin, G Uswatte, et al., "Treatment of congenital hemiparesis with pediatric Constraint-Induced Movement therapy", Journal of Child Neurology Vol.26, pp.1163-1173, 2011.

2001년 CI 요법이 파킨슨병으로 나타난 운동장애에 미치는 영향을 분석한 동물실험은 매우 놀랍다. 제니퍼 엘 틸러슨(Jennifer L. Tillerson) 등 연구팀은 '신경독'(6-하이드록시 도파민)을 주입하여 '**파킨슨병 장애를 일으킨 쥐**(형질 변경 마우스)'를 대상으로 CI 요법의 효능을 실험했다.[40)]

연구팀은 쥐에 신경독을 주입하여 중증 파킨슨병 운동 장애가 나타나도록 한 다음, 7일 동안 CI 요법대로 '손상되지 않은 앞다리'는 깁스로 고정(억제 행동)하고, **'손상된 반대쪽 앞다리'**를 **강제적으로 사용**(집중 훈련)하도록 강요했다. 그 결과 쥐는 사지 사용에 제한을 받지 않고 손상된 앞다리를 독립적으로 사용하였다. 그 효과는 60일 동안 유지되었다. 이러한 운동 기능(행동 보존) 유지 외에도 선조체 도파민 생성이 보존되는 것으로 나타났다.

정상적인 앞다리에 깁스를 사용한 '**억제 행동**'은 손상된 앞다리의 '비사용 학습'을 차단하였으며, 손상된 부위를 강제적으로 사용하도록 하는 '**집중 훈련**'은 '**파킨슨병으로 인한 운동 장애**'를 방지하였다. CI 요법의 재활 치료가 도파민 뉴런의 퇴화를 감소(신경 화학적 보존)시켜 파킨슨 장애를 방지하는 놀라운 효과가 있음을 보여준 것이다. 이는 뇌졸중(정상적인 대뇌피질이 타격을 받은 장애)이 아닌 '도파민 시스템의 손상 또는 사멸' 등과 같은 다른 요인으로 발생한 감각-운동 장애도 '학습된 비사용'이 발생한다는 것이며, CI 요법의 재활 치료 대상이 될 수 있음을 의미한다.

그러나 신경독 주입 후 3일이 지난 뒤, 정상적인 앞다리 깁스를 했을 때는 바로 깁스를 했을 때와는 달리 부분적인 행동 및 신경 화학적 보존만 보였다. 7일이 지난 후 깁스를 했을 때는 그 어떤 보존이 감지되지 않았다. 이는 퇴행성 신경질환으로 나타난 장애의 경우 미사용 학습을 차단하기 위한 '억제 행동'의 효과는 뇌졸중에 의한 장애와는 다르다는 것을 보여주었다.

퇴행성 질환은 일반적으로 시간이 지남에 따라 신경세포의 점진적인 손실과 기능 저하가 발생한다. 반면 뇌졸중은 특정한 순간에 대뇌피질의 손상이 발생하여 급격한 기능 저하를 초래한다. 이러한 차이는 비사용 학습의 무력화를 위한 CI 요법의 프로토콜이 차별적으로 작용될 수 있음을 의미한다. 즉 파킨슨 발병에 의한 신체적 장애가 나타난 경우, 그 신체 부위가 '비사용 학습'을 경험하지 못하도록 즉시 차단(방지)하는 것이 장애를 극복하는 핵심적인 조치라는 것이다.

2006년 **실어증 환자**를 대상으로 **CI 요법을 적용한 임상시험을 한 결과 그 효과가 입증**되었다. 한 사람이 실어증인 18쌍의 부부를 대상으로 실험을 한 결과, 환자들은 말을 멈추고

---

40) Jennifer L. Tillerson, Ann D. Cohen, Jennifer Philhower, Gary W. Miller, Michael J. Zigmond and Timothy Schallert, "Forced Limb-Use Effects on the Behavioral and Neurochemical Effects of 6-Hydroxydopamine", Journal of Neuroscience Vol.21(12), pp.4427-4435, 2001.

느린 언어 생성과 불완전한 이해로 인해 말을 하는 것이 매우 힘들어지고 종종 당황하게 된다. 환자는 이러한 불편함에서 벗어나고자 한다. 그래서 환자는 말하려는 시도를 크게 줄이고, 몸짓 및 기타 비언어적 의사소통 수단을 사용하거나, 과잉보호를 하려는 배우자가 자신을 대신해 말(대변)하도록 허용하여 불편함으로부터 보상을 받으려 한다. 이러한 행동은 학습된 비사용을 강화하여 재활의 노력을 무위로 돌릴 수 있다는 것이다.[41] 하지만 CI 실어증 치료(제약 유도 언어치료, CILT) 요법의 경우 강력하게 몸짓과 비언어적 소리의 사용을 제한하면서, 신체적 구속없이 형성 기법에 의한 언어적 표현을 향상시키도록 유도한 결과 '표현 언어 과제'의 수행능력이 크게 향상되었다.[42] 실어증 관련해서는 'CI 요법에 의한 신체적 · 정신적 장애 치유 사례'에서 구체적으로 제시될 것이다.

이러한 **CI 요법에 의한 치료가 뇌 활동의 변화와 관련이 있다**는 것은 명백한 진실이다. 뇌졸중으로 '손상된 대뇌피질의 기능'은 신체의 운동 기능 장애로 나타나고, 이를 개선하고자 하는 'CI 요법의 물리적 자극'은 손상된 뇌 기능을 인접해 있는 손상되지 않은 대뇌피질의 신경세포들이 대신하여 수행하도록 함으로써 '상실된 기능이 회복'된 것이다.

1998년 연구는 '**만성 단계에 있는 뇌졸중 환자를 대상으로 CI 요법으로 치료한 결과 대뇌피질의 변화를 확인**하였다.[43] 뇌졸중이 발생한 후 평균 6년 동안 팔과 손이 마비된

〈치료 전 피질 지도(A)〉 〈치료 후 피질 지도(B)〉

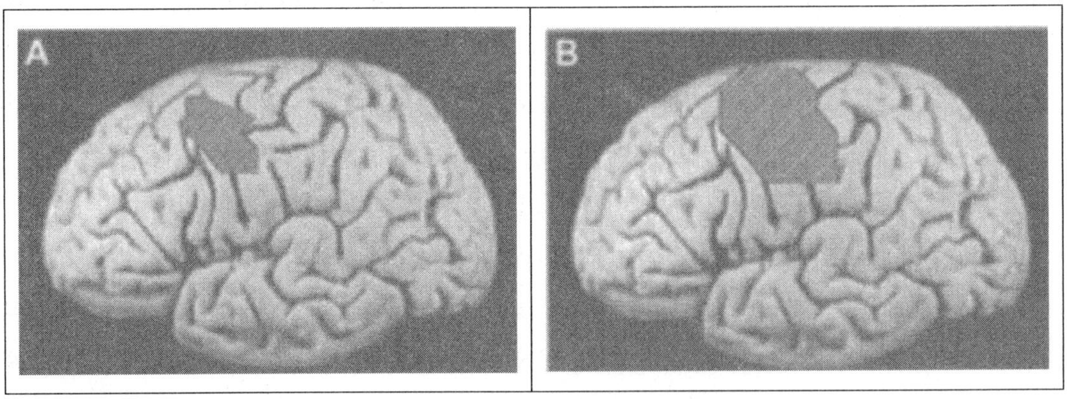

출처 : https://www.frontiersin.org/journals/integrative-neuroscience/ articles/10.3389/fnint.2014.00078/full#B102 〉

41) C Croteau, G Le Dorze, "Overprotection, "speaking for", and conversational participation : a study of couples with aphasia," Aphasiology Vol.20, pp.327-336.

42) M Kirmess, LM Maher, "Constraint Induced language therapy in early aphasia rehabilitation", Aphasiol Vol.24, pp.725-736, 2010, https://doi.org/10.1080/02687030903437682

43) J. Liepert, W.H.R. Miltner, H. Bauder, M. Sommer, C. Dettmers, E. Taub, C. Weiller, "Motor cortex plasticity during constraint-induced movement therapy in stroke patients", Neuroscience Letters Vol.250, pp.5-8, 1998.

환자 여섯 명을 대상으로 '치료 전과 CI 요법 치료(2주간) 후'의 손 운동을 담당하는 대뇌피질 뇌지도의 크기 변화를 확인하였다. 그 결과 모든 환자에서 운동 능력이 크게 향상되었으며, **"손 운동을 담당하는 대뇌피질은 치료 전보다 2배 정도 커진 것"**으로 나타났다.

온전한 팔을 사용하지 못하도록 구속하면서 장애를 입은 손과 팔의 사용을 강제함으로써 학습된 비사용을 극복하고, 형성 기법에 의해 손상된 기능을 반복하고 보상을 받음으로써, **'죽은 뇌의 기능'**을 **'살아있는 뇌 조직'**에 넘겨주는 **뇌 가소적 변화**가 발생한 것이다.

따라서 CI 요법의 프로토콜은 뇌졸중뿐만 아니라 퇴행성 신경질환으로 인한 신체적 장애, 그리고 퇴행성 무릎 관절염 같은 비 신경과 질병과 관련된 치료에도 뇌 가소적 변화에 의한 치료 효과가 나타나는 것이다.[44] '기능 해리'와 '척수 쇼크' 등의 여러 가지 요인으로 신체적 장애가 발생한 경우 **'학습된 비사용'**으로 물리적 자극이 줄어들면, 그 기능을 담당하는 대뇌 피질이 약화되고 퇴화하기 때문이다. 이러한 비사용 학습은 외과적 수술이나 인대파열 등으로 깁스, 삼각대, 목 또는 허리 보호대 등 보호장구를 장기간 사용된 경우에도 발생한다. 운동 장애를 개선하려면 CI 요법에 의한 재활 치료가 요구된다. 다만, CI 요법도 개인차가 있음을 유의할 필요가 있다. 즉 환자 개인의 능력, 인지, 지각, 감각 등의 복합적 수행능력과 연관되어 일상생활과 관련된 과제를 반복적으로 연습함으로써 기술의 습득과 기능 향상에 큰 영향(운동 기능 회복)을 받을 수밖에 없다.[45]

9-5 CI 요법에 의한 신체적 · 정신적 장애 치유 사례

우리는 CI 요법으로 치유 또는 회복되는 놀라운 사례를 눈여겨볼 필요가 있다. 일상에서 우리가 경험할 수 있는 다양한 요인으로 발생하는 운동 기능 및 정신적 기능 장애에 대해 스스로 자신의 취약점을 개선하고 보완할 수 있는 유용한 치유 메커니즘이기 때문이다.

먼저, **뇌졸중으로 왼쪽 팔과 손이 마비된 환자의 치유 사례**이다.

노먼 도이지에 의하면 안과의사였던 마이클 번스타인(Michael Bernstein)은 54세에 뇌

44) 최호석 · 신원섭, "무릎 전치환술을 받은 여성의 하지 기능 및 균형 자신감 수준에 대한 제약 유도 운동 요법을 사용한 게임 기반 균형 훈련의 효과", 물리 치료 재활 과학, Vol.8, Issue1, pp.8-14, 2019.

45) Corbetta D, Sirtori V, Castellini G, et al. "Constraint-induced movement therapy for upper extremities in people with stroke", Cochrane Database Systematic Reviews. 2015, https://doi.org/10.1002/14651858.CD004433.pub3

졸중을 맞았다. 뇌를 MRI로 스캔한 결과 '오른쪽 뇌 운동 피질의 손상'이 확인되었다. 6주간의 재활 치료(1일 1시간, 1주에 3회 등 일반적인 재활요법)를 받았다. 1주간 물리치료와 작업요법, 언어요법을 받은 뒤, 2주간 재활 시설에서 재활 치료를 받았으며, 외래로 3주간 재활 치료를 끝으로 종료되었다. 하지만, 지팡이가 필요했고, 왼손을 거의 쓸 수 없었으며, 포크를 잡거나, 셔츠의 단추를 채울 수도 없었다.

그래서 당시 연구 단계였던 '**토브의 클리닉**'을 찾아가 치료를 받았다. CI 요법의 프로토콜은 집중적이면서 강력하게 적용되었다. 초기 2주 동안, 수면시간을 제외한 시간 동안 **장애가 없는 팔에 보조기를 착용하여 운동을 제한**하고, **매일 6시간, 15일 동안 집중적으로 장애가 있는 팔을 강제적으로 사용하면서 그 기능을 회복시키는 방식**이었다.[46] 훈련 과제는 장애가 있는 왼손을 사용하여 선반에서 다음 선반으로 깡통을 들어 옮기기, 테이블 위를 훔치고 실험실 창을 닦으면서 팔을 돌리기, 손가락에 두꺼운 고무줄을 걸고 넓히기, 알파벳 글씨 쓰기 등이었다.*

* CI 요법은 어린아이가 움직임을 배우는 것처럼 "기어 다니고-보조 물체를 이용해서 일어서고-혼자 일어서기-엄마 손이나 벽을 의지해 걷고-혼자 걷는 것"과 같이 아주 작은 과제부터 단계적인 과정을 거쳐 원하는 행동을 이뤄내는 '형성 기법'으로 접근한다. 환자가 수행하는 과제는 매우 단순한 것으로 놀이방식을 적용하며, 집중적(1일 10~15개 과제, 1개 과제마다 10회씩 반복)으로 진행한다. 예컨대 환자들에게 큼직한 나무막대들을 모양대로 막대 판에 꽂거나, 커다란 공들을 붙잡고 있거나, 동전과 콩이 무더기로 쌓여 있는 곳에서 동전을 골라 돼지 저금통에 넣거나 등이다.
2주가 지나면서부터 마비된 왼손으로 글을 쓸 수 있게 되었고, 작은 타일들을 집어 올려 보드에 적절하게 갖다 놓으면서 단어 만들기 게임을 할 수 있게 되었다. 퇴원 후에도 집에서 훈련을 계속(전달 패키지)했고 팔에 전기 자극을 주어 뉴런들을 발화시키는 치료도 받았다. 번스타인은 정상적인 일상으로 복귀하여 완전히 치료되지 않은 왼쪽 다리 강화훈련을 지속하면서 건강관리를 하였다. 왼쪽 상지 기능(팔과 손의 움직임과 관련된 능력)은 돌아왔지만, 팔이 정상적이지 못하다는 느낌이 남아 있다. 하지만, 그가 뇌졸중을 겪은 환자라는 것을 전혀 짐작할 수 없을 정도로 회복되었다.[47]

'**실어증**' 환자에게 '**CI 요법**' 원**리를 적용한 치료적 접근은 획기적**이다.

예외도 있지만, 뇌졸중 환자의 대부분이 좌반구 손상으로 인해 실어증이 발생한다.[48] 그 실어증은 언어능력을 담당하는 뇌 손상으로 인해 '**언어 이해와 표현능력**'와 '**읽기와 쓰기**' 등의 **장애**가 발생한다. 그래서 실어증 환자는 말로 표현(구어)하는 대신 몸짓이나

46) WHR Miltner, H Bauder, et al., "Effects of constraint-induced movement therapy on patients with chronic motor deficits after stroke: a replication", Stroke. Vol.30(3), pp. 586-592, 1999.; E Taub, G Uswatte, et al., "Constraint-induced movement therapy: a new family of techniques with broad application to physical rehabilitation: a clinical review", Journal of rehabilitation research & Development Vol.36(3), pp.237-251, 1999.

47) 노먼 도이지, 「기적을 부르는 뇌」, pp.177~181. 참조

48) 「경북대학교병원 권역심뇌혈관질환센터」, https://www.dgccvc.or.kr:7450/education/pdf/03_05.pdf

그림 등을 사용하거나, 제한적으로 사용이 가능한 단어를 반복하여 사용하는 경우가 많다. 그리고 뇌졸중 발병 후 1년이 지난 만성 실어증 환자의 경우에는 회복 및 치료를 통한 언어기능의 향상이 제한적인 것으로 알려져 왔다.[49]

이와는 달리 토브와 프리데만 풀버뮐러(Friedemann Pulvermüller) 박사팀이 함께 개발한 CI 요법(**치료적 언어게임에 기반한 CI 실어증 치료법***)[50]을 적용한 치료 결과는 완전히 달랐다. 그들은 만성 뇌졸중 발병 기간이 평균 8년 이상인 10명의 만성 실어증 환자를 대상으로 'CI 요법'과 '전통적인 치료법'(사진, 그림 그리기, 쓰기 혹은 제스처 등 다중 양식 체계의 사용)을 각각 적용했다. 하루 3~4시간씩 **10일간 치료 후 효과를 확인한 결과** 전통적 치료를 받은 대조군은 큰 변화가 없었지만, **CI 요법을 적용한 실어증 환자**는 일상생활에서 의사소통의 양이 30% 수준으로 향상된 것으로 밝혔다.

* '치료적 언어게임에 기반한 CI 실어증 치료법'은 사지가 마비된 환자의 사용 가능한 사지를 사용할 수 없도록 하는 '구속'의 개념으로 실어증 환자에게는 '언어규칙'이 주어진다. 환자에게 몸짓 같은 행동을 구속하면서, 단계별 난이도를 적용한 언어규칙으로 구어 사용을 강제하고, 훈련 기간 내 점진적으로 원하는 행동 형성(형성 기법)의 절차를 따른다.

CI 실어증 치료법은 '학습된 비사용'을 '약화 또는 예방'하기 위해 '**집중적인 구어 사용**'을 **강제하는 방식**이다. 따라서 몸짓, 그림, 사용 가능한 단어의 반복 사용 등을 제한하고, 구어를 통한 의사소통을 강화하는 것이다. 이는 실어증 환자들이 손상된 의사소통을 위해 사용하는 '**비구어**'가 '**구어 사용의 기회를 제한하고 구어 회복을 방해**'한다는 전제하에 '집중적인 구어 사용을 치료에 적용한 것'이다.[51]

언어 카드 게임은 16개 종류의 그림이 두 개씩 총 32장의 카드를 가지고 4명이 각 8장씩 나눠 가지고 게임을 시작한다. 같은 그림을 두 장을 갖게 되면 버릴 수 있다. 카드 모두를 버리는 사람이 승자가 되는 게임이다. 그런데 모든 의사소통은 손가락질이나 몸짓은 허용되지 않으며, 반드시 구어(구어체, 문장)를 사용하되, '단계별 언어규칙'에 따라야 한다.

첫 단계는 '카드를 손으로 가리키지 않는 것'이다. 각 환자의 앞과 양쪽에 있는 차단막은

49) Kertesz, A., Recovery from aphasia. In F. C. Rose (Ed.), Progress in aphasiology (pp.23-39, 1984). New York, NY : Raven Press.

50) Friedemann Pulvermüller, Bettina Neininger, Thomas Elbert, Bettina Mohr, Brigitte Rockstroh, Peter Koebbel, and Edward Taub, Constraint-Induced Therapy of Chronic Aphasia After Stroke, Vol.32(7), 2001, https://doi.org/10.1161/01.STR.32.7.1621

51) Kleim, J. A., & Jones, T. A.. "Principles of experience-dependent neural plasticity : implications for rehabilitation after brain damage", Journal of Speech, Language, and Hearing Research Vol.51, pp.S225-S239, 2008.

서로의 손이나 카드를 보는 것을 막고 있다. '말로 하는 것'은 모두 허용이 된다. 동료 플레이어에게 '해' 그림을 원하면 '해'라고 말해도 되고, '낮에 너무 더워' 아니면 '낮에 덥게 하는 것'처럼 해를 의미하는 말이라면 원하는 카드를 얻을 수 있다.

다음 단계의 언어규칙은 '원하는 그림의 이름을 정확하게 말하는 것'이다. "해 카드를 주실래요?"처럼 해야 원하는 카드를 얻을 수 있다. 다음 단계는 "아무개 씨, 해 카드를 주시겠습니까"처럼 '상대방의 이름을 호칭하면서 예의 바르게 말하는 것'이다. 게임 후반에는 "세 켤레의 파란 양말과 두 개의 돌덩이"처럼 색과 숫자가 포함된 더 복잡한 카드를 사용한다.(기적을 부르는 뇌, pp.205~206.)

CI **실어증 치료법은** 효과는 최근까지 매우 긍정적이다. 2016년 메타분석(급성 실어증 환자 56명과 만성 실어증 환자 51명) 결과도 실어증 환자의 전반적인 언어능력을 비롯하여 청각적 이해력, 따라 말하기, 이름 대기에서 모두 유의한 효과가 있는 것으로 밝히고 있다.[52]

'뇌성마비[53]' 환자에게도 적용된 CI 요법

뇌성마비의 원인은 산소 부족이나 감염에 의한 뇌 손상과 뇌 기형이 포함된다. 증상은 사지마비, 양측마비(주로 다리), 반신불수, 하반신마비 등이 있으며, 뇌성마비 원인이 뇌의 다른 부분에도 영향을 미쳐 발생하는 '지적 장애, 행동 문제, 시력 또는 청력 문제, 발작 장애' 등이 나타내기도 한다.[54]

2004년 토브 등은 CI 요법이 **뇌성마비 소아에 대한 치료 개입**(적용) **가능성 연구를 진행**했다.[55] 이 연구는 뇌성마비로 한쪽 마비 진단을 받은 어린이(7-96개월) 18명을 대상으로 'CI 요법'과 '기존 치료'를 적용한 임상시험을 했다. CI 요법은 '장애가 덜한 손과 팔'은 깁스로 사용하지 못하도록 하고, '장애가 심한 팔과 손'을 중심으로 21일 동안 하루 6시간씩 집중적인 재활 치료를 했다. 치료받은 아동은 6개월 동안 추적 관찰되었다. 그 결과 '기존 치료'에 비해 CI 치료가 훨씬 더 많은 새로운 종류의 운동 기술을 습득한(9.3 대 2.2) 것으로 확인되었다. 팔의 기능 및 사용량 등에서도 월등한 개선을 보여주었다.

---

52) Sae Mi Hong, Jin Kyung Kang, Bora Eom, Young Tae Kim, Jee Eun Sung, Hyun Sub Sim, Pil Yeon Jeong, Meta-Analysis of Constraint-Induced Language Therapy in Aphasia,Commun Sci Disord Vol.21(1), pp.162-173, 2016.

53) 뇌성마비란 출생 전이나 분만 중, 혹은 출생 후 일정 기간까지 아직 미성숙한 뇌에 다양한 원인에 의한 손상이 생겨 운동 기능 또는 자세에 이상이 생기는 질환이다. 「국가정보 포털」, https:// health.kdca.go.kr/

54) 「MSD 매뉴얼」, https://www.msdmanuals.com/ko-kr/home

55) E Taub, SL Ramey, S DeLuca, "Efficacy of Constraint-Induced Movement Therapy for Children With Cerebral Palsy With Asymmetric Motor Impairment", Pediatrics Vol.113(2), pp.305-312, 2004.

결과적으로 CI **요법은 뇌성마비로 한쪽 마비가 있는 어린아이들의 운동기능에서 매우 효과적인 치료법**이라는 것을 입증했다. 주요 훈련 과제는 마비가 있는 손과 팔로 비눗방울 터뜨리기, 공을 때려서 구멍에 집어넣기, 퍼즐 조각 집어 올리기 등이었다. 3주간의 훈련을 마친 아이들은 처음으로 기어 다니고, 계단을 기어오르며, 자기 손으로 먹을 것을 집어 먹고, 한 번도 손을 사용한 적이 없던 아이는 공을 가지고 놀기 시작했다.

이 연구에서 치료를 받았던 프레데릭 링컨(Frederick Lindoln)은 태어나기 전 자궁에서 뇌졸중을 겪은 아이이다. 생후 7개월째 MRI로 뇌를 스캔한 결과 '**뇌의 4분의 1이 손상**'된 상태로 '**좌반신 마비를 동반한 뇌성마비**'였다. 3살이 될 때까지 말을 하지 못했다. 전통적인 재활 치료로 부목에 의지해서 걸을 수 있었고 힘들게 말할 수 있었지만, 추가적인 개선을 보이지 않았다. 왼팔은 움직일 수 있었지만, 왼손을 사용할 수 없었다. 엄지와 다른 손가락을 이용하여 집게 손을 만들 수 없어 공을 쥘 수가 없었다.

프레데릭이 CI 요법으로 치료를 받은 것은 4살 때이다. 치료가 시작된 후 19일 만에 집게 손이 만들어졌다. 이후 지퍼백도 열고, 달리기도 하고, 야구방망이도 휘두를 수 있게 되었다. 이후 장애인들이 아닌 정규 야구팀에 지원해서 선발되었고, 2002년엔 올스타 게임에 다섯 번이나 나갔으며, 타격왕으로 최우수선수상도 받았다.

이명 치료에도 적용된 CI 요법[56)]

'**돌발성 감각신경성 난청**'은 72시간 미만 동안 주관적으로 청력 장애를 느끼는 상태를 말한다. 현재까지 돌발성 이명 치료에 성공적인 것으로 입증된 약물은 없다. 2014년 오카모토(Okamoto) 등이 뇌 가소적 변화를 통해 치료하는 '**제약 유도 사운드 테라피**(CIST)'를 설계하였다.

이 방법은 'CI 요법의 원리'를 적용한 것으로 두 가지 주요 기술을 사용한다. 하나는 달팽이관이 음향(기계적) 입력을 받지 못하도록 '온전한 귀'를 막음으로써 반대쪽 청각 피질에 감각신경 자극이 전달되는 것을 방지하는 것이다. 다른 하나는 음악(하루 6시간 동안)으로 '이명이 발생한 귀'를 자극하여 가소적 변화를 촉진하고, 손상된 청각 기능을 다른 뇌 세포가 대신하도록 한다. 이를 적용한 연구결과는 치료받은 환자의 청각 피질에서 유의미한 가소적

---

56) CL Kuo, Neuroplasticity-targeted Intervention for Idiopathic Sudden Sensorineural Hearing Loss : A New Therapeutic Direction, Neurology and Neuroscience Research, Vol.1(1), pp.1-5, 2017. : Neuroplastic Effect of Constraint-Induced Music Therapy on Hearing Recovery in Patients with Sudden Sensorineural Hearing Loss, Neurology and Neuroscience Research Vol.2(1), pp.1-9, 2019.

변화를 확인하였다. 정리하면, '제약 유도 사운드 테라피'는 '온전한 귀를 차단'하고, '이명이 발생한 귀'로 하여금 음악 소리를 들으면서 '강제적으로 청각 처리'를 하도록 하여 '손상된 청각 기능을 회복'(손상된 청각 뇌지도를 재배선)시키는 치료 방식이다.

'강박 장애 치료'에 적용되는 'CI 요법'

강박 증상은 일상적인 생각과 행동을 방해하면서 끊임없이 불안한 생각이나 이미지가 떠오르는 상태와 이에 대한 일련의 반응으로 구성된다. 전자를 '**강박 사고**'(obsession), 후자를 '**강박 행동**'(compulsion)으로 일컫는다.

강박 사고는 분명히 자기 생각이지만 자신이 원치 않음에도 불구하고 지속적으로 마음속에 떠올라서 스스로 이 생각을 조절하기가 어렵다. 이 때문에 굉장히 불편하고 불안하다고 느끼게 되는데, 이런 불안을 줄이거나 해소하려는 강력한 욕구에 따라 강박 행동을 반복하게 된다. 이러한 행동은 일시적으로 강박사고와 관련된 심리적 고통을 줄이거나 안정을 주지만, 또 다른 강박 행동을 추구하게 된다. 불안해하는 두려운 사건을 예방할 수 있는 현실적인 대안이 아닌 경우가 많으며, 관련이 있더라도 명백히 그 정도가 과도한 대응이다. 불합리하다고 느끼지만 멈추지 않고 떠오르는 생각과 멈춰야 하는 걸 알지만 반복하게 되는 행동이다.

강박 장애는 불안장애의 하나로서, 반복적이고 원하지 않는 '강박적 사고'와 '강박적 행동'을 특징으로 하는 정신 질환이다. 잦은 손 씻기, 숫자 세기, 확인하기, 청소하기 등과 같은 행동을 반복적으로 함으로써 강박적 사고를 막거나 그 생각을 머리에서 지우려고 하는 경우가 흔하다. 그러나 이런 행동은 일시적인 편안함을 제공할 뿐 결과적으로 불안을 증가시킨다.

강박 장애의 원인은 과거 심리학적 요인에 근거를 두었다. 최근에는 현대 통증의학의 발전과 함께 약물 연구 및 뇌 영상 연구의 결과들은 생물학적 요인(세로토닌 시스템)이 강박 장애 발생과 연관성이 깊음을 보여주고 있다. 임상 약물 실험에 의하면 세로토닌 시스템에 작용하는 약물들이 강박 장애 치료에 뚜렷한 효과가 있다. 또한 많은 뇌 영상 연구가 강박 장애에서 세로토닌 시스템 신경회로 영역에 문제가 있음을 보여주고 있다(서울대학병원, N 의학정보-강박 장애).

이러한 강박 장애에는 '약물치료'와 '정신치료'(행동요법, 또는 인지행동치료)가 주로 사용된다. 약물치료는 우울증 치료 용량의 3배 정도로 고용량을 사용되고, 증세가 호전되더라도 재발이 쉽기 때문에 그 효과가 지속되는 비약리적인 행동요법에 의한 치료(소위 인지행동치료)가 병행된다. 행동요법은 '노출 및 반응 제어', '탈감작' 등의 기법이 사용하는데, 그 본질적 메커니즘은 바로 토브 박사의 CI 요법의 4가지 프로토콜과 유사하다. 이와 관련한 내용은

〈부록 1. CI 요법과 강박 장애 치료〉를 보라.

행동치료는 '행동'을 변화시켜 감정을 조절하는 방법이다. 이전과는 다른 새로운 경험을 시도하거나, 낡은 습관을 바꾸는 방법을 이용하는 것이다. 예컨대 기분이 울적할 때 만사가 귀찮아지면서 어떤 곳도 나가고 싶지 않지만, 막상 억지로 밖으로 나가 걷거나 친구를 만나면 의외로 기분이 좀 나아지는 것과 같은 이치이다.

왜 행동을 바꾸면 감정이 달라질까? 행동주의 심리학자 조셉 볼피(Joseph Wolpe)의 '상호 억제' 원리로 설명할 수 있다. 상호 억제란 사람의 생각이나 감정, 신체 반응이 두 가지 상태로 공존하게 되면, 일관성을 유지하기 위해 두 가지 상태 중 하나가 나머지 한 쪽 상태에 맞춰 변하는 현상을 의미한다.

예를 들어 마음이 불안하면 근육이 긴장되고 호흡이 빨라진다. 불안한 마음과 긴장된 근육, 빠른 호흡수는 동시에 공존할 수 있는데, 의도적으로 근육을 이완시키거나 호흡수를 느리게 만들면, 상호 억제 현상에 의해서 마음이 불안한 쪽에서 보다 편안한 쪽으로 변화하게 된다. 이러한 원리로 우울증에서는 '행동 활성화 기법', 불안장애에서는 '이완훈련' 등의 행동치료를 활용한다. 그 이완훈련의 하나가 바로 노출 및 반응 억제와 탈감작이다.

행동치료의 효과가 가장 잘 발휘되는 영역이 '두려움'이다. 발표 불안, 대인 공포 등의 사회불안증이나 고소공포증, 폐쇄공포증, 동물공포증 등의 '특정 공포증', 공황장애, 강박증 등 두려움과 관련된 증상을 극복하는 데 행동 치료가 많이 활용된다. '두려움'은 어떤 특정한 상황과 두려움이라는 감정 사이에 연결고리가 생겨서 나타나는 증상으로 이 연결고리를 끊으면 두려움이나 불안이 줄어든다. 이를 활용한 기법이 '노출 및 반응 제어'와 '탈감작'이다.

'노출 및 반응 제어'는 말 그대로 환자 자신이 두려워하거나 불안해하는 대상이나 상황에 의도적으로 직면하는 것을 반복하면서, 강박 반응을 하지 않고 시간을 보내도록 함으로써 강박 행동을 줄여나가는 방식이다(AI 개요).

'탈감작'은 두려움이나 불안이 유발되는 상황들을 난이도에 따라 순위를 매긴 뒤 가장 만만한 상황부터 직면해보는 방법이다. 너무 버거운 상황에 갑자기 직면하는 경우에는 그 상황에 익숙해지는 것이 아니라, 오히려 엄청난 두려움이 유발되어 역효과가 날 수 있기 때문이다. 처음에는 한 사람과 대화하는 것도 힘들어하던 사람이 점차 상황에 익숙해지면서 대중 연설을 할 수 있게 되는 것도 같은 원리라 할 수 있다.57) 자발적이고 단계적인 노출을 통한 학습된 공포의 소거는 인지행동치료에서 매우 큰 의미가 있다. 강박 장애는 일종의 뇌 기능 장애이므로 뇌 가소성에 의한 치유 방식이 보다 효율적이라 할 수 있다.

57) 「용인정신병원」, "행동 치료란 무엇인가", https://www.yonginmh.co.kr/understanding/2734

9-6 CI 요법이 주는 시사점

토브 박사의 CI 요법이 개발되기 이전의 재활 치료는 뇌졸중으로 신체적 장애를 겪는 환자에게 별로 해줄 것이 없었다. 그저 기능 해리에 의한 학습된 비사용에 순응하면서, '덜 손상된 사지'와 '막혀버린 구어(실어증)를 대신하는 비 구어(몸짓, 그림 등)'에 의존하며 장애를 감내해야만 했다. 하지만, 개발된 CI 요법은 뇌졸중으로 인한 절망의 삶을 새로운 희망의 시간으로 변화시키고 있다. 뇌졸중으로 운동장애가 나타난 신체 부위에 강제적인 감각 입력을 증가시키면, 담당하는 대뇌피질이 변화되면서 손상된 기능을 살아있는 신경회로가 넘겨받는 재편성으로 이어져, 운동 기능 장애가 개선되고 치유되는 놀라운 가소적 변화를 보여주었다.

이러한 가소적 변화는 제5장에서 동물실험과 임상시험의 결과를 통해 입증(Merzenich, et al., 1984, Jenkins et al., 1990)된 진실이다. 특정한 신체 부위에서 행동 관련성이 있는 감각 입력이 증가하면 해당 신체 부위를 담당하는 대뇌피질 영역의 확장으로 이어진다는 것이다. 이러한 연구와 일관되게 터보 박사와 그 동료들은 CI 치료에 의한 신체 부위의 사용(감각 입력) 증가로 변화된 대뇌피질이 운동 기능의 개선에 기능적 중요성을 갖는다는 것을 밝혀냈다. 중추신경계 손상 후 사지 사용 훈련을 포함하는 CI 요법은 사지 기능을 향상할 뿐만 아니라, 뇌 신경세포의 흥분성 증가와 뉴런의 연결이 강화되는 대뇌피질의 재조직화로 이어진다는 것이다. 이는 대뇌피질의 재편성이 CI 치료의 결과로 나타났음을 의미한다. 이는 PET와 fMRI 등을 통해 입증이 되었다.[58)]

CI 요법의 치료 결과는 대뇌피질의 변화 외에도 부수적으로 긍정적인 효과가 나타내고 있다. 2008년 앨라베마 대학교 린 고티에(Lynne Gauthier) 교수는 "뇌졸중 후 다양한 운동요법으로 인한 뇌의 구조적 변화"라는 논문을 발표했다. 연구결과에 따르면, CI 치료 임상 결과 뇌의 구조적 변화는 일상생활 활동을 위한 손상된 사지의 사용량 변화와 균형을 이루는 것으로 확인되었으며, 운동 대뇌피질의 증가와 더불어 양측 해마의 회백질 조직이 크게 증가 되었다고 밝혔다.[59)]

이는 CI 요법이 타격을 받은 부위를 담당하는 대뇌피질의 변화뿐만 아니라 기억을 담당하

58) GF Wittenberg, et al., "Constraint-Induced therapy in stroke : magnetic-stimulation motor maps and cerebral activation", Neurorehabilitation and Neural Repair Vol.17, (2003), pp.48-57.; VW Mark, E Taub, et al., "Neuroplasticity and Constraint-Induced Movement therapy", Euraopa Medicophysica Vol.42, pp.269-284, 2006.

59) LV Gauthier, E Taub, et al., "Remodeling the brain : plastic structural brain changes produced by different motor therapies after stroke", Stroke Vol.39(5), pp.1520-1525, 2008.

는 해마 등의 구조적 신경가소성 변화에 긍정적으로 작용한다는 것을 의미한다. 그뿐만 아니라 CI 요법의 치유 사례에서 보았듯이 그 프로토콜은 여러 다른 유형의 운동장애와 기능적 장애를 개선(치료)하는 데 다양하게 성공적으로 적용되고 있다는 점이며, 현재까지 가장 효과적인 재활 치료법으로써 권위를 누리고 있다.60)

CI 요법은 긍정적 뇌 가소적 변화를 만들어 낼 수 있는 매우 유용한 '비약리적 치료요법'이다. 왜냐하면 '구속유도 운동요법'은 **'사용자 의존적 가소성'***의 원리, **'학습된 비사용'**** 개념, **'경쟁적 가소성'***** 개념이 모두 적용되는 가소적 변화의 형태로서, **'대뇌피질의 재편성'******으로 감각-운동-정신적 장애를 극복하고 치유에 이를 수 있기 때문이다.

* 사용자 의존적 가소성의 원리는 뇌 가소성이 "뇌가 새로운 학습이나 경험에 따라, 기존의 신경망을 새롭게 구축하면서 그 형태를 바꾸어 나가는 특성"으로 "성장과 재조직을 통해 뇌가 스스로 신경회로를 바꾸는 능력"을 말한다. 이러한 가소성이 일어나려면 집중을 통한 반복 연습이 되어야 하는데, 이를 사용자 의존성 가소성(use-dependent plasticity, UDP)이라 한다.

** '학습된 비사용'(Learned Non-Use) 개념은 특정한 신체 부위나 기능을 사용하지 않으면, 그 기능이 점차 감소하거나 퇴화한다는 것이다. 특정한 부위에 장애나 통증과 같은 불편함이 발생하면 그 부위의 사용을 회피하면서, 상대적으로 정상적인 부위에 의존하게 되어 비사용 학습이 누적되어 학습된 비사용으로서 장애가 고착화된다. 따라서 손상된 기능을 회복하려면 그 부위에 대한 물리적·인지적 자극을 증가시켜 그 기능을 담당하는 대뇌피질의 재편성을 유도해야 한다.

*** 모스코비츠의 경쟁적 가소성의 개념은 뇌가 어떤 자극으로 가소적 활동을 할 때, 사용하지 않는 뇌의 피질 영역의 자원을 차지함으로써, 점점 더 많은 영역을 확장하는 것을 의미한다. 통증이라면 그 통증처리 회로를 축소해야 하며, 기능 장애라면 그 기능을 담당하는 대뇌피질 영역을 활성화하여 확장될 수 있도록 해야 한다.

**** 대뇌피질의 재구성은 신경 가소성의 본질적 실체이다. 중추신경계에서 발생하는 모든 변화는 신경 가소성으로 수렴될 수 있다. 그 변화는 학습, 구심성(감각) 입력의 증가 또는 감소, 시냅스 형성, 신경 발생, 장기 강화, 시냅스 강도의 기타 변경, 헤비안 재배선(같이 발화하는 뉴런은 서로 연결된다), 축삭 발아(손상된 신경세포가 새로운 축삭을 만들어 다른 세포와 연결을 시도하는 활동), 수지상 가지돌기의 밀도 증가(가지돌기 가지의 분화 또는 분열), 가지치기(불필요한 가지돌기 가지 제거), 다양한 형태의 세포 위축(사용되지 않거나 필요 없는 신경세포가 줄어들거나 위축 등 뇌의 가용 자원의 효율화 조치) 등이 포함된다. 그러나 오늘날 뇌 가소성에 관한 관심을 크게 확대시킨 것은 머제니치의 대뇌피질 재구성에 관한 연구이다. 가소적 변화의 주된 형태는 대뇌피질의 변화와 관련이 있다. 대뇌피질 재편성은 확실히 신경 가소성의 한 예로서, 신경 가소성의 본질을 가장 특징적으로 나타내고 있는 형태라 할 수 있다(E. Taub, et al., 2014).

CI 요법에 적용되는 프로토콜은 당사자의 의도와 목표에 의한 '사용자 의존적 가소성'이 작동되고, 이는 '비사용 학습'에 의한 손상된 기능의 고착화를 방지한다. 이 과정에서 손상된

60) Belén Rubio Ballester, Martina Maier, et al., "Counteracting learned non-use in chronic stroke patients with reinforcement-induced movement therapy", Journal of NeuroEngineering and Rehabilitation Vol.13(74), 2016; Steven L. Wolf, PhD, PT; Carolee J. Winstein, PhD, PT; J. Philip Miller, AB; et al., "Effect of Constraint-Induced Movement Therapy on Upper Extremity Function 3 to 9 Months After Stroke", JAMA Vol.296(17), pp.2095-2104, 2006.

부위에 대해 강제적이고 집중적인 물리적 · 인지적 자극은 경쟁적 가소성을 촉진하여 손상된 기능과 관련된 대뇌피질 영역을 활성화하고 그 크기를 증가시키는 대뇌피질의 재편성으로 이어진다. 재편성된 대뇌피질은 손상된 부위의 기능을 대신 수행하도록 하는 긍정적인 가소적 변화로서 여러 형태의 장애를 개선 또는 치유를 가능하게 한다.

CI 요법이 보완해야 할 문제점이 없는 것은 아니다. CI 요법의 프로토콜이 뇌졸중 환자의 모든 상황에 효과적으로 적용될 수 없다는 문제점이 드러난 것이다. 그래서 뇌졸중의 정도에 따라 프로토콜을 수정하여 적용하는 재활 치료법으로서 수정된 CI 요법이 개발되었으며,[61] 이 외에도 원격재활 CIMT,[62] 경두개 자극과 결합한 mCIMT[63], VR(가상현실) 기법과 결합된 RIMT(Belén Rubio Ballester, et al., 2016) 등과 같이 CI 요법이 응용 발전되고 있다. 수정된 CI 요법(mCIMT)에 대해서는 〈부록 2〉를 보라.

CI 요법이 비약리적 요법으로서 우리에게 주는 **시사점은 크게 두 가지**이다. 하나는 '**탈 학습된 비사용**'이고, 다른 하나는 일상에서 **당사자에 의해 의도된 CI 요법 프로토콜의 활용과 적용**이다. 이는 사용자 의존적 가소성 원리에 의한 긍정적 뇌 가소적 개입으로 스스로 신체적 · 정신적 취약점을 극복해 낼 수 있는 기재로서 역할이 가능하기 때문이다.

먼저, **탈 학습된 비사용**(학습된 비사용에서 벗어나는 것)이다.

일상에서 비사용 학습은 광범위하게 행해지고 있음을 이해하고 기억해야 한다. 특히 장애나 불편함으로 인식되는 신체적 부위나 정신적 활동은 회피하거나 제한하는 경우가 허다하다. 이는 감각-운동 자극의 감소로 이어지고, 지속되는 경우 그 기능을 담당하는 대뇌피질의 약화나 퇴화되어 그 취약점을 오히려 심화시키게 된다. 즉 학습으로 비사용이 조건화되고 유지됨으로써, 시간이 지남에 따라 그 기능을 더욱 잃게 되는 현상이다. 따라서 학습된 비사용 개념의 정확한 이해를 토대로 일상에서 '**비사용 학습'을 심화시키는 행위나 습관에서 벗어날 필요**가 있다.

우리는 일반적으로 일상에서 '비사용 학습'을 강화하는 선택으로 자신의 장애를 심화하고

61) WC Souza, AB Conforto, et al., "Similar effects of two modified constraint-induced therapy protocols on motor impairment, motor function and quality of life in patients with chronic stroke", Neurology International Vol.7(1), 2015, https://observatorio.fm.usp.br/handle/OPI/12529

62) Leila Sanchez, Benjie Mae Asuncion, Kathleen Rhea Tayag, et al., "Effectiveness of constraint-induced movement therapy (CIMT)—Telerehabilitation compared to traditional CIMT on upper extremity dysfunction of adult chronic stroke patients—A systematic review and meta-analysis", Physiotherapy Research International Vol.29, 2024, https://doi.org/10.1002 /pri.2090

63) Sérgio Rocha, Evelyn Silva, Águida Foerster, et al., "The impact of transcranial direct current stimulation (tDCS) combined with modified constraint-induced movement therapy (mCIMT) on upper limb function in chronic stroke : a double-blind randomized controlled trial", Disability and Rehabilitation Vol.38(7), pp.653-660, 2015.

악화시키는 경우가 허다하다. 예를 들면 등산용 무릎 보호대를 착용하는 행위, 평지 산책 시 지팡이나 스틱을 사용하는 행위, 노인분들이 보행 보조기에 의존하는 행위, 허리통증을 줄이기 위해 허리 보호대 또는 보조대를 일상적으로 착용하는 행위 등이다.

이런 행위는 학습된 비사용의 개념을 이해하지 못한 상태에서 일상적으로 범하는 자해행위라 해도 과언이 아니다. 재활 치료 목적이나 특정한 상황에서 일시적으로 사용하는 것을 의미하는 것이 아니라, 부지불식간에 사소한 통증을 줄이거나 행동의 불편함을 회피하기 위해 의존적이고 습관적으로 사용하는 행위를 의미한다. 보조기구에 의존하면 할수록 보조기구 없는 신체적 비사용 학습(보조기구 사용에 대한 학습)을 심화하게 되고, 보조기구의 의존성은 점차 커지게 된다. 상대적으로 신체적 취약점을 보완하는 행위를 소홀히 하게 되고, 그 취약점을 더욱 악화시켜 '보조기구에 의존하지 않은 행동의 자유'를 스스로 박탈해 버리는 가능성을 높이기 때문이다.

노인분들이 치료 목적이 아닌 일상적인 활동에서 보행 보조기나 지팡이를 사용하는 것이 자주 목격된다. 이는 "우선 먹기는 곶감이 달다"는 속담처럼 당장에는 보행에 안정감과 편함을 가져다줄 수 있다. 하지만, 습관적인 사용은 스스로 보조기 없이 걸을 수 있는 대응조치를 하지 않음으로써, 혼자 걸을 수 있는 운동 기능은 점차 약화되고 관련 대뇌피질은 위축되어 점차 보조기 없는 보행이 어려워지게 된다. 결과적으로 보조기 없이는 걷을 수 없다는 학습된 비사용이 고착되어 버리는 것이다.

다른 하나는 **일상에서 당사자에 의해 의도된 CI 요법 프로토콜의 활용과 적용**이다.

누구에게나 신체적 · 정신적 취약점이 존재한다. 이를 개선하거나 치유하기 위해 의도된 CI 요법 프로토콜의 일상화된 활용이 필요하다. 이는 취약한 기능을 담당하는 대뇌피질의 재편성으로 스스로 신체적 장애 요인의 개선 및 극복이 가능하기 때문이다.

CI 요법은 타격을 받지 않은 상지에 의존성을 제한하면서 타격을 받은 상지를 강제적이고 집중적으로 사용하도록 하여, 손상된 기능 감각 입력을 증가시켜 대뇌피질의 재편성을 촉진하는 것이다. 이 과정에서 신체적 자극은 물론 과제별 단계별 집중적인 훈련으로 인한 인지적 자극이 결합되어 보다 강력한 뇌 가소적 변화를 만들 수 있다. 만약 손상된 부위에 대한 물리적 자극을 회피하거나 제한하고, 타격을 받지 않는 신체 위주로 사용하게 된다면, 손상된 부위의 기능을 담당하는 대뇌피질의 영역은 약화되어 손상된 기능은 더욱 악화된다.

이러한 CI 요법의 메커니즘은 학습된 비사용 외에 "사용하지 않으면 퇴화한다"는 가소성과 '사용자 의존적 가소성'의 원리를 기반으로 한다. 취약한(손상된) 기능을 방치하거나, 타 부위에 의존적인 방법을 선택하게 된다면, 학습된 비사용은 강화되고, 그 기능은 점차 퇴화한다.

반면 취약한 기능에 대해 적극적인 사용자 의존적 가소성을 투입한다면, 취약한 기능을 회복해 낼 수 있는 비약리적 요법이다. 따라서 취약한 부위에 대한 대응조치는 약리적 처방에 의존하거나 회피행동을 하는 것 보다, CI 요법 프로토콜을 적용한 감각 입력을 증가시키는 것이 근원적인 치료방법이 될 수 있다. CI 요법은 대뇌피질을 변화시키는 뇌 가소적 변화로 취약한 기능을 회복하고 보존하는 방식이기 때문이다. 이같은 CI 요법은 의료계의 '**만성통증에 대한 비약리적 처방**'*과도 **부합하는 것이다.**

* 만성통증에 가장 좋은 진통제는 '활동적으로 지내는 것'이며, 만성 요통의 가장 중요한 근본적인 치료는 '운동 치료'이다

예를 들어 허리 환자가 통증으로 운동을 하지 않는다면 "사용하지 않으면 퇴화한다"는 가소성의 원리에 의해 '허리 기능 영역에 해당하는 대뇌피질의 뇌 지도'는 점차 축소되고, 기능은 퇴화하며, 허리 근육은 위축될 것이다. 이는 '경쟁적 가소성'에 의해 '허리통증 처리 회로는 점차 확대'되면서 통증은 증폭될 수밖에 없다. 하지만 CI 요법처럼 통증을 감내할 수 있는 수준에서 허리 운동을 점진적으로 지속한다면, 감각 입력이 증가하여 '사용자 의존적 가소성' 원리에 의거 '대뇌피질의 뇌지도'는 확장될 것이며, 허리 근육이 강화될 것이다. 또한 '통증을 감내하는 수준의 운동'이 점차 '경험하는 통증을 완화한다'는 인지 개선(인지 행동 치료) 효과는 '경쟁적 가소성'을 촉진하여 '허리통증 처리 회로를 축소'함으로써 통증 감소 및 치유에 이를 수 있다는 것이다.

일상에서 우리는 특정한 **신체적 장애나 기능적 문제점***이 발생하게 되면, 주로 약리적 처방에 의존하거나, 자연치유를 기대하면서 소극적 대응을 하는 경향이 강하다. 이는 취약부위나 기능을 오히려 약화 또는 퇴화를 자초하는 결과로 이어진다.

* 무릎 관절 통증이 발생하는 경우, 나이 들면서 시력이 약화 되는 현상, 역류성 식도염이나 위염 등으로 속이 불편한 경우, 전정 기능의 이상(이석증)이 발생한 경우, 퇴행성 운동장애가 발생한 경우, 정신 불안이나 공황장애가 발생한 경우 등이다.

이러한 경우들은 당사자 스스로 CI 요법의 프로토콜을 적용한 뇌 가소적 개입으로 충분히 극복이 가능한 사항이다. 예를 들면 무릎 관절 통증에 대해서는 '다리 들어 올리기' 등 무릎 근육이나 인대 강화훈련을 한다. 나이 들어가면서 시력이 떨어지는 경우 '눈알 굴리기' 운동을 한다. 소화기계통 장애가 있는 경우 '혀 굴리기' 운동을 한다. 전정 기능의 이상(이석증)이 발생한 경우 '브란트 다로프 운동'을 한다. 퇴행성 운동 장애가 발생한 경우 그 장애 부위와

관련된 '적극적 유산소 운동'을 한다.

필자도 좌측 십자인대 완전 파열(2000년, 십자인대 재건 수술)과 매일 5km 이상의 무리한 달리기로 인한 좌측 무릎 연골 손상(2011년, 관절경 수술), 그리고 노화로 인한 퇴행이 진행되면서 무릎 통증이 발생했다. 2023년 6월부터는 절뚝거리며 걸어야 했고, 통증이 심해 무릎 수술까지 고려했다. 당시는 뇌 가소적 개입을 연구하던 시기로 수술 전에 마지막으로 CI 요법의 프로토콜을 적용한 가소적 개입을 시도해 보기로 하였다. 통증을 무릅쓰면서 '다리 들어 올리기(1일 1,000-3,000회)'로 무릎 인대와 근육을 강화하였고, 기구를 활용한 '대퇴사두근' 근육운동을 병행했다. 또한 뛰기 보다는 보폭을 줄인 '종종걸음으로 뛰기'로 1일 2만 보 실천을 지속했다. 2024년 초부터 통증이 줄어들면서 8월부터는 통증이 사라졌다. 지금은 1일 14km 걷기를 하면서도 통증을 느끼지 않는다.

통증이 사라진 요인은 다양하게 분석된다. **가소성 관점**에서는 의도된 무릎 부위의 감각 입력 증가는 사용자 의존적 가소성 원리로 '인대와 근육 강화'뿐만 아니라, '긍정적 대뇌피질의 가소적 변화'로 기능 약화 및 퇴화를 방지한 것으로 보인다. **인지적 관점**에서는 '통증을 감내하는 수준의 무릎운동'이 점차 '경험하는 통증을 완화한다'는 학습된 인지 개선(인지 행동 치료) 효과가 나타난 것이다. 또한 **경쟁적 가소성 관점**에서는 학습된 인지 개선 효과가 '무릎 통증 처리 회로'를 축소시키면서 통증이 사라지게 된 것으로 보인다.

삶의 질을 보장하는 기본적인 요건은 **그 어떤 보조기구도 사용 없이 자신의 의지대로 자유롭게 행동할 수 있을 때**이다. 어쩔 수 없이 경험하게 되는 행동의 자유를 제한하는 '신체적인 거부반응'이나 '통증'은 뇌가 몸과 마음을 살펴서 보호하라고 보내는 경보음이다. 이에 대응하는 대표적인 '비약리적 가소적 개입'이 바로 몸과 마음을 매개로 한 'CI 요법'이다. '비사용 학습과 4가지 프로토콜'은 물리적 · 인지적 자극을 증가시키고 그 기능을 담당하는 대뇌피질의 영역을 확장 또는 재편성하여 치유에 이르는 유용한 가소적 개입 요법이다. 이를 잘 이해하고, 일상에서 적용한다면 스스로 신체적 취약점을 개선 또는 치유할 수 있다는 것을 누구나 쉽게 체험할 수 있다.

중요한 것은 실행이다. 누구나 취약한 기능이나 부위가 있다. 더더욱 50~60대라면 말이다. 그 취약 기능이나 부위를 개선하기 위해 당사자가 CI 요법의 메커니즘을 활용한 맞춤형 '**루틴**'을 개발하고 일상에서 실행해 보는 것이다. 그 의도된 루틴은 고정된 것이 아니다. 일정 기간의 반복과 지속적인 피드백이 뒤따라야 한다. 그래서 개선된 루틴을 만들고 지속적인 선순환 과정을 거쳐야 한다. 이러한 활동은 자유로운 삶을 보장하는 사용자 의존적 가소성의 실체적 진실이다. 생활 루틴 관련 구체적인 방법론에 대해서는 제10장에서 제시될 것이다.

부록 1 CI 요법과 강박 장애 치료

강박 장애를 사실적으로 표현한 것은 셰익스피어의 희곡 '맥베스'에서 남편이 사촌 형을 살해하도록 부추긴 맥베스 부인의 대사이다. "그녀는 아무리 손을 씻어도 핏자국이 지워지지 않는 것 같다며 절규한다. 하지만 그녀의 손엔 피가 묻어 있을 리 없다." 이는 대표적인 강박 증상인 **반복적인 손 씻기를 통해 죄의식을 떨치려는 필사적인 노력**을 보여주고 있다.

우리는 누구나 감염병을 예방하고자 씻고 닦으며, 실수나 위험을 줄이기 위해 확인을 반복한다. 효율적으로 일하기 위해 순서대로 정리하거나 주위를 정돈하기도 한다. 혹시 필요할 수 있으니, 물건을 버리지 않고 모아두기도 한다. 이 모든 행동은 누구에게나 어느 정도 필요하다. 하지만 어떤 이들은 과도하게 이런 행동을 반복하거나 지나치게 몰두하는데 이를 '강박 증상'이라 한다.

"이보다 더 좋을 수 없다."라는 영화의 주인공인 멜빈 유달(Mervin Udall)은 세균에 감염될지 두려워 장갑을 끼고 악수를 하고, 밖에서 식사할 때도 무조건 집에서 소독해온 식기로만 식사를 한다. 이러한 감염 공포 때문에 씻는 것에 매우 집착하는데, 한번 씻을 때면 2~3시간이 걸린다. 같은 종류의 비누 수십 개를 열 맞춰 정리해 두고 사용하며, 손을 한번 씻는데 두 개의 비누를 사용한다. 지나치는 사람과 접촉하지 않고 보도블록의 금을 밟지 않고 걷느라 안간힘을 쓴다. 당연히 사람들과의 관계도 맺기 힘들 뿐만 아니라 심리적으로도 심한 고통을 겪는다. 이런 사람이 바로 '강박 장애' 환자다.

강박 증상은 일상적인 생각과 행동을 방해하면서 끊임없이 불안한 생각이나 이미지가 떠오르는 상태와 이에 대한 일련의 반응으로 구성된다. 전자를 **'강박사고'**(Obsession), 후자를 **'강박행동'**(Compulsion)으로 일컫는다. 강박사고는 분명히 자기 생각이지만 자신이 원치 않음에도 불구하고 지속적으로 마음속에 떠올라서 스스로 이 생각을 조절하기가 어렵다. 이 때문에 굉장히 불편하고 불안하다고 느끼게 되는데, 이런 불안을 줄이거나 해소하려는 강력한 욕구에 따라 강박행동을 반복하게 된다. 이러한 강박행동은 일시적으로 강박사고와 관련된 심리적 고통을 줄이거나 안정을 주지만, 또 다른 강박행동을 추구하게 된다. 불안해하는 두려운 사건을 예방할 수 있는 현실적인 대안이 아닌 경우가 많으며, 관련이 있더라도 명백히 그 정도가 과도한 대응이다. 불합리하다고 느끼지만 멈추지 않고 떠오르는 생각과 멈춰야 하는 걸 알지만 반복하게 되는 행동이다.

이러한 강박 장애의 원인은 '심리 · 사회적 요인', '생물학적 요인', '유전적 요인'이 다양하게 제기되고 있다. 강박 장애와 관련하여 한국의 국립정신건강센터는 '피질-선조체-시상 회로'의 구조 및 기능 이상을 언급하고 있지만, 케임브리지 대학 정신의학자인 제프리 엠 슈워츠(Jeffrey M. Schwartz)에 의하면 '안와전두엽-피각핵(띠이랑)-대상회(꼬리핵)'의 구조 및 기능 이상을 초래하는 것으로 설명하고 있다.64) 특히 "강박 행동에서 벗어나기 : 뇌의 화학적 성질을 변화시키는 4단계 자가 치료방법"을 개발한 슈워츠는 뇌 스캔을 통해 **강박 장애를 강박 회로의 오작동**으로 설명하고 있다.65)

강박 장애 환자는 '**안와전두피질**'과 '**띠이랑**'이 과도하게 활성화되고 '꼬리핵'은 오작동하고 있는 상태를 의미한다. 실수가 수정된다면 안와전두피질과 띠이랑의 불안과 공포가 줄어들면서, 꼬리핵이 작동되어 '되먹임'(다시 되돌아가는 것)이 중단되어야 한다. 그럼에도 안와전두피질과 띠이랑이 과도하게 활성화되어 불안과 공포 신호는 계속 꼬리핵으로 전달되면서 자동 변환장치가 오작동하여 '되먹임'으로 강박 회로가 계속 가동되게 된다. 그래서 실수한 느낌과 불안 및 공포가 지속되는 것이다.66)

'**안와전두피질**'은 감정조절에 중요한 역할로서 **실수를 감지하고 처리**한다. 강박 장애 환자는 실수를 감지하면 이 부위가 활성화되어 실수에 대한 걱정을 발화시키고, 이를 '**띠이랑**'으로 전파한다. 띠이랑은 '**불안과 공포를 유발**'하는 역할을 하는데, 실수가 수정되거나 보완되지 않으면 이 부위가 활성화되면서 계속해서 '**공포와 불안 신호**'를 '**꼬리핵**'으로 전송한다.

계속해서 밀려드는 불안과 공포 신호를 받은 꼬리핵은 다른 생각이나 행동을 전환하는 역할과 기능의 수행을 방해받으면서, '안와전두피질-띠이랑-꼬리핵'으로 연결되는 강박 회로는 계속 가동하게 된다.

슈워츠는 '꼬리핵' 기능이 정상적으로 수행될 수 있도록 **강박 회로를 변화시키는 방법을 연구**했다. 그것은 불안과 공포에서 벗어나 새롭고 즐거운 활동이나 무엇인가에 집중할 수 있도록 하는 꼬리핵의 기능을 수행할 수 있도록 하는 강제적인 개입 방법을 찾는 것이었다. 이는 즐거움을 주는 새로운 뇌 회로를 만들고(도파민 시스템 활성화) 이 회로가 '경쟁적 가소성'의 원리에 오작동하는 강박 회로를 제어하거나 축소시키면 가능하다고 보았다.

이같은 결론은 최근 케임브리지 대학의 엘 브로디(L. Brody) 등이 연구한 논문에서도 확인이

---

64) 「보건복지부 국립정신건강센터」, 2020.06.24. https://www.mentalhealth.go.kr/portal/disease/diseaseDetail.do?dissId=18; Schwartz. Jeffrey, Beyette. Beverly, Brain lock : free yourself from obsessive-compulsive behavior : a four-step self-treatment method to change your brain chemistry, New York, NY : ReganBooks, c1996. https://lccn.loc.gov/96162204

65) 한국국립정신건강센터와 제프리 슈워츠가 강박 장애와 관련 뇌회로가 각각 상이하다. '안와전두엽-피각핵-대상회'와 '피질-선조체-시상 회로'는 서로 다른 회로이지만, 강박 장애의 복잡한 기전을 이해하는 데 있어 서로 보완적인 역할을 하며, 이 두 회로의 이상은 강박 장애의 증상 발현에 중요한 영향을 미친다.

66) Jeffrey M. Schwartz, "Neuroanatomical aspects of cognitive-behavioural therapy response in obsessive-compulsive disorder", The British Journal of Psychiatry Vol.173, pp.38-44, 1998.

되고 있다. 즉 세로토닌 및 도파민과 같은 모노아민이 강박 회로를 조절하는 데 어떻게 관여할 수 있는지 보여주고 있다.[67] 그 주된 방법은 자신의 문제는 실존의 문제가 아니라 강박 장애 때문이라는 사실을 인지하는 것이며, 증상이 나타날 때 강제적으로 즐거움을 주는 새로운 활동으로 전환을 위해 행동을 옮기는 것이다.

먼저, 현재 느끼는 '강박 사고'는 강박 장애로 인해 발생하는 문제임을 직시하고 '강박 행동'으로 연결되지 않도록 하는 것이다. 소위 학습된 비사용을 무력화하는 것이다. 강박 사고를 유발하는 강박 장애가 자신에게 미치는 영향을 관조함으로써, 자신을 강박 사고로부터 격리시키고, 강박 행동으로 이어지지 않도록 하는 것이다. 즉 경험하는 강박 장애는 강박 회로의 오작동에 의한 것임을 인식하고 꼬리핵이 본연의 기능을 수행하는 정상적인 강박 회로를 상기하는 것이다. 이것은 제7장에서 제시된 '만성통증을 치유한 뇌 가소적 개입'으로서 '경쟁적 가소성'과 '심상화'와 원리와 같은 메커니즘이다.

다음은 강박 사고나 강박 증상이 나타날 때 이를 억제(억제 행동)하고 강제적인 개입으로서 불안과 공포에서 벗어날 수 있는 집중적인 실제 행동을 통해 초점이 재조정(형성 기법)될 수 있도록 하는 것이다. 초점을 재조정할 수 있는 행동에는 인지행동치료(노출 및 반응 억제, 탈감작 등으로 일종의 형성 기법)와 당사자에게 즐거움을 주는 활동(취미활동, 유산소 운동, 음악 또는 오디오북, 기타 옥외 활동 등)으로 주관적인 상황에 따라 매우 다양하다.

슈워츠가 제시한 치료법이나 일반적으로 적용되는 노출 및 반응 억제, 탈감작 등은 CI 요법과 유사한 메커니즘이다. 강박 장애로 인해 오작동하는 꼬리핵의 학습된 비사용을 차단하기 위해 CI 요법의 강제적 행동의 개입으로 초점을 재조정하도록 하고, 그 행동은 형성 기법에 의한 반복적이고 집중적인 실행으로 경쟁적 가소성을 촉진하여 비정상적인 강박 회로를 축소하면서 상대적으로 꼬리핵의 기능을 정상화하는 뇌 가소적 개입이라 할 수 있다.

67) AL Brody, S Saxena, "Brain Imaging In Obsessive-Compulsive Disorder: Evidence for the Involvement of Frontal-Subcortical Circuitry in the Mediation of Symptomatology", Published online by Cambridge University Press, Vol.1(1), 2014.

부록 2 수정된 CI 요법(mCIMT)

초기의 CI 요법은 타격을 받지 않은 상지 사용을 제한하면서, 하루 6~7시간씩 2주 정도 타격을 받은 상지 만을 사용하도록 권장하였다. 이처럼 강제적으로 장시간 동안 타격을 받은 상지의 움직임을 집중적으로 훈련하는 방법은 신체적인 불편함과 심리적인 불안 등의 이유로 실제 적용하는 데 있어서 제한점이 노출되었다.

일부 연구에 따르면 CI 요법은 프로토콜의 높은 강도(매일 6시간씩 집중적인 작업치료)로 인해 순응도가 심각하게 손상되어 치료 효과가 떨어진다(Belén Rubio Ballester, et al., 2016). 즉 급성 뇌졸중 환자의 재활시 첫 며칠 및 몇 주 동안 시작된 고강도 CI 요법은 사지 기능 저하를 악화시킬 수 있다고 보고되었다.[68]

또한 동물실험 결과 영향을 받지 않은 앞다리를 즉시 구속하면 흥분 독성(신경 세포가 과도하게 자극을 받아 손상)이 발생하여 뇌 손상 부위가 더 확대될 수 있다는 것이 확인되었으며, 이는 운동 회복 감소와 관련이 있다는 것이다.[69]

이러한 문제점을 극복하기 위해 기존 CIMT에 비해 낮은 강도의 훈련이 특징인 수정된 mCIMT가 개발되었다(WC Souza, et al., 2015). 이는 기존 CIMT에 비해 낮은 강도의 훈련이 특징이다. 주말을 제외한 주 5일, 하루 3시간 동안 손상을 받지 않은 팔 억제를 위해 팔걸이와 홀딩 글러브를 착용하게 하였으며, 손상을 받은 팔은 1시간 동안 치료실에서 각 대상자의 수준에 맞는 과제를 선택하여 집중적으로 훈련을 하였다.

훈련 과제는 수건 접기, 물컵 마시기, 테이블 닦기, 수도꼭지 여닫기, 병뚜껑 열기, 책장 넘기기, 전화 걸기, 문고리 열기, 머리 빗기, 비누 가지고 손 씻기와 같은 일상에서 사용되는 10가지 과제였다.[70] 훈련은 반복적이며 과제 특이적 훈련 방법을 포함한 운동 학습 원리를 바탕으로 하고 있다(Franceschini M, et al., 2010).

---

68) A. W. Dromerick, MD, C. E. Lang, PhD, et al., "Very Early Constraint-Induced Movement during Stroke Rehabilitation (VECTORS)", Neurology Journals Vol.73(3), pp.195-201, 2009.

69) Kai Diederich, et al., "Successful Regeneration After Experimental Stroke by Granulocyte -Colony Stimulating Factor Is Not Further Enhanced by Constraint-Induced Movement Therapy Either in Concurrent or in Sequential Combination Therapy", Stroke Vol.43(1), 2012, https://doi.org/10.1161/STROKEAHA.111.6221

70) Franceschini M, Agosti M, Cantagallo A, et al. "Mirror neurons : action observation treatment as a tool in stroke rehabilitation", European Journal of Physical Rehabilitation Medicine Vol.46(4), pp.517-523, 2010.

최근에는 전통적인 CI 요법의 임상적 한계를 바탕으로 수정된 CI 요법이 많이 적용되고 있다. 수정된 '강제유도운동 치료'를 적용한 결과, 신체 부분의 움직임의 양에 따라 대뇌피질에 나타나는 뇌지도의 크기가 변한다는 것을 보여주었다. 또한 타격을 받지 않은 사지의 사용을 제한하는 것은 손상된 사지의 운동 피질을 활성화하여 정상적인 부위가 손상된 기능을 넘겨받도록 하는 대뇌피질의 재편성이 이루어진 것이다.[71)]

71) 「HEALTH CARE NEWS」, "강제 유도 운동 치료란?", 2021.01.22.

제10장

실행을 담보하는 생활 루틴, 누리는 웰에이징

이 장은 이전까지 논의된 통증 메커니즘과 치유 메커니즘을 요약해 보고, 아는 만큼의 바탕으로 보이는 것을 **"어떻게 실행할 것인가?"**라는 방법론을 **공유**하고자 한다. '구슬도 꿰어야 보배'가 되듯이 실행의 관점에서 논의를 진행할 것이다. 즉, 실행의 조건으로써 치유 메커니즘의 원리를 적용한 '맞춤형 뇌 가소적 설계' 방법과 '생활 루틴'의 형태와 방법, 그리고 강력한 뇌 가소적 변화를 담보하는 '집중'(명상, 알아차림)에 대해 초점을 맞출 것이다.

먼저, 웰에이징을 위해 이전까지 제시되고 논의된 '이해하고 알아야 할 무엇'으로서, '통증 메커니즘'과 '치유 메커니즘'을 요약하여 제시한다. 이를 통해 '사용자 의존적 가소성' 원리에 의한 **'인지적 자극과 결합한 규칙적인 신체활동'**은 '관조'가 아닌 **'실행의 대상'**임을 되새겨 볼 것이다. 이어, 긍정적 가소적 변화를 담보하는 입증된 임상적 연구결과를 토대로 '맞춤형 뇌 가소적 개입 설계'의 절차와 방식을 표준화해 보고, 실행을 담보하는 최선의 방법이 '루틴'임을 밝힐 것이다. 그 예로서 '경쟁적 가소성에 의한 심상화 요법'과 'CI 요법 프로토콜(4가지)'을 적용한 '생활 루틴'을 제시한다. 끝으로 최고의 처방인 **'인지적 자극이 결합된 신체적 활동'**은 심신일원론의 증거이자, 집중의 결과로서 추동되는 뇌 가소적 변화임을 밝힐 것이다. 이를 통해 실행되는 루틴에서의 '집중'은 알아차림 또는 명상으로서 강력한 뇌 회로의 재구성과 재편성을 견인하는 핵심 요소임을 입증할 것이다. 이 내용은 다음의 **4개 분야로 구성**된다.

Key Word

학습된 통증, 통증 메커니즘, 치유 메커니즘, 뇌 가소적 개입(재구성 및 재편성), 경쟁적 가소성, 일일 심상화 요법, CI 요법 프로토콜, 의식적 걷기, 만성통증, 퇴행성 뇌 신경질환, 뇌졸중, 생활 루틴, 알아차림(명상), 집중

제9장에서는 비사용 학습을 차단하면서, 사용하지 않으면 퇴화하는 기능을 강제적이고 집중적으로 사용하여 뇌 가소적 변화를 만들고 신체적 장애를 극복하는 CI 요법을 확인하였다.

이 장에서는 이전까지 습득한 통증 메커니즘과 치유 메커니즘을 **'어떻게 실행할 것인가?'**라는 방법론에 초점을 맞출 것이다. 이를 위해 입증된 치유 메커니즘과 이를 적용한 '맞춤형 뇌 가소적 설계 방법'을 알아보고, 일상에서 긍정적 뇌 가소적 변화를 담보할 수 있는 '생활루틴'을 제시할 것이다. 그리고 임상적 연구결과로서 최고의 처방인 '인지적 자극이 결합된 신체적 활동'의 본질은 그 행위와 동작 자체에 집중하는 '알아차림(명상)'임을 밝힐 것이다.

"충분히 보이는, 충분히 들리는 두 자극이 똑같게 들리나 다르게 들리나?"라는 문제를 연구하는 베버(생리학자, E. Weber)의 법칙은 "**실재하는 '물리적 세계'**와 개인이 '**지각하는 세계**'는 서로 다를 수 있다."는 것이다.1) 실재하는 물리적 세계는 각 개인에 따라 매우 **주관적으로 지각**된다는 의미이다. 우리가 살아가면서 피할 수 없는 통증도 누구와도 나눌 수 없는 주관적인 경험이다. 경험하는 통증은 뇌가 습득한 정보를 토대로 인지하고 지각한 '학습된 통증'이다. 이는 사람마다 천차만별의 주관적 경험이기에 그 '다스림'과 '예방적 관리'의 주체는 당사자라는 것을 의미한다.

지금 우리가 보고, 듣고, 냄새, 맛, 경험하는 통증은 눈 · 귀 · 코 · 입 · 피부로 느끼는 것이 아니다. **뇌가 보고 들으며 느끼는 것**이다. 신경과학적으로 표현하자면, 현재의 지각은 이전까지 몸과 마음이라는 통로를 통해 **"뇌가 경험하고, 뇌가 판단하고, 예측한 결과로서 반응"**이다. 단지, 눈 · 귀 · 코 · 입 · 피부는 주어진 감각에 대해 뇌간을 거쳐 뇌로 전달하는 감각기관일 뿐이기 때문이다.

그래서 그 느낌이나 지각의 정도는 항상 같은 것이 아니다. 신체적 · 심리적 · 정신적 상태에 따라 뇌가 느끼는 반응과 그 정도는 다를 수밖에 없다. 이는 뇌가 고정된 것이 아니라 신체적 활동과 정신적 경험, 그리고 환경적인 요인에 의해 늘 변화한다는 것을 의미한다. 따라서 **뇌가 변하면** 보고 듣고 느끼는 것들에 대한 관점이 달라진다. 관점이 달라지면 **세상이 달라지는 것**이다. 그 변화된 세상은 '**뇌 신경 가소성**'이 창조한 세상이다.

가소적인 뇌는 긍정적(적응적)으로 변할 수도 있지만, 부정적으로 변할 수도 있는 두 얼굴을 가지고 있다. 뇌의 부정적 변화가 만성통증과 질환이라 할 때, 한편으로 뇌의 긍정적 변화를 통해 치유될 수 있다는 가능성을 가지고 있다. 예컨대 **만성통증 환자라면**, 학습된 통증으로 변형되고 확장된 통증 처리 영역을 '경쟁적 가소성'으로 축소하여 치유에 이를

---

1) 「나무위키」, "베버의 법칙", https://namu.wiki/w/

수 있다. **퇴행성 신경 질환을 경험하고 있다면**, 유산소 운동이나 인지훈련 등의 뇌 가소적 개입으로 특정 뇌 부위를 재편성 또는 재조직함으로써 인지기능의 감퇴를 차단하고, 운동기능의 장애를 개선하여 삶의 질을 높일 수 있다. **건강한 사람이라면**, 적응적 가소적 변화를 축적하여 피할 수 없는 노화에 대비한 예비 자원으로서 '**인지적 비축**'(제5장 뇌 신경 가소성에서 언급된 내용임)을 하게 된다.

웰에이징을 위해 관리되어야 할 대상은 단연 '뇌'이다. 건강한 뇌는 몸과 마음을 매개로 하여 적응적인 뇌 가소적 변화가 뒷받침될 때 만들어지고 유지된다. 건강해진 뇌는 다시 몸과 마음으로 끊임없이 피드백(환류)되어 몸과 마음을 치유하는 선순환을 이룬다. 즉 의식적인 '신체적 활동(몸)'과 '긍정적인 기대와 희망(마음)'은 '감각-운동 자극, 기억 · 상상 · 학습 등 정신 활동'으로 뇌간을 거치거나 직접적으로 뇌를 자극한다. '자극을 받은 뇌'는 **뇌 신경 네트워크***가 가동되면서, 입력된 자극과 관련된 **대뇌피질**(뇌지도)**의 영역과 '**신경전달물질 시스템**'이 활성화 된다. 이를 통해 '대뇌피질의 재조직' 등을 포함한 여러 가지 형태의 뇌 가소적 변화(신경회로의 재구성 및 재편성)로서 보다 건강한 몸과 마음으로 환류된다.

* 신경 회로(神經回路)는 활성화될 때 특정 기능을 수행하기 위해 시냅스로 상호 연결된 뉴런 집단으로 구성된다. 이들은 감각 처리(예 시각, 청각), 운동 조절(예 근육 움직임), 기억 형성(예 학습된 정보 저장) 등 다양한 기능을 담당한다. 이러한 신경 회로는 상호 연결된 '대규모 뇌 네트워크'를 형성하여 복잡한 인지적 및 행동적 기능을 수행하며, 모든 인지적 자극(예 학습)과 물리적 자극(예 운동)이 주어질 때 활성화된다.[2] 각 뇌 신경 회로는 대뇌뿐만 아니라 소뇌, 뇌간, 변연계 등 다양한 뇌 구조에 걸쳐 존재하며, 이들의 상호작용으로 뇌의 기능을 조절한다. 이들 신경 회로는 통합된 신경 네트워크를 형성하여 신경 회로의 구조적 및 기능적 변화를 추구한다.

** 대뇌피질은 대뇌의 표면에 위치하는 신경세포들의 집합으로, 좌우 2개의 반구로 구성(전두엽, 두정엽, 측두엽, 후두엽)되며, 감각(시각, 청각, 체성감각), 운동, 기술, 기억, 상상력, 추리력, 언어능력, 통찰력 등의 기능을 수행한다.[3] 대뇌피질의 변화는 뇌 신경 가소성의 대표적인 형태로서, 감각 입력의 증감에 따라 변화하는 재조직(재편성)이 발생한다.

10-1 아는 만큼 보이고, 보이는 만큼 느낀다

경험하는 통증과 마주하고 관리하려면 통증 메커니즘과 치유 메커니즘을 알아야 한다. 이를 위해 지금까지 통증의 본질과 의미와 역할 그리고 통증 경로 이론 등을 통해 '통증 메커니즘'을 알아야만 그 '다스림'과 '예방적 관리'가 가능함을 확인했다. 또한 뇌 신경가소성

2) https://ko.wikipedia.org/wiki/%EC%8B%A0%EA%B2%BD_%ED%9A%8C%EB%A1%9C
3) 「서울아산병원」, https://www.amc.seoul.kr/asan; 「위키백과」, https://ko.wikipedia.org/wiki/

이론을 근거로 한 '사용자 의존적 가소성', '경쟁적 가소성', '플라시보 효과', '상상 요법', 'CI 요법' 등 '치유 메커니즘'을 이해했다.

이러한 메커니즘은 만성통증, 퇴행성 뇌 신경질환, 뇌졸중 등 다양한 질환에 대해 몸과 마음의 통로(심신일원론)를 매개로 대뇌피질의 재편성을 통해 치유에 이르는 놀라운 뇌 가소성 원리이다. 인간의 뇌는 고정된 것이 아니라, 요람에서 무덤까지 신체적 활동과 정신적 경험을 통해 뇌의 구조와 기능을 바꿀 수 있으며, 그것도 '사용자 의존적 가소성'에 의해 당사자 스스로 긍정적 가소적 변화를 만들어 낼 수 있기 때문이다.

이전까지 통증은 신체적 손상으로 나타나는 증상이며, 뇌는 변하지 않는다는 고정관념으로 뇌 질환을 불치의 영역으로 간주되었다. 하지만, 멜잭과 월의 '**관문 통제 이론**'은 뇌에 의해 조절되고 생성되는 통증의 이해와 치료에 있어서 획기적인 전환점을 만들었다. 이어 에릭 캔델에 의해 정립된 '**뇌 신경가소성 이론**'은 이전까지 불치의 영역을 치유의 영역으로 견인함으로써 **세상을 바꾸어 놓았다**.

통증은 뇌가 생성하고 조절하며, 뇌가 없으면 통증을 느끼지 못한다. 경험하는 통증은 몸을 보호하기 위해 뇌가 판단(해석)하고 예측한 '반응'이다. 그 통증의 정도는 실제보다 증폭되거나 축소될 수 있다. 반응의 결과로 나타난 통증은 조직 손상 외에 정서적 · 심리적 · 사회적 경험 등 복합적인 요인의 상호작용으로 생성되고, '상 · 하행성 통증 경로'를 통해 조절된 것(멜잭과 월)이다. 통증을 생성한 뇌는 **사용자 적응적 가소성으로 만들어진 뇌 신경회로**(네트워크)이다. 반응하는 뇌가 부정적 뇌 가소적 변화로 오작동되는 중추 감작이나 신경 지문이라 할지라도 **뇌 가소성 원리에 의해 치유될 수 있음**을 제시하고 **입증**하였다(에릭 캔델).

이러한 뇌 가소성 이론을 임상학적으로 뒷받침하고 있는 질환이 대표적으로 **만성통증***, **퇴행성 신경질환****, **뇌졸중***** 등이다. 이들은 노화 또는 부정적인 뇌 가소적 변화로 나타난 증상 또는 질환임이 임상시험과 뇌 스캔을 통해 확인되고 입증되었다. 예컨대 특정 자극에 대해 통증 처리를 담당하는 뇌 영역이 활성화되고, 통증의 의미에 따라 통증 처리 영역과 보상 처리 영역(도파민 시스템 등)의 활성화 정도가 다르게 나타났다(제3장 통증의 의미와 역할과 제6장 플라시보 효과). 퇴행성 뇌 신경질환 환자는 '**신경전달 및 조절물질 시스템**'의 비정상적인 작동과 특정 **뇌 영역의 손상 및 위축이 확인**되었다. 뇌졸중 환자는 감각 입력의 증감에 따라 신체 부위를 담당하는 대뇌피질의 변화가 확연히 드러났다.

* 만성통증은 변형된 뇌 신경회로의 오작동으로 나타나는 증상이다. "함께 발화하는 신경세포들은 함께 배선된다."는 신경 가소성의 원칙에 따라 통증이 반복되면서, 시냅스에 의해 통증과 관련 뉴런들의 연결이 강화된 '학습된 통증'이다. 학습된 '통증 처리 회로'는 '경쟁적 가소성' 개념에 의거 점차 통증을 담당하는 대뇌피질의 영역을 확장한다. 그래서 통증을 더 빠르고 더 강하게 증폭시킨다. (제2장, 제5장, 제7장을 보라)

** 퇴행성 뇌 신경질환인 '파킨슨병'은 도파민 생성 및 분비를 담당하는 흑질과 선도체 뉴런의 사멸 또는 손상에 의한 것이다. '알츠하이머병과 치매'는 주로 기억력을 담당하는 뇌 영역(해마, 측두엽, 두정엽 등)의 신경세포 손실과 신경전달물질 감소가 인지기능의 저하로 나타났다. (제8장을 보라)

*** '뇌졸중'은 신체감각 또는 운동 기능을 담당하는 대뇌피질의 파괴 또는 손상으로 나타난 신경질환이다. 이들의 주된 요인이 특정 뇌 신경회로의 변형 · 손상 · 파괴 · 퇴화에서 기인한 것이다. (제9장을 보라)

그럼에도 만성통증이나 퇴행성 질환의 원인이 불명확하고, 대부분 치료제가 개발되지 못했다. 이는 **약리적 처방으로 치료의 한계**를 드러내고 있다. 게다가 처방 중인 약제의 **부작용도 크다**는 점이다. 이것이 약리적 처방의 한계이자 딜레마이다. 이러한 문제점을 극복할 수 있는 처방이 임상학적으로 입증(머제니치, 모스코비츠, 토브, 바크-이-리타 등)되고, 현대 통증의학에서 지지하고 있는 비약리적 치료요법으로서 '**뇌 가소적 개입**'이다.

수많은 동물실험과 임상시험은 신체적 활동(㉄ 규칙적인 유산소 운동)과 정신적 활동(㉄ 학습)을 매개로 한 가소적 개입이 탁월한 **치유 메커니즘**이라는 것을 입증해냈다. 그 전환점이 바로 2000년 노벨 생리의학상을 받은 에릭 캔들에 의해 정립된 **뇌 신경 가소성 개념**이다. 이 개념은 난치성 만성통증, 퇴행성 뇌 질환, 사고나 기타 외상성에 의한 뇌 신경 장애까지도 치유의 영역으로 바꾸어 놓았다. 그것도 당사자 스스로 사용자 의존적 가소성의 원리에 따른 비침습적 비약리적 요법으로 말이다.

비약리적 치유의 메커니즘을 요약해 보면, '몸'(규칙적인 유산소 운동, 비사용 학습 극복)과 '마음'(학습, 기대와 희망, 심상화, 상상 요법, 경쟁적 가소성, CI 요법의 프로토콜 등)의 통로를 통해 긍정적인 뇌 가소적 변화를 만들고, 그 가소적 변화가 몸과 마음을 치유하는 선순환 체계이다. 사용자 의존적 가소성 원리에 입각한 의도된 규칙적인 운동과 인지적 자극은 '**오작동하는 뇌 신경회로**'를 '**재구성하거나 재편성**'하여 취약성을 개선하고 회복을 유도한다. 이는 취약해진 **신체적 · 정신적 기능을 개선**하고, **발생한 장애**의 비사용 학습을 차단하여 **기능을 회복**시키며, 가용한 예비 자산인 **인지적 비축**을 만들어 노화로 인한 뇌 스스로 자구적 역량을 강화하는 활동임을 의미한다.

긍정적 뇌 가소적 변화를 만드는 조건은, 대뇌피질을 충분히 자극할 수 있는 '**풍부한 환경**'이다. 풍부한 환경은 물리적 자극과 정신적 자극을 촉진하는 환경으로서, 규칙적인 유산소 운동이 생활화된 조건과 새로운 학습활동 등을 통한 정신적 경험이 가능한 환경,

관계를 통해 사회적 활동을 촉진하는 환경 등을 의미한다. 이러한 환경은 감각 입력을 증가시켜 대뇌피질의 **신경세포의 생성** 또는 **수명연장**, **시냅스 가소성 촉진**, **신경회로의 재구성 및 재편성**으로 이어졌다. 그 외에도 노화에 따라 뇌 스스로 자발적인 대응으로 '인지적 비축에 의한 뇌 기능 부위의 이동', '편측화 축소 및 양반구 사용' 등의 자구책을 강구하는 변화를 보였다. 이는 다양한 동물실험*과 임상시험**에서 충분히 입증되었다.

* 버클리 대학교 로젠츠바이크, 솔크연구소의 게이지와 반프라그, 스탠퍼드대학교의 코리 등의 설치류 실험은 표준적인 환경에 비해 풍부한 환경이 뉴런의 밀도(부피) 증가, 신경세포의 생성, 신경세포의 연결망 강화에 유리했음을 밝혀냈다. 머제니치는 동물실험으로 감각 입력의 증가에 따른 대뇌피질의 변화를 입증하였으며, 프린스턴 대학교 굴드와 그로스는 원숭이 해마에서 뉴런의 생성을 발견했다.

** 솔크연구소의 게이지와 에릭손은 인간의 해마에서 뉴런의 생성을 발견하였으며, 런던대학 맥과이어 교수는 기억 활동에 따른 해마의 구조적 변화를 입증하였다. 2002년 토마스 엘버트와 토브 등의 연구팀은 점자를 읽는 시각장애인의 대뇌피질 영역이 확대되고, 시각이 있는 사람에 비해 시각장애인의 소리를 처리하는 청각 피질의 영역이 1.8배 확대된 사실을 밝혀냈다. (T Elbert, et al., 2002)

뇌 가소적 변화를 촉진하는 효율적인 방법도 임상학적으로 확인되었다.

설치류 실험을 통해 '빠른 걷기(쳇바퀴)'가 예측 증식(선제적 확산)에 의한 새로운 뉴런 생성에 가장 유리하며, 새로운 학습(공, 쳇바퀴, 튜브 등)은 뇌 신경세포의 수명을 연장하여 생존 수명을 증가시키는 방법임이 증명되었다.

임상시험의 결과는 인지적 자극과 병행하는 '**규칙적인 유산소 운동**'(걷기, 달리기, 자전거 타기, 수영, 근육운동 등)이 **뇌 가소적 변화를 촉진하는 최선의 방법**이라는 사실을 객관화했다. 특히 신체적인 자극은 신경영양인자(BDNF, GDNF 등)의 생성 및 분비를 증가시키고, '**신경전달 및 조절물질 시스템**'(도파민 시스템, 콜린성 시스템, 글루타메이트 시스템, 세로토닌 시스템, 노르에피네프린 시스템, GABA 시스템, 옥시토신 시스템)을 **가동해 뇌와 몸의 최적화된 상태를 유지**에 긍정적으로 작용했다. 여기에 인지적 자극을 병행하는 경우 그 효과는 더욱 증진되는 것으로 확인되었다.

치료 약이 개발되지 못한 퇴행성 뇌 신경질환에 특효약이 바로 규칙적인 신체활동*(인지적 걷기, 인터벌 트레이닝, 격렬한 신체활동** 등)이 최고의 처방이라는 것이 입증되었다. 운동은 인지기능의 퇴화나 신체적 기능장애의 효과적인 제어가 가능하고, 치료 효과의 지속성도 보장되며, 부작용이 없을 뿐만 아니라 스스로 치료할 수 있는 비약리적 요법이기 때문이다. 유산소 운동은 인지기능의 향상으로 해마의 부피를 증가시키고, 특정 영역의 뇌 신경회로(도파민 시스템, 해마 등)의 사멸이나 퇴화를 방지하며, 운동 기능 장애를 개선하고 극복할 수 있도록 하였다. 젊은 시기의 규칙적 신체활동은 인지적 비축으로 이어져 퇴행성 뇌 신경질환의 발병을 예방하는 것으로 확인되었다.

* '규칙적인 운동'은 일상생활에서 발생하는 모든 신체의 움직임을 포함하는 신체활동의 한 범주에 속하며, 체력을 유지하고 향상하기 위해 '계획적으로 구조화된 신체적 · 의식적 활동'이다.
** 격렬한 신체활동(미국 메이요 클리닉 연구)은 '심박동수'는 최대 심박수의 50%에서 70% 정도에 도달해야 한다. 60세의 경우 80~112 정도이다.

신체적 장애나 기능 저하에 대한 또 다른 처방은 **"사용하지 않으면 퇴화한다"**는 가소성의 원리에 근거한 CI **요법이 매우 유용한 요법**이라는 것도 확인되었다.

감각 입력의 감소는 대뇌피질의 기능 저하나 퇴화로 이어진다. 이를 방지하기 위해서는 취약한 부위에 대한 감각 입력을 증가시켜 관련 기능을 담당하는 대뇌피질을 활성화(대뇌피질의 증가 또는 재조직)하는 것이다. CI 요법의 뇌 가소적 개입 효과는 많은 임상학적 연구가 지지를 하고 있으며, 현재까지 가장 효과적이고 재활 치료요법으로서 표준적인 지위를 확고히 하고 있다.

이러한 뇌 가소적 개입의 효과는 웰에이징을 위해 **아는 만큼 보이고, 보이는 만큼 가까이 다가설 수 있고, 행할 수 있다.** 알지 못하면 생각할 수가 없다. 생각되지 않는 것들은 보이지 않는다. 보이지 않는다면 잡을 수 없다. 보인다 해도 행하지 않으면 잡을 수 없다. 행한다 해도 맞지 않는다면 실효성이 떨어진다. 웰에이징은 잡을 수 있는 잡아야만 하는 실체이다. 그 실체를 잡기 위해 당사자의 주관적인 상황에 맞는 뇌 가소적 개입을 설계해 보자.

10-2 맞춤형 뇌 가소적 개입 설계 방법과 절차

삶은 추구하는 그 무엇을 위해 **"무엇을 알아야 하는가?"**에 대한 질문에서 출발하여 **"무엇을 해야 하는가?"**라는 답을 찾고, **"어떻게 실행할 것인가?"**로 결정되는 과정이자 그 '**모음**(결과)'이 현재의 나의 모습이라고 할 수 있다.

삶의 본질적인 기준과 방향이 평생에 걸쳐 '웰에이징'(Well-Aging, 잘 늙음; 본인의 가치로 완성하는 것)[4]이라 할 때, 그 중심에는 '**건강**'이라는 키워드가 자리하고 있다. 그렇다면,

4) 유박용 원장에 의하면 웰에이징이란 "사람은 태어나서 성장하고 성숙하면 쓰이고 은퇴하면 서서히 사라진다. 이것이 인생이다. -중략- 이 과정에서 Well-Aging(잘 늙음)은 본인의 가치로 완성하는 것이다"라고 말한다. 「의사신문」, "[기고] 웰에이징의 참뜻은 쓰임에 가치 있는 연장", 2022.01.18. http://www.doctorstimes.com

'건강한 일상'을 위해 **무엇을 알아야 하는가?** 그것은 **'통증 메커니즘'**과 **'치유 메커니즘'**이다. 이는 '마주할 수밖에 없는 통증과 질병의 다스림'과 '예방적 관리'를 위한 주체(당사자)로서 **무엇을 해야 하는지를 식별**할 수 있는 **근거이자 기준**이 되기 때문이다. 이를 위해 우리는 제1장~제9장까지 논의를 이어온 것이다.

우리가 궁극적으로 추구하는 웰에이징은 그냥 이루어지는 것이 아니다. 그것은 실행을 전제로 하는 의도된 뇌 가소적 변화를 관리할 때 누릴 수 있다. 그래서 '사용자 의존적 가소성'의 의미는 **'나의 삶 나의 행복'을 위해** '관조(觀照)의 대상'이 아니라 **'실행(實行)의 대상'**을 의미한다. 그것도 일시적인 것이 아니라 일상에서 일정 기간 '지속성'과 '규칙성'을 요구하고 있으며, 피드백(feedback)에 의한 '선순환적 관리'를 요구한다.

지금까지 내용은 '**실행**'을 위해 "무엇을 알아야 하는가?"와 "무엇을 해야 하는가?"에 대한 '**선행학습 과정**'이었다. 이를 통해 긍정적 뇌 가소적 변화를 위해 식별된 그 무엇의 핵심은 '인지적 자극과 결합한 규칙적인 신체활동'이다. 물론 삶은 살기 위한 것이지 '규칙적인 신체활동'을 하기 위한 것이 아니다. 하지만 규칙적인 신체활동을 **감내해야 하는 '힘듦'**은 그것을 하지 않음으로써 감내해야만 하는 '고통'보다 크지 않고, **더 큰 행복을 가져다 준다면**, 그 힘듦은 **당연히 감내해야 한다는** 것이다.

한편으로 '규칙적인 신체활동'이 건강을 위한 의무 사항이 아니라, 습관화하여 '일상에서 좋아하는 소소한 일'로 만드는 것도 하나의 방편이다. 예를 들면 등산이나 마라톤을 들 수 있다. 산에 오르거나 장거리 마라톤을 뛰는 과정은 힘듦의 시간이다. 하지만 정상에 오르고 완주하고 나면, 마음과 몸으로 느끼는 '성취감'이 '이전의 힘듦'을 일시에 사라지게 만든다. 그래서 등산이나 마라톤을 지속하게 되듯이 말이다.

영국의 탐험가이자 등반가인 조지 허버트 리 말로리(George Herbert Leigh-Mallory)가 에베레스트 등반을 떠나기 전 "**에베레스트에 왜 오르는가?**"라는 기자의 질문에 "**산이 거기 있기 때문에**(Because it is there)"라고 대답했다. 아마도 **산이 있기에 내가 존재한다**는 그래서 인간의 한계에 도전하면서 누리는 자신의 삶과 행복이라는 본질적인 답변이 아니었을까?

실행에 옮기기 위해 웰에이징을 위한 그 무엇(예 규칙적인 신체활동)은 당사자에게 필요한 긍정적인 뇌 가소적 변화를 유도할 수 있어야 한다. 이를 위해 두 가지 '**실행 조건**'이 전제되어야 한다. 하나는 '뇌가 몸을 보호하라고 발령하는 경고음'에 대한 **맞춤형 대응책**을 마련하는 것이다. 다른 하나는 실행을 위한 다양한 **생활 루틴**을 만드는 것이다. 예를 들면 "해야 하는 무엇이 '인지적 자극과 결합한 규칙적인 신체활동'으로서 '규칙적인 유산소 운동'을 어떻게 설계할 것인가?, 그리고 이를 어떻게 생활 루틴으로 만들어 지속성을 유지할 것인가?"이다.

맞춤형 규칙적인 신체활동(안)을 설계하라.

누구나 신체적 · 정신적으로 취약한 부분이 존재한다. 이를 다스리고 예방적 관리를 위한 신체활동(안)은 주관적인 건강 상태에 따라 맞춤형으로 설계되어야 한다. 각 개인에 따라 신체적 · 정서적 상태가 천차만별이고, 환경적 조건이 다양하기 때문이다. **"통증은 경험하는 사람이 통증이라고 말하는 것이고, 그렇게 말할 때마다 존재하는 것"**이므로, 그 통증의 정도를 가장 잘 아는 사람은 당사자이다. 따라서 치유를 위해 일상에서 적용해야 할 비약리적 요법은 당사자의 선택과 결정에 달려있다.

제5장~제9장까지 비약리적 요법으로서 긍정적 가소적 변화를 촉진하는 **임상적 연구결과**'*는 충분히 제시되고 논의되었다. 이들을 토대로 자기 자신에게 도움이 되는 그 무엇을 선택하는 것은 각자의 몫이다. 해야 하는 무엇으로서 자신에게 필요하고 요구되는 가소적 개입의 방법과 치유의 활동들을 설계하는 것이다.

---

* **만성통증이라면** 경쟁적 가소성에 의한 통증 처리 회로를 축소하고 제거해야 한다. 이를 위해 상상요법, 심상화(시각화), 명상(마음 챙김), 규칙적인 유산소 운동, 동호회, 뜨개질, 복식호흡, 동호회나 전문가 그룹 등과 연계된 사회적 네트워크 강화 등을 복합적으로 조합하여 적용할 수 있다.

* **알츠하이머병 또는 치매에 대응하고자 한다면**, 규칙적인 유산소 운동(걷기, 달리기, 자전거 타기, 산책, 수영 등), 두뇌 훈련(언어 학습, 새로운 기술 습득, 춤, 악기 연주, 일기 쓰기 등), 퍼즐과 두뇌 게임(스토쿠, 크로스워드, 메모리 게임, 체스 게임 등) 등을 통해 인지능력 향상할 수 있다.

* **파킨슨병에 대응하고자 한다면**, 유산소 운동(운동 기능 장애를 개선하고자 하는 의식적 걷기, 빨리 걷기, 근육운동 등) 등으로 운동 기능을 개선하고, 두뇌 훈련 등으로 인지능력의 저하를 방지할 수 있다.

* **뇌졸중 장애를 극복하고자 한다면**, 정상적인 사지 사용 제한 및 영향을 받은 사지에 대한 강제적인 훈련으로 비사용 학습을 차단 또는 극복하면서, 형성 기법에 의한 훈련 과제(수건 접기, 물컵 마시기, 테이블 닦기, 수도꼭지 여닫기, 병뚜껑 열기, 책장 넘기기, 전화 걸기, 문고리 열기, 머리 빗기, 비누 가지고 손 씻기 등)의 연습으로 운동 기능을 개선하거나 회복시킨다.

* **일상에서 취약한 신체적 기능을 강화하고자 한다면**, "사용하지 않으면 퇴화한다"는 가소성 원리를 바탕으로 CI 요법의 프로토콜을 응용한 뇌 가소적 개입 운동(취약한 신체적 기능 강화훈련)을 일상화한다. 예를 들면 지양해야 할 행동은 등산용 무릎 보호대를 착용하는 행위, 평지 산책 시 지팡이나 스틱을 사용하는 행위, 노인분들이 보행 보조기에 의존하는 행위, 허리통증을 줄이기 위해 허리 보호대 또는 보조대를 착용하는 행위 등이다. 반면 적극적으로 취할 행동은 규칙적인 유산소 운동(수영, 걷기, 자전거 타기, 근육운동 등), 통증 무릎 근육 강화 운동, 시력 약화 방지를 위한 눈 운동, 혀 운동, 뇌 건강을 위한 심상화 훈련(제7장 참조), 인지기능 개선을 위한 두뇌 훈련(제2장, 제8장 참조) 등이다.

'**맞춤형 신체활동의 설계**'는 개인의 건강 상태, 목표, 선호도, 환경적 요인 등을 종합적으로 고려해야 한다. 다음과 같은 **단계별 접근방법***은 효율적인 도구가 될 수 있다. 절차적 단계를 엄격하게 거쳐야 하는 것은 아니다.

* 개인평가 - 활동유형 선택 - 적용계획 수립 - 모니터링 및 조정 - 사회적 네트워크와 통합 - 다양한 비약리적 요법 개발 및 적용

'개인평가'는 **자신의 건강 상태를 평가**하고, 이를 바탕으로 '**완화, 개선, 회복, 보강**' 등의 **목표를 설정하는 과정**이다. 이를 위해 먼저, 주관적인 자신의 **신체적, 정서적 건강 상태를 평가**한다. 그 내용은 뇌가 몸을 보호하기 위해 보내는 경고가 무엇인지?, 건강하다면 보강이 요구되는 신체기능이 어느 부위인지?, 나의 신체적 · 정신적 나이와 체력의 정도는 어느 수준인지? 등이다. 즉 만성통증, 퇴행성 뇌 신경질환, 신체적 기능장애 부위, 과거-현재 운동 능력(나이, 운동 경험 등)과 감당할 수 있는 능력, 건강진단 결과 등을 고려하여 분석하고 평가한다.

다음은 **평가 결과를 바탕으로 목표를 설정**한다. 이는 사용자 의존적 가소성 원리에 의한 신체적 · 인지적 자극으로 **뇌 가소적 변화**(대뇌피질의 변화)**를 이루어낼 수 있는 목표나 타킷**을 정한다. 예를 들어 통증 완화, 인지기능 향상, 운동 기능 퇴화 방지 및 개선, 심리적 안정, 시력 현상 유지, 인지적 비축(체중 감량, 근력 강화, 지구력 강화 등), 특정 신체적 기능 강화(눈, 무릎, 허리, 어깨) 등을 선정할 수 있다. 그 이유는 목표나 타킷 영역의 **감각-운동 자극과 정신적 자극을 뇌에 전달**하여 **그 기능을 담당하는 뇌지도**(대뇌피질)를 **변화시키는 가소적 개입**이 필요하기 때문이다.

'활동유형 선택'은 자신의 경험과 현재 신체적 · 정신적 수준을 고려하여 적절한 활동유형을 선택한다. 이를 위해 요구되는 우선순위, 감내 가능한 정도, 실행의 지속성을 보장하는 환경 요인 등을 고려하여야 한다.

주관적인 상황에 따라 선택할 수 있는 대표적인 활동은 임상연구에서 입증된 '**규칙적인 유산소 운동***'이다. 유산소 운동의 유형은 걷기, 달리기, 자전거 타기, 수영, 인터벌 트레이닝, 근력 운동(스쾃, 팔굽혀펴기, 까치발, 턱걸이 등), 스트레칭, 요가, 춤, 균형 운동 등 심혈관 건강을 증진하는 모든 활동을 포함한다.

* 걷기를 포함하는 유산소 운동은 감각-운동 자극과 인지적 자극으로 대뇌피질을 활성화하고 재편성하여 관련 기능의 쇠퇴나 퇴화를 방지한다. 또한 운동은 혈관과 심장을 강화하여 뇌에 산소 공급을 원활하게 하여 뇌 활동을 지원한다. 여기에 규칙성이 뒷받침된다면, 주어지는 신체적 · 정신적 자극에 대해 더 빠르고 더 강력한 반응이 가능한 '뇌 신경회로망'을 만들고, 이를 강화해 가는 신경학적 조건이 만들어진다. 즉 입력에 따른 결과로써 뇌 가소적 변화가 발생하는 것이며, '헤비안 법칙'에 의해 "함께 발화되는 신경세포는 같이 연결"되기 때문이다.

유산소 운동 유형의 선택은 자신의 취약한 기능을 개선하기 위해 우선적으로 요구되는 운동을 우선 선택해야 한다. 그것도 자신이 감내할 수 있는 수준의 운동부터 시작해야 하며, 규칙성을 보장할 수 있도록 일상에서 쉽게 실행에 옮길 수 있는 유형이 바람직하다. 이러한 선택의 과정은 평가를 통해 반복적으로 환류되어야 할 필요가 있다.

'적용계획 수립'은 단순하면서도 **지속 가능한 계획을 수립하되, 규칙성이 전제되어야 한다.** 예를 들어 이전까지 신체활동이 미진했던 경우라면, 처음부터 모든 것을 담을 수는 없다. 주 3회, 30분 이상의 유산소 운동을 목표로 하되, **점진적으로 그 시간이나 빈도 종류 등을 조정하여 강도를 조절한다.** 특히 처음부터 무리한 신체활동 계획 수립은 실패하게 되는 근본적인 원인이 된다는 것을 유념할 필요가 있다. 특히 활동 유형별 1일 목표량을 설정하고 반드시 그 목표를 달성하여 그 규칙성을 담보해야 한다. 그 목표량은 주기적으로 평가되고 환류되어야 할 매우 중요한 요소이다.

'모니터링 및 조정'은 증거 기반 신체활동을 위한 핵심적인 과정이다. 실행되는 신체활동을 통해 신체적 · 기능적 변화를 평가해야 한다. 이를 위해 신체활동은 반드시 수치화하고 주기적으로 통계적 접근을 해야 한다. 예를 들면 운동 시간, 운동 형태별 회수, 거리 등을 정해놓고 목표 달성 유무를 확인한다. 그리고 신체적 · 정신적 반응(콜레스테롤, 혈압, 당뇨, 비만도, 전립선, 체질량 지수, 균형 감각, 기억력 등)에 대해 모니터링하고, 이를 근거로 피드백하여 운동 계획을 조정한다.

'사회적 네트워크 활용'은 신체활동 및 심리안정 동아리나 전문가 상담 등 가용한 사회적 자원과 연결을 통해 뇌 가소적 개입 활동을 확대해 나간다. 예컨대 친구나 가족과 함께 운동하거나 지역사회의 운동 동아리에 참가하여 사회적 지지를 확대한다. 필요시에는 전문 의료인, 물리 치료사, 운동 전문가, 영양사 등과 상담을 통해 전문적인 조언을 받는다.

'비약리적 요법 통합'은 다양한 활동(신체활동, 심리적 접근, 생활습관)을 토대로 확보된 피드백 자료를 근거로 일상화할 수 있는 맞춤형 비약리적 요법을 개발하고 적용하는 것이다. 예를 들면 앞에서 제시된 가소적 개입 효과를 확인한 신체활동과 심리적 접근으로는 명상, 마음 챙김, 심상화 훈련 등을 결합한 소위 **'인지적 신체 활동 모형'**을 **개발하여 적용하는 것**이다. 제7장에서 제시한 '일일 심상화 운동'도 이에 해당한다.

유산소 운동 중심의 맞춤형 신체활동 설계 외에도 건강한 식습관도 매우 중요하다. 영국 피터 엘우드 연구팀은 금연과 절주와 적절한 체중 유지(체질량 지수 18~28)를 위해 절제되고 균형 잡힌 식습관을 지켜야 한다고 주장하고 있다. **노년에 과식과 고열량 음식을 많이**

먹는 것은 우리의 기대수명을 줄이는 요인이다. 반대로, **적절한 식단 조절과 영양 균형을 유지하는 것은 우리의 기대수명을 늘릴 수 있다**는 것이다. 균형 잡힌 식사와 영양소가 풍부한 식품들은 우리의 몸에 필요한 에너지와 영양소를 제공하여 건강하고 활발한 생활을 지원한다. 이는 우리의 기대수명을 연장하는 데 도움이 된다.

10-3 지속적인 실행을 담보하는 '생활 루틴'

헤비안의 법칙은 "같이 발화되는 신경세포는 같이 연결된다"는 것이다. 자극(㉠ 학습, 신체활동)으로 시냅스 연결 강도가 변화되어 가는 것이며, 자극을 통해 정보가 뇌로 유입되면, 정보량에 비례해 신경세포의 활성이 증가한다는 것을 의미한다. 따라서 설계된 맞춤형 신체활동을 통해 뇌 가소적 개입 효과를 극대화하고자 한다면, 헤비안 법칙에 따라 그 신체활동의 규칙성과 지속성이 담보되어야 한다. 그렇다면 어떻게 하는 것이 강력한 뇌 가소적 개입 효과를 가능하게 할 것인가? 그것은 맞춤형 신체활동을 생활 루틴으로 만들고, '적용-평가-개선'의 과정을 통해 주기적으로 업그레이드하는 것이다.

'생활습관 의학'[5] 연구에 따르면, 환자들이 건강한 생활 방식을 지속적으로 따르는 것이 '루틴'이라는 것이다.[6] 이 연구는 "건강 권장 사항을 장기적으로 지키기 위해서는 이를 일상생활에 통합된 루틴이 필요하다. 즉 건강한 습관이 자연스러운 일상적인 행동으로 자리 잡아야 한다"고 강조한다.

루틴(Routine)이란[7] 사전적 의미로 "일상, 틀에 박힌 일, 특정 작업을 실행하기 위한 일련의 명령"을 의미하며, 스포츠에서는 선수가 최상의 컨디션을 발휘하기 위해 의식적이거나 무의식적으로 하는 특정 동작이나 일련의 절차를 뜻한다. 운동선수들이 게임을 시작하기 전이나 게임을 하면서 각자의 루틴을 가지고 있는 것을 우리가 볼 수 있다.

그 예로 2023년 151회 디 오픈 챔피언십 골프대회에서 우승한 선수는 미국 출신의 브라이언 하먼(Brian Harman)이다. 그는 골프공을 치기 전 5번에서 6번 정도의 골프채를 자기

5) 생활습관 의학은 건강한 생활 방식을 통해 질병을 예방하고 치료하는 데 중점을 두며, 이를 위해 의학적, 행동적, 동기적, 환경적 원리를 적용하여 개인의 생활습관을 개선하는 활동이다. 「넥서스웰 헬스케어」, "생활습관 의학이란 무엇인가", https://nexuswellhc.com/3

6) KR Arlinghaus, CA Johnston, "The importance of creating habits and routine". American journal of lifestyle Medicine Vol.13(2), (2018), https://doi.org/10.1177/1559827618818044

7) 「나무위키」, https://namu.wiki/w/%EB%A3%A8%ED%8B%B4

나름의 방법으로 흔들고 난 후에 공을 쳐서 정확하게 원하는 장소로 공을 보낸다. 그는 나흘 동안 내내 자기만의 루틴으로 자기와의 싸움에서 마음을 안정시키고, 비바람을 극복하면서 우승을 했다.[8] 이처럼 루틴은 "평정심을 유지하고 최상의 역량을 발휘하기 위해 습관적으로 하는 일련의 행동이나 절차"로서 자기가 하고자 하는 일에 어려움을 견디고 이겨내면서 집중을 유도하여, 최종 하고자 하는 목표나 결과를 이룰 수 있는 기제가 될 수 있다.

댄 애리얼리의 저서 《루틴의 힘》을 보면 성공한 CEO 10명 중 6명은 오전 5~6시에 일어나 등산, 명상, 신문 읽기, 독서 등 저마다의 루틴으로 하루를 시작한다고 언급하고 있다. 하지만, 우리가 연초마다 다짐하는 연간의 목표로 설정한 규칙적인 신체활동이 제대로 지켜지지 않는 이유는 무엇일까? 그것은 일상에서 쉽게 반복적으로 적용할 수 있는 루틴을 만들지 못하기 때문이다.

일반적으로 사람들은 해야 할 일이 있어도 '잠깐만 쉬다가 할게', '조금만 있다가 바로 할게' 등과 같이 그 일을 미루는 경향이 있다. 이러한 경우에 **하고 싶지 않을 때도 시작할 수 있도록 해주는 '마중물'**이자, 중간에 포기하지 않고 **끝까지 해낼 수 있도록 해주는 것**이며, 절대적이지 않으면서 유연한 탄력성으로 더 나은 방향으로 **조정과 개선을 이룰 수 있는 것**이 **'루틴의 힘이자 역할'**이다.

그렇다면 긍정적 가소적 변화를 유도하기 위해 어떻게 **'나만의 생활 루틴으로 만들 것인가?'**이다. '어떻게'란 의미는 나에게 요구되는 어떤 치유 메커니즘을 적용할 것인가라는 물음으로써, 그 선택의 대상은 **"맞춤형 규칙적인 신체활동(안)을 설계하라"**에서 제시된 **'만성통증', '퇴행성 신경질환', '뇌졸중'** 등에 적용된 모든 활동이 될 수 있다.

이들 중에서 자신에게 맞는 신체적 · 정신적 활동을 생활 루틴으로 만들면 된다. 이들은 모두가 뇌 가소적 개입이라는 공통점이 있다. 다만, 루틴을 만들기 위해서 특별한 방식이나 규칙이 있는 것은 아니다. 따라서 자신에게 요구되는 뇌 가소적 변화를 촉진할 수 있는 신체적 활동과 인지적 자극을 세분화하여 패턴화하고 일상화하면 될 일이다. 이와 관련하여 필자가 적용하고 있는 방식은 다음과 같다.

먼저, 루틴의 목표는 두 가지이다. 하나는 나이 듦으로 퇴화하는 **'인지기능 향상'**과 **'퇴행성 뇌 질환을 예방'**하고자 하는 것이다. 다른 하나는 '무릎 통증', '시력 약화'(황반 변성), '위 기능 저하', 그리고 고지혈증 등과 관련된 '대사적 감퇴' 등 관리하면서 **'신체적 균형감각을 유지'**하기 위한 것이다.

이 목표를 달성하기 위해 패턴화한 치유 메커니즘의 원리는 두 가지로 패턴화했다. 하나는

---

8) 「안산 뉴스」, "루틴(routine)", 2023.07.26.

'경쟁적 가소성에 의한 심상화 운동'*이며, 다른 하나는 **'CI 요법의 4가지 프로토콜'**(집중 훈련, 형성 기법, 전달 패키지, 억제 행동)'을 준용**한 의식적 걷기 운동이다. 패턴의 실행은 루틴별로 '단일 과제 방식'과 '모형 방식'이 있지만 두 가지를 혼용하는 방식을 적용했다.

* 경쟁적 가소성에 의한 심상화 운동의 메커니즘은 나이 듦으로 나타나는 인지기능의 감퇴는 '노화로 인한 퇴화'와 '학습된 비사용에 의한 약화'로 보았다. 따라서 '심상화(상상 요법)'로 경쟁적 가소성을 활성화하여, 약화되는 해마 중심의 대뇌피질(신경 회로)'을 '건강한 뇌(신체상)'로 대체하도록 하는 것이다. 이에 대한 세부 내용은 제7장 '만성통증을 치유한 뇌 가소적 개입(심상화)'을 보라.

** CI 요법 프로토콜 준용은 "뇌는 사용(자극)하지 않으면 퇴화한다"는 뇌 가소성의 원리가 작동되는 모든 형태의 재활요법 또는 기능 회복에 적용된다. 즉 손상된 기능을 사용하지 않으면, '비사용 학습'으로 점차 그 기능은 퇴화하여 발생한 장애는 굳어진다. 이를 차단하기 하면서 손상된 기능을 치유하는 프로토콜이 '집중 훈련, 형성 기법, 전달 패키지, 억제 행동'이다. 이러한 프로토콜을 사용하여 덜 손상된 부위의 사용을 제한하면서, 손상된 부위를 강제적이고 집중적으로 사용하면, '감각-운동' 자극이 증가하고, 입력된 자극이 대뇌피질을 재조직하고, 이 대뇌피질 조직이 손상된 기능을 대신 수행하여 발생한 장애 기능을 극복하도록 하는 것이다.
이러한 치유 방식은 무릎 관절염, 허리통증, 불안장애 등 다양한 질환과 장애에 적용할 수 있다. 예를 들면 노화는 '균형 기능 약화'를 수반한다. 그래서 잘 넘어지고 다치게 되어, 운동을 회피하거나 집에 틀어박히게 된다. 몸을 많이 움직이지 않으면 몸이 약해지고('면역계'와 '심혈관계'에 악영향) 마음이 불안해진다. 신체적 자극이 줄어들고 심리적 불안감이 가중되면, 대뇌피질은 위축되고 약화되어 인지장애 및 운동 기능 장애를 유발하는 부정적 뇌 가소적 변화가 초래된다. 이를 극복하는 방법은 덜 취약한 부위에 의존하거나 불편함을 회피하는 것이 아니라, CI 요법으로 취약한 기능에 물리적 인지적 자극을 강화해야 한다. 즉 노화가 진행될수록 자극이 풍부한 신체활동 및 인지 활동을 통해 뇌의 위축이나 퇴화를 방지하는 것이다.

치유 메커니즘을 적용한 **루틴의 실행 방식**은 '**단일 과제 방식**'과 '**모형 방식**'이 있다. 먼저, **단일 과제 방식**으로 단순한 동작을 반복 숙달 후 고도화하는 것이다. 예를 들면 '혀 굴리기 운동'이다. 이는 식욕이 없거나 위가 좋지 않을 때(위염, 역류성 식도염 등) 유용한 뇌 가소적 개입 운동이다. 혀는 죽은 세포가 없는 유일한 신체 기관으로서, 약 76,000여 개의 감각신경이 존재하여 주어진 감각에 대해 뇌간을 거쳐 뇌로 전달한다. 그래서 동양의학에서는 몸속 기관의 건강 상태를 미루어 진단할 수 있는 기관으로 '혀'를 지목하고 도구로 활용했다(제5장 뇌 신경 가소성, 〈부록 3〉을 보라).

혀 굴리기는 언제 어디에서나 제한을 받지 않고 할 수 있으며, 단기간에 뇌 가소적 변화의 효과를 체험할 수 있는 운동이다. 필자는 위염과 역류성 식도염으로 인해 라면을 먹을 수 없는 정도로 위가 나쁜 상태였다. 혀 운동을 시작한 지 6개월 후부터는 라면을 먹고 싶으면 언제든지 먹는다. 속 쓰림이나 역류성 신물은 사라졌기 때문이다. 2023년 3월부터 시작한 혀 굴리기는 좌로 돌리기 20회, 우로 돌리기 20회를 1세트로 하여 5회 반복(총 200회)으로 시작했다. 그 효과를 체험하면서 점진적으로 혀 돌리기 형태를 추가하고, 횟수를 늘렸다.

지금은 혀를 좌 · 우 돌리기+무한대(∞)와 역 무한대(∞)로 돌리기+입천정 자극하기(지배 혈관과 중추 혈관이 만나는 곳) 등을 포함하여 각 20회씩(80회)를 5회 반복을 1세트(400~500회)로 총 5세트 반복(총 ±2,000회, 소요시간 40분)을 하고 있다.

혀 돌리기만을 40분 동안 지속하는 것은 쉽지 않고, 시간이 과다 소요된다. 따라서 필자는 유산소 운동인 걷기를 하면서 혀 돌리기를 하는 방식을 적용하고 있다. 처음 시작할 때는 혀 근육이 쥐가 날 정도였고, 침은 잘 나오지 않았다. 1개월 정도 지속하자, 좌우 돌리기 시작과 동시에 침이 나오기 시작하여 40회 정도만 해도 입안에 침이 가득 고이는 상태가 되었다. 혀 돌리기를 해보면 좌 · 우에 따라 동작과 속도의 차이가 확연하게 발생했다. 나의 경우에 혀를 돌려 보면 무한대 보다는 역 무한대로 돌리기가 쉽지 않았다. 그래서 고개까지 돌려가며 억지로 역 무한대 방향을 중점적으로 반복했다. 6개월 정도 지속하자 좌 · 우 돌리기 비슷해졌다.

혀 돌리기로 체험하는 생리학적 변화는 강력했다. 기본적으로 속 쓰림이나 역류성 신물은 완전히 사라졌다. 자주 발생하던 입안과 잇몸의 염증도 발생하지 않았다. 뱃속의 더부룩함 같은 막힘은 사라졌고, 밥맛은 더할 나위 없이 좋아졌다. 배변은 규칙적이고 단단하게 배출되었다. 혀 돌리기를 하고 나면 머리도 맑아짐을 느꼈다. 과거보다 훨씬 좋아진 나의 인지능력 개선에도 긍정적 영향을 주었을 것으로 판단한다. 이러한 생리적 변화는 뇌 가소적 변화에 의한 결과이다. 앞으로도 혀 돌리기의 방식과 횟수를 지속적으로 개선 및 보완해 갈 것이다.

필자는 혀 돌리기 외에 위 관리 루틴으로 아침 공복에 미지근한 물을 머그잔 1~2컵을 음용하고, 갈증이 날 때는 찬물 대신 미지근한 물을 마시며, 찬 음료는 마시지 않고, 음식은 오래 씹는 것을 실천하고 있음을 밝혀둔다.

다음은 '**모형 방식**'으로 **단순한 동작**(루틴)**을 여러 개 조합하여 실행하는 모형화된 루틴**이다. 이는 뇌 가소적 개입 효과가 검증된 단일 루틴(운동)을 조합하여 모형으로 개발하고, 피드백을 통해 개선해 나가는 것이다. 이와 관련하여 형성 기법 개념에 의거 '나에게 보상을 안겨준 단일 루틴'은 '혀 굴리기', '눈알 굴리기', '다리 들어 올리기', '귀볼 만지기', '팔굽혀 펴기', '까치발', '걷기', '달리기', '복근 운동', '브란트 다프로 운동'(이석증 치료), '복식호흡', '명상'(알아차림) 등이다. 이들을 독립된 개별 루틴으로 실행하는 것은 소요시간의 과다로 비효율적이었다. 따라서 여러 개 단일 운동을 조합하여 집중적으로 실행하는 생활 루틴이 요구되었다.

현재 개발하여 적용하고 있는 모형화된 루틴(생활 루틴)은 '**일일 심상화 운동***'과 '**의식적**

걷기 운동**'이다. 일일 심상화 운동은 '경쟁적 가소성+심상화(상상 요법)'의 메커니즘을 적용한 것이며, 의식적 걷기 운동은 '**CI 요법 4가지 프로토콜**'의 **메커니즘을** 준용한 것이다.

---

* 일일 심상화 운동은 상상요법으로서 뇌 신경세포의 분화와 분열(경쟁적 가소성 개념)을 통해 건강한 뇌를 관리하고 유지하고자 한다. 이를 위해 정신적(마음) 차원의 건강한 뇌를 신체상으로 떠올리는 '심상화 요법'과 신체적 차원의 '브란트 다프로 운동, 복식호흡' 등을 결합한 생활 루틴이다. 이 루틴은 아침 기상 후 30분 동안 실행하며, 한마디로 건강한 '뇌-몸-마음'으로 이어지는 '알아차림'(명상) 운동이다. 세부 내용은 〈제7장 만성통증을 치유한 뇌 가소적 개입〉을 보라.

** 의식적 걷기는 유산소 신체적 활동에 인지적 자극을 결합하여 퇴행성 뇌 신경질환을 예방하면서 무릎 통증을 완화하는 운동이다. 이를 위해 임상학적으로 입증된 걷기 유산소 운동에 혀 굴리기+눈알 굴리기(혀 눈알 굴리기), 귀 만지기, 팔굽혀펴기, 복식호흡 등을 결합한 생활 루틴이다. 이 루틴은 오후에 1일 2시간씩 규칙적으로 실행한다. 필자는 60대 중반으로 십자인대 파열과 연골 손상 등으로 좌측 무릎이 취약하며, 인지능력과 균형 감각이 저하되는 퇴행성 신경질환의 징후를 경험하고 있다. 이를 극복하고자 맞춤형으로 '의식적 걷기'[9]를 개발하여 적용하고 있다. 이 모형 루틴 외에 단일 운동으로 '다리 들어 올리기'(1일 평균 ±3,000개), 하체 들어올리기(±100개), 턱걸이±30개), 까치발(±100회)를 2,000년 이후 매일 지속하고 있다.

의식적 걷기의 진행 과정은 다음과 같다. 메타세쿼이아 숲길에서 '빠르게 걷기' 또는 '종종걸음 뛰기'를 하면서, 혀 눈알 굴리기(400회 5세트, 혀와 눈알 굴리기를 동시에 한다) - 귀 마사지(귓볼, Y자 부분, 귀접기 등 각각 200회씩 600회를 1세트로 3회 반복, 총 ±1,800회) - 중간에 복식호흡(20회) 순으로 진행한다. 이 과정에서 팔굽혀펴기는 3개 장소에서(100회씩 2회 1세트, 3회 반복, 총 ±600회) 실시한다. 이 같은 방식은 절대적인 것이 아니며, 각자의 주관적인 상황에 맞추어 설계하고 적용하면 된다. 다만, 1일 단위 해야 할 운동은 수치화하여 적용하는 것이 중요하다. 모든 것은 고정된 것이 아니다. 하지만, 기준을 설정해 놓아야 실행한 결과에 대한 심리적 보상과 실행에 대한 평가가 가능하며, 그 결과에 대한 피드백이 용이하기 때문이다.

10-4 강력한 뇌 가소적 변화를 견인하는 '집중'(알아차림)

새로운 정신 · 신체활동(예 언어 배우기, 새로운 신체활동, 강도 높은 신체활동, 난해한 수수께끼, 새로운 기술과 학문 등)은 **높은 수준의 주의 집중이 요구되고 강한 신경 자극으로 이어진다.** 새롭고 강도 높은 활동은 신경전달물질(아세틸콜린, 도파민)을 생성 및 분비하는 '**가소성 조절계**'[10]를 강하게 자극하기 때문이다. 이런 과정이 반복되면 시냅스 가소성에 의한 다양한 형태의 뇌 가소적 변화가 활성화된다. 따라서 신체적 · 정신적 활동 시 '주의 집중(이

---

9) 필자가 적용하는 의식적 걷기는 '빠르게 걷기(±12km)+혀 눈알 굴리기(혀 ±2,000회, 눈 ± 800회)+귀 마사지(±2,400번)+복식호흡(±60회)+팔굽혀펴기(±600회)'을 결합한 방식으로 1일 2시간 정도 실천하고 있다.

10) '가소성 조절계'(plasticity control system)는 주로 신경과학 및 생리학에서 사용되는 개념으로, 신경계의 가소성을 조절하는 메커니즘을 의미한다. 이는 신경전달물질, 수용체, 신경 회로의 활동 패턴 등을 통해 가소성이 조절된다. 예를 들어 특정 신경전달물질의 생성 및 분비의 변화가 신경 세포의 가소성에 영향을 미칠 수 있다. 가소성 조절계는 학습과 기억 형성, 그리고 뇌 손상이나 신경 손상 후의 회복에 필수적이다.

하 집중이라 한다)'은 의도하는 강력한 뇌 가소적 변화를 견인하는 핵심적인 요소이다.

동물실험과 임상시험에서 뇌 가소적 변화(신경세포의 생성, 세포 수명연장, 시냅스 활성화, 대뇌피질의 재편성 등)를 가장 효율적으로 촉진하는 방법이 '**인지적 자극을 결합한 신체적 활동**'이었다. 이는 심신일원론으로서, 그 본질은 몸과 마음이 일치되는 '집중'의 결과임을 의미한다.

만약 동일한 환경에서 살아간다면 그리고 더 이상 새로운 경험이 필요하지 않다면, 뇌 가소적 변화는 필요하지 않을 것이다. 그러나 환경은 지속적으로 변화하고, 노화로 신체적 · 정신적 기능도 퇴화할 수밖에 없다. 이러한 변화에 대응하고 반응하는 뇌 가소적 변화는 필연적이다. 특히 노화의 끝은 인지기능 장애와 운동기능 장애이다. 이를 지연시키고 개선하고 회복하려면 치유 메커니즘에 의한 가소적 개입이 요구된다. 이는 신경회로를 재구성하거나 재편성을 의미하며, 트리거는 가소적 조절계를 작동시켜 뇌 가소적 변화를 촉진하는 '신경 자극'이다.

신경을 자극하는 것은 환경에서 주어지는 모든 자극을 의미한다. 대표적인 자극이 신체적 활동과 학습으로 대변되는 정신적 경험이다. 그런데, 자극이 산발적으로 주어진다면 그만큼 가소적 변화는 약해질 수밖에 없다. 특정한 자극이 가소적 변화를 담보하려면 강도, 빈도, 규칙성 등에 의한 집중적인 자극이 뒷 받침 되어야 한다. 특히 뇌의 자원은 한정되어 있다. 모든 것에 주의 집중할 수가 없다. 따라서 '**중요한 것에 주의를 집중**'하기 위해서는 '**덜 중요한 것에 대한 주의를 억제**'해야 한다.

특정한 자극이나 활동에 집중하면 그와 관련된 뇌 회로는 켜지고(ON) 점차 강해진다. 반면 상대적으로 집중하지 않는 뇌 회로는 점차 약해지고 퇴화된다. 이는 뇌 가소적 변화가 특정 활동의 강도나 빈도에 비례한다는 것을 의미한다. 이를 입증 연구결과는 다음과 같다.

2024년 뉴질랜드 오타고대 연구진은 "'**6분간 고강도 사이클링**'을 한 경우 '**90분 저강도 사이클링'을 한 경우보다 BDNF 수치는 4~5배나 많았다**."는 연구결과를 발표했다(미래&과학, 2024). 같은 해 영국 유니버시티칼리지 연구진은 약 4,500명을 대상으로 7일 동안 추적한 결과 '**6~9분 정도의 중강도 또는 고강도 운동**'을 한 경우가 대조군에 비해 '**인지점수' 가장 높게** 나타났다고 밝혔다(Travis D Gibbons, et al., 2024). 이들 연구는 '강도에 의한 집중'이 강한 뇌 가소적 변화로 이어졌음을 입증하고 있다.

2004년 캘리포니아대학교 연구는 장기간 누적 개념(빈도)의 집중으로 만들어낸 뇌 가소적 변화를 보여주고 있다(Daniel J. Green, et al., 2004). 65세 이상의 여성 노인 **5,925명을 대상으로 8년 동안 걷기와 관련한 뇌 기능을 측정**한 결과, 평소 '**걷기 운동을 많이 하는**

노인'이 '**운동을 하지 않는 노인**'에 비해 "**인지기능의 쇠퇴를 경험할 가능성이 작다.**"는 것을 밝혀냈다.

2016년 영국 킹스 칼리지 런던 연구팀의 연구는 규칙성에 의한 집중이 만들어 낸 가소적 변화를 보여주고 있다(Claire J. Steves, et al., 2016). 이들은 324명의 여성 쌍둥이(43~73세)를 대상으로 10여 년간 연구를 진행한 결과, '**걷기 등의 활발한 신체활동**'으로 튼튼한 다리를 가진 대상자들은 운동하지 않은 사람들에 비해 "**인지능력이 더 뛰어나고 노화와 관련된 뇌 변화도 훨씬 적었다.**"고 밝혔다.

퇴행성 뇌 신경질환(알츠하이머병, 치매 등)의 예방을 위한 '규칙적인 유산소 운동'의 '집중력'을 개선하는 것이다. 인지능력 감퇴가 발생하는 것은 '**뇌의 정보처리 속도**'가 떨어진 것이며, 이는 '**주의 집중**'을 하도록 하는 '가소성 조절계'가 위축된 결과이다. 알츠하이머병 예방과 관련하여 '규칙적인 운동'이 강조되는 이유는 "**운동이 아세틸콜린의 생성 및 분비**(마이네르트 기저핵 발화)를 촉진하고, '**주의 집중**'을 가능하게 함으로써 선명한 기억을 생성하도록 뇌 가소적 변화를 유도하기 때문이다(건강 iN, 2019). 이는 강력한 아세틸콜린의 생성을 위해서는 '강도에 의한 집중'과 '빈도에 의한 집중' 그리고 '의식적 유산소 운동에 의한 집중'이 전제되어야 함을 의미한다(Francis PT, et al., 1999).

이러한 연구결과는 **집중에 의한 신경 자극이 강력한 뇌 가소적 변화를 촉진한다는 것을 보여준다**. 반면 상대적으로 집중되지 않은 자극은 뇌 가소적 변화의 스위치를 차단하거나 의도된 효과를 약화시킬 수 있다. 집중으로 발생하는 뇌 가소적 변화의 메커니즘은 '**모스코비츠의 경쟁적 가소성 개념**'*, '**토브 박사의 CI 요법**'**, 머제니치 두뇌 훈련*** 등에서 여실히 입증된다.

---

* 모스코비츠가 13년 동안 자신의 삶을 지배했던 만성통증에서 벗어날 수 있었던 것은 '경쟁적 가소성' 개념에 의한 상상 요법으로서 '심상화'였다. 이를 위한 6가지 원칙(미러, MIRROR)은 "뇌 가소적 변화로 만성통증을 극복하고자 하는 목표를 향해 나가도록 하는 태도를 지속시키는 동력으로써 원칙"이다. 이는 미쳐 날뛰는 만성통증 회로를 가차 없이 차단하고, 통증이 없는 '정상적인 뇌(신체상)'로 대체하려는 '마음의 집중'이자 '건강한 뇌를 시각화하는 빈도에 의한 집중' 의미하는 것이다.

** 토브 박사의 CI 요법에 적용되는 4가지 프로토콜은 타격을 받은 부위의 기능을 회복하기 위한 '집중적인 신경 자극'이라 할 수 있다. 즉 '집중 훈련'은 더 많이 타격을 받은 팔을 대상으로 1일 6시간의 집중적인 훈련으로 강도 높은 신경 자극을 가하는 것이며, 억제 행동은 타격을 덜 받은 건강한 팔의 사용을 제한하여 상대적으로 손상된 부위의 집중적인 사용 조건을 만들어 신경 자극을 강화하는 것이다.

*** 두뇌훈련의 중점은 주의력 집중이다. '패스트 포워드 프로그램'은 '5가지 인지훈련'을 통해 더 잘 기억하고, 주의 깊게 듣고(더 잘 집중하기), 정보를 효과적으로 처리할 수 있도록 도움을 제공한다. '포지트 사이언스'는 인지훈련(기억력, 집중력, 문제해결 능력 등)의 강화로 '인지능력의 향상'과 노화로 인한 '인지기능을 개선'하기 위한 것이며, 그 훈련의 범주는 '주의력 집중, 두뇌 속도, 기억력, 대인관계기술, 지능, 탐색'으로 구성되어 있다.

결과적으로 '**신경 자극**'으로서 **물리적 · 인지적 자극의 증가**는 신경성장인자의 생성 및 분비를 활성화하고 그 기능을 담당하는 가소적 변화를 촉진하였다. 하지만 중요한 것은 강도, 빈도, 규칙성 등에 의한 '집중된 특정한 신경자극'이 의도하는 특정 기능을 담당하는 대뇌 피질의 뉴런을 더 많이 생성하고, 뉴런의 수명을 연장하며, 시냅스에 의한 연결 강도를 강화하는 **강력한 가소적 변화**를 만들 수 있다는 점이다.

그렇다면 어떻게 집중할 것인가이다.

명상은 '**자기 자신에 대한 자각을 높이는 일**'이다. 그래서 '알아차림', '깨어있음' 등으로 표현한다. 일반적으로 가장 좋은 명상이란 "원하지 않는 생각을 점점 더 빨리 알아차리게 해주는 것"이라 한다. 그래야 그런 생각을 버릴 수 있다. 이는 **게슈탈트 심리학이 말하는 '알아차림'**을 의미한다. 심리적인 문제와 신체적인 문제는 '알아차림'의 결여로 생긴 결과이기 때문이다.

'알아차림'은 무엇인가? 철학과 심리학에서 사건을 알고, 인식하고, 인지하는 것에 대한 개념이다(위키백과). 최근, 이 개념은 '**상위 인지 자각**'(자신의 인지에 관해 인식하고 인지를 통제하는 능력)'과 '**수용 행동**'(생각과 감정을 있는 그대로 경험하도록 개방되는 것)'의 수준을 향상하는 상담 및 심리치료에 적용되고 있다. 예를 들면 '알아차림에 근거한 스트레스 감소(MBSR)' 프로그램[11], '알아차림에 기초한 인지 치료(MBCT)'[12], '변증법적 행동 치료(DBT)'[13] 등이 있다.

일반적으로 알아차림은 통찰, 이해, 자각, 공감, 지각 등의 개념과 혼용되어 사용되고 있다. 심리학 관점에서 《인식, 대화 및 과정 : 게슈탈트 치료에 대한 에세이》의 저자 욘네프(Gary M. Yontef)는 "하나의 경험적 활동으로서 개체가 신체감각, 정서적, 인지적, 활동적 측면에서 개인적, 환경적 장(場)에서 발생하는 가장 중요한 사건들과 '**깨어서 접촉**'하는 과정"[14]이라고 정의한다. 성신여대 심리학과 김정규 교수는 "개체가 자신의 삶에서 현재 일어

---

11) Kabat-zinn, J. "An outpatient program in behavioral medicine chronic pain patients based on the practice of mindfulness meditation : Theoretical consideration and preliminary results", General Hospital Psychiatry Vol.4, pp.33-47, 1982.

12) Teasdale, J. D., Moore, R. G., Hayhurst, H., Pope, M., & Williams, S., "Metacognitive awareness and prevention of relapse in depression : Empirical Evidence", Journal of Consulting and Clinical Psychology Vol.70, pp.275-287, 2002.

13) 인지행동치료(CBT)를 개조한 형태로서, 한 개인이 자신을 반응상태로 만드는 촉발요인을 알고, 원하지 않는 반응을 취하지 않기 위하여 어떠한 대처기술을 사건, 생각, 감정, 행동의 연쇄 과정에 적용할 수 있는지 평가하는 데 도움을 줌으로써 정서조절과 인지조절 능력을 배양하기 위해 마샤 리네한(Marsha M. Linehan)이 개발한 요법이다. Linehan, M. M. Cognitive-behavioral treatment of borderline personality disorder. New York : Guilford Press. 1993.

나고 있는 중요한 내적, 외적 현상을 방어하거나 피하지 않고 **있는 그대로 지각하고 체험하는 행위**이다"라고 설명한다.[15]

무엇을 알아차리며 어떻게 바라보고, 알아차림을 왜 해야 하는지에 대해서 활용의 장(場)에 따라 방법은 다를 수 있으나 그 효과, 목적하는 바는 같다. 지금 여기 현존하는 현재의 나, 현재의 내 몸과 마음의 상태는 내 지나온 삶, 내 과거의 거울이란 것을 알아차리는 것이다. 알아차림은 우리 의식이 방어적인 저항을 더 이상 하지 않기로 하고, 심리적 방어기제로 나를 옥죄던 무장을 해제하고 무의식의 문을 여는 때, 그리고 판단이라는 이성의 작용이 개입하지 않는 의식집중의 순간, 무엇인가에 몰입하고 있을 때 온다.

알아차리는 것은 과거도 미래도 아닌 지금, 이 순간이다. 머리는 늘 우리를 과거와 미래로 끊임없이 데려간다. 과거에 대한 후회와 반성에서 헤매다가 어느새 저만치 미래로 날아가서 걱정하고 불안해하는 나를 발견한다. 그것이 그토록 많은 시간을 들여 머리가 하고 있는 일이다. 하지만, 알아차림은 오직 지금, 이 순간에 닻을 내리고 현재에 머문다. 과거나 미래 그 어딘가가 아닌 현존하는 경험을 자각하는 것이다.

우리는 세상을 살아가면서 우리 자신의 안전, 건강, 이익, 기쁨을 위해 '**무엇이 중요한지**', '**무엇을 버려야 하는지**'를 알아차리기 위해서는 '**주의(집중)**'를 기울여야 한다. 따라서 명상은 '알아차림'이고, '주의 집중'을 통한 '자각'을 전제로 할 때 가능한 일이다. 따라서 건강과 관련된 알아차림의 대상은 임상학적으로 입증된 '의식적 신체활동(규칙적 유산소 운동)'이라 할 수 있다. 그 알아차림은 신체활동과 세부 동작에 집중하면서 몸과 마음으로 나타나는 변화된 상태를 느끼는 것이라 할 수 있다. 예를 들면 '혀 · 눈알 굴리기 알아차림'*과 '복식호흡 알아차림'**을 의미한다.

---

* **혀 · 눈알 굴리기 알아차림이란?**
이 운동은 2023년 3월 이후 지속하는 동안 루틴을 넘어 일상의 습관으로 자리하고 있다. 그래서 마음속으로 원(동그라미)과 무한대를 그리면서 혀와 눈을 굴리기를 동시에 실행한다. 먼저 좌 · 우 돌리기 각 20회, 좌 · 우 무한대 돌리기 20회 5회 반복 1세트 총 400회를 5회 반복(총 2,000회)하면서 동작 자체에 집중한다. 좌 · 우 돌리기는 마음속으로 조그만 원과 무한대에서 시작하여 점차 크게 그리면서 혀와 눈알도 따라서 돌린다. 침이 입안에 가득해지면 조금씩 삼킨다. 이 같은 집중에 의한 동작을 수백 회 반복하면 나도 모르게 몸과 마음으로부터 '알아차림'을 느낀다. 그것은 바로 속이 편안해지고 눈이 시원해지며, 머리가 맑아지고 몸의 긴장이 풀리는(편안해지는) 상태를 느끼게 된다.
이러한 알아차림을 느끼는 이유는 먼저, 혀와 눈알 돌리는 동작에 대한 집중은 상대적으로 잡념(불필요한 생각)을 차단한 것이다. 또한 물리적 · 인지적 활동에 의한 신경 자극은 '신경전달 및 조절물질

---

14) Yontef, G. (1993). Awareness, Dialogue and Process. Gestalt Journal Press.
15) 김정규, 「게슈탈트 심리치료-창조적 삶과 성장」, 서울 학지사, p.158, 2015.

시스템'을 가동하고, 시각과 혀 감각 관련 신경회로를 활성화한다. 이러한 가소적 작용은 혀 · 눈알 굴리기 이전보다 눈과 위를 중심으로 시원함과 편안함을 느끼고, 머리가 맑아지며 몸이 가뿐해진 알아차림으로 이어진 것이다. 그 알아차림의 결과로 루틴으로 자리 잡게 되고 매일 지속하게 된다.

* **복식호흡 알아차림이란?**

이 운동은 '일일 심상화 운동'과 '의식적 걷기 운동'을 하면서 병행하여 실시한다. 이 과정에서 시행하는 복식호흡에 대한 알아차림이다. 심상화 운동은 한마디로 '건강한 뇌를 품은 복식호흡'이다. 2025년부터 적용하는 방식은 주로 '서서 하는 복식호흡'이다.

그 적용방법은 제7장에 제시된 내용과 동일하다. 한마디로 들숨과 날숨을 하면서 실제 뇌를 감싸 안은 것처럼 들어 올리면서 나의 뇌와 일치시켜 건강한 뇌를 표상하는 방식이다. 이 동작을 약 5분 정도 반복하면 가사상태로서 땀이 나면서 머리가 몽롱해진다. 그리고 30분 정도 반복하면 겨울에도 얼굴에 땀이 흘러내리는 상태가 되며, 머리가 개운해지고 막힘이 없는 기분 상태가 되는 '알아차림'을 느끼게 된다.

의식적 걷기 중 혀 · 눈알 굴리기, 귀 맛사지, 팔굽혀펴기를 마치고 나서 각각 시행하는 복식호흡은 각 10~20회를 한다. 이때 가슴을 펴면서 '들숨-정지-날숨'에 집중한다. 들숨 시 아랫배까지 호흡이 '들어감', 정지 시 아랫배에 힘, 날숨 시 호흡의 '뱉어냄'을 느낀다. 어느샌가 가슴이 시원해지고 몸이 편안해지면서 머리가 개운해지는 '알아차림'을 느낀다.

정리하자면, 중요하지 않은 것을 억누르면서 중요한 것에 주의를 기울이는 것이 '집중(알아차림)'이다. **'중요하지 않은 것을 무시하는 것'**은 **'중요한 것을 알아차리는 것'만큼 중요**하다. 소위, **'분열된 주의력'**(주의력을 나누어 필요한 정보에 집중하고, 방해되는 정보는 차단하는 능력을 말한다)은 뇌가 '특정 세부 사항(지금 행하고 있는 동작)에 집중하고 반응'하도록 도전하는 동시에 '경쟁 정보를 무시(잡념)'하도록 한다.

집중(알아차림)을 전제로 한 생활 루틴의 실행은 강력한 신경 자극으로 작동하며, 이는 사용자 의존적 가소성에 의해 의도된 가소적 변화를 만들어 내는 지배적인 요인이다. 하지만, 알아차림을 통한 삶의 여정은 하루아침에 주어지는 것이 아니다. 설계된 맞춤형 신체활동이 일상의 생활 루틴으로 자리를 잡고, '전심치지'(專心致知)[16]의 집중과 '수적천석'(水滴穿石)[17]의 자세로 실행되어야 하며, 이 과정에서 더 나은 방향으로 개선되는 선순환을 지속할 때 내가 누릴 수 있는 권리로서 웰에이징이 함께할 것이다. 경이로운 뇌 가소적 변화를 위해 지금, 희망의 신발 끈을 매어 보길 당부드린다.

16) 마음을 오로지 하고 뜻을 다한다는 뜻이다. 매우 진지하게 어떤 일에 몰두하는 모습을 나타낸다. 정신을 한곳에 집중하여 조금도 소홀히 하지 말라는 의미를 강조할 때 쓰인다.

17) "떨어지는 물방울(낙숫물)이 돌을 뚫는다"라는 말로 보잘것없는 적은 노력이라도 끈기 있게 하면 큰일을 이룰 수 있다는 의미이다.

감사의 글

이 책의 시작은 사랑하는 아내의 만성통증을 이겨내는 데 도움울 주고자 하는 것이었습니다. 하지만 그 끝은 제 자신의 삶을 변화시키는 시간이었습니다.

이 글이 세상에 나올 수 있도록 해준 헌신적인 연구를 통해 뇌 가소성 이론을 개척하고 정립시켜온 연구자분들께 깊은 경의를 표합니다. 그리고 집필 과정을 함께한 공동 저자분과 마무리할 수 있도록 지원과 격려를 아끼지 않은 아내, 그리고 정신적 지인인 이상갑 친구에게 감사를 드립니다.

마이클 머제니치, 노먼 도이지, 폴-바크-이-리타, 에릭 켄델, 마이클 모스코비치, 멜젝과 월, 몬티 라이먼, 쉐링턴 경, 아놀드 토브 등 수 많은 연구자분들이 헌신과 열정으로 일궈낸 '뇌 가소성 이론'에 대해 감사를 드립니다. 나의 삶의 본질이 되어버린 뇌 가소적 변화는 건강한 노화를 만들고 웰에이징을 누리는 희망과 치유 메커니즘으로서 생활 루틴을 만들고 실행하도록 해준, 삶의 지혜이자 60대 이후의 최고의 선물이었습니다.

이 책의 공동 저자들의 열정과 조언 그리고 노하우는 이 작업을 마무리할 수 있었던 지원군이자 지속성을 유지해준 바탕이었습니다. 아울러 6개월여 기간 동안 가독성을 검토하고 조언을 아끼지 않은 존경하는 이상갑 친구에게 다시 한번 더 감사의 말씀을 전합니다.

언제나 저를 지지하고 응원해 준 사랑하는 아내에게 감사의 말을 전합니다. 가장 고마운 일은 함께 유산소 운동을 통해 긍정적 뇌 가소적 변화를 유도하는 가운데 서서히 만성통증을 이겨낸 일입니다. 앞으로도 양질의 가소적 개입을 만들고 실행해 가면서 건강한 노화를 만들어 갈 것입니다. 특히 지난 4년의 기간 동안 집필과정을 지켜보며 묵묵하게 지지해준 아내의 사랑과 격려는 저에게 무한한 힘이 되었고, 이 책이 완성될 수 있도록 한 가장 큰 힘의 원천이었습니다.

이 책을 읽는 모든 분들께도 감사드립니다. 여러분의 관심과 성원은 독자분들의 삶의 변화로 이어질 것이며, 그것은 제 집필의 의도를 실현하는 데에 큰 보람과 기쁨이 될 뿐만 아니라, 향후 집필을 지속하는 큰 힘이 될 것이기 때문입니다. 이 책이 독자분들에게 건강한 노화와 웰에이징에 대한 실행의 지혜로 함께 하시길 기원합니다. 다만, 맞춤형 루틴을 만들고 집중에 의한 '우공이산'(愚公移山)의 태도가 그 무엇보다 중요하다는 조언을 드리고 싶습니다.

아울러 저 역시 여기서 멈추지 않겠습니다. 치료제가 개발되지 않은 퇴행성 신경질환을 예방하고 극복하는 비약리적 요법에 대한 추가적인 연구를 지속하고 공유할 것입니다. 다음의 책은 이전보다 가독성이 높아진 글로서 그리 멀지 않은 시기에 여러분을 찾아뵐 수 있을 것이라 확신합니다.

이 책이 출간되기까지 가장 많은 지원과 아낌없는 격려를 보내주신 도서출판 상학당의 남승우 사장님, 또한 이 책의 편집 및 표지 등 출판을 위하여 노력해 주신 관계자 여러분에게 감사를 전하고 싶습니다. 그리고 뇌 가소성(Brain Plasticity) 중심의 통증 · 치유 메커니즘으로서 이해와 실행을 위한 자문, 논문 · 보고서 · 사이트 등 각종 자료를 제공하고 공유해주신 관련 교수님, 연구소, 기업 및 단체에 대해서도 지면을 빌려 깊은 감사의 말씀을 드립니다. 이 책에서 부족했던 점이나 기타 문의사항과 관련한 자료 제공 및 지원은 도서출판 상학당을 통해 지속적으로 지원할 계획이며, 치유를 위한 뇌 가소적 개입으로서 생활 루틴화에 필요한 내용과 자료는 지속적으로 업데이트할 예정입니다. 독자 여러분의 따뜻한 질책과 조언을 부탁드립니다.

여러분의 지지와 귀중한 의견 및 조언은 부족한 저의 뇌 가소적 변화를 이끌었으며, 앞으로도 '변화된 나', '새로운 나', '건강한 노화로 웰에이징하는 나'로서 독자분들과 많은 것들을 공유하게 될 것임을 약속드립니다.

저자 드림

저자 약력

노 병 석

- 정치학박사
- 국방부 기갑장교 복무(28년)
- 교육부 및 교육과학기술부 비상계획관 근무(7년)
- 국제대학교 군사학과 교수(9년)
- 국가재난안전교육원 겸임교수(4년)
- 국가와 국가안보, 언어논리 등 다수 출판
- 현) WRO(월드 로봇 올림피아드) 부회장
- 현) 그린휴먼IT협회 이사

남 상 엽

- 공학박사
- 현) WRO(월드 로봇 올림피아드) 회장
- 삼성종합기술원 정보시스템연구소 근무
- 모토로라반도체통신 기술연구소 근무
- 국제대학교 의료IT학과 교수 근무
- IT관련 서적/논문 다수 출판 및 게재
- 조직경영 및 IT 자문 컨설팅 다수

권 오 영

- 내과 전문의
- 내시경세부 전문의
- 천식알레르기 내과분과 전문의
- 서울아산병원 외래교수
- 현) 드림권내과의원 대표 원장
- 중앙대학교 의과대학
- 서울아산병원 알레르기내과 전임의
- 대한내과학회 평생회원
- 천식알레르기학회 평생회원
- 임상초음파학회 평생회원
- 미국알레르기천식면역학회 회원(ACAAI)

뇌 가소성 비밀

2025년 4월 15일 1판 1쇄 발행

저 자 노병석 · 남상엽 · 권오영
발행인 남승우

발행처 도서출판 상尙학學당堂
주 소 서울특별시 동작구 사당로9가길 6
전 화 02) 595-1692~4
팩 스 02) 595-1394
이메일 shdbooks@naver.com

편 집 엄해숙
표 지 토틀컴

ISBN 978-89-6587-271-9 03510

정가 35,000원